煤矿典型动力灾害风险判识及监控预警

Risk Identification, Monitoring and Early Warning of Typical Dynamic Hazards in Coal Mines

袁 亮等 著

“十三五”国家重点研发计划项目（2016YFC0801400）

科 学 出 版 社
北 京

内 容 简 介

本书围绕拟解决的重大科学问题“煤矿典型动力灾害风险判识及监控预警”，以煤与瓦斯突出、冲击地压等典型的煤矿动力灾害为研究对象，通过对煤矿典型动力灾害多相多场耦合灾变机理研究及深度感知等技术和装备的研发，促进煤与瓦斯突出、冲击地压等煤矿典型动力灾害风险判识及监控预警能力的提升，最终实现煤矿重大灾害灾变隐患在线监测、智能判识和实时准确预警。本书首先从理论上提出了多相多场耦合条件下动力灾害孕育演化机理和煤矿典型动力灾害多参量前兆信息智能判识理论及预警方法，其次在技术上涉及了基于大数据与云技术的动力灾害多元海量前兆信息提取挖掘方法、关键区域人机环参数全面采集、多元信息共网传输新方法、煤矿典型动力灾害前兆深度感知、泛在采集技术和装备，从而实现了煤矿典型动力灾害监控预警基础研究-关键技术开发-应用示范有机融合。

本书可供高等院校采矿工程、岩石力学、安全工程、地质工程等相关专业的本科生、研究生及科研院所的科研人员使用，也可为从事煤矿动力灾害相关工作的管理人员及现场工程技术人员提供参考。

图书在版编目(CIP)数据

煤矿典型动力灾害风险判识及监控预警=Risk Identification, Monitoring and Early Warning of Typical Dynamic Hazards in Coal Mines/ 袁亮等著. —北京：科学出版社，2022.5

ISBN 978-7-03-072029-0

Ⅰ. ①煤… Ⅱ. ①袁… Ⅲ. ①煤矿-灾害防治-研究 Ⅳ. ①TD7

中国版本图书馆 CIP 数据核字(2022)第 053950 号

责任编辑：刘翠娜 崔元春 / 责任校对：王萌萌
责任印制：师艳茹 / 封面设计：无极书装

科学出版社 出版
北京东黄城根北街 16 号
邮政编码：100717
http://www.sciencep.com

北京汇瑞嘉合文化发展有限公司 印刷
科学出版社发行 各地新华书店经销
*
2022 年 5 月第 一 版 开本：787×1092 1/16
2022 年 5 月第一次印刷 印张：32
字数：756 000

定价：398.00 元

(如有印装质量问题，我社负责调换)

本书研究和撰写人员

总　负　责

袁　亮

第 1 章　绪论

袁　亮　姜耀东　赵毅鑫　王　凯　郝宪杰　徐　超

第 2 章　煤矿冲击地压失稳灾变动力学机理与多场耦合致灾机制

姜耀东　赵毅鑫　谭云亮　王宏伟　王恩元　赵同彬　郝宪杰
滕　腾　宋红华　张　通

第 3 章　煤与瓦斯突出灾变机理及复合动力灾害孕育机制

袁　亮　王　凯　林柏泉　胡千庭　薛俊华　孙海涛　杨　科
徐　超　陈向军　廖志伟　杨　威　周爱桃　王汉鹏　陈本良
戴林超　刘　厅　张　冰

第 4 章　冲击地压风险智能判识与监控预警理论及技术体系

窦林名　孙彦景　巩思园　贺　虎　何　江　刘　建　王　涛
顾士坦　张　寅　夏永学　李　楠　王盛川　白金正　韩泽鹏

第 5 章　煤与瓦斯突出风险判识与监控预警理论及技术体系

赵旭生　张庆华　李忠辉　崔　凡　梁运培　孙维吉　周　伟
宁小亮　左建平　马国龙　李全贵

第 6 章　煤矿动力灾害前兆采集传感与多网融合传输技术及方法

于　庆　郭清华　刘亚辉　魏玉宾　朱元广　顾义东　赵小虎
李柏军　张书林　黄友胜

第 7 章　基于数据融合的煤矿典型动力灾害多元信息挖掘分析技术

卢新明　彭延军　贾瑞生　赵卫东　张杏莉　程　健　胡学钢
宋宝燕　曹安业　王　亮　贺耀宜

第 8 章　基于云技术的煤矿典型动力灾害区域监控预警系统平台

李红臣　李　胜　蔡　武　谈国文　刘秀磊　赖兆红　刘旭红
刁　勇　廖　成　李小林　范超军

第 9 章　煤矿典型动力灾害监控预警技术集成及示范

何学秋　宋大钊　原德胜　陈建强　康国锋　王爱国　张吉林
祖自银　郭信山　牟宗龙　李振雷　朱斯陶　徐剑坤　王安虎

前　言

我国煤矿开采条件复杂，煤与瓦斯突出、冲击地压是典型的动力灾害，这些动力灾害具有突然、急剧、猛烈等特点，常造成井巷严重破坏和人员重大伤亡，甚至引起地表破坏和局部地震。由于煤与瓦斯突出、冲击地压一般没有明显的宏观前兆，难以准确预警。并且，近些年随着开采深度的增加，动力灾害事故频繁发生，并有上升趋势，该类灾害事故的监控预警成为重大难题。

本书揭示了煤与瓦斯突出、冲击地压等动力灾害灾变机理及复合动力灾害孕育机制，建立了开采扰动和多场耦合叠加效应下煤矿动力灾害孕育演化机理和发生、发展的新理论，提出了煤矿典型动力灾害多参量前兆信息智能判识理论及预警方法。通过对光纤光栅应变传感、三轴应力传感、井下非接触供电与数据交互、非在线式检测关键信息快速采集等关键技术的研究，突破了现有灾害前兆信息传感和传输设备的技术弊端，开发了具有故障自诊断、高灵敏、标校周期长的前兆信息采集传感技术与装备。通过对异构数据融合、自组网、抗干扰等技术的研究，提出了矿井关键区域人机环参数全面采集、多元信息共网传输新方法，为煤矿典型动力灾害监控预警系统安全无故障运行提供了技术保障；研发了冲击地压应力监测与反演装备，在关键区域实现了人机环参数全面采集，传感器具有故障自诊断功能，响应时间小于15s，标校周期大于120天；研发了监控预警系统，系统运行无故障率达到99%，抗干扰等级高于3级，无故障运行时间提高了60%。建立了煤矿重大灾害相关信息集成挖掘方法，研发了煤矿监控预警示范及区域性云平台，实现了煤与瓦斯突出、冲击地压等煤矿重大灾害灾变隐患在线监测、智能判识、实时预警。构建了自动化、信息化、智能化预警平台，平台具有故障自诊断、高灵敏、响应时间短、标校周期长、抗干扰等优势，预警准确率提升至90%以上，从而实现了煤矿典型动力灾害监控预警基础研究–关键技术开发–应用示范有机融合，最终实现了煤矿重大灾害灾变隐患在线监测、智能判识和实时准确预警。

本书是上述成果的集中总结。煤矿典型动力灾害风险判识及监控预警是煤矿灾害的重要课题。近些年，随着我国煤矿开采深度的增加和开采条件的恶化，煤矿动力灾害强度和预警难度都逐渐加大，因此，本书的结论难免有局限性，也难免有疏漏、偏颇，敬请批评、指正。

著　者

2021年6月

目　录

第1章 绪　论

1.1 研究意义与当前研究不足

煤炭开采是国家生产安全保障与重大事故预防的重点涉及领域之一，安全生产是煤炭企业发展的核心要素。随着现代信息技术的发展，我国煤炭产业逐渐从粗放型管理向精细化管理转型，多数国有煤矿均构建了安全监测、监控系统，同时由于我国煤矿技术水平的提高，近年来我国煤矿安全状况持续好转，煤矿百万吨死亡率已从2005年的2.711下降到2019年的0.083，但随着我国煤矿开采逐渐向深部转移，开采难度加大，煤矿冲击地压、煤与瓦斯突出及其复合灾害仍时有发生。冲击地压、煤与瓦斯突出发生机理复杂，通常没有明显的宏观前兆，难以准确预警，经常会造成重大的生命财产损失。国际上，2007年美国犹他州的Crandall Canyon矿发生严重的冲击动力灾害，造成9人死亡；2014年澳大利亚首个使用长壁综放采煤方法的Austar矿发生冲击动力灾害，15m长的煤壁突然冲出，造成2人死亡。国内，煤与瓦斯突出、冲击地压的发生次数和破坏程度也呈增大趋势。据不完全统计，1985年我国发生冲击地压的煤矿有32个，2015年底该类矿井已达177个。2004～2015年，平顶山、新汶、华亭、义马等多个矿区发生冲击地压重大灾害多达35次，造成300余人死亡，上千人受伤。典型冲击地压事故现场如图1-1所示。2001～2015年，我国因煤与瓦斯突出造成人员死亡事故472起，共造成3303人死亡。

图1-1　典型冲击地压事故现场

煤矿典型动力灾害近些年愈发严重且较难预警，究其原因，在于对动力灾害在多相对多场耦合条件下灾害的形成过程及演化机制认识不清，灾害前兆信息采集传感、多网融合传输技术、挖掘辨识技术的落后，以及现有监控系统缺乏风险判识预警模块，增大了动力灾害风险判识的主观性、盲目性和不确定性等，需要进一步开发研究。

与美国、澳大利亚、波兰等相比，我国煤田地质条件更为复杂，因此，我国煤矿动力灾害问题也尤为突出。行业管理部门和学术界对煤矿动力灾害的机理和防治问题一直非常重视。21 世纪初，我国相继启动了一些相关研究课题，如国家重点基础研究发展计划(973 计划)“煤炭深部开采中的动力灾害机理与防治基础研究”“预防煤矿瓦斯动力灾害的基础研究”“深部煤炭开发中煤与瓦斯共采理论”等，推动了我国煤矿动力灾害机理和防治的基础理论研究。但总体而言，运用现有煤矿典型动力灾害理论对于高应力场、复杂裂隙场、高渗流场等多相多场耦合条件下的灾害形成过程及演化机制的研究仍有待深入，迫切需要发展煤矿典型动力灾害多相多场耦合灾变机理的假说和模型。

美国、澳大利亚等发达国家均已建立了矿山灾害预测、评价、管理方法与系统，对提高矿井安全管理技术水平起到了积极作用，但其功能很少涉及煤与瓦斯突出、冲击地压等动力灾害预警模型及方法应用。因此，应针对我国煤矿典型动力灾害的发生特点，研发具有自主知识产权的灾害前兆信息采集传感与多网融合传输技术及方法，研制安全、灵敏、可靠的新型采集传感装备，形成基于大数据的多元信息提取与挖掘方法，研发更为科学的风险辨识与预警模型，进行煤矿动力灾害全方位预警，最终实现煤矿重大灾害灾变隐患在线监测、智能判识、实时准确预警。

综上所述，开展煤矿典型动力灾害风险判识及监控预警关键技术及装备研发，能降低我国煤炭资源开采中的动力灾害风险。全面提升我国煤矿动力灾害风险判识及监控预警能力已经迫在眉睫。

1.2 本书研究思想和内容

本书针对煤矿典型动力灾害诱因复杂、显现突然所导致的监控预警困难等重大难题，开展了开采扰动及多场耦合条件下动力灾害孕育演化机理、灾变前兆信息采集传感传输、挖掘辨识方法与技术研究，提出了动力灾害多相多场耦合灾变新理论，开发了灾害前兆信息采集传感与多网融合传输技术及方法，形成了基于大数据与云技术的多元海量动态信息提取、挖掘方法及预警模型，实现了煤矿典型动力灾害监控预警基础研究-关键技术开发-应用示范有机融合，建成了煤与瓦斯突出、冲击地压预警技术集成及示范工程。

本书凝练了有关煤矿典型动力灾害风险判识及监控预警的 4 个关键科学问题。科学问题一是针对煤矿典型动力灾害多相多场耦合灾变孕育规律及演化机理研究；科学问题二是关于煤矿典型动力灾害多参量前兆智能判识预警理论与技术研究；科学问题三是研究与构建煤矿典型动力灾害前兆信息采集传感与多网融合传输技术及方法；科学问题四是研究基于大数据与云技术的煤矿典型动力灾害预警方法与技术。

本书第 1 章为绪论，主要概述本书的研究意义和当前研究不足及研究思想和内容；第 2 章和第 3 章是煤矿动力灾害机理研究，第 2 章突出了煤矿冲击地压失稳灾变动力学机理与多场耦合致灾机制研究，第 3 章重点研究煤与瓦斯突出灾变机理及复合动力灾害孕育机制，这两章共同支撑了科学问题一“煤矿典型动力灾害多相多场耦合灾变孕育规律及演化机理”；第 4 章主要突出冲击地压风险智能判识与监控预警理论及技术体系研究，第 5 章主要分析煤与瓦斯突出风险判识与监控预警理论及技术体系，这两章共同支撑了科学问题二“煤矿典型动力灾害多参量前兆智能判识预警理论与技术”；第 6 章针对科学问题三“煤矿典型动力灾害前兆信息采集传感与多网融合传输技术及方法”，主要研究微震、应力、瓦斯浓度、钻屑瓦斯解吸指标及钻孔瓦斯涌出初速度等参数的感知传输方法与装备；第 7 章主要研究基于数据融合的煤矿典型动力灾害多元信息挖掘分析技术，第 8 章主要研究基于云技术的煤矿典型动力灾害区域监控预警系统平台，第 9 章主要研究煤矿典型动力灾害监控预警技术集成及示范，这三章共同支撑了科学问题四“基于大数据与云技术的煤矿典型动力灾害预警方法与技术”。本书分解的逻辑关系如图 1-2 所示。

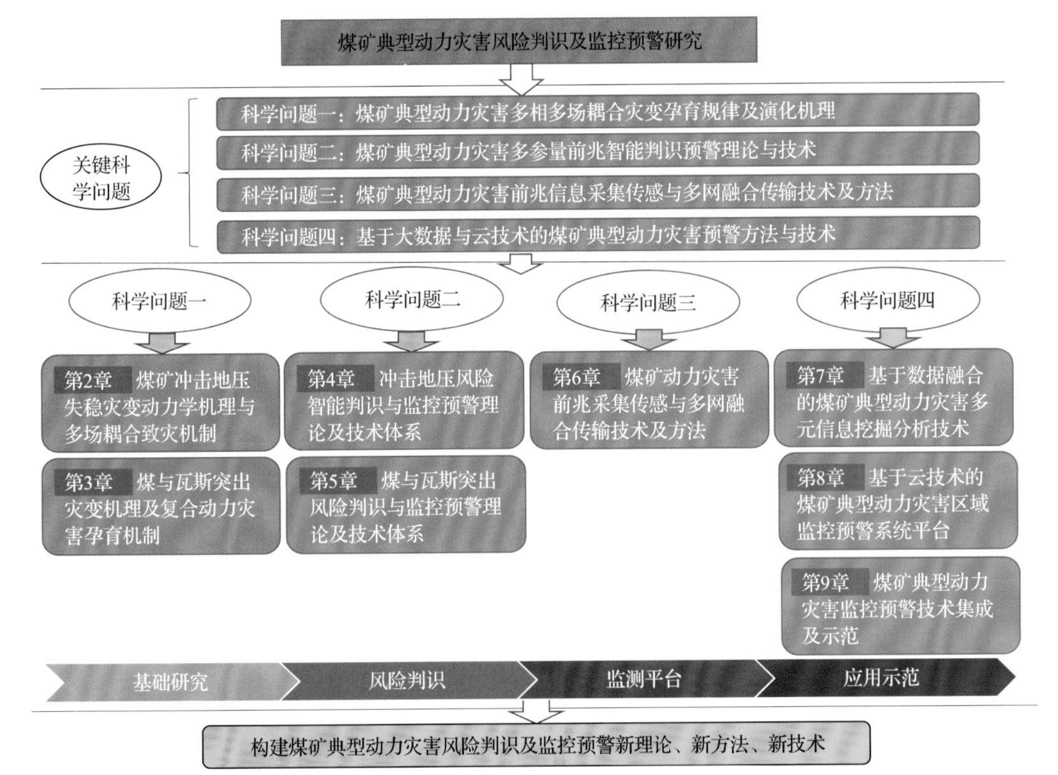

图 1-2 本书各章逻辑关系

本书主要取得以下重要进展及成果。

1) 冲击地压孕育机理与风险判识、监控预警技术

重要进展和重要成果：通过系统性地探索煤矿冲击地压动力效应与复杂地质构造条件、原岩地应力环境及煤岩细观组分之间的相互作用机制，提出了可识别深部复杂构造环境与构造应力场特征的精细探测理论与关键技术。通过定量描述地质赋存环境与煤矿动力灾害的相关性，揭示了采动影响下地质构造和原岩应力场对煤矿深井动力灾害成灾

的作用机制，分析了在地质演变过程中已变形、已破坏的裂隙煤岩体在开采扰动下的力学特性、变形破坏特征和工程动力响应规律，研究了开采扰动下多场耦合煤岩冲击失稳的动力学机理，以及深部裂隙煤岩体在开采过程中的能量积聚与释放机制、能量场的时空演化规律及动力灾变的能量触发条件，提出了基于能量突变的深部煤岩体动力失稳的模型与判别准则，构建了煤矿冲击地压发生、发展的新理论。

基于煤岩体动静载叠加诱冲原理、能量积聚与释放原理，建立了冲击危险的“应力场、震动场、能量场”监控预警“三场准则”、预测模型和智能判识方法。通过不同尺度煤岩试验，研究揭示了不同类型冲击地压前兆识别规律，确定了以监测“应力场、震动场、能量场”为主体，以监测煤柱型、顶板型、断层型、褶皱型四类冲击地压为对象的监控预警指标；建立了冲击地压多元分类综合监控预警指标体系，形成了冲击地压风险智能判识与监控预警理论及技术体系。通过现场实践及理论分析，研发了应力监测与反演技术与装备。基于震动波与应力的耦合关系，开发了冲击地压双震源一体化应力探测反演预警技术，研制了双震源一体化应力探测及煤岩电荷监测装备。同时，研发了煤岩电荷监测系统及装备以及冲击危险地应力连续监控预警技术及装备。研究成果在陕西胡家河煤矿和山东古城煤矿进行了应用，预警准确率均超过了 90%，能够有效指导现场进行冲击危险防治，保障了安全生产，相关研究成果也在其他矿区进行了推广应用。

应用前景：冲击地压是煤矿开采面临的典型动力灾害，常导致井巷严重破坏，甚至人员伤亡。冲击地压的有效监控预警是冲击地压灾害针对性、精准防治的前提。冲击地压风险采前智能辨识、应力场反演智能化及震动场监控预警效能的大幅提升，可极大提高冲击地压风险智能判识的时效性和准确性，减少冲击地压导致的灾害后果，从而有效保障煤矿安全高效生产，以及我国的能源安全供给，有利于国民经济健康发展。

研究成果可为我国百余座冲击地压矿井提供技术支持，提高我国冲击地压灾害防治的整体水平。该技术成果的应用，不但有利于我国煤矿冲击地压灾害防治，而且可通过国际合作与交流推广到澳大利亚、俄罗斯、波兰、美国等采煤国家。

2) 煤与瓦斯突出灾变机理及监控预警技术

重要进展和重要成果：本书以煤与瓦斯突出孕育—发动—发展—结束的全过程为主线，在总结前人研究成果的基础上，构建了煤与瓦斯突出物理模拟相似体系，研发了煤与瓦斯突出全过程、系列化物理模拟实验平台；系统分析了煤岩体在应力场、裂隙场、渗流场及地质场等多场综合影响下的变形与破坏特征；研究了复杂地质构造对煤与瓦斯突出的主控机制、煤层采动多相多场耦合诱突机理、煤与瓦斯突出的固气两相动力学演化机理及灾变动力学效应、煤与瓦斯突出过程的大尺度物理模拟分析及反演、煤炭开采冲击-突出复合型动力灾害机理及孕灾机制，揭示了煤与瓦斯突出多场耦合灾变机理及演化机制；通过开展煤与瓦斯突出关键因素、触发机理以及灾变效应的研究，建立了构造应力场空间分布预测模型，阐明了煤与瓦斯突出的主控因素，提出了煤与瓦斯突出结构异常区致灾机制以及冲击-突出复合型煤岩瓦斯动力灾害的多场耦合能量量化模型，揭示了煤与瓦斯突出过程中煤粉-瓦斯固气两相流动力学演化规律及致灾效应，形成了煤与瓦斯突出全过程量化分析理论体系。

本书聚焦煤与瓦斯突出灾害判识预警，从“区域”生产系统风险判识，“局部”地质构造地球物理响应、突出前兆信息演化、声电瓦斯监控预警，“防突过程”防突措施失效判识，以及基于大数据技术的突出多元信息融合预警等方面进行了深入研究，建立了基于可拓理论的生产系统突出风险判识及合理性评价方法，揭示了采掘工作面地质构造地球物理响应特征和突出前兆信息时空演化规律及互耦关系，研制了分布式声电瓦斯耦合突出预警系统，提出了防突措施有效性评价指标体系及措施失效判识方法，构建了突出多元预警指标体系和多元信息融合动态预警模型，开发了突出智能预警系统，并在阳泉煤业(集团)有限责任公司新景矿和贵州盘江金佳矿进行了应用示范，进一步完善了突出预警理论及技术体系。

应用前景：围绕煤与瓦斯突出机理开展了大量基础性研究，揭示了煤与瓦斯突出多相多场耦合灾变孕育规律及演化机制。研究结果对于进一步发展煤与瓦斯突出灾变防治技术、提高矿井防控煤与瓦斯突出及其复合动力灾害能力提供了理论基础和依据。

与国内外相关技术相比，本成果首次从时空角度针对工作面突出风险、采掘区域突出风险、生产系统突出风险，建立短期、中期及远期预警指标，分别用于确定工作面突出危险等级及重点防突区域、提醒采掘部署调整，预警指标更加全面、完善，预警层次更加清晰。同时，本成果首次基于关联规则和证据理论两种大数据算法相结合，建立了多元信息融合预警模型，实现了多指标自动融合分析与决策、预警模型自修正、预警原因可追溯，预警的智能化水平得到显著提高。

3) 煤矿典型动力灾害信号采集传输和智能化分析

重要进展和重要成果：针对煤与瓦斯突出、冲击地压灾害前兆信息准确预警中存在的传感信息不全面、灵敏度低、可靠性较差，以及通信可靠性差、关键区域密集监测传输手段缺乏、异构数据无法融合等重大科学技术问题，开展了煤矿典型动力灾害前兆信息采集传感与多网融合传输方法和技术装备的研究。通过对光纤光栅应变传感、三轴应力传感、井下非接触供电与数据交互、非在线式检测关键信息快速采集等关键技术的研究，突破了现有灾害前兆信息传感和传输设备的技术弊端，开发了具有故障自诊断、高灵敏、标校周期长的前兆信息采集传感技术与装备，研制的各类新型传感设备关键技术指标达到国内领先；通过对异构数据融合、自组网、抗干扰等技术的研究，提出了矿井关键区域人机环参数全面采集、多元信息共网传输新方法，为煤矿典型动力灾害监控预警系统安全无故障运行提供了技术保障。

研制的矿井光纤微震传感系统攻克了宽频光纤微震传感、高灵敏度光纤微震解调、精密时钟同步等关键技术，突破了传统电子微震传感系统灵敏度低、抗电磁干扰、扩展性差等技术瓶颈，实现了矿井微震监测由电子式向光纤式的升级换代。研制的分布式多点激光甲烷监测系统，在激光器输出端引入结构简单、密封性高的自校准气室，解决了对多个测量通道的精确校正的技术难题，实现了整机工作的长期稳定性；提出了多光路、弱光强条件下的增益自适应调节方法，解决了多光路微弱光强条件下甲烷吸收信号相位补偿和高精度数字同步解调，提高了解调系统的信噪比，实现了多光路甲烷的高精度检测。研制了矿井非接触供电系统，攻克了低频调制输出，负载动态匹配，电能拾取装置小型化、本安化等关键技术，突破了传统集中供电系统点对点供电可靠性差、远端供电能力弱、线路复杂等技术瓶颈，实现了煤矿井下本安型供电系统由集中式向分布式、由点对点向线对点方式的升级换代。

本书通过系统分析井下传感器数据所具有的多元、异构、海量等特征，研究了井下传感器数据多元海量动态信息的聚合理论与方法，基于特征选择策略的历史与在线数据挖掘模型的构建和更新理论与方法、需求驱动的煤矿典型动力灾害预警服务知识体系及其关键技术、漂移特征的潜在煤矿典型动力灾害预测方法与多粒度知识发现方法、大数据分析的动力灾害危险区域快速辨识及智能评价技术理论与方法，提出基于漂移数据反走样处理的煤矿典型动力灾害多粒度预测模型与方法，建立了面向煤矿典型动力灾害预测前兆信息模态构建的数据挖掘方法与模型，实现了动力灾害预测前兆信息模态的自动更新。

应用前景：构建了煤矿典型动力灾害前兆特征信息提取方法与灾害判识预警模型，为建立煤矿典型动力灾害精确预警方法和基于云技术的远程预警平台提供了技术支撑，实现了煤矿动力灾害危险区域快速辨识、动力圈定及智能评价，以及矿山动力灾害的全息模态化在线预测、预报和预警。煤矿典型动力灾害前兆信息采集传感技术装备可为动力灾害监控预警平台提供可靠的底层多元数据测量、传输支撑，有效提高灾害风险判识及预警准确性，确保对动力灾害的“事先预防”和矿井本质安全水平，减少安全事故发生、人员伤亡和财产损失，保障煤矿安全、高效运行。该装备应用于煤矿现场可促进行业安全技术装备的升级换代，推动行业技术全面进步，产生巨大的经济、社会效益。

4) 煤矿典型动力灾害监控预警系统平台及示范

重要进展和重要成果：基于以往煤矿典型动力灾害案例，研究了基于并行计算模型的多元异构数据的抽取、关联、聚合方法，提取了致灾因素。研究了多煤矿典型动力灾害中关键概念和关系的逻辑表示技术，探索了煤与瓦斯突出、冲击地压的动力灾害知识库构建技术，形成了区域内煤矿典型动力灾害数据的互联互通。针对煤矿典型动力灾害数据的多元、海量、动态及在线实时预警等特点，研究了适用于区域性煤矿典型动力灾害实时远程监控预警的云平台架构和云平台的存储及优化策略。设计了区域性突出预警服务接口，研发了基于服务模式的区域性突出灾害远程监控预警服务系统，实现了煤矿冲击地压、煤与瓦斯典型动力灾害预警信息远程发布、监管与运维，构建了冲击地压、煤与瓦斯突出灾害监控预警技术装备示范应用的共性关键集成架构体系；采用煤矿动力灾害前兆采集传感与多网融合传输技术装备，以及基于数据融合的灾害多元信息挖掘分析新技术、新方法，建立了煤矿典型动力灾害监控预警系统平台；基于多网融合技术和大数据、云技术，实现了煤矿典型动力灾害的远程在线智能预警，其可指导示范矿井冲击地压、煤与瓦斯突出灾害治理，验证动力灾害远程在线智能判识预警理论及方法的有效性。

应用前景：研究成果在深刻认识煤矿典型动力灾害多相多场耦合灾变机理及孕育过程的基础上，最终真正实现了煤矿典型动力灾害监控预警基础研究-关键技术开发-应用示范有机融合，建成了多个煤与瓦斯突出、冲击地压预警技术集成及示范工程，形成了我国煤矿典型动力灾害风险判识、监控预警技术体系及研发平台。在本研究过程中，优化集成了一大批灾害前兆信息采集传感、挖掘判识、远程传输、云计算、数据融合等先进技术，开发了系列装备，并将其应用于煤矿现场，实现了对新技术、新装备的验证、改进，从而引领行业整体创新，推动行业技术全面进步，产生了巨大的经济、社会效益。

第 2 章　煤矿冲击地压失稳灾变动力学机理与多场耦合致灾机制

冲击地压是矿山压力的一种特殊显现形式，其表现为煤岩体在几秒到十几秒内猛烈突出，造成支架损坏、片帮、冒顶、巷道堵塞，伤及工作人员，并产生巨大的响声和岩体震动。历史上有记录的矿山冲击地压最大震级已超过里氏 5 级。世界上几乎所有矿山开采的国家都不同程度地受到冲击地压灾害的威胁。1783 年，英国在世界上首次报道了煤矿中所发生的冲击地压现象，之后在苏联、南非、德国、美国、加拿大、印度、英国、波兰等几十个国家和地区，都有发生冲击地压现象的报道。波兰是受冲击地压威胁最严重的国家之一，全国 67 个煤矿中有 36 个煤矿的煤层具有冲击危险性，1949～1978 年共发生破坏性冲击地压 3097 次；德国 1949～1978 年共发生破坏性冲击地压 1001 次；20 世纪 80 年代苏联 194 个矿井的 847 个煤层有冲击危险性，并发生了 750 次有严重后果的冲击地压灾害。因此，国际上对冲击地压的研究给予了极大的关注。

2.1　多场多尺度耦合作用下煤岩变形和裂隙扩展特征

研究多场多尺度耦合作用下煤岩变形和裂隙扩展特征，分析微结构和裂隙分布对煤岩破裂形态及其演化规律的影响，量化煤岩内部微结构变形和破坏特征与其物理力学性能之间的关系，研究煤岩物理力学属性、非线性动力学特性、强度弱化、能量耗散与释放规律和瞬时动态失稳破坏机理之间的关系，是建立多场多尺度耦合条件下煤岩稳定性控制新理论和新方法的重要途径。因此，本章从煤岩微结构分析、煤岩裂纹扩展和瞬时动态失稳机理、冲击荷载作用下煤岩表面应力和变形破坏特征等方面对多场多尺度耦合作用下煤岩变形和裂隙扩展特征进行研究。

2.1.1　多场作用下覆岩采动裂隙场演化规律研究

在基岩顶部赋存含水层条件下，煤层开采后覆岩破坏受到渗流场和应力场的综合影响，覆岩中存在诸多原生裂隙，渗流场和应力场的重新分布通常造成原始裂隙保持原始孤立、局部发育贯通、大幅度发育并贯通等多种状态，最终覆岩按破坏程度自上而下依次形成弯曲下沉带、裂隙带、垮落带。覆岩采动裂隙分区演化示意如图 2-1 所示。

1. 多场耦合条件下岩体破坏机理

渗流场及应力场的耦合作用在力学领域称为流固耦合作用。裂隙岩体由岩石和结构面组成，地下岩体由于自身及覆岩重力处于特定的应力场环境中，若岩体中赋存一定的孔隙水压，此时岩体处于原始渗流场与应力场平衡环境。

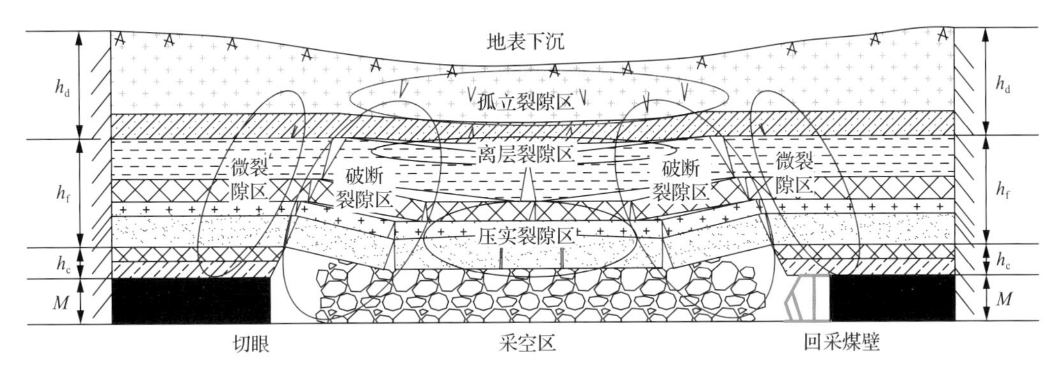

图 2-1 覆岩采动裂隙分区演化示意图

M-采高；h_c-垮落带高度；h_f-裂隙带高度；h_d-弯曲下沉带高度

受开挖、支护等工程活动影响，岩体内应力场和渗流场重新分布，若重新分布的应力集中区域应力达到岩体破坏强度时，岩体将会产生破坏，形成宏观裂隙。

$$K_f = \frac{\rho g d^3}{12\mu s} \tag{2-1}$$

$$d = d_0 \cdot e^{-a\sigma} \tag{2-2}$$

$$K_f = K_{f0} \cdot (\sigma - p)^{-D} \tag{2-3}$$

式中，K_f 为裂隙介质渗透系数，m/s；ρ 为水的密度，kg/m^3；g 为重力加速度，N/kg；d 为任意时刻裂隙宽度，m；μ 为流体动力黏滞系数，Pa/s；s 为裂隙间距，m；d_0 为初始时刻裂隙宽度，m；a 为实验系数；σ 为裂隙面所受正应力，Pa；K_{f0} 为裂隙岩体初始时刻渗透系数，m/s；p 为孔隙水压，Pa；D 为裂隙分形维数。

宏观裂隙是应力场和渗流场之间相互转换的纽带。由式(2-1)～式(2-3)可知：宏观裂隙张开度随着法向正应力的增大呈负指数减小，裂隙岩体的渗透系数随着宏观裂隙张开度的减小呈三次函数降低，裂隙岩体的渗透系数随着有效应力的增加呈幂函数降低。裂隙岩体中应力场和渗流场重新分布时，二者通过宏观裂隙张开度不断地进行调整，从而达到新的平衡。

1) 应力场对渗流场的作用

应力场对渗流场的作用本质为应力场改变岩体裂隙张开度。裂隙表面并非光滑的，而是具有一定的粗糙度，在应力作用下，裂隙面受到的法向应力越大，裂隙岩体内部结构相对凸起区域应力越易集中，当该处应力大于其抗压强度时，凸起区域首先发生破坏产生岩石碎屑，岩石碎屑有可能进一步粉化，岩石碎屑或岩粉在力的作用下发生移动，使得裂隙有效接触面积减小，从而减小裂隙开度。裂隙岩体所受应力越大，裂隙有效接触面积和开度越小。裂隙岩体的渗流场可以用渗流量与渗透率进行描述。基于立方定律，裂隙岩体的渗流量与裂隙开度呈三次方关系，裂隙开度微小的改变将会引起渗流量大幅度改变；裂隙岩体的渗透率与裂隙开度呈二次方关系，裂隙开度的微小改变将对裂隙岩体的渗透率造成较大影响。

当裂隙岩体受剪切应力较大时，裂隙表面的不平整性使得局部凸起区域相对更易发生剪切变形，造成裂隙开度减小。随着剪切应力的增大，局部凸起区域剪切应力超过其抗剪强度而被剪掉，反而促使裂隙开度增大。裂隙开度受剪切应力影响较大，导致其渗流场状态随着剪切应力大小的改变而改变。

以上内容主要分析宏观单裂隙的开度与法向应力、剪切应力的关系，裂隙岩体中存在多条纵横交错的裂隙网络，其渗流场的分布不仅与每条裂隙的开度相关，也取决于裂隙网络之间的贯通性及裂隙的分布状态。

2) 渗流场对应力场的作用

渗流场对应力场的作用本质为渗流场弱化岩体强度。地下岩体中赋存孔隙水压时，地下水由于水压差发生渗流而作用于岩体表面时，一方面促使裂隙岩体发生渗流变形，改变其物理结构，另一方面增加岩体承受载荷、改变岩体的受力状态及力学性质。地下水在发生渗流时对裂隙岩体主要产生化学侵蚀、物理软化、水力影响三种作用。

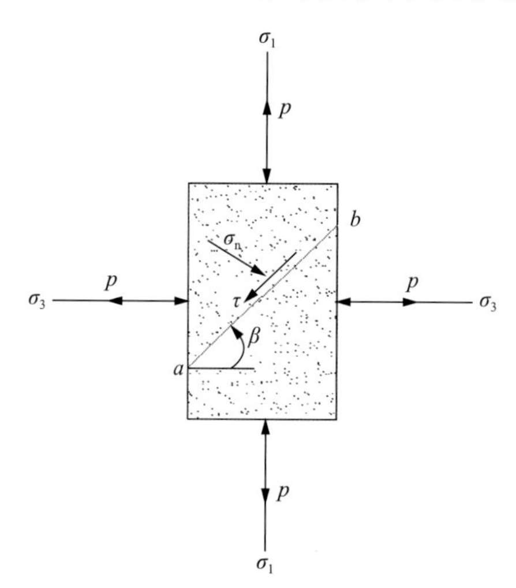

图 2-2 含有单裂隙结构面的岩体受力分析

3) 渗流场对岩体强度的影响

裂隙岩体中存在孔隙水压时，孔隙水压对岩体强度及变形存在较大影响，作用于裂隙岩体的有效应力为总应力与孔隙水压之差。裂隙岩体中渗流场与应力场相互作用时主要考虑有效应力对岩体强度或变形的影响，在平面应力状态下，含有单裂隙结构面的岩体受力分析如图 2-2 所示。

裂隙岩体中存在一组结构面 ab，假设 ab 面与最小主应力 σ_3 之间夹角为 β，σ_1 为最大主应力，p 为孔隙水压。由莫尔应力圆理论可得结构面 ab 上法向应力及剪切应力为

$$\begin{cases}\sigma_{\mathrm{n}}=\dfrac{1}{2}(\sigma_1+\sigma_3)-p+\dfrac{1}{2}(\sigma_1-\sigma_3)\cos 2\beta \\ \tau=\dfrac{1}{2}(\sigma_1-\sigma_3)\sin 2\beta\end{cases} \tag{2-4}$$

结构面强度准则为库仑准则：

$$\tau=\sigma_{\mathrm{n}}\cdot\tan\varphi+c \tag{2-5}$$

式中，σ_{n} 为结构面法向应力，Pa；τ 为结构面剪切应力，Pa；φ 为内摩擦角，(°)；c 为黏聚力，Pa。

单裂隙结构面岩体受孔隙水压影响时的强度曲线如图 2-3 所示，$2\beta_0$ 为结构面上应力处于极限应力状态时结构面与最小主应力之间的夹角，此时该应力状态下的莫尔应力圆和结构面强度包络线相切，若结构面与最小主应力之间的夹角处于 $2\beta_1$ 与 $2\beta_2$ 之间，则

该岩体处于破坏状态。

由图 2-3 可知，曲线Ⅰ、Ⅱ、Ⅲ为单裂隙岩体未受到孔隙水压、孔隙水压为 p_1、孔隙水压为 p_2 时的莫尔应力圆，裂隙岩体受到的孔隙水压由 p_1 变为 p_2 时，其最大主应力方向的有效应力从 σ_1-p_1 变为 σ_1-p_2，其最小主应力方向的有效应力从 σ_3-p_1 变为 σ_3-p_2，随着孔隙水压的增大，裂隙岩体莫尔应力圆依次向左移动，裂隙岩体应力状态的强度包络线处于曲线Ⅰ时表明裂隙岩体未发生破坏，处于曲线Ⅱ时表明裂隙岩体处于临界破坏状态，处于曲线Ⅲ时表明裂隙岩体已处于破坏状态，岩体发生破坏的可能性随着孔隙水压的增大而增大。

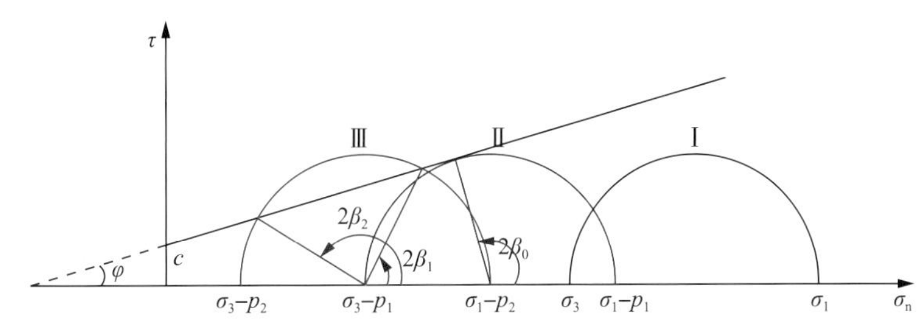

图 2-3　单裂隙结构面岩体受孔隙水压影响时的强度曲线

2. 多场作用下覆岩裂隙演化模型

工作面回采过程中，含水层一方面作为载荷作用于采空区覆岩，增加了覆岩承受载荷，另一方面对覆岩力学性质具有软化作用，降低其强度。在厚含水层条件下，受采动影响覆岩破坏时各破断岩块之间裂隙的形成或闭合与含水层对覆岩力学性质的软化效果密切相关。

1) 覆岩破坏极限跨距

A. 基本顶初次来压极限跨距

工作面由切眼处持续推进，当基本顶悬露至一定跨度时会发生断裂、回转、滑落或变形失稳，造成工作面顶板下沉量急剧增加、支架支护阻力急剧增大、局部或大面积冒顶等现象(基本顶初次来压)。基本顶初次来压时其受力状态可按固支梁受力进行分析，若基本顶较厚，受力状态与一般情况不同，此时基本顶应力求解宜采用弹性力学。初次来压固支梁力学模型如图 2-4 所示，其拉应力和剪切应力表达式为

$$\begin{cases}\sigma_x=-\dfrac{6q}{h^3}x^2y+\dfrac{4q}{h^3}y^3+\left(\dfrac{2ql^2}{h^3}-\dfrac{3q}{5h}\right)y\\[2ex]\tau_{xy}=\dfrac{6q}{h^3}xy^2-\dfrac{3q}{2h}x\end{cases}\tag{2-6}$$

式中，x、y 分别为 x、y 坐标和坐标值；q 为岩梁自重及上覆载荷，Pa；h 为岩梁厚度，m；l 为破断岩块长度，m。

取 q=2.66MPa、h=32m、l=65m，根据式(2-6)运用 Matlab 绘制固支梁内拉应力及剪切应力分布，如图 2-5 所示。

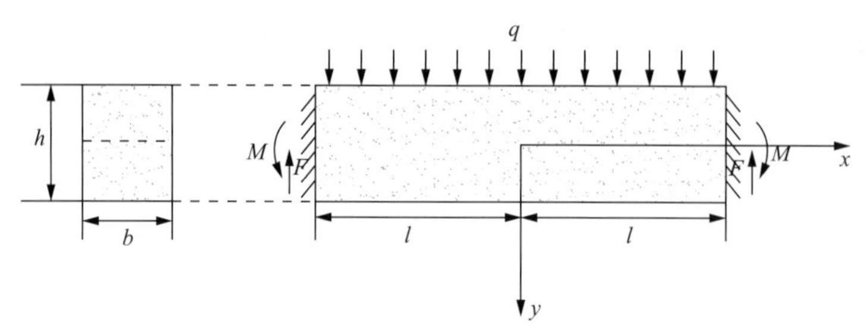

图 2-4　初次来压固支梁力学模型

b-煤柱宽度

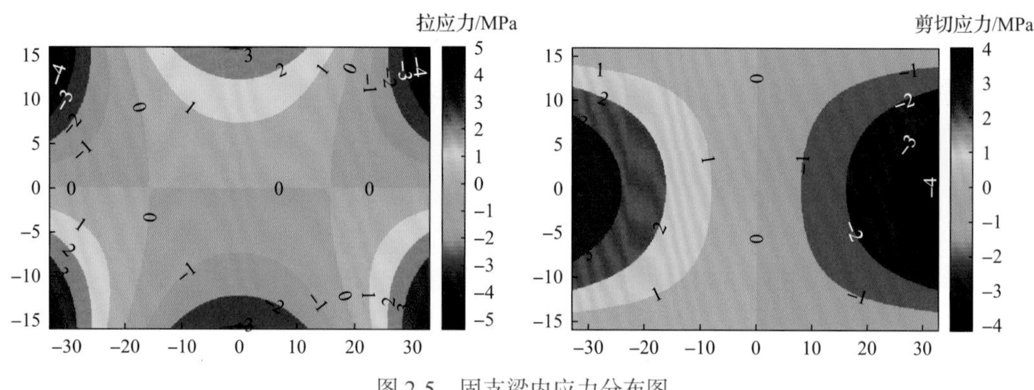

图 2-5　固支梁内应力分布图

由图 2-5 可知，固支梁上部两端处拉应力首先达到最大值，然后在下部中间位置再次达到最大值，由于岩石材料抗拉强度远小于抗压强度，则固支梁首先在上部两端破坏开裂，随后在下部中间位置处破坏开裂。剪切应力在固支梁中间位置上下部均为零，拉应力在此处为最大主应力，此时固支梁在下部中间位置(0，$h/2$)处达到的最大拉应力为

$$\sigma_{\max} = \sigma_x|(0, h/2) = \frac{q}{5} + \frac{ql^2}{h^2} \tag{2-7}$$

依据最大拉应力强度准则 $\sigma_{\max} = \frac{q}{5} + \frac{ql^2}{h^2} \leqslant \delta[\sigma_t]$，可得固支梁不发生拉伸破坏时的极限跨距为

$$L_g \leqslant 2h\sqrt{\frac{\delta[\sigma_t]}{\eta q} - \frac{1}{5}} \tag{2-8}$$

式中，σ_t 为固支梁极限抗拉强度，Pa；L_g 为固支梁极限跨距，m；η 为安全系数，一般取 1.5；δ 为固支梁流固耦合软化系数。

由式(2-8)可知，固支梁初次来压极限跨距与固支梁流固耦合软化系数成正比，含水层对固支梁软化作用越强，则固支梁初次来压极限跨距减小程度越大。

B. 基本顶周期来压极限跨距

工作面初次来压后，随着工作面持续推进，覆岩裂隙带岩体周期性出现“稳定—失稳—稳定”现象，导致工作面顶板下沉量、支架支护阻力随工作面持续推进呈周期性显现(基本顶周期来压)。基本顶周期来压时其受力状态可按悬臂梁受力进行分析，基本顶较厚时，其应力求解宜采用弹性力学。周期来压悬臂梁力学模型如图 2-6 所示，其拉应力和剪切应力表达式为

$$
\begin{cases}
\sigma_x = -\dfrac{6q}{h^3}y(x+l)^2 + \dfrac{4q}{h^3}y^3 - \dfrac{3q}{5h}y \\
\tau_{xy} = \dfrac{6q}{h^3}y^2(x+l) - \dfrac{3q}{2h}(x+l)
\end{cases}
\tag{2-9}
$$

式中各物理量含义同式(2-6)，取 q =2.66MPa、h =32m、l =30m，根据式(2-9)运用 Matlab 绘制悬臂梁内拉应力及剪切应力大小分布，如图 2-7 所示。

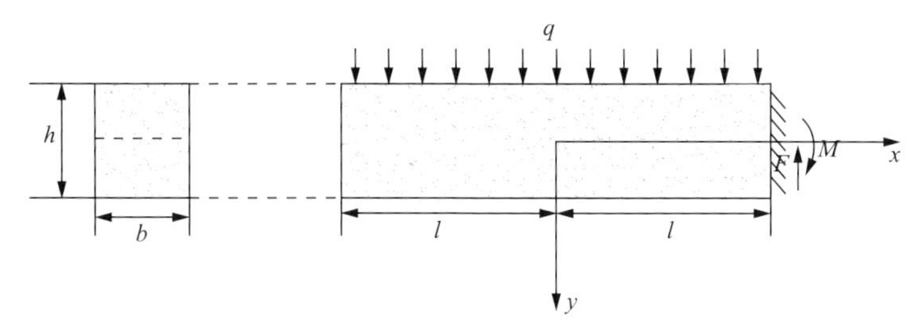

图 2-6　周期来压悬臂梁力学模型

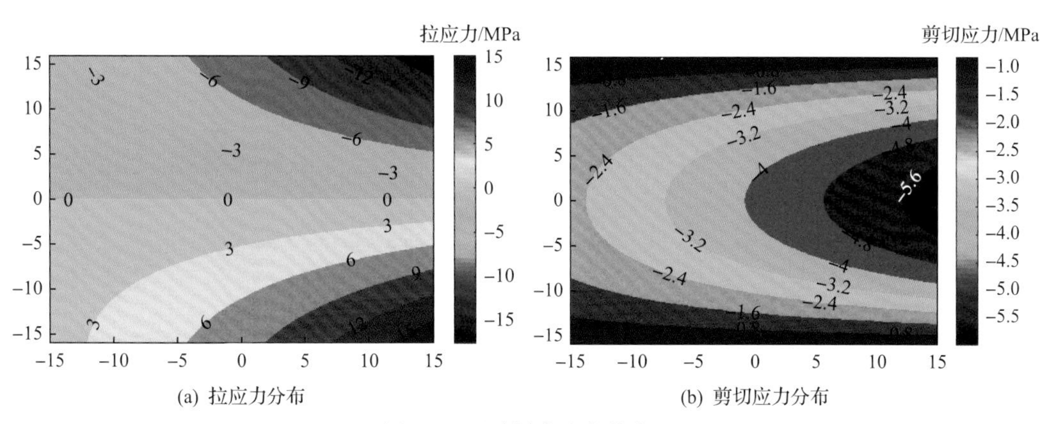

图 2-7　悬臂梁内应力分布图

由图 2-6 可知，悬臂梁上部右端处拉应力首先达到最大值，由于岩石材料抗拉强度远小于抗压强度，则悬臂梁破坏开裂位置为上部右端，剪切应力在此位置为零，拉应力为最大主应力，此时悬臂梁在上部右端位置$(l,-h/2)$处达到的最大拉应力为

$$
\sigma_{\max} = \sigma_x|(l,-h/2) = \frac{3ql^2}{h^2} - \frac{q}{5}
\tag{2-10}
$$

依据最大拉应力强度准则 $\sigma_{\max} = \dfrac{3ql^2}{h^2} - \dfrac{q}{5} \leqslant \delta[\sigma_t]$，可得悬臂梁不发生拉伸破坏时的

极限跨距为

$$L_z \leqslant h\sqrt{\frac{\delta[\sigma_t]}{3\eta q}+\frac{1}{15}} \tag{2-11}$$

式中，L_z为悬臂梁极限跨距，m；其余各物理量含义同式(2-8)。

由式(2-11)可知，悬臂梁周期来压极限跨距与悬臂梁流固耦合软化系数成正比，含水层对悬臂梁软化作用越强，则悬臂梁周期来压极限跨距减小程度越大。

2)覆岩离层裂隙演化模型

地下沉积岩层形成过程中，因其矿物成分、结构、上下层位关系、形成时间等差异，煤层覆岩力学性质(抗拉强度、抗弯刚度)存在较大差别，一般而言，处于下位的岩层其强度和各岩层之间的黏结力较大。

A. 弯曲离层裂隙

受煤层采动影响，覆岩应力重新分布时，不同岩性的岩层内应力分布差异较大，如图 2-8 所示，初次来压时，若覆岩中处于下位的岩层未达到极限跨距仅产生弯曲变形，采空区上位与下位岩层之间存在一定的空隙，则下位岩层可向下弯曲，与上位岩层分离形成离层裂隙，此类条件下满足式(2-12)时可因下位岩层弯曲而形成离层裂隙。

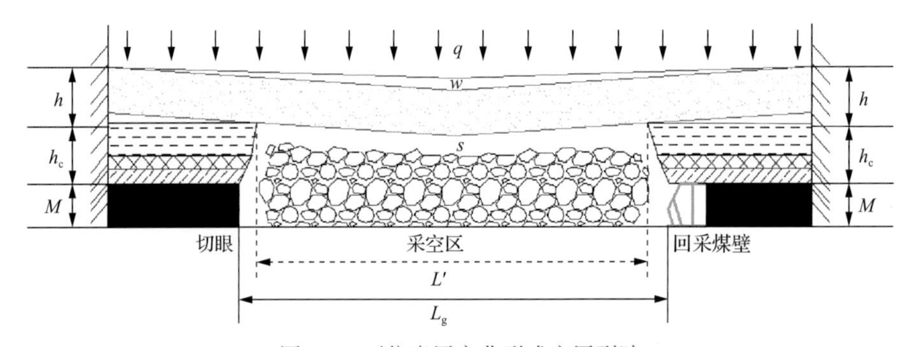

图 2-8　下位岩层弯曲形成离层裂隙

$$\begin{cases} L' < L_g = 2h\sqrt{\dfrac{\delta[\sigma_t]}{\eta q}-\dfrac{1}{5}} \\ w = \dfrac{5qL'^4}{384EI} < s = M - \sum\limits_{z=1}^{m} h_z(k_z-1) - \sum\limits_{i=m}^{n} h_i(k_i-1) \\ q = \dfrac{E_m h_m^3 \sum\limits_{i=m}^{n} \gamma_i h_i}{\sum\limits_{i-m}^{n} E_i h_i^3} \end{cases} \tag{2-12}$$

式中，L'为岩梁悬露长度，m；E 为岩梁弹性模量，Pa；w 为岩梁弯曲挠度，m；I 为岩梁抗弯截面模量($L'h^3/12$)，Pa；s 为岩梁与采空区之间空隙，m；M 为采高，m；h_z为任意一层直接顶厚度，m(共 m 层直接顶)；k_z 为任意一层直接顶残余碎胀系数；h_i 为任意一层基本顶厚度，m(共有 $n–m$ 层基本顶)；k_i 为任意一层基本顶残余碎胀系数。

直接顶或基本顶初始、残余碎胀系数如表 2-1 所示，坚硬程度划分如表 2-2 所示。

表 2-1　覆岩名称及初始、残余碎胀系数

覆性	初始碎胀系数	残余碎胀系数
松散砂	1.05～1.15	1.01～1.03
黏土	1.20 以下	1.03～1.07
碎煤	1.20 以下	1.05
泥质页岩	1.40	1.10
砂质页岩	1.60～1.80	1.10～1.15
硬砂岩	1.50～1.80	
软岩		1.02
中硬岩		1.025
硬岩		1.03

表 2-2　覆岩坚硬程度　　(单位：MPa)

岩石饱和单轴抗压强度	>60	30～60	15～30	5～15	<5
坚硬程度	硬岩	中硬岩	中软岩	软岩	极软岩

$$\begin{cases} L' \geqslant L_{\mathrm{g}} = 2h\sqrt{\dfrac{\delta[\sigma_{\mathrm{t}}]}{\eta q} - \dfrac{1}{5}} \\ \dfrac{h}{L_{\mathrm{g}}/2} \leqslant \dfrac{1}{2}\tan\varphi \\ w = \dfrac{5qL'^4}{384EI} < s = M - \sum\limits_{z=1}^{m} h_z(k_z - 1) - \sum\limits_{i=m}^{n} h_i(k_i - 1) \end{cases} \tag{2-13}$$

B. 弯拉离层裂隙

初次来压时若覆岩中下位岩层达到极限跨距，岩梁的破坏过程为岩梁在载荷作用下先发生弯曲变形，然后在岩梁上部两端破坏(弯拉破坏)，若岩梁在两端处剪切应力小于摩擦力，虽然下位岩层达到极限跨距但能够保持自身结构完整性(未发生滑落失稳)，采空区上位与下位岩层之间存在一定的空隙，此时上、下位岩层之间也将出现离层裂隙，如图 2-9 所示。此类条件下满足式(2-13)时因下位岩层弯拉破坏未发生剪切滑移而形成离层裂隙。

C. 砌体结构离层裂隙

周期来压时采空区内覆岩中下位岩层达到极限跨距而破坏的岩层在载荷作用下逐渐被压实，在压实区和回采煤壁之间存在一定宽度的“O”形圈，“O”形圈内下位岩层虽

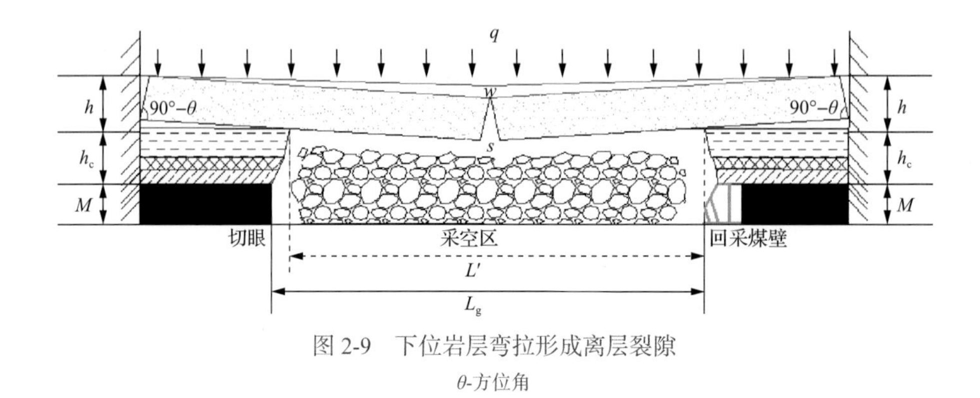

图 2-9 下位岩层弯拉形成离层裂隙

θ-方位角

然破坏但破断岩块之间存在一定的作用力，形成外表类似砌体、内部含有裂隙的砌体梁结构。该砌体梁结构破断岩块与上位未破坏岩层之间形成离层裂隙，如图 2-10 所示，离层量自工作面至采空压实区逐渐增大，各破断岩块与上位未破坏岩层之间的离层量用式(2-14)计算：

$$\begin{cases} w_i = w_{\max}\left(1-\mathrm{e}^{-\frac{x}{2L_z}}\right) \\ w_{\max} = w_n = M - \sum_{z=1}^{m} h_z(k_z-1) - \sum_{i=m}^{n} h_i(k_i-1) \end{cases} \tag{2-14}$$

式中，w_i 为破断岩块与上位未破坏岩层之间的离层量，m；$w_{\max}$ 为破断岩块与上位未破坏岩层之间的最大离层量，m；x 为破断岩块与工作面之间的水平距离，m。

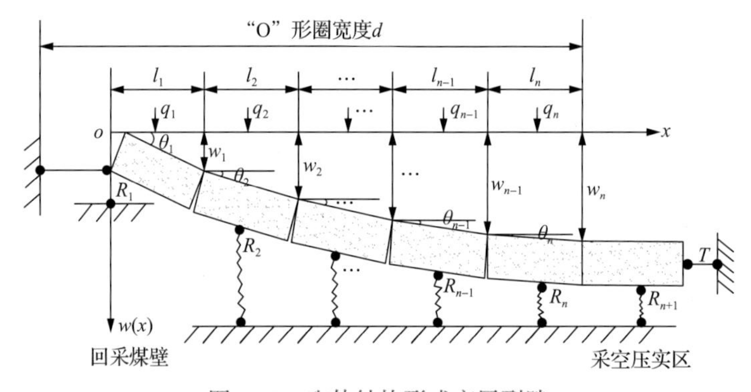

图 2-10 砌体结构形成离层裂隙

R-支撑力；l_i-任意破断岩块长度；q_i-任意岩梁自重及上覆载荷；w_i-任意破断岩块与上位未破坏岩层之间的离层量；θ_i-任意破断岩块方位角

3) 覆岩破断裂隙演化模型

A. 拉剪破断裂隙

初次来压时若覆岩中下位岩层达到极限跨距，且岩梁两端咬合点处剪切应力大于该处摩擦力，则下位岩层达到极限跨距时已不能保持自身结构完整性而发生滑落，采空区上位与下位岩层之间存在一定的空隙，此时下位岩层因滑落失稳在端部形成底部张开度为 $s\cdot\tan\theta$、上部张开度为 $h\cdot\tan\theta$ 的破断裂隙，中间位置形成张开度为 $s\cdot\sin\theta$、长度为 $(h-s)/\cos\theta$ 的破断裂隙，如图 2-11 所示，式(2-15)条件满足时可因下位岩层滑落失稳而形成破断裂隙。

$$
\begin{cases}
L' \geqslant L_{\mathrm{g}} = 2h\sqrt{\dfrac{\delta[\sigma_{\mathrm{t}}]}{\eta q} - \dfrac{1}{5}} \\
\dfrac{h}{L'/2} > \dfrac{1}{2}\tan\varphi \\
s = M - \sum\limits_{z=1}^{m} h_z(k_z - 1) - \sum\limits_{i=m}^{n} h_i(k_i - 1) > 0
\end{cases}
\tag{2-15}
$$

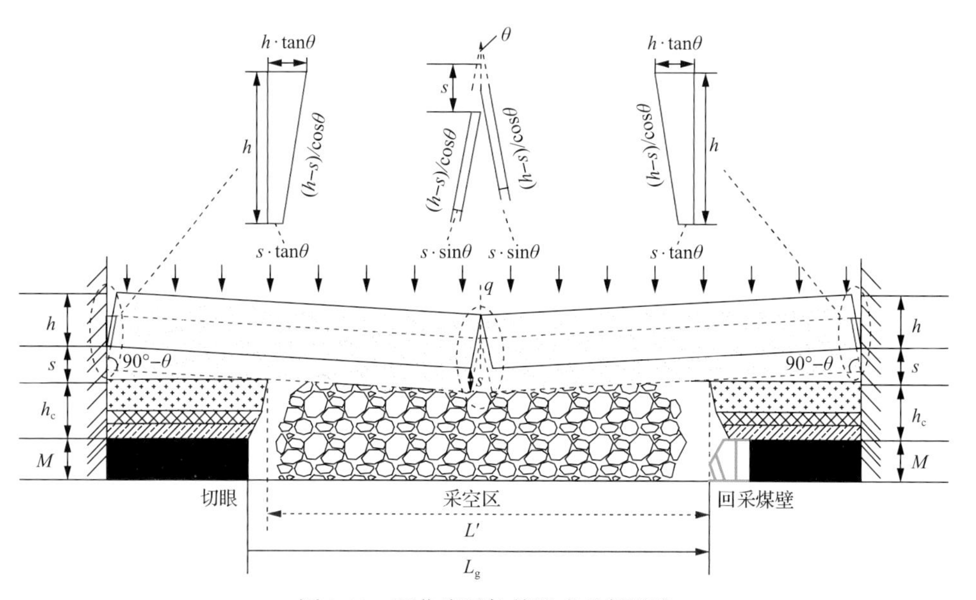

图 2-11 下位岩层拉剪形成破断裂隙

B. 砌体破断裂隙

周期来压时采空区内覆岩中下位岩层达到极限跨距时，破坏的岩层在载荷作用下各破断相邻岩块依次从回采煤壁至采空区进行回转压实，在采空区压实区和工作面之间存在一定宽度的“O”形圈，“O”形圈内下位破断岩块回转及压实程度较采空区压实区小，各破断岩块间形成上部张开度较小、下部张开度较大的破断裂隙，如图 2-12 所示，破断裂隙下沉量为

$$
\begin{cases}
w_i = w_{\max}\left(1 - \mathrm{e}^{-\frac{x}{2L_z}}\right) \\
w_{\max} = w_n = M - \sum\limits_{z=1}^{m} h_z(k_z - 1) - \sum\limits_{i=m}^{n} h_i(k_i - 1)
\end{cases}
\tag{2-16}
$$

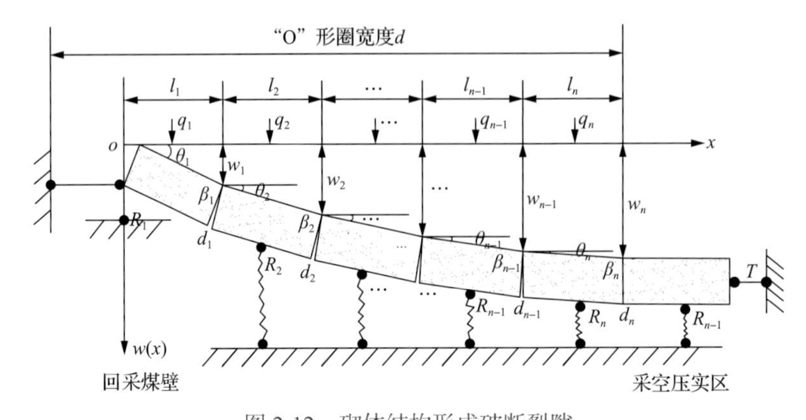

图 2-12 砌体结构形成破断裂隙

d_i-任意破断裂隙的等效裂隙宽度；β_i-任意破断裂隙下部的张开角

由几何关系可得

$$\begin{cases} \sin\theta_i = \dfrac{w_{i+1} - w_i}{L_z} \\ \beta_i = \theta_i - \theta_{i+1} \end{cases} \tag{2-17}$$

联立式(2-16)和式(2-17)可得破断裂隙下部的张开角为

$$\begin{aligned} \beta_i = \theta_i - \theta_{i+1} &= \arcsin\frac{w_{i+1} - w_i}{L_z} - \arcsin\frac{w_{i+2} - w_{i+1}}{L_z} \\ &= \arcsin\frac{w_{\max}}{L_z}\left(\mathrm{e}^{-\frac{x_i}{2L_z}} - \mathrm{e}^{-\frac{x_{i+1}}{2L_z}}\right) - \arcsin\frac{w_{\max}}{L_z}\left(\mathrm{e}^{-\frac{x_{i+1}}{2L_z}} - \mathrm{e}^{-\frac{x_{i+2}}{2L_z}}\right) \end{aligned} \tag{2-18}$$

岩梁在初次断裂时岩块回转完成后最大张开度为上部张开度的 2 倍，在周期断裂回转过程中各破断岩块之间张开度之差即破断裂隙下部的张开度，计算如下：

$$d = h_i(\sin\theta_i - \sin\theta_{i+1}) = \frac{h_i \cdot w_{\max}}{L_z}\left(\mathrm{e}^{-\frac{x_i}{2L_z}} + \mathrm{e}^{-\frac{x_{i-2}}{2L_z}} - 2\mathrm{e}^{-\frac{x_{i+1}}{2L_z}}\right) \tag{2-19}$$

4) 覆岩闭合裂隙演化模型

工作面经历初次来压和周期来压后，覆岩受采动影响形成离层裂隙和破断裂隙。随着工作面持续前进，采空区逐渐被压实，此过程中岩层或破断岩块(含有离层裂隙及破断裂隙)会发生挤压或回转，造成覆岩离层裂隙及破断裂隙开度减小甚至闭合，裂隙的闭合程度与采空区破断岩块或弯拉岩层的应力恢复程度、破断岩块的水理性质(膨胀性、软化性、崩解性)密切相关，采空区破断岩块或弯拉岩层的垂直应力恢复程度越高、水理性质越好，覆岩采动裂隙闭合和压实效果越好。

A. 有效应力恢复型闭合裂隙

工作面推进后，采空区上方覆岩应力逐渐恢复，此过程中覆岩弯拉岩层或破断岩块随着覆岩应力的逐渐恢复而发生挤压或回转，造成覆岩采动裂隙开度逐渐减小甚至闭合。若覆岩中存在一定的孔隙水压，此类裂隙闭合程度主要取决于覆岩有效应力的恢复程度。覆岩有效应力恢复阶段单裂隙力学模型如图 2-13 所示。

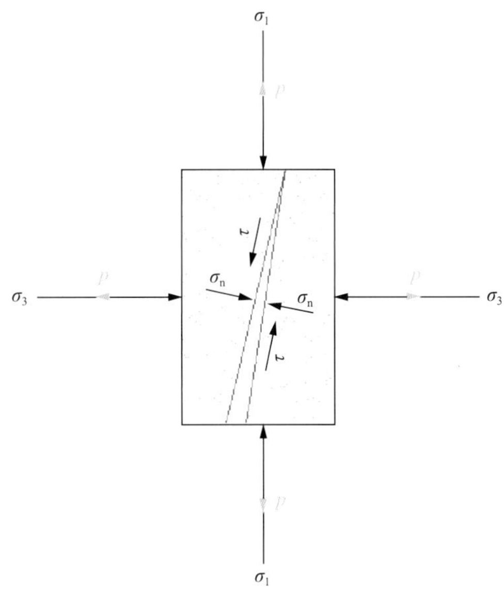

图 2-13 覆岩有效应力恢复阶段单裂隙力学模型

σ_3-水平应力；σ_1-垂直恢复应力；p-孔隙水压；σ_n-裂隙面法向应力；τ-裂隙面切向应力

裂隙面法向应力、切向应力与垂直恢复应力、水平应力的关系如下：

$$\begin{cases}\sigma_{\mathrm{n}}=(\sigma_3-p)\sin^2\beta+(\sigma_1-p)\cos^2\beta \\ \tau=\dfrac{1}{2}(\sigma_1-\sigma_3)\sin 2\beta\end{cases} \tag{2-20}$$

式中，β 为裂隙与水平应力方向的夹角。

垂直恢复应力、水平应力公式为

$$\begin{cases}\sigma_1=\gamma\cdot z \\ \sigma_3=\lambda\sigma_1=\dfrac{\nu}{1-\nu}\sigma_1\end{cases} \tag{2-21}$$

式中，γ 为容重；λ 为侧压系数；z 为采空区覆岩埋深，m；ν 为泊松比。

裂隙在法向应力作用下的闭合量计算公式为

$$d_{\mathrm{c}}=\frac{\sigma_{\mathrm{n}}}{k_{\mathrm{n}}+\sigma_{\mathrm{n}}/d_{\max}} \tag{2-22}$$

式中，d_c 为裂隙闭合量，m；k_n 为裂隙法向刚度，Pa/m；d_{max} 为裂隙最大开度，mm。

联立式(2-20)～式(2-22)可得裂隙剩余开度为

$$d_{\mathrm{s}}=d_{\max}-\frac{\sigma_{1}\left(\frac{\nu}{1-\nu}\sin^{2}\beta+\cos^{2}\beta\right)-p}{k_{\mathrm{n}}+\left\{\left[\sigma_{1}\left(\frac{\nu}{1-\nu}\sin^{2}\beta+\cos^{2}\beta\right)-p\right]/d_{\max}\right\}} \tag{2-23}$$

式中，d_s为裂隙剩余开度，mm。

可知，裂隙在法向应力作用下其剩余开度与垂直恢复应力、泊松比、裂隙与水平应力方向的夹角、孔隙水压、裂隙法向刚度、裂隙最大开度均有关。取ν=0.25、β=45°、k_n=0.1Pa/m、d_{max}=50mm，在不同孔隙水压条件下垂直恢复应力与裂隙剩余开度关系如图 2-14 所示。

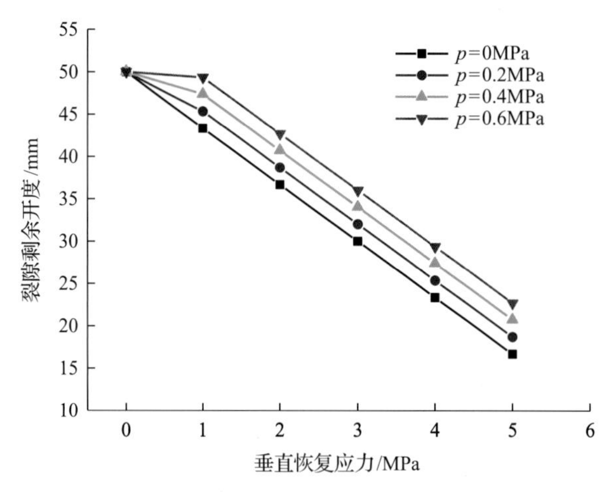

图 2-14 不同孔隙水压条件下垂直恢复应力与裂隙剩余开度关系

由图 2-14 可知，相同孔隙水压条件下，裂隙剩余开度随着垂直恢复应力的增大而急剧减小，说明垂直恢复应力越大，裂隙的闭合程度越大；垂直恢复应力相同时，孔隙水压越大有效恢复应力越小，裂隙的闭合程度也越小。说明裂隙的闭合程度与垂直恢复应力呈正相关，与孔隙水压呈负相关。

B. 膨胀崩解型闭合裂隙

覆岩中黏性隔水层中的裂隙闭合程度与自身的矿物成分及水理性质(膨胀性、软化性、崩解性)密切相关,含有吸水易膨胀类的黏土矿物(高岭土、蒙脱石氧化铁及有机物)越多,黏性隔水层之前由于拉伸破坏或弯曲形成的破断及离层裂隙在遇水后越易发生膨胀或崩解，促使裂隙闭合或部分闭合，有助于实现保水开采。

隔水层采动裂隙遇水后发生膨胀，裂隙开度减小，假设隔水层采动裂隙与垂直恢复应力方向平行，水环境下裂隙膨胀模型如图 2-15 所示，裂隙遇水膨胀量为 $2d_c$，膨胀量计算如下：

$$d_{\mathrm{s}}'=2d_{\mathrm{c}}'=2v\cdot t_{\mathrm{m}}\cdot\eta_{\mathrm{m}} \tag{2-24}$$

式中，d_s' 为裂隙最大膨胀量，m；d_c' 为裂隙膨胀量，m；v 为隔水层材料渗透系数，m/h；

t_m 为裂隙达到最大膨胀量时吸水时间，h。

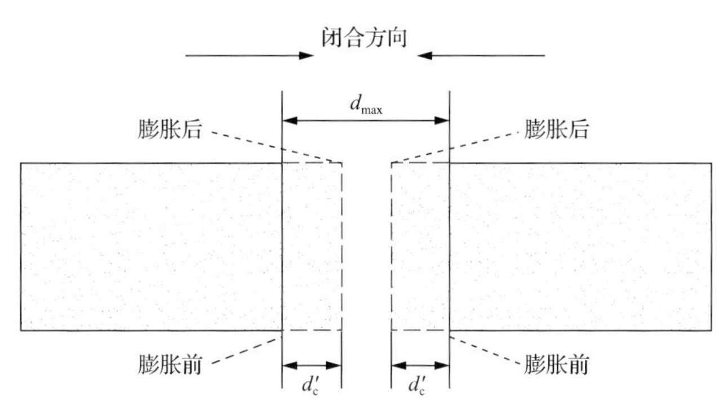

图 2-15 水环境下裂隙膨胀模型

膨胀性岩层膨胀率与所含膨胀性矿物种类、同种膨胀性矿物含量相关，膨胀性矿物吸水能力越强，岩块膨胀量越大，裂隙剩余开度越小。同种膨胀性矿物(以高岭土为例)含量对岩块膨胀率的影响如图 2-16 所示。

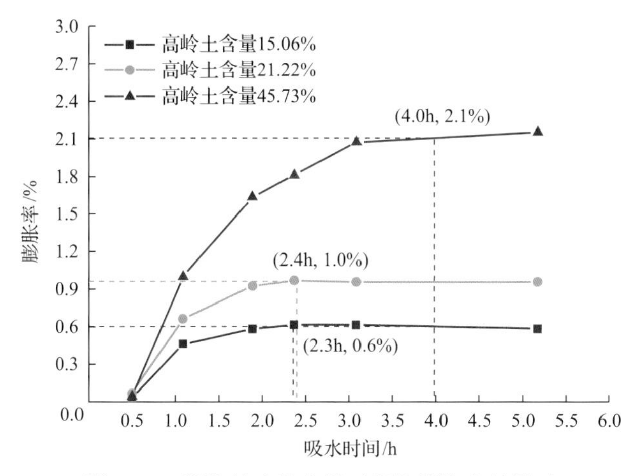

图 2-16 膨胀性矿物含量对岩块膨胀率的影响

由图 2-16 可知，岩块膨胀率在一定时间内随着吸水时间增加而增大，高岭土含量为 45.73%的岩块达到最大膨胀率 2.1%历时 4.0h；高岭土含量为 21.22%的岩块达到最大膨胀率 1.0%历时 2.4h；高岭土含量为 15.06%的岩块达到最大膨胀率 0.6%历时 2.3h。膨胀性矿物含量越多，岩块的膨胀率越大，达到最大膨胀率所需时间也越长，说明岩块的膨胀率与膨胀性矿物含量成正比。

膨胀性岩块膨胀量与其渗透系数、吸水时间、最大膨胀率均相关，以渗透系数为 0.856m/d、高岭土含量为 45.73%为例，分析膨胀性岩块膨胀量与吸水时间的关系，如图 2-17 所示。

由图 2-17 可知，在吸水 0～3.0h 时岩块膨胀量急剧增加，3.0～5.5h 时岩块膨胀量缓慢增加甚至平稳不变，在吸水 3.1h 时其膨胀量达到最大值 4.56mm。研究得出岩块遇水膨胀时膨胀量并非与渗透系数、吸水时间呈线性正比，而是随着吸水时间的延长先急剧增加、后缓慢增加、再呈稳定的“S”形增长，由此说明，膨胀性岩块在吸水膨胀过程中存在最大的膨胀量及对应的吸水时间，若此值大于原始裂隙宽度，则裂隙发生闭合，反之则只能促使裂隙发生部分闭合。

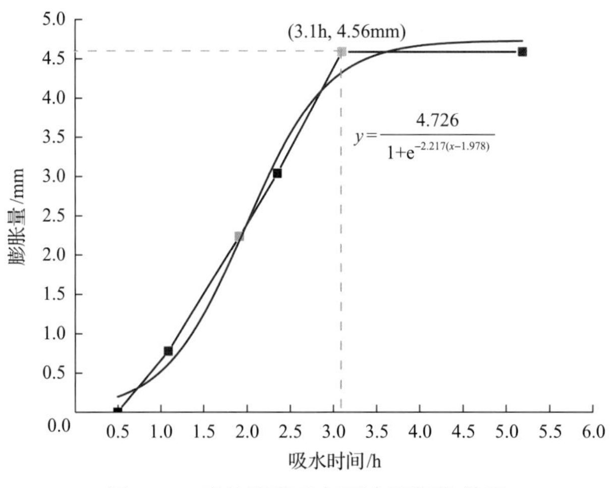

图 2-17 岩块膨胀量与吸水时间的关系

3. 多场作用下覆岩裂隙高度及形态演化模型

1) 覆岩充分破坏前裂隙高度及形态演化

A. 覆岩充分破坏前裂隙高度演化

受采动影响覆岩未达到初次来压极限跨距时，下位岩层由于弯曲或弯拉破坏与上位岩层之间形成离层裂隙，达到极限跨距时，由于拉剪破坏与上位岩层形成破断裂隙。主关键层破断时覆岩导水裂隙带高度发育至最高，即覆岩达到充分破坏，从切眼位置至覆岩充分破坏过程中覆岩裂隙带高度随工作面推进距离增加呈阶梯形上升趋势。若覆岩中存在含水层，含水层会降低覆岩的强度并促进覆岩采动裂隙发育，造成覆岩裂隙带高度比未考虑含水层影响时高，覆岩存在含水层时的覆岩破坏演化模型如图 2-18 所示。

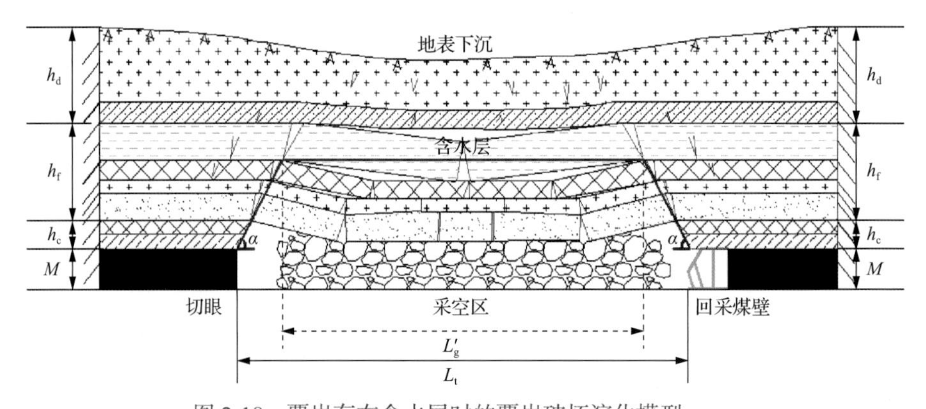

图 2-18 覆岩存在含水层时的覆岩破坏演化模型

h_c-垮落带高度；h_f-裂隙带高度；L'_g-临界破坏岩层破坏时极限跨距；L_t-工作面推进距离；α-初次来压垮落角

受采动影响覆岩弯曲下沉带最下位岩层定义为临界破坏岩层，临界破坏岩层破坏时极限跨距与工作面推进距离的关系为

$$\begin{cases} L_{\mathrm{t}} = L_{\mathrm{g}}' + 2\sum_{i=1}^{n} h_i \cot\alpha \\ L_{\mathrm{g}}' = 2h_j' \sqrt{\dfrac{\delta[\sigma_{jt}']}{\eta q_j'} - \dfrac{1}{5}} \end{cases} \tag{2-25}$$

式中，h_i 为煤层顶板至临界破坏层下层之间各岩层厚度，m；η 为煤层顶板至临界破坏层下层总层数；q_j' 为临界破坏层上覆载荷，Pa；h_j' 为临界破坏层厚度，m；$[\sigma_{jt}']$ 为临界破坏层抗拉强度，Pa。

覆岩悬露长度大于初次来压极限跨距时会发生破断，若此时覆岩与上位岩层之间的裂隙满足式(2-26)时，可形成离层或破断裂隙：

$$\begin{cases} L_{\mathrm{t}} - 2\sum_{i=1}^{n} h_i \cot\alpha \geqslant 2h_i \sqrt{\dfrac{\delta_i \sigma_{ti}}{1.5 q_i} - \dfrac{1}{5}} \\ L_{\mathrm{t}} \leqslant L_{\mathrm{t}}' = 2h'' \sqrt{\dfrac{\delta\left[\sigma_{\mathrm{t}}''\right]}{\eta q''} - \dfrac{1}{5}} + 2\sum_{i=1}^{r} h_i \cot\alpha \\ s = M - \sum_{z=1}^{m} h_z(k_z - 1) - \sum_{i=m}^{n} h_i(k_i - 1) > 0 \end{cases} \tag{2-26}$$

式中，L_{t} 为工作面推进距离，m；L_{t}' 为主关键层初次来压工作面推进距离，m；h'' 为主关键层厚度，m；r 为主关键层下位覆岩破坏岩层数；q'' 为主关键层上覆载荷，Pa；$\left[\sigma_{\mathrm{t}}''\right]$ 为主关键层抗拉强度，Pa。

工作面推进过程中，工作面推进一定距离时覆岩垮落，其与水平方向的夹角为垮落角。覆岩周期断裂造成工作面周期来压时垮落角为 57.5°～71°，平均值为 64.25°，初次来压时覆岩垮落角为 62.1°～73.5°，平均值为 67.8°。覆岩充分破坏时垮落带高度用式(2-27)计算，定义 η' 为含水层促进裂隙发育系数(仅考虑含水层软化覆岩强度时裂隙带最大高度范围内含水层厚度与含水层范围内的硬岩厚度比值)，覆岩满足式(2-26)时导水裂隙带高度用式(2-28)计算：

$$h_{\mathrm{c}} = 2.6097\mathrm{e}^{0.3217M} \tag{2-27}$$

$$H = \eta'(h_{\mathrm{c}} + h_{\mathrm{f}}) = \eta' \sum_{i=1}^{n} h_i \tag{2-28}$$

式中，H 为不同工作面推进距离时导水裂隙带高度，m。

结合 31401 工作面覆岩基本信息，煤层顶板垮落带岩性主要为泥岩，覆岩若为含水层，取 δ=0.5、k_z=1.1、k_i=1.025、η'=1.1、α =67.8°计算该工作面覆岩导水裂隙带高度。

不同覆岩含水层条件下工作面推进距离、覆岩裂隙与导水裂隙带高度之间的关系如图 2-19 所示。

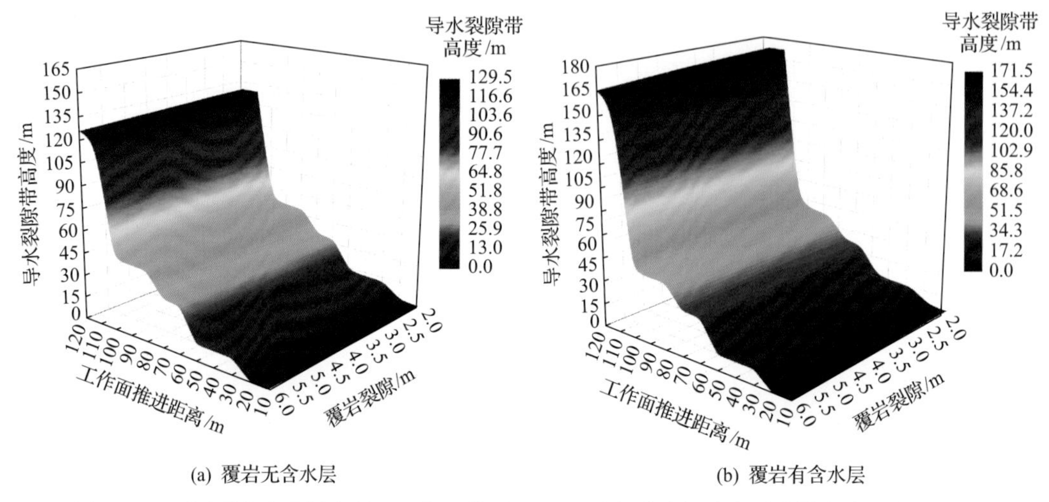

(a) 覆岩无含水层　　(b) 覆岩有含水层

图 2-19　不同覆岩含水层条件下工作面推进距离、覆岩裂隙与导水裂隙带高度之间的关系

由图 2-19 可知，工作面推进距离、覆岩相邻岩层之间裂隙对覆岩导水裂隙带高度存在较大影响，随着工作面推进距离的增大，覆岩导水裂隙带高度呈阶梯形增大，当主关键层破断时，覆岩达到充分破坏。覆岩有含水层条件下主关键层破断时含水层促进裂隙发育导致覆岩导水裂隙带高度更大，说明覆岩裂隙发育程度与覆岩是否受含水层影响密切相关。

B. 覆岩充分破坏前裂隙形态演化

基于普氏理论可得覆岩充分破坏前覆岩走向导水裂隙带形态与工作面推进距离之间的关系为式(2-29)，结合 31401 工作面相关信息可得覆岩充分破坏前覆岩走向导水裂隙带形态与工作面推进距离的关系如图 2-20 所示。

$$H' = H\left(1-\frac{x^2}{a_i^2}\right) \quad (x \leqslant a_i \leqslant L_t'/2) \tag{2-29}$$

式中，a_i 为回采煤壁至采空区中心距离，m；H 为不同工作面推进距离时导水裂隙带高度，m。

由图 2-20、图 2-21 可知，覆岩充分破坏前不同覆岩含水层条件下裂隙形态基本一致，均随着工作面推进距离的增加呈拱形分布。工作面推进 80m 之前覆岩上方含水层范围内岩层未破坏，导致覆岩有含水层条件下覆岩导水裂隙带拱形面积与无含水层条件下相等；当工作面推进距离为 110m 时，覆岩上方含水层范围内岩层破坏，导致覆岩有含水层条件下覆岩破坏程度增大，最终导水裂隙带形态拱形面积大于无含水层条件，说明只有当覆岩含水层范围内岩层破坏后，才会导致覆岩有含水层时覆岩导水裂隙带形态发育范围变大。

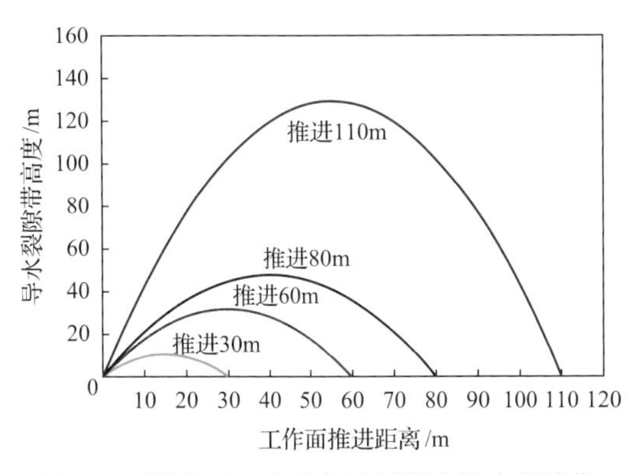

图 2-20 覆岩无含水层条件下覆岩导水裂隙带形态与工作面推进距离的关系

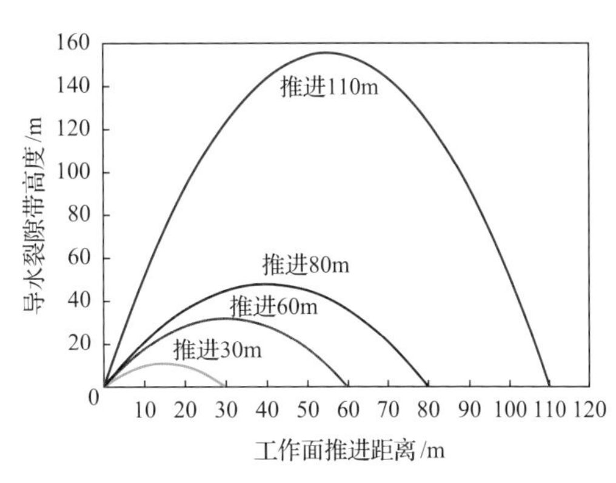

图 2-21 覆岩有含水层条件下覆岩导水裂隙带形态与工作面推进距离的关系

2) 覆岩充分破坏后裂隙高度及形态演化

A. 覆岩充分破坏后裂隙高度演化

覆岩充分破坏后随着工作面持续推进，当工作面周期来压时，采空区在应力恢复过程中覆岩破断岩块发生回转或挤压、遇水易膨胀性岩块发生膨胀变形等造成采动裂隙压实或闭合。采空区垮落带残余碎胀系数较大，破断岩块之间裂隙较大，形成的裂隙通道也较大，裂隙带残余碎胀系数较小，裂隙带内裂块排列比较整齐，可近似认为裂隙带起媒介作用，使得在采空区应力恢复过程中垮落带最大压缩量与弯曲下沉带最下位岩层的最大压缩量相等，导水裂隙带模型如图 2-22 所示，压实过程中导水裂隙带最大高度计算如下。

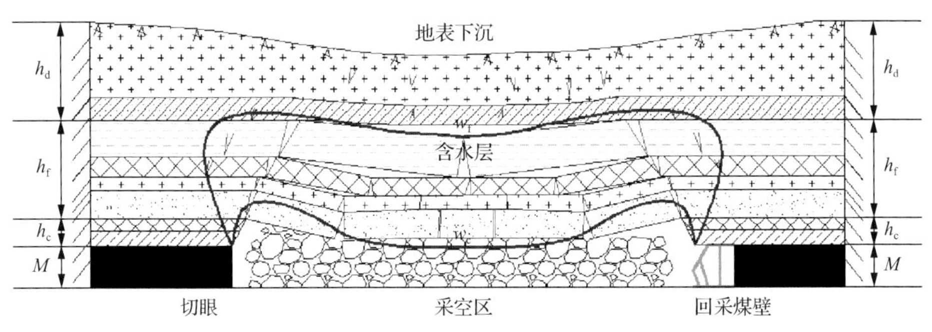

图 2-22 压实过程中导水裂隙带模型

由几何关系得

$$w_c + k'_{pc} h'_c = M + h_c \tag{2-30}$$

$$w_f + k'_{pf} (h_f + h_c)' = M + (h_f + h_c) \tag{2-31}$$

式中，w_c 为垮落带最大压缩量，m；k'_{pc} 为垮落带残余碎胀系数，取 1.1；h'_c 为垮落带压实后高度，m；w_f 为裂隙带最大压缩量，m；k'_{pf} 为裂隙带残余碎胀系数，取 1.025。

联立式(2-30)和式(2-31)得

$$(h_{\mathrm{f}}+h_{\mathrm{c}})'=h_{\mathrm{c}}'\frac{(M+h_{\mathrm{f}}+h_{\mathrm{c}}-w_{\mathrm{f}})k_{\mathrm{pc}}'}{(M+h_{\mathrm{c}}-w_{\mathrm{c}})k_{\mathrm{pf}}'} \tag{2-32}$$

$$h_{\mathrm{c}}'=h_{\mathrm{c}}-w \tag{2-33}$$

忽略裂隙带压实过程中的下沉量，则有

$$w_{\mathrm{f}}=w_{\mathrm{c}}=\frac{1.4(q_{\mathrm{c}}+h_{\mathrm{f}}\gamma_{\mathrm{f}}+h_{\mathrm{c}}\gamma_{\mathrm{c}}/2)\varepsilon_{\mathrm{m}}h_{\mathrm{c}}}{(q_{\mathrm{c}}+h_{\mathrm{f}}\gamma_{\mathrm{f}}+h_{\mathrm{c}}\gamma_{\mathrm{c}}/2)+\varepsilon_{\mathrm{m}}E_0} \tag{2-34}$$

式中，q_{c}为垮落带所受载荷，Pa；γ_{f}为裂隙带平均体积力，$\mathrm{N/m^3}$；γ_{c}为垮落带平均体积力，$\mathrm{N/m^3}$；ε_{m}为垮落带最大应变；E_0为垮落带初始切变模量。

考虑含水层促进裂隙闭合，造成裂隙带高度降低，定义η''为闭合系数(含水层厚度范围内软岩类隔水层厚度与含水层顶板至煤层顶板高度的比值)，则覆岩充分破坏后导水裂隙带高度为

$$Z'=(1-\eta'')h_{\mathrm{c}}'\frac{\left[M+h_{\mathrm{f}}+h_{\mathrm{c}}-\dfrac{1.4(q_{\mathrm{c}}+h_{\mathrm{f}}\gamma_{\mathrm{f}}+h_{\mathrm{c}}\gamma_{\mathrm{c}}/2)\varepsilon_{\mathrm{m}}h_{\mathrm{c}}}{(q_{\mathrm{c}}+h_{\mathrm{f}}\gamma_{\mathrm{f}}+h_{\mathrm{c}}\gamma_{\mathrm{c}}/2)+\varepsilon_{\mathrm{m}}E_0}\right]k_{\mathrm{pc}}'}{\left[M+h_{\mathrm{c}}-\dfrac{1.4(q_{\mathrm{c}}+h_{\mathrm{f}}\gamma_{\mathrm{f}}+h_{\mathrm{c}}\gamma_{\mathrm{c}}/2)\varepsilon_{\mathrm{m}}h_{\mathrm{c}}}{(q_{\mathrm{c}}+h_{\mathrm{f}}\gamma_{\mathrm{f}}+h_{\mathrm{c}}\gamma_{\mathrm{c}}/2)+\varepsilon_{\mathrm{m}}E_0}\right]k_{\mathrm{pf}}'} \tag{2-35}$$

垮落带所受载荷如下：

$$q_{\mathrm{c}}=\frac{E_1h_1^3\sum_{i=1}^{m}\gamma_ih_i}{\sum_{i=1}^{n}E_ih_i^3} \tag{2-36}$$

式中，h_i为垮落带各岩层厚度，m。

垮落带最大应变ε_{m}与垮落带初始碎胀系数成正比，垮落带最大应变与初始碎胀系数计算如下：

$$\varepsilon_{\mathrm{m}}=\frac{M}{M+h_{\mathrm{c}}} \tag{2-37}$$

垮落带初始切变模量E_0与垮落带平均初始抗压强度σ_0成正比、与垮落带初始碎胀系数成反比，垮落带初始切变模量与垮落带平均初始抗压强度计算如下：

$$E_0=\frac{10.39\sigma_0^{1.042}}{k_{\mathrm{p}}^{7.7}} \tag{2-38}$$

式中，k_{p}为垮落带初始碎胀系数。

$$\sigma_0 = \frac{\sum_{i=1}^{m} \sigma_i h_i}{\sum_{i-1}^{m} h_i} \tag{2-39}$$

由式(2-35)、式(2-39)可知，流固耦合条件下覆岩充分破坏后导水裂隙带高度主要与闭合系数、采高相关，取 q =1.11MPa、σ_0 =10MPa、h_c=14m、h_f =141m、γ_c =26kN/m^3、γ_f =26kN/m^3 时,不同闭合系数条件下采高与压实后导水裂隙带高度的关系如图 2-23 所示。

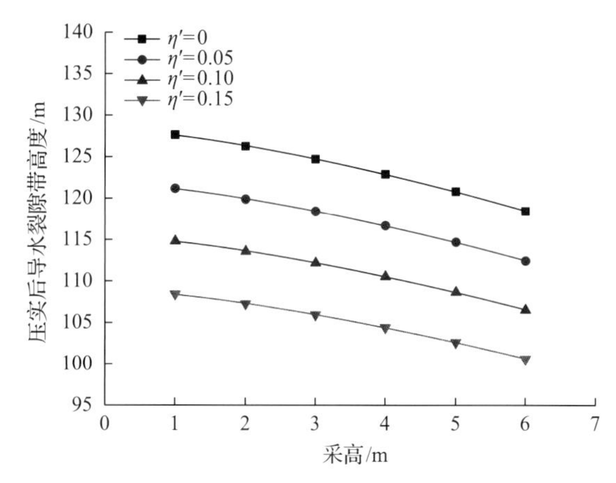

图 2-23　不同闭合系数条件下采高与压实后导水裂隙带高度的关系

闭合系数相同时，压实后导水裂隙带高度随着采高增加急剧减小，采高越大垮落带裂隙压缩量越大，促使压实后导水裂隙带高度越小；采高相同时，闭合系数越大，含水层促使裂隙闭合程度越大，使得压实后导水裂隙带高度越小。说明压实后导水裂隙带高度与采高、闭合系数均成反比。

B. 覆岩充分破坏后裂隙形态演化

覆岩充分破坏后随着工作面逐渐推进，覆岩导水裂隙带逐渐被压实，导致导水裂隙带高度逐渐减小，压实后的垮落带压缩量校正系数用式(2-40)计算：

$$\lambda' = 1 - \mathrm{e}^{-\frac{x}{2L_z'}} \tag{2-40}$$

式中，λ' 为垮落带压缩量校正系数；L_z' 为垮落带周期来压步距，m。

联立式(2-35)、式(2-40)则有

$$Z' = (1-\eta'')h_c' \frac{\left[M + h_f + h_c - \left(1 - \mathrm{e}^{-\frac{x}{2L_z'}}\right) \frac{1.4(q_c + h_f\gamma_f + h_c\gamma_c/2)\varepsilon_m h_c}{(q_c + h_f\gamma_f + h_c\gamma_c/2) + \varepsilon_m E_0}\right] k_{pc}'}{\left[M + h_c - \left(1 - \mathrm{e}^{-\frac{x}{2L_z'}}\right) \frac{1.4(q_c + h_f\gamma_f + h_c\gamma_c/2)\varepsilon_m h_c}{(q_c + h_f\gamma_f + h_c\gamma_c/2) + \varepsilon_m E_0}\right] k_{pf}'} \tag{2-41}$$

覆岩充分破坏后导水裂隙带高度随着工作面推进而降低，其形态计算为

$$
\begin{cases}
Z' = H\left(1 - \dfrac{x^2}{a^2}\right), & 0 \leqslant x \leqslant L_t'/2 \\
Z' = (1-\eta'')h_c' \dfrac{\left[M + h_f + h_c - \left(1 - e^{-\frac{x}{2L_z'}}\right)\dfrac{1.4(q_c + h_f\gamma_f + h_c\gamma_c/2)\varepsilon_m h_c}{(q_c + h_f\gamma_f + h_c\gamma_c/2) + \varepsilon_m E_0}\right]k_{pc}'}{\left[M + h_c - \left(1 - e^{-\frac{x}{2L_z'}}\right)\dfrac{1.4(q_c + h_f\gamma_f + h_c\gamma_c/2)\varepsilon_m h_c}{(q_c + h_f\gamma_f + h_c\gamma_c/2) + \varepsilon_m E_0}\right]k_{pf}'} \\
Z' = H'\left(1 - \dfrac{x^2}{a_t^2}\right), & L'/2 + L_t \leqslant x \leqslant L_t' + L_s
\end{cases}
\tag{2-42}
$$

式中，L_s为主关键层初次垮落后工作面持续推进距离，m。

结合 31401 工作面覆岩相关信息，将$\eta''=0.23$、L_s=50m 代入式(2-42)，可得覆岩充分破坏后随着工作面的持续推进不同覆岩含水层条件下覆岩导水裂隙带形态与工作面推进距离的关系，如图 2-24 所示。

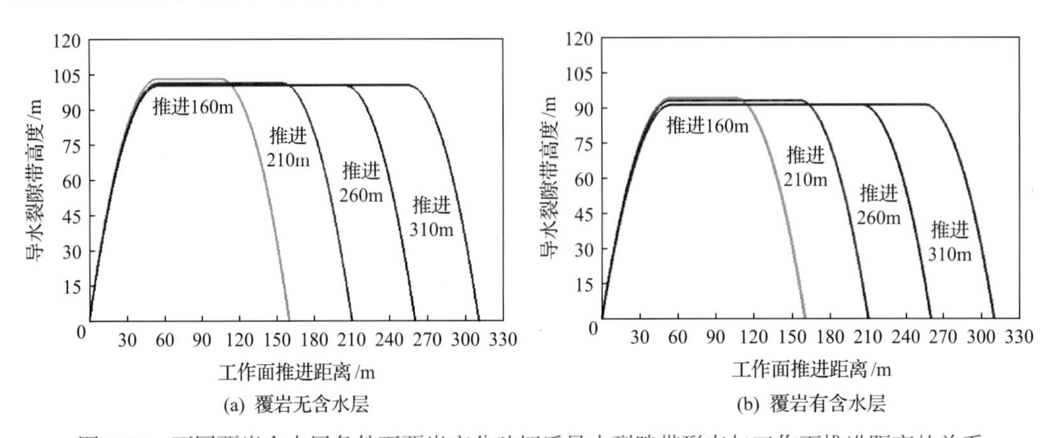

图 2-24 不同覆岩含水层条件下覆岩充分破坏后导水裂隙带形态与工作面推进距离的关系

由图 2-24 可知，覆岩充分破坏后不同覆岩含水层条件下覆岩导水裂隙带形态基本一致，均随着工作面推进距离的增加呈平台拱形，平台拱形最大高度随着工作面推进距离的增加而减小，但覆岩有含水层条件下，含水层会使裂隙开度减小并促进裂隙闭合，导致导水裂隙带拱形平台高度一定程度地降低，当工作面推进到一定距离时，随着工作面持续推进，导水裂隙带保持恒定，说明覆岩有含水层条件下含水层可在一定程度上促进裂隙发生闭合，导致导水裂隙带高度降低。

2.1.2 流固耦合作用下覆岩裂隙渗流特征物理实验

受采动影响，采空区垮落带和裂隙带形成具有复杂裂隙网络的层状破碎岩石，若覆岩中存在含水层，垮落带和裂隙带形成的裂隙网络在应力恢复过程中受到轴压(覆岩重

力)和渗透压(孔隙水压)共同影响，本章在实验室内进行侧向约束条件下破碎岩石在不同轴压及渗透压作用下的渗流特征物理实验，研究采空区覆岩裂隙渗流特征及轴压、渗透压对覆岩等效裂隙开度的影响。

1. 实验原理

垮落带及裂隙带的多孔结构形成了覆岩复杂裂隙网络，使得覆岩顶板水在多孔结构中的渗流呈现紊流状态。上述渗流过程中，多孔介质之间复杂的裂隙网络是渗流的主要通道，可通过渗流量反映覆岩内部裂隙发育程度，由于覆岩裂隙网络的复杂性及封闭性，其研究存在诸多困难。如图 2-25 所示，通过假设相同宽度内多孔破碎岩石介质与裂隙介质渗流量相等，即 $Q_p = Q_f$，将多孔破碎岩石介质等效为裂隙介质进行研究，最终通过等效裂隙开度反映覆岩裂隙网络发育程度，等效裂隙开度越大，说明覆岩裂隙网络发育程度越高，反之则越小。

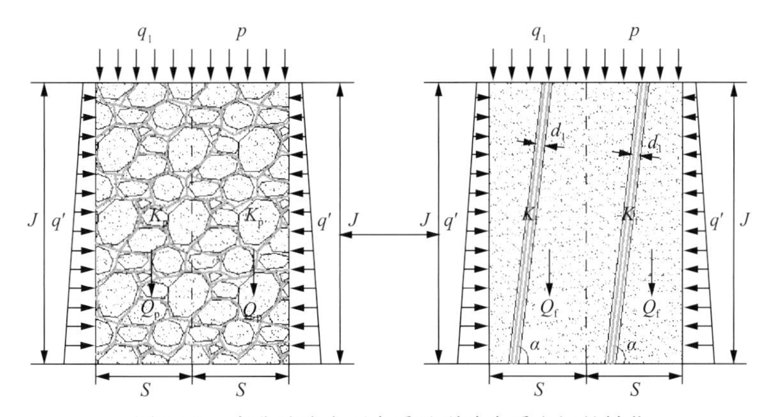

图 2-25　多孔破碎岩石介质及裂隙介质之间的转化

破碎岩石施加围压为

$$q' = 0.5(q_1 + p + \gamma' h') \tag{2-43}$$

式中，q' 为破碎岩石施加围压，MPa；q_1 为破碎岩石施加轴压，MPa；γ' 为破碎岩石体积力，N/m^3；h' 为破碎岩石与试验装置顶面距离，m。

破碎岩石渗流量为

$$Q_p = K_p JS \tag{2-44}$$

式中，Q_p 为破碎岩石单位渗流梯度下的渗流量，m^3；K_p 为破碎岩石渗透系数，m/s；J 为单位渗流梯度，Pa/m；S 为单位宽度，m。

裂隙介质渗流量为

$$Q_f = K_f J d_1 \sin\alpha \tag{2-45}$$

式中，Q_f 为裂隙介质单位渗流梯度下的渗流量，m^3；K_f 为裂隙介质渗透系数，m/s；α 为裂隙与水平方向夹角，(°)；d_1 为单位宽度下裂隙开度，m。

由 $Q_p=Q_f$，联立式(2-44)和式(2-45)可得

$$K_{\mathrm{p}}JS = K_{\mathrm{f}}Jd_1\sin\alpha \tag{2-46}$$

裂隙介质渗透系数与开度的关系为

$$K_{\mathrm{f}} = \frac{\rho g d_1^2}{12\mu} = \frac{\gamma d_1^2}{12\mu} \tag{2-47}$$

式中，ρ 为裂隙介质中水的密度，kg/m^3；g 为重力加速度，N/kg；μ 为流体动力黏滞系数，Pa/s；γ 为体积力，N/m^3。

联立式(2-46)、式(2-47)得破碎岩石转化为裂隙介质的等效裂隙开度为

$$d = \left(\frac{12\mu SK_{\mathrm{p}}}{\rho g\sin\alpha}\right)^{\frac{1}{3}} = \left(\frac{12\mu SK_{\mathrm{p}}}{\gamma\sin\alpha}\right)^{\frac{1}{3}} \tag{2-48}$$

破碎岩石的渗透系数与渗透率的关系为

$$K_{\mathrm{p}} = \frac{k\gamma}{\mu} \tag{2-49}$$

式中，k 为破碎岩石的渗透率，m^2。

破碎岩石转化为裂隙介质的等效裂隙开度与其渗透率之间的关系为

$$d = \left(\frac{12kS}{\sin\alpha}\right)^{\frac{1}{3}} \tag{2-50}$$

破碎岩石中水的流动速度较大，水压梯度损失与渗流速度为非线性关系，其关系符合 Forchheimer 非达西渗流公式：

$$-J = -\frac{\partial p}{\partial x} = \frac{\mu}{k}v + \rho\beta_v v^2 \tag{2-51}$$

式中，p 为破碎岩石中孔隙水压，Pa；v 为渗流速度，m/s；β_v 为非达西流因子，m^{-1}。

结合 31401 工作面基岩上部存在厚度为 30～80m 的砾岩含水层、基岩中部存在 26m 砂岩含水层，各模拟材料如图 2-26 所示。

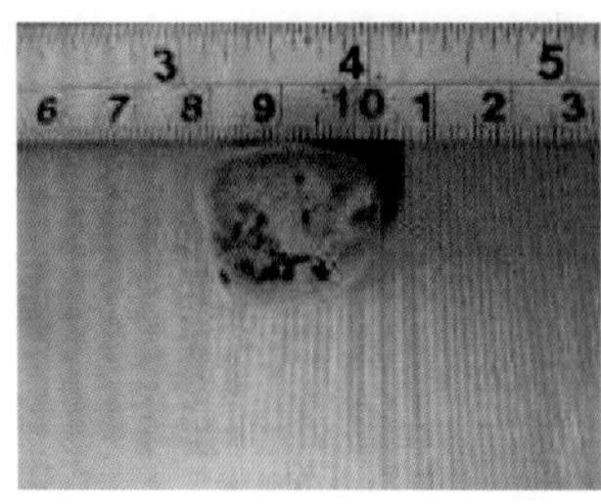

(a) 小雨花石

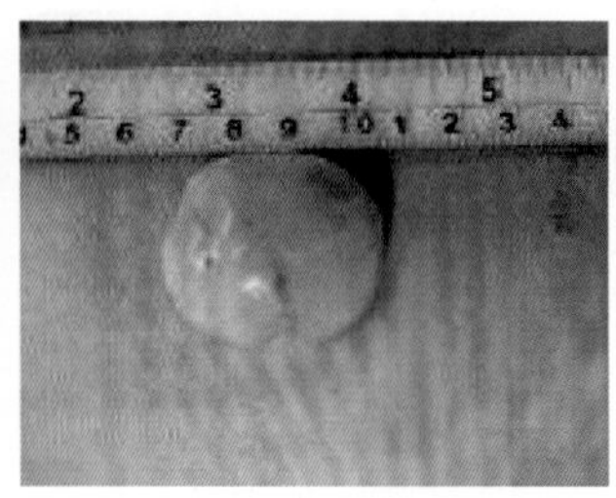

(b) 中雨花石

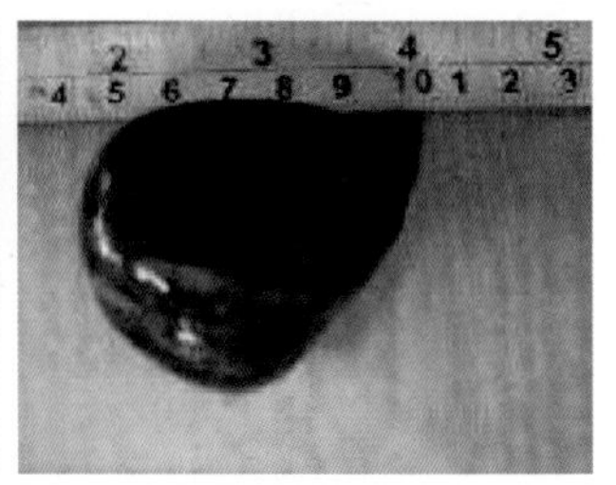

(c) 大雨花石

图 2-26 破碎岩石模拟材料

1）实验设备

实验设备采用数控岩石变形-渗流伺服实验系统，其主要由支架、水压-水量双控伺服系统、位移-应力双控伺服系统等组成。实验仓内有效尺寸为400mm×680mm（直径×高度），轴向可施加最大轴压为4.78MPa，精度可达0.08kPa，最大位移为400mm，最大渗透压为4MPa，精度可达0.33Pa/s；在水压-水量双控伺服系统和位移-应力双控伺服加载系统作用下，可对实验仓内层状破碎岩石同时施加轴压和渗透压，系统自带轴压、孔隙水压传感器，可实现实验过程中各参量的实时监测（图2-27）。

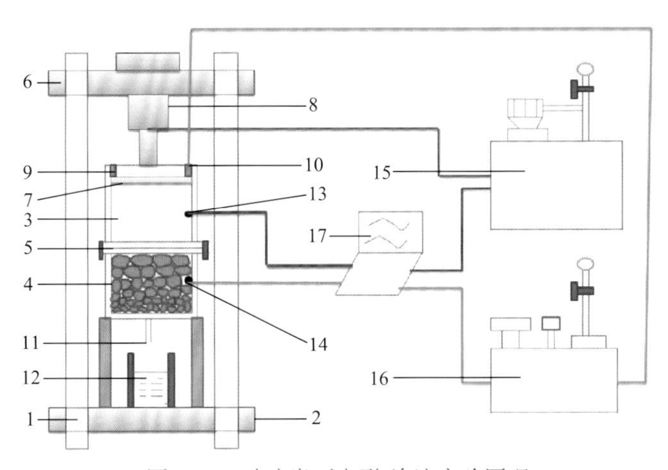

图2-27 破碎岩石变形-渗流实验原理

1-支架；2-底板；3-上分体；4-下分体；5-连接体；6-顶板；7-透水板；8-加载液压装置；9-排水阀；10-进水阀；11-排水口；12-收集装置；13-轴压传感器；14-孔隙水压传感器；15-位移-应力双控伺服系统；16-水压-水量双控伺服系统；17-控制中心

2）方法和步骤

将总质量为120kg的小雨花石、中雨花石、大雨花石实验材料按照1∶2∶2自下而上依次铺入实验仓，即试样中不同破碎岩石厚度自下而上分别约为100mm、200mm和200mm，实验操作步骤如下：

（1）采用应力控制方式，先将轴压以20%的手动加载速率加载至0.8MPa，使得轴压、渗透压加载装置的压头与实验仓内上部的大雨花石充分接触，再以0.0015MPa/s的速率用时420s将轴压加载至1.43MPa，并维持1.5h稳压；

（2）将渗透压分别加载至0.2MPa、0.4MPa、0.6MPa、0.8MPa、1.0MPa、1.2MPa、1.4MPa、1.6MPa、1.8MPa，在不同渗透压（稳态）下测定破碎岩石试样的渗流量，并记录不同渗透压条件下的水压损失梯度；

（3）将轴压依次以0.0015MPa/s的加载速率分别加载至1.43MPa、2.78MPa、3.58MPa、3.98MPa和4.38MPa，在每种轴压状态下重复步骤（2），测量获得破碎层状结构体渗流速度对水压损失梯度的响应规律。

2. 水压损失梯度对渗流速度的影响

不同轴压条件下，实验测得破碎岩石中水的渗流速度与水压损失梯度关系如图2-28

所示。相同轴压条件时，若水压损失梯度与渗流速度为线性关系，说明覆岩裂隙中水的流动为稳定达西流；若水压损失梯度随着渗流速度增大而非线性增大，说明此实验过程中水在覆岩裂隙中的流动为非达西流，且非达西流状态下水压损失梯度与渗流速度的非线性关系随着渗流速度的增大而变得越来越明显。不同轴压条件下，渗流速度与水压损失梯度呈非线性正比例关系。相同渗流速度时，破碎岩石中水压损失梯度与轴压呈正比例关系。

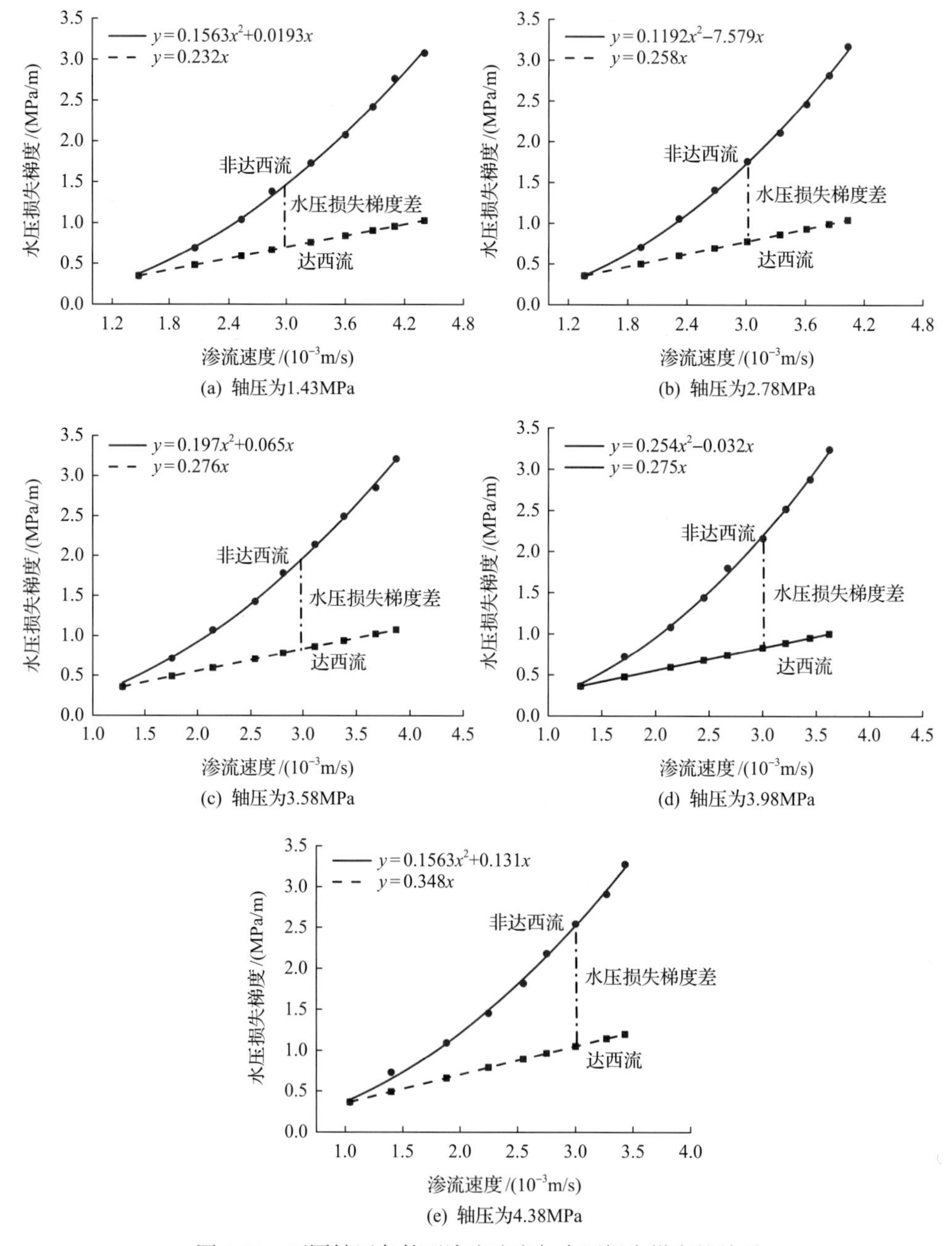

图 2-28 不同轴压条件下渗流速度与水压损失梯度的关系

3. 轴压、渗透压对等效裂隙开度的影响

采空区覆岩在轴压和渗透压作用下，其内部孔隙结构随着轴压、渗透压的增大而变得紧密，运用图 2-28 所示的不同轴压条件下渗流速度与水压损失梯度的关系得到不同轴压、渗透压条件下破碎岩石的渗透率，进而得到不同渗透压条件下轴压与等效裂隙开度的关系，如图 2-29 所示。

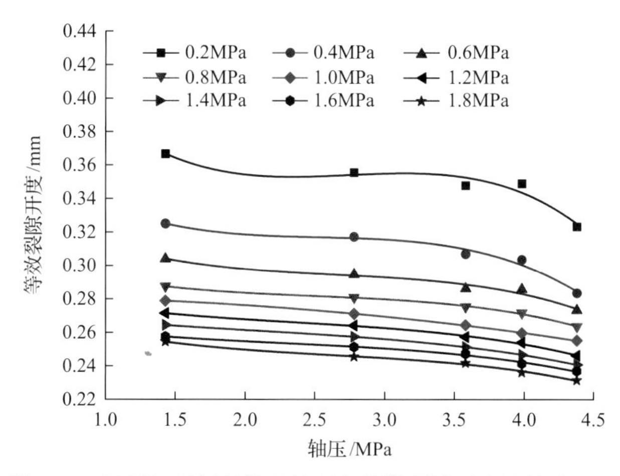

图 2-29 不同渗透压条件下轴压与等效裂隙开度的关系

从图 2-29 可以看出，相同渗透压条件下，等效裂隙开度随着轴压的增加逐渐减小，临界渗透压为 0.4MPa。当渗透压小于 0.4MPa 时，轴压对破碎岩石试样等效裂隙影响显著，轴压较小时，破碎岩石试样形成的骨架结构之间空隙较大、渗透率较大，等效裂隙开度也较大，随着轴压增大，骨架产生较大变形，破碎岩石试样之间发生错位滑动，骨架结构之间的空隙被压缩，渗透率大幅度减小，导致等效裂隙开度以较大幅度减小；当渗透压大于 0.4MPa 时，轴压对破碎岩石试样的作用减弱。轴压较小时，由于处在渗透压小于临界值渗透压阶段，轴压使得部分破碎岩石试样产生破坏，使得等效裂隙开度进一步减小，此阶段等效裂隙开度均小于渗透压临界值阶段的等效裂隙开度。随着轴压增加，骨架结构之间的空隙进一步被压缩，等效裂隙开度以较小幅度持续减小。

对不同渗透压条件下轴压与等效裂隙开度进行拟合，发现等效裂隙开度随着轴压增加呈多项式函数减小，其关系可用 $y_1=A_1+B_1x+C_1x^2+D_1x^3$ 表示，如表 2-3 所示。渗透压为 0.2MPa（小于临界渗透压）时，由于轴压对等效裂隙开度影响较大，拟合效果相比其他渗透压条件下差，渗透压大于临界渗透压时，轴压与等效裂隙开度函数拟合相关系数均大于 0.9，拟合效果较好。

不同轴压条件下渗透压与等效裂隙开度的关系如图 2-30 所示，等效裂隙开度随着渗透压增高逐渐减小。在此过程中，一方面，水减小了破碎岩石试样之间的作用力，使破碎岩石试样在轴压作用下更易产生碎屑颗粒；另一方面，水的流动性对碎屑颗粒进行运移和搬迁，使得碎屑颗粒聚集于破碎岩石中空隙更小的地方。总的结果为破碎岩石变得越发紧密，渗透率大幅度减小，导致等效裂隙开度下降量较大。渗透压越大，这种搬迁

和运移作用越显著，总的表现为破碎岩石试样的等效裂隙开度随着渗透压逐渐增大而迅速降低。

表 2-3　不同渗透压条件下轴压与等效裂隙开度函数关系

渗透压/MPa	拟合曲线函数关系	相关系数(R^2)
0.2	y_1=0.507−0.176x+0.066x^2−0.008x^3	0.778
0.4	y_1=0.396−0.091x+0.035x^2−0.004x^3	0.919
0.6	y_1=0.353−0.058x+0.021x^2−0.003x^3	0.901
0.8	y_1=0.317−0.036x+0.013x^2−0.002x^3	0.991
1.0	y_1=0.282−0.0008x−0.001x^2−0.0005x^3	0.997
1.2	y_1=0.293−0.025x+0.008x^2−0.001x^3	0.988
1.4	y_1=0.278−0.015x+0.005x^2−0.0007x^3	0.999
1.6	y_1=0.274−0.019x+0.006x^2−0.001x^3	0.975
1.8	y_1=0.284−0.034x+0.011x^2−0.001x^3	0.981

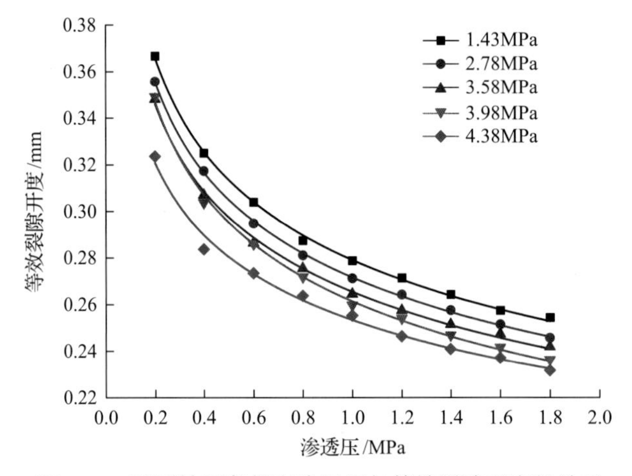

图 2-30　不同轴压条件下渗透压与等效裂隙开度的关系

对不同轴压条件下渗透压与等效裂隙开度进行拟合，发现等效裂隙开度随着渗透压增加呈幂函数减小，其关系可采用 $y_2=A_2x^{B_2}$ 进行表示，不同轴压条件下渗透压与等效裂隙开度拟合曲线函数关系如表 2-4 所示。渗透压与等效裂隙开度函数拟合相关系数均大于 0.99，拟合效果较好。

表 2-4　不同轴压条件下渗透压与等效裂隙开度函数关系

轴压/MPa	拟合曲线函数关系	相关系数(R^2)
1.43	$y_2=0.279x^{-0.168}$	0.998
2.78	$y_2=0.271x^{-0.167}$	0.999
3.58	$y_2=0.265x^{-0.165}$	0.997
3.98	$y_2=0.261x^{-0.176}$	0.997
4.38	$y_2=0.252x^{-0.147}$	0.991

4. 等效裂隙开度对轴压、渗透压敏感性分析

轴压、渗透压均对覆岩等效裂隙开度有较大影响，为深入分析等效裂隙开度对轴压、渗透压的敏感性，提出用等效裂隙开度变化率进行衡量：

$$\Delta d=\frac{d_0-d_i}{d_0}\times 100\% \tag{2-52}$$

式中，Δd 为实验过程中不同轴压、渗透压时的等效裂隙开度变化率，%；d_0 为轴压 1.43MPa、渗透压 0.2MPa 时的等效裂隙开度，m；d_i 为实验过程中不同轴压、渗透压时的等效裂隙开度，m。

不同渗透压条件下轴压与等效裂隙开度变化率的关系如图 2-31 所示。由图 2-31 可以看出，相同渗透压条件下，覆岩等效裂隙开度变化率随着轴压的增加逐渐增大，临界渗透压为 0.4MPa。当渗透压小于 0.4MPa 时，轴压作用使破碎岩石试样骨架结构之间的空隙被压缩，造成渗透率大幅度减小，总体特征为随着轴压逐渐增大，覆岩等效裂隙开度变化率增高幅度较大；当渗透压大于 0.4MPa 时，一些碎屑颗粒填充于破碎岩石试样空隙中，使得破碎岩石试样形成较为密实的骨架，轴压作用造成破碎岩石试样渗透率进一步减小，总体特征为随着轴压逐渐增大，覆岩等效裂隙开度变化率以较小幅度增大。

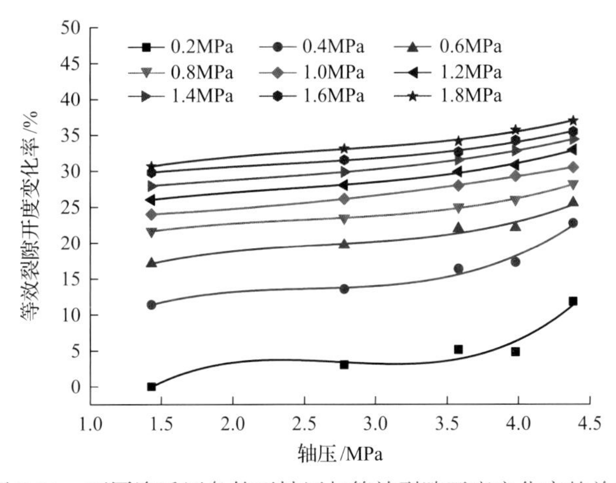

图 2-31　不同渗透压条件下轴压与等效裂隙开度变化率的关系

对不同渗透压条件下轴压与等效裂隙开度变化率进行拟合，发现等效裂隙开度变化率随着轴压增加以多项式函数关系增大，其关系可采用 $y_3=A_3+B_3x+C_3x^2+D_3x^3$ 进行表示，其拟合关系如表 2-5 所示。当渗透压为 0.2MPa(小于临界渗透压)时，由于轴压对等效裂隙开度影响较大，进而影响轴压与等效裂隙开度变化率的关系，拟合效果相比其他渗透压条件下差，而当渗透压大于临界渗透压时，轴压与等效裂隙开度变化率函数拟合相关系数均大于 0.9，拟合效果较好。

不同轴压条件下渗透压与等效裂隙开度变化率的关系如图 2-32 所示，等效裂隙开度变化率随着渗透压增高逐渐增大。在此过程中，一方面，水促进破碎岩石试样产生较多的碎屑颗粒；另一方面，水对这些碎屑颗粒进行搬迁和运移，使得破碎岩石渗透率减小，

总的表现为破碎岩石试样的等效裂隙开度变化率随渗透压增大逐渐增大。

表 2-5 不同渗透压条件下轴压与等效裂隙开度变化率函数关系

渗透压/MPa	拟合曲线函数关系	相关系数(R^2)
0.2	y_3=−38.443+48.057x−17.947x^2+2.185x^3	0.778
0.4	y_3=−8.154+24.777x−9.588x^2+1.261x^3	0.919
0.6	y_3=3.715+15.891x−5.581x^2+0.702x^3	0.901
0.8	y_3=13.456+9.831x−3.562x^2+0.475x^3	0.991
1.0	y_3=23.084+0.221x+0.267x^2+0.016x^3	0.997
1.2	y_3=19.938+6.941x−2.371x^2+0.333x^3	0.988
1.4	y_3=24.165+4.091x−1.326x^2+0.211x^3	0.999
1.6	y_3=25.234+5.241x−1.815x^2+0.264x^3	0.975
1.8	y_3=22.465+9.269x−3.031x^2+0.382x^3	0.981

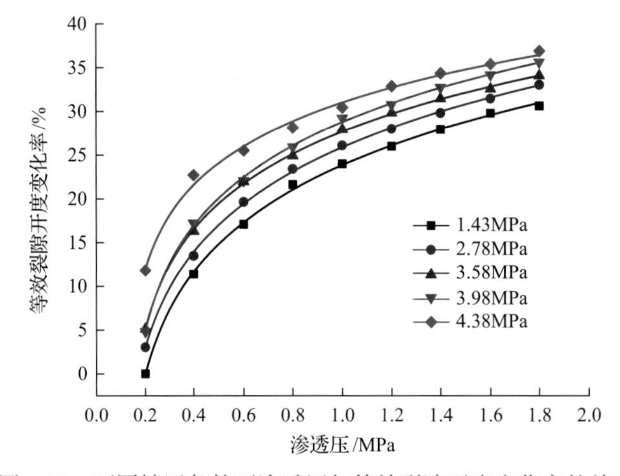

图 2-32 不同轴压条件下渗透压与等效裂隙开度变化率的关系

对不同轴压条件下渗透压与等效裂隙开度变化率进行拟合，发现等效裂隙开度变化率随着渗透压的增加呈对数函数减小，其关系可采用 $y_4=A_4+B_4\ln(x-C_4)$ 进行表示，其拟合曲线函数关系如表 2-6 所示。渗透压与等效裂隙开度变化率函数拟合相关系数均大于 0.99，拟合效果较好。

表 2-6 不同轴压条件下渗透压与等效裂隙开度变化率函数关系

轴压/MPa	拟合曲线函数关系	相关系数(R^2)
1.43	y=24.916+11.311ln(x−0.091)	0.998
2.78	y=26.816+11.383ln(x−0.076)	0.999
3.58	y=28.817+10.049ln(x−0.105)	0.997
3.98	y=29.985+10.641ln(x−0.105)	0.997
4.38	y=31.968+8.501ln(x−0.105)	0.991

综上可知，破碎岩石试样在相同轴压、不同渗透压，不同轴压、相同渗透压条件下

具有不同的等效裂隙开度，且随着轴压(渗透压相同)和渗透压(轴压相同)增高，等效裂隙开度均降低。在相同渗透压条件下，等效裂隙开度随着轴压增加呈多项式函数趋势降低，等效裂隙开度变化率随轴压增加呈多项式函数趋势增加；在相同轴压条件下，等效裂隙开度随渗透压增加呈幂函数趋势降低，等效裂隙开度变化率随渗透压增加呈对数函数趋势增加。当轴压保持 1.43MPa 恒定，渗透压从 0.2MPa 变为 0.4MPa、0.6MPa、0.8MPa、1.0MPa、1.2MPa、1.4MPa、1.6MPa、1.8MPa 时，等效裂隙开度变化率达到 11.63%、17.28%、21.03%、23.84%、26.09%、27.96%、29.57%、30.98%，平均 1MPa 渗透压变化引起等效裂隙开度变化率达到 31.92%；当渗透压保持 0.2MPa 恒定，轴压从 1.43MPa 变为 2.78MPa、3.58MPa、3.98MPa、4.38MPa 时，渗透率变化率达到 3.05%、5.14%、4.83%、11.83%，平均 1MPa 轴压变化引起等效裂隙开度变化率达到 3.38%，说明渗透压对等效裂隙开度的影响大于轴压对等效裂隙开度的影响。

5. 等效裂隙开度与轴压、渗透压的关系

破碎岩石试样的等效裂隙开度随着轴压与渗透压的增大而逐渐减小，此过程中轴压与渗透压均相当于外加载荷作用于破碎岩石，裂隙在外法向载荷作用下会使得开度减小，发生闭合。得到破碎岩石在不同轴压及渗透压条件下其等效裂隙开度为

$$d_i' = d_{\max}' - \frac{\sigma_n'}{k_n' + (\sigma_n' / d_{\max}')} \tag{2-53}$$

式中，d_i' 为相同轴压不同渗透压、相同渗透压不同轴压时的等效裂隙开度，m；$d_{\max}'$ 为破碎岩石初始等效裂隙开度；σ_n' 为等效裂隙面法向应力，Pa；k_n' 为等效裂隙面法向刚度。

数学优化软件 1stOpt 在参数预计方面具有较大优势，在进行非线性回归、曲线拟合、复杂模型参数预计时不需要参数初始值，可通过内置的优化算法，得到预计参数的最优解。渗透压对等效裂隙开度的影响大于轴压对等效裂隙开度的影响，将实验过程中不同轴压条件下等效裂隙开度随渗透压的变化情况应用 1stOpt 软件进行参数($d_{\max}'$、k_n')反演，其拟合相关系数均大于 0.91，拟合效果较好，其结果如表 2-7 所示。

表 2-7 不同轴压条件下参数反演结果

轴压/MPa	$d_{\max}'$ /mm	k_n' /GPa	相关系数(R^2)
1.43	0.369	9.36	0.922
2.78	0.358	9.62	0.931
3.58	0.348	10.23	0.913
3.98	0.351	9.26	0.919
4.38	0.321	12.85	0.915

由图 2-33 可知，不同轴压条件下基于式(2-53)计算的等效裂隙开度的理论值与实验值的误差较小，说明将轴压、渗透压看成等效裂隙的外加载荷时应用式(2-53)，可计算轴压 1.43～4.38MPa、渗透压 0.2～1.8MPa 条件下破碎试样多孔结构的等效裂隙开度。

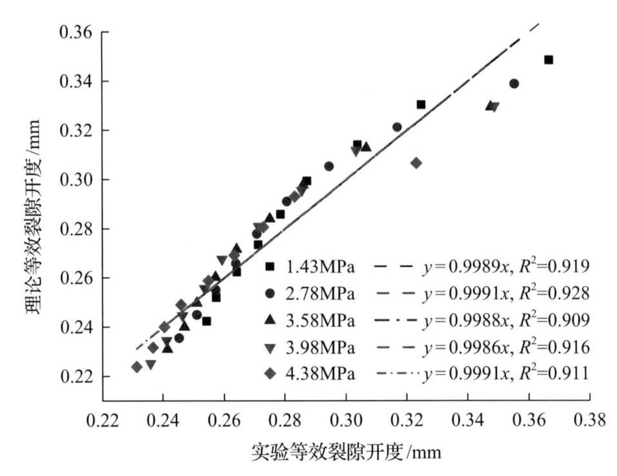

图 2-33　不同轴压条件下等效裂隙开度理论值与实验值的关系

2.2　复杂地质构造与采动应力叠加下冲击地压灾变机理及防治

深部煤岩体的动力破坏是原岩应力场与开采扰动共同作用下煤岩体的失稳破坏。研究煤层断层褶曲构造特征与冲击地压突出机制，揭示构造应力作用下煤岩体发生瞬时冲击失稳机理，建立地质赋存条件与深部动力灾害相关性分析模型，是动力灾害预警和防治的重要途径。本节从复杂地质构造条件下工作面回采过程中应力场构成、构造应力场煤巷掘进冲击地压能量分区演化机制、复杂地质赋存条件下冲击地压机理及诱因研究等方面对复杂地质构造与采动应力叠加下冲击地压灾变机理及防治进行研究。

2.2.1　复杂地质赋存条件下冲击地压机理及诱因研究

1. 基于煤岩体冲击倾向性的冲击地压机理研究

1) 煤岩体冲击倾向性的实验研究

主要从弹性能指标、冲击能指标和动态破坏时间三方面入手，测试了取自京西矿区木城涧煤矿+450m 水平西三采区 3#煤层的冲击倾向性，并通过单轴和三轴压缩实验进一步确定了不同冲击倾向性煤体的物理力学参数，包括弹性模量、泊松比、抗压强度、黏聚力和内摩擦角。经鉴定可知，3#煤层具有强冲击倾向性，如表 2-8 所示。

表 2-8　京西矿区木城涧煤矿 3#煤层冲击倾向性鉴定结果

D_t /ms	K_E	W_{ET}	结果
30	14.8	10.9	强冲击倾向性

注：D_t 表示动态破坏时间；K_E 表示冲击能指数；W_{ET} 表示弹性能指数。

2) 不同冲击倾向性煤岩体对工作面发生冲击地压的影响机制

研究了工作面煤岩体为不同冲击倾向性煤岩体时，前方支承压力的显现规律以及顺槽巷道的变形破坏特征，揭示了工作面煤岩体分别为强冲击倾向性和弱冲击倾向性时，工作面和顺槽巷道冲击失稳的机理。不同冲击倾向性煤层采场应力分布存在很大的差异，强冲击倾向性煤层之所以容易发生冲击地压，是因为其采场应力集中程度高，容易诱发应变能瞬间释放。

煤层的冲击倾向性越强，垂直应力峰值越大，且垂直应力峰值出现的位置越靠近工作面。表 2-9 给出了不同冲击倾向性煤层沿工作面走向中部垂直应力峰值及其出现的位置。表 2-9 中数据显示，与无冲击倾向煤层相比，弱冲击倾向煤层垂直应力峰值增幅为 8.25%，强冲击倾向煤层垂直应力峰值增幅为 12.6%。

表 2-9 不同冲击倾向性煤层矿压显现规律

煤类	冲击倾向性	垂直应力峰值/MPa	距工作面距离/m
强冲击倾向性煤层	强	74.39	7
弱冲击倾向性煤层	弱	71.53	11
无冲击倾向性煤层	无	66.08	15

2. 复杂地质赋存条件下高地应力对冲击地压的诱因研究

本节以义马煤田的工程概况为背景，研究复杂地质赋存条件下高地应力对冲击地压的诱冲机制。

1) 义马煤田冲击地压事故及特征

河南义马煤田地处豫西峭熊构造区北带西端，在华北板块南部秦岭造山带的北侧，峭熊构造区处于褶皱-逆冲断层的构造区域范围内。煤田东西长 24km，南北宽 3～7km，面积约 110km^2。煤田内衍生有大量走向、倾向、斜交断层和褶曲等构造，煤层分叉合并现象严重，如图 2-34 所示。

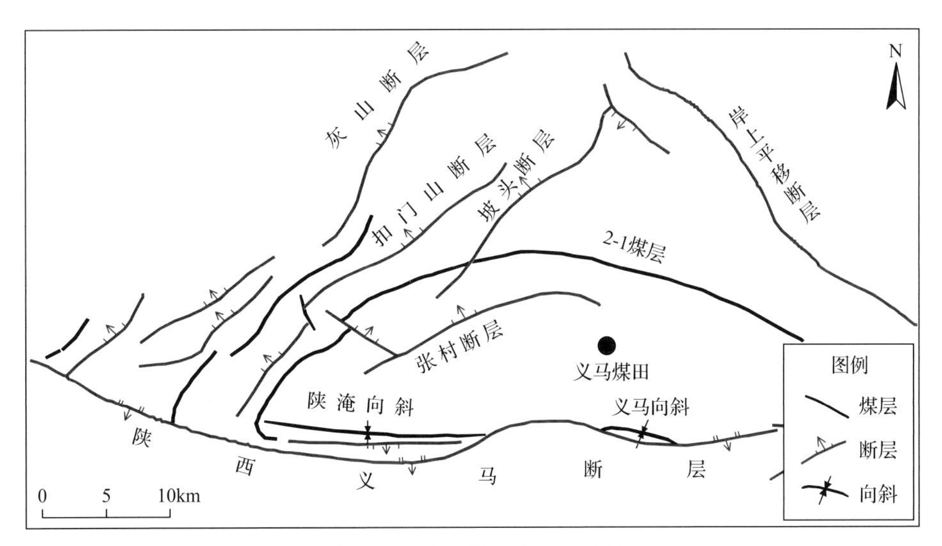

图 2-34 义马煤田地质构造图

义马煤田从西向东分布的五个矿井依次为杨村煤矿、耿村煤矿、千秋煤矿、跃进煤矿和常村煤矿。煤田整体上为单一向斜构造，南以陕石义马断层(F_{16}断层)为界，东北以岸上平移断层为界，西北以扣门山断层、灰山断层等为界。煤田内 F_{16} 断层为压扭型逆冲断层，走向近东西，长度 110km，倾向南略偏东，延展长度约 45km，浅部倾角 75°，深部倾角 15°～35°，逆冲面上陡下缓，落差 50～500m，水平错距 120～1080m，北接千秋煤矿，向东延入跃进煤矿。据现场资料统计，F_{16} 断层的存在诱发了多次冲击地压事故，如千秋煤矿 21221 工作面下巷“11.3”和 21201 工作面下巷“6·5”冲击地压事故、跃进煤矿 25110 工作面下巷“3·1”冲击地压事故等,这些冲击地压事故都与 F_{16} 断层具有直接关系。

2) 义马煤田冲击地压诱因分析

通过深入分析义马煤田回采巷道发生的冲击地压事故，得出影响义马煤田冲击地压事故的主要因素有义马煤田煤岩体强冲击倾向性、高水平原岩应力环境、F_{16} 断层和巨厚坚硬砾岩顶板的复杂地质赋存条件，如图 2-35 所示。

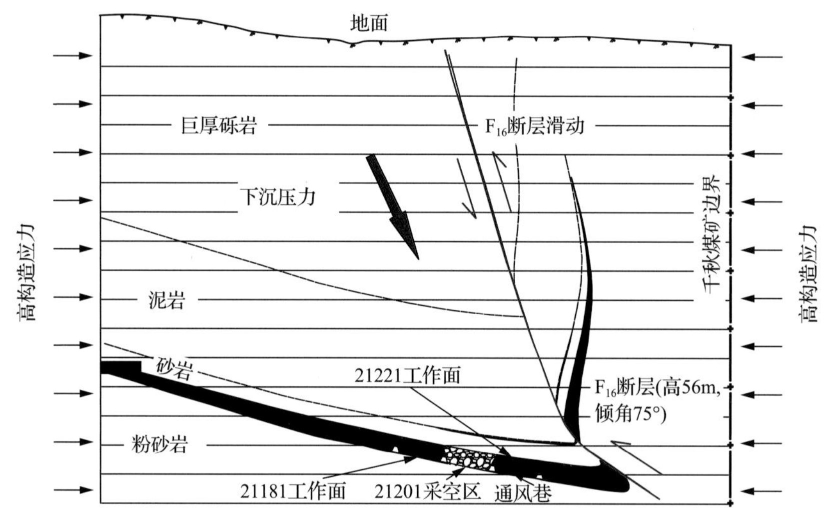

图 2-35 义马煤田冲击地压地质赋存环境示意图

由图 2-36 可知，义马煤田的最大水平应力和垂直应力尤其是垂直应力远高于华北地区及中国其他地区。虽然最小水平应力近 60%测点低于煤田，但是仍然有 3 个测点的最小水平应力高于华北地区水平。以埋深 880m 为例，义马煤田的最大水平应力分别高于华北地区和中国其他地区的 6.5%和 3.7%，垂直应力分别高于华北地区和中国其他地区的 42.7%和 42.1%。因此，义马煤田煤炭赋存属于高地应力环境，工作面开采过程中极易发生应力集中,造成冲击动力失稳,这是义马煤田频繁发生冲击地压的又一重要内因。

F_{16} 断层赋存条件下使得水平构造应力分布极不均匀，而且在高地应力环境中断层面及附近区域容易产生应力集中，能量激增，这是冲击地压发生的主要外因，而且动压影响下上覆巨厚砾岩顶板失稳也会诱发 F_{16} 断层活化。义马煤田上覆巨厚坚硬砾岩顶板(550m)不易破断，对工作面采场有持续且不稳定的下沉压力。若该顶板发生突然断裂或周期来压时的破断，释放的应变能对工作面和巷道冲击力极大。而且 F_{16} 断层斜穿砾岩顶板，更加剧了巨厚顶板的不稳定性，这是导致冲击地压发生的另一重要外因。

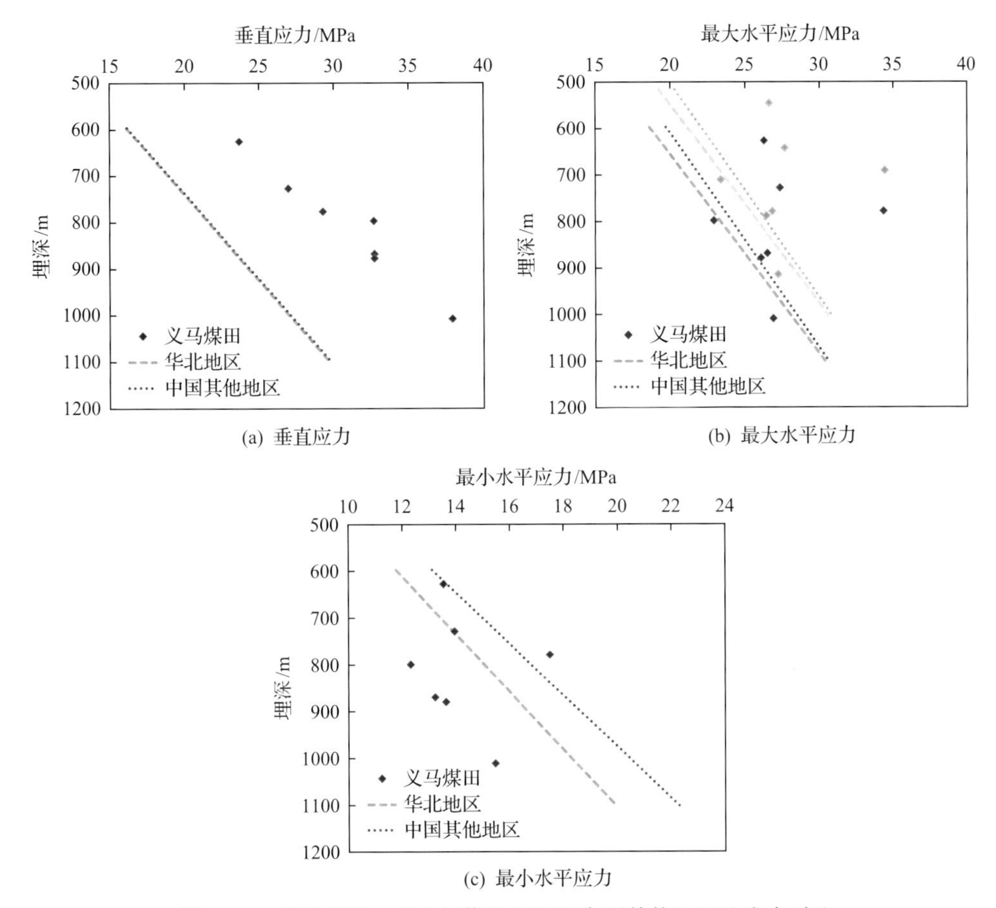

(a) 垂直应力　(b) 最大水平应力　(c) 最小水平应力

图 2-36　义马煤田地应力与华北地区和中国其他地区地应力对比

2.2.2　工作面过断层动态力学响应特征研究

1. 采动诱发断层滑移影响因素分析

地下断层形成类型受构造应力场空间形态的影响。生产实践表明：一般情况下，工作面正断层分布密度较大，断层落差较小(<10m)、倾角较大(60°~70°)。而逆断层分布密度较小，落差较大，倾角较小(<45°)，断层两盘相互作用力强烈，通常逆断层对采掘生产影响较大。

工作面开采后，覆岩发生移动变形，原岩应力重新分布。受开采扰动影响，断层两盘受力平衡状态发生改变，断层围岩产生损伤破坏，断层损伤破裂不断发展，其滑移错动释放能量易诱发工作面动压现象甚至冲击地压。采掘设计中留设断层煤柱尺寸、确定断层区域支护参数等问题均需考虑断层损伤滑移的影响。

工作面过逆断层示意图如图 2-37 所示。地应力、断层围岩力学性质、开采扰动三者综合作用下断层发生损伤滑移，其中地应力包含自重应力和构造应力两部分。

开采因素包含开采布局(工作面沿断层上盘、下盘布置)、采厚、工作面斜长、工作面距断层距离等。断层自身力学性质包括断层法向刚度、切向刚度、黏聚力、内摩擦角、剪胀角等。以往研究表明断层因素中内摩擦角对断层滑移影响较大，因此，本节考虑内摩擦角对断层损伤滑移的影响。

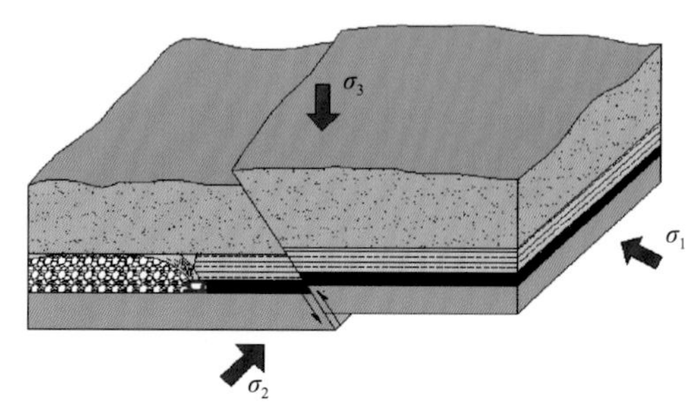

图 2-37 工作面过逆断层示意图

σ_1-最大主应力；σ_2-中间主应力；σ_3-最小主应力

2. 开采扰动条件下断层损伤演化过程

分析开采过程中断层损伤演化过程，可对不同开采阶段断层损伤程度进行评估。用所建模型进行分析，下盘工作面向断层推进过程断层损伤演化过程如图 2-38 所示。

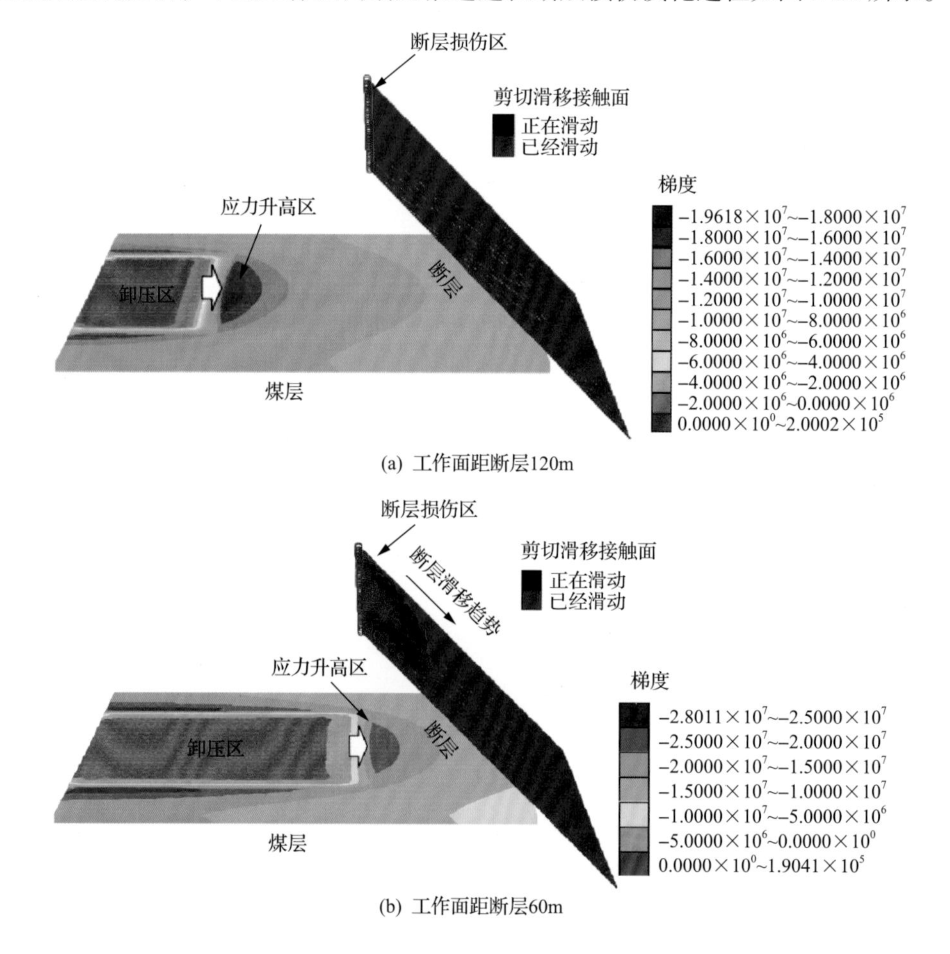

(a) 工作面距断层120m

(b) 工作面距断层60m

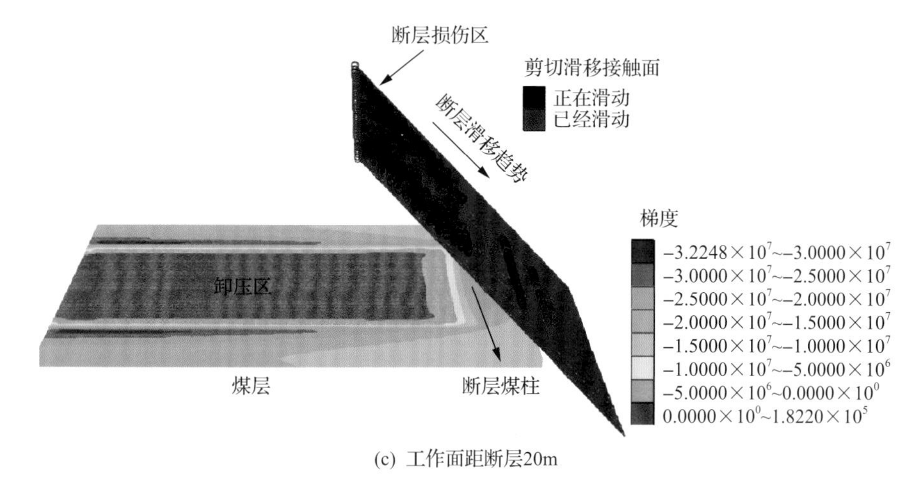

(c) 工作面距断层20m

图 2-38　工作面开采过程中断层损伤破坏情况

由图 2-38 可以看出：工作面距断层 120m 时，断层顶端首先发生破裂。分析其原因为：断层顶端存在应力集中，在采动附加应力与断层应力联合作用下，断层顶端损伤破裂。工作面距断层 60m 时，断层损伤区域不断发展，从高位岩层向低位岩层演化。工作面距断层 20m 时，损伤区域发生不连续现象，损伤区域影响了底板层位，说明此刻断层已发生整体滑移。

图 2-39 为定量分析开采扰动下断层损伤演化曲线。从断层损伤演化曲线可以看出：开采初期，开采对断层损伤影响微弱，初始损伤几乎为 0。工作面距断层 120m 时，开采扰动对断层产生影响，此后随着工作面距断层越近，断层损伤变量越大，此现象与现场实际符合，说明采用断层损伤变量评价开采对断层的扰动效应具有一定的可靠性。损伤增长率存在单峰值，工作面距断层 100m 时，损伤增长率达到最大，增长率为 84%，开采后期损伤增长率呈波动变化。此现象印证了相关文献中微震监测表明工作面距断层一定距离时，断层微震事件能量最大，开采初期易诱发断层活化型冲击地压的结论。

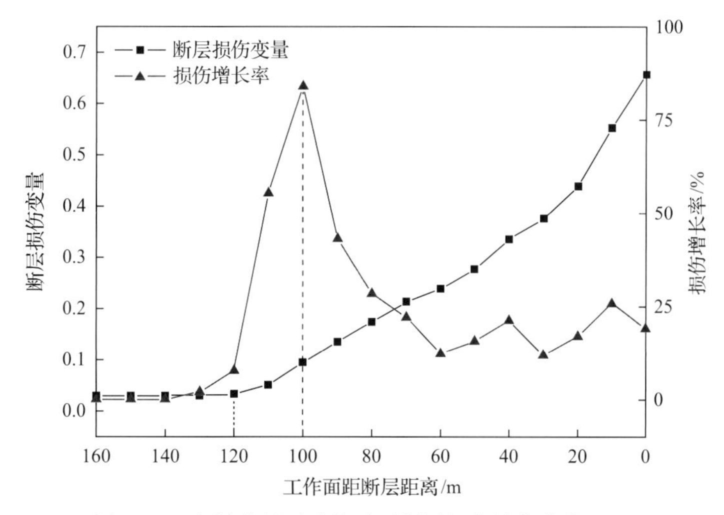

图 2-39　定量分析开采扰动下断层损伤演化曲线

3. 开采过程中断层围岩应力位移分布特征

开采过程中，原岩应力场发生改变、覆岩产生移动变形。开采扰动诱发断层滑移的实质为采动应力作用下断层上下盘产生相对位移。分析开采过程中断层围岩应力位移分布特征，对于断层滑移态势可有直观的认识。工作面开采过程中断层围岩剪切应力与位移云图如图 2-40 所示。

由剪切应力云图可以看出：煤层开采后，工作面应力呈“压力拱”分布。工作面距断层 120m 时，工作面前方存在剪切应力集中现象，此时开采范围较小，采动对断层几乎没有影响，断层上、下盘仍处于受力平衡状态。工作面距断层 60m 时，剪切应力集中程度变大，剪切应力升高区逐步逼近断层，造成断层上、下盘受力不同。当工作面距断层 20m 时，断层的剪切应力阻隔效应非常明显，在断层上、下盘存在剪切应力差。

由位移云图可以看出：覆岩移动影响范围呈倒梯形演化，断层高位岩层先于断层低位岩层受到开采扰动影响。工作面距断层 60m 时，覆岩移动变形开始影响到断层顶端，

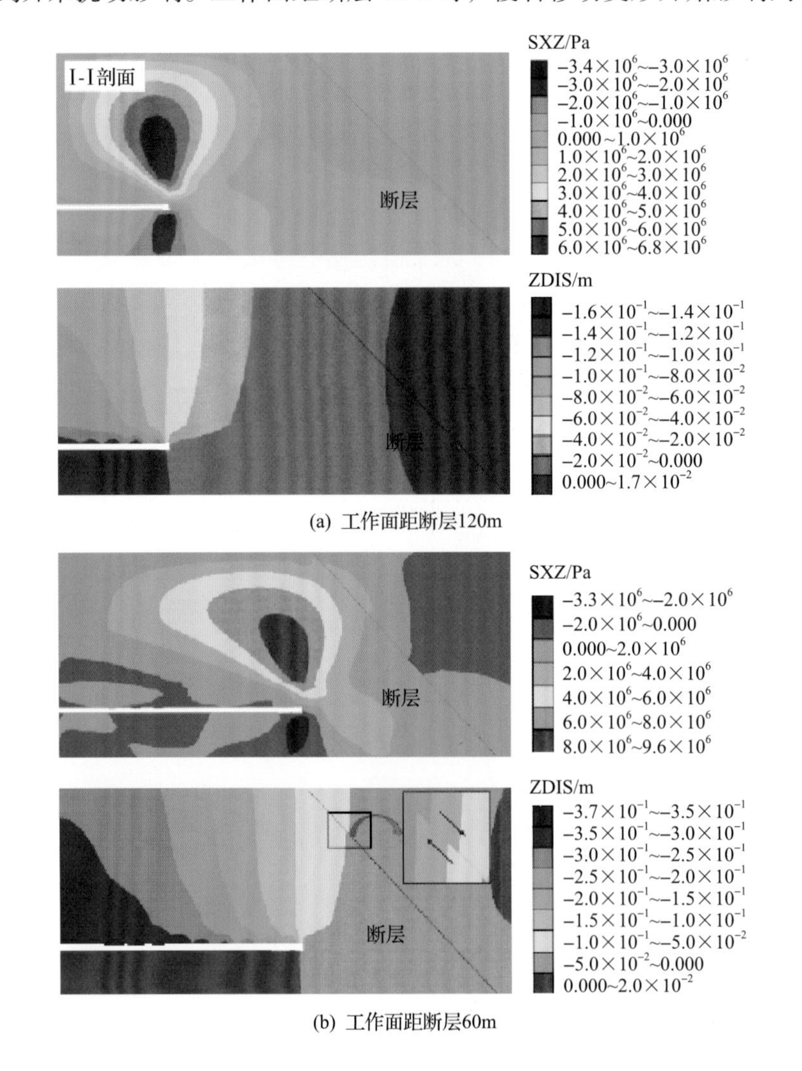

(a) 工作面距断层120m

(b) 工作面距断层60m

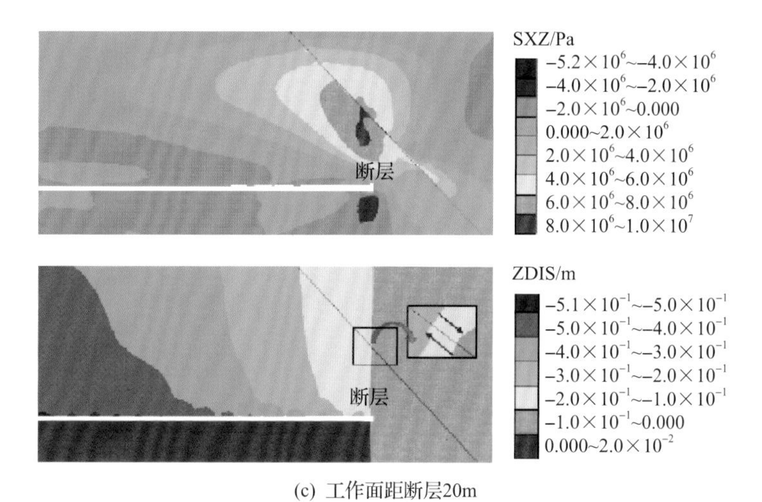

(c) 工作面距断层20m

图 2-40 开采过程中断层围岩剪切应力与位移云图

SXZ-剪切应力；ZDIS-位移

且断层上、下盘位移出现不连续现象。分析原因：受开采影响，上、下盘出现不均匀下沉，其中下盘沉降大于上盘沉降，导致沿断层面发生剪切滑移。工作面距断层 20m 时，覆岩移动变形进一步增大，影响范围由断层顶端向底端扩展，断层发生滑移的危险性升高。

4. 采场矿压显现与断层滑移互馈机制及工程建议

工作面临近断层构造时，由于断层的切割作用，煤岩连续性遭到破坏，断层区域顶板易发生失稳。对断层区域顶板进行受力分析，如图 2-41 所示。

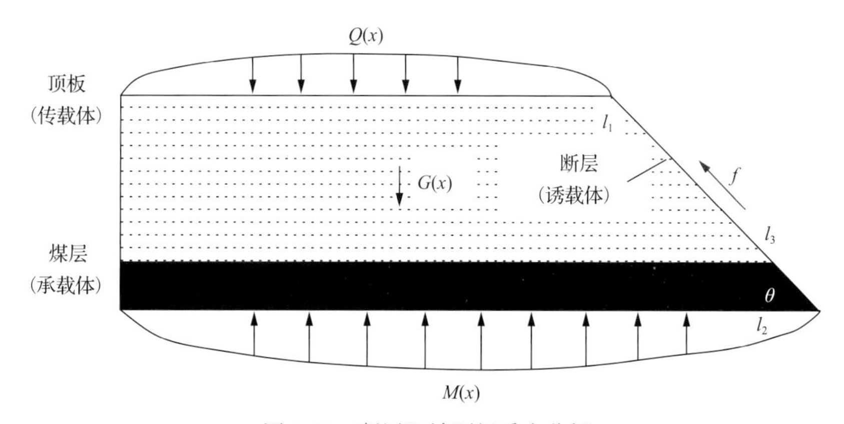

图 2-41 断层区域顶板受力分析

$Q(x)$-顶板所受均布载荷；$G(x)$-顶板所受重力；$M(x)$-煤层应力；f-断层面摩擦力；l_1-顶板岩梁长度；l_2-工作面与断层距离；l_3-断层面长度

工作面临近断层开采，煤层、顶板、断层三者之间相互作用。煤层是承载体，支承压力反映煤层受力状态；顶板作为传载体，顶板下沉量反映顶板运动状态；断层相当于诱载体，断层损伤变量反映开采对断层的扰动效应。工作面逐步靠近断层过程中，顶板下沉速度加快，断层煤柱支承压力升高，断层损伤破裂在局部积累到一定程度后诱发断层整体滑移，此时易发生结构失稳型冲击地压。

综合以上研究结果，从监测和控制方面给出临近断层采掘防灾建议。

监测方面：

(1) 在断层区域布置微震监测设备，通过微震定位系统监测断层损伤破裂演化过程，顶板离层仪监测顶板运动状态，钻孔应力计、钻屑量等监测煤层应力情况，实现开采过程中动态多参量监测断层围岩力学响应特征。

(2) 划分断层影响区域，加强开采前期断层勘测，将工作面划分为重点防范区和正常区，加强断层影响区矿压监测。

控制方面：

(1) 优化开采布局。优先考虑开采逆断层上盘，释放构造应力。

(2) 限制断层整体滑移。通过合理控制工作面与断层距离、工作面斜长、断层破碎带、注浆等措施，降低开采扰动对断层的损伤，限制断层整体滑移。

(3) 强卸压、吸能支护。采取大直径钻孔、松动爆破等措施对煤体进行强卸压。同时加强断层影响区域支护强度，考虑安装防冲液压支架，吸能抗冲击韧性锚杆、锚索联合支护等。

2.3 煤岩失稳破裂过程中的能量演化机理

2.3.1 基于应力–应变过程的能量积聚与释放机制

冲击地压的发生、发展过程如果从能量角度考虑，也就是煤岩体储能到达峰值后在外部很小能量作用下，煤岩体内所蕴藏的能量开始释放，直至耗损完毕。研究煤岩体能量积聚与释放的全过程并寻找表征煤岩体在峰后能量释放快慢的参数意义重大。本节主要探究加载破坏条件下煤岩体能量的吸收、释放和转化，以期为煤岩体冲击指标的研究奠定基础。

1. 峰前能量积聚规律

在煤岩体加载压缩条件下的峰前阶段，应力-应变曲线主要由 3 个阶段组成，即紧密压实阶段、线弹性阶段和塑性阶段。峰前阶段主要为能量积聚阶段。其中，外力对煤岩体做功为压机给予的机械做功，煤岩体增加的能量主要为应变能增量，还有一小部分耗散能增量。

根据能量守恒定律，外力对物体做功值等于物体能量变化的大小：

$$W = \Delta U \tag{2-54}$$

式中，W 为外力对物体做功值；ΔU 为物体能量变化的大小。

轴向：

$$W_{\mathrm{mf \cdot A}} = \Delta U_{\mathrm{sf \cdot A}} = V \cdot \int_0^{\varepsilon_{\mathrm{A}} \cdot P} S_{(\mathrm{A})} \mathrm{d}\varepsilon \tag{2-55}$$

环向：

$$W_{\mathrm{mf \cdot H}} = \Delta U_{\mathrm{sf \cdot H}} = V \cdot \sigma_{\mathrm{C}} \cdot \varepsilon_{\mathrm{A}}^{\mathrm{L}} \cdot P \tag{2-56}$$

式中，当达到峰值应力时，$W_{\mathrm{mf \cdot A}}$、$W_{\mathrm{mf \cdot H}}$分别为峰前阶段轴向和环向压机给予的机械做功；$\Delta U_{\mathrm{sf \cdot A}}$、$\Delta U_{\mathrm{sf \cdot H}}$分别为对应的轴向和环向峰前应变能增量；$S_{(\mathrm{A})}$为轴向应力-应变曲线；$\varepsilon$为应变；$V$为试件体积；0为应变原点；$\varepsilon_{\mathrm{A}} \cdot P$为轴向峰值强度对应的应变；$\sigma_{\mathrm{C}}$为环向围压。

机械能总做功W_{mf}为

$$W_{\mathrm{mf}} = W_{\mathrm{mf \cdot A}} - W_{\mathrm{mf \cdot H}} \tag{2-57}$$

$$W_{\mathrm{mf}} = V \cdot \left(\int_0^{\varepsilon_{\mathrm{A}} \cdot P} S_{(\mathrm{A})} \mathrm{d}\varepsilon - \sigma_{\mathrm{C}} \cdot \varepsilon_{\mathrm{A}}^{\mathrm{L}} \cdot P \right) \tag{2-58}$$

2. 峰后能量非稳态释放规律

当进入峰后阶段后，试件发生破坏，能量整体处于释放阶段。此时压机的机械做功为负功，除了机械能直接转化为耗散能释放外，峰前一部分应变能开始转化为耗散能释放掉，直至应变能释放到最大限度，进入残余阶段。整个峰后阶段由能量守恒得

$$W_{\mathrm{mb}} = \Delta U_{\mathrm{sb}} - \Delta U_{\mathrm{db}} \tag{2-59}$$

式中，W_{mb}为峰后阶段压机给予的机械做功；ΔU_{sb}为峰后阶段压机给予的机械做功对应的应变能增量；ΔU_{db}为峰后阶段压机给予的机械做功对应的耗散能增量。

$$\Delta U_{\mathrm{sb}} = (\Delta U_{\mathrm{sb}} \cdot \mathrm{A} - \Delta U_{\mathrm{sb}} \cdot \mathrm{H}) \tag{2-60}$$

$$\Delta U_{\mathrm{sb}} \cdot \mathrm{A} = V \cdot \int_{\varepsilon_{\mathrm{A}} \cdot P}^{\varepsilon_{\mathrm{A}} \cdot R} S_{(\mathrm{A})} \mathrm{d}\varepsilon \tag{2-61}$$

$$\Delta U_{\mathrm{sb}} \cdot \mathrm{H} = V \sigma_{\mathrm{C}} \cdot (\varepsilon_{\mathrm{H}} \cdot R - \varepsilon_{\mathrm{H}} \cdot P) \tag{2-62}$$

式中，$\Delta U_{\mathrm{sb}} \cdot \mathrm{A}$、$\Delta U_{\mathrm{sb}} \cdot \mathrm{H}$分别为对应的轴向、环向峰后应变能增量。

此时峰后应变能剩余量为

$$W_{\mathrm{C}} = \left[(\sigma_{\mathrm{P}} + \sigma_{\mathrm{C}})^2 - \sigma_{\mathrm{P}}^2 \right] / (2 \cdot E) \tag{2-63}$$

式中，W_{C}为峰后应变能剩余量；E为试样的弹性模量；σ_{P}为峰值强度；σ_{C}为环向围压。

由式(2-58)、式(2-62)和式(2-63)可得峰后耗散能增量ΔU_{db}为

$$\Delta U_{\mathrm{db}} = W_{\mathrm{mf}} + W_{\mathrm{mb}} - W_{\mathrm{e}} \tag{2-64}$$

3. 考虑能量非稳态释放的脆性度新指标

脆性度从能量角度考虑，也就是到达峰值后，在外部能量作用下煤岩体内所储存的能量释放快慢的表征参数，即

$$B_{\mathrm{r}}=\Delta U_{\mathrm{db}}/W_{\mathrm{mf}} \tag{2-65}$$

式中，B_{r} 为煤脆性度。

峰后耗散能释放量由峰后机械能和部分峰前应变能转化而来，由式(2-65)可得煤脆性度为

$$B_{\mathrm{r}}=\frac{\int_{0}^{\varepsilon_{\mathrm{A}}\cdot P}S_{(\mathrm{A})}\mathrm{d}\varepsilon-\sigma_{\mathrm{C}}\cdot\varepsilon_{\mathrm{A}}\cdot P+\int_{\varepsilon_{\mathrm{A}}\cdot P}^{\varepsilon_{\mathrm{A}}\cdot R}S_{(\mathrm{A})}\mathrm{d}\varepsilon-\sigma_{\mathrm{C}}\cdot(\varepsilon_{\mathrm{H}}\cdot R-\varepsilon_{\mathrm{H}}\cdot P)-\left\{[(\sigma_{\mathrm{P}}+\sigma_{\mathrm{C}})^{2}-\sigma_{\mathrm{P}}^{2}]/(2\cdot E)\right\}}{\int_{0}^{\varepsilon_{\mathrm{A}}\cdot P}S_{(\mathrm{A})}\mathrm{d}\varepsilon-\sigma_{\mathrm{C}}\cdot\varepsilon_{\mathrm{A}}\cdot P} \tag{2-66}$$

由此本节建立了基于能量演化的硬煤脆性度指标的力学和几何模型，与其他指标相比，该指标可以充分考虑硬煤相对较长的非线性弹性阶段、较小的塑性段、峰后台阶跌落等特征，并且上述脆性度指标数形结合，具有直观性和易计算性，并可应用于煤冲击倾向性的分区研究中。

需要注意的是，本节所提到的脆性度指标的物理意义是在外力做功下试件释放能量的快慢，而对于岩石Ⅱ类曲线，达到峰值以后，无须借助外力做功就会产生破坏。因此，本节所提的脆性度指标只是针对Ⅰ类曲线，不适用于Ⅱ类曲线。

2.3.2 巷道围岩失稳破坏的能量释放机制

1. 巷道围岩层裂体变形破坏机理

基于层裂体破坏失稳机制，结合试验结果作如下假设：①承载体 B 进入破裂屈服阶段之前，承载体 A 和 B 均处于弹性变形阶段；②承载体 B 进入破裂屈服阶段之后，受力趋于稳定，进入理想塑性阶段；③层裂体破坏失稳时，承载体 A 和 B 均完全破坏失稳。得到了如图 2-42 所示的层裂体破坏失稳原理示意图。

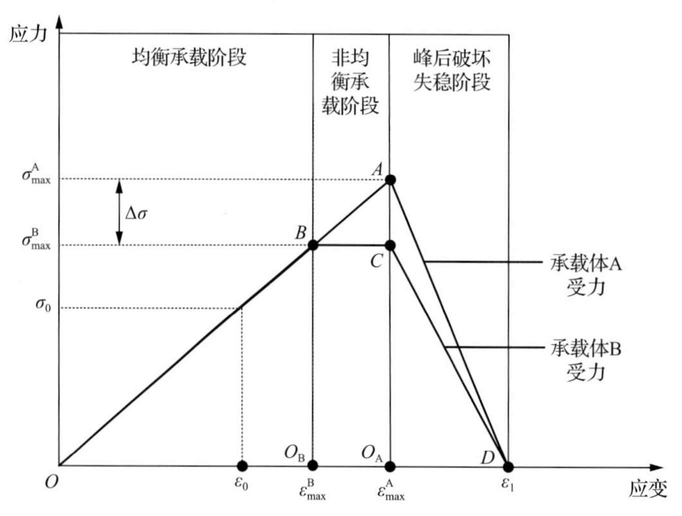

图 2-42 层裂体破坏失稳原理示意图

当层裂体的应变为 ε，承载体 A 和 B 的应变分别为 ε^{A} 和 ε^{B} 时，则有静态平衡方程：

$$\varepsilon=\varepsilon^{\mathrm{A}}=\varepsilon^{\mathrm{B}} \tag{2-67}$$

假设作用于承载体 A 和 B 的应力分别为 σ^{A} 和 σ^{B}，可根据如下公式计算：

$$\sigma^{\mathrm{A}}=f(\varepsilon^{\mathrm{A}})\varepsilon^{\mathrm{A}} \tag{2-68}$$

$$\sigma^{\mathrm{B}}=f(\varepsilon^{\mathrm{B}})\varepsilon^{\mathrm{B}} \tag{2-69}$$

式中，$f(\varepsilon^{\mathrm{A}})$ 和 $f(\varepsilon^{\mathrm{B}})$ 分别为承载体 A、B 的刚度系数。

假设承载体 A 和 B 的宽度均为 d_{c}，则层裂体单位长度的受力 $F^{\mathrm{A+B}}$ 为

$$F^{\mathrm{A+B}}=(\sigma^{\mathrm{A}}+\sigma^{\mathrm{B}})d_{\mathrm{c}} \tag{2-70}$$

在层裂体均衡承载阶段，即 $0<\varepsilon<\varepsilon_{\max}^{\mathrm{B}}$，承载体 A 和 B 的刚度系数相同，此时层裂体单位长度的受力为

$$F^{\mathrm{A+B}}=2d_{\mathrm{c}}\sigma^{\mathrm{A}}或2d_{\mathrm{c}}\sigma^{\mathrm{B}} \tag{2-71}$$

层裂体进入非均衡承载阶段时，即 $\varepsilon_{\max}^{\mathrm{B}}<\varepsilon<\varepsilon_{\max}^{\mathrm{A}}$，承载体 B 首先破裂屈服，其刚度系数降低，即 $f(\varepsilon^{\mathrm{A}})>f(\varepsilon^{\mathrm{B}})$，可得到作用于承载体 B 的应力为

$$\sigma^{\mathrm{B}}=\frac{f(\varepsilon^{\mathrm{B}})}{f(\varepsilon^{\mathrm{A}})}\sigma^{\mathrm{A}} \tag{2-72}$$

则层裂体单位长度的受力和承载体间的应力梯度差分别为

$$F^{\mathrm{A+B}}=\left(\sigma^{\mathrm{A}}+\frac{f(\varepsilon^{\mathrm{B}})}{f(\varepsilon^{\mathrm{A}})}\sigma^{\mathrm{A}}\right)d_{\mathrm{c}} \tag{2-73}$$

$$\Delta\sigma=\sigma^{\mathrm{A}}=\left(1-\frac{f(\varepsilon^{\mathrm{B}})}{f(\varepsilon^{\mathrm{A}})}\right) \tag{2-74}$$

从非均衡承载角度来看，层裂体破坏失稳过程可分为均衡承载、非均衡承载和峰后破坏失稳三个阶段；式(2-71)和式(2-73)给出了承载体在均衡承载阶段和非均衡承载阶段的承载表达式。

2. 巷道围岩层裂结构动力失稳模型

基于案例研究、室内试验和数值模拟结果，建立了“煤体”自身释放型和“煤体+顶板”共同释放型两类巷道围岩层裂结构动力失稳模型，揭示了冲击地压能量释放传递机制，具体如图 2-43 所示。

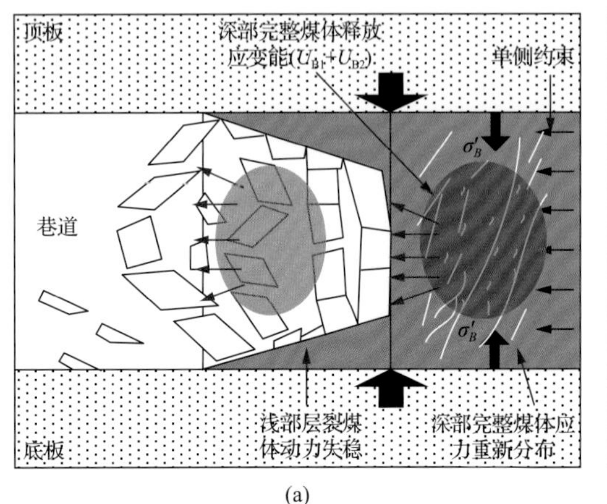

(a)

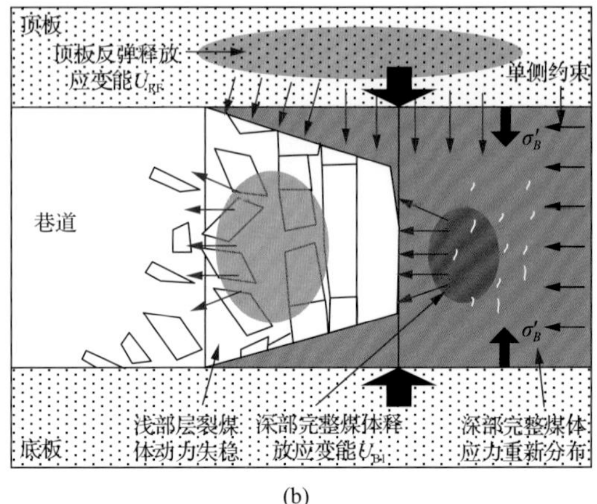

(b)

图 2-43　巷道围岩层裂结构动力失稳模型

σ'_B-承载处 *B* 点应力

3. 巷道围岩层裂结构不同类型能量释放特征

基于巷道围岩层裂结构动力失稳机制，对巷道围岩层裂结构不同类型破坏特征的能量释放进行探讨分析，解答了巷道围岩层裂结构动力失稳过程中能量如何释放这一问题。图 2-44 给出了巷道围岩层裂结构动力失稳能量释放示意图，煤壁掉渣、帮鼓/煤壁松动和轻微片帮破坏能量释放主要来自浅部层裂煤体；中等片帮破坏能量释放主要来自浅部层裂煤体，部分来自深部完整煤体；严重片帮和煤壁位移破坏能量释放来自浅部层裂煤体、深部完整煤体和顶板的共同释放。

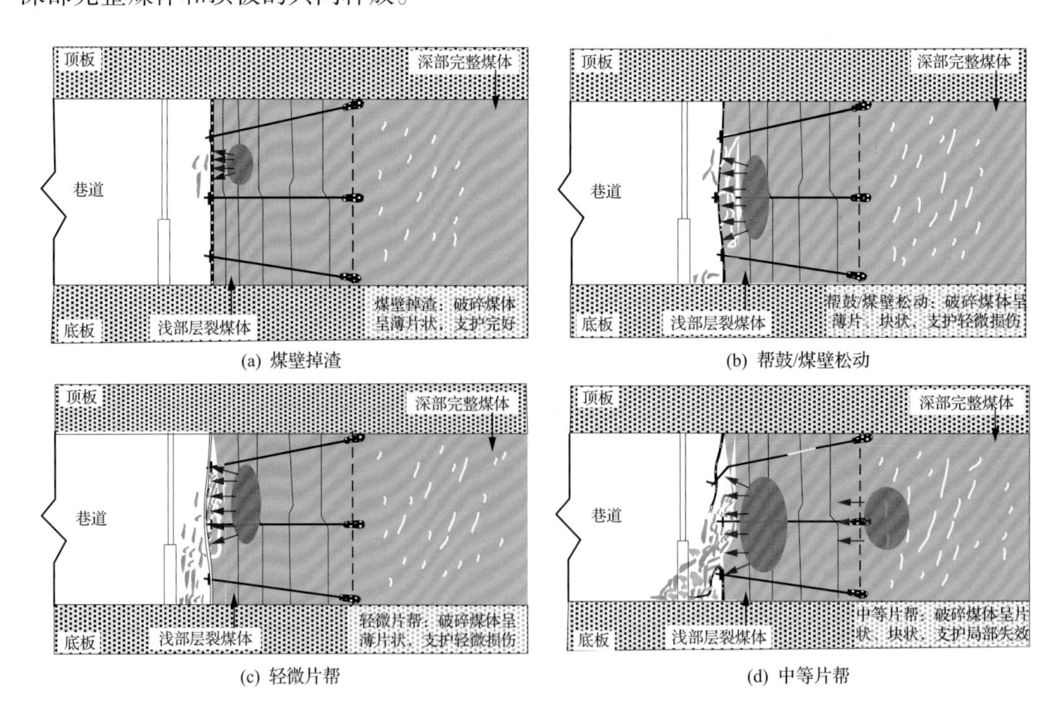

(a) 煤壁掉渣　　(b) 帮鼓/煤壁松动

(c) 轻微片帮　　(d) 中等片帮

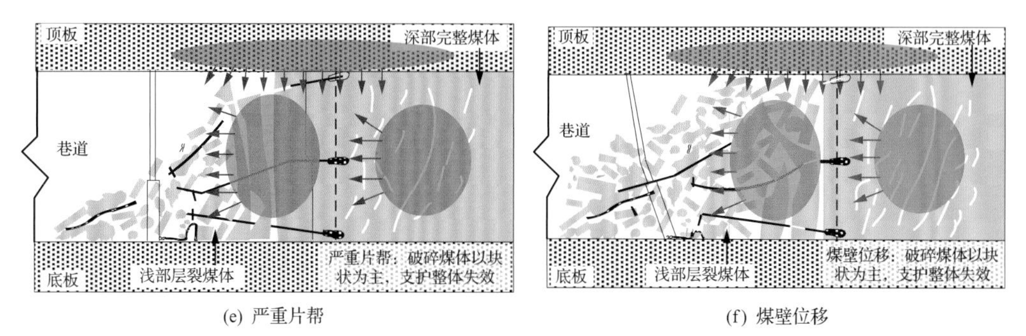

(e) 严重片帮　　(f) 煤壁位移

图 2-44　巷道围岩层裂结构动力失稳能量释放示意图

2.3.3　构造应力场煤巷掘进冲击地压能量分区演化机制

1. 煤巷掘进围岩弹性能演化特征

图 2-45、图 2-46 显示了掘进间隔为 5 时步和 40 时步时扰动区围岩的弹性能及弹塑性区分布情况，分别代表了快速掘进和慢速掘进时的情形。由图 2-45 和图 2-46 可见，在掘进迎头附近均存在一定范围的状态调整区，该范围弹性能演化及弹塑性转化最为剧烈，之后则趋于稳定。相对而言，快速掘进时调整区的范围更大。

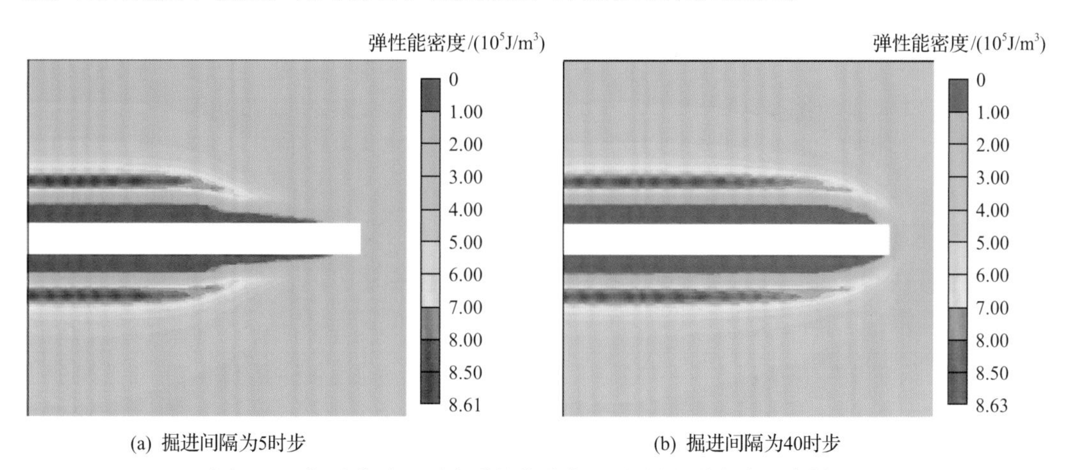

(a) 掘进间隔为5时步　　(b) 掘进间隔为40时步

图 2-45　掘进扰动区围岩弹性能分布云图(沿巷道中线垂直剖面)

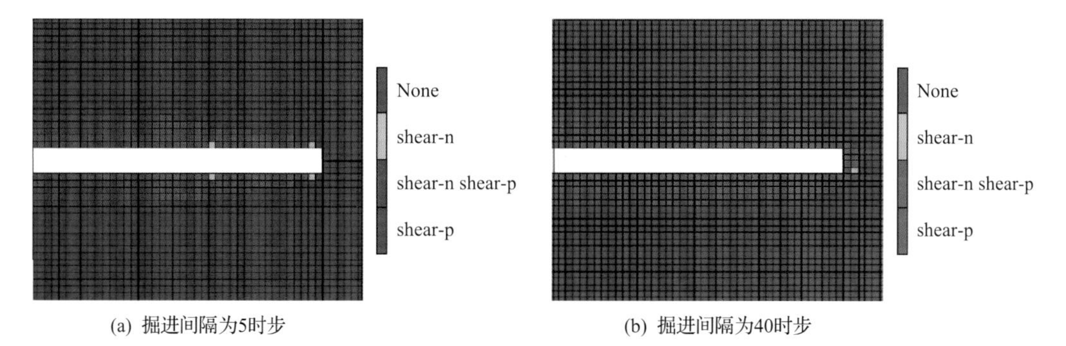

(a) 掘进间隔为5时步　　(b) 掘进间隔为40时步

图 2-46　掘进扰动区围岩弹塑性区分布图(沿巷道中线垂直剖面)

图 2-47 显示了掘进间隔为 5 时步和 40 时步对应的底板各监测点弹性能变化情况。在掘进扰动范围内，围岩不同深度处的弹性能演化规律区别显著。

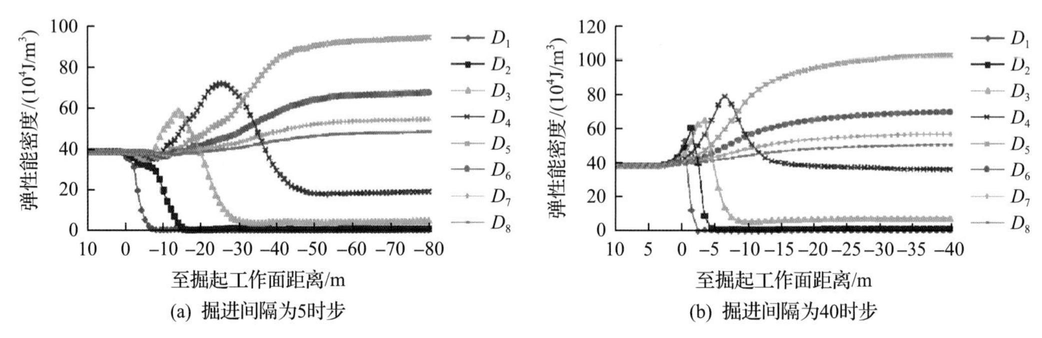

图 2-47 底板弹性能典型变化曲线

D_1～D_8-底板以下 1m、2m、3m、4m、5m、6m、7m、8m

(1)快速掘进时，底板以下 1m 处弹性能在迎头前方已由原始积聚水平开始释放，且释放速度逐渐加快，滞后迎头 8m 时完全释放。

(2)底板以下 3m 处弹性能在迎头附近变化不大，滞后迎头 7m 时开始逐渐积聚，滞后迎头 14m 时达到 58.9×10^4J/m^3，是原始积聚水平的 1.5 倍，之后开始不断释放，滞后迎头 35m 时释放完毕。

(3)底板以下 5m 处弹性能的变化更为滞后，约在滞后迎头 12m 时开始积聚，滞后迎头 28m 时积聚速度加快，滞后迎头 39m 时积聚速度趋缓，最终稳定在 93.6×10^4J/m^3，是原始积聚水平的 2.4 倍。掘进作业对底板以下 7m 处的影响相对较小，其弹性能变化趋势与底板以下 5m 处一致，但变化幅度更小。

对比图 2-47(a)与(b)可知，与快速掘进相比，慢速掘进时底板以下 3m、5m、7m 处弹性能演化规律总体相似，但各演化阶段的持续时间和距离更短。慢速掘进时底板以下 1m 处弹性能演化趋势与快速掘进时显著不同，其在迎头前方存在短距离的能量积聚过程，开挖后则快速释放，直至释放完毕，释放距离为滞后迎头 0～2m，大幅小于快速掘进时的能量释放范围。

图 2-48、图 2-49 显示了掘进间隔为 5 时步和 40 时步时扰动区巷帮围岩弹性能及弹塑性区分布情况。其与巷道顶底板类似，在掘进迎头附近均存在一定范围的状态调整区，该范围弹性能演化及弹塑性转化最为剧烈，之后则趋于稳定。但巷帮能量变化特征与顶底板差异较大。

图 2-50 显示了掘进间隔为 5 时步和 40 时步对应的巷帮围岩各监测点弹性能的变化情况。

(1)快速掘进时，掘进扰动区巷帮围岩弹性能均呈现释放状态。相较于深部围岩，浅部围岩释放速度更快，释放量更大。

(2)慢速掘进时，巷帮以深 1m 处弹性能呈现“先积聚、后释放”的变化规律，而深部围岩则均呈现释放状态。

(3)各种掘进速度下，巷帮以深 1m 处弹性能最终完全释放，而深部围岩只是部分释放，且深部围岩释放量要小于浅部。例如，掘进间隔为40时步条件下，巷帮以深1m处弹性能最大降幅约为100%，巷帮以深3m处最大降幅约为47.4%，巷帮以深5m处最大降幅约为38.4%，巷帮以深7m处最大降幅约为32%。

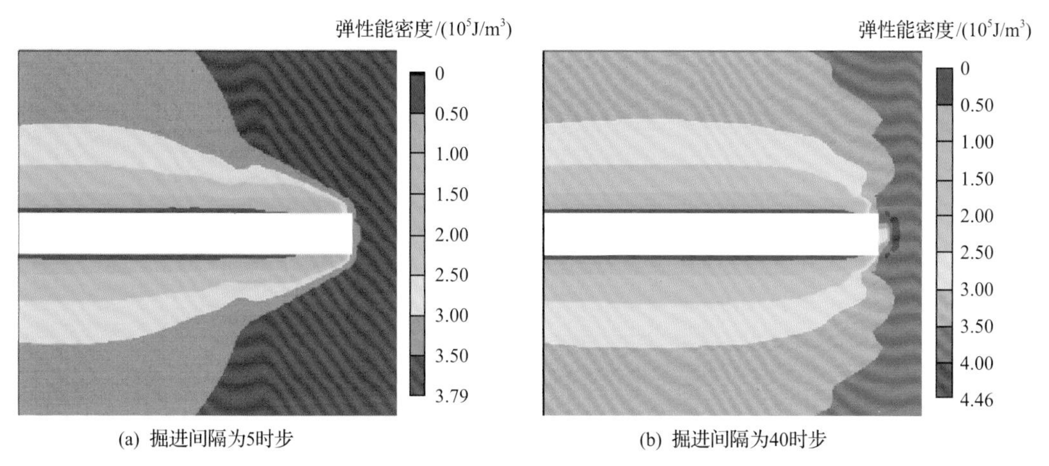

图2-48 掘进扰动区巷帮围岩弹性能分布云图(沿巷道腰线水平剖面)

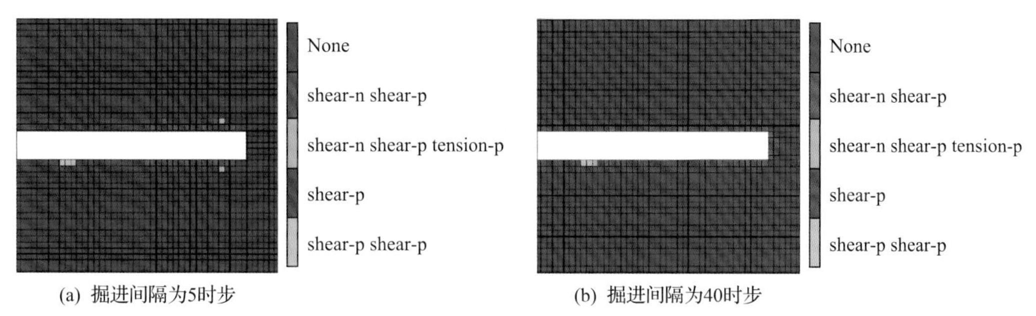

图2-49 掘进扰动区巷帮围岩弹塑性区分布图(沿巷道腰线水平剖面)

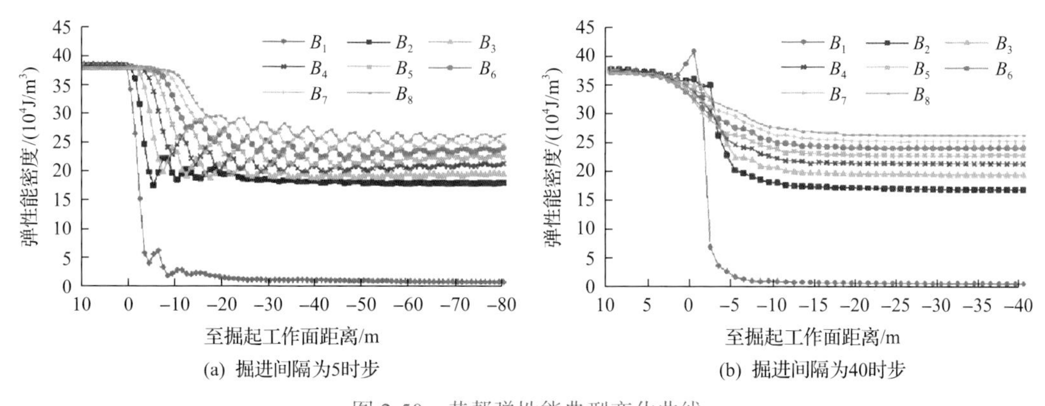

图2-50 巷帮弹性能典型变化曲线

B_1～B_8-巷帮以深1m、2m、3m、4m、5m、6m、7m、8m

图2-51分别显示了不同掘进速度下迎头前方弹性能分布曲线，可见，慢速掘进时掘进迎头出现能量集中区，而快速掘进时迎头能量总体处于释放状态。

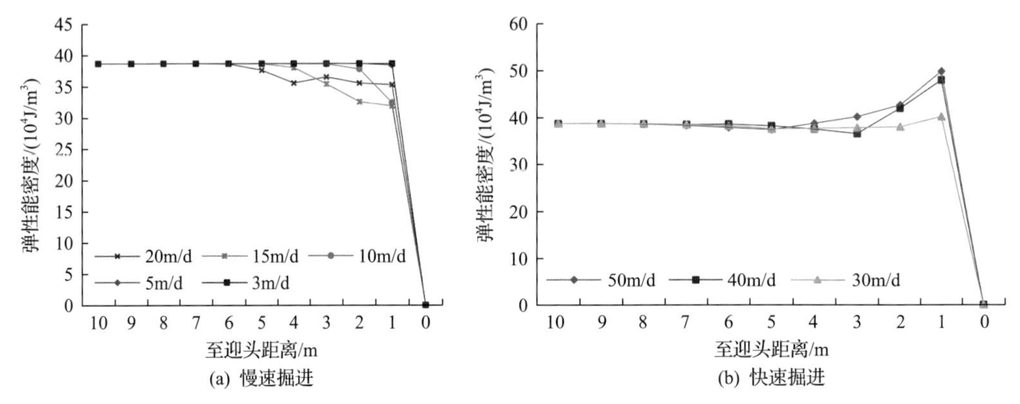

图 2-51 快速掘进和慢速掘进时迎头处弹性能变化曲线

2. 煤巷掘进弹性能空间分区演化模型

依照数值模拟分析结论，绘制构造应力场煤巷掘进围岩弹性能空间分区演化模型，如图 2-52 所示。模型分为慢速掘进和快速掘进两类，分别绘制出沿巷道轴向垂直剖面和沿巷道腰线水平剖面上的能量演化进程。根据煤巷掘进过程中各区间围岩弹性能的状态和变化特征，将其划分为 6 类，如表 2-10 所示。各区间围岩在能量演化路径所处的位置如图 2-53 所示。

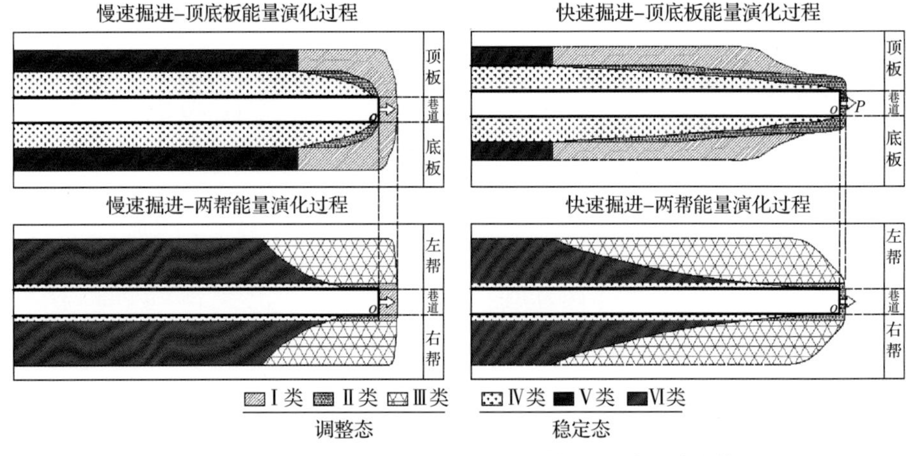

图 2-52 构造应力场煤巷掘进围岩弹性能空间分区演化模型

表 2-10 各区间围岩弹性能状态描述

类别序号	能量状态	能量变化特征	弹塑性状态
Ⅰ	调整态	持续积聚	弹性
Ⅱ		剧烈释放	弹性向塑性转化
Ⅲ		缓慢释放	弹性
Ⅳ	稳定态	能量已充分释放	塑性
Ⅴ		能量已完成集中	弹性
Ⅵ		能量已部分释放	弹性

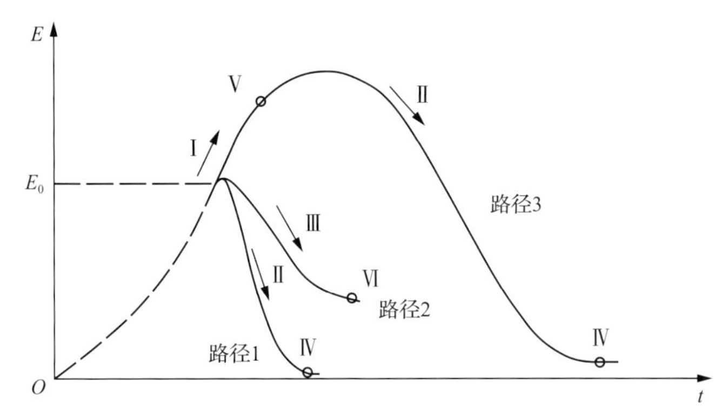

图 2-53 各区间围岩在能量演化路径所处的位置

标记箭头表示处于调整态，标记圆圈表示处于稳定态

模型中，应用不同图案显示了弹性能演化过程中各种状态的分布区间。水平构造应力场煤巷掘进围岩弹性能演化过程及特征如下。

(1)围岩弹性能从原岩状态 E_0 开始演化，共表现出 3 种能量路径，6 类区间分布在 3 种路径的不同阶段。其中路径 1 和路径 2 以帮部和迎头为主，路径 3 以顶底板为主。

(2)围岩弹性能演化特征与掘进速度关系密切。快速掘进时，围岩弹性能动态演化持续范围更大。不同掘进速度下围岩弹性能最终演化状态基本一致。

(3)不同方位围岩演化特征差异显著。顶底板内同时存在能量积聚区(Ⅰ)和释放区(Ⅱ)，而巷帮仅存在能量释放区(Ⅲ)。迎头围岩在慢速掘进时呈现为能量积聚区(Ⅰ)，快速掘进时转换为能量释放区(Ⅱ)。

(4)慢速掘进时，顶底板弹性能积聚起始点超前于迎头，围岩浅部和深部煤体均有发生。快速掘进时，顶底板弹性能积聚起始点滞后于迎头，且仅限于深部煤体。

(5)顶底板弹性能释放区(Ⅱ)在沿走向垂直剖面上呈对称的“双翼”形。随着掘进速度的增大，“翼长”不断增加，即在走向上有更大范围煤体处于能量释放状态。迎头附近的能量释放区主要集中在顶底板浅部，随着滞后迎头距离的增加，能量释放区不断向深部转移，直至稳定。

(6)慢速掘进时，巷帮浅部弹性能超前于迎头开始积聚，在迎头附近开始释放。快速掘进时，巷帮浅部弹性能超前于迎头开始释放。

(7)不同掘进速度下，巷帮深部区均处于弹性能释放状态，且掘进速度越快，在走向上处于能量释放状态的范围越大。与巷帮浅部不同的是，发生能量释放的深部煤体仍处于弹性状态。

3. 煤巷掘进弹性能空间分区演化模型

围岩破坏过程发生于能量剧烈释放区(Ⅱ)，其模拟结果对分析破坏特征机制具有重要意义。但由于煤岩动力破坏机理的复杂性，数值计算方法无法精确反映煤岩的动力学破坏过程，图 2-54 中显示的能量演化进程是建立在能量稳态释放基础之上的，与常规矿压现象相符。但冲击地压的典型特点是：煤岩体能量在冲击前稳态积聚，在冲击时非稳态释放，冲击破坏过程中煤岩体能量演化路径将发生新的变化。在常规矿压条件下，能量剧烈释放（Ⅱ）主要通过图2-54中的稳态的路径1和路径3实现，而在冲击地压条件下，非稳态路径4取代稳态路径1，非稳态路径5取代稳态路径3。可见从原岩状态开始直至冲击破坏的临界状态，能量演化过程是可供冲击地压巷道掘进加以利用的。

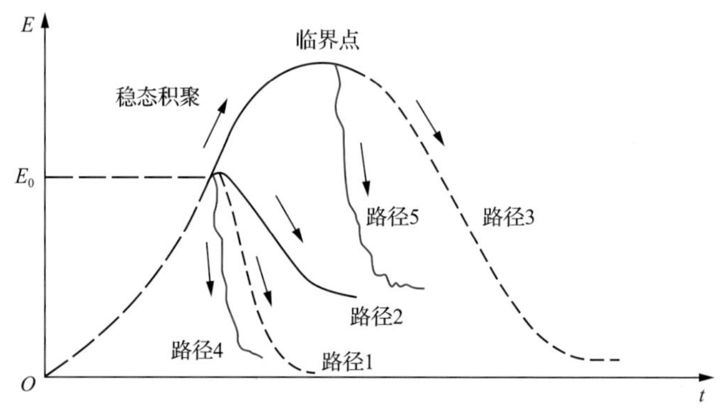

图 2-54 冲击地压条件下Ⅱ区能量演化路径

图 2-55～图 2-57 展示了冲击地压巷道不同掘进速度下弹性能主要演化阶段的边界位置。起始蓄能边界是指受掘进扰动影响，弹性能开始积聚的边界；非稳态释能边界是指弹性能剧烈释放(可能引起冲击破坏)的起始边界；稳态释能边界是指弹性能缓慢释放(不会引起塑性破坏)的起始边界。对于冲击地压研究，非稳态释能边界附近是潜在冲击启动区，研究其分布规律及影响因素对于阐释掘进冲击地压机制及其显现特征具有重要意义。

模型中 O 代表迎头位置，D_1、D_2、D_3、D_4 均位于底板非稳态释能边界上，分别表示底板以下 1m、2m、3m、4m 处非稳态释能起始点。S_1、S_2、S_3、S_4 均位于底板起始蓄能边界上，分别表示底板以下 1m、2m、3m、4m 处能量起始积聚点。B_1 位于帮部非稳态释能边界上，表示帮部以深 1m 处非稳态释能起始点。B_2、B_3 位于帮部稳态释能边界上，分别表示帮部以深 2m、3m 处稳态释能起始点。

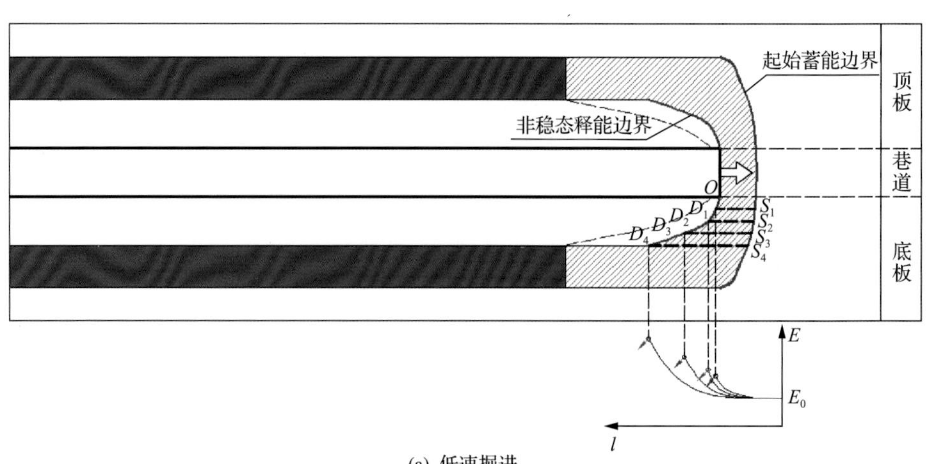

(a) 低速掘进

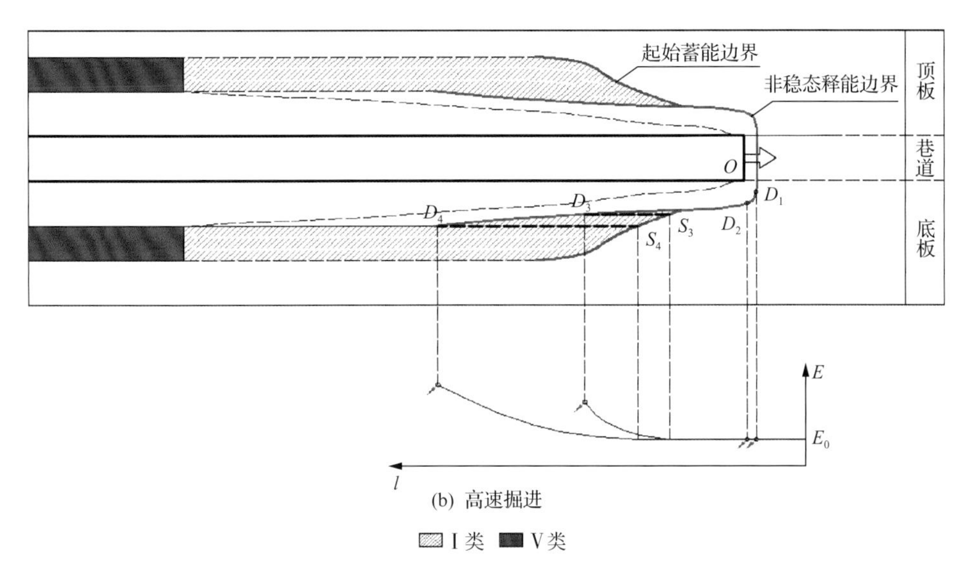

(b) 高速掘进

▨ Ⅰ类 ■ Ⅴ类

图 2-55 顶底板弹性能演化特征边界模型

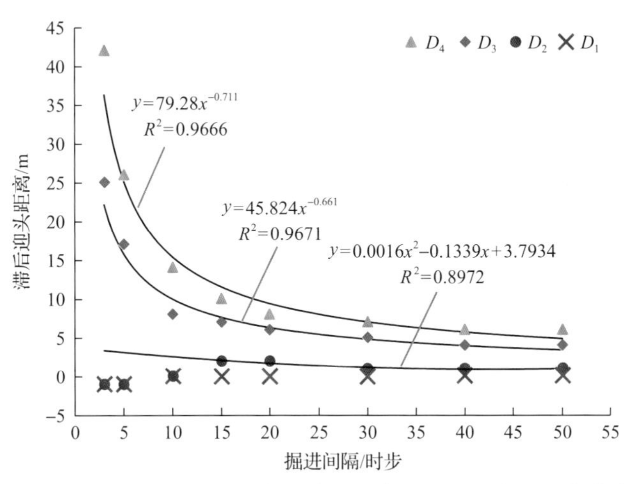

图 2-56 底板弹性能非稳态释放特征点至迎头距离的变化曲线

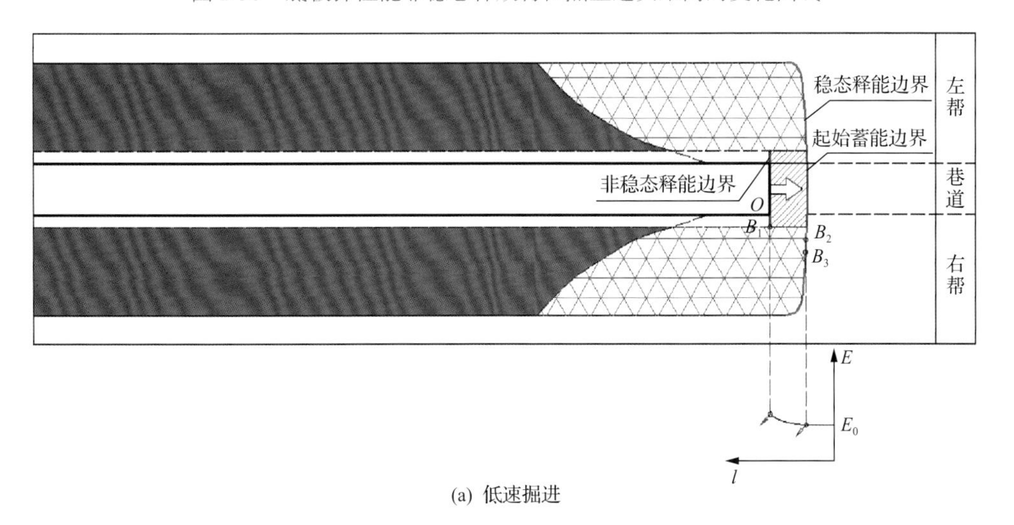

(a) 低速掘进

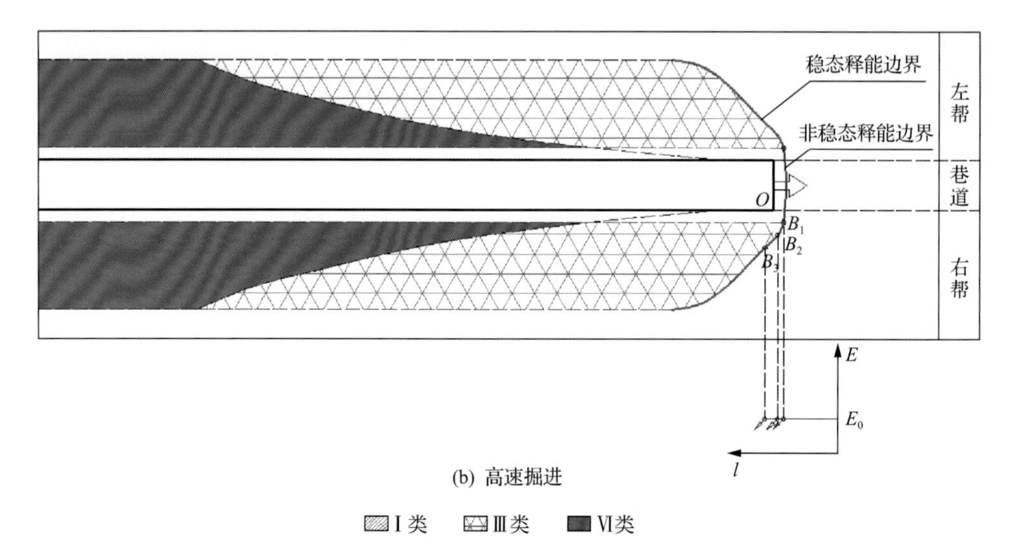

(b) 高速掘进

I类 Ⅲ类 Ⅵ类

图 2-57 巷帮弹性能演化特征边界模型

1) 顶底板分析

A. 形态特征

图 2-55 表明，随着滞后迎头距离的增加，非稳态释能边界由浅部逐渐向深部延伸，直至消失。该边界受掘进速度影响较大，低速掘进时，在垂直剖面上呈碗形曲线；高速掘进时，在垂直剖面上呈钟形曲线。

为定量化描述曲线弯曲特征，图 2-56 统计了不同掘进间隔下底板非稳态释能边界特征点滞后迎头距离的变化情况。深部区(D_3、D_4)能量非稳态释放点滞后迎头的距离与掘进间隔时步呈幂函数关系。浅部区(D_1、D_2)在高速掘进条件下能量非稳态释放点将超前于迎头。可见，掘进速度增大时(掘进间隔小于 15 时步)，底板非稳态释能边界在走向上同时向两端扩展。可认为，掘进速度越大，顶底板面临冲击地压风险的走向范围也就越大。

B. 能量特征

基于前面的数值模拟结论，将底板非稳态释能边界特征点对应的能量演化曲线绘制出来。低速掘进时，各特征点均经历了能量积聚过程($S_i \to D_i$，$i=1$，2，3，4)。由于空间位置的不同，各特征点破坏前的能量积聚水平存在差异，$E_{D_1} < E_{D_2} < E_{D_3} < E_{D_4}$。与低速掘进条件下的规律不同的是，高速掘进时，浅部特征点 D_1、D_2 破坏前未发生能量积聚过程，而是从原岩状态下直接释放，因此，各特征点破坏前的能量水平为 $E_{D_1} = E_{D_2} = E_O < E_{D_3} < E_{D_4}$。但无论掘进速度如何，更加滞后迎头的深部煤体在临界失稳状态下的能量积聚水平更高，一旦发生冲击，瞬间释放弹性能总量可能更大，冲击造成的破坏性也就更强。

2) 巷帮分析

A. 形态特征

图 2-57 显示，巷帮能量释放边界均位于迎头附近。与顶底板不同的是，巷帮浅部(B_1)为非稳态释放，巷帮深部(B_2)为稳态释放。低速掘进时，巷帮非稳态释能边界位于迎头

两侧，稳态释能边界超前于迎头。高速掘进时，巷帮非稳态释能边界超前于迎头，稳态释能边界滞后于迎头。可见，无论掘进速度如何，巷帮潜在冲击启动区均位于迎头附近，且掘进速度较高时，迎头具有冲击可能性。

B. 能量特征

基于前面的数值模拟结论，将巷帮释能边界特征点对应的能量演化曲线绘制出来。低速掘进时，非稳态释能边界特征点 B_1 经历了能量积聚过程，与底板非稳态边界特征点破坏前的能量积聚水平相比，有 $E_{B_1} < E_{D_1} < E_{D_2} < E_{D_3} < E_{D_4}$，可见，巷帮能量积聚水平小于顶底板。而稳态释能边界上的 B_2、B_3 未发生能量积聚过程，而是从原岩状态下直接释放，且未造成煤体破坏。高速掘进时，非稳态释能边界和稳态释能边界特征点能量均直接从原岩状态开始演化，由于空间位置不同，只有浅部特征点 B_1 的能量释放引起煤体破坏。

2.3.4 煤矿深部开采冲击地压致灾机理与应用分析

1. 深部开采冲击地压致灾机理及类型

根据深部煤岩体赋存环境、力学性质和冲击地压主要影响因素，可将深部开采冲击地压分为应变型、坚硬顶板型和断层滑移型 3 类，但其致灾机理与浅部煤岩具有很大不同。

1) 深部应变型冲击地压

煤岩体在深部高应力作用下将发生脆-延转化，表现为持续的强流变性，可将其视为黏弹塑性介质。深部采掘工程扰动后，采掘空间附近围岩应力重新分布，在高应力作用下发生黏弹性或黏弹塑性流变，基于开尔文(Kelvin)、伯格斯(Burgers)等模型，结合室内不同应力水平下砂岩的分级流变试验结果，构建深部围岩非线性黏弹塑性本构模型，具体如图 2-58 所示。

图 2-58 中曲线 b、c 的表达式分别为

$$\varepsilon(t)=\left[\frac{1}{E_1}+\frac{1}{E_2}\left(1-\mathrm{e}^{-\frac{\varepsilon_2}{\eta_1}}\right)\right]\sigma_0+\frac{\sigma_0-\sigma_{\mathrm{s1}}}{\eta_2}t \quad \sigma_{\mathrm{s1}}\leqslant\sigma_0\leqslant\sigma_{\mathrm{s2}}$$

$$\varepsilon(t)=\left[\frac{1}{E_1}+\frac{1}{E_2}\left(1-\mathrm{e}^{-\frac{\varepsilon_2}{\eta_1}}\right)\right]\sigma_0+\frac{\sigma_0-\sigma_{\mathrm{s1}}}{\eta_2}t+\frac{\sigma_0-\sigma_{\mathrm{s2}}}{\eta_3}t^n \quad \sigma_0\geqslant\sigma_{\mathrm{s2}}$$

式中，t 为流变时间；σ_0 为模型总应力；σ_{s1}、σ_{s2} 为模型塑性参数；E_1、E_2 为模型弹性参数；η_1、η_2、η_3 为模型黏性参数；n 为流变指数，为大于 1 的整数。

采掘扰动后围岩积聚能量主要表现为两个特征：一是在矿山压力作用下围岩应力重新分布，围岩内能量积聚明显大于能量释放与耗散之和，造成围岩破坏；二是破坏围岩积聚的弹性应变能缓慢释放并驱动围岩深部产生塑性变形，到一定围岩深度后受高应力作用这一过程会受到阻碍，造成该区域应力集中不断增大。建立了如图 2-59 所示

的流变数值模型，研究不同流变时间作用下煤壁的支承压力演化规律，结果如图 2-60 所示。随着流变时间增加，支承压力峰值向围岩深部转移到一定深度后受到阻碍，且支承压力峰值逐渐增大，如当流变时间从 0.1 年增大到 0.5 年时，最大应力集中系数从 1.4 左右增大到 1.6。

(a) 砂岩分级加载流变试验

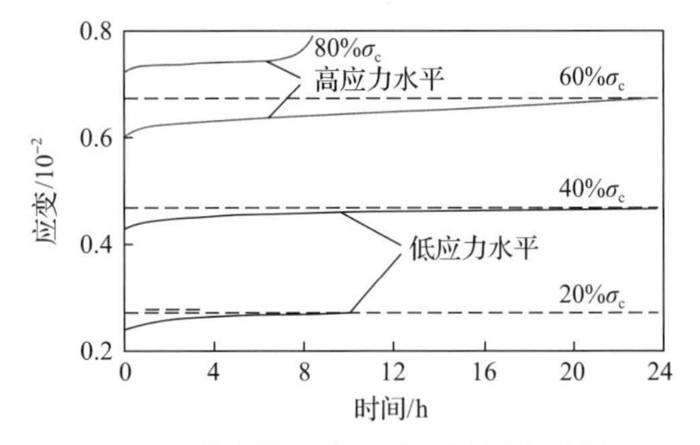

(b) 流变试验结果（σ_c表示单轴抗压强度）

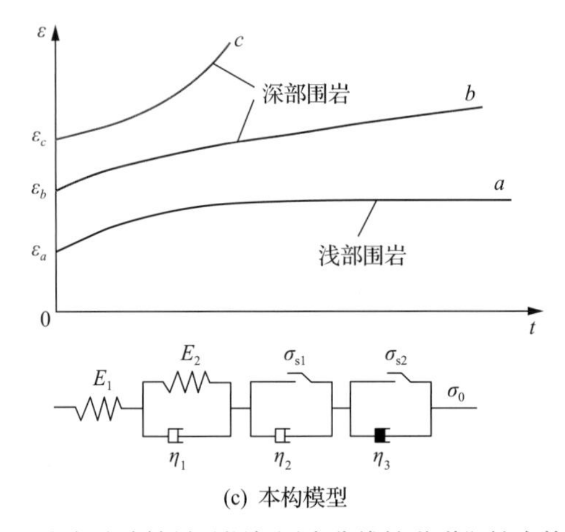

(c) 本构模型

图 2-58 流变试验结果及深部围岩非线性黏弹塑性本构模型

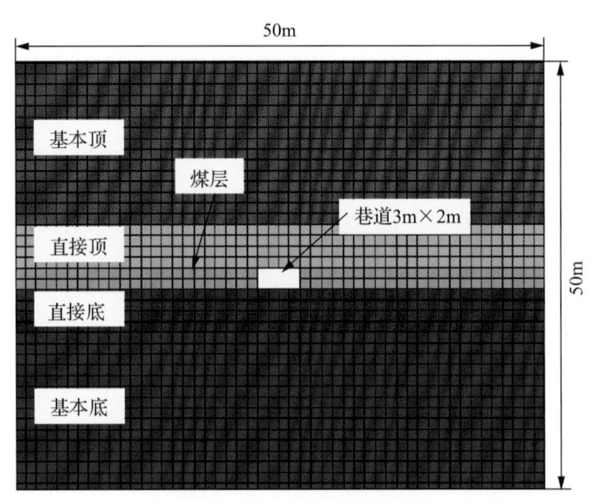

图 2-59 流变数值模型

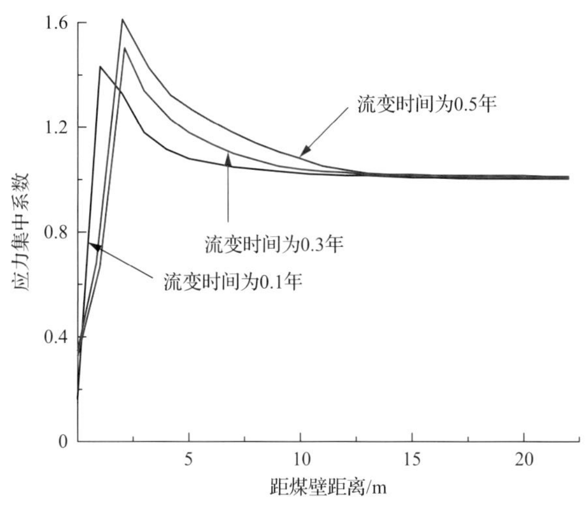

图 2-60　不同流变时间作用下煤壁的支承压力演化规律

根据上述结果，可将深部应变型冲击地压的发生机制描述为：深部开采巷道围岩在采掘扰动下围岩应力重新分布，围岩破坏深度逐渐增大直至稳定后，在高应力作用下应力集中程度不断增大，甚至进入流变状态，结合图 2-60 可知，此时围岩的应变会呈非线性快速增大，即积聚的能量会快速增多，当围岩积聚的能量大于其释放能与耗散能之和时，就会发生深部应变型冲击地压，具体如图 2-61 所示。

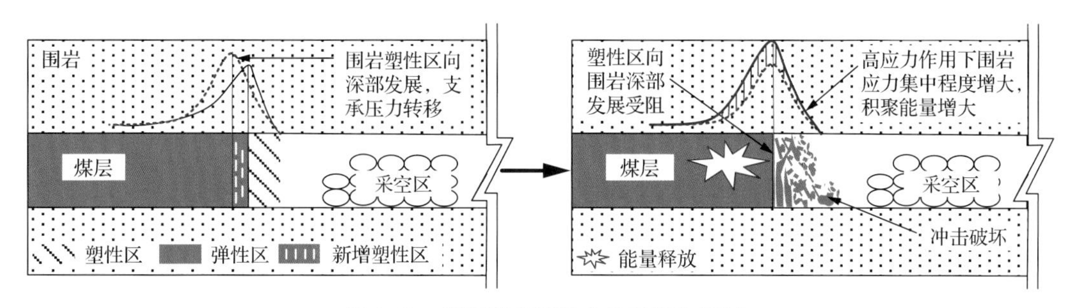

图 2-61　深部应变型冲击地压发生机制

2）深部坚硬顶板型冲击地压

随着开采深度增加，不仅煤体积聚的弹性应变能增多，而且由于坚硬顶板的厚度及悬顶长度增加，其积聚的弯曲变形能也呈快速增加趋势。不同长度及厚度的岩梁数值模型如图 2-62 所示。根据相关模拟方法，建立了 $FLAC^{3D}$ 岩梁数值模型，研究岩梁长度及厚度与岩梁积聚能量的演化规律，结果如图 2-63 所示。岩梁积聚能量随着岩梁长度或厚度的增大呈非线性增大趋势，当岩梁长度从 20m 增大到 40m 时，积聚能量从 0.78MJ 增大到 6.57MJ；当岩梁厚度从 2m 增大到 4m 时，岩梁积聚能量从 1.82MJ 增大到 4.98MJ。

浅部开采条件下，取坚硬顶板厚度、悬顶长度分别为 H_1、L_1；深部开采条件下，取坚硬顶板厚度、悬顶长度分别为 H_2、L_2，有 $H_1<H_2$、$L_1<L_2$，则可给出如图 2-64 所示的开采深度影响下坚硬顶板及煤层能量积聚示意图。浅部开采时煤层、顶板积聚的应变

能分别为 E_1、E_2，而深部开采时积聚的能量会分别增加到 $(E_1+\Delta E_1)$、$(E_2+\Delta E_2)$，其中 ΔE_1、ΔE_2 分别为煤层顶板积聚的应变能变化量。

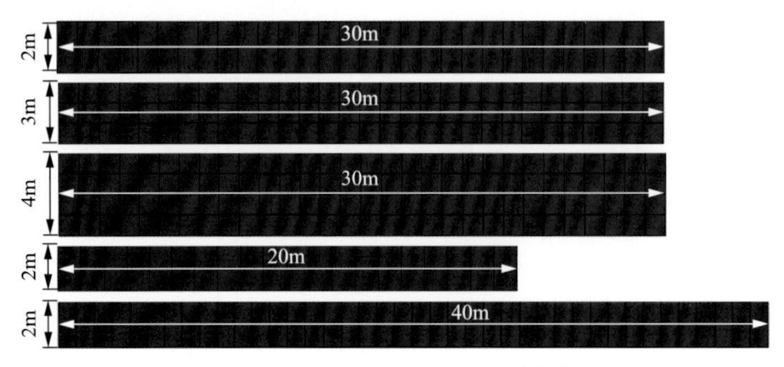

图 2-62　不同长度及厚度的岩梁数值模型

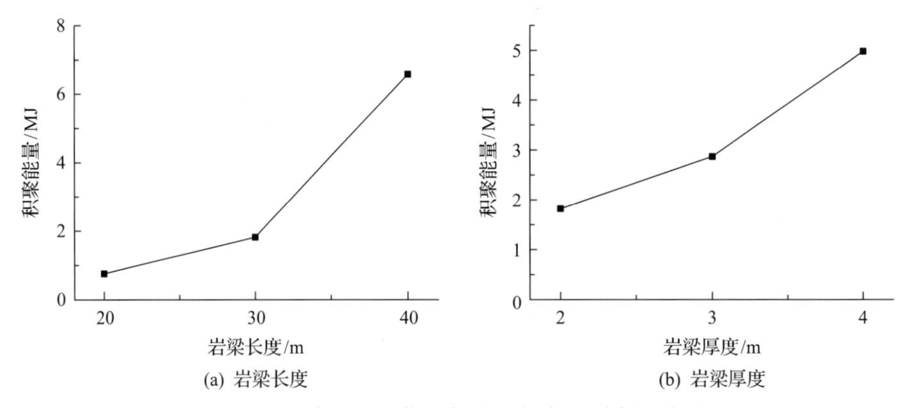

图 2-63　岩梁积聚能量与岩梁长度及厚度的关系

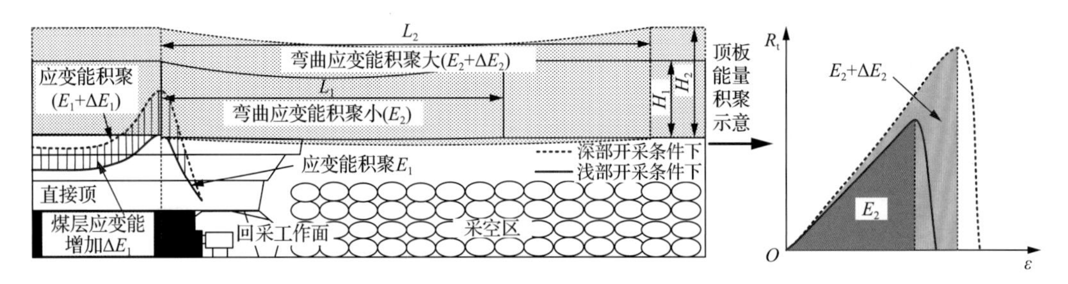

图 2-64　开采深度影响下坚硬顶板及煤层能量积聚示意

R_t-应力

由岩体破坏的最小能量原理可知，无论岩体处于何种应力状态，一旦失稳，将发生破坏，其破坏真正需要消耗的能量总是单向应力状态的破坏能量。当坚硬顶板破断时，浅部开采条件下煤岩系统自身存储的弹性能能够缓慢有效释放，整个煤岩系统处于动态平衡状态；随着开采深度增加，煤岩系统中增加的能量 ΔE_1 和 ΔE_2 将打破原有的动态平衡状态，但煤岩破坏消耗的能量是一定的，也就是说系统中新增的两部分能量将主要转换为煤体抛出的动能，更易形成冲击地压。据此，可给出如图 2-65 所示的深部坚硬顶板致冲机制。

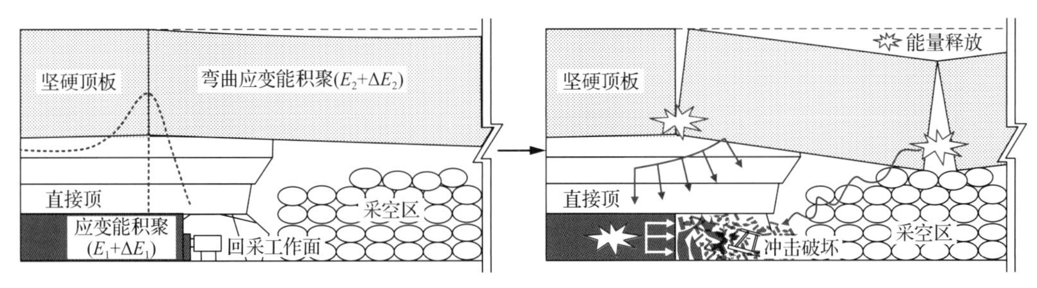

图 2-65 深部坚硬顶板致冲机制

3) 深部断层滑移型冲击地压

断层滑移型冲击地压是由于采矿活动引起断层相对错动而猛烈释放能量的现象。在受开采扰动前，煤岩体内任意点的应力都是平衡的，假设断层滑移面上的剪切应力及其抗剪强度分别为τ_T、τ，判定断层是否发生滑移的条件可表示为

$$\tau\begin{cases}\leqslant\tau_T & \text{断层不滑移}\\>\tau_T & \text{断层滑移}\end{cases}$$

无外界开采扰动时，断层滑移面上的剪切应力小于等于其抗剪强度，断层不发生滑动；受采掘影响，易导致断层滑移面上的剪切应力增大或抗剪强度减小，使断层滑移面上的剪切应力大于其抗剪强度，造成断层滑移，产生冲击地压。断层数值模型及不同埋深下断层区域的原岩应力演化规律如图 2-66 所示。

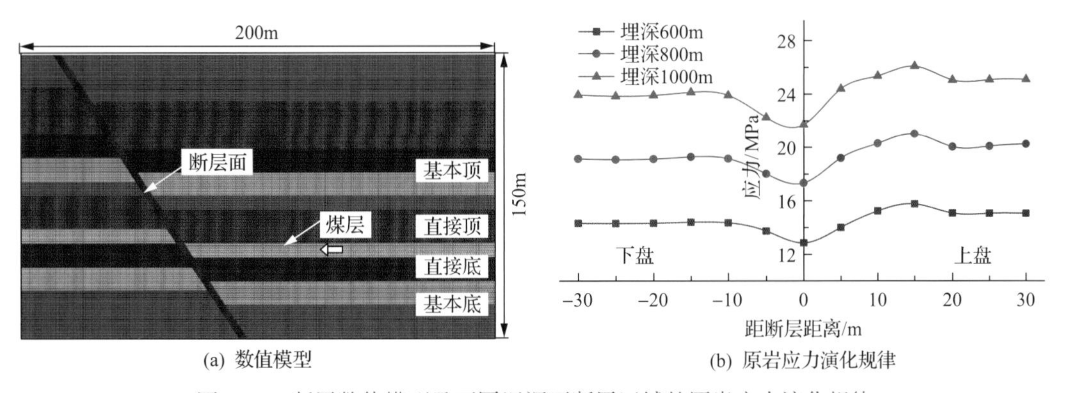

图 2-66 断层数值模型及不同埋深下断层区域的原岩应力演化规律

深部开采条件下断层构造有两个特点：一是与浅部开采相比，断层区域构造应力明显增大；二是断层切割的煤岩力学性质差异性远大于浅部开采，采掘影响下应力集中程度更高。

为了验证“深部断层区域的构造应力大于浅部”这一结论，建立 FLAC^{3D} 断层数值模型，研究不同埋深下断层区域的应力演化规律。断层构造区域的最大构造应力和应力梯度均随埋深的增加而增大，如埋深从 600m 增大到 1000m 时，最大应力从 15.75MPa 增加到 26.06MPa、应力梯度从 2.91MPa 增大到 4.36MPa。以埋深 800m 为例，对断层上盘进行回采，得到了距断层不同距离时工作面超前支承压力演化规律，具体如图 2-67 所示。随着工作面回采，当距断层距离由 50m 减小到 10m 时，支承压力峰值从 32.5MPa 增大到 51.8MPa。

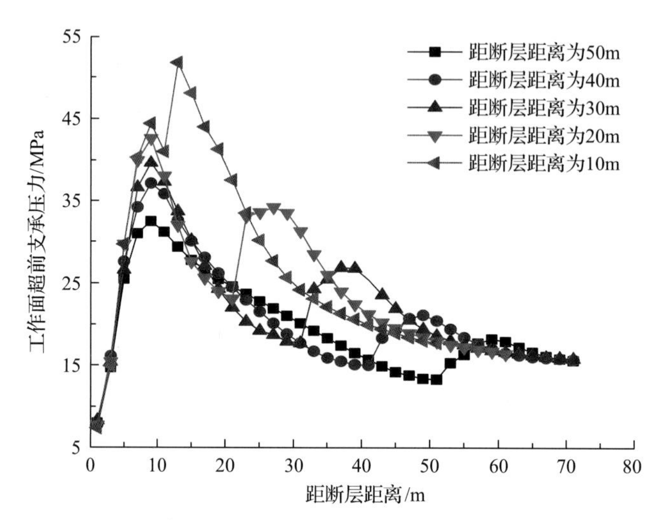

图 2-67 距断层不同距离时工作面超前支承压力演化规律

根据上述研究结果，得到如图 2-68 所示的深部断层滑移型冲击地压发生机理。以工作面由正断层上盘向断层回采时为例，随着工作面回采逐渐接近断层，回采引起煤壁前方支承压力增大，而深部断层构造区域的应力集中又远高于浅部，更易造成煤体承载力降低、断层带剪切应力增大，断层带剪切应力超过其抗剪强度，断层发生错动滑移，对工作面煤体产生冲击，导致深部断层滑移型冲击地压发生。

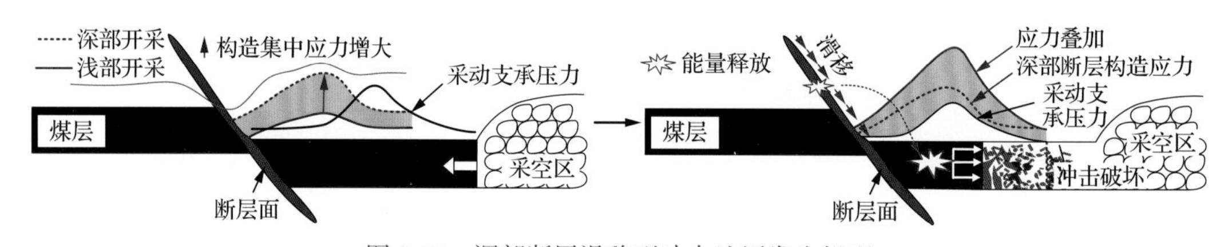

图 2-68 深部断层滑移型冲击地压发生机理

2. 深部开采冲击地压理论现场应用分析

大量实践表明，深部三类冲击地压前兆信息差异性大，建立与深部三类冲击地压相适应的监控预警方法，能够更好地实现对深部冲击地压的可靠预警。

深部应变型冲击地压是煤岩系统在变形过程中的能量稳定态积聚、非稳定态释放的非线性过程，煤岩应力及积聚弹性能较大。冲击发生前，煤岩应力、钻屑量、电磁辐射(EMR)强度等信号持续升高，而微震事件呈现微破裂多点分布、信号波形震荡变化特点，但微震事件频次和能量均较小。因此，建议以应力在线法和钻屑法监测为主、电磁辐射和声发射监测为辅，用应力或钻屑量增量梯度进行预警。

阳城煤矿 1304 工作面为典型的两侧采空孤岛工作面，易发生深部应变型冲击地压，采用应力在线法和电磁辐射监测系统进行监控预警。阳城煤矿 1304 工作面 2012 年 8～9 月的应力和电磁辐射监测结果如图 2-69 所示。从图 2-69 可以看出，两次冲击地压发生前，煤体应力和应力增量梯度均产生持续增大现象；而冲击发生后，煤体应力和应力增量梯度均产生突降现象，而后应力梯度增量进入平稳期状态，煤体应力持续缓慢升高，煤体再次进入能量积聚期。从图 2-69 可以看出，两次冲击地压发生前，煤体电磁辐射强度和电磁辐射脉冲数均持续升高，且升高幅度较大，均达到甚至超过正常值的数倍左右，这是因为该时期内煤体应力急剧升高，高应力使得煤体内部破裂和摩擦加剧，进而产生较强烈的电磁辐射信号。该现象表明，深部应变型冲击地压发生前通常存在一个煤体应力持续升高期。

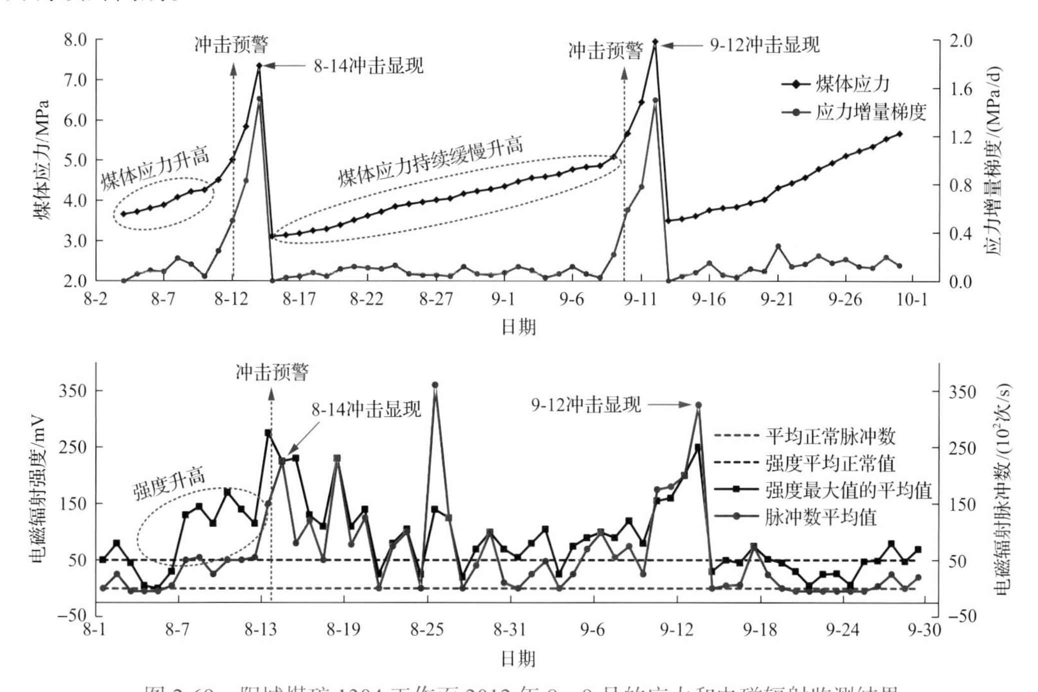

图 2-69 阳城煤矿 1304 工作面 2012 年 8～9 月的应力和电磁辐射监测结果

深部坚硬顶板型冲击地压是顶板随工作面回采不断发生离层并产生大量微破裂，超过其极限状态时突然断裂失稳破坏的过程。在释放大量能量的同时，应力会从静态到动态突然转变。冲击发生前，微震或声发射事件的能量和频率均增大，且煤体应力或钻屑量也呈增大趋势。因此，建议将采用微震法监测顶板破裂事件增加作为远期预警，监测煤体应力、钻屑量或声发射事件增大作为近期预警。

华丰煤矿 1411 工作面基本顶岩层厚度较大且坚硬，易发生深部坚硬顶板型冲击地压，采用声发射和应力在线法进行冲击危险监控预警，工作面声发射及应力监测结果如图 2-70 所示。从图 2-70 可以看出，从 4 月 16 日开始，声发射能量值呈现逐渐上升趋势；随着工作面回采，超前支承压力也向前转移，而从 4 月 16 日开始，煤体中应力持续升高形成应力集中，煤体中积聚大量弹性能，应力增长持续时间达 3 天，采取强制放顶措施后该区域应力值显著减小。

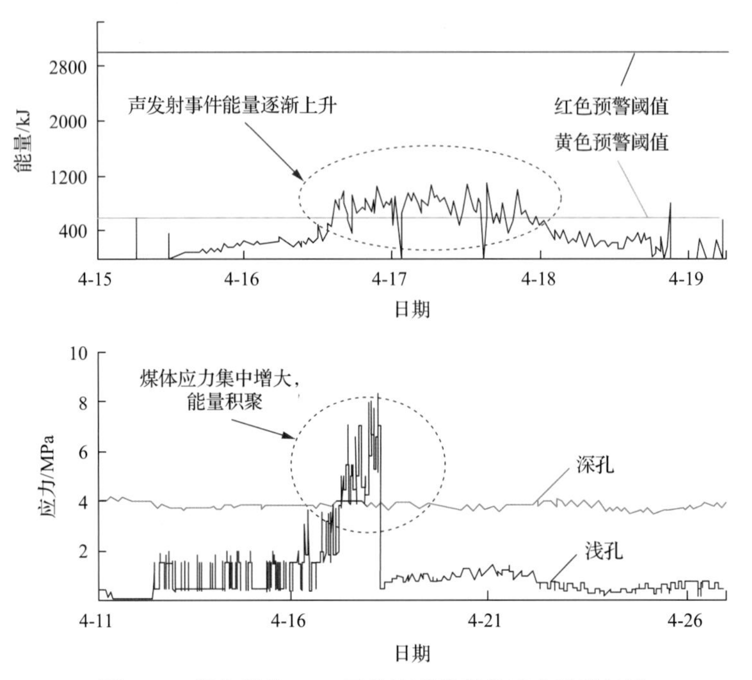

图 2-70 华丰煤矿 1411 工作面声发射及应力监测结果

深部断层滑移型冲击地压是断层面产生滑移、岩体加速滑动而产生，释放大量能量的同时，也会造成煤体应力瞬间增大。由于断层滑移具有“持续滑动—突变”或“黏滑—间歇—突变”的特征，冲击发生前，能量会呈指数型增长趋势或多峰值特征。因此，建议采用微震或声发射监测断层活动性，以采用应力在线法和钻屑法监测断层引起的应力变化作为近期预警。为了确定孙村煤矿 1411 工作面回采过断层时工作面的动压显现情况，采用微震和应力在线法分别在全局范围、回采空间近场进行实时监测。2013 年 7 月 9 日在孙村煤矿 1411 工作面发生一次冲击地压，震级 1.9 级、能量 2.82×10^{6}J，工作面冲击地压事件投影剖面如图 2-71 所示。震源位置位于断层附近，验证了由于断层阻隔，煤体内弹性能无法向前传递，断层附近发生冲击地压。

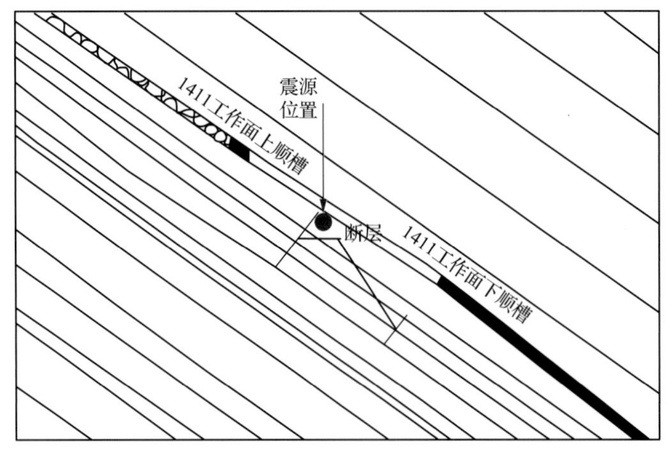

图 2-71 孙村煤矿 1411 工作面冲击地压事件投影剖面

工作面回采过断层期间的微震总能量和应力监测结果如图 2-72 所示。从图 2-72 中可以看出，随着工作面回采逐渐接近断层，能量积聚呈指数型增长趋势；冲击发生后，能量大量释放；7 月 24 日后，总能量保持稳定，基本不再受断层影响。从图 2-72 中还可以看出，从 7 月 8 日开始，断层附近煤体应力持续升高形成应力集中，具有冲击危险，而 7 月 9 日深部煤体应力突然下降，表明深部煤体发生破坏，应力向四周转移，发生冲击地压。也就是说，当工作面回采接近断层时，微震总能量和煤体应力均会出现整体持续升高，即冲击显现前煤体内部在短期内会积聚大量弹性能。

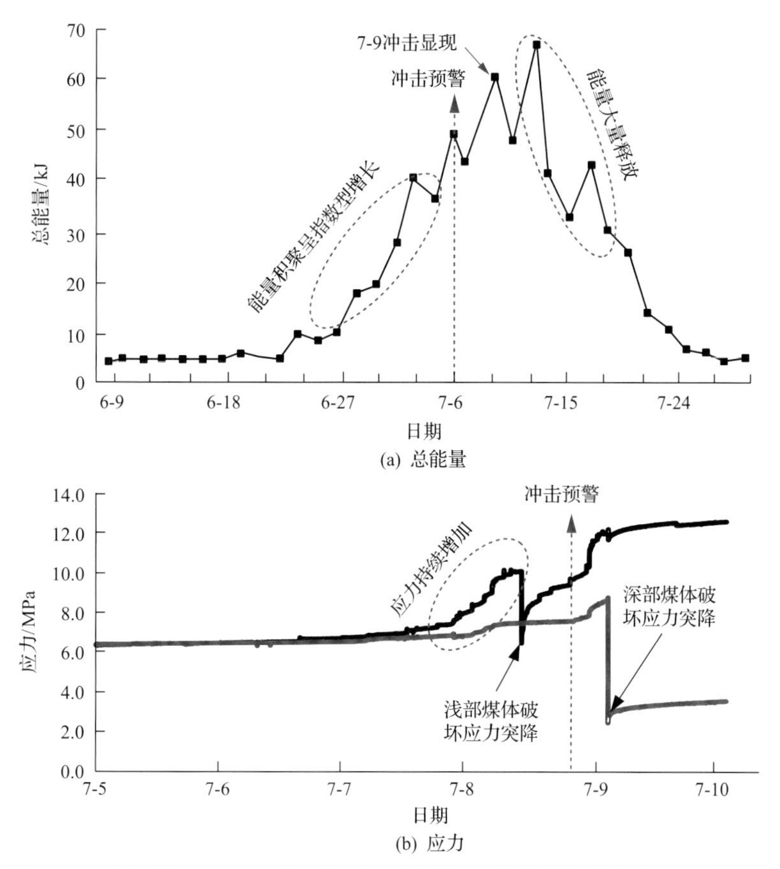

图 2-72 孙村煤矿 1411 工作面回采过断层期间微震总能量及应力监测结果

2.4 开采扰动下多场耦合煤岩冲击失稳的动力学机理

2.4.1 开采扰动下工作面围岩应力场分布与变化规律

1. 巷道围岩破碎区分布特征及其影响因素的数值模拟研究

基于圆形巷道经典松动圈解析解进一步推导了破碎区范围的分布特征，分析了围岩破碎区与巷道断面、侧压系数、埋深等因素的关系，评价了围岩稳定性。研究结果表明，巷道断面形态对围岩破碎区范围的影响较小；侧压系数<1.0 时，巷道两侧易发生失稳破

坏；侧压系数等于 1.0 时，巷道围岩破碎区分布最为均匀，巷道处于相对稳定的状态；侧压系数>1.0 时，巷道顶底板处较巷道两侧更易发生失稳破坏；围岩破碎区范围随着埋深的增加而增大，当埋深为 1500m 时，巷道围岩达到了极限强度，从而认为巷道开挖存在一个极限埋深，如图 2-73 和图 2-74 所示。

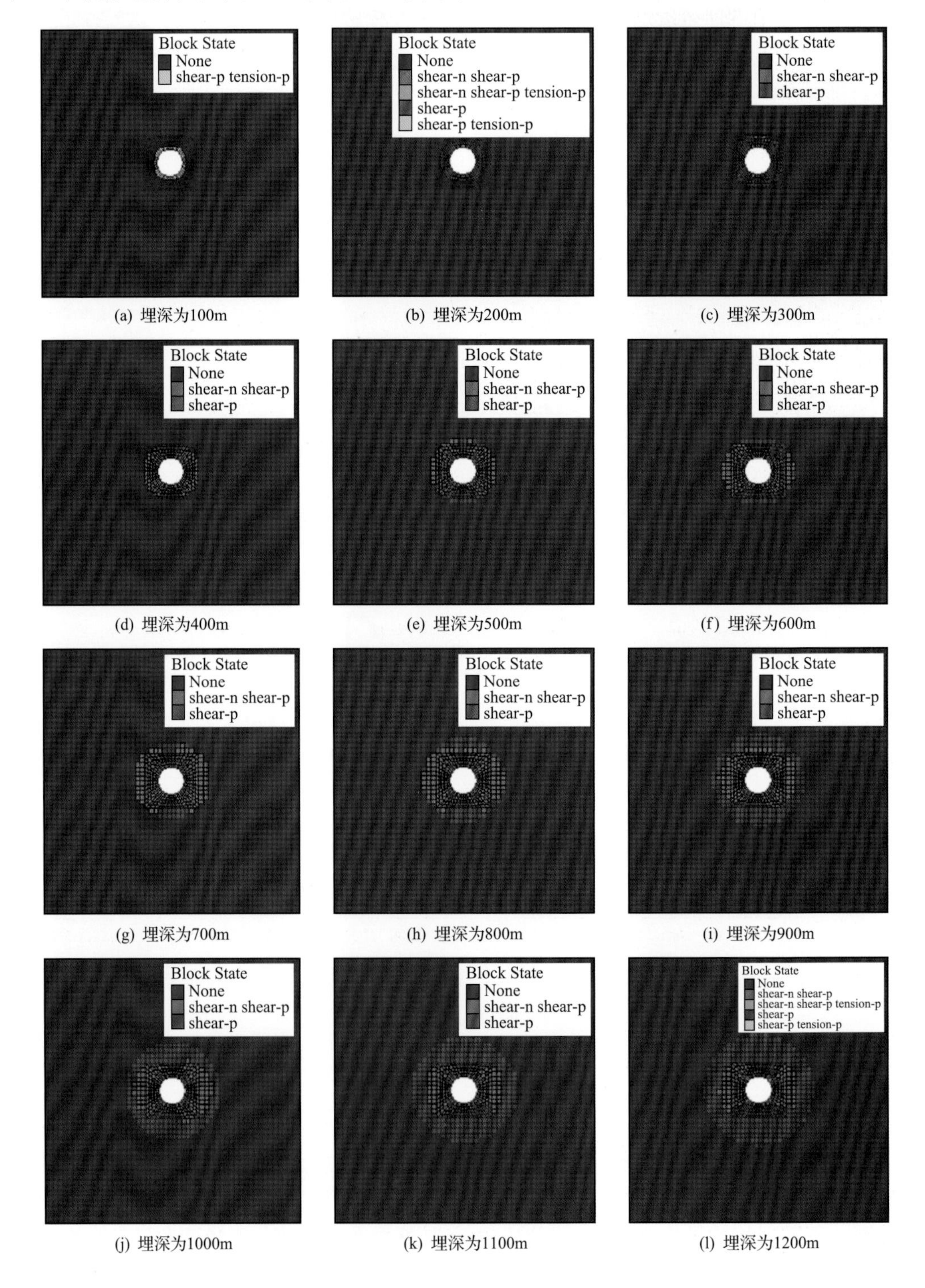

(a) 埋深为100m (b) 埋深为200m (c) 埋深为300m

(d) 埋深为400m (e) 埋深为500m (f) 埋深为600m

(g) 埋深为700m (h) 埋深为800m (i) 埋深为900m

(j) 埋深为1000m (k) 埋深为1100m (l) 埋深为1200m

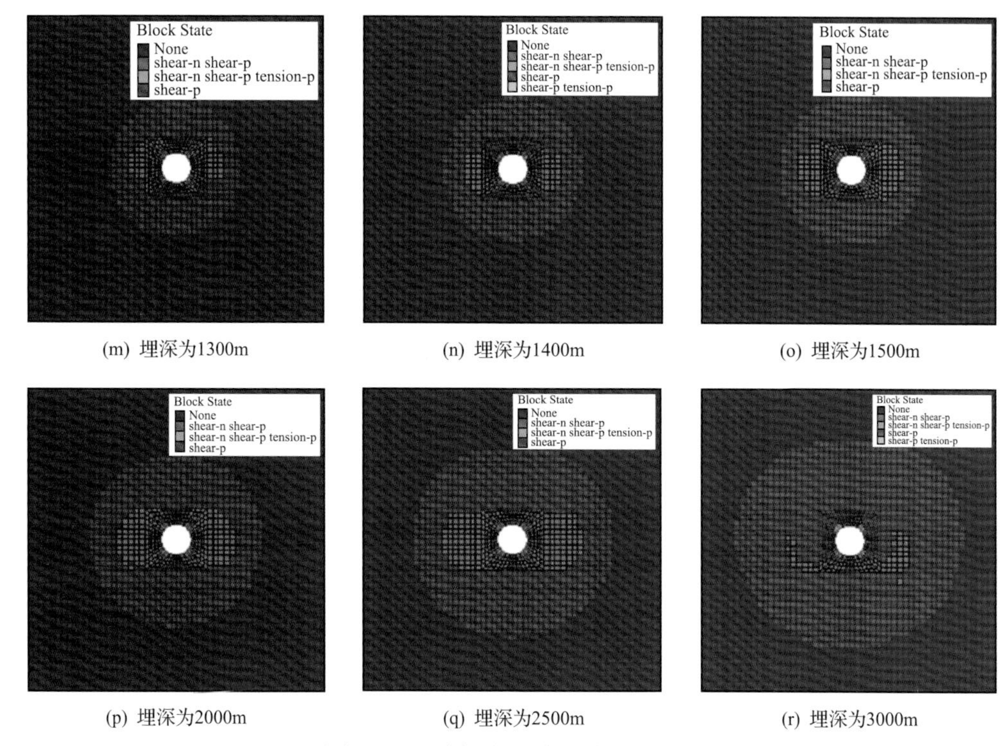

(m) 埋深为1300m (n) 埋深为1400m (o) 埋深为1500m

(p) 埋深为2000m (q) 埋深为2500m (r) 埋深为3000m

图 2-73 不同埋深围岩破碎区变化图

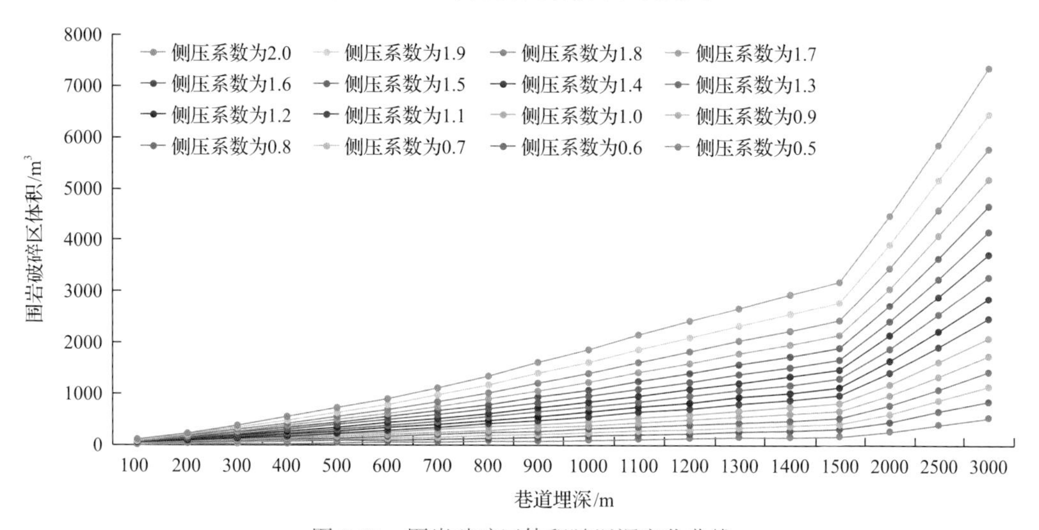

图 2-74 围岩破碎区体积随埋深变化曲线

2. 非静水压力条件下巷道围岩破碎区应力分布特征研究

以大兴煤矿北二采区 902 工作面运输巷道为例，通过数值分析研究了巷道围岩破碎区的应力与位移随埋深及侧压系数的变化特征，评价了围岩稳定性。研究结果表明：在巷道掘进后围岩环向正应力的变化明显比径向正应力剧烈，围岩破坏的主要形式是沿纵向开裂。不同区域的围岩变形特征不同，使其黏聚力及内摩擦角等物理力学参数的大小存在差异，从而导致围岩破碎区、塑性区和弹性区边界应力产生不连续现象。在一定埋深范围内巷道围岩破碎区及塑性区范围随埋深的增加呈线性增大。当巷道埋深较小时，巷道围岩破碎区较小，巷道处于相对稳定的状态。当埋深较大时，巷道左右两帮处较顶底板更易发生失稳破坏；塑性区及破碎区半径的比值随埋深及侧压系数的增大而减小，且随着埋深的增大，侧压系数对围岩塑性区及破碎区范围的影响程度逐渐减小，当埋深增大到一定程度时，围岩应力状态趋于静水压力状态；当埋深达到1500m时，围岩达到了极限平衡状态，如图2-75和图2-76所示。

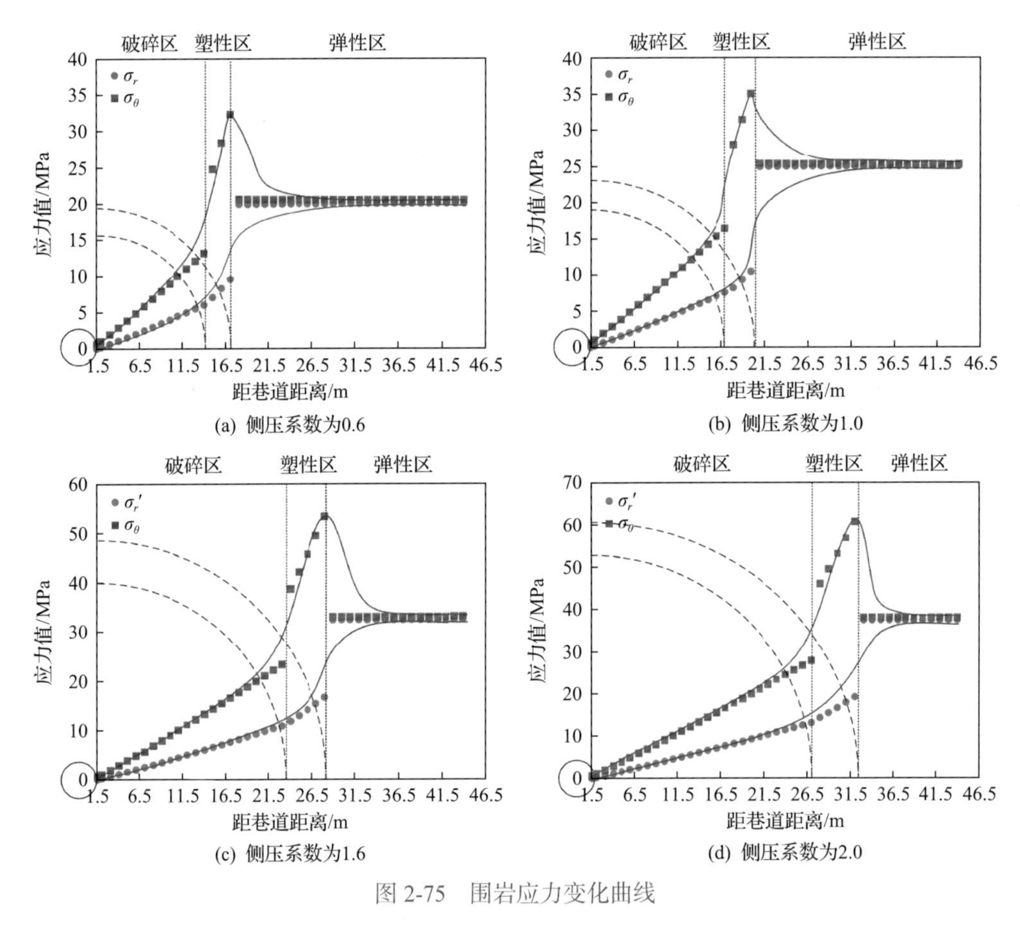

(a) 侧压系数为0.6 (b) 侧压系数为1.0 (c) 侧压系数为1.6 (d) 侧压系数为2.0

图2-75 围岩应力变化曲线

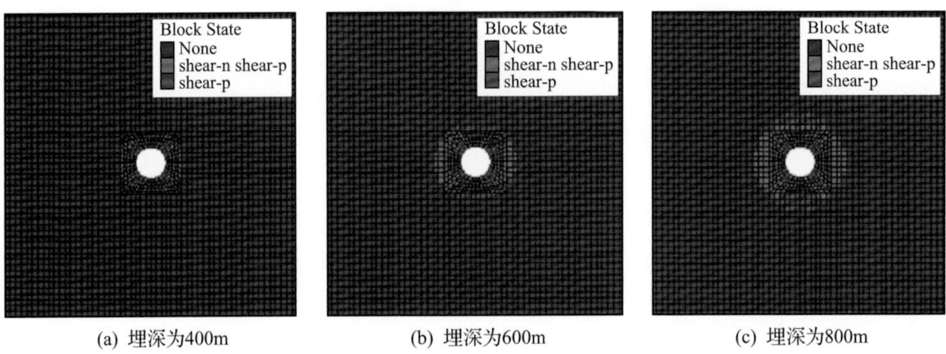

(a) 埋深为400m (b) 埋深为600m (c) 埋深为800m

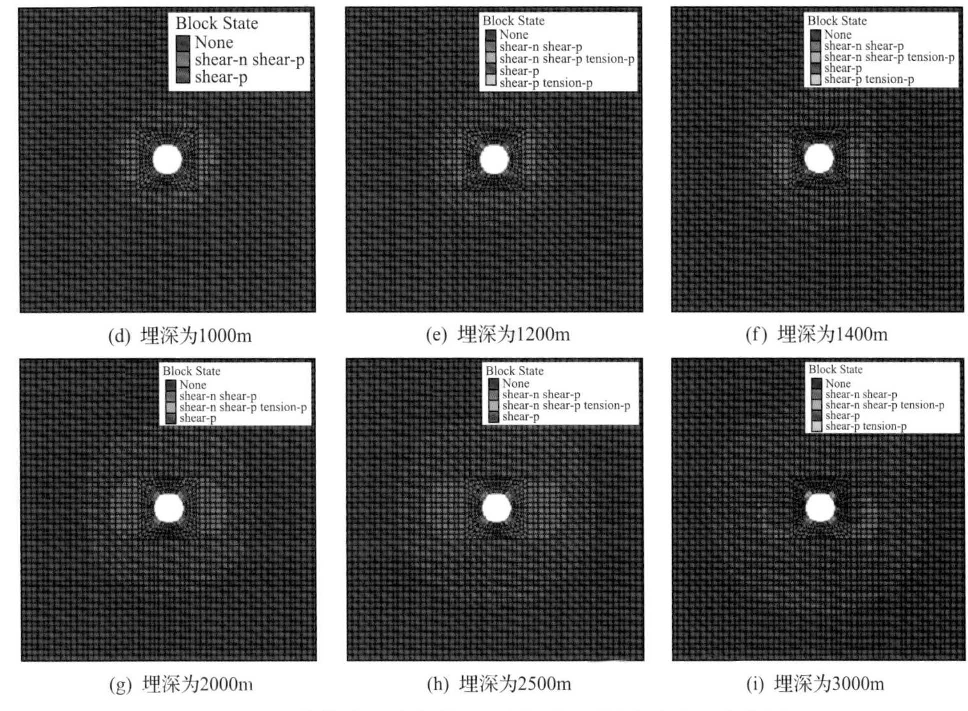

(d) 埋深为1000m (e) 埋深为1200m (f) 埋深为1400m

(g) 埋深为2000m (h) 埋深为2500m (i) 埋深为3000m

图 2-76 非静水压力条件下不同埋深下围岩破碎区变化图

2.4.2 工作面围岩多场耦合诱冲机理

1. 冲击倾向性煤岩应力应变特征

采用弹性能指数、冲击能量指数、单轴抗压强度均可将该类硬煤判定为强冲击倾向性煤样，而该类硬煤由于峰后存在典型台阶状跌落特征整体动态破坏时间较长，采用整体动态破坏时间难以准确衡量该类硬煤的冲击倾向性。

对典型的冲击倾向性煤体侧向应力-应变曲线进行分析可以看出，煤体的侧向变形都包含 5 个阶段，即非线弹性阶段、线弹性阶段、裂纹扩展阶段、峰后侧向扩容阶段、峰后脆性阶段。

不同于软岩轴向应变和侧向应变都随着应力的增大而同时持续缓慢增长，也不同于硬岩峰前侧向变形增长缓慢，该类硬煤表现为以较小的泊松比进入峰后阶段，侧向应变不断快速增长的特征。煤在非线弹性阶段侧向变形较小，但是进入线弹性阶段后侧向应变持续增大，并可以在裂纹扩展阶段表现出局部侧向应变增大特征，进入峰后阶段，煤在破坏瞬间表现为侧向应变快速增大，尤其是呈现典型的台阶跌落特征。

侧向变形和侧轴比大幅增加过程主要发生在轴向应力峰值强度后，这表明大部分煤样侧向变形急剧扩张主要发生在煤体压致拉裂破坏时，但也有部分煤样进入裂纹扩展阶段即发生侧向变形的扩张。

2. 临空留巷底板冲击地压启动模型

为了研究开采扰动情况下临空留巷底板冲击地压的发生机理，建立临空留巷底板冲击地压启动模型。本小节以山西潞安集团余吾煤业有限责任公司 N2105 工作面为研究对象，对临空留巷地板冲击地压启动机理进行研究。

山西潞安集团余吾煤业有限责任公司 N2105 工作面为北二采区首采工作面，四周均无采空区，埋深 507～597m，工作面走向长度 2170m，倾向长度 285m，煤层平均厚度 6.31m。

N2105 工作面进风巷留巷段发生强烈冲击地压，破坏区滞后工作面 127～327m，冲击破坏以底板为主，煤柱帮次之，实体煤帮和顶板变形不明显。进风巷采用了对称的锚网索支护，但现场破坏形式表现出明显的非对称性。该巷道在掘进期间未见任何动力现象。

N2105 工作面巷道布置示意图如图 2-77 所示，工作面两侧均采用双巷布置，巷间煤柱宽 35m，内圈巷道沿底掘进（顶煤厚约 3m），外圈巷道沿顶掘进（底煤厚约 3m），外圈巷道一直使用直至工作面回采结束。所有巷道均采用锚网索支护顶板及两帮。

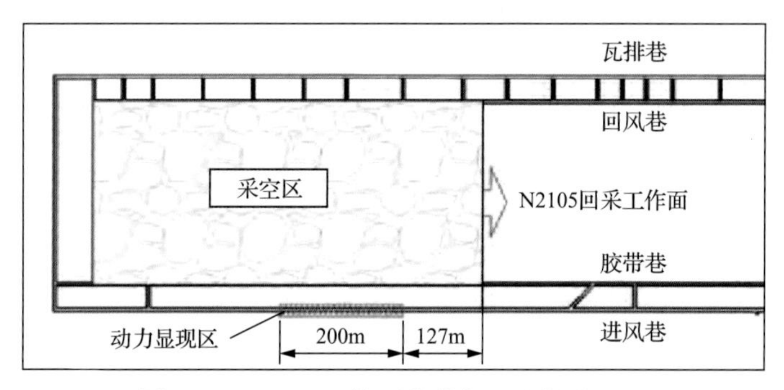

图 2-77　N2105 工作面巷道布置示意图

该条件下冲击地压的发生可能与底板水平应力集中导致的底板冲击启动有关。该情形下，冲击启动区为底板水平应力峰值区，主导的冲击启动载荷源为高度集中的底板水平应力 σ_x，如图 2-78(a)所示。该冲击地压启动机制经常出现在冲击地压矿井褶曲构造区的掘进巷道，受构造应力及巷道掘进在顶底板引起的次生水平应力叠加作用影响，冲击显现以底板或顶底板同时破坏为主，帮部破坏程度往往很小。若想避免冲击地压发生，

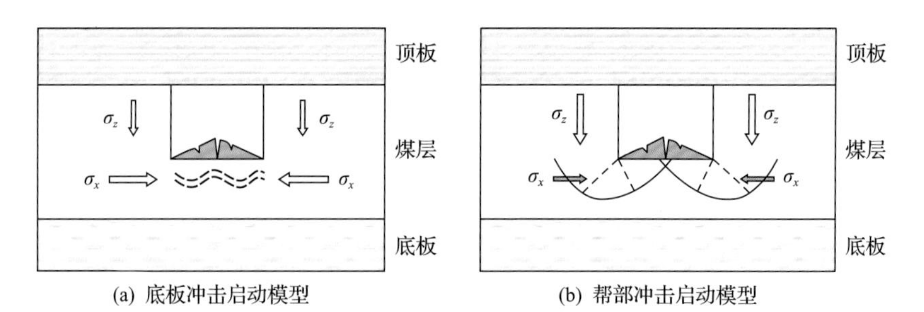

图 2-78　底板冲击地压可能的冲击启动模型

就必须阻止冲击启动，其前提在于明确冲击启动区位置，掌握其演化及形成条件。N2105工作面进风巷底板冲击地压的冲击启动区有以下两种可能的情形。

(1)底板水平应力集中导致底板冲击启动。该情形下，冲击启动区为底板水平应力峰值区，主导的冲击启动载荷源为高度集中的底板水平应力 σ_x，如图 2-78(a)所示。该冲击地压启动机制经常出现在冲击地压矿井褶曲构造区的掘进巷道。受构造应力及巷道掘进在顶底板引起的次生水平应力叠加作用影响，冲击显现以底板或顶底板同时破坏为主，帮部破坏程度往往很小。

(2)煤柱垂直应力集中导致煤柱冲击启动。巷道围岩是由巷帮、顶板、底板构成的有机整体，各方位煤岩体的应力调整及稳定性演变相互影响。

图 2-78(b)显示了另外一种可能的情形：工作面回采后，临空煤柱垂直应力 σ_z 集中程度不断升高直至帮部发生冲击启动，冲击能量向四周传播，对围岩形成强烈的瞬间动态加载，巷道各方位破坏程度主要取决于各自的抗冲击能力。进风巷帮部支护强度较高，而裸露的底板煤承载能力差，导致底板成为破坏的主体。

3. 采空区形成过程中留巷围岩应力演化规律

为研究 N2105 工作面回采对进风巷围岩的影响，利用 FLAC^{3D} 建立巷道侧向大范围开挖数值计算模型，如图 2-79 所示，留巷及内圈巷道的高×宽均为 5m×4m，右侧开挖后最终形成 15m×4m 的开挖空间，用于模拟侧向煤层回采。上部边界施加等效垂向载荷14.25MPa，模型范围施加渐变水平应力，其中模型底部施加的水平应力为 10MPa。模拟过程为：原始应力平衡→开挖两条巷道(留巷及内圈巷道)并计算平衡→右侧大范围开挖并计算 1000 时步→计算 2000 时步。

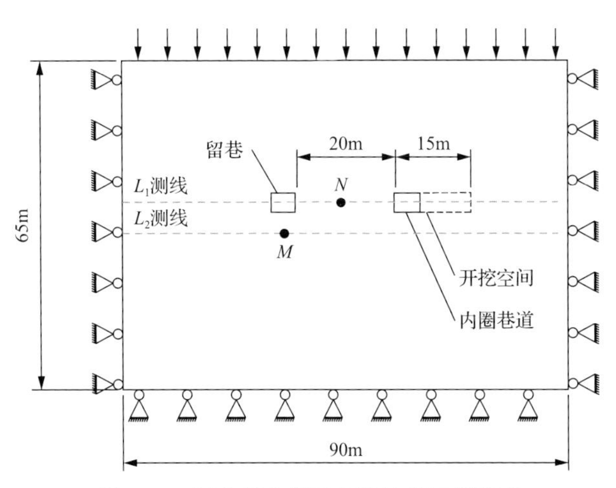

图 2-79　留巷侧向煤层开挖数值计算模型

图 2-80～图 2-82 为模型右侧煤层开挖后围岩运动规律及矢量图，可见右侧大范围开挖后，临空煤柱及其顶底板总体向右移动。向左移动区域仅存在于留巷右帮及其右底角。分析认为，留巷掘进后，留巷底板形成了水平应力集中区，而右侧煤层开挖后，开挖空间底板形成了更大范围的塑性破坏区(右侧底板破坏深度 8m，留巷底板破坏深度 3m)，

从而为留巷及煤柱底板 8m 以浅的煤岩体提供了“卸压通道”。留巷底板原水平集中应力通过该“卸压通道”向右侧底板破坏区域释放。类似地，由于煤柱右侧底角破坏深度显著大于左侧，煤柱下沉引起的底板水平应变主要往右侧释放。

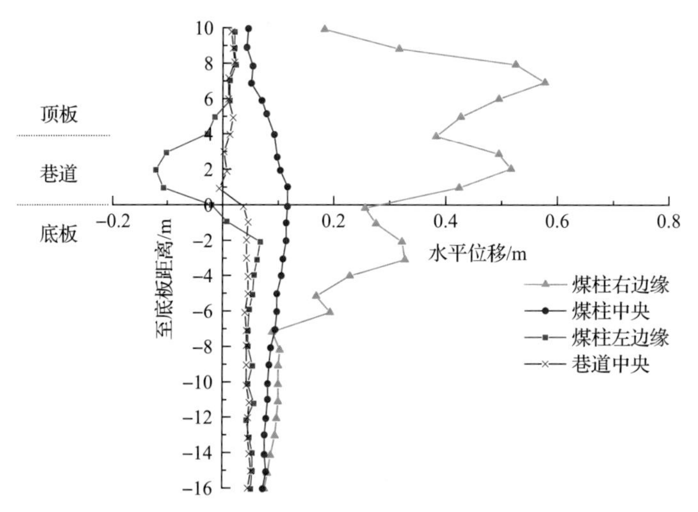

图 2-80 侧向开挖后煤柱及其顶、底板水平位移分布曲线

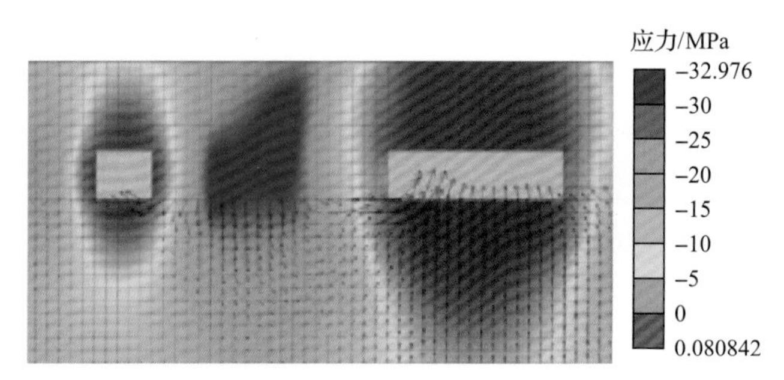

图 2-81 侧向开挖后垂直应力分布云图及速度矢量图

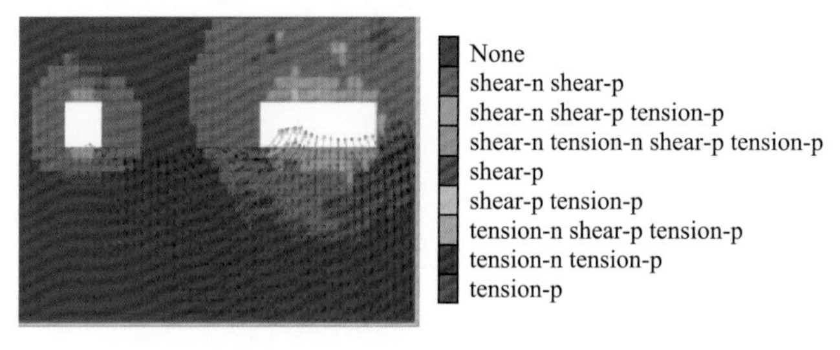

图 2-82 侧向开挖后塑性区分布图及速度矢量图

为验证以上推断，在模型的基础上设置强化区。强化区的强度参数(体积模量、剪切模量、内摩擦角、抗拉强度等)提高至原来的 3 倍，将强化区上部边缘与底板的距离称为“卸压通道”宽度，目的在于考察“卸压通道”对留巷底板水平应力调整规律的影响。

分析图 2-83、图 2-84 模拟结果可知，“卸压通道”宽度较小时，右侧的应力释放通道被部分“封锁”，煤柱整体下沉过程中，其底板主要向左侧移动，对留巷底板形成水平挤压，水平应力更加集中。反之，“卸压通道”宽度较大时，右侧的应力释放通道“通畅”，煤柱下沉主要引起底板向右移动，对留巷底板水平应力起到释放作用。

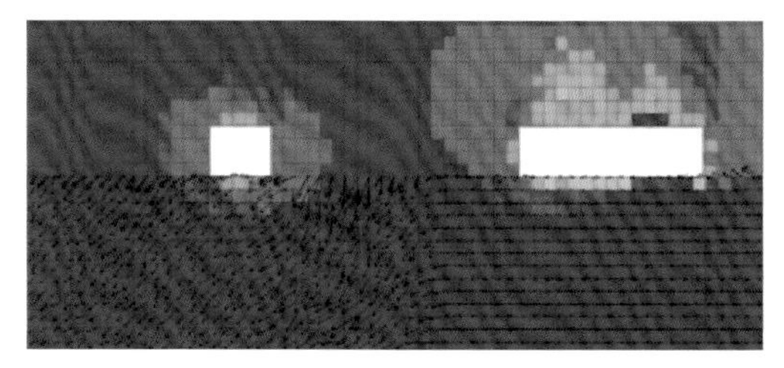

(a) 卸压通道宽度为1m

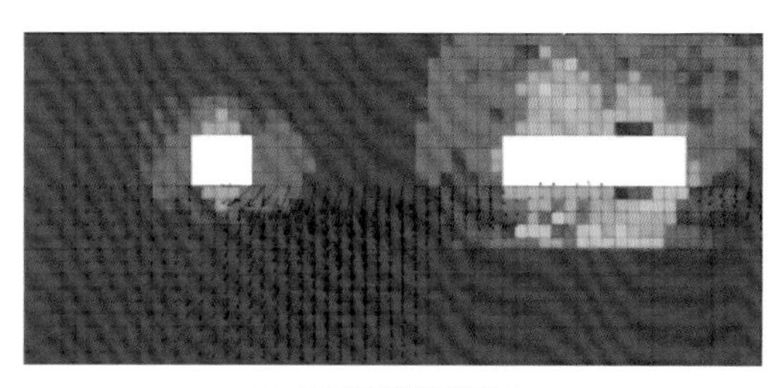

(b) 卸压通道宽度为5m

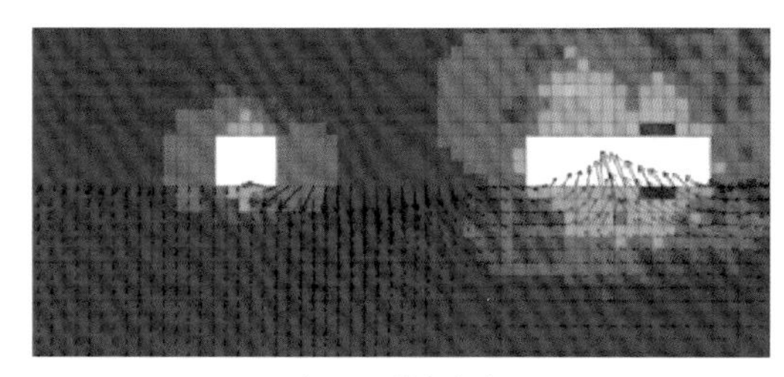

(c) 卸压通道宽度为10m

图 2-83 不同卸压通道宽度对应的塑性区和速度矢量分布(红框内为强化区)

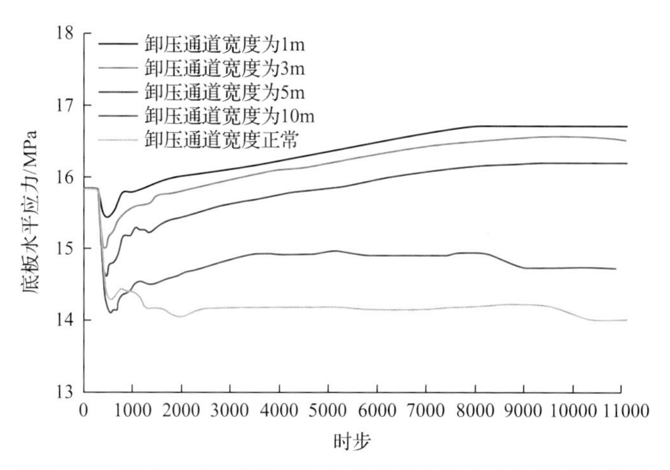

图 2-84 不同卸压通道宽度对应的底板水平应力峰值变化曲线

简言之，留巷侧向发生更大范围开挖后，其底板水平应力受到两种机制共同影响：煤柱下沉引起的底板增压机制和侧向底板大范围破坏引起的疏压机制。两种机制的综合作用结果决定了留巷底板水平应力的变化趋势和幅度。当增压机制强于疏压机制时，留巷底板水平应力更为集中；当增压机制弱于疏压机制时，留巷底板水平应力部分释放。

4. 临空留巷围岩应力源演化模型

采空区形成后留巷围岩应力源演化模型如图 2-85 所示。进风巷掘进及 N2105 工作面开挖后，底板下方依次形成各自的破坏区、水平应力集中区，而采空区底板破坏深度 d_c

远大于巷道底板破坏深度 d_0。在垂直方向上，留巷底板水平应力集中区与处于同一高度的右侧采空区底板相比，后者的强度更低，完整性更差，水平应力更低。采空区底板破坏区的形成相当于降低了留巷底板水平应力集中区右侧的约束，最终导致巷道留巷水平应力下降。该过程中，煤柱和留巷帮部垂直应力整体增大。

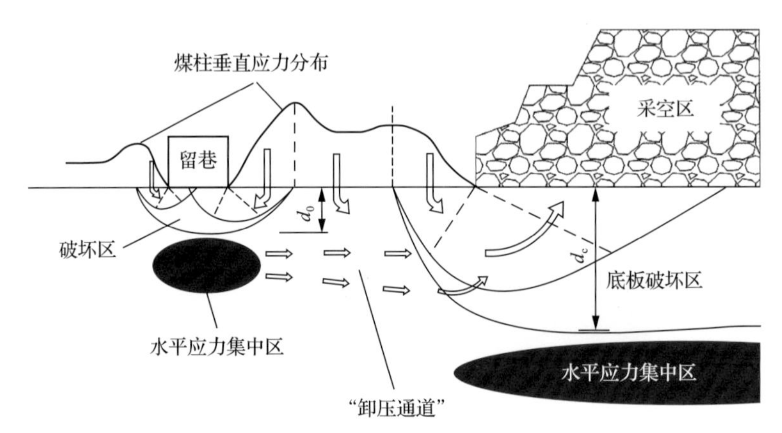

图 2-85 采空区形成后留巷围岩应力源演化模型

5. 冲击启动区判定与冲击显现特征解释

综合分析认为，虽然 N2105 工作面底板破坏最为剧烈，但底板并不是冲击启动区。因为倘若底板水平集中应力主导冲击地压的发生，那么发生时间应该在煤层开挖之前或掘进期间，那时的底板水平应力集中程度是最高的。

相关文献现场实测得出：N2105 工作面回采后，采空区侧向煤层垂直应力呈现出 5 个区间性特征，其中 35m 宽煤柱内共呈现 3 个区间特征，如图 2-86 所示。

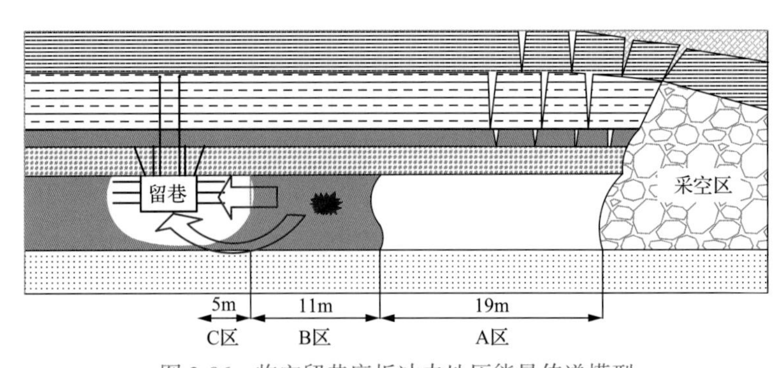

图 2-86 临空留巷底板冲击地压能量传递模型

采空区形成后，侧向煤层垂直应力整体增加，但煤柱弹性区(B 区)垂直应力增幅最大，该区应力集中系数可达 3.0 以上，成为最接近临界失稳状态的区域，在采空区动载荷的扰动作用下优先发展为冲击启动区，其不断增长的垂直应力为主导应力源。如图 2-86 所示，冲击启动后，冲击启动区瞬间释放大量弹性能并向周围传播过程中，对留巷帮部的冲击作用最为强烈，但由于巷帮支护强度较高，整体性较好，只发生了整体变形。巷道顶板为相对坚硬的岩层，且有锚网索支护，抗冲击能力更强，无明显变形。而巷道底板为早已发生塑性破坏的底煤，抗冲击能力差，成为震动能向裂纹表面能、动能集中转化的主体，最终导致底板破坏最为剧烈。

2.5 高地压煤层掘进工作面围岩多场演化规律及耦合诱冲机制

2.5.1 体元－区域－系统冲击地压模型及应用

1. 体元－区域－系统冲击地压模型及系统失稳破坏的电磁辐射响应

基于弹塑性力学和损伤力学原理，考虑到煤岩体内部存在大量节理裂隙，在弹塑脆性模型的基础上增加了结构面单元，构建了体能势函数，建立了能量的积聚、耗散与煤岩动态变形破裂过程之间的联系，并以此为依据从能量角度建立了体元-区域-系统冲击地压模型。

对于空间某一点(单个体元)，若在某一时刻流入该体元的能量和积聚的应变能 U_t 的改变之和大于该体元体能的改变，则体元失稳，向邻近体元释放能量。在某一应力状态下，体元失稳的能量判据为

$$\frac{\dfrac{\partial^4 W}{\partial t \partial x_j}+\dfrac{\partial^4 U_t}{\partial t \partial x_j}}{\dfrac{\partial^4 \psi}{\partial t \partial x_j}}>1 \tag{2-75}$$

式中，x_j 为空间坐标，$j=1, 2, 3$；W 为体能势函数；ψ 为体元体能。

若煤岩体由三轴受力状态转变成二维或者单轴受力状态，原有力学平衡被打破，区域 Ω 内煤岩体失稳，向邻近区域释放大量能量。若围岩(如顶底板、煤岩体本身、放炮等)向区域 Ω_j $(j=1,2,3,\cdots,n)$ 流入能量 W，在原有积聚弹性能的共同作用下，则有

$$\frac{\dfrac{\partial W}{\partial t}+\dfrac{\partial}{\partial t}\iiint\limits_{\Omega_j} U_t(t,x_j,\sigma_j)\,\mathrm{d}V}{\dfrac{\partial}{\partial t}\iiint\limits_{\Omega_j} \psi(t,x_j,\sigma_j)\,\mathrm{d}V}>1\ (x_j \in \Omega_j) \tag{2-76}$$

则区域 Ω_j 失稳，向邻近区域释放能量，式(2-76)中 $\iiint\limits_{\Omega_j} U_t(t,x_j,\sigma_j)\,\mathrm{d}V$ 为区域 Ω_j 积聚的弹性能。

该体元失稳后，迅速向邻近体元释放能量，如果邻近体元不能吸收该部分能量，则邻近体元失稳并释放能量。如果这种“连锁”反应不能停止，则会造成局部失稳，最终将导致系统失稳，发生冲击地压。

采用修正的弹塑脆性模型，考虑了结构面的影响，可以很好地揭示煤岩体动态破坏全过程，同时也可以有效说明整个过程中的电磁辐射信号特征。加载初期，由于原始裂隙等结构弱面的影响，煤体变形破坏产生电磁辐射。塑性变形之前，由于应力达不到裂纹破坏所需要的能量而停止扩展，产生的电磁辐射相对较弱，出现电磁辐射的相对平静期。随着载荷的继续增加，煤岩体结构弱面开始滑动，次生裂纹发育并扩展。通过比较结构面和煤岩体的黏聚力和内摩擦角，根据莫尔-库仑强度准则可以判断是结构弱面滑动还是煤岩体脆性破坏。由修正的弹塑脆性突变模型与电磁辐射耦合关系可知，电磁辐射可以很好地预测冲击地压的演化过程。当体元失稳造成区域局部失稳时，无论是结构面滑动失稳还是煤岩体断裂失稳，其电磁辐射特征均有明显的异常反应，根据电磁辐射异常范围可以判断冲击失稳区域。在应力集中区内煤岩体受到较大的围压作用，积聚大量应变能，裂纹发育扩展速度相对较慢，体能相对较小；当煤岩体受到扰动时，裂纹扩展速度加快，电磁辐射脉冲数增大，强度增强，系统处于新的平衡调整之中，若瞬间能量流入增大则系统容易失稳。

2. 现场应用结果及分析

跃进煤矿 23130 掘进工作面下巷发生的冲击地压事故均是由掘进放炮诱发的。工作面掘进期间的 KBD5 和 KBD7 电磁辐射监测结果分别如图 2-87 和图 2-88 所示。

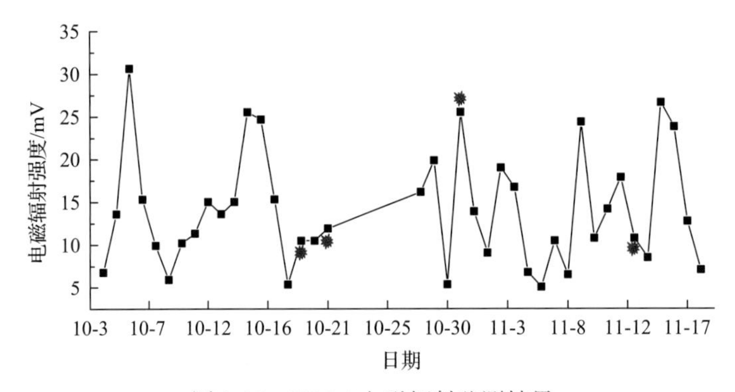

图 2-87 KBD5 电磁辐射监测结果

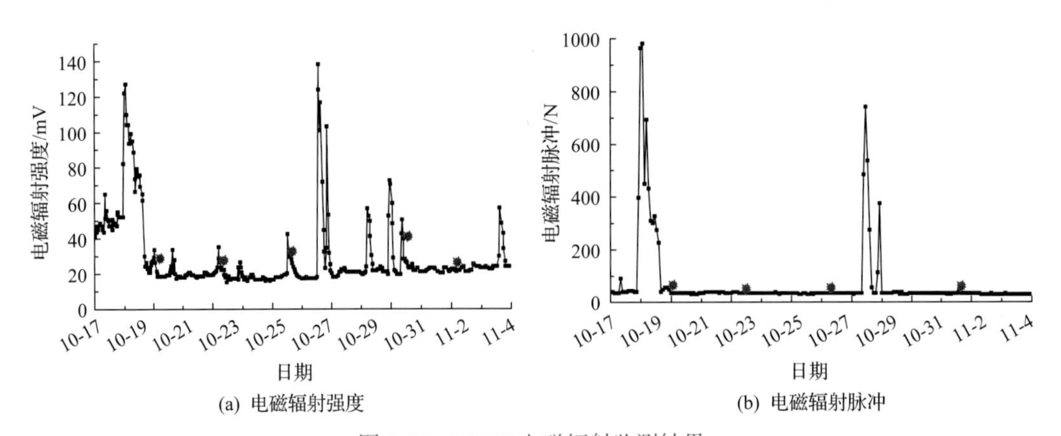

图 2-88 KBD7 电磁辐射监测结果

由图 2-87 可知电磁辐射信号产生“高突降”、“突升”和“高-低-高-低”的阵发性变化等异常时均有可能发生冲击地压。冲击地压发生之前受采动影响监测区域内出现应力集中，应力集中区内的煤岩体开始积聚弹性应变能，体能相对较小；当受到放炮、煤岩断裂等扰动时，裂纹扩展速度相对较快，电磁辐射脉冲数增大，强度增强，同图 2-88 观测的电磁辐射强度和脉冲数结果一致。此时，系统处于动态平衡调整之中，当达到新的平衡状态时电磁辐射出现短暂降低现象；当外界流入能量(放炮)瞬间增大，体能的改变不足以吸收该部分能量时，系统积聚的能量突然释放，系统失稳，发生冲击地压。

2.5.2 高地压矿震扰动下煤柱应力偏量集中区诱冲机制

1. 煤岩冲击失稳力学机理

煤岩冲击失稳的力学本质是开采扰动下煤岩体承载应力超过自身强度极限，引发煤岩体内部裂隙扩展、贯通，整体失去支承稳定性，进而诱发积聚的弹性变形能急剧释放的动力现象。可见采掘引起的各类应力扰动叠加超过煤岩体极限承载能力是煤岩冲击失稳的必要条件。煤岩体内任意一点的应力状态如图 2-89 所示。

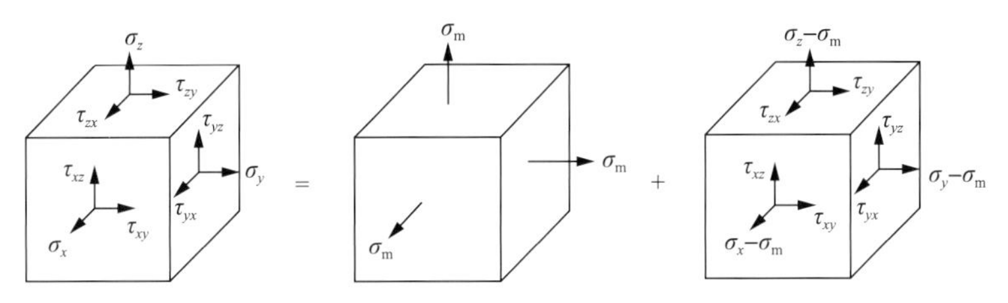

图 2-89 煤岩体单元应力分解图

当煤岩体强度一定时，采掘活动引起的应力偏张量及矿震应力波扰动大小共同决定煤岩是否屈服失稳。式(2-77)为矿震扰动下以标量 J_2 为参量的煤岩屈服失稳准则，是煤岩冲击失稳的必要条件，即当煤岩应力状态满足条件时煤岩必然发生屈服破坏，但是否表现为冲击失稳破坏，还涉及能量释放速率，即煤岩应力状态满足条件时有稳态屈服破坏、冲击失稳破坏两种趋势，若单位时间内煤岩系统释放能量与应力波扰动能量之和大于煤岩裂隙稳态扩展消耗能量时，煤岩发生冲击破坏，即满足：

$$J_2 > \sigma_c^2/3 \tag{2-77}$$

$$\frac{\mathrm{d}E_r}{\mathrm{d}t} = \frac{\mathrm{d}E_s}{\mathrm{d}t} + \frac{\mathrm{d}E_d}{\mathrm{d}t} - \frac{\mathrm{d}E_f}{\mathrm{d}t} > 0 \tag{2-78}$$

式中，E_r 为煤岩系统以冲击失稳形式释放的能量；E_s 为煤岩系统释放弹性能；E_d 为矿震应力波输入煤岩系统能量；E_f 为煤岩系统内部裂隙扩展、贯通消耗的能量。

煤岩系统发生冲击失稳的充要条件为煤岩体承载应力偏张量超过自身强度极限且单位时间内煤岩系统释放弹性能量与矿震应力波输入能量之和大于煤岩系统稳态破坏消耗能量。

2. 采区煤柱应力偏量演化

本小节以张双楼煤矿西一采区生产地质条件为工程背景，采用 FLAC^{3D} 数值模拟软件对西一采区应力偏量随工作面回采演化规律进行模拟分析。模型对采区地质及开采条件作了部分简化，如图 2-90 所示，模型尺寸为 605m×435m×281m（长×宽×高），7 煤层、9 煤层工作面长 120m，工作面区段煤柱宽 5m，设置两条岩石巷道，位于 7 煤层、9 煤层中部细砂岩层。开采边界留 50m 煤柱以减小边界影响，模型下部固支，四面简支，上部均布施加 17.5MPa 应力载荷。模拟开采过程：步骤一，开挖两条岩石巷道；步骤二，开挖 171 工作面；步骤三，开挖 172 工作面；步骤四，开挖 173 工作面；步骤五，开挖 174、175、176 工作面；步骤六，开挖 9 煤层 6 个工作面。模型采用弹塑性本构模型，莫尔-库仑强度准则。

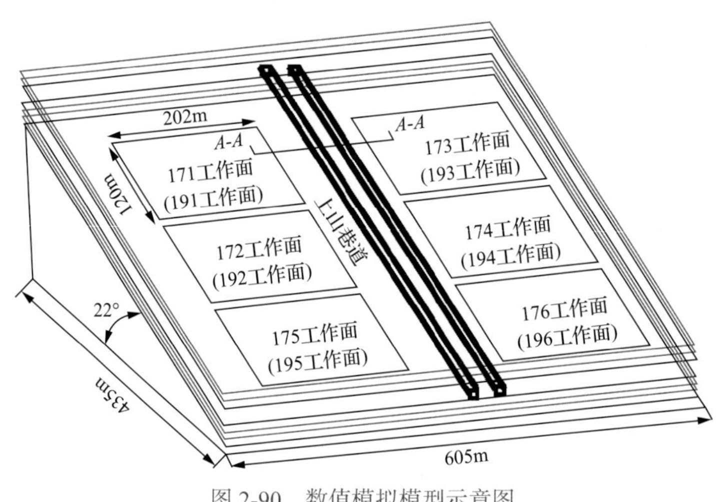

图 2-90 数值模拟模型示意图

图 2-91 为步骤一～步骤六 7 煤层 J_2 分布云图。由图 2-91 可以看出，开挖步骤一时，7 煤层 J_2 由浅部向深部逐渐增加，采区煤柱区域受上山巷道影响，J_2 呈“M”形分布，最大值出现在采区煤柱埋深较大处，达 23MPa；开挖步骤二时，受 171 工作面开挖影响，靠近 171 采空区侧煤柱煤岩体 J_2 明显高于另一侧区域，此时浅部煤柱 J_2 和深部煤柱基本相同；开挖步骤三时，172 采空区与 171 采空区连成更大的采空区域，周边围岩 J_2 升高区域进一步增加，此时靠近采空区煤柱 J_2 高于深部煤柱区域；开挖步骤四时，随着 173 工作面回采，7 煤层整体 J_2 进一步升高，且升高区域进一步扩大，采空区相近区域煤柱 J_2 上升明显，高于未受采空区影响煤柱区域；开挖步骤五时，7 煤层工作面全部回采结束，采区煤柱 J_2 分布由“M”形转变成单峰分布，且深部煤柱 J_2 高于浅部区域；开挖步骤六时，9 煤层工作面全部回采，7 煤层采区煤柱 J_2 相对步骤五进一步升高。

综上分析，影响采区煤柱应力偏量分布的因素有回采形成的采空区及埋深，越接近采空区或埋深越大，应力偏量越高，且采空区对煤柱区域应力偏量影响程度高于埋深。

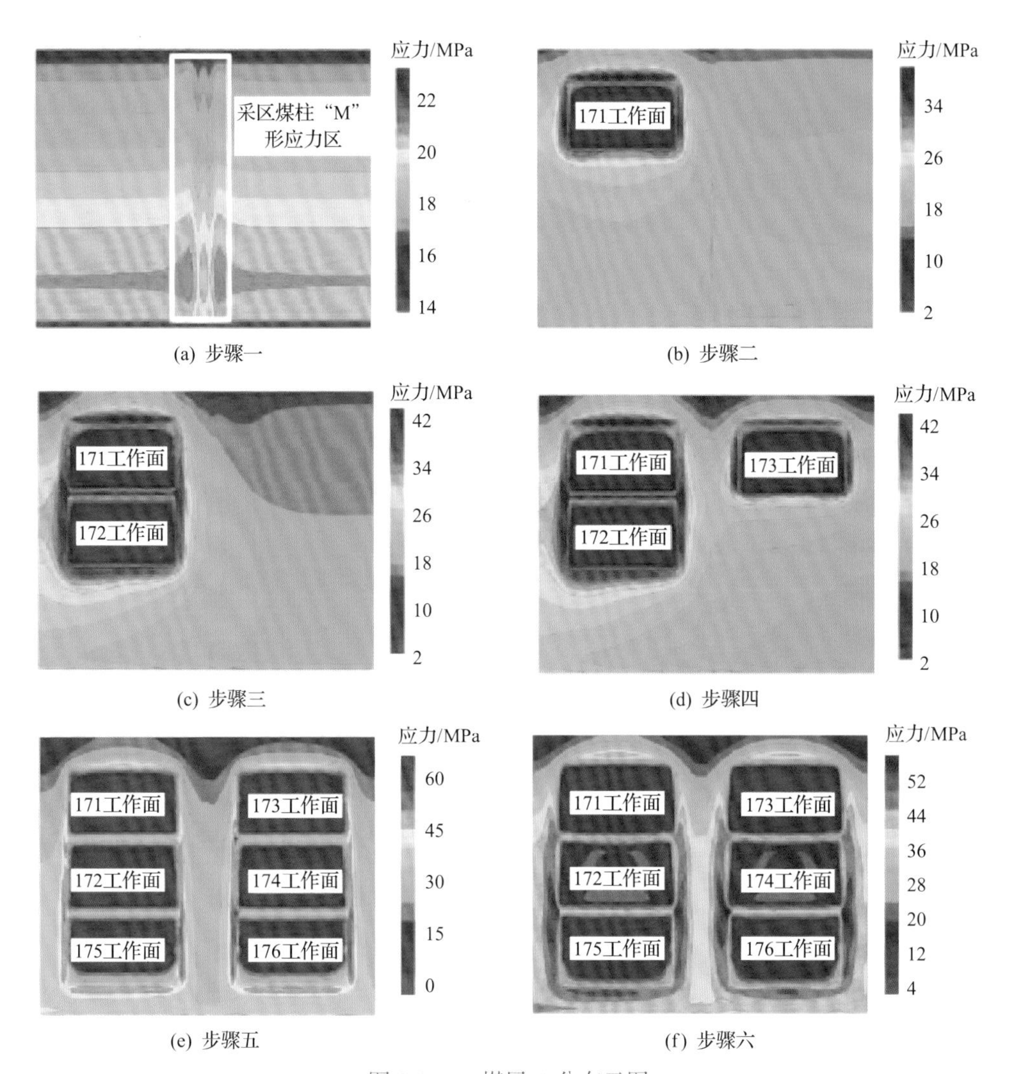

图 2-91 7 煤层 J_2 分布云图

第3章　煤与瓦斯突出灾变机理及复合动力灾害孕育机制

煤与瓦斯突出是煤矿井下开采过程中发生的一种极其复杂的高度非线性典型动力灾害，其致灾机理及相应的创新性研究手段至今仍是世界性难题。本章针对煤与瓦斯突出及复合动力灾害发生机理的关键科学问题，以煤与瓦斯突出孕育、激发、发展、终止的全过程为主线，搭建了煤与瓦斯突出全过程系列化物理模拟实验平台，为煤与瓦斯突出全过程多参数演化规律研究、煤与瓦斯突出机理研究、预警指标和预警模型研究等提供了系列化科学研究手段；通过开展煤与瓦斯突出关键因素、触发机理以及灾变效应的研究，建立了构造应力场空间分布预测模型，阐明了煤与瓦斯突出的主控因素，提出了煤与瓦斯突出结构异常区致灾机制以及冲击-突出复合型煤岩瓦斯动力灾害的多场耦合能量量化模型，揭示了煤与瓦斯突出过程中煤粉-瓦斯固气两相流动力学演化规律及致灾效应，形成了煤与瓦斯突出全过程量化分析理论体系。

3.1　复杂地质构造对煤与瓦斯突出的主控机制

研究表明，90%以上的重大煤与瓦斯突出事故发生在沿构造轴线的强烈变形区域，且井田小断层要素和褶曲向斜及转折端是影响煤与瓦斯突出在井田内分布的主要地质因素。掌握构造附近煤岩体应力分布状态是确定采矿工程岩体属性、实现工程开挖设计和决策科学化的必要前提，研究构造应力场分布规律对于开展煤与瓦斯突出预测和防治工作、指导煤矿安全开采具有重要意义。

3.1.1　断层构造应力场分布规律研究

实测断层构造附近地应力是提供断层构造地应力场最为直接的途径。本节对断层构造附近地应力原位测量及断层构造应力场反演应用进行系统研究，以重庆石壕煤矿为例开展断层构造附近地应力原位测量实验，并反演获得断层构造应力场分布规律，以期研究结果能丰富构造应力场理论及研究方法，并对重庆石壕煤矿及其他类似矿区的安全开采具有重要的指导意义。

1. 逆断层区域地应力现场测量实验

1) 矿区地质概况

重庆石壕煤矿为松藻矿区在生产矿井之一，矿区主要构造为羊叉滩背斜，轴向为35°NE～55°NE，背斜东翼倾角0°～40°、西翼倾角0°～20°，为不对称背斜构造。矿区及周边与褶皱相伴生的断裂构造共74条，生产矿井揭露的断层以走向北东及南东、断层落差小于2m的正断层为主。据统计，重庆石壕煤矿已发生煤与瓦斯突出事故中有半数以上发生于断层构造区域,说明小断层构造是该矿煤与瓦斯突出事故发生的主要影响因素。

2) 现场测试

考虑到煤矿生产的实际需求和现场施工环境，测试地点和测量方法应因地制宜。经实地考察，将地应力测试地点定于重庆石壕煤矿北三区 11#瓦斯抽采巷道，并最终确定采用空心包体应力解除法进行三维地应力测量。

因测试地点所在地层属下二叠统茅口组灰岩，岩性较坚硬且富水性强，各钻孔均需采用多次扩孔的方式钻进。同时，为提高钻孔钻进及排水效率，各测点均垂直巷道走向沿正北方向打近水平钻孔(倾角<5°)，经多次重复测试最终得到 6 个有效钻孔。各测点地应力状态如表 3-1 所示。

表 3-1 试验矿井地应力测定结果

测点	最大主应力			中间主应力			最小主应力		
	大小/MPa	方位角/(°)	倾角/(°)	大小/MPa	方位角/(°)	倾角/(°)	大小/MPa	方位角/(°)	倾角/(°)
1#	14	175	−3.5	11	86	13	8.1	250	76
3#	13	168.5	−9.3	11.2	83.7	22	6.7	229.7	63.8
4#	13.2	157.9	−13.4	12	83.9	48.9	11.3	237.2	37.9
5#	10.1	143	0.46	8.5	53.6	71.1	6.8	234	19
7#	16.4	113.9	−5.8	13.4	83.3	83.3	11.2	203.6	3.3
8#	15	256	−4.4	9.3	340	57.4	7.6	168.7	33.3

2. 逆断层构造应力场反演

1) 反演计算模型

复杂地质条件下建模往往与地质原型有较大出入，反演精度与效率也极易受到边界条件、加载方式等因素的干扰。本节对地质模型及数值模型进行百余组试算调整后仍无法取得较准确的反演结果。鉴于此，本节采用多元线性回归分析法进行构造应力场反演分析。

为减少边界效应的影响，应选取略大于工程区的范围作为计算区域。计算模型最终尺寸为 400m×200m×100m，节点总数 134282 个、单元总数 753465 个。煤、岩体及断层破碎带均采用莫尔-库仑本构模型，岩石力学参数取自重庆石壕煤矿测井数据。

2) 反演结果分析

由反演得到的地应力场拟合公式可计算得到计算区域各点的应力状态。为了更准确地定量描述断层附近煤、岩体应力值的变化规律，分别提取测试巷道灰岩及上覆 M8 煤层中 fA42 断层构造区域沿巷道轴线方向各点应力值,得到各应力随距断层面距离 L 的分布规律，如图 3-1、图 3-2 所示。

由岩层、煤层中断层构造区域应力分布特征，可得出如下主要结论。

(1) 煤矿井下地应力状态与断层构造密切相关。断层构造附近地应力值变化较大，断层主要影响范围为上、下盘距断层面 50m 区域，且断层附近煤、岩体下盘地应力值均明显大于上盘。

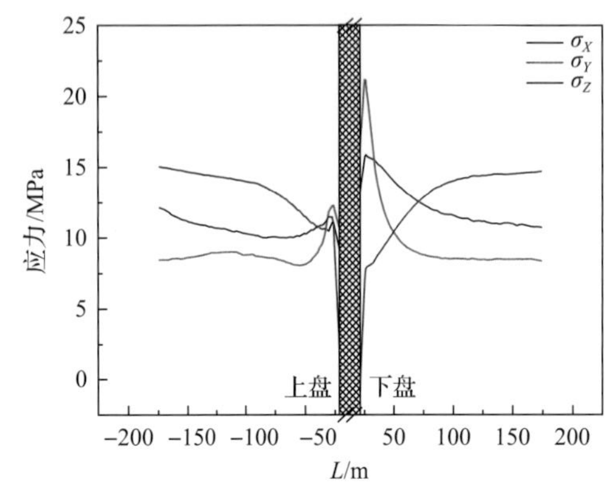

图 3-1 fA42 断层附近灰岩反演应力分布图

σ_X-最大水平主应力；σ_Y-垂直应力；σ_Z-最小水平主应力

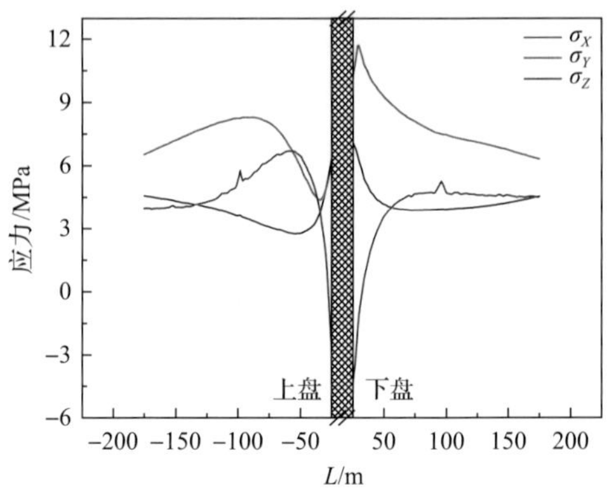

图 3-2 fA42 断层附近 M8 煤层反演应力分布图

σ_X-最大水平主应力；σ_Y-垂直应力；σ_Z-最小水平主应力

(2) 上盘岩体 σ_X 受断层影响较小，而下盘岩体 σ_X 距断层面越近其值增加越显著，这主要是与逆断层形成的力学机理有关，断层上盘在强大的地应力作用力下沿断层面上移，下盘受断层上盘挤压距断层面越近应力越大。上、下盘岩体 σ_Y 距断层面越近表现为先增后减的趋势，这是由于逆断层上盘在构造应力作用下沿断层面向上移动，而上覆岩层阻碍了这种变形，使得距断层面一定距离的岩体垂直应力增大，而距断层面更近时则由于破碎带的应力释放该区域的垂直应力要小于原岩应力。上、下盘岩体中近乎平行于断层走向的 σ_Z 随着距断层面越近其值越小，且越接近断层面应力减小值呈指数增长，这是由于破碎带比较大、填充物较软，此区域的应力得到了一定的释放。

(3) 上、下盘煤层 σ_X 均是距断层面越近先缓慢减小后急剧增加。上盘煤层 σ_Y 距断层面越近先逐渐增大，并在距断层面约 90m 处取得最大值，后由于破碎带的应力释放作用在断层附近 50m 区域逐渐减小至原岩应力值的 67%；下盘煤层 σ_Y 距断层面越近而显著增大，断层附近区域具有较高的应力水平，并在距断层面 5m 处取得最大值。上、下盘煤层 σ_Z 均是距断层面越近先缓慢增大后呈指数减小，而距断层面 5m 区域均表现为拉应力，这主要是由于该区域岩体破碎程度较高，无法布置地应力测点进行地应力测试，回归分析时因数据量不够而产生较大误差。

(4) 尽管矿区最大主应力方向为近水平方向，但煤岩体断层附近区域最大主应力均为垂直应力。上盘岩体中距断层面距离 L=−30m 处 σ_Y 取得最大值 13.27MPa，应力集中系数 R=1.46；下盘岩体中 L=29m 处 σ_Y 取得最大值 21.14MPa，应力集中系数 R=3.53；上盘煤层中 L=−89m 处 σ_Y 取得最大值 8.28MPa，应力集中系数 R=1.27；下盘煤层中 L=30m 处 σ_Y 取得最大值 11.69MPa，应力集中系数 R=1.86。

3. 断层构造对地应力场分布的控制作用数值模拟

本节从断层倾角、断层落差、断层性质三个角度出发，利用有限元软件 ANSYS 模拟了不同参数影响下断层构造附近煤体的地应力分布情况，分析地应力随上述参数变化的分布规律。

1) 数值计算模型

为满足研究的普遍性要求，同时避免问题过于复杂，对模型作如下假设：①断层周围煤、岩体均为均质各向同性材料；②断层破碎带介质为完全弹性材料；③各岩层均为水平岩层，边界应力作用方向垂直于边界；④将地质模型简化为平面应变模型。煤、岩体及断层破碎带均采用莫尔-库仑本构模型。

基于重庆石壕煤矿 fA42 断层附近 11#瓦斯抽采巷道及其顶底板地质条件，建立含断层构造的二维几何模型，模型整体尺寸为 400m×100m。根据重庆石壕煤矿地层综合柱状图及各岩层的岩石力学参数，除了将 M8 煤层单独考虑外，其顶底板均简化为两层，各复合岩层的岩石力学参数根据各组分岩层的岩石力学参数按其厚度进行加权平均。

2) 数值模拟结果分析

以重庆石壕煤矿岩石力学参数为例，分别建立不同倾角、不同落差条件下的含正、逆断层模型，研究不同因素影响下的煤体主应力分布情况。为定量描述断层对附近煤体应力的影响，在断层上、下盘的应力增高区中选取应力值最大的点作为特征点，并以应力值与原岩应力值相差±5%以上的区域为断层影响区域。

A. 断层倾角变化对正断层附近煤体地应力的影响

当落差为 2m 时，依次建立倾角为 30°、40°、50°、60°、70°和 80°的含正断层模型并进行数值模拟，研究不同倾角时断层附近煤体地应力的分布规律。

a. 水平应力

不同倾角时煤体 σ_X 随距断层面距离 L 的分布图如图 3-3 所示，可以看出，由于断层破碎带的应力释放作用，煤层上、下盘 σ_X 在断层面附近约 10m 区域具有较大的应力梯度，随 L 的增大由一较低的应力值先急剧增大后缓慢恢复至原岩应力值；煤层上盘 σ_X 受断层影响区域大于下盘。随着倾角增大，上盘煤层受断层影响区域逐渐减小，σ_X 取得最大值处不断向断层面靠近；下盘煤层受影响区域随倾角增大无明显变化，均为断层附近约 30m 区域，应力变化梯度随倾角增大而增大。

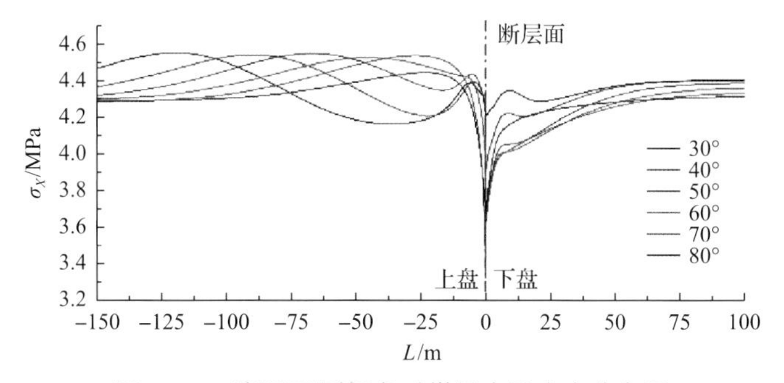

图 3-3　正断层不同倾角时煤层水平应力分布图

b. 垂直应力

不同倾角时煤体垂直应力 σ_Y 随距断层面距离 L 的分布图如图 3-4 所示，可以看出，煤层上、下盘 σ_Y 的分布规律及随倾角的变化规律均与 σ_X 相近，不同的是倾角小于 50°时，上、下盘煤层中断层面附近 10m 区域 σ_Y 均随 L 的增大而急剧减小。上、下盘煤体中特征点垂直应力值、特征点距断层面距离及断层影响范围随断层倾角的变化规律与水平应力具有明显的一致性，此处不再赘述。

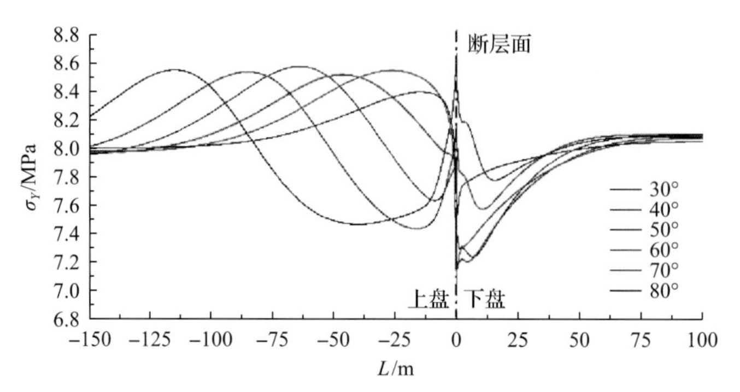

图 3-4 正断层不同倾角时煤层垂直应力分布图

B. 断层落差变化对正断层附近煤体地应力的影响

当倾角为 60°时，依次建立落差为 1m、2m、3m、5m、7m 和 9m 的含正断层模型并进行数值模拟，研究不同落差时断层附近煤体地应力的分布规律。

a. 水平应力

不同落差时煤体 σ_X 随距断层面距离 L 的分布图如图 3-5 所示，可以看出，上、下盘煤层在断层面附近约 10m 区域具有较大的应力梯度，且应力值受断层落差变化的影响较小，受断层影响区域随落差增大无显著变化；上盘中断层附近主要产生应力增高区，应力值随 L 增大先增高后降低最后趋于稳定；下盘中断层附近主要为应力降低区，随着距断层面距离 L 增大逐渐增高并趋于稳定。上盘煤体最大水平主应力值随落差增大而逐渐减小，但其位置逐渐远离断层面；下盘中断层附近煤体为应力释放区，无相应特征点。下盘煤体受断层影响范围随落差的增加从 26m 逐渐减小至 20m；而不同落差时上盘中断层附近煤体应力值与原岩应力值相差均小于 5%，可将其看做原始应力区，受断层影响范围均为 0m，因而图 3-5 中未给出。

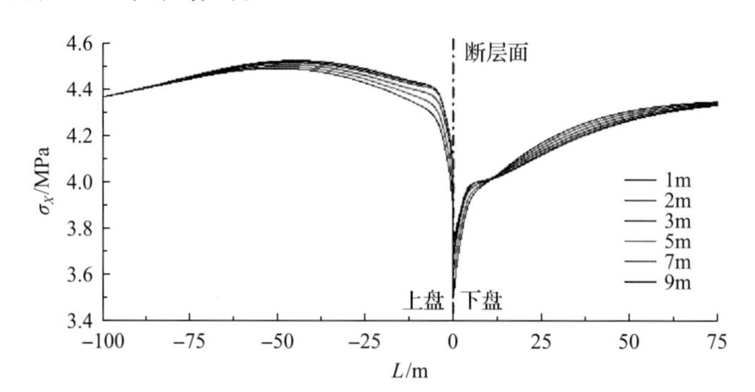

图 3-5 正断层不同落差时煤层最大水平主应力分布图

b. 垂直应力

不同落差时煤体垂直应力 σ_Y 随距断层面距离 L 的分布如图 3-6 所示，可以看出，除上、下盘煤层 σ_X 在断层面附近约 10m 区域具有较大的应力梯度而 σ_Y 变化较平缓外，上、下盘煤层σ_Y的分布规律与σ_X较为相似，且受断层落差变化的影响较小，受断层影响区域随落差增大也无显著变化。除上盘煤体受断层影响范围随落差增大由70m逐渐减小至66m外，上、下盘煤体中特征点垂直应力值、特征点距断层面距离及断层影响范围随断层落差的变化规律与最大水平主应力具有明显的一致性，此处不再赘述。

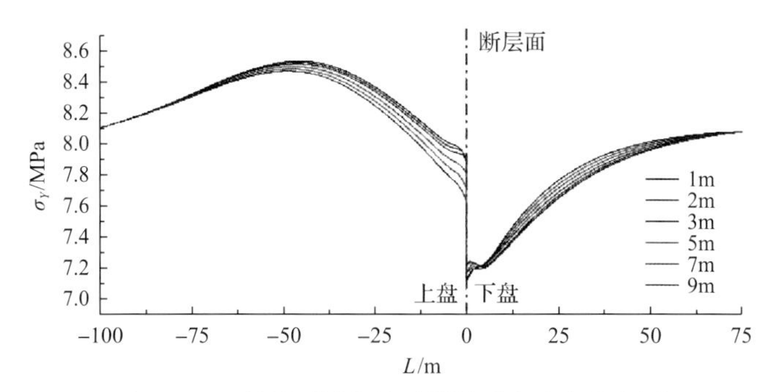

图3-6 正断层不同落差时煤层垂直应力分布图

C. 断层倾角变化对逆断层附近煤体地应力的影响

当落差为2m时，依次建立倾角为20°、30°、40°、50°、60°和70°的含逆断层模型并进行数值模拟，研究不同倾角时断层附近煤体地应力的分布规律。

a. 水平应力

不同倾角时煤体σ_X随距断层面距离L的分布如图3-7所示，可以看出，煤层σ_X分布受逆断层的影响要小于正断层，上、下盘受影响区域均为断层面附近约30m区域，且均为应力增高区，应力分布具有较好的对称性；上、下盘煤层σ_X在断层面附近约10m区域具有较大的应力梯度，且σ_X随L的增大一较由高的应力值先急剧降低后缓慢减小至原岩应力值；随着倾角的增大，上、下盘煤层受断层影响区域逐渐减小，而断层界面处σ_X取得的最大值随倾角增大而增大。

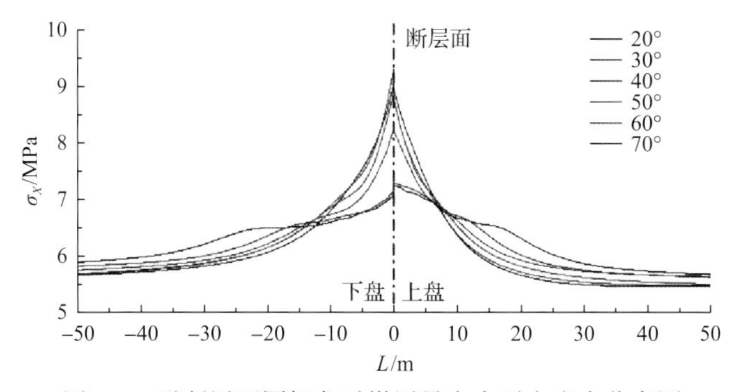

图3-7 逆断层不同倾角时煤层最大水平主应力分布图

随着断层倾角的增大，逆断层上盘特征点σ_X呈升高趋势，其中倾角30°～50°时具有较大应力梯度；倾角小于60°时，下盘特征点σ_X变化趋势与上盘相近，且在倾角60°时达到最大值，倾角继续增大时σ_X减小。逆断层上、下盘煤体受断层影响范围均随倾角增大而减小，其中上盘受影响范围由25m减小至10m、下盘受影响范围由43m减小至26m。

b. 垂直应力

不同倾角时煤体垂直应力 σ_Y 随距断层面距离 L 的分布如图 3-8 所示，可以看出，倾角由 20°增加到 60°时，上、下盘煤体 σ_Y 在远离断层面时均表现为先急剧增加后缓慢减小至原岩应力的趋势，且应力集中系数随倾角增大而增大；倾角继续增大时上、下盘煤体 σ_Y 均在断层面处取得最大值，并在远离断层面时逐渐减小至原岩应力。上、下盘煤体特征点处 σ_Y 均随倾角增大而增大，而其位置逐渐远离断层面，受断层影响范围均随倾角增大而减小，其中上盘受影响范围由 15m 减小至 2m、下盘受影响范围由 36m 减小至 19m。

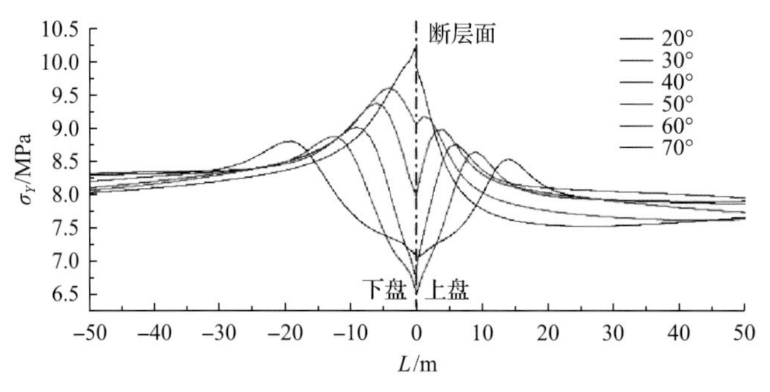

图 3-8 逆断层不同倾角时煤层垂直应力分布图

D. 断层落差变化对逆断层附近煤体地应力的影响

当倾角为 40°时，依次建立落差为 1m、2m、3m、5m、7m 和 9m 的含逆断层模型并进行数值模拟，研究不同落差时断层附近煤体地应力的分布规律。

a. 水平应力

不同落差时煤体 σ_X 随距断层面距离 L 的分布如图 3-9 所示，可以看出，煤层 σ_X 分布受逆断层的影响要小于正断层，上、下盘受影响区域均为断层面附近约 30m 区域，该区域应力分布具有较好的对称性；上、下盘煤层 σ_X 均在断层面附近约 10m 区域具有较大的应力梯度，且 σ_X 随 L 的增大由一较高的应力值先急剧降低后缓慢减小至原岩应力值；随着落差的增大，上、下盘煤层 σ_X 受断层影响区域逐渐减小，断层界面处 σ_X 取得的最大值逐渐增大。随着落差的增大，逆断层上、下盘特征点 σ_X 均逐渐增大（增大幅度约 13%），而断层影响范围不断减小，其中上盘受影响范围由 20m 减小至 16m（减小幅度 20%）、下盘受影响范围由 32m 减小至 24m（减小幅度 25%）。

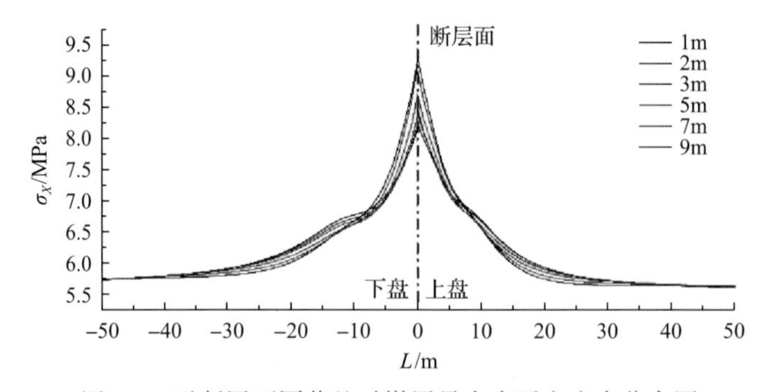

图 3-9 逆断层不同落差时煤层最大水平主应力分布图

b. 垂直应力

不同落差时煤体垂直应力σ_Y随距断层面距离L的分布如图3-10所示，可以看出，落差由1m增加到9m时，上、下盘煤体σ_Y在远离断层面时均表现为先急剧增加后缓慢恢复至原岩应力的趋势，且应力集中系数随落差增大而减小。逆断层上、下盘特征点位置不随落差的改变而发生变化，均在上盘距断层6m、下盘距断层9m处取得σ_Y最大值，且其值随断层落差的增大呈近似呈线性减小趋势(减小幅度约10%)。落差小于5m时，断层上盘受影响范围随落差增大由10m逐渐减小至3m，而下盘则由24m逐渐增大至32m；落差继续增大时，断层上盘受影响范围保持3m不变，而下盘则表现为先急剧减小随后保持不变，并在落差为7m时取得最小值4m。

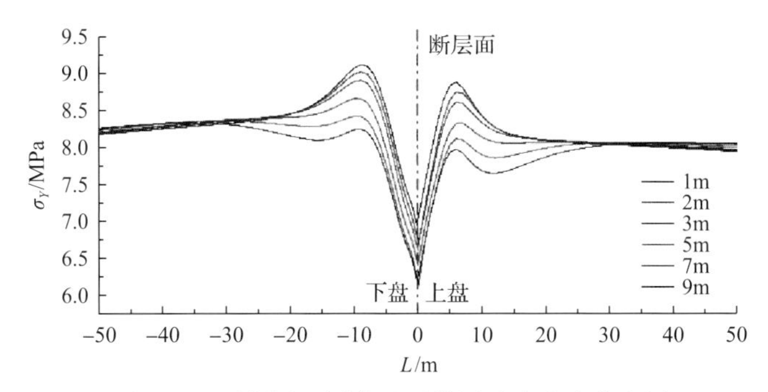

图3-10 逆断层不同落差时煤层垂直应力分布图

4. 预制倾角断层在水平荷载下的动力响应

以重庆石壕煤矿M8煤层及上、下岩层为模拟对象，进行了实验室内相似模拟实验，通过预制45°、60°、75°三种不同倾角断层，施加缓慢的水平荷载，观察相似模型的动力响应及过程。

各预制倾角断层相似模型在水平加载过程中的应力-应变曲线如图3-11所示。在水平载荷下，三种预制倾角断层的相似模型均经历了孔隙压密阶段(*OA*)、弹性变形阶段(*AB*)、非稳定性破坏阶段(*BC*)、破裂后阶段(*CD*)；但由于不同倾角对断层的影响，三条应力-应变曲线有明显区别，倾角为45°的断层的非稳定性破坏阶段明显比倾角为60°和

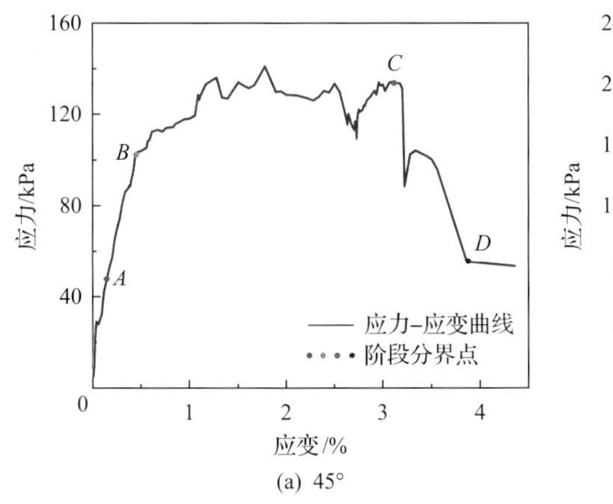

(a) 45°

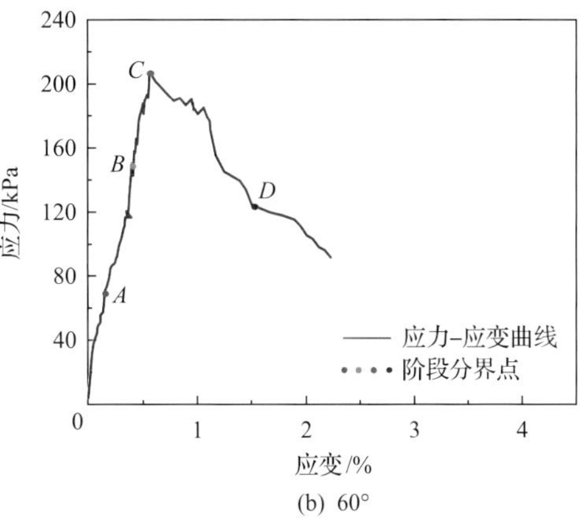

(b) 60°

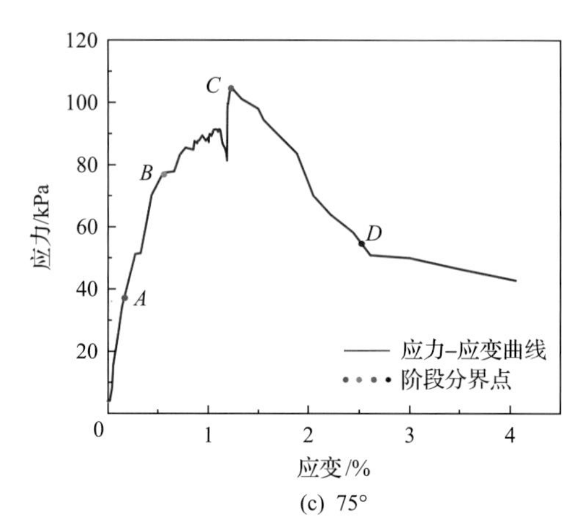

(c) 75°

图 3-11　不同倾角断层模型的应力-应变曲线

75°的长，因为高角度条件下受压，相似模型不易产生上、下盘间的相对滑移，受压时应变能累计在模型内，从模型的薄弱处逐渐开裂，并倾向于以脆性断裂的形式突然释放，形成贯穿上、下盘的大裂缝，造成试件失稳。而 45°倾角更加平缓，相似模型受载时更倾向于产生沿上、下盘的相对滑移，加上断层面的摩擦力，累积的应变能以渐进式的滑动和开裂两种方式释放，使 45°断层倾角的相似模型经历了较长的非稳定性破坏阶段(*BC*)。

关于多维应力条件下应力、应变特性还需要进行进一步的试验探究。

3.1.2　褶曲构造应力场相似模拟实验

1. 挤压成型

1)实验简介

形成褶皱的岩石类型多种多样。在挤压应力作用下，褶皱的形成与不同类型岩石的固结度和塑性度有密切关系，通常认为褶皱是岩石未固结和处于塑性状态时的产物。因而本次实验以弹性硅胶材料为相似材料，通过将水平层状硅胶材料挤压成褶曲形状，来研究挤压全过程中褶曲不同部位的应力分布状态。测点布置及实验装置实物图分别如图 3-12、图 3-13 所示。

本实验中褶曲构造相似模型采用模具硅胶及固化剂按一定配比(固化剂 2%)胶结成型。模型共铺设两层，厚度均为 80mm，初始尺寸约为 800mm×350mm×160mm(长×宽×高)，所采用的传感器主要有粒子图案测速(PIV)系统、光栅光纤应变监测系统和电阻应变片。

2)主要结论

相似模型加载过程中，内部直埋裸光纤成活率较低，加载初期各测点应变值无明显规律，加载中后期直接丢失数据，不适用于大变形场合。护套光纤成活率高于直埋裸光纤，但其成活率及应变监测效果仍远低于电阻应变片。

图 3-14 为各测点应力监测曲线，可以看出：①随着模型不断被压缩，模型各测点应力值大小均不断增大，且均表现为水平方向受压、垂直方向受拉；②构造部位垂直应力

相对距构造变形部位较远处要小，而水平应力则相反；③背斜轴部水平方向应力大于翼部、垂直方向应力小于翼部；④各层交界面处胶结强度较弱，位移速率可达各层内部 10 倍以上，变形及应力集中首先发生于该部位，易产生分层并形成褶曲。

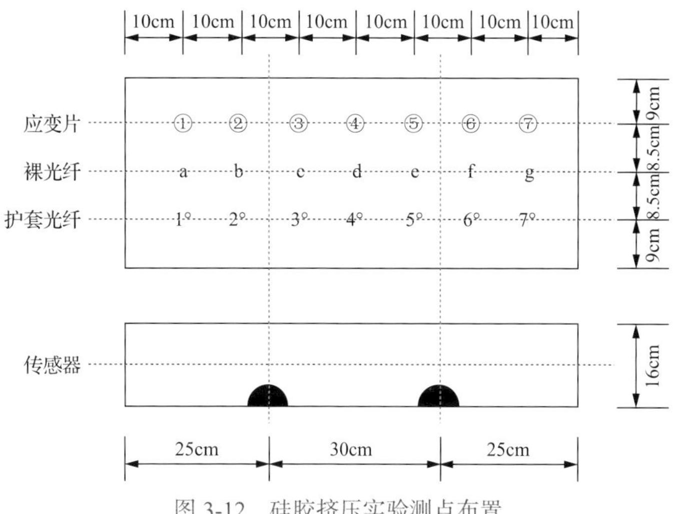

图 3-12　硅胶挤压实验测点布置

图 3-13　硅胶挤压实验装置实物图

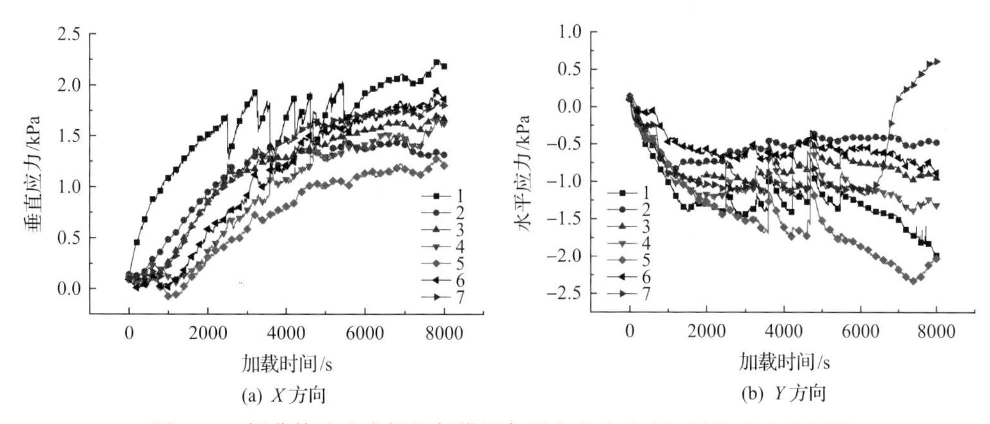

图 3-14　褶曲构造应力场相似模拟各测点应变砖(应变片)应力监测图

2. 预置构造

1) 实验简介

室内实验以松藻煤矿为工程背景，通过相似模拟方法，研究不同翼间角(60°、90°、120°)的褶曲构造对应力场分布的影响，并为数值模拟研究提供数据来源，进而提出不同构造类型构造应力场的空间分布规律及预测模型。传感器布设方式和加载方式如图 3-15 和图 3-16 所示。

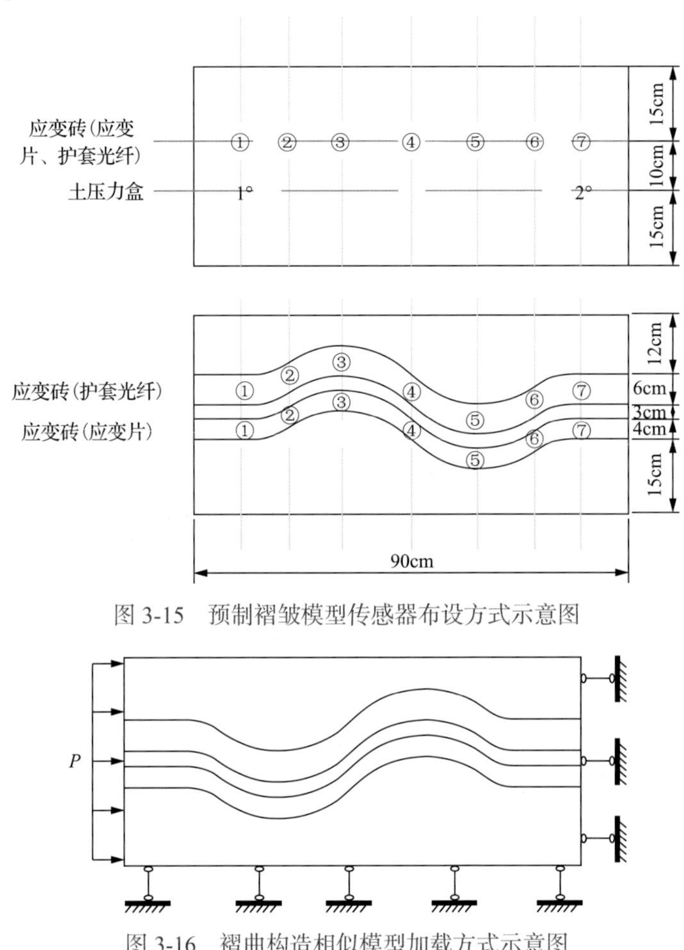

图 3-15　预制褶皱模型传感器布设方式示意图

图 3-16　褶曲构造相似模型加载方式示意图

P-加载压力值

2) 主要结论

实验过程中，翼间角为 60° 的褶曲构造模型因褶曲部位强度较弱而较早发生脆性断裂导致实验失败。以翼间角 90° 的褶曲构造模型为例，探讨不同边界载荷条件下褶曲各部位应力分布特性，各测点水平应力和垂直应力分布如图 3-17 所示。结合模型加载过程中的力学响应特征，得到主要结论如下：

① 各测点沿加载方向的水平应力总体上均随加载力的增加而增大，且均表现为压应力，其中背斜轴部、拐点的应力增幅最为显著。梯次载荷作用下，褶曲各个部位的应力

分布均表现出较大的不均匀性。背斜主要产生应力升高区，其中背斜轴部应力集中程度最高，应力系数分别为 1.80、2.32 和 2.30；沿着背斜轴部经拐点向向斜轴部方向，各测点应力系数均逐渐减小。

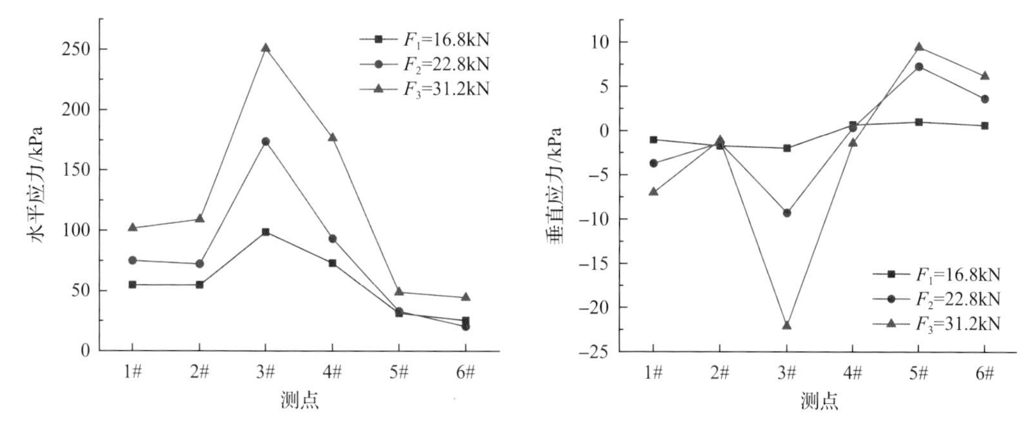

图 3-17 褶曲构造应力场相似模拟各测点应变砖(应变片)应力分布图

② 各测点垂直应力量值总体上随加载力的增加而增大，其中背斜轴部具有较大的应力梯度，向斜轴部次之，翼部及其拐点处应力值随水平载荷变化不显著。背斜轴部及其两翼垂直方向主要产生拉应力，其中背斜轴部拉应力集中程度最大，应力系数分别为 1.89、2.50 和 3.17；向斜轴部及其两翼垂直方向则主要产生压应力，并于向斜轴部取得最大应力值；拐点处位于拉应力区与压应力区之间，各载荷作用下其值均接近于 0。

③ 加载过程中，模型拐点处最先产生沿层理方向的剪切裂纹，在平行于裂纹面的剪切应力作用下，裂纹滑开扩展。随着加载力的增大，裂纹沿着层间方向演化，扩展至背斜轴部时以垂直于层理方向的拉伸裂纹形式扩展。先前存在的裂隙不断演化、相互贯通，最终形成大量的宏观裂缝，导致了模型的失稳破坏。翼间角越小，各部位挤压/拉张变形越强烈，应力集中系数显著增大(翼间角为 90° 时峰值应力可达到翼间角为 120° 时的 3 倍)，从而具有更大的煤与瓦斯突出风险。

3.2 煤层采动多相多场耦合诱突机理

煤与瓦斯突出是煤矿井下开采过程中发生的一种极其复杂的典型动力灾害，严重威胁矿井的安全生产。近年来，尽管采取了大量的防治措施，但随着煤矿开采深度和强度的增加，矿井的开采环境持续恶化，地质构造较浅部煤层更加复杂，地应力和煤层瓦斯压力不断增大，且煤层透气性较低，瓦斯抽采极其困难，煤与瓦斯突出危险性依然严重。煤与瓦斯突出现象是涉及多个领域的复杂问题，其突出机理至今仍是国际性和世纪性难题。因此，本节采用数学建模以及数值模拟方法，研究采掘过程中扰动应力场的动态演化规律以及煤层采动多相多场耦合诱突模型及突出临界判据，阐明煤与瓦斯突出的主控因素，同时为煤与瓦斯突出物理模拟试验方案设计提供理论支撑。

3.2.1 采掘过程扰动应力场的动态演化规律

首先，建立了在不同力学性质的煤层和顶底板岩层内掘进巷道的数值计算模型；其次，通过建立对比试验模型，系统研究均质煤层和均质围岩力学性质的差异对巷道前方煤体位移和应力的影响规律，用以揭示煤层和围岩哪些力学参数对掘进头前方位移和应力的影响最为显著。研究结论将为煤岩动力灾害的预测和防治提供理论指导，同时还将对数值模拟中关键力学参数的取值提供借鉴。

所建立的模型如图 3-18 所示，模型共三层：顶板、煤层和底板，其中顶板和底板统称为围岩。图 3-18 中用红色圆点标记了模型中关键点的位置，并在圆点附近标记了该点的坐标值，模型坐标原点位于模型的正中央。模型沿 *X* 方向从–35m 至 45m，长 80m；沿 *Y* 方向从–33m 至 33m、宽 66m；沿 *Z* 方向从–33m 至 33m，高 66m；煤层的厚度为 3.2m，巷道的高为 3.2m、宽为 4.8m，沿 *X* 轴正方向施工，从–35m 处掘进到 0m 位置处停止。模型在网格划分过程中在巷道掘进区域通过加密处理，总网格数 788544 个，节点总数 815625 个，在巷道停止掘进位置掘进头附近网格密度达到 0.2m/个，以此能精细反演应力场的变化特征。模型底面和四个侧面都采用了辊支边界约束，节点可以在平面上滑动，但是不能离开平面；而在模型的顶部施加了三向应力边界，以代替上部围岩施加的恒定载荷。

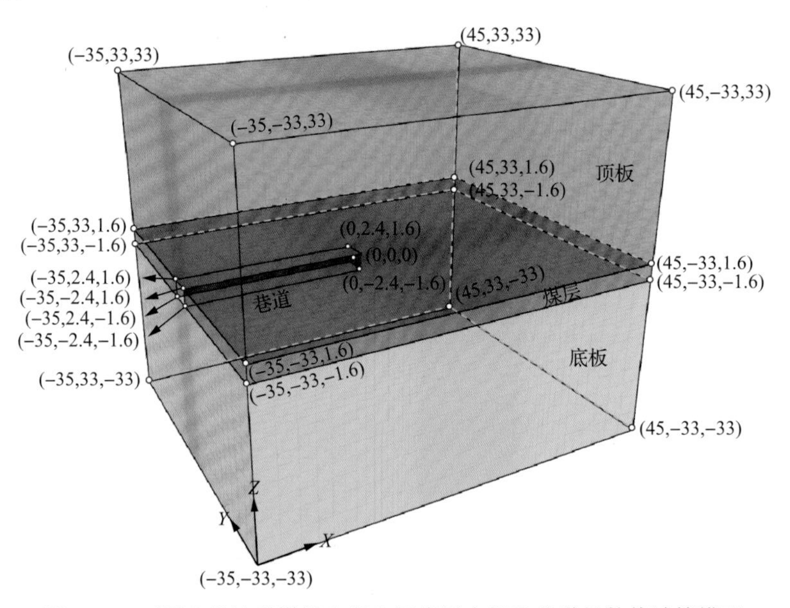

图 3-18 不同力学性质煤层和顶底板岩层内掘进巷道的数值计算模型

本小节首先确定了标准煤层和标准岩层的力学参数，其次通过改变标准煤层或标准岩层中的某一个力学性质，来研究该参数的变化对掘进头前方应力和位移的影响规律。每改变一个力学性质，数值计算模型都重新计算一次，以此来对比特定力学性质的改变对巷道超前应力的影响规律，可改变的煤层或围岩参数有弹性模量、泊松比、内摩擦角、黏聚力、抗拉强度和原岩应力。

模型建立完毕并给煤层、岩层赋力学参数之后开始掘进巷道。巷道沿 X 方向从–35m 位置处掘进至 0m 位置处停止，巷道掘进至–15m 位置之后，循环进尺长度为 1m，每次掘进都是在上一次掘进平衡之后进行，直至巷道掘进至 0m 位置处停止，此时巷道累计掘进了 35m，在掘进头前方仍然有 45m 长的煤岩体。通过对比试验来分析煤层、岩层的力学参数对巷道超前应力和变形的影响规律。原岩应力为计算模型在 Z=0m 平面上的初始应力，负值表示压应力，不同高度处的初始应力由煤层或岩层的密度计算得到，初始应力赋值公式如下：

$$\sigma_Z = \sigma_0 + \rho g Z \tag{3-1}$$

式中，σ_Z 为 Z 深度处的应力；σ_0 为 Z=0 处的原始应力；ρ 为密度，煤层密度为 1350kg/m^3，岩层密度为 2600kg/m^3；g 为重力加速度，为 10m/s^2；Z 为深度。

1) 煤层弹性模量

弹性模量表征材料抵抗变形的能力，弹性模量越大材料抵抗压缩或拉伸变形的能力越强，弹性模量计算如式(3-2)所示：

$$E = \sigma_v / \varepsilon_v \tag{3-2}$$

式中，E 为弹性模量；σ_v 为沿 v 方向的应力；ε_v 为沿 v 方向的应变。

从图 3-19(a)可见，当煤层弹性模量在 0.5～10GPa 变化时，巷道前方煤体的 X-Dis 随煤层弹性模量降低而逐渐增大，最大的 X-Dis 在掘进头壁面上。煤层弹性模量越小，抵抗变形的能力越差，在相等的地应力下发生变形就越显著：当弹性模量为 10GPa 时，巷道掘进头壁面上的 X-Dis 仅为 6.2cm；而当弹性模量降低为 0.5GPa 时，巷道掘进头壁面上的 X-Dis 增大到了 34.2cm。特别是当煤层弹性模量小于 3GPa 之后，随着煤层弹性模量降低，巷道掘进头壁面的 X-Dis 增速加快。

从图3-19(b)～(d)中可见，煤层弹性模量对 σ_Y/σ_{Y0} 和 σ_Z/σ_{Z0} 的影响较 σ_X/σ_{X0} 更为显著。在巷道掘进头前方 4.3m 范围之内，不论煤层弹性模量多大，应力曲线基本重合，且三向应力都小于原始应力，表明在巷道掘进头前方 4.3m 范围之内，煤体被破坏，发生了塑性变形，成为卸压区。在巷道掘进头前方 4.3m 之外，σ_Y/σ_{Y0} 和 σ_Z/σ_{Z0} 逐渐大于

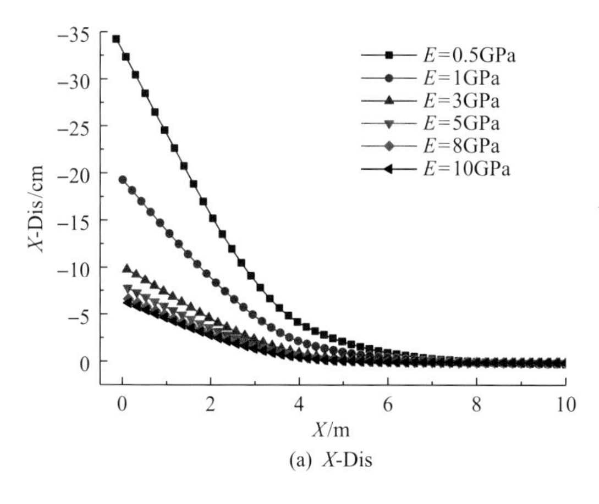

(a) X-Dis

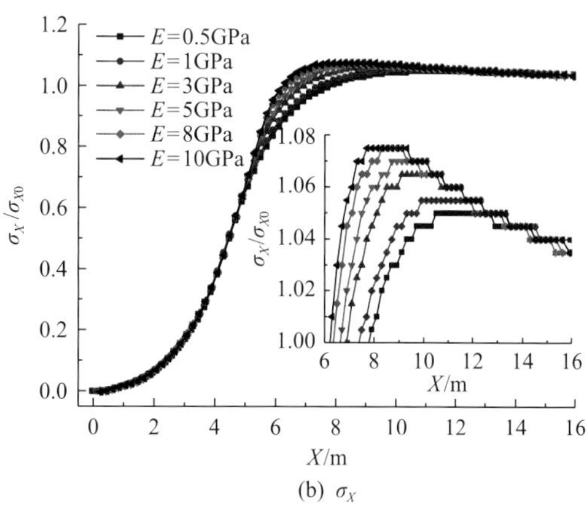

(b) σ_X

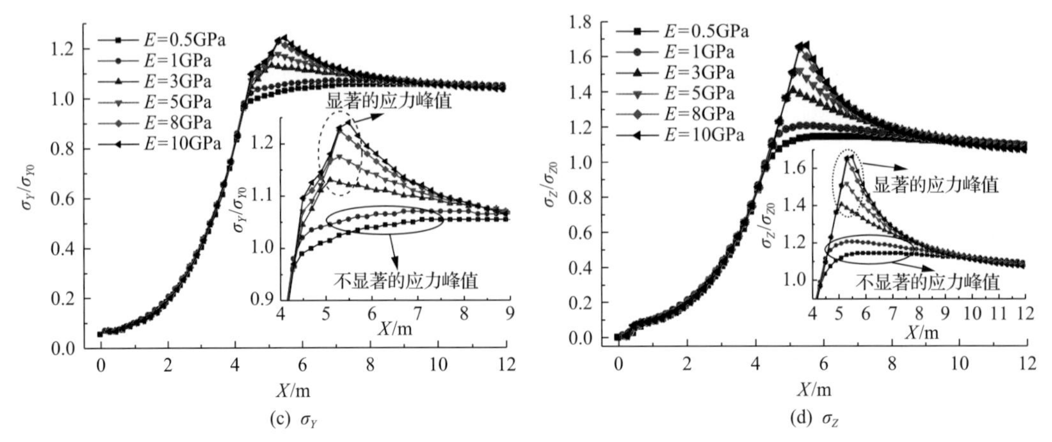

图 3-19　煤层弹性模量对巷道超前煤体位移量和应力分布影响规律

X-Dis-X 方向的位移；σ_X/σ_{X0}、σ_Y/σ_{Y0}、σ_Z/σ_{Z0}-X、Y、Z 方向的应力集中

1.0，煤层弹性模量的差异性对巷道超前应力集中的影响逐渐显现，煤层弹性模量越大，应力集中峰就越显著。此外，煤层弹性模量对应力集中峰值的位置也有一定程度的影响，但影响较小。例如，当煤层弹性模量为 10GPa 时，σ_X/σ_{X0}、σ_Y/σ_{Y0} 和 σ_Z/σ_{Z0} 的峰值分别为 1.08、1.24 和 1.66，峰位置分别在巷道掘进头前方 11.5m、8.5m 和 6.3m；而当煤层弹性模量为 0.5GPa 时，巷道前方 σ_X/σ_{X0}、σ_Y/σ_{Y0} 和 σ_Z/σ_{Z0} 的最大值分别为 1.05、1.06 和 1.15，应力集中峰并不明显。

因此，降低煤层弹性模量，能增大巷道前方煤体的 X-Dis，同时能降低巷道前方的 σ_X、σ_Y 和 σ_Z，其中 σ_Y 和 σ_Z 的降低更为显著，这有利于降低煤岩动力灾害的危险性。

2) 煤层泊松比

泊松比是指材料在单向受拉或受压时，横向正应变与轴向正应变的绝对值的比值，也叫横向变形系数，它是反映材料横向变形的弹性常数。其计算方法如式(3-3)所示：

$$\nu = \varepsilon_h/\varepsilon_{vv} \tag{3-3}$$

式中，ν 为泊松比；ε_h 为沿 h 方向的正应变量；ε_{vv} 为沿 v 方向的正应变量，其中 h 和 v 方向相互垂直，材料沿 h 方向单向受力。

图 3-20 中给出了煤层泊松比在 0.10～0.40 变化过程中，当巷道掘进到 X=0m 位置时，巷道超前煤体位移和应力的变化及分布特征。

在不同泊松比的煤层内掘进巷道时，掘进头前方煤体的 X-Dis 有稍许差异性，煤层泊松比越小，X-Dis 越大：当煤层泊松比为 0.40 时，掘进头壁面上最大 X-Dis 为 7.2cm；当煤层泊松比为 0.10 时，掘进头壁面上最大 X-Dis 为 10.6cm。煤层泊松比对巷道掘进头壁面上最大 X-Dis 有影响，但是影响并不显著。

从三向应力分布曲线可见，σ_Z 应力集中最为显著，σ_X 和 σ_Y 应力集中相对较小。当煤层泊松比不同时，σ_Z 应力分布曲线基本重合，而 σ_X 和 σ_Y 应力分布曲线有轻微的差异。煤层泊松比越大，σ_X 和 σ_Y 的应力集中峰值越大：当煤层泊松比为 0.40 时，σ_X/σ_{X0}、σ_Y/σ_{Y0} 和 σ_Z/σ_{Z0} 的峰值分别为 1.085、1.20 和 1.50，峰分别位于掘进头前方 9.1m、5.3m

和 5.3m 处；当煤层泊松比为 0.10 时，σ_X/σ_{X0}、σ_Y/σ_{Y0} 和 σ_Z/σ_{Z0} 峰值分别为 1.02、1.10 和 1.50，峰分别位于掘进头前方 9.1m、4.5m 和 5.3m 处。

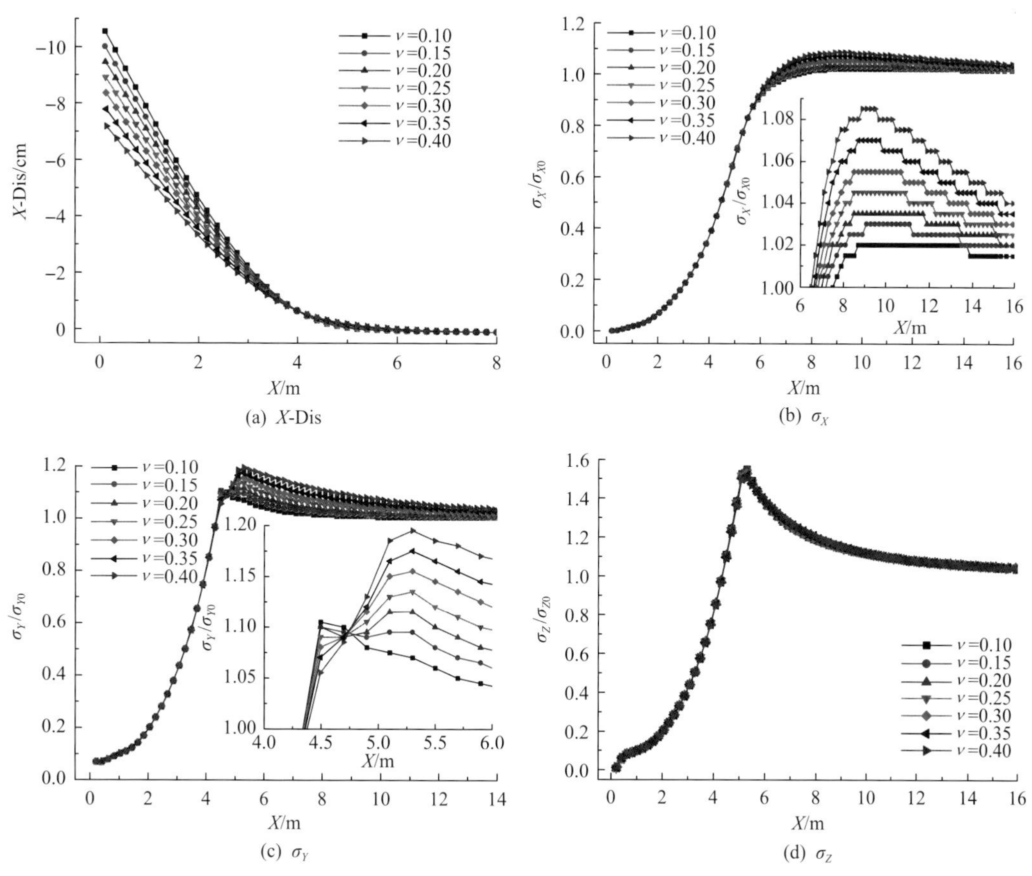

图 3-20 煤层泊松比对巷道超前煤体 X-Dis 和应力分布的影响规律

因此，减小煤层泊松比，能轻微降低巷道掘进头前方的 σ_X 和 σ_Y，有利于防治动力灾害，但是效果不明显。

3）煤层内摩擦角

煤层内摩擦角是莫尔-库仑强度准则中用于判断岩体是否发生破坏的最主要参数之一。图 3-21 为试块在压应力作用下莫尔-库仑强度准则示意图和试块破坏的极限莫尔应力圆。

图 3-21 中试块在围岩 σ_3 条件下，当轴压增大到 σ_1 时沿破断面发生破坏，或者在单轴压力 σ_c 条件下发生破坏，破断面上的剪切应力为 τ，法向应力为 σ，σ_1 和 σ 的夹角为 θ，图中直线 AL 为上述两种破坏条件下莫尔应力圆的公切线，AL 和横坐标 σ 的夹角为 φ，也就是试件的内摩擦角，则有

$$\varphi = 2\theta - \frac{\pi}{2} \tag{3-4}$$

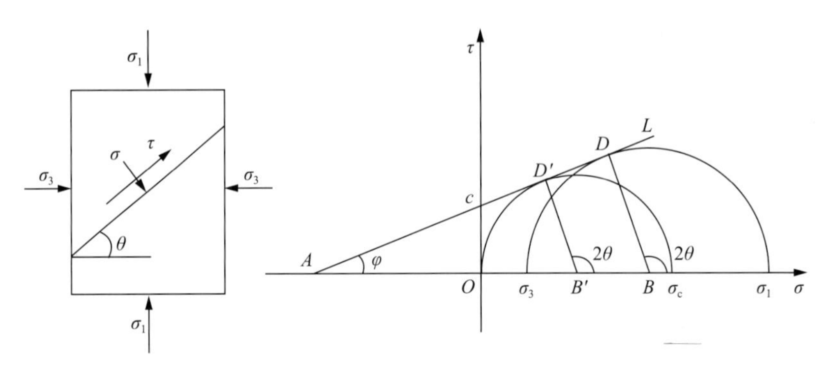

图 3-21　σ-τ 坐标下莫尔-库仑强度准则示意图和试块破坏的极限莫尔应力圆

当$\sigma = 0$时，也就是 AL 直线和纵坐标的交叉点处，就是试件的黏聚力 c。黏聚力 c 和内摩擦角都可以通过实验测试出来。

当煤层内摩擦角在 10°～30°变化时，巷道前方煤体位移量以及三向应力的变化特征如图 3-22 所示。

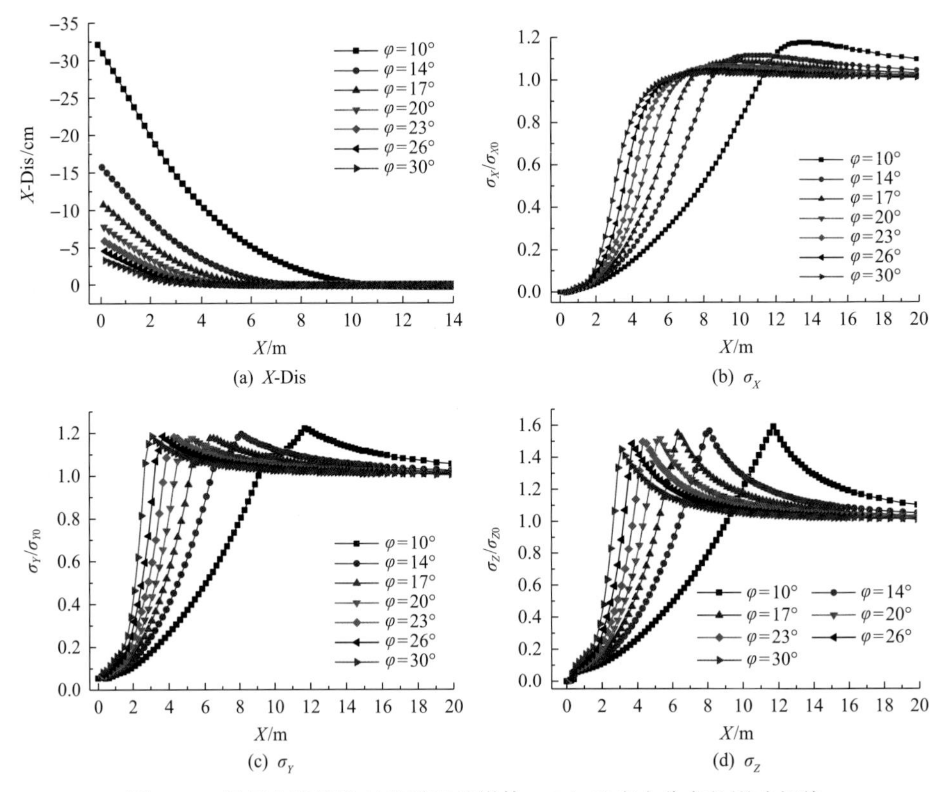

图 3-22　煤层内摩擦角对巷道超前煤体 X-Dis 和应力分布的影响规律

从图 3-22 中可见，当煤层内摩擦角不同时，煤巷前方煤体的 X-Dis 变化较大，煤层内摩擦角越小，掘进头前方 X-Dis 越大：当煤层内摩擦角为 30°时，掘进头壁面上的最大 X-Dis 为 3.3cm；当煤层内摩擦角为 10°时，掘进头壁面上的最大 X-Dis 为 33.1cm。这主要是因为煤层内摩擦角越小，煤体越容易被破坏，就越容易发生塑性变形，煤体的位移量就越大。

煤层内摩擦角对巷道超前三向应力分布特征产生非常显著的影响，σ_Y 和 σ_Z 的应力峰比较明显，当煤层内摩擦角为30°时，σ_Y/σ_{Y0} 和 σ_Z/σ_{Z0} 峰值分别为1.18和1.5，峰都位于掘进头前方3.1m处；当煤层内摩擦角为10°时，σ_Y/σ_{Y0} 和 σ_Z/σ_{Z0} 峰值分别为1.2和1.59，峰都位于掘进头前方11.7m处。煤层内摩擦角虽然对应力集中峰值影响不显著，但却能显著改变应力集中峰的位置。内摩擦角越小，应力集中峰越远，则掘进头前方存在的卸压区就越大，这对于防治煤岩动力灾害非常有意义。有些学者认为，当在具有突出危险性的煤层内掘进巷道时，如果在掘进头前方存在5m以上的卸压区，这些卸压的煤体将会成为煤与瓦斯突出发动的障碍，能有效消除煤与瓦斯突出的危险性。

综合来看，通过降低煤层内摩擦角虽然只能轻微地增大应力集中峰值，但是却可以很有效地将应力集中峰推向远方，从而能很好地阻止煤岩动力灾害的发生。

4）煤层黏聚力

煤层黏聚力是莫尔-库仑强度准则中重要的参数之一。当煤层黏聚力在0.05～15MPa变化时，巷道掘进头前方煤体的 X-Dis、σ_X/σ_{X0}、σ_Y/σ_{Y0} 和 σ_Z/σ_{Z0} 的变化特征如图3-23所示，曲线的差异性很大，表明黏聚力的改变对巷道前方煤体变形和应力场的影响非常显著。

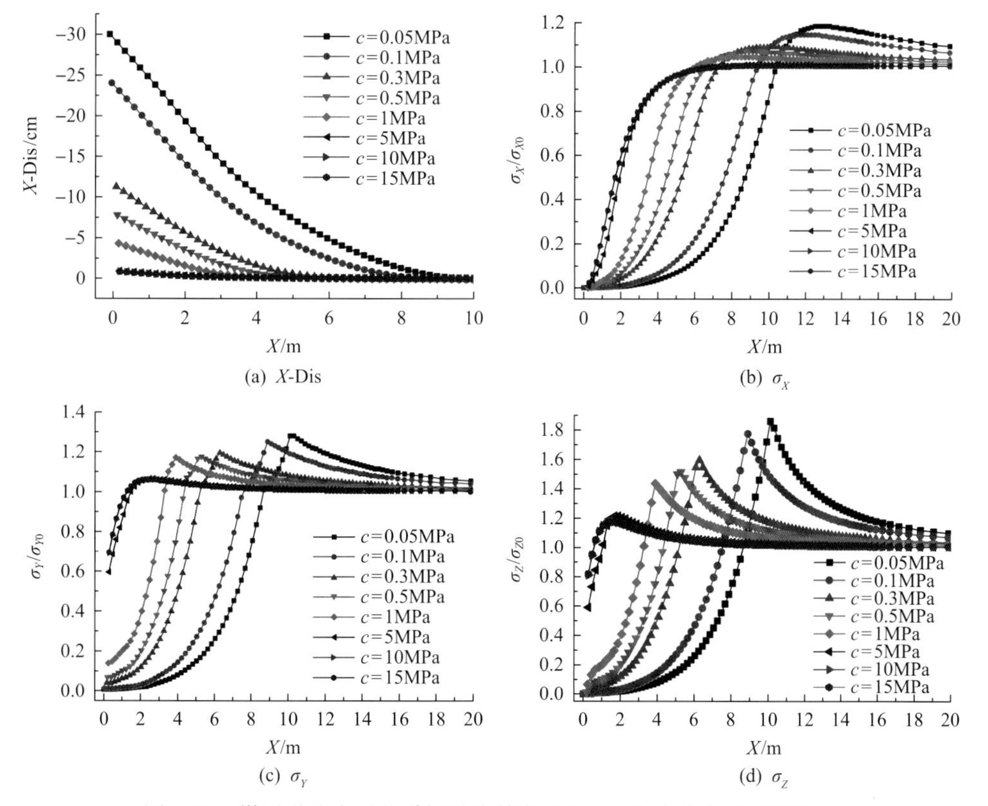

图3-23 煤层黏聚力对巷道掘进头前方 X-Dis 和应力分布的影响规律

煤层黏聚力对巷道掘进头前方煤体的位移产生显著的影响：当煤层黏聚力在5～

15MPa 变化时，由于煤层黏聚力较大，煤体不易被破坏，巷道前方煤体的 *X*-Dis 曲线基本重合；当煤层黏聚力从 1MPa 降低到 0.05MPa 时，煤体越来越容易被破坏，巷道前方煤体的 *X*-Dis 迅速增大，从 4.3cm 增大到 30cm。煤层黏聚力越小，巷道前方煤体被破坏的范围就越大，煤体的 *X*-Dis 也就越大。

煤层黏聚力对巷道掘进头前方应力分布特征也有很大的影响。当煤层黏聚力大于 5MPa 时，掘进头前方煤体未被破坏，应力分布曲线基本重合。当煤层黏聚力从 1MPa 逐渐降低到 0.05MPa 的过程中，巷道前方σ_X、σ_Y和σ_Z的应力峰值向深部转移，卸压区逐渐增大，但是应力集中系数也逐渐增大。例如，当煤层黏聚力为 1MPa 时，σ_Y/σ_{Y0}和σ_Z/σ_{Z0}峰值分别为 1.17 和 1.43，并且峰都位于掘进头前方 3.9m 位置处；当煤层黏聚力降低到 0.05MPa 时，σ_Y/σ_{Y0}和σ_Z/σ_{Z0}峰值分别为 1.28 和 1.86，并且峰都位于掘进头前方 10.1m 位置处。

降低煤层黏聚力虽然能将应力峰向掘进头前方深部转移，但同时σ_Z应力集中峰值会显著增大。虽然应力集中峰值在掘进头前方较远处，不容易产生煤岩动力灾害，但是对于进一步通过施工钻孔来消除煤岩动力灾害却有不利影响。例如，当在具有突出危险性的煤层内掘进巷道时，经常需要在巷道掘进头前方施工钻孔，来进一步降低煤层地应力并促进瓦斯抽采，以此来消除煤与瓦斯突出的危险性。当钻孔施工到应力集中峰值位置处时，钻孔的钻屑量会显著增大，并且有可能会发生夹钻现象，从而显著影响钻孔的施工效率。

综合而言，降低煤层黏聚力，会显著增大σ_Z应力集中系数，但是σ_X、σ_Y和σ_Z峰会向远处显著转移，对于防治煤岩动力灾害有利，但是增大的应力集中峰值也会产生不利影响。

3.2.2 采动区含瓦斯煤体多场耦合诱突机制及数值反演

1. 煤与瓦斯突出的物理模型

煤与瓦斯突出的发生经历了孕育、激发、发展和终止四个阶段，如图 3-24 所示，其中孕育阶段经历了从煤层沉积形成、地质构造引起煤体物理力学性质的变化、在煤层中进行采掘工作等一系列过程，这一系列过程形成了有利于突出的地应力状态和瓦斯聚集空间。激发阶段是指在地应力和采掘扰动作用下工作面前方形成的扰动裂隙圈，当工作面推进到与构造区接近位置时地应力与采掘应力的叠加作用使工作面前方形成大面积的塑性变形区域同时产生大量扰动裂隙，煤层瓦斯迅速解吸扩散流入构造区内的裂隙空间。发展阶段是指随着掘进工作面的进一步推进，煤体瓦斯大量解吸扩散，构造区内瓦斯压力急剧增加形成高能聚集区，且靠近工作面的塑性区煤体发生拉伸破坏，煤体强度显著降低。随着工作面的推进，工作面前方煤体受地应力和瓦斯压力的共同作用，继续发生拉伸破坏，当高能聚集区内的瓦斯压力大于工作面前方的煤体强度时发生突出，煤体从高能聚集区大量抛出。终止阶段可分为暂时停止阶段和永久终止阶段，其中暂时停止阶段是指突出发生后的一段时间内，能量会再次聚集，导致发生二次突出；永久终止阶段是指当煤层瓦斯解吸速度小于工作面瓦斯涌出速度同时高能聚集区内的瓦斯压力不足以推动突出孔洞内的煤岩时，煤与瓦斯突出永久终止。

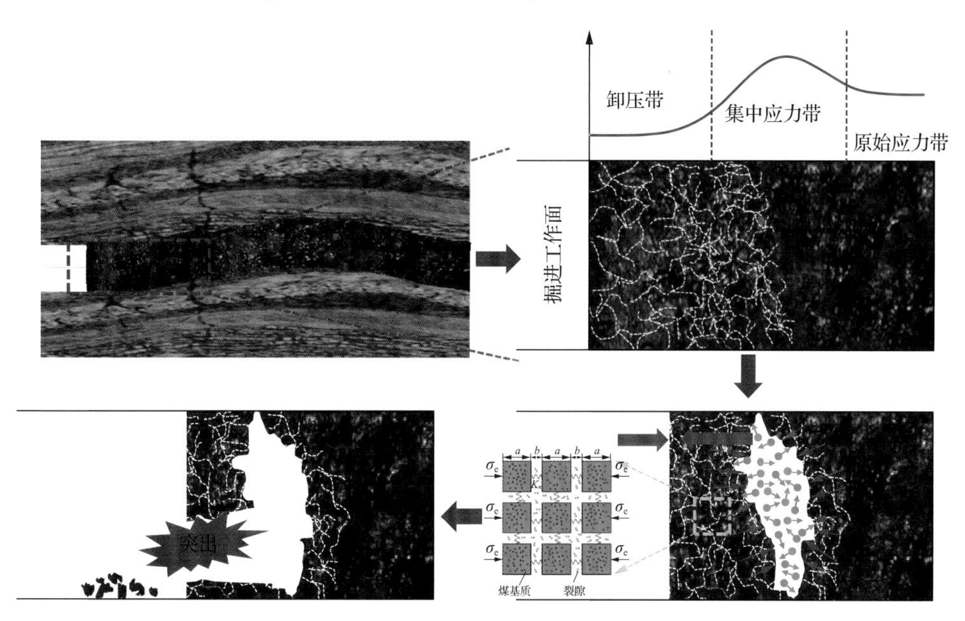

(a) 煤与瓦斯多场耦合诱突过程

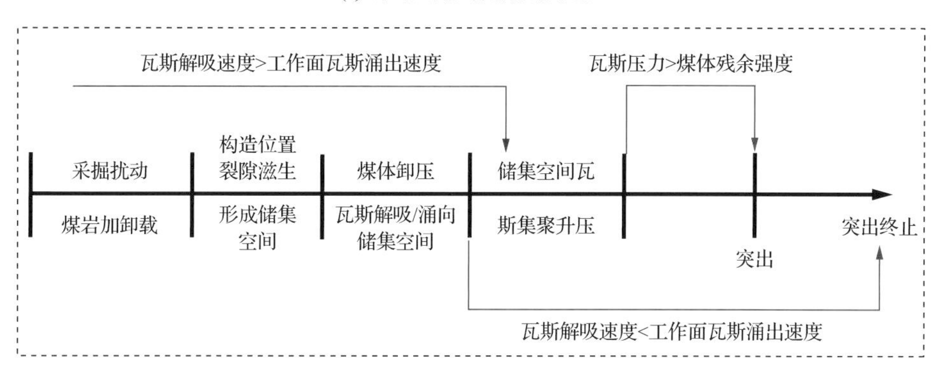

(b) 煤与瓦斯突出阶段划分示意图

图 3-24 煤与瓦斯多场耦合诱突过程及突出阶段划分示意图

σ_e-有效应力

2. 煤与瓦斯突出的临界判据

基于上一小节关于煤与瓦斯突出的多场耦合诱突过程的研究，建立了煤与瓦斯突出的临界判据，并计算了突出发生的延时时间。根据上述研究内容可知，当煤层瓦斯解吸速度大于工作面瓦斯涌出速度时，储集空间瓦斯积聚，当瓦斯压力大于煤体残余强度时可能会发生突出。瓦斯在煤层中的流动符合达西定律。

$$v = \frac{k_f}{\mu} \nabla p \tag{3-5}$$

式中，k_f 为煤体渗透率；μ 为瓦斯的动力黏度；p 为瓦斯压力。

当瓦斯压力大于煤体残余强度时可能会发生突出，则煤与瓦斯突出的临界判据为$p > \sigma_{cc}$，基于突出的临界判据建立了煤与瓦斯突出的临界指标：

$$\mathrm{OI} = \frac{\sigma_{cc} - p}{\sigma_{cc}} \tag{3-6}$$

式中，OI为煤与瓦斯突出的临界指标；σ_{cc}为煤体残余强度。

当煤与瓦斯突出的临界指标OI小于0时，煤体发生突出，且OI越小煤体发生突出的危险性越高。基于式(3-6)可以得到煤与瓦斯突出发生的延迟时间：

$$(v_1 - v_2)t = V \cdot \frac{pM_c}{RT} \tag{3-7}$$

式中，t为煤与瓦斯突出发生的延迟时间；v_1为瓦斯解吸速度；v_2为工作面瓦斯涌出速度；V为高能聚集区体积；M_c为气体摩尔质量；R为气体常数；T为温度。

3. 煤与瓦斯突出多场耦合诱突数学模型

基于上述研究发现，采动过程煤与瓦斯突出是多场耦合作用的结果，因此，构建了煤与瓦斯突出的应力场、瓦斯渗流场、瓦斯扩散场以及损伤场多场耦合数学模型。

1)煤体变形控制方程

煤体变形控制方程为

$$Gu_{i,jj} + \frac{G}{1-2\nu}u_{j,ji} - \alpha_m p_{m,i} - \alpha_f p_{f,i} - K\varepsilon_s + f_i = 0 \tag{3-8}$$

式中，G为煤体的剪切模量；v为泊松比；α_m和α_f为比重数；K为煤体的体积模量；ε_s为煤体吸附膨胀或解吸收缩应变；u_i为i方向的位移；u_j为j方向的位移；p_m为基质瓦斯压力；p_f为裂隙瓦斯压力；f_i为i方向的体积力。

2)煤体损伤演化方程

采用最大拉应力准则判断煤岩是否发生拉伸损伤；采用莫尔-库仑强度准则判断煤岩是否发生剪切损伤，单元的损伤变量D基于的应变关系如下：

$$D = \begin{cases} 0 & F_1 < 0, F_2 < 0 \\ 1 - \left|\dfrac{\varepsilon_{t0}}{\varepsilon_1}\right|^n & F_1 = 0, \mathrm{d}F_1 > 0 \\ 1 - \left|\dfrac{\varepsilon_{c0}}{\varepsilon_3}\right|^n & F_2 = 0, \mathrm{d}F_2 > 0 \end{cases} \tag{3-9}$$

式中，ε_1为第一主应变；ε_3为第三主应变；ε_{t0}和ε_{c0}分别为当单元发生拉伸损伤和剪切损伤时对应的最大拉伸主应变和最大压缩主应变；n为单元损伤演化的一个系数，取n=2；

$\mathrm{d}F_1 > 0$ 和 $\mathrm{d}F_2 > 0$ 分别为两种损伤后的继续加载状态，可引起损伤变量的增加。$\mathrm{d}F_1 < 0$ 或 $\mathrm{d}F_2 < 0$ 表示卸载状态，不产生新的损伤，损伤变量保持上一个时步的数值。

基于弹性损伤理论，煤岩单元损伤弹性模量为

$$E = E_0(1 - D) \tag{3-10}$$

式中，E_0 为单元无损时的弹性模量；E 为弹性模量。

3) 孔隙率和渗透率控制方程

基质孔隙率方程为

$$\phi_{\mathrm{m}} = \phi_{\mathrm{m0}} \mathrm{e}^{\frac{KK_{\mathrm{m}} - K_{\mathrm{m}}K_{\mathrm{p}} + K_{\mathrm{p}}K}{K_{\mathrm{p}}(K_{\mathrm{m}} - K)}\left\{\frac{K_{\mathrm{m}}L_{\mathrm{f}}}{K_{\mathrm{f}}L_{\mathrm{m}} + K_{\mathrm{m}}L_{\mathrm{f}}} \frac{p_{\mathrm{L}}\varepsilon_{\mathrm{L}}(p_{\mathrm{m}} - p_{\mathrm{m0}})}{(p_{\mathrm{m}} + p_{\mathrm{L}})(p_{\mathrm{m0}} + p_{\mathrm{L}})} + \frac{K_{\mathrm{f}}(L_{\mathrm{m}} + L_{\mathrm{f}})}{K_{\mathrm{f}}L_{\mathrm{m}} + K_{\mathrm{m}}L_{\mathrm{f}}}\varepsilon_V\right\}} \tag{3-11}$$

裂隙孔隙率控制方程：

$$\frac{\phi_{\mathrm{f}}}{\phi_{\mathrm{f0}}} = \left(1 - \frac{3f\varepsilon_{\mathrm{L}}}{\phi_{\mathrm{f0}}}\left(\frac{p_{\mathrm{m}}}{p_{\mathrm{L}} + p_{\mathrm{m}}} - \frac{p_{\mathrm{m0}}}{p_{\mathrm{L}} + p_{\mathrm{m0}}}\right) - \frac{\sigma - \sigma_0 - \alpha_{\mathrm{f}}(p_{\mathrm{f}} - p_{\mathrm{f0}}) - \alpha_{\mathrm{m}}(p_{\mathrm{m}} - p_{\mathrm{m0}})}{K_{\mathrm{f}}}\right)^3 \tag{3-12}$$

裂隙孔隙率控制方程为式(3-12)，裂隙渗透率方程考虑煤体损伤对渗透率的影响可以得到：

$$\frac{k_{\mathrm{f}}}{k_{\mathrm{f0}}} = (1 + D\xi)\left(1 - \frac{3f\varepsilon_{\mathrm{L}}}{\phi_{\mathrm{f0}}}\left(\frac{p_{\mathrm{m}}}{p_{\mathrm{L}} + p_{\mathrm{m}}} - \frac{p_{\mathrm{m0}}}{p_{\mathrm{L}} + p_{\mathrm{m0}}}\right) - \frac{\sigma - \sigma_0 - \alpha_{\mathrm{f}}(p_{\mathrm{f}} - p_{\mathrm{f0}}) - \beta(p_{\mathrm{m}} - p_{\mathrm{m0}})}{K_{\mathrm{f}}}\right)^3 \tag{3-13}$$

式中，p_{L} 为朗缪尔压力常数；ε_{L} 为朗缪尔极限吸附应变；K_{p} 为基质孔隙体积模量；K_{m} 为基质体积模量；K_{f} 为裂隙体积模量；K 为煤体积模量；L_{m} 为基质宽度；L_{f} 为裂隙宽度；f 为内膨胀系数；σ 为煤体所受应力；σ_0 为煤体所受初始应力；ϕ_{m0} 为初始基质孔隙率；p_{m0} 为初始基质瓦斯压力；ϕ_{f0} 为初始裂隙孔隙率；k_{f0} 为初始裂隙渗透率；ξ 为损伤跳跃系数；ε_V 为煤体体积应变；ϕ_{m} 为基质孔隙率；ϕ_{f} 为裂隙孔隙率；p_{f0} 为初始裂隙瓦斯压力；k_{f} 为裂隙渗透率；p_{m} 为基质瓦斯压力；p_{f} 为裂隙瓦斯压力。

4) 基质瓦斯扩散控制方程

根据质量守恒定律，得到煤基质瓦斯扩散控制方程：

$$\frac{\partial m_{\mathrm{m}}}{\partial t} = -Q_{\mathrm{s}} = -\frac{3\pi^2 M_{\mathrm{C}}(p_{\mathrm{m}} - p_{\mathrm{f}})D_0 \exp(-\lambda t)}{L_{\mathrm{m}}^2 RT} \tag{3-14}$$

式中，m_{m} 为基质瓦斯含量；Q_{s} 为质量源；M_{C} 为气体摩尔质量；R 为气体常数；T 为温度；L_{m} 为基质宽度；p_{f} 为裂隙瓦斯压力；D_0 为初始瓦斯扩散系数；λ 为衰减系数；t 为时间。

5) 裂隙瓦斯渗流控制方程

根据质量守恒定律可知，单位体积的煤体裂隙内游离瓦斯含量随时间的变化量等于单位时间裂隙流出的瓦斯含量与基质扩散的瓦斯含量之和，可以得到裂隙瓦斯渗流控制方程：

$$\phi_{\mathrm{f}}\frac{\partial p_{\mathrm{f}}}{\partial t}+p_{\mathrm{f}}\frac{\partial \phi_{\mathrm{f}}}{\partial t}=\frac{3\pi^{2}D_{0}(1-\phi_{\mathrm{f}})\exp(-\lambda t)}{L_{\mathrm{m}}^{2}}(p_{\mathrm{m}}-p_{\mathrm{f}})+\nabla\left(\frac{k_{\mathrm{f}}}{\mu}p_{\mathrm{f}}\nabla p_{\mathrm{f}}\right) \tag{3-15}$$

4. 煤与瓦斯突出的数值反演

结合上一小节建立的煤与瓦斯突出多场耦合模型，将采掘过程的煤体损伤作为可能突出的孔洞研究。煤体损伤是一个过程，除了需要通过数值方法实现多场耦合方程的求解外，还需要实现对损伤过程的模拟分析。COMSOL Multiphysics 是以有限元基本理论为基础，通过求解偏微分方程组来实现多场之间的耦合分析。同时，COMSOL Multiphysics 能够通过接口与 Matlab 相互连接，可以很方便地通过 Matlab 脚本语言编程来扩展用户自定义的任一耦合模型。因此，采用 COMSOL Multiphsics 软件作为方程的求解器，在 Matlab 上进行二次开发，实现对煤与瓦斯突出的变形场、扩散场、渗流场及损伤场的耦合求解。

1) 几何模型

基于煤层采掘工程，建立了煤与瓦斯突出几何模型，运用 COMSOL Multiphysics 和 Matlab 对以上多场耦合方程进行迭代求解计算。分别进行了煤层无断层和含断层的采掘过程数值模拟研究，模型尺寸为 50m×25m。模型边界条件如图 3-25 所示，对于煤体变形场，模型的左部边界为辊支边界，右部边界为对称边界，顶部边界为上覆岩层应力，底部为固定约束。

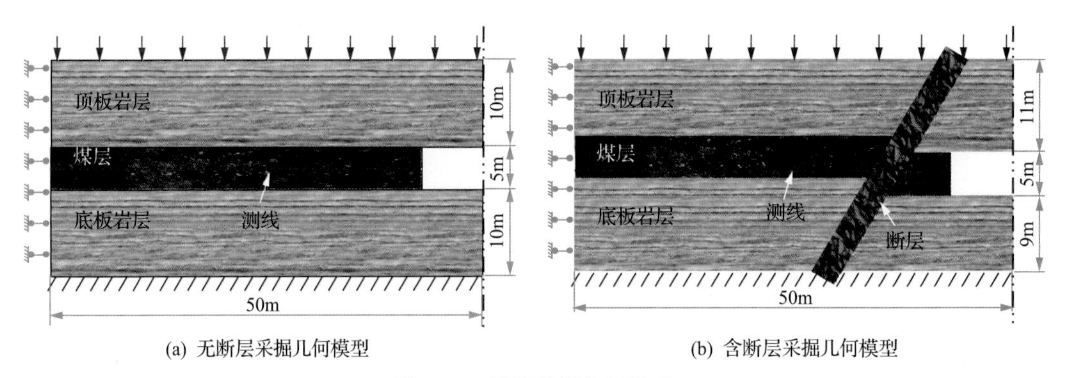

(a) 无断层采掘几何模型　(b) 含断层采掘几何模型

图 3-25　煤层采掘几何模型

2) 水平煤层模拟结果分析

模拟分析了不同初始平均弹性模量和上覆岩层应力条件下煤层采掘损伤演化规律。煤体的非均质分布特性以及力学性质影响煤层采掘过程的应力、瓦斯压力以及煤体渗透率的分布。为了研究煤体采掘损伤演化规律，分析了在不改变其他参数的情况下分别改变初始平均弹性模量和上覆岩层应力等对煤层采掘过程的影响，具体参数变化范围如表 3-2 所示。

表 3-2　水平煤层模拟参数变化

参数	基础值	变量	备注
初始平均弹性模量 $\bar{E}$	3.7	1.2、1.7、2.7、3.7	单位为 GPa
上覆岩层应力 F	20	16、17、18、20	单位为 MPa

A. 初始平均弹性模量对煤与瓦斯突出的影响

煤的弹性模量是煤本身的重要力学参数，弹性模量的大小决定了煤的强度，煤的力学性质影响煤与瓦斯突出。因此，针对煤与瓦斯突出的影响机制，分析了不同初始平均弹性模量下煤层采掘损伤演化规律。本节研究了平均弹性模量为 1.2GPa、1.7GPa、2.7GPa 和 3.7GPa 的四种情况，不同弹性模量均服从韦布尔(Weibull)随机分布。

图 3-26 为不同初始平均弹性模量煤层采掘损伤演化规律。由图 3-26 可知，随着初始平均弹性模量的增大，煤体损伤破坏区域逐渐减小。初始平均弹性模量为 1.2GPa 时，煤体损伤区域最大，相对于初始平均弹性模量为 3.7GPa 时煤层采掘损伤面积增加了 36.8%。

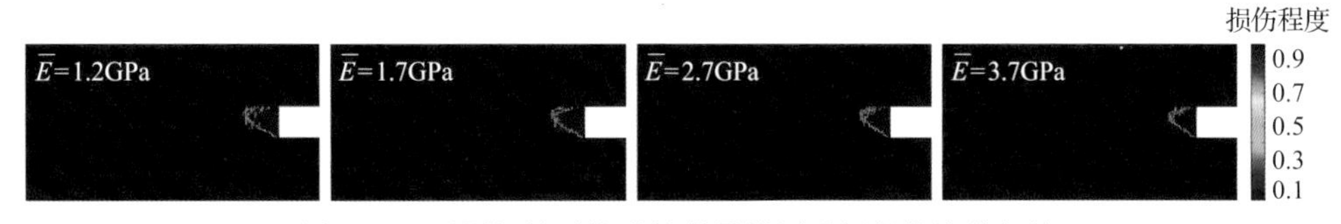

图 3-26　不同初始平均弹性模量煤层采掘损伤演化规律

图 3-27 为不同初始平均弹性模量煤层等效应力和渗透率变化规律。由图 3-27 可知，随着初始平均弹性模量的增大，煤层等效应力峰值逐渐降低但降低幅度较小，且煤体弹性模量的非均质分布导致个别位置出现等效应力异常点，如图 3-27 中灰色区域所示。随着初始平均弹性模量的增大，等效应力峰值逐渐前移，卸压区逐渐增大。这说明弹性模

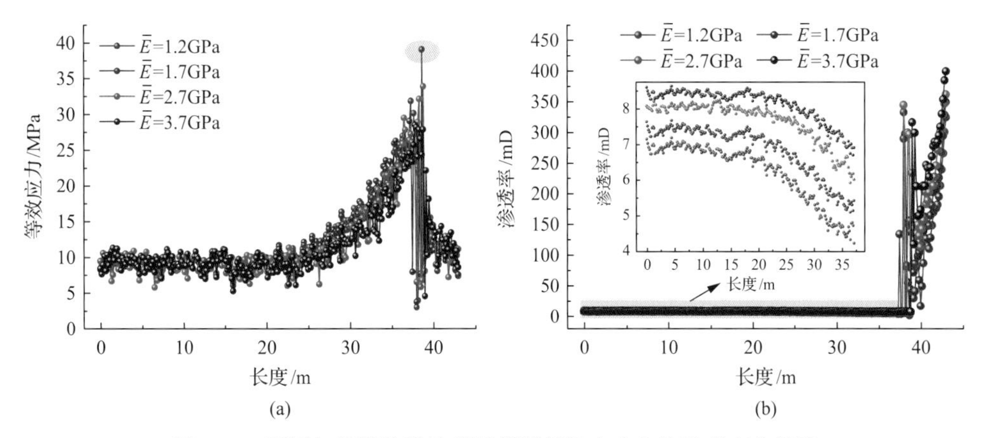

图 3-27　不同初始平均弹性模量煤层等效应力和渗透率变化规律

$1D=0.986923\times10^{-12}m^2$

量的降低导致煤体强度降低，在相同上覆岩层应力和瓦斯压力作用下，煤层开采扰动损伤程度更大，煤与瓦斯突出危险性更高。由图 3-27 可知，随着初始平均弹性模量的降低，煤体渗透率逐渐降低，这是因为弹性模量的降低导致煤体强度降低，在相同应力作用下煤层裂隙宽度逐渐减小，进而导致煤体渗透率降低。

图 3-28 为自然涌出 720min 后不同初始平均弹性模量下煤体裂隙瓦斯压力变化规律。由图 3-28 可知，初始平均弹性模量越小煤体裂隙瓦斯压力在应力集中区和卸压区降低幅度越大。初始平均弹性模量较小时，由于卸压区煤层采掘损伤较大，卸压区瓦斯涌出速度相对越大，在应力集中区煤层瓦斯流动速度分为两个阶段，第Ⅰ阶段瓦斯流动速度相对缓慢，第Ⅱ阶段瓦斯流动速度相对增大。可知煤层初始平均弹性模量越小，煤层卸压区范围越大，应力集中区煤层渗透率越小。第Ⅱ阶段煤层距离卸压区相对较近，由于卸压区瓦斯流动速度较大，且第Ⅱ阶段煤层渗透率相对较低，卸压区与应力集中区瓦斯压力梯度迅速增大，在高压力梯度作用下，瓦斯涌出速度反而增大。而第Ⅰ阶段煤层距离卸压区相对较远，卸压区对其影响较小。由此可知，煤体初始平均弹性模量越小，煤层采掘卸压带越长且卸压区煤体强度越低，又由于瓦斯压力梯度的增大，煤体瓦斯在应力集中区与卸压区发生进一步积聚，煤与瓦斯突出风险显著增大。

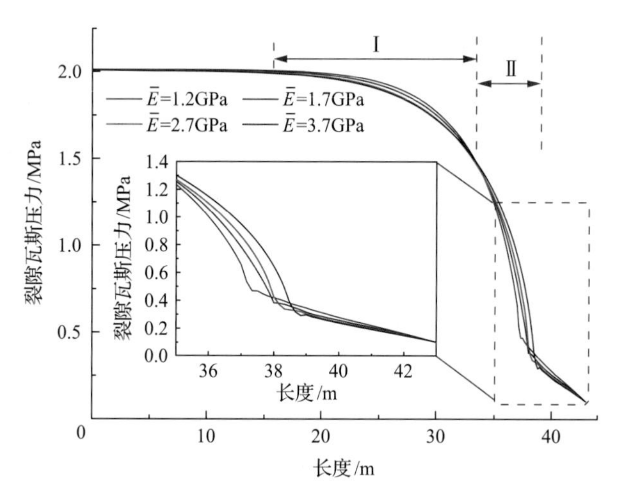

图 3-28　自然涌出 720min 后不同初始平均弹性模量下煤体裂隙瓦斯压力变化规律

B. 上覆岩层应力对煤与瓦斯突出的影响

上覆岩层应力是煤与瓦斯突出的关键影响因素。针对煤与瓦斯突出的影响机制，分析了不同上覆岩层应力煤层采掘损伤演化规律。基于深部矿井煤与瓦斯突出机制的研究，本小节研究了上覆岩层应力分别为 16MPa、17MPa、18MPa 和 20MPa 四种情况对煤与瓦斯突出的影响。

图 3-29 为不同上覆岩层应力下煤层采掘损伤演化规律。由图 3-29 可知，上覆岩层应力对煤与瓦斯突出的影响较为显著。随着上覆岩层应力的增大，采掘损伤区域明显增大，其损伤区域范围逐渐向工作面斜上方延展。上覆岩层应力为 20MPa 时，其损伤区域面积最大，相对于上覆岩层应力为 16MPa 时增加了 24.7%。说明随着煤矿开采深度的增

加，煤与瓦斯突出风险显著增大，且突出影响区域显著增大。

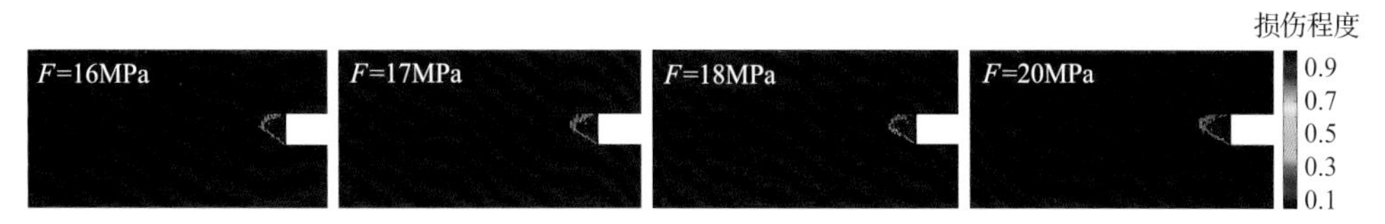

图 3-29 不同上覆岩层应力下煤层采掘损伤演化规律

图 3-30 为不同上覆岩层应力下煤层等效应力和渗透率变化规律。由图 3-30 可知，随着上覆岩层应力的增加，煤层等效应力峰值逐渐增大，且峰值位置距工作面距离也逐渐增加，即卸压带范围逐渐增大。由此可知，上覆岩层应力越大，相同条件下煤层越容易发生损伤破坏。由图 3-30 可知，煤层渗透率从左至右先逐渐降低而后迅速突变增大，随着上覆岩层应力的增加，原始应力区和应力集中区煤体渗透率均逐渐降低，这是因为应力的增加导致煤体应变增加，裂隙半径减小，进而导致煤体渗透率降低。相同条件下应力的增加导致渗透率的突变峰值降低，但其突变范围增大。

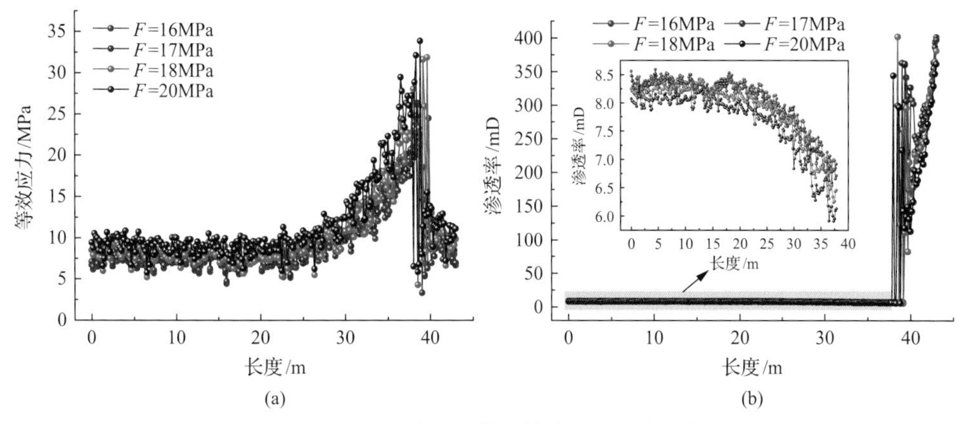

图 3-30 不同上覆岩层应力下煤层等效应力和渗透率变化规律

图 3-31 为自然涌出 720min 后不同上覆岩层应力下煤层裂隙瓦斯压力变化规律。由图 3-31 可知，上覆岩层应力越大，煤层裂隙瓦斯压力在应力集中区降低幅度越大，在卸压区降低幅度基本一致。在相同条件下，上覆岩层应力越大，在采掘扰动作用下煤层损伤越大。可知上覆岩层应力越大，煤层卸压带范围越大，应力集中区煤层渗透率越小。由于卸压区内瓦斯涌出速度基本一致，且上覆岩层应力越大应力集中区渗透率相对越小，卸压区与应力集中区瓦斯压力梯度增大，进一步导致煤体瓦斯在应力集中区与卸压区发生积聚，煤与瓦斯突出风险相对增大。

3) 含构造煤层模拟结果分析

针对煤与瓦斯突出的影响机制，分析了不同上覆岩层应力下含断层煤层采掘损伤演化规律。基于深部矿井煤与瓦斯突出机制的研究，本节研究了上覆岩层应力为 16 MPa、17MPa、18MPa 和 20MPa 四种情况对含断层煤层煤与瓦斯突出的影响。

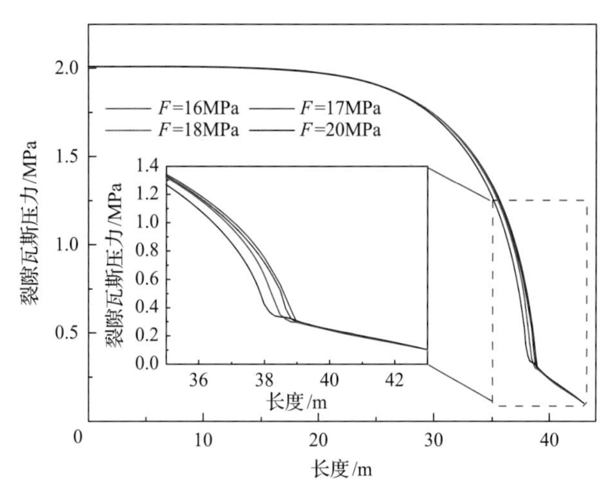

图 3-31　自然涌出 720min 后不同上覆岩层应力下煤体裂隙瓦斯压力变化规律

图 3-32 为不同上覆岩层应力下含断层煤层采掘损伤演化规律。由图 3-32 可知，上覆岩层应力对含断层煤层煤与瓦斯突出的影响更为显著。随着上覆岩层应力的增大，含断层煤层损伤区域明显增大。结合图 3-29 可以看出，断层的存在导致煤层损伤区域增大。上覆岩层应力为 20MPa 时，其损伤区域面积最大，相对于上覆岩层应力为 16MPa 时增加了 58.2%。同时与水平煤层上覆岩层应力为 20MPa 时的损伤区域进行对比发现增加了 3.58 倍。这说明随着煤矿开采深度的增加，含构造煤层煤与瓦斯突出风险更为显著，且突出影响区域成倍增大。进一步说明煤层构造(断层)是煤与瓦斯突出的关键影响因素。

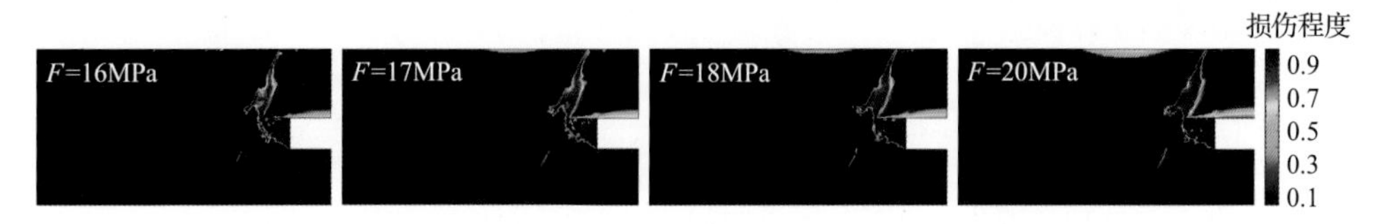

图 3-32　不同上覆岩层应力下含断层煤层采掘损伤演化规律

图 3-33 为不同上覆岩层应力下含断层煤层等效应力变化规律。由图 3-33 可知，上覆

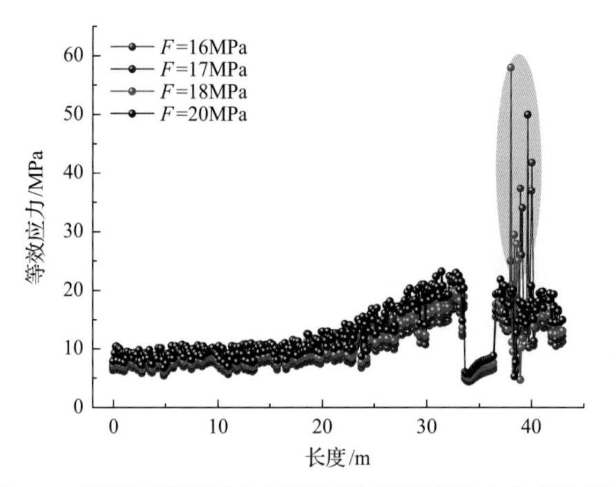

图 3-33　不同上覆岩层应力下含断层煤层等效应力变化规律

岩层应力越大，煤层应力集中值越大，相同条件下含断层煤层越容易发生损伤破坏。随着上覆岩层应力的增加，断层前后煤层等效应力峰值均逐渐增大，且断层位置后等效应力峰值较断层位置前略微降低。同时从图 3-33 中可以看出有个别位置处出现应力突增的情况，这是因为煤体的力学性质非均质分布导致损伤的非均匀分布，如图 3-33 中灰色区域所示。相同条件下，上覆岩层应力的增加会导致煤层渗透率降低，应力集中区与卸压区瓦斯压力梯度增大，导致煤与瓦斯突出风险增大。

3.3 煤与瓦斯突出的固气两相动力学演化机理

煤与瓦斯突出受瓦斯压力、地应力环境、煤物理力学性质等多因素影响，突出机理极其复杂。但是国内外研究人员的研究多侧重于突出发生条件及防治措施的研究，其核心在于对煤与瓦斯突出发展条件及发展过程中煤岩体内部结构损伤过程的探索，在一定程度上忽略了突出发生过程中巷道系统内瓦斯-煤粉两相流运移过程以及突出冲击致灾情况。本节着重进行突出过程中和突出结束之后的灾害效果研究，对突出灾害的减灾分析有重要意义。

3.3.1 突出瓦斯–煤粉两相流形成理论分析

1.瓦斯-煤粉两相流形成过程

煤矿井下生产系统形成之后，巷道内的气压与煤层内的瓦斯压力之间形成强大的瓦斯压力梯度，这是煤与瓦斯突出发生的主要原因。煤层瓦斯压力、地应力和煤的物理力学性质在一定的组合条件之下，煤与瓦斯突出就会发生。

简化的煤与瓦斯突出示意图如图 3-34 所示。在地应力和瓦斯压力作用下，突出被激发，大量破碎煤粉和瓦斯从煤层向巷道内高速运移，从左到右依次可以分为稳定煤层区、瓦斯-煤粉两相流区、空气压缩区和巷道暂未受影响区。这些区域的具体位置会随着突出影响阶段的变化而不断变化，并且各个区域内部也是不均匀的(除了巷道暂未受影响区)。

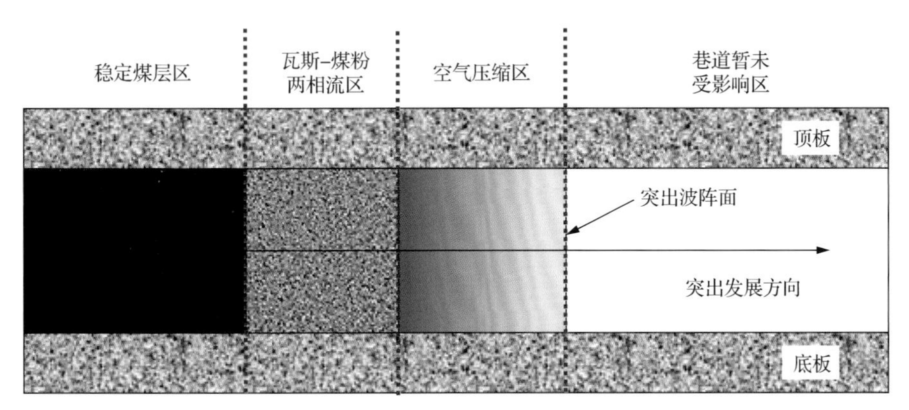

图 3-34 煤与瓦斯突出示意图

突出口薄弱层破坏消失之后，煤层内高压空间内的煤粉与瓦斯得以释放，自由地向巷道空间运移。煤层内会先形成瓦斯-煤粉两相流，最初的瓦斯-煤粉两相流在突出口首先对巷道空气进行压缩，并且随着瓦斯-煤粉两相流的移动，其与空气的交界面不断向前(右侧)移动。受到压缩的巷道空气向前移动从而对更前方的巷道空气进行压缩，受压缩的巷道空气最前方称为突出波阵面，突出波阵面与瓦斯-煤粉两相流之间的范围即为空气压缩区。突出波阵面前方巷道尚未受到突出扰动，称为巷道暂未受影响区，其内空气参数稳定并保持初始参数。突出波阵面的移动速度即煤与瓦斯突出影响范围的发展速度。由以上论述可知，煤与瓦斯突出影响的最前方为空气压缩区，非瓦斯-煤粉两相流。

2. 突出冲击波理论

冲击波(激波)在自然界以及实验室很多领域都是重要的研究课题。冲击波相关理论在航天、航空、爆炸工程等领域都具有重要地位。实验室研究中激波管(shock tube)可以形成稳定、可控的激波，是进行激波相关研究的重要仪器。煤与瓦斯突出中形成冲击波的过程与激波管形成激波过程具有很高的相似性，因此本节以激波管理论为切入点对煤与瓦斯突出冲击波进行研究。

世界上第一根激波管于1861年诞生于法国,化学家P. Vieille在研究燃烧中的爆震问题过程中利用它获得了速度为600m/s的运动激波。随着激波管本身技术的发展和社会发展需求的增加，激波管在很多领域都有重要意义，除了在物理和化学等基础理论方面的应用外，在电磁流体力学、气动激光、抗爆过程和燃烧学领域都取得了广泛应用。激波管应用广泛，主要原因是激波管本身有很多优点，其结构简单、激波参数可控性强。

实验室中的激波管可以是多种形态，但它们核心的基础形态是一致的，后面将基础形态的激波管称为激波管。激波管外形是一个等截面直管，其内分为两个部分，分别为高压段和低压段，其中间用爆破片进行隔绝，如图3-35所示。在需要形成激波的时候爆破片破裂，高压段内的高压气体突然冲入低压段，形成冲击波。通过改变激波管内高压段和低压段内的气体种类及高压段和低压段的气体压力，激波管可以形成不同特征的激波。

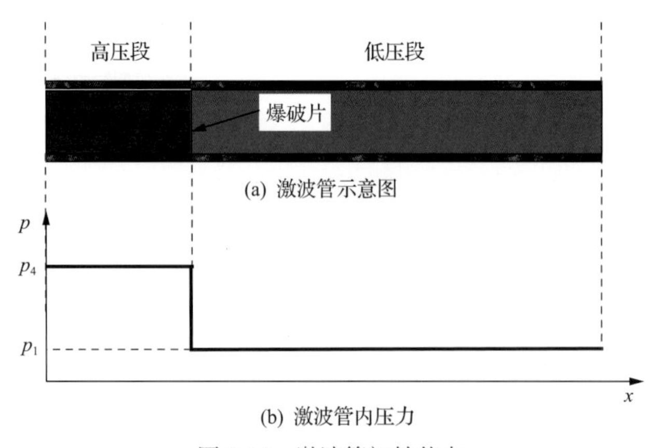

图3-35 激波管初始状态

p_1-1区压力；p_4-4区压力

激波管实验中，当爆破片两侧压力差超过其爆破临界值时爆破片破裂，由于爆破片两侧巨大的压力差，从爆破片位置向右侧产生一道入射激波、向左侧产生一道稀疏波，如图 3-36 所示。为方便后面描述，先把激波管中原有的高压段称为 4 区、低压段称为 1 区。入射激波在形成时刻，其动力是左侧的高压段气体，但是入射激波开始运动之后便开始引起与其相接处低压段参数突变，激波波阵面便转移到原低压段气体内，且该部分低压段气体参数(包括压力)激增，形成 2 区。随着时间的推移，2 区逐渐向 1 区移动，移动速度便是激波波阵面速度。稀疏波向左移动过程中其影响范围称为 3 区，3 区内气体参数(包括压力)变小。稀疏波与激波的一个不同之处是稀疏波并不会引起气体参数突变，所以稀疏波在空间上一般不能忽略为垂直方向的一条线。但是稀疏波的空间长度与 3 区相比很短，并且它们都是由原高压气体形成，所以后面把这一区域并入 3 区并且其参数视同 3 区。因此，在爆破片破裂之后激波管内从左到右分为 4 区、3 区、2 区和 1 区。4 区压力最大，1 区压力最小，3 区和 2 区压力相等并介于 4 区和 1 区之间。在入射激波或者稀疏波到达激波管两端壁面之前，2 区和 3 区范围逐渐增大，1 区和 4 区范围逐渐减小。可知 1 区和 2 区内气体都为原低压段气体，3 区和 4 区内气体都是原高压段气体。3 区位置跨越原爆破片位置两侧。

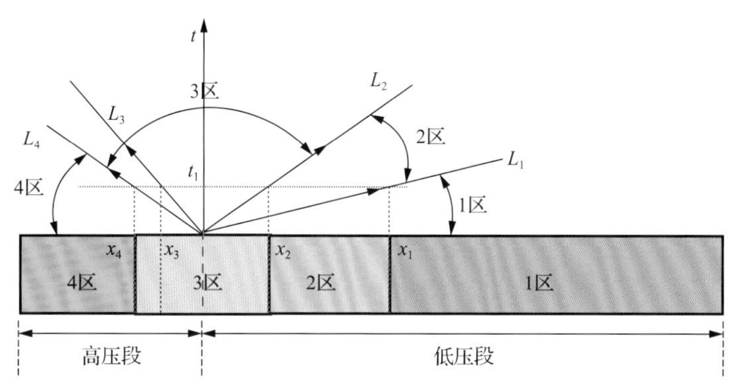

图 3-36 激波管内区域划分及波系图

图 3-36 中上半部分显示的是激波管内波系图，图中纵坐标表示时间、横坐标表示激波管轴线方向空间位置。L_1、L_2、L_3和L_4分别表示激波波阵面、原高压段和低压段气体分界面、稀疏波右端面和稀疏波左端面。在t_1时刻这四个断面分别移动至x_1、x_2、x_3和x_4。

图 3-37 中的两个图分别为初始时刻与$t=t_1$时刻激波管内压力变化曲线。

激波管理论应用于煤与瓦斯突出理论分析中时，1 区为巷道尚未受影响区域，2 区为被冲击波影响的巷道空气，3 区为瓦斯-煤粉两相流区，4 区为煤层内突出区。

在对激波管内流体进行理论推导过程中需要进行一些理想化的假设，基于这些假设可以把现实中复杂的实际现象变成严格的公式。事实证明这些假设是合理的，计算结果与实际的气体流动只有微小偏差。主要假设为：激波管内气体为理想气体，无黏性；激波管管壁为刚性；气体与激波管管壁无热量交换；激波管内气体运动为纯粹的一维流动；爆破片的破裂瞬时结束，并且破裂彻底；在稀疏波内，气体是等熵的。满足以上假设条件的激波管称为理想激波管。

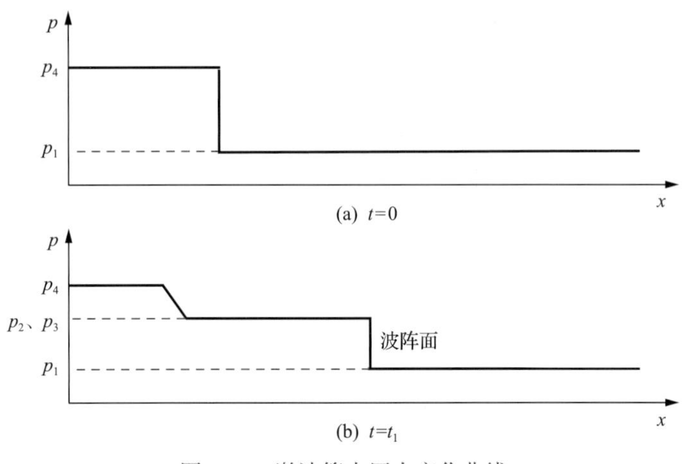

图 3-37 激波管内压力变化曲线

p_1、p_2、p_3、p_4-1 区、2 区、3 区、4 区压力

如图 3-38(a)所示，入射激波波阵面以 v_s 穿过 1 区气体，随后该区的气体突变为 2 区气体，气体由静止状态突变为 v_b，v_b 即伴随速度。为便于分析，进行坐标变换，把坐标系建立在激波波阵面上，则入射激波转化为静止状态成为驻激波。这时 1 区气体以速度 v_1=v_s(为方便计算保留数值大小，并把速度方向忽略，下同)进入波阵面，参数突变后的气体以速度 v_2=v_s−v_b 向左侧移动，如图 3-38(b)所示。气体热力学静参数压力、密度和温度等与坐标变换无关。

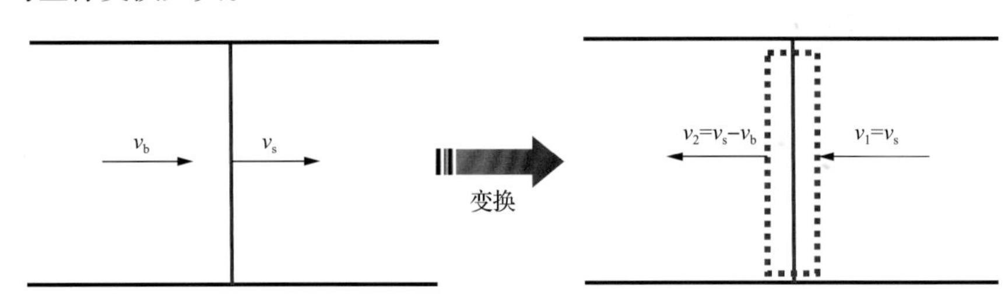

图 3-38 激波波阵面坐标系变换

v_s-入射激波波阵面速度；v_1-1 区气体速度；v_2-2 区气体速度

3.3.2 突出瓦斯–煤粉两相流动力特征试验研究

1. 试验系统建立

突出瓦斯-煤粉两相流模拟试验系统基于相似理论研发，通过对突出发动后影响瓦斯-煤粉两相流抛出的各种因素开展物理模拟试验，研究多种因素在突出发展中的影响机制。该试验系统由突出腔体、突出控制箱、试验巷道、数据采集系统和抽真空-注气设备、高速摄像系统与纹影系统等部分组成，其结构示意图和实物图分别如图 3-39 和图 3-40 所示。突出腔体由内径 20cm、长度 30cm 的大圆柱体和与其相连的内径 10cm、长度 14cm 的小圆柱体组成，容积为 10524cm^3。突出腔体利用螺栓固定在试验支架上，试验支架使用膨胀地脚螺栓固定在实验室地板上，确保试验过程中装置系统稳定。突出控制箱内设

置快速卸压装置，快速卸压装置利用曲柄滑块传动原理实现突出口的高速打开。

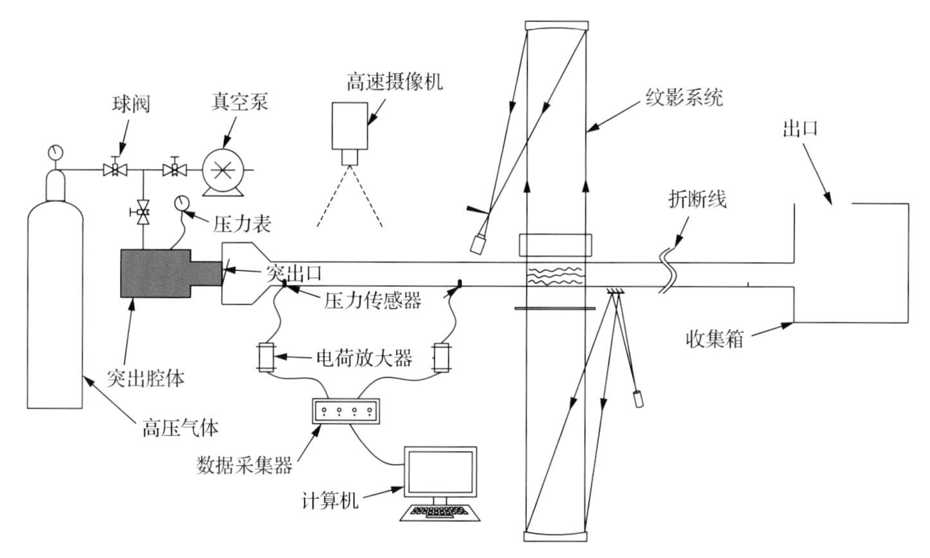

图 3-39 突出瓦斯-煤粉两相流模拟试验系统结构示意图

图 3-40 突出瓦斯-煤粉两相流模拟试验系统实物图

为了能在试验过程中观测瓦斯-煤粉两相流在巷道内的运动特点，同时方便在突出终止后研究煤粉在试验巷道内的堆积情况，试验系统采用高透光率亚克力材料制作试验巷道。试验巷道内径为 100mm，外径为 110mm，单节长度为 3.0m，共四节。试验巷道固定于试验支架上，两端采用法兰接头相互连接。每个试验巷道顶部等间距预设 5 个传感器螺纹接口，便于传感器的安装和密封。

为记录两相流前方的气流冲击波冲击力、煤粉打击情况和传播特征，试验需要利用高动态压电式压力传感器，压电式压力传感器具有高灵敏度、宽频响的特征。本试验选用的数据采集系统为四通道，采集频率为 96kHz。

纹影系统主要用于分析透明介质中的非均匀性流场，纹影图像反映了折射率的一阶导数场。纹影仪的主要工作原理是光线在透明非均匀介质流场内传播会发生折射偏转，偏转的光线无法像正常的光线那样传播进入高速摄像机，形成亮暗不均的图像。该亮暗不均的图像能够用于分析流场。

由于纹影系统的原理限制,目前“Z”字形纹影系统两个凹面镜之间的主体光线必须是平行的，所以观察的都是敞开空间或者壁面为平板的方形容器内的流场。但本试验所用模拟突出巷道为圆形管道。圆形管道的左右两个壁面相当于两个异形透镜，如果观察圆形管道内的流场，从第一凹面镜发出的平行光线在射入和射出圆形管道的过程中出现不均匀发散，第二凹面镜就无法接收到平行的光线，第二透镜无法把这些光线聚焦于一点，光刀作用消失，高速摄像机无法产生纹影效果的图像。

为解决上述问题，本试验设计了一种用于观察圆形管道内流场的纹影系统，从目前纹影系统观察圆形管道内流场失效的原理入手，根据光线光谱、纹影系统尺寸、圆形管道尺寸、圆形管道材质设计等，在圆形管道和凹面镜之间设计布置一个遮光板和一个柱面镜，把从圆形管道射出的不均匀光线矫正为平行光。

突出试验开始前需要精密调整纹影系统，使得高速摄像机内的纹影图像最清晰。

2. 试验方案设计

试验时，为系统研究高压瓦斯气体突然喷出时形成的冲击波在试验巷道中的传播规律,压力传感器在试验巷道上的安装方式有两种,一种是壁面安装,另一种是管内安装，如图 3-41 所示。壁面安装是在亚克力有机玻璃模拟管道壁面的螺纹上直接安装压力传感器，压力传感器的感应面与突出冲击波传播方向平行。管内安装的情况是在两节试验巷道的连接处加装一个法兰盘，传感器安装在法兰盘向管内突出的结构小面上。压力传感器的感应面与突出冲击波传播方向垂直。壁面安装的压力传感器可用于测量突出冲击波的静压,管内安装的传感器可用于测量突出气体冲击力(冲击气流的滞止压力与实验室大气压之差)以及运动煤粉对传感器的打击。图 3-42 为试验巷道上紧邻的两个位置分别测得的冲击波静压(壁面安装)和气体冲击力(管内安装)。

试验系统中可以进行壁面安装的位置为每个试验巷道上预留的 5 个螺纹接口，4 个试

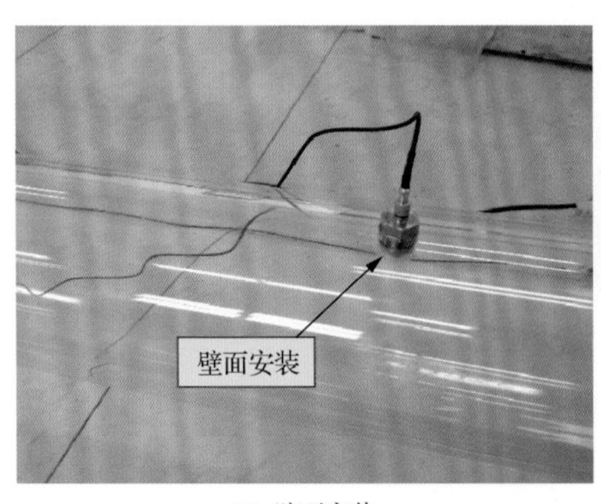

(a) 壁面安装

(b) 管内安装

图 3-41 传感器的两种安装方式

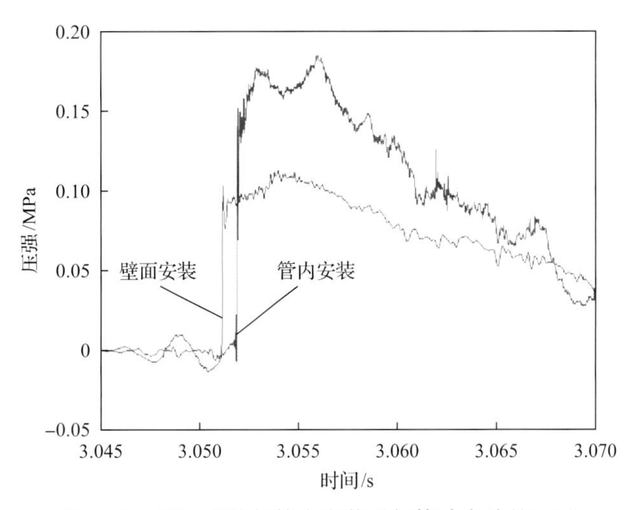

图 3-42 壁面安装与管内安装对气体冲击波的记录

验巷道共 20 个螺纹接口。可以进行管内安装的位置为试验巷道的两两连接处，共五个位置，距离突出口的长度分别为 0.27m、2.27m、4.27m、6.27m 和 8.27m。如图 3-41 所示，试验巷道连接法兰共有 8 个螺栓孔位，管内安装的传感器可以在绕着试验巷道轴向的 8 个方位进行安装。本试验选用数据的传感器位置为 2.27m、4.27m、6.27m 和 8.27m 处，都处于试验巷道正下方，如图 3-43 所示。

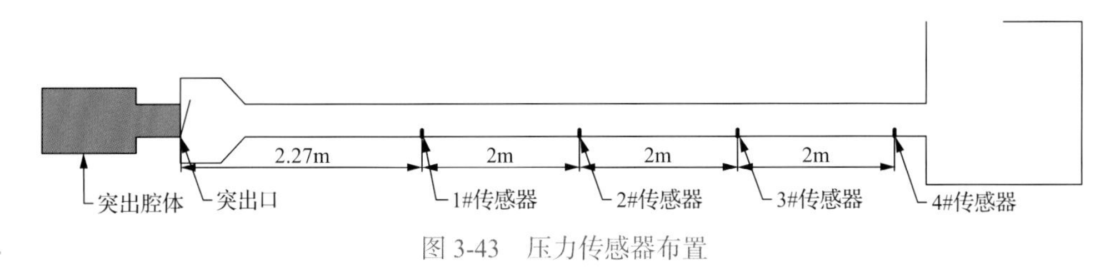

图 3-43 压力传感器布置

本试验的目的是研究煤粉粒径对煤与瓦斯中瓦斯-煤粉两相流动力特征的影响。从新景矿突出煤层获取煤样，通过破碎筛分得到四种粒径的煤粉，分别为 10～35 目、35～80 目、80～200 目以及 200+目（指粒径目数大于 200 目）四种。选用这四种粒径是因为这四种粒径在实验室所用破碎机正常工作情况下，破碎煤粉自然情况下质量比最接近 1∶1∶1∶1。从实验室安全角度出发，本试验所述瓦斯为 99.9%的氮气。

利用密度仪测定试验煤样真密度 ρ_t 为 1.45g/cm^3。煤粉装入突出腔体由人工振捣填充。由突出腔体容积和装煤量计算煤粉密度 ρ_p，由式(3-16)计算堆积煤粉空隙率 V_c：

$$V_c = \left(1 - \frac{\rho_p}{\rho_t}\right) \times 100\% \tag{3-16}$$

试验安排如表 3-3 所示。由于突出试验的测试结果随机性较大，每组试验方案进行三次重复试验，求取有效数据的平均值，故本试验共进行突出试验 12 次。

表 3-3　试验安排

方案	粒径/目	装煤量/g	煤粉密度/(g/cm³)	煤粉空隙率/%
1	10～35	8315.4	0.790	45.5
2	35～80	8288.7	0.788	45.7
3	80～200	8205.4	0.780	46.2
4	200+	7548.5	0.717	50.6

3. 试验结果及分析

突出动力演化规律包括突出气流冲击波传播规律、突出煤粉运动规律。原理上煤粉的运动动力是气流与煤粉之间速度差导致的曳力所产生，所以煤粉的运动速度必然小于气流运动速度。另外，气流冲击波作为空气中传播的机械波，其最小速度为当地音速(18℃下为342m/s)，其值大于气流运动速度。所以气流冲击波速度远大于煤粉运动速度，在试验巷道中突出气流冲击波在时间上会先于煤粉到达试验巷道的任何位置。因此，压力传感器中记录的气流冲击会与煤粉冲击在时间轴上分开。图 3-44 为四个传感器完整记录的气流冲击与煤粉冲击。

图 3-45 中记录的为气流冲击波在运动到传感器时传感器记录的高速气流的冲击力(80～200 目)，图中冲击波到达传感器之前数据的震动为突出产生的机械震动通过试验巷道领先气体冲击波到达传感器引起的传感器震动所致。

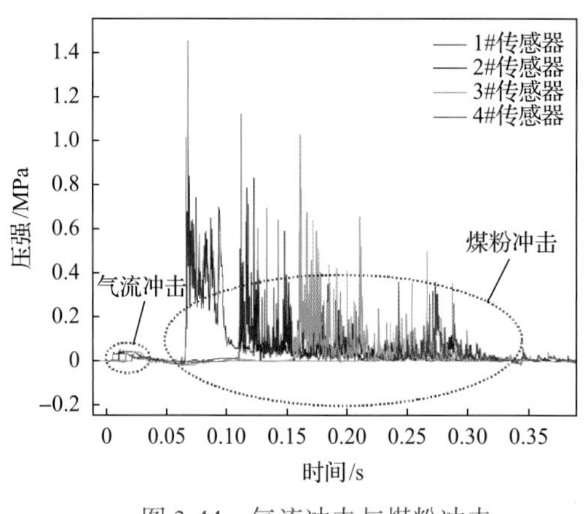

图 3-44　气流冲击与煤粉冲击

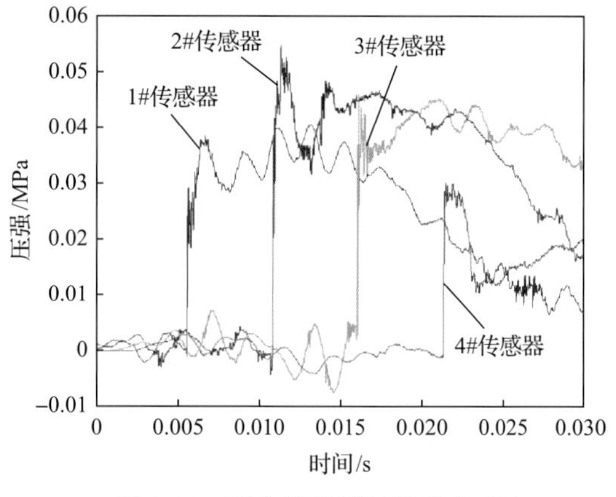

图 3-45　四个传感器气流冲击对比

测得冲击力的压力曲线变化类似激波管内的压力变化，压力传感器接收的压力在极短时间内从零(排除机械振动的影响)达到峰值，峰值压力保持 0.01s 左右，随后衰减。试验中压力在峰值区段的波动是由突出腔体与突出控制箱的机械组合结构造成的：从突出口高速传播的冲击波首先在突出控制箱内传播，突出控制箱与试验巷道的连接处是一个缩口，冲击波在传播到缩口处有一部分冲击波直接进入试验巷道进一步传播，还有一部分冲击波被缩口阻挡并被反射形成反射波，反射波向突出腔体方向传播并对从突出腔体传播过来的冲击波有一定的消减作用；对于该反射波，突出腔体的突出口也是一个缩口，该反射波传播到突出口后被再次反射。

激波形成的原因是气流场中有压力梯度，当这种压力梯度有统一的方向并达到一定强度时，压力就向压力小的方向传播形成一个个微弱的压缩波，后方(突出腔体方向)的气流参数组合(主要是压力)使得后方的压缩波速度更快，所以后方的压缩波对前方的压缩波进行追赶、叠加，最后形成一个极薄的波阵面。当突出腔体内的游离瓦斯和解吸瓦斯大量消耗时，突出腔体内无法提供持续的高压，高压和气体高速流动就会衰减、停止。

由于本试验使用的压力传感器为压电式压力传感器，这种类型的传感器的一个缺点是传感器在受到一个很大的压力变化的时候，会产生很强的过冲，表现为比实际数值大很多的过冲值。所以本试验采用的压力数值为传感器感应到气体冲击最初的数值。

图 3-46 体现出煤粉粒径与气体冲击力的关系。对比四个传感器还可以明显看到两个规律：规律一是气体冲击力与煤粉粒径目数呈正相关；规律二是气体冲击力的传播在试验巷道有一个先增强后衰减的趋势。

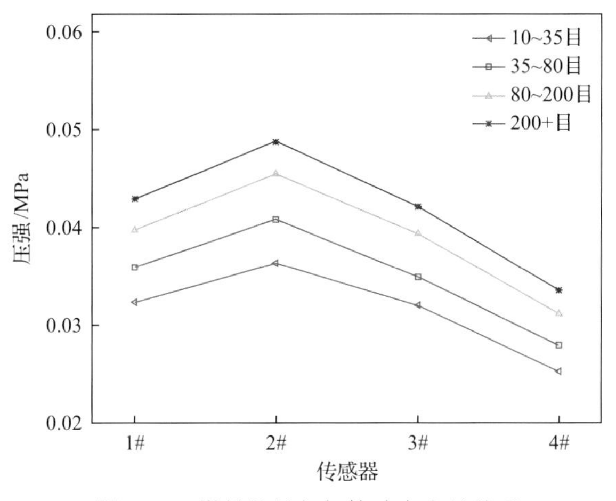

图 3-46 煤粉粒径与气体冲击力的关系

规律一体现了气体冲击力随着煤粉粒径目数的增加而增大，四种粒径试验气体冲击力依次增加了 10.9%、11.4%、7.6%。这种现象是由多种原因综合产生的。突出腔体内煤粉空隙之间的空间为游离瓦斯占据，在突出发动时游离瓦斯可以最快、最直接地表现为突出动力，对突出冲击波的形成贡献最大。由表 3-3 可知空隙率随着煤粉目数的增加而增大，这是气体冲击力增加的一个原因。与空隙率相反，腔体内煤粉的质量随着煤粉目数的增加而减小，煤粉在腔体内对气体冲击波的形成发展主要起阻碍作用。煤粉的单位体积表面积随着煤粉目数的增加而增加，煤块破碎新生的表面积一方面直接增加了瓦斯的解吸面积，另一方面也加强了煤块内部孔隙和裂隙与外界的连通性，可以加快煤粉内部瓦斯的解吸扩散，增强气体冲击力。

规律二体现了气体冲击波的形成存在加速和减速的现象。在理想的标准的激波管试验中，气体冲击波压力在激波管内为持续略微衰减，并且标准的激波管的高压端与低压端为等径的圆柱体。本试验中突出腔体内装满了煤粉，并且是口小腔大的结构，这容易理解气体冲击波在开始阶段的加速过程。突出盖板打开引发突出启动时，突出口的直径小，暴露的突出口附近瓦斯量有限，随后突出面向突出腔体深部移动，可以参与突出的瓦斯量增多，冲击波增强，2#传感器比1#传感器冲击波强度平均增大13.6%。2#、3#、4#传感器冲击波强度依次衰减有三个原因：一是冲击波本身作为突跃压缩波，其传播是一个能量耗散的过程；二是试验巷道对冲击波传播的摩擦阻力；三是试验巷道内的传感器作为突出部分对冲击波的阻挡作用。2#、3#、4#传感器冲击波强度衰减率依次为13.4%和20.6%。

图3-47为四个传感器记录的煤粉冲击记录。图3-47中标记点0.0655s、0.1098s、0.1549s和0.2089s分别为煤粉运动到达1#、2#、3#和4#传感器所用的时间。由煤粉到达传感器的时间可以计算突出煤粉依次在四个试验巷道内的运动速度v_c：

$$v_c = \frac{l}{t_c} \tag{3-17}$$

式中，l为试验巷道长度，m；t_c为煤粉运动所用时间，s。

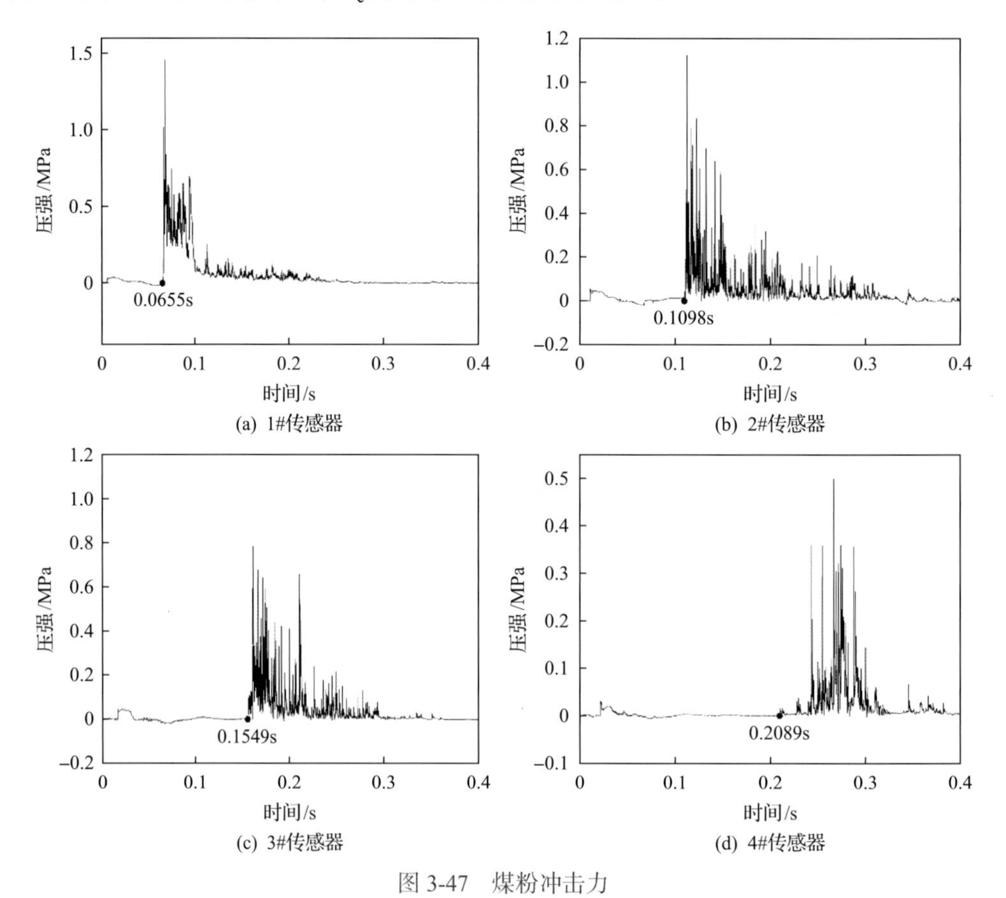

图3-47 煤粉冲击力

图3-48为煤粉运动速度计算结果(这里的1#试验巷道包括了与1#试验巷道相连接的突出控制箱长度0.27m，共2.27m)。四个试验巷道内煤粉平均速度分别为34.4m/s、37.3m/s、39.1m/s、41.7m/s，也容易看出随着传感器距离的增加煤粉对传感器的打击力

呈明显的减弱趋势。

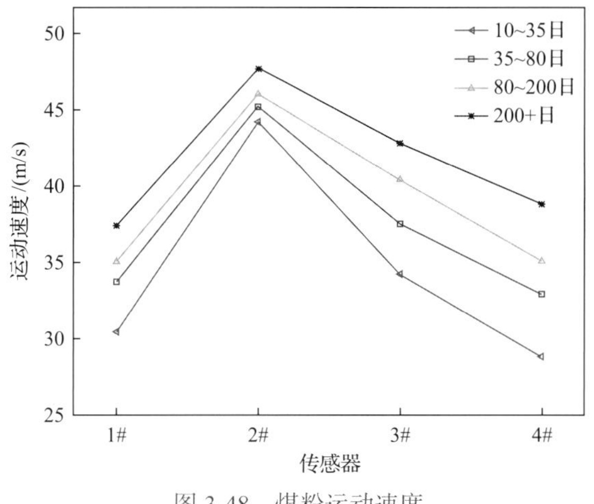

图 3-48 煤粉运动速度

图 3-48 与图 3-46 中的曲线形状非常相似，不过它们之间并没有直接联系，图 3-46 表示的是气体冲击到达传感器瞬时产生的滞止压力，只代表了冲击气流最前方的冲击波波阵面的强度；而图 3-48 表示的是煤粉在管道内的平均运动速度，表示的是煤粉在一定时间内由瓦斯动力和其他阻力所决定的速度。

从图 3-48 可以得到两个规律：规律一是煤粉运动速度与煤粉粒径目数呈正相关；规律二是煤粉在试验巷道内有一个先加速后减速的过程。

规律一体现为煤粉运动速度随着煤粉粒径目数的增加而增加，四种粒径在 2#试验巷道内的平均速度分别为 44.2m/s、45.2m/s、46m/s、47.7m/s。这有三个原因，其中前两个原因与气流冲击强度随着煤粉粒径目数增加而增加的原因类似，都和冲击动力来源直接相关，此处不再赘述；第三个原因是煤粉本身随着粒径的增加而减小，其运动特征与粒径相关。煤粉在突出发动时受力复杂，但其中最主要的力为由煤粉与瓦斯之间的速度差产生的曳力 F_D：

$$F_D = \frac{1}{2} C_D C_p d_c^2 \rho_g (v_g - v_c) \left| v_g - v_c \right| \tag{3-18}$$

式中，C_D 为气动阻力系数；C_p 为煤粉颗粒形状系数；d_c 为煤粉粒径，m；ρ_g 为瓦斯气流密度，kg/m^3；v_g 为瓦斯运动速度，m/s；v_c 为煤粉运动速度，m/s。

煤粉颗粒质量 m_c：

$$m_c = \frac{1}{6} \pi d_c^3 \rho_c \tag{3-19}$$

式中，ρ_c 为煤的密度 kg/m^3。

煤粉颗粒加速度 a：

$$a = \frac{F_D}{m_c} \tag{3-20}$$

则由式(3-18)和式(3-19)可得

$$a = 3\frac{C_{\mathrm{D}}C_{\mathrm{p}}\rho_{\mathrm{g}}(v_{\mathrm{g}} - v_{\mathrm{c}})\left|v_{\mathrm{g}} - v_{\mathrm{c}}\right|}{\pi d_{\mathrm{c}}\rho_{\mathrm{c}}} \tag{3-21}$$

由式(3-21)可以得知煤粉颗粒加速度与煤粉粒径成反比，在相同的瓦斯运动速度之下小粒径的煤粉加速度更快，可获得更高的运动速度。不过式(3-21)所计算的加速度为完全单个颗粒在流场内的受力分析，但是本试验中煤粉在流场中体积占比大，式(3-21)不能对煤粉粒径加速度进行定量描述，只能是定性说明。

规律二体现为煤粉在巷道内先加速后减速，加速段是因为突出初期，在极大的压力梯度下瓦斯气流会在极短的时间内加速并达到速度峰值，煤粉与瓦斯之间的速度差产生的曳力推动煤粉运动加速，待突出腔体内的高压瓦斯释放完毕之后气流就会减速甚至腔体内会出现一定的真空，气体回流，煤粉在巷道阻力、传感器阻力、气体阻力作用之下减速。由图 3-48 可以确定在 1#试验巷道煤粉主要处于加速段，2#试验巷道、3#试验巷道、4#试验巷道中煤粉主要处于减速段。由于系统中所用传感器数量有限，无法准确确定加速段和减速段的长度。

由于前述说明的压电式压力传感器的过冲，图 3-43 和图 3-44 中煤粉打击段出现的一个个峰值并不能代表真实的煤粉冲击压力。高速运动中的煤粉可以认为具有良好的流态化，其具有的动压 p_{d} 为

$$p_{\mathrm{d}} = \frac{\rho_{\mathrm{c}} v_{\mathrm{c}}^2}{2} \tag{3-22}$$

根据图 3-47 假设煤粉最大运动速度为 50m/s，煤粉密度选取压实密度 0.78g/cm^3，计算得到煤粉流的动压为 0.975MPa，小于 1#传感器测得的最大压力 1.456MPa。另外，由于所有传感器都安装在试验巷道正下方，前方传感器正好为后方传感器遮挡了一部分煤粉打击。所以试验所测煤粉打击力数值只能在一定程度上定性反映煤粉的运动情况。

由于之前关于煤与瓦斯突出产生激波的说法都是理论分析，并无直接的证据支持，本纹影系统可以通过高速摄像机直接观察到突出激波波阵面。图 3-49 为粒径为 200+目时

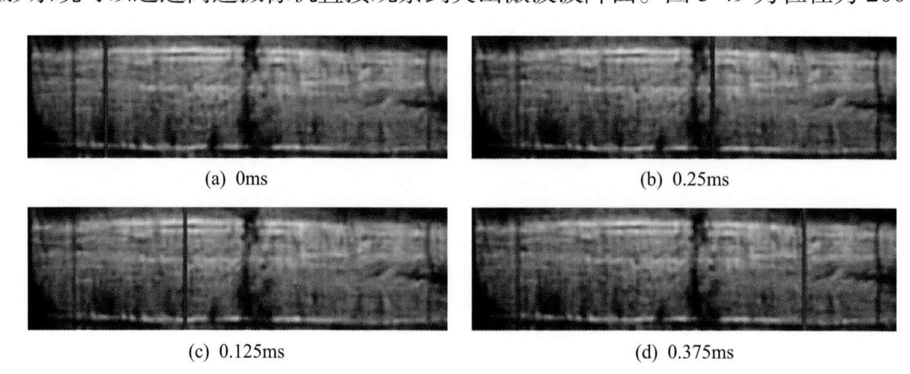

(a) 0ms (b) 0.25ms

(c) 0.125ms (d) 0.375ms

图 3-49 突出激波阵面纹影图

距离突出口 3m 位置获得的突出波阵面传播，从图中可以明显看出突出波波阵面垂直于管道轴线方向向突出方向高速运动(在连续的动态图中波阵面非常明显，但是在静态图中不易观察，所以以红色线段标记突出显示)。

由波阵面纹影图可以计算波阵面传播速度 v_s：

$$v_s = \frac{ds}{dt} \tag{3-23}$$

式中，ds 为波阵面在纹影图中的实际传播距离，m；dt 为波阵面传播时间，s。

实验室音速 a_1 可表示为

$$a_1 = \sqrt{kRT} \tag{3-24}$$

式中，k 为空气比热比(因为突出波阵面的传播速度要大于突出气体运动速度，所以激波波阵面处涉及的气体都是试验巷道内的原始气体，即空气)，取 1.4；R 为气体常数，取 287；T 为温度，取 291.15K。

波阵面马赫数 M_s 和波阵面后气流马赫数 M_b 可用式(3-25)表示:

$$M_s = \frac{v_s}{a_1}, \quad M_b = \frac{v_b}{a_2} \tag{3-25}$$

式中，v_s 为波阵面传播速度；v_b 为波阵面后气流速度；a_2 为波阵面后的音速。

波阵面后气流速度[26] v_b 可表示为

$$v_b = \frac{2}{k+1}\frac{M_s - 1}{M_s}a_1 \tag{3-26}$$

波阵面后的音速 a_2 与实验室音速 a_1 之比为

$$\frac{a_2}{a_1} = \left\{\frac{\left(1+\frac{k-1}{2}M_s^2\right)\left(\frac{2k}{k-1}M_s^2 - 1\right)}{\frac{(k+1)^2}{2(k-1)}M_s^2}\right\}^{\frac{1}{2}} \tag{3-27}$$

激波前后静压之比:

$$\frac{P_2}{P_1} = \frac{2k}{k+1}M_s^2 - \frac{k-1}{k+1} \tag{3-28}$$

激波波阵面后滞止压力与波阵面后静压之比为

$$\frac{P_{2s}}{P_2} = \left(1+\frac{k-1}{2}M_b^2\right)^{\frac{k}{k-1}} \tag{3-29}$$

试验中压力传感器所测压力 P 与实验室大气压(0.0992MPa)之和即为滞止压力 P_{2s}。

由于纹影系统观察的流场在距离突出口 3m 左右，滞止压力选取 1#传感器和 2#传感器所测滞止压力的平均值。则由式(3-24)～式(3-29)编程计算波阵面理论速度，如表 3-4 所示。

表 3-4 波阵面理论速度与纹影系统测速比较

方案	粒径/目	滞止压力/MPa	波阵面理论速度/(m/s)	纹影系统测速/(m/s)	误差/(m/s)
1	10~35	0.1257	376.4	373.5	2.9
2	35~80	0.1288	379.9	375.3	4.6
3	80~200	0.1321	383.5	380.6	2.9
4	200+	0.1345	386.2	383.2	3

由表 3-4 可以看出，通过纹影系统直接对波阵面的速度进行测量所得结果与通过压力间接计算得到的波阵面速度一致性很好，这也侧面证实纹影系统观察到的确实是激波波阵面。

3.4 煤与瓦斯突出过程的大尺度物理模拟分析及反演

本节构建了完整的煤与瓦斯突出物理模拟相似体系；开展了 16 次小尺度瞬间揭露煤与瓦斯突出正交实验，初步建立了含瓦斯煤体破坏准则和突出判据；开展了大尺度煤与瓦斯突出物理模拟实验，真实反演了煤与瓦斯突出全过程多场量化演化规律。

3.4.1 煤与瓦斯突出物理模拟相似体系

煤与瓦斯突出相似体系包括相似准则、含瓦斯煤相似材料、低渗透性顶底板相似材料和瓦斯相似气体。相似体系的构建是实现煤与瓦斯突出定量物理模拟的先决条件。

1. 相似准则建立

1) 气固耦合模型及相似转化

根据煤与瓦斯突出的力学作用机理，孕育阶段主要是煤体的静态变形、瓦斯的渗流以及煤体的损伤破坏，其过程可用如下的控制方程描述。

煤体变形控制方程：

$$\frac{\partial \boldsymbol{\sigma}_{ij}}{\partial x_j} + \frac{\partial (\alpha p)}{\partial x_i} + F_i = 0 \tag{3-30}$$

$$\boldsymbol{\sigma}_{ij} = G(u_{i,j} + u_{j,i}) + \lambda u_{k,k} \delta_{i,j} \tag{3-31}$$

瓦斯的渗流控制方程：

$$\frac{\partial P}{\partial t} = \frac{4KP^{3/4}}{A} \nabla^2 P \tag{3-32}$$

煤体的损伤破坏方程：

$$\sigma_1-\sigma_3\frac{1+\sin\varphi}{1-\sin\varphi}=f_{\mathrm{c}} \tag{3-33}$$

式中，$\boldsymbol{\sigma}_{ij}$为有效应力张量；$u_{i,j}$为煤基质的位移；p为孔隙压力；F_i为体积力；G为剪切模量；λ为拉梅系数；α为有效应力系数；$P=p^2$，为煤层瓦斯压力的平方，MPa^2；K为煤层的透气性系数，$\mathrm{m}^2/(\mathrm{MPa}^2\cdot\mathrm{d})$；$A$为煤层瓦斯含量系数，$\mathrm{m}^3/(\mathrm{m}^3\cdot\mathrm{MPa}^{0.5})$；$\varphi$为内摩擦角，(°)；$f_{\mathrm{c}}$为单轴抗压强度，MPa。

根据相似原理，比较原型与模型的控制方程，考虑初始条件、边界条件，分别取原始煤层瓦斯压力p_0、地应力σ_0、渗流时间t_0、煤层尺寸L_{m}作为特征值，可以得到下列无量纲相似准数：

$$\pi_1=\frac{\alpha p_0}{\sigma_0},\ \pi_2=\frac{FL_{\mathrm{m}}}{\sigma_0},\ \pi_3=\frac{G\varepsilon_{\mathrm{d}}}{\sigma_0},\ \pi_4=\frac{\lambda\varepsilon_{\mathrm{d}}}{\sigma_0},\ \pi_5=\frac{f_{\mathrm{c}}}{\sigma_0},\ \pi_6=\varphi,\ \pi_7=\frac{Kp_0^{1.5}t_0}{AL_m^2} \tag{3-34}$$

气固耦合方程只能较好地描述突出孕育阶段而不能描述煤与瓦斯突出全过程，基于气固耦合模型推导的相似准数仅可保证煤体变形破坏规律相似，无法保证模拟试验发生突出现象。

2) 能量模型及相似转化

煤与瓦斯突出是能量积聚、转移和释放的过程。能量模型构建了突出潜能与突出耗能的关系，概括了煤与瓦斯突出全过程，因此，能量模型成为推导相似准则的有效途径。

基于热力学第一定律推导了煤与瓦斯突出激发的能量条件：

$$\begin{aligned}&\frac{\pi(1-2\mu)\sigma_0^2R_P^3}{E}\int_{\frac{L}{2R_P}}^{1}\left[\left(\frac{R_{P1}}{R_P}\right)^3-1+\frac{k^2(1+\mu)}{2(1-2\mu)\sigma_0^2}\left(1-\frac{R_P^3}{R_{P1}^3}\right)\right]d\cos\varphi+\eta np_0\ \ln\left({}^{p_0}\!/\!_{p_{\mathrm{a}}}\right)v_{\mathrm{s}}\\&=\xi\frac{2c\cos\varphi}{10(1-\sin\varphi)}v_{\mathrm{s}}+\frac{1}{2}\rho v^2v_{\mathrm{s}}\end{aligned} \tag{3-35}$$

$$R_P=R_0\left[\frac{3(\sigma_0+c\cot\varphi)(1-\sin\varphi)}{(3+\sin\varphi)\,c\cot\varphi}\right]^{\frac{1-\sin\varphi}{4\sin\varphi}} \tag{3-36}$$

$$R_{P1}=L_{\mathrm{m}}\cos\varphi+\sqrt{R_P^2-L_{\mathrm{m}}^2\sin^2\varphi} \tag{3-37}$$

$$k=-\sigma_0+c\cot\varphi\left[\left(\frac{R_P}{R_0}\right)^{\frac{4\sin\varphi}{1-\sin\varphi}}-1\right] \tag{3-38}$$

$$V_{\mathrm{s}}=2\pi\int_0^{\arccos(L/2R_P)}\sin\phi\int_{R_P}^{L\cos\varphi+\sqrt{R_P^2-L^2\sin^2\theta}}r^2\mathrm{d}r\mathrm{d}\varphi \tag{3-39}$$

基于上述煤与瓦斯突出能量模型，推导下列无量纲相似准数：

$$\pi_1' = \frac{\eta n p_0 E}{\sigma_0^2},\ \pi_2' = \frac{\xi c E}{\sigma_0^2},\ \pi_3' = \frac{\rho v^2 E}{\sigma_0^2},\ \pi_4' = \frac{c}{\sigma_0},\ \pi_5' = \frac{p_0}{p_a},\ \pi_6' = \frac{L_m}{R_0},\ \pi_7' = \varphi,\ \pi_8' = \nu \tag{3-40}$$

式中，E 为弹性模量，MPa；ν 为泊松比；c 为黏聚力，MPa；φ 为内摩擦角，(°)；σ_0 为地应力，MPa；n 为孔隙率；ρ 为密度，t/m^3；v 煤粉涌出速度，m/s；p_a 为大气压力，MPa；p_0 为瓦斯压力，MPa；η 为比例系数，表征吸附瓦斯的作用；ξ 为煤体破碎功比例系数；R_0 为巷道断面半径，m。

3) 煤与瓦斯突出相似准则建立

在设计相似模型时严格满足所有相似准数是很困难的，合理选取相似准数是决定模拟试验结果正确的关键因素。煤与瓦斯突出发生的总能量由弹性能和瓦斯内能构成，而瓦斯内能往往高于弹性能。因此瓦斯内能需要优先满足，其次煤体弹性能获得满足，煤粉涌出速度及煤体破碎功比例系数是突出发生后的物理量，最后予以考虑。

综合考虑以上相似准数，并兼顾当前的相似材料和模拟试验仪器是否能达到相似比尺的要求，最终确定了煤与瓦斯突出的相似准则：

$$\begin{gathered} C_\sigma = C_L,\ C_\gamma = 1:1,\ C_p = 1:1, \\ C_n = 1:1,\ C_\eta = 1:1,\ C_E = C_{\sigma^2}, \\ C_c = C_c,\ C_\nu = 1:1,\ C_\varphi = 1:1 \end{gathered} \tag{3-41}$$

式中，C_σ 为应力相似比尺；C_L 为几何比尺；C_γ 为容重比尺；C_p 为瓦斯压力比尺；C_n 为孔隙率比尺；C_η 为吸附性比尺；C_E 为弹性模量比尺；C_c 为黏聚力比尺；C_ν 为泊松比比尺；C_φ 为内摩擦角比尺。

2. 含瓦斯煤相似材料

针对现有含瓦斯煤相似材料物理力学性质不符合相似原理，材料制作及吸附解吸性不能满足煤与瓦斯突出相似模拟试验要求的难题，在考虑煤体特有的吸附解吸特性并按照相似比尺要求的基础上，通过大量正交配比试验研发了一种新型含瓦斯煤相似材料。该材料的容重、孔隙率与原煤十分接近。材料抗压强度高，可调范围达 0.5～3.8MPa。相似材料的吸附性与原煤保持良好的一致性，并且具有价格低廉、无毒副作用、配比简单、性能稳定和各物理力学参数调节方便等特点，可用来模拟不同强度的原煤。

新型含瓦斯煤相似材料的骨料为粒径分布 3～3mm∶0～1mm=0.24∶0.76 的煤粉，胶结剂为腐殖酸钠水溶液。相似材料性质变化规律如下。

1) 容重、孔隙率和吸附性

相似材料容重、孔隙率受成型压力影响显著(图 3-50)。随着成型压力的加大，材料容重逐渐增大，孔隙率逐渐减小。材料吸附性与原煤基本保持一致。

2) 单轴抗压强度和弹性模量

随着成型压力增大，相似材料的单轴抗压强度增大。当成型压力一定时，随着胶结剂浓度增高，相似材料的单轴抗压强度增大，呈线性变化关系。材料弹性模量与单轴抗压强度的变化规律较为一致，见图 3-51。

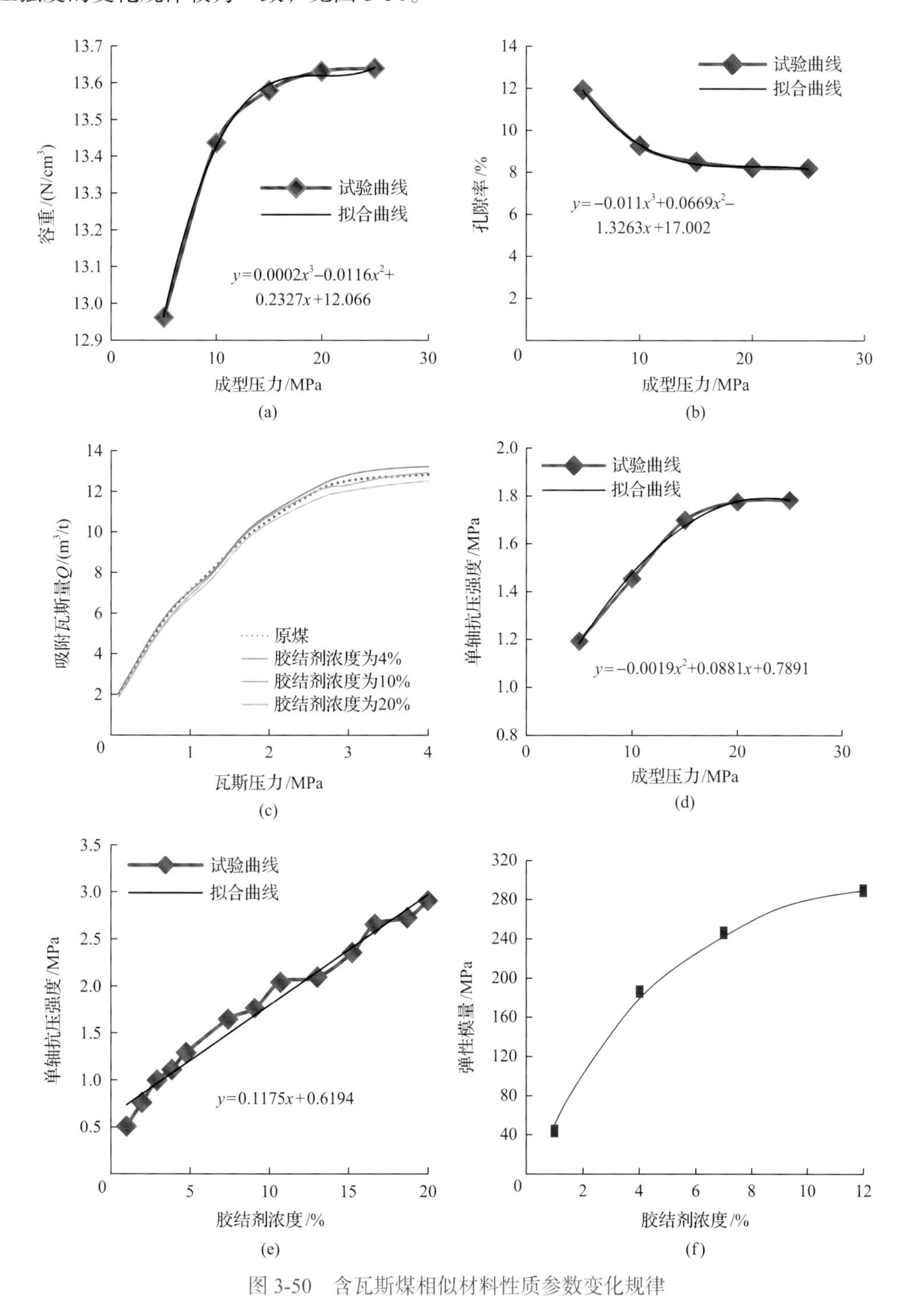

图 3-50　含瓦斯煤相似材料性质参数变化规律

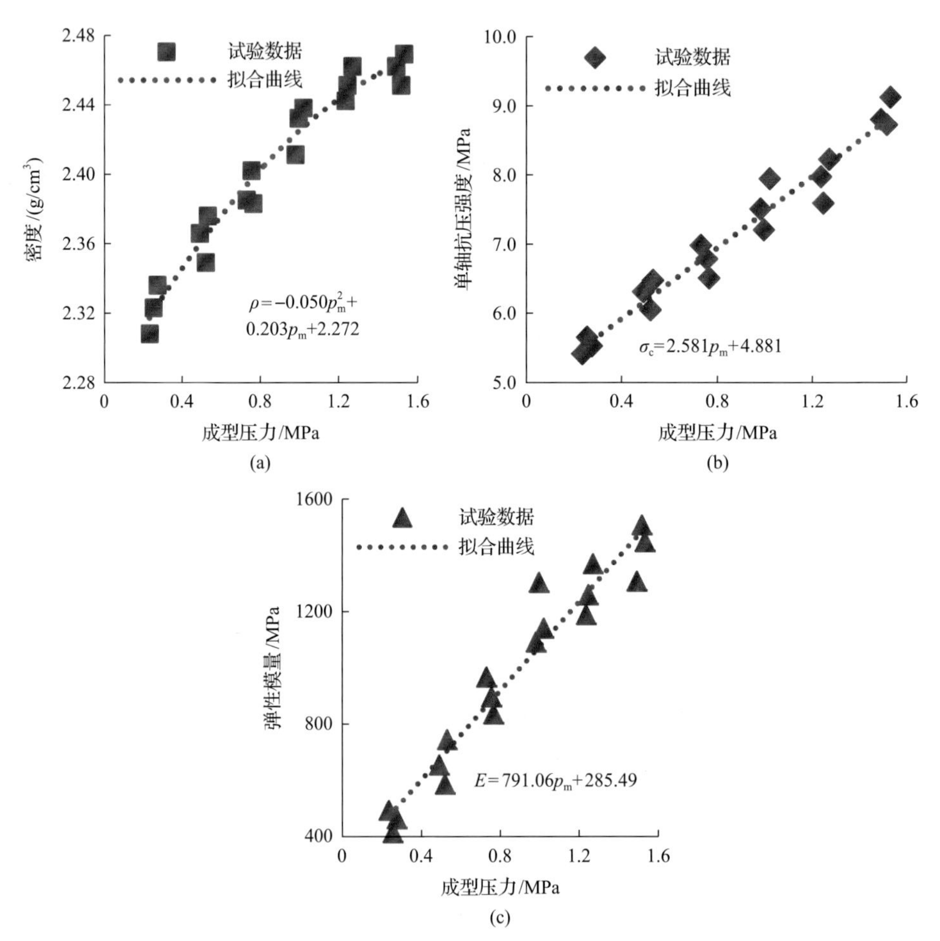

图 3-51 成型压力对材料密度、单轴抗压强度和弹性模量的影响

ρ-密度；σ_c-单轴抗压强度；E-弹性模量；P_m-成型压力

3）黏聚力、内摩擦角和泊松比

相似材料黏聚力变化范围在 0.07～0.2MPa，内摩擦角变化范围为 25°～30°，泊松比为 0.3 左右。

对比某矿原煤缩尺换算后的材料参数和含瓦斯煤相似材料参数可得：所需参数值基本包含在含瓦斯煤相似材料调节范围内。含瓦斯煤相似材料目前已广泛应用于多尺度煤与瓦斯突出物理模拟试验中，成功模拟了煤与瓦斯突出现象，证实了材料的优异性能，为今后相似材料的应用提供了科学依据和强力支撑。

3. 低渗透性顶底板相似材料研发

煤与瓦斯突出物理模拟试验中，选择合理的岩层相似材料对模型试验的成功起着决定性作用。针对目前已有的固液、固气耦合相似材料无法满足高压气固耦合模型试验中岩层相似材料高强度、极低渗透率要求的问题，研发了低渗透性岩层相似材料。该材料的密度与实际岩体密度接近，渗透率低，可模拟多种特低渗透岩石（＜10mD）。材料强度、渗透率等性质稳定、参数可调。另外，材料制作流程简单，干燥快速，价格低廉，环保无毒，可满足大型物理模拟试验模型快速制作要求。

低渗透性岩层相似材料采用200目的铁粉、200目的重晶石粉和20～40目的石英砂作为骨料，采用特种水泥作为黏结剂，并加入密封防水剂作为调节剂。材料性质参数可调范围大：密度为3.323～3.462g/cm^3、单轴抗压强度为4.16～8.8MPa、弹性模量为350～1400MPa、渗透率为1×10^{-3}～460×10^{-3}mD。材料密度、弹性模量、单轴抗压强度以及渗透率参数的变化规律如下。

1) 材料密度、单轴抗压强度及弹性模量

成型压力是影响材料密度、单轴抗压强度和弹性模量的主控因素。随着成型压力增大、黏结剂含量减小，材料密度呈增大趋势。随着成型压力、黏结剂含量增大、调节剂含量减小，单轴抗压强度和弹性模量呈线性增长趋势。成型压力对材料密度、单轴抗压强度和弹性模量的影响如图3-51所示。

2) 渗透率

黏结剂含量是影响材料渗透率的主控因素。由图3-52可知，随着成型压力、黏结剂含量增大，渗透率呈指数下降趋势；随着调节剂含量增大，渗透率呈线性下降趋势。

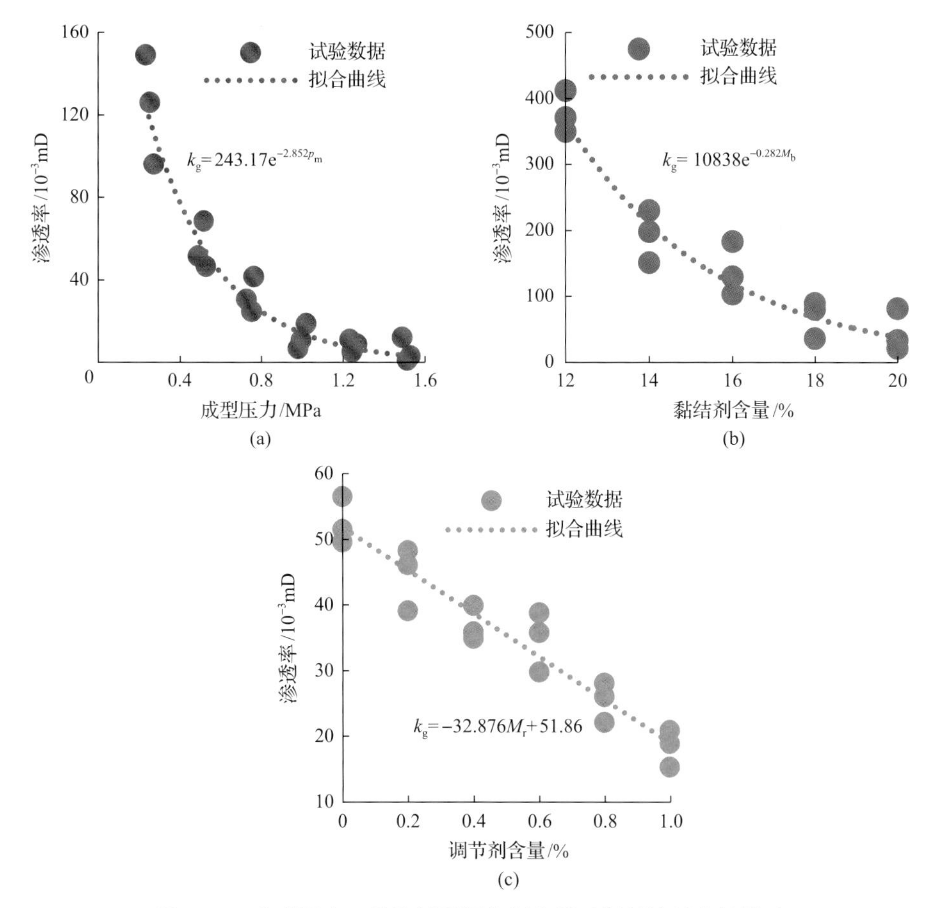

图3-52 成型压力、黏结剂及调节剂含量对材料渗透率的影响

M_b-黏结剂含量；M_r-调节剂含量；k_g-材料渗透率

根据相似原理可知，低渗透性岩层相似材料可模拟大部分特低渗透岩石，可较好地模拟致密、高强度的砂岩、石灰岩、花岗岩，材料具有良好的适用性。

4. 瓦斯相似性气体

煤与瓦斯突出物理模拟试验中常用试验气体为 CH_4 和 CO_2，但是使用 CH_4 的安全隐患较大，而使用 CO_2 将引起较大的试验偏差。针对物理模拟试验中试验气体的安全和合理性问题，基于相似准则并考虑瓦斯吸附作用原理，研发了本质安全型瓦斯相似性气体。该气体无毒无害、无气味、具有与瓦斯气体相似的吸附解吸特性，可更加合理地模拟煤与瓦斯突出。相似气体价格低廉，可在保证试验安全的前提下降低试验成本。

本质安全型瓦斯相似气体为 CO_2 与 N_2 二元混合气体，其中 CO_2 体积分数为 45%。通过等温吸附试验、气体放散初速度试验以及初始释放膨胀能试验测得相似气体性质随 CO_2 体积分数变化情况如图 3-53 所示，通过强度测定试验测得不同气体下型煤试样单轴抗压强度变化情况如表 3-5 所示。

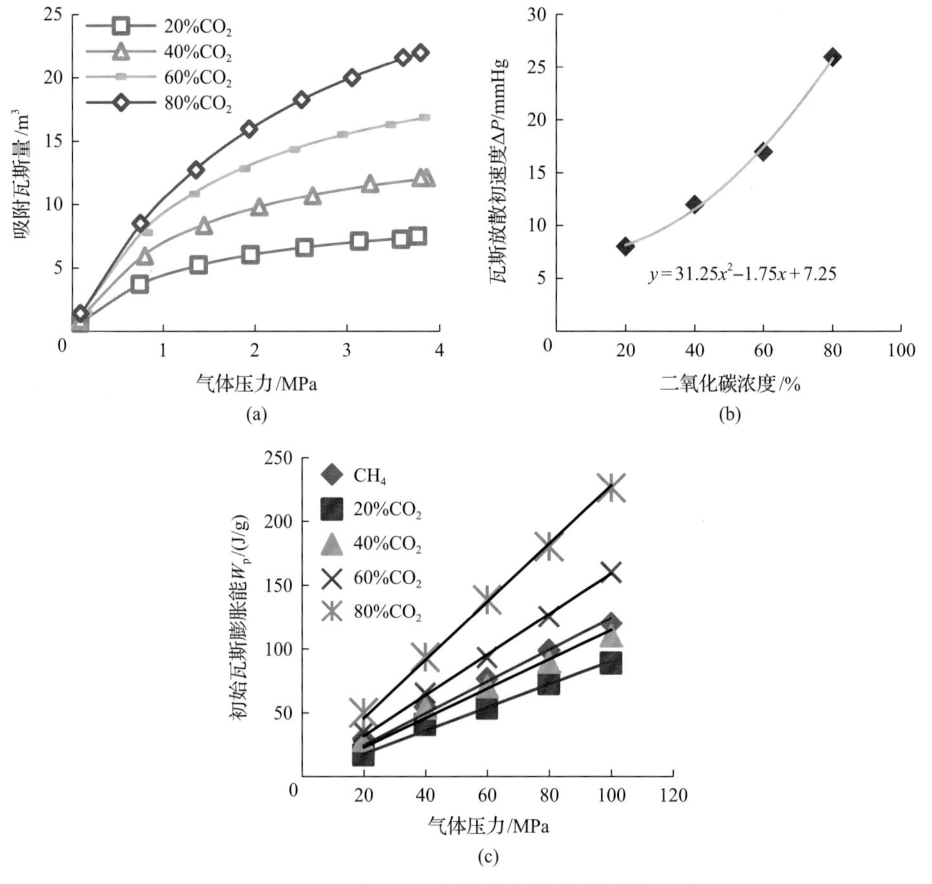

图 3-53　不同 CO_2 比例相似气体参数测定试验

基于吸附瓦斯量 Q、瓦斯放散初速度 ΔP、初始瓦斯膨胀能 W_p 和含瓦斯煤力学性质

R_C指标，通过对比相似性气体和瓦斯气体测定参数可知，相似性气体满足相似准则和吸附作用原理，在煤与瓦斯突出物理模拟试验中采用相似气体科学合理，安全高效。

研制的吸附解吸性含瓦斯煤相似材料、低渗透性岩层相似材料和本质安全型瓦斯相似气体，具有制备方便、参数易调、性能稳定、安全高效、价格低廉等优点，实现了对原型材料的真实模拟，攻克了相似模型试验定量化模拟的材料研发难题(表3-5)。

表3-5 不同气体下型煤试样单轴抗压强度 （单位：MPa）

气体种类	无气体	CH_4	20%CO_2	40%CO_2	60%CO_2	80%CO_2
单轴抗压强度	1.52	1.30	1.34	1.32	1.29	1.22

3.4.2 小尺度瞬间揭露煤与瓦斯突出物理模拟实验分析

1. 小尺度瞬间揭露煤与瓦斯突出物理模拟实验装置

1)仪器构成和主要技术参数

小尺度瞬间揭露煤与瓦斯突出物理模拟实验仪器主要包括密封腔体、快速揭煤机构、压力加载单元及信息采集单元，如图3-54所示，主要技术参数如表3-6所示。

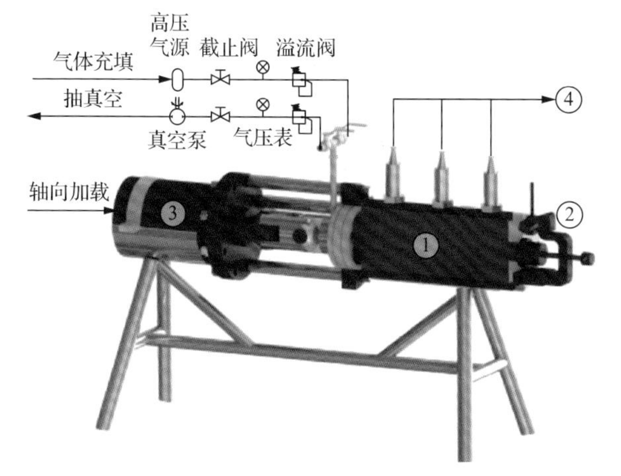

图3-54 小尺度瞬间揭露煤与瓦斯突出物理模拟实验仪器原理及实物

①密封腔体；②快速揭煤机构；③压力加载单元；④信息采集单元

表3-6 小尺度瞬间揭露煤与瓦斯突出物理模拟实验装置主要技术参数

试件尺寸/(mm×mm)	突出口直径/mm	加载能力/MPa	应力控制精度/MPa	气体充填压力/MPa	气体加载精度/MPa	采样频率/Hz	突出口打开时间/s	高速摄像/(帧/s)	油缸行程/mm
ϕ 600×200	60	0～30	±0.05	0～3	±0.01	1000	<0.1	24000	100

该实验仪器通过对地应力、瓦斯压力和煤体强度的定量控制，实现了不同组合条件下煤与瓦斯突出模拟实验研究；通过1000Hz瓦斯压力高频采集与高速同步摄像，实现了对突出瞬态现象和数据的高速精准记录；通过对突出过程瓦斯气源的持续补充，实现

了对瓦斯源场及瓦斯边界条件的真实模拟。

2）实验方案

以气体种类、煤体强度、地应力以及气体压力为变量，制定了突出正交实验方案，实验方案、实验仪器和流程见图 3-55。

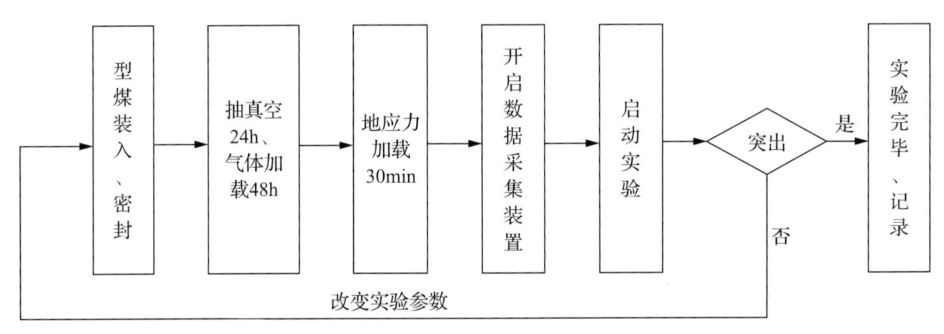

图 3-55　小尺度煤与瓦斯突出模拟试验流程

2. 小尺度瞬间揭露煤与瓦斯突出正交实验与分析

共开展 16 次正交实验。突出实验发生了明显的动力现象，与现场煤与瓦斯突出现象相似，如图 3-56 所示，实验结果如表 3-7 所示。

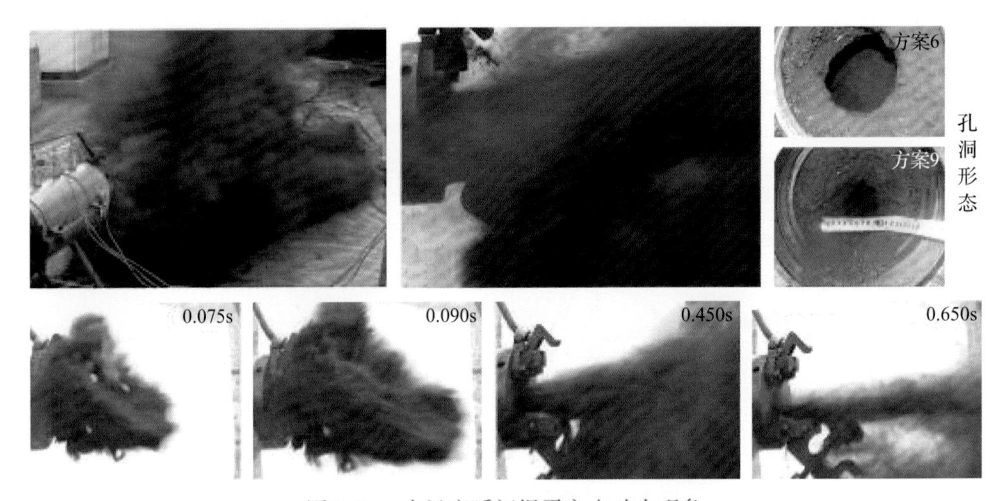

图 3-56　小尺度瞬间揭露突出动力现象

表 3-7　16 次煤与瓦斯突出正交实验分析

实验组别	气体种类	煤体强度/MPa	气体压力/MPa	游离气体含量 $\overline{Q}_f$ /($10^{-3}m^3$/kg)	吸附气体含量 $\overline{Q}_a$ /($10^{-3}m^3$/kg)	突出与否	突出煤粉质量/kg	突出煤粉瞬时速度/(m/s)	突出煤粉平均粒径/mm
Ⅰ-1	He	1.02	0.749	0.568	0.000	突出	6.730	14.594	0.909
Ⅰ-2	N_2		0.751	0.570	3.817	突出	7.310	14.953	0.701
Ⅰ-3	CH_4		0.753	0.571	7.646	突出	7.800	15.160	0.560
Ⅰ-4	CO_2		0.751	0.570	18.173	突出	8.290	15.263	0.424

续表

实验组别	气体种类	煤体强度/MPa	气体压力/MPa	游离气体含量 $\overline{Q}_f$/($10^{-3}m^3$/kg)	吸附气体含量 $\overline{Q}_a$/($10^{-3}m^3$/kg)	突出与否	突出煤粉质量/kg	突出煤粉瞬时速度/(m/s)	突出煤粉平均粒径/mm
Ⅱ-1	He	1.51	0.753	0.751	0.000	未突出	—	—	—
Ⅱ-2	N_2		0.747	0.566	3.808	突出	4.230	14.919	1.729
Ⅱ-3	CH_4		0.7550	0.568	7.626	突出	6.310	15.068	1.251
Ⅱ-4	CO_2		0.751	0.569	18.173	突出	7.940	15.219	0.904
Ⅲ-1	He	2.02	0.752	0.563	0.000	未突出	—	—	—
Ⅲ-2	N_2		0.748	0.560	3.811	未突出	—	—	—
Ⅲ-3	CH_4		0.752	0.563	7.640	突出	1.410	14.935	3.395
Ⅲ-4	CO_2		0.751	0.562	18.173	突出	1.565	14.983	1.840
Ⅳ-1	He	2.53	0.753	0.564	0.000	未突出	—	—	—
Ⅳ-2	N_2		0.751	0.562	3.818	未突出	—	—	—
Ⅳ-3	CH_4		0.749	0.561	7.620	未突出	—	—	—
Ⅳ-4	CO_2		0.751	0.562	18.173	未突出	—	—	—

分析得出以下结论：

(1)型煤强度对突出起阻碍作用。型煤强度与致突瓦斯压力呈正相关关系，与突出煤粉质量、突出距离和孔洞深度呈负相关关系，如图3-57～图3-59所示。

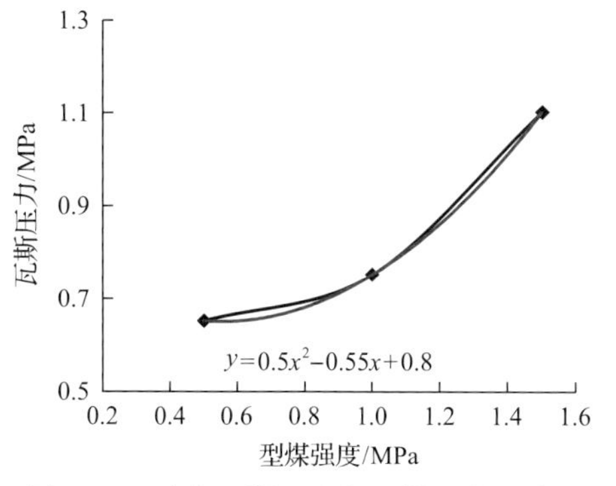

图3-57 致突瓦斯压力与型煤强度的关系

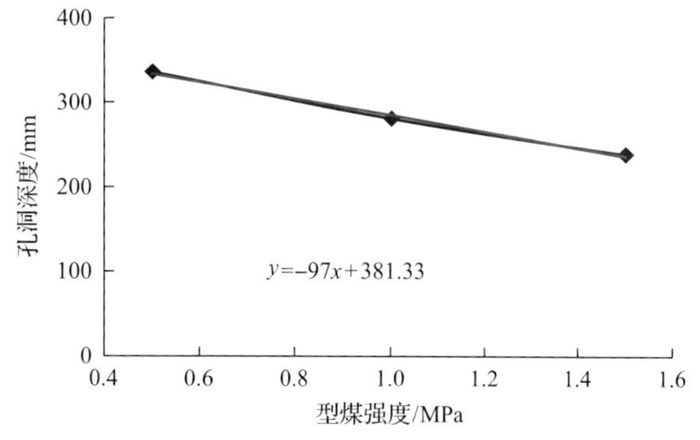

图3-58 孔洞深度与型煤强度的关系

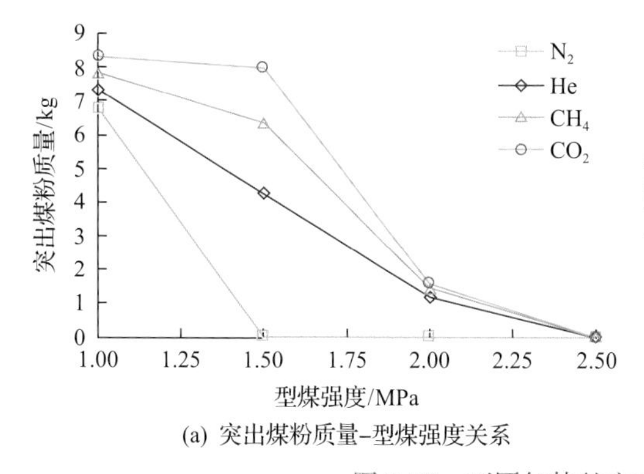

(a) 突出煤粉质量-型煤强度关系

(b) 突出距离-型煤强度关系

图3-59 不同气体的突出强度与型煤强度的关系

(2)突出强度与吸附气体含量和解吸气体含量成正比(图 3-60)。吸附气体含量越大，突出煤粉质量越大，瞬时速度越大，突出距离越远。

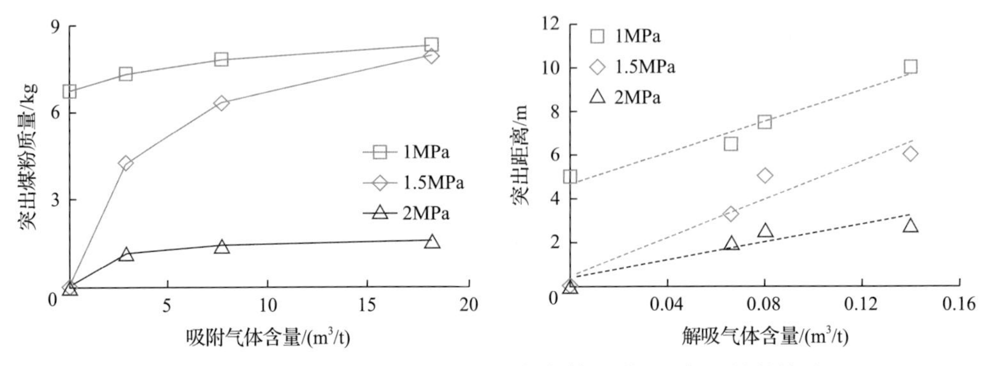

图 3-60 不同型煤强度下突出强度与气体吸附量和解吸量的关系

(3)突出发生时压降迅速，突出未发生时压降缓慢(图 3-61)。

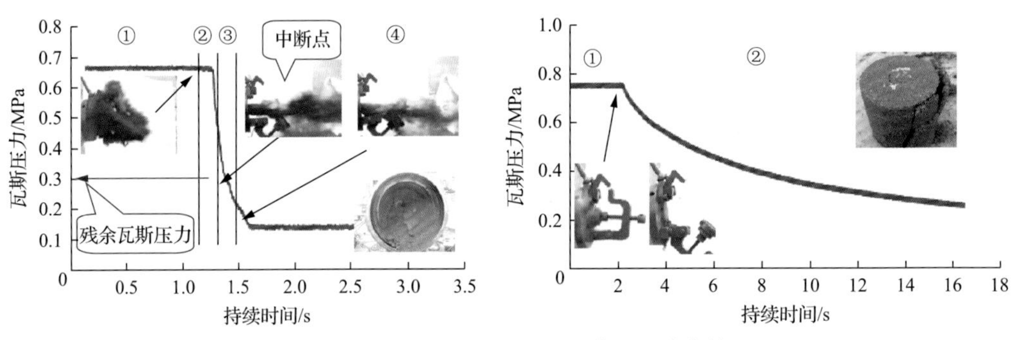

图 3-61 发生及未发生突出录像及压降曲线

①～④-煤与瓦斯突出孕育、激发、发展和终止阶段

(4)分析了突出影响因素和发生阈值。选取地应力 σ_1、瓦斯压力 p、单轴抗压强度 σ_c、煤体抗拉强度 σ_t 和孔隙率 ε_0 作为反映瓦斯突出是否发生的相关参数，把上述 5 个参数组合成两个无量纲参数 σ_1/σ_c 和 $\varepsilon_0 p/\sigma_t$ 进行回归统计分析。第一个无量纲参数 σ_1/σ_c 反映了煤层剪切破坏条件，第二个无量纲参数 $\varepsilon_0 p/\sigma_t$ 反映了煤层断裂破坏条件，无量纲参数全面反映了煤体破坏过程中瓦斯压力、地应力和煤体物理力学性质的综合作用，体现了综合作用假说的本质。

吸附气体含量对突出能量的影响。随着吸附气体含量增大，参与突出过程的煤体弹性能及游离气体膨胀能不变，吸附气体膨胀能增大，最终导致煤体破碎功与抛出功等突出总耗能增大，即突出强度增大。吸附气体膨胀能占比 6.5%～25.6%，且随吸附气体含量增大而增大。如增加突出时间，占比将增加，见图 3-62。

图 3-63 表明未突出事件集中在第一象限左下角，突出事件分散于其他位置。采用直线将两区域进行划分，则此直线为判断突出与否的准则。为使突出准则安全性更高，以使全部突出事件位于直线右侧为原则。据此可确定含瓦斯煤的突出破坏准则为

$$3.0760\varepsilon_0 p/\sigma_t + 0.0353\sigma_1/\sigma_c > 1$$

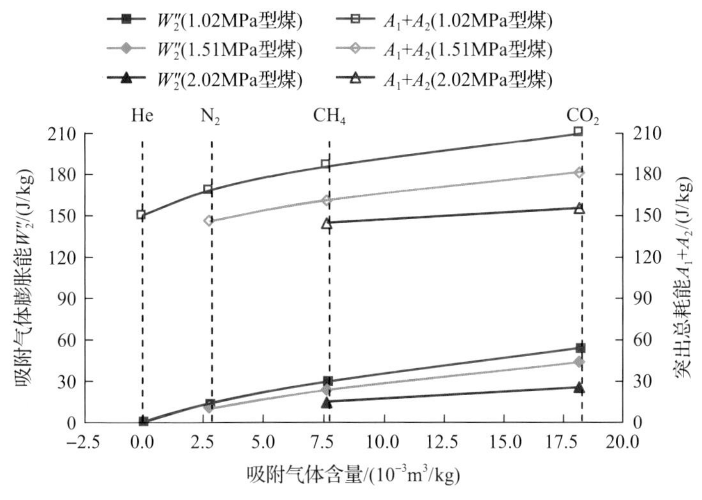

图 3-62　吸附气体含量与突出能量的关系

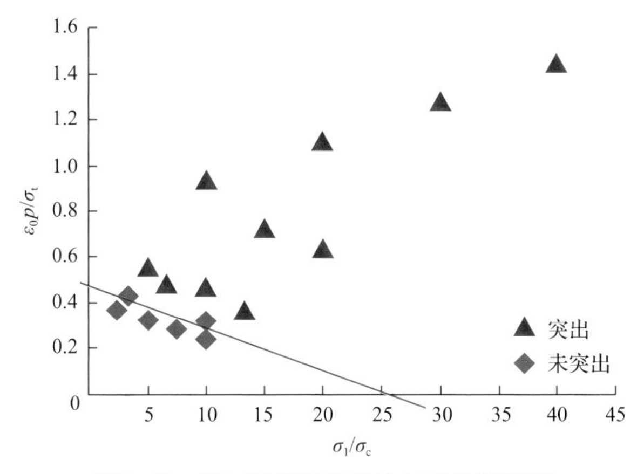

图 3-63　煤与瓦斯突出发生的无量纲阈值

3.4.3　大尺度煤与瓦斯突出物理模拟实验分析

1. 大尺度煤与瓦斯突出物理模拟实验系统

大尺度煤与瓦斯突出物理模拟实验系统由反力密封单元、应力加载单元、气体充填单元、巷道掘进单元、信息采集单元五部分组成，如图 3-64 所示。

装置尺寸为 1.54m×1.97m×2m，内部模型尺寸为 0.75m×0.75m×1.3m，模型应力最大加载能力 3MPa，仪器主要技术指标如表 3-8 所示。

2. 实验原型

1) 典型突出案例

1998 年 6 月 12 日 12 时 18 分，新庄孜矿发生一起造成 2 人死亡的煤与瓦斯突出事故。突出煤岩量约 650t，一次突出瓦斯量 12600m^3。事故地点位于五六采区一阶段南翼的 B6 煤层底板皮带机巷 5606-8 六号石门，石门洞径约 4m。工程标高–506m。突出煤层为B6槽，煤层厚度约4m，走向350°～315°，倾角25°～32°。施工前探测表明，六号石门皮带机巷与B6煤层底板平距为44m，法距为22m，设计施工到平距23 m、法距10m处停头。施工至20.6m时发生突出事故，突出事故发生后事故调查组施工的钻孔表明六号石门皮带机巷与B6煤层底板法距实际为19.5m，突出时石门迎头与B6煤层底板法距仅为7.5m。突出前，迎头工作面为全岩，瓦斯正常，风量为300m^3/min，探头T1及T2瓦斯浓度分别为0.12%、0.36%。突出瞬时瓦斯浓度为4%以上。本次煤与瓦斯突出事故记录较为清晰，选择其作为实验原型进行模拟。

图3-64 大尺度煤与瓦斯突出物理模拟实验系统构成

表3-8 主要技术指标

序号	关键单元	主要技术指标
1	反力密封单元	模型尺寸：730mm×730mm×1300mm； 最大密封气压：3MPa； 最大加载反力：5MPa
2	应力加载单元	液压系统最大油压：60MPa； 应力加载精度：±0.1MPa
3	气体充填单元	气压加载能力：3MPa； 气压加载精度：±0.01MPa； 气体充填速度：360L/min
4	巷道掘进单元	巷道掘进直径：150mm； 刀盘旋转速度：120～360r/min； 巷道掘进速度：1～120mm/min
5	信息采集单元	气压测定范围：0～3MPa； 温度测定范围：0～100℃； 压力测定范围：0～5MPa

2) 实验原型参数

根据地应力、煤岩物性参数、瓦斯压力、瓦斯含量等测试数据，得到实验原型参数，见表3-9和表3-10。

表 3-9　煤与瓦斯突出模拟实验条件

垂直应力 /MPa	最大水平应力/MPa	最小水平应力/MPa	煤层厚度 /m	煤层倾角 /(°)	突出煤岩量/t	突出瓦斯量/m^3	石门洞径 /m	瓦斯压力 /MPa	瓦斯含量 /(m^3/t)
11.6	13.76	6.87	4	25～32	650	12600	4	1.5	9.3

表 3-10　煤与瓦斯突出模拟实验原型参数

材料名称	岩体性质	密度 /(kg/m^3)	弹性模量 /GPa	体积模量 /GPa	剪切模量 /GPa	泊松比	黏聚力 /MPa	内摩擦角 /(°)	抗压强度 /MPa
煤层	—	1380	15.2	13.3	5.8	0.31	1.46	28	13
围岩	砂质泥岩	2250	18	16.7	11.9	0.21	—	—	124

3. 模型参数计算

1) 相似比尺确定

A. 含瓦斯煤相似比尺

依据原型尺寸(18m×18m×36m)及实验模型尺寸(0.6m×0.6m×1.2m)，确定实验的几何相似比尺 $C_L=L_P/L_M=30$，其中 L_P 为原型尺寸，L_M 为实验模型尺寸。

根据上面的结论，确定含瓦斯煤材料比尺如下。

应力相似比尺 $C_\sigma=30$；瓦斯压力相似比尺 $C_p=1$；几何相似比尺 $C_L=30$；容重相似比尺 $C_\gamma=1$；强度相似比尺 $C_{fc}=30$；孔隙率相似比尺 $C_n=1$；弹性模量相似比尺 $C_E=30^2$；黏聚力相似比尺 $C_c=30$；内摩擦角相似比尺 $C_\varphi=1$；泊松比相似比尺 $C_\nu=1$；吸附性相似比尺 $C_\eta=1$。

B. 围岩相似比尺

由于岩体对瓦斯不具有吸附性，气固耦合状态下的围岩破坏问题类似于流固耦合状态下的岩体破坏问题。运用相似理论推导了三维流固耦合作用下的相似模拟准则。

地应力、弹性模量、黏聚力相似：$C_c=C_\sigma=C_E=C_\gamma C_L$；位移相似：$C_u=C_L$；瓦斯压力相似：$C_p=C_\gamma C_L$（无法满足）；渗透系数相似：$K=\sqrt{C_L/C_\gamma}$；应变相似：$C_\varepsilon=1$。

已知实验的几何相似比尺 $C_L=30$。采用“水泥铁精砂低渗透性相似材料”模拟顶底板岩层。鉴于该相似材料的容重比尺为 1，因此模拟实验容重比尺 $C_\gamma=1$。

将已经确定的几何比尺 $C_L=30$、容重比尺 $C_\gamma=1$ 代入以上相似准则，最终确定顶底板相似材料比尺如下：

几何相似比尺 $C_L=30$；容重相似比尺 $C_\gamma=1$；弹性模量相似比尺 $C_E=30$；泊松比相似比尺 $C_\nu=1$；应变相似比尺 $C_\varepsilon=1$；位移相似比尺 $C_u=30$；渗透系数相似比尺 $C_K=5.5$；地应力相似比尺 $C_\sigma=30$。

2) 相似材料及配比

A. 含瓦斯煤相似材料配比确定

实验原型含瓦斯煤物理力学性质按照以上比尺换算后，得到了所需的含瓦斯煤相似材料的物理力学性质，如表 3-11 所示。

表 3-11 含瓦斯煤相似材料的物理力学性质设计值

名称	密度/(kg/m³)	抗压强度/MPa	弹性模量/MPa	泊松比	黏聚力/MPa	内摩擦角/(°)	孔隙率/%	吸附常数 a/(m³/t)	吸附常数 b/MPa^{-1}
相似比尺	1∶1	1∶30	1∶30^2	1∶1	1∶30	1∶1	1∶1	1∶1	1∶1
含瓦斯煤	1380	13	15200	0.31	1.46	28	10	21.76	0.74
含瓦斯煤相似材料	1380	0.43	16.89	0.31	0.049	28	10	21.76	0.74

B. 顶底板相似材料配比确定

本实验采用自主研制的“水泥铁晶砂低渗透性相似材料”作为顶底板砂质泥岩的相似材料。实验原型砂质泥岩物理力学性质按照以上比尺换算后，得到了所需的砂质泥岩相似材料的物理力学性质，如表 3-12 所示。

表 3-12 砂质泥岩相似材料的物理力学性质设计值

名称	密度/(kg/m³)	抗压强度/MPa	弹性模量/GPa	泊松比	渗透率/10^{-3}mD
相似比尺	1∶1	1∶30	1∶30	1∶1	1∶5.5
砂质泥岩	2250	124	18	0.21	120
砂质泥岩相似材料	2250	4.13	0.6	0.21	21.8

4. 模型制作与传感器铺设

具体的模型制作流程包括相似材料原料称量、机械化搅拌、出料与称重、铺设高度与角度标记、装置旋转、分层振实、铺设木方、煤层底部传感器埋设、铺设密封胶体、铺设煤层与内部传感器、传感器引线连接以及模型完成与封盖，如图 3-65 所示。

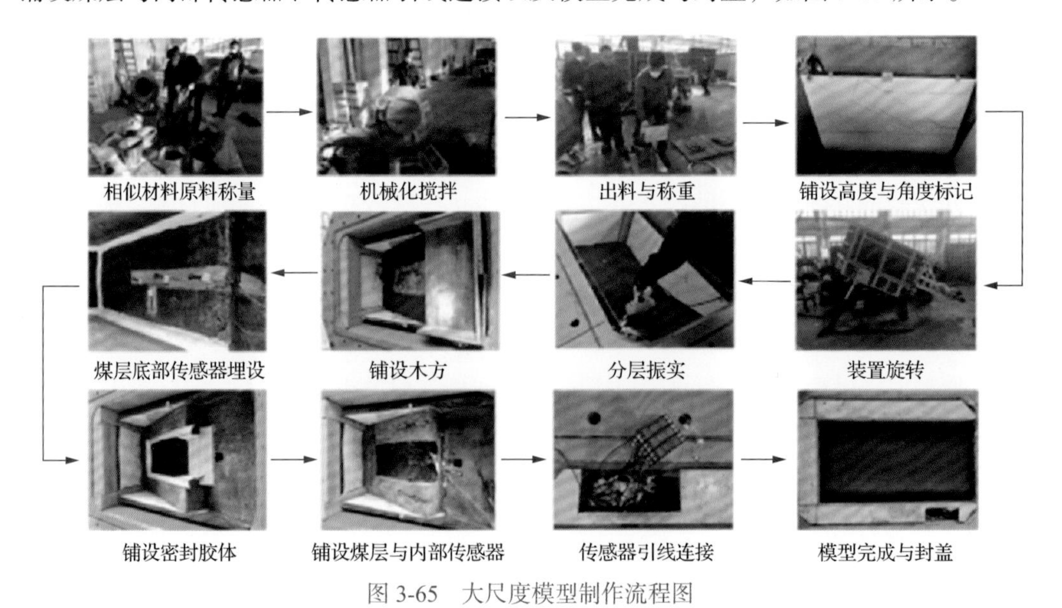

图 3-65 大尺度模型制作流程图

为了获取稳定、可靠、全面的突出前兆信息规律，传感器布设如图 3-66 所示，重点监测了突出全过程的巷道、围岩、煤层的应力场、温度场、流场、浓度场的演化规律。

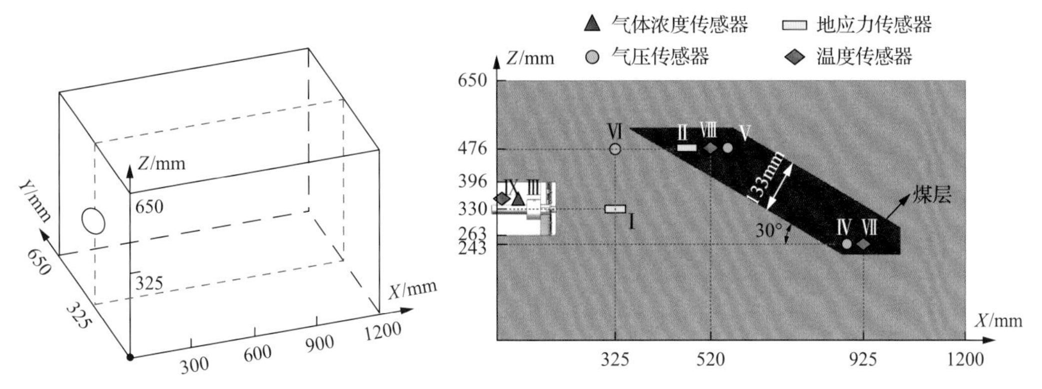

图 3-66 试验模型及传感器布设

5. 加载

试验过程经历仪器 5 个单元调试、气压及地应力加载、煤体吸附气体（24h 吸附）、开挖掘进及多物理场信息采集等关键步骤。基于相似准则，前后方向水平应力为 0.39MPa，左右方向水平应力为 0.26MPa，垂直方向应力为 0.39MPa，瓦斯压力 1.20MPa。

6. 大尺度物理模拟实验分析与反演

A. 试验现象与现场相似

开挖掘进过程中，刀盘前进速度设定为 1mm/s（对应现场 7.87m/d）。当掘进面推进了 535mm 时发生剧烈突出现象，此时掘进面距煤层水平距离为 3cm，法向距离 1.5cm，对应现场水平距离 90cm，法向距离 45cm，实现了突出位置相似（图 3-67）。

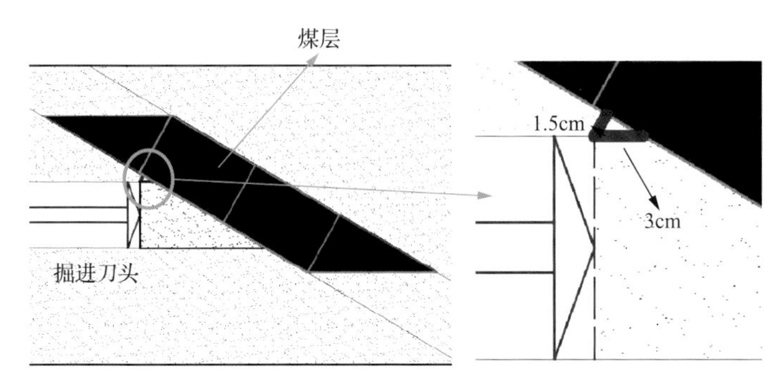

图 3-67 发生煤与瓦斯突出的掘进位置示意图

试验获取的突出现象与现场典型煤与瓦斯突出现象相似。突出时高压气流携带大量煤粉抛射而出，突出持续 2.1s（对应现场 11.5s），突出煤粉质量 24.5kg（对应现场 661.5t），突出煤粉最大抛射距离 11m（图 3-68）。

实验中突出发生时动力现象显现强烈，实验突出孔洞呈明显的口小腔大、上宽下窄的形态，孔洞深 18cm、宽 36cm、长 72cm，孔洞表面有层裂现象，和现场高度相似，实现了突出现象相似(图 3-69)。

图 3-68 大尺度煤与瓦斯突出煤体抛射现象

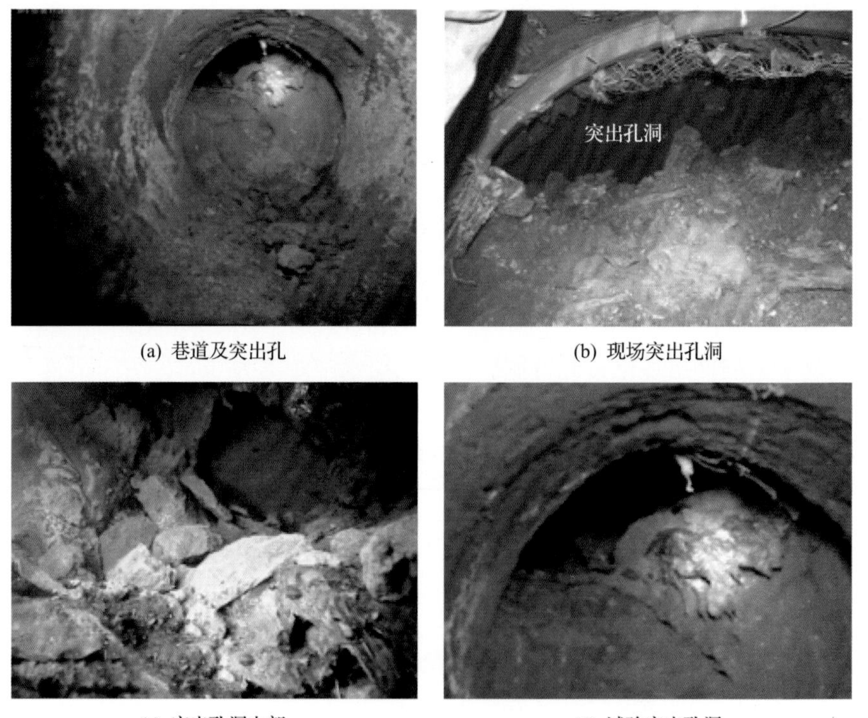

(a) 巷道及突出孔 (b) 现场突出孔洞

(c) 突出孔洞内部 (d) 试验突出孔洞

图 3-69 大尺度煤与瓦斯突出孔洞特征

B. 地应力变化规律

地应力传感器监测到了工作面前方岩体、煤层垂直应力随掘进面推进的变化趋势，如图 3-70 所示。对于工作面前方岩体(Ⅰ号地应力传感器处)，在巷道掘进距离 0～26cm(掘进时间 0～260s)时，其垂直应力为 0.39MPa，与应力加载值相同；在巷道掘进距离 26～32.5cm(260～325s)时，该处垂直应力开始随着工作面推进逐渐增长；直到掘进至传感器埋设处(掘进距离 32.5cm，掘进时间 325s 处)，传感器被挖出，应力完全卸除，此前该处的垂直应力达到峰值 1.35MPa，是原岩应力的 3.46 倍。对于Ⅱ号地应力传感器处的煤层，在巷道掘进距离 0～43cm(掘进时间 0～430s)时，其垂直应力为 0.39MPa，与应力加载值相同；在巷道掘进距离 43～49.5cm(430～495s)时，该处垂直应力开始随着工作面推进逐渐增长；在巷道掘进距离 49.5~51.5cm(495～515s)时，该处垂直应力开始随着工作面推进逐渐降低；在巷道掘进距离 51.5~53.5cm(515～535s)时，该处垂直应力稳定在 0.32MPa，直至突出发生，应力骤降为零。

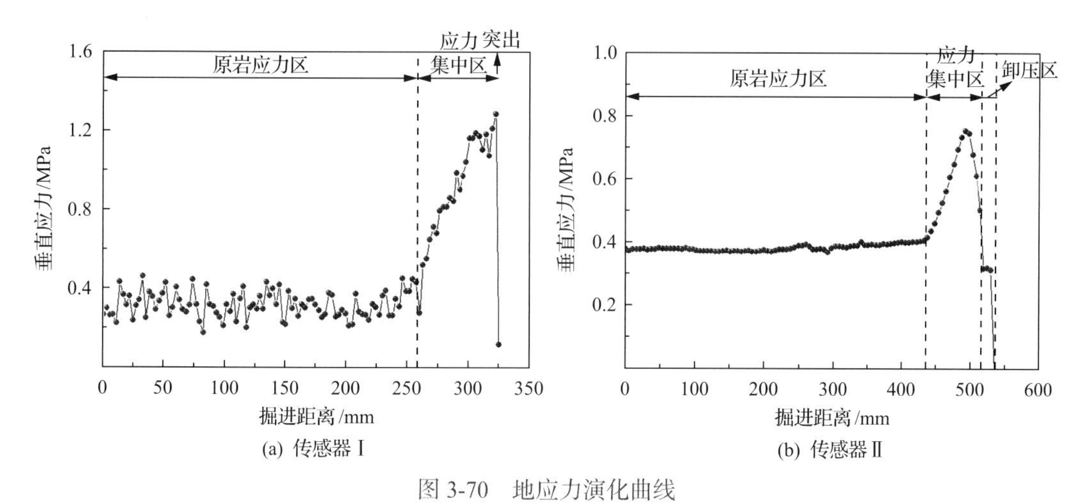

图 3-70 地应力演化曲线

理论分析认为，随着采掘工作面的推进，采空空间覆岩荷载向工作面前方转移，使前方一定范围内煤岩体垂直应力大于原始垂直应力，该范围称为集中应力区。在集中应力作用下，强度较低的围岩会发生破坏，破坏后以其残余强度继续承载，已发生强度破坏的区域称为塑性区，未发生强度破坏的区域称为弹性区。本试验中，围岩强度远大于垂直应力，在集中应力作用下岩体仍不会屈服破坏，岩体先后处于原岩应力区、集中应力区，最大垂直应力出现在工作面前方[图 3-70(a)]。煤体强度与原始垂直应力接近，当集中应力超过煤体强度时，煤体发生屈服，煤体先后处于原岩应力区、集中应力区、卸压区，应力分布规律见图 3-70(b)。

C. 气体浓度变化规律

试验中巷道风量依据现场风量设置为 0.32m^3/min，折合现场工作面风量 289m^3/min。试验监测到的巷道内瓦斯相似气体浓度在整个试验过程的变化趋势，如图 3-71 所示。当掘进进尺为 0～350mm 时，掌子面的气体浓度基本维持在 0.3%，与正常采掘工作面监测到的瓦斯浓度一致。这说明随着工作面不断靠近煤层，煤层向巷道内的气体渗出速度是稳定的。当掘进至 350mm 处时，监测到了气体浓度异常信号。工作面气体浓度出现小幅度增长，但仍处于安全瓦斯浓度 1%以内。当掘进至 387～480mm 时，工作面气体浓度持续上涨，在 1%～2%范围内上下波动。当掘进至 480～535mm 处时，工作面气体浓度波动范围扩展至 1%～3%，直至突出。巷道内气体浓度是煤层气体涌出的最直接反映。以上试验现象说明在突出之前存在着明显的瓦斯异常涌出，其变化规律与煤矿巷道现场掘进时一致。

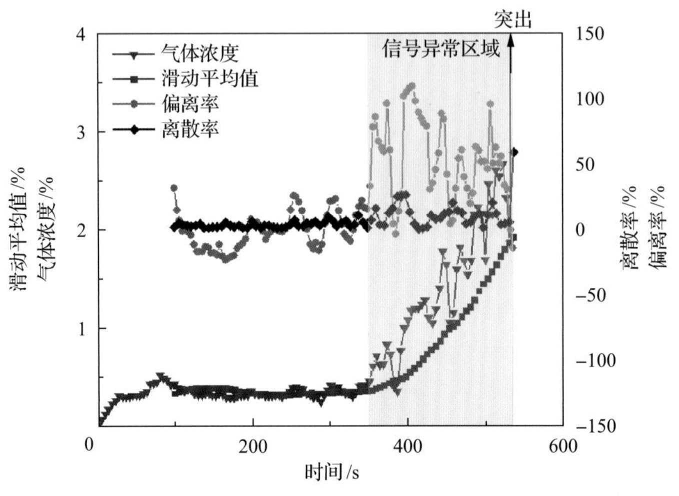

图 3-71 气体浓度及其变异系数演化曲线

巷道掘进过程中瓦斯的异常涌出及剧烈波动是岩层渗透性、瓦斯场、应力场等共同作用的结果。随着掘进面推进，工作面与煤层之间岩层厚度降低，会导致岩层透气性升高；而工作面前方由于应力重分布导致的集中应力会导致岩层渗透率降低，渗流速度变缓。此外，煤层损伤破坏引发的异常吸附解吸、煤层气体压力波动也会对岩层中的气体运移造成影响。

气体浓度信号具有极高的波动性和无序性，为全面反映突出前夕瓦斯异常涌出情况，计算了气体浓度随时间变化的滑动平均值、偏离率和离散率(统称变异参数)，其中，滑动平均值可以反映气体浓度的变化趋势，偏离率可以反映实时气体浓度偏离滑动平均值的程度，离散率可以反映一定时长内气体浓度的差异程度。可以发现，与掘进进尺为 0～350mm 时不同，当掘进至 350mm 处时，气体浓度-时间曲线的滑动平均值、偏离率和离散率均出现异常波动：滑动平均值出现了明显的上升趋势，偏离率波动幅度由±24%骤增至±80%，离散率波动幅度由 11.7%骤增至 30.6%。三个参数准确表征了气体浓度的异常。

D. 气体压力变化规律

试验监测到了巷道上方岩体、煤层在突出前后的气压变化趋势，如图 3-72 所示。可以发现，掘进进尺为 0～500mm 时，尽管掌子面渗漏了部分气体，煤层、巷道围岩的气压依旧是平稳的，分别维持在 1260kPa、920kPa，其原因为，煤层具有高吸附性，在大量煤层解吸气体的补充作用下，少量气体渗出并不会影响气压。当掘进至 500mm 处时，监测到了气压异常信号。巷道煤层、巷道围岩的气压开始出现下降趋势，并且在接下来的掘进过程中持续下降，直至突出。其整体下降幅度约为 10kPa，产生的原因为，随着工作面不断靠近煤层，煤层向巷道内的气体渗出速度加快，超过了煤层解吸气体的补充速度。工作面气体浓度在掘进至 500mm 处时的突增，则很好地证明了这一点。

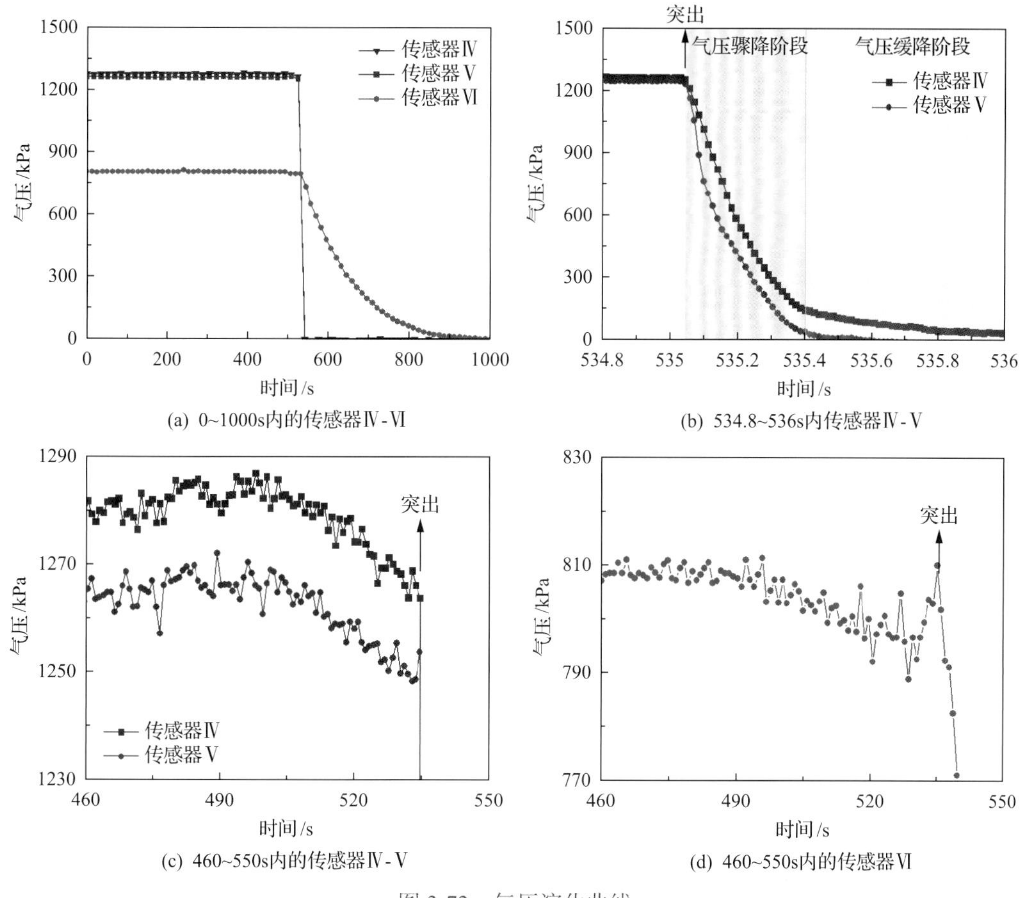

图 3-72 气压演化曲线

突出激发后，煤层气压分两个阶段降至大气压：骤降阶段、缓降阶段。在骤降阶段，煤体气压下降速度约为 3500kPa/s，可轻易将煤体抛出，并形成气固二相流。在缓降阶段，煤体气压下降速度低于 500kPa/s，无法抛掷煤体。这一阶段的气流可能是周边煤层、岩层解吸气体形成的。因此，当位于煤层最深处的传感器Ⅷ进入缓降阶段时，可以认为突出孔洞内煤体已完全抛出。该部分时间仅为 0.4s，占突出持续时间（2.1s）的 19%。剩余的 1.5s 为突出煤粉与高压气流在巷道中的高速抛掷时间。

E. 温度变化规律

试验监测到了巷道、煤层温度在突出前后的变化趋势，如图 3-73 所示。可以发现，除了传感器Ⅶ以外，传感器Ⅷ、传感器Ⅸ均监测到了温度的异常波动。传感器Ⅷ监测到巷道附近煤层的温度在掘进进尺为 195～405mm 时异常上升（最大幅度达 2.3℃）；在掘进进尺为 405～535mm 时在 9.5～10.6℃范围内上下波动。这是煤层内瓦斯吸附放热、解吸吸热持续变化的结果。由此可见，在突出之前的孕育阶段，煤层处于瓦斯吸附与解吸交替变化的非稳定状态。Ⅸ号温度传感器监测到工作面温度在掘进进尺 363～480mm 时在 2.9～5.4℃范围内异常波动，在掘进进尺 380～535mm 时在 2.9～7.6℃范围内异常波动。由于传感器Ⅸ一直处于气流影响区，其温度受通风气流温度的影响很大。也就是说，传感器Ⅸ监测到的温度异常波动是温度较高的煤层内气体异常涌出的结果。温度曲线与表征气体涌出特征的气体浓度曲线的变化趋势一致，则很好地证明了这点。

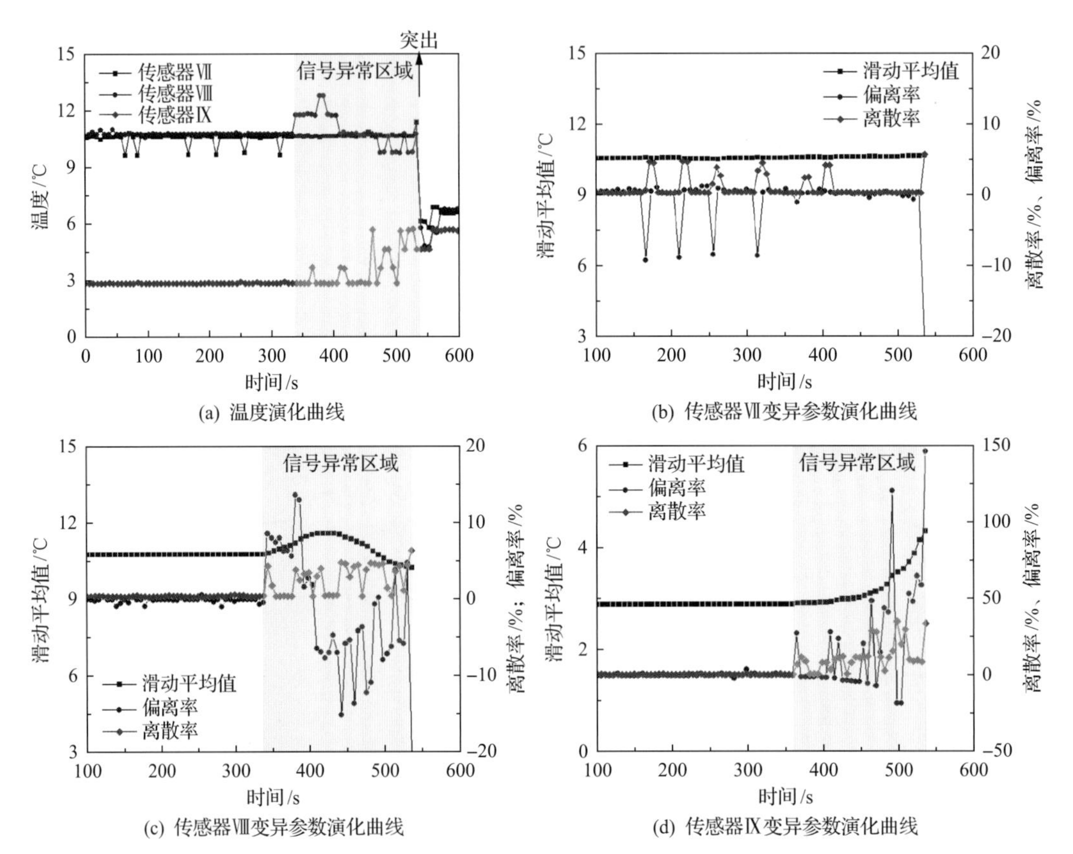

(a) 温度演化曲线

(b) 传感器Ⅶ变异参数演化曲线

(c) 传感器Ⅷ变异参数演化曲线

(d) 传感器Ⅸ变异参数演化曲线

图 3-73 温度及其变异参数演化曲线

为全面反映突出前温度的异常情况，计算了温度随时间变化的滑动平均值、偏离率和离散率。可以发现，在突出前，传感器Ⅶ、传感器Ⅷ、传感器Ⅸ监测到的温度-时间曲线的三个变异参数均出现了异常，后者辨识度极高。巷道及煤层的温度受煤层瓦斯压力、地层温度、应力场和瓦斯吸附解吸等多因素影响，且某一点的温度可以反映出周边范围内温度，这是温度信号的极大优势。

突出发生后，由于煤层吸附气体的剧烈解吸，Ⅶ号、Ⅷ号温度传感器监测到煤层温度骤降约 6℃，其持续时间约 2s，与突出的持续时间是一致的。巷道内的Ⅸ号温度传感器在突出发生后则随着突然溢出的气体呈现先升高后降低的趋势，该规律也证明巷道内温度变化确实是由于煤层内高温气体的溢出所致。

F. 煤与瓦斯突出参数敏感性分析

煤与瓦斯突出涉及煤体、地应力、瓦斯压力 3 个要素，当三者关系符合一定条件时，突出就会发生。突出危险性精准辨识的核心工作便是及时掌握以上三个因素的相互关系。受地质构造、水文地质条件的影响，不同工况中气固耦合煤体破坏机制多样，突出的前兆信息也是众多而复杂的。对于本工况，尽管其突出的机制非常复杂，但有一点是肯定的：巷道掘进产生的集中应力对含瓦斯煤体、岩体的破坏极大地促进了突出的发生。含瓦斯煤岩体破坏、瓦斯解吸导致的异常信息便成了突出预警的关键信息。这些信息包括但不限于：①煤岩体破裂产生的弹性波、电磁波和地应力异常；②瓦斯吸附解吸失衡以及因此产生的温度波动；③气体运移异常以及因此产生的气压和气体浓度异常。在掘进过程中，准确识别这些异常信号，即可实现突出的实时预警。

对监测到的信息进行了归一化处理，如图3-74所示。根据异常显现时间以及辨识度高低，巷道开挖揭煤过程中突出前兆信息的敏感性优先级为温度、气体浓度、地应力、气压，该序列为巷道掘进诱发的突出灾害预测提供了理论依据。

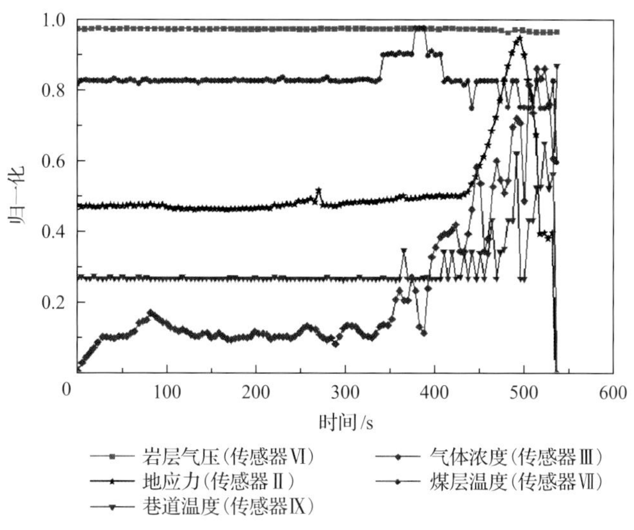

图3-74 煤与瓦斯突出前兆信息的归一化处理

3.5 煤炭开采冲击-突出复合型动力灾害发生机理及孕灾机制

随着煤炭开采深度的增加，煤岩体地应力受构造应力的影响逐渐加大，煤与瓦斯突出的发生与浅部矿区以瓦斯动力为主的情况具有明显的差异性；而且，深部高应力环境造成煤层、顶板及其组合结构冲击危险性显著增强，冲击性煤岩体蕴含的巨大弹性能是煤与瓦斯突出发生过程中的重要能量来源，在煤与瓦斯突出孕育过程中弹性能的蓄积、分布、转移等规律直接决定了煤与瓦斯突出发生的可能性；冲击-突出复合型动力灾害是深部高地应力、高瓦斯压力、坚硬顶板和低渗透煤体等多重工程地质环境综合作用的结果，是进入深部开采环境后面临的必然问题。2009～2015年，埋深大于700m的矿井共发生煤与瓦斯突出事故44起，约占同期煤与瓦斯突出事故总数的27.2%，死亡人数323人，约占同期煤与瓦斯突出事故死亡总人数的27.7%。因此，针对深部煤炭开采环境进行煤炭开采冲击-突出复合型动力灾害发生机理及孕灾机制研究，对于采取针对性的复合动力灾害预测、预警及治理技术解决深部煤矿开采面临的安全问题具有重要的科学意义和实用价值。

3.5.1 冲击-突出复合型动力灾害主要表现特征

近年来，在深部矿井高强度开采条件下，全国多数矿区在深部矿井开采过程中都出现了带有共性的以地应力为主导作用的动力灾害。例如，丁集煤矿 13-2 煤层在瓦斯压力 0.5MPa、瓦斯含量仅为 5.2m^3/t 的区域，掘进过程中发生了 3 次以地应力为主导的突出，其中 1 次为冲击地压诱导突出。中国平煤神马集团十二矿己 15 煤层具有突出、冲击地压双重危险，其中 4 次有明显的突出特征，1 次为冲击地压灾害。

以深部开采矿区丁集煤矿为例，收集了该矿区开采煤层基本物理力学参数，与典型瓦斯主导的松软突出煤层物理力学性质相比，此处煤层极限瓦斯吸附量较低，坚固性系数相对较大，且其顶板具有强冲击倾向性。

(1) 开采煤层基本参数。13-2 煤层为煤与瓦斯突出煤层，目前开采的 1222(1) 工作面标高–900～–850m，煤层平均厚 3.7m，平均倾角 3°，原始瓦斯压力为 0.5MPa。

(2) 事故信息。2009 年 4 月 19 日，丁集煤矿 13-2 煤层 1331(1) 运输巷掘进工作面发生一起由冲击地压引起的煤体压出。事故原因分析：事故工作面的煤层埋深达 870m，属深部矿井开采，地应力大；本区域煤层较硬，坚固性系数一般为 0.55 ~ 0.86；处于地质构造影响区，工作面距断层 16.7m，发生位置位于断层下盘。

3.5.2 冲击能量对冲击-突出复合型动力灾害的影响规律研究

1. 厚硬顶板条件下冲击-突出复合型动力灾害煤岩系统失稳破坏的动力学响应特征

1) 煤岩组合体试件加工制作及试验设备

试验所需煤岩样取自陕西彬长矿业集团有限公司胡家河煤矿 402102 泄水巷顶板。在现场选取完整性较好且未经风化的煤岩样密封后运回实验室；在实验室将煤岩样经过切割、取心、打磨加工成不同高度、直径均为 50mm 的试件。按岩-煤-岩的高度比为 2∶1∶2, 3.5∶3∶3.5 和 3∶4∶3 将试件自上而下用黏结剂黏合成 10 个 ϕ50×100mm 的标准试件。其中岩-煤-岩的高度比为 3.5∶3∶3.5 的组合体标准件 6 个，按岩石强度分为 3 组，组标号分别为 RCR1、RCR2、RCR3，分别对应为细砂岩、泥岩、粗砂岩；岩-煤-岩的高度比为 2∶1∶2 和 3∶4∶3 的粗砂岩组合标准件各 3 个，组标号分别为 RCR20、RCR30、RCR40，如图 3-75 所示。试验系统主要包括 RMT-150B 岩石力学试验系统、声发射监测系统、Nikon 数码相机录像采集系统和 SEM 扫描系统，如图 3-76 所示。

2) 煤岩组合体强度试验结果

试验开始后 RMT-150B 岩石力学试验系统逐渐对试件加压并同步进行数据采集，所获组合体基本物理力学参数如表 3-13 所示。从表 3-13 中可以看出，随着岩石强度的不断降低，顶板-煤柱-底板组合体的强度和弹性模量均有降低的趋势；随着煤层厚度占比的增加，顶板-煤柱-底板组合体的强度和弹性模量逐渐减小。

(a) 不同高厚比组合试件　　(b) 不同岩石强度组合试件

图 3-75　不同组合结构煤岩组合体标准试件

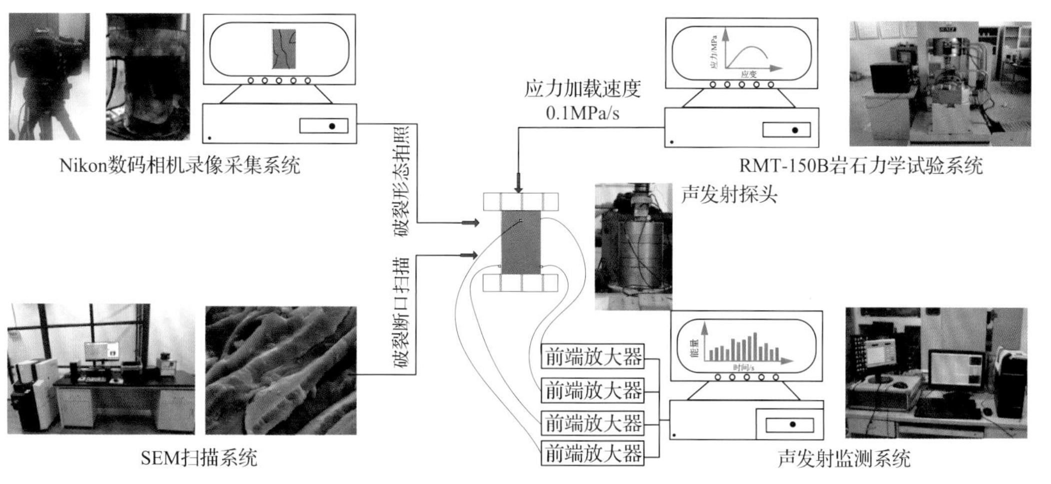

图 3-76　煤岩组合力学特性测试试验系统

表 3-13　煤岩组合体物理力学参数

顶底板岩性	试件编号	试件尺寸/(mm×mm)	岩-煤-岩的高度比	单轴抗压强度/MPa	弹性模量/GPa
细砂岩	RCR3-1	ϕ 50×99.20	3.5∶3∶3.5	24.36	3.33
	RCR3-2	ϕ 50×98.96	3.5∶3∶3.5	29.20	3.97
泥岩	RCR3-1	ϕ 50×100.02	3.5∶3∶3.5	17.82	3.48
	RCR3-2	ϕ 50×100.08	3.5∶3∶3.5	19.70	3.95
粗砂岩	RCR20-1	ϕ 50×98.98	2∶1∶2	23.16	3.68
	RCR20-2	ϕ 50×99.36	2∶1∶2	23.87	3.95
	RCR30-1	ϕ 50×101.36	3.5∶3∶3.5	23.40	3.43
	RCR30-2	ϕ 50×101.54	3.5∶3∶3.5	20.33	3.41
	RCR40-1	ϕ 50×99.68	3∶4∶3	13.36	1.52
	RCR40-2	ϕ 50×99.98	3∶4∶3	14.70	1.96

根据单轴压缩下岩石变形破坏的不同阶段和顶板-煤柱-底板组合体应力-应变曲线(图 3-77)可将组合体应力-应变曲线划分为四个阶段：上凹段、直线上升段、折线突降段、破裂后阶段。为便于进行顶板-煤柱-底板组合体强度分析，假设进行顶板-煤柱-底板组合体受力变形分析时，在层间黏聚力作用下相邻煤岩体不发生相对位移。岩石弹性模量为 E_R，泊松比为 ν_R；煤样的弹性模量为 E_C，泊松比为 ν_C。当 $E_R > E_C$、$\nu_C > \nu_R$ 时，由于煤岩泊松效应，在煤岩交界面处会存在摩擦剪力的夹持作用。在煤岩样中摩擦剪力为作用力与反作用力的关系，煤样中摩擦剪力沿径向指向交界面中心。因此，在煤岩样交界面一定范围内，煤样处于三向受压的受力状态；σ_2、σ_3 的存在在一定程度上提高了煤体的强度和弹性储能的能力，储存的弹性能会改变煤体内部煤颗粒微观结构。

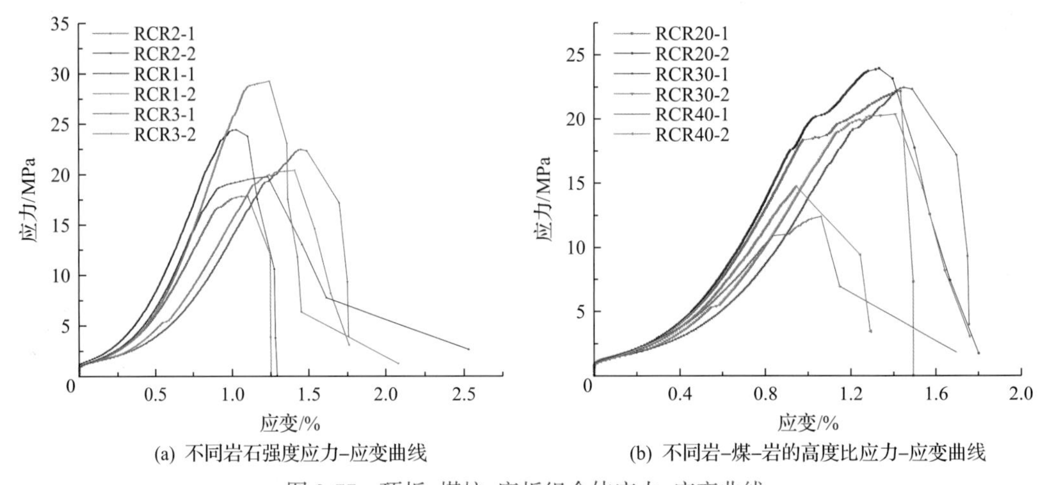

(a) 不同岩石强度应力-应变曲线　(b) 不同岩-煤-岩的高度比应力-应变曲线

图 3-77　顶板-煤柱-底板组合体应力-应变曲线

3) 顶板-煤柱-底板组合体变形破坏能量演化机制

根据热力学第一定律(假设外力做功时组合体与外界没有热量交换)，外力对组合体做功所产生的总能量 W 为弹性能 U_e 和耗散能 U_d 之和。统计岩石变形过程中的耗散能，结果如图 3-78 所示，图中显示试样加载阶段耗散能曲线斜率先增大后减小再增大。根据李扬杨等的分析煤样能量转化具有明显的阶段性特征，可分为能量初始积累阶段、能量加速积累阶段和能量快速耗散阶段。由图 3-79 和表 3-14 可知，随着煤样厚度占比的增加，顶板-煤柱-底板组合体破坏时总能量和弹性能逐渐降低，弹性能与总能量的比值基本保持在 63%。煤样厚度占比越小，岩石对煤体的夹持作用越发明显，此时组合体破坏失稳时总能量和弹性能较大。随着煤样厚度占比增大，远离交界面处的煤体基本不受夹持效应的影响。随着煤样厚度占比增大，煤层发生突出动力灾害时所需要的能量越小，煤层集聚的弹性能也越小。

由表 3-15 可知，随着岩石强度的降低，顶板-煤柱-底板组合体破坏失稳时所需要的总能量逐渐降低，弹性能基本保持不变，弹性能与总能量的比值逐渐增加。随着岩石强度的增大，岩石对煤体的夹持作用越发明显，煤体强度增大且组合体弹性储能明显增大，高弹性能在煤体中改变煤体微观结构，组合体破坏时大量的弹性能释放，随着弹性能增大煤体粉状破碎体占比逐渐增大。顶底板岩性的强度越大，越容易发生动力灾害。

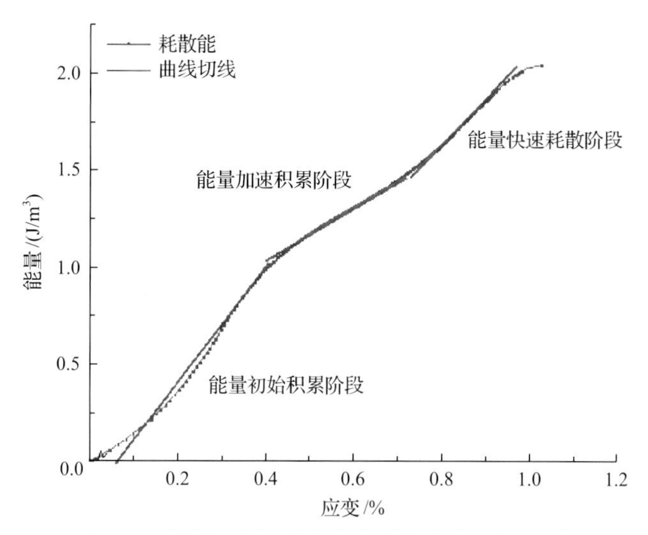

图 3-78 顶板-煤柱-底板组合体耗散能-应变曲线

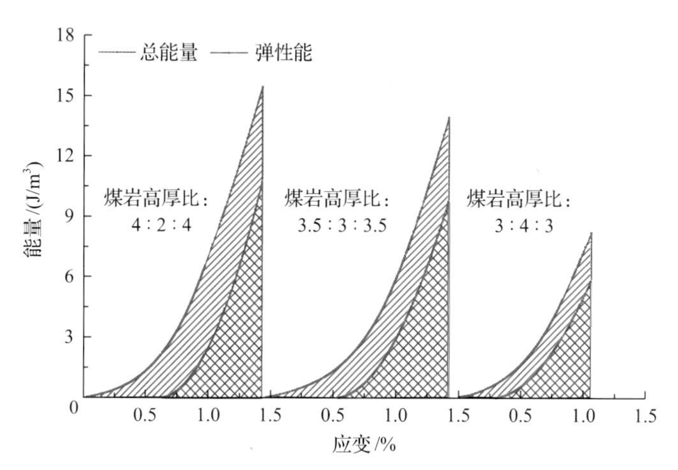

图 3-79 顶板-煤柱-底板煤岩组合体能量-应变曲线

表 3-14 顶板-煤柱-底板煤岩组合体能量表

岩-煤-岩的高度比	岩性	总能量/(J/m³)	平均值/(J/m³)	弹性能/(J/m³)	平均值/(J/m³)	比例
2∶1∶2	粗砂岩	14.80	15.45	9.67	9.58	0.62
		16.10		9.48		
3.5∶3∶3.5		14.36	13.93	8.92	8.75	0.63
		13.50		8.58		
3∶4∶3		6.51	8.24	5.03	5.18	0.63
		9.96		5.32		

表 3-15 不同岩性条件下顶板-煤柱-底板组合体能量表

煤-岩-煤的高度比	岩性	总能量/(J/m³)	平均值/(J/m³)	弹性能/(J/m³)	平均值/(J/m³)	比例
3.5∶3∶3.5	细砂岩	14.32 15.72	15.02	7.59 8.76	8.18	0.54
3.5∶3∶3.5	粗砂岩	14.36 13.50	13.93	8.92 8.58	8.75	0.63
3.5∶3∶3.5	泥岩	9.66 10.95	10.31	7.42 7.90	7.66	0.74

4) 顶板-煤柱-底板组合体破坏形态与声发射监测

图 3-80 反映了部分顶板-煤柱-底板组合体应力、破坏形态和声发射能量特征曲线。由测试结果可以看出，随着载荷的增大，声发射能量不断增加，并且有明显的阶段性特征。在 *OA* 段，顶板-煤柱-底板组合体内部产生声发射信号，但能量值较小，此时主要

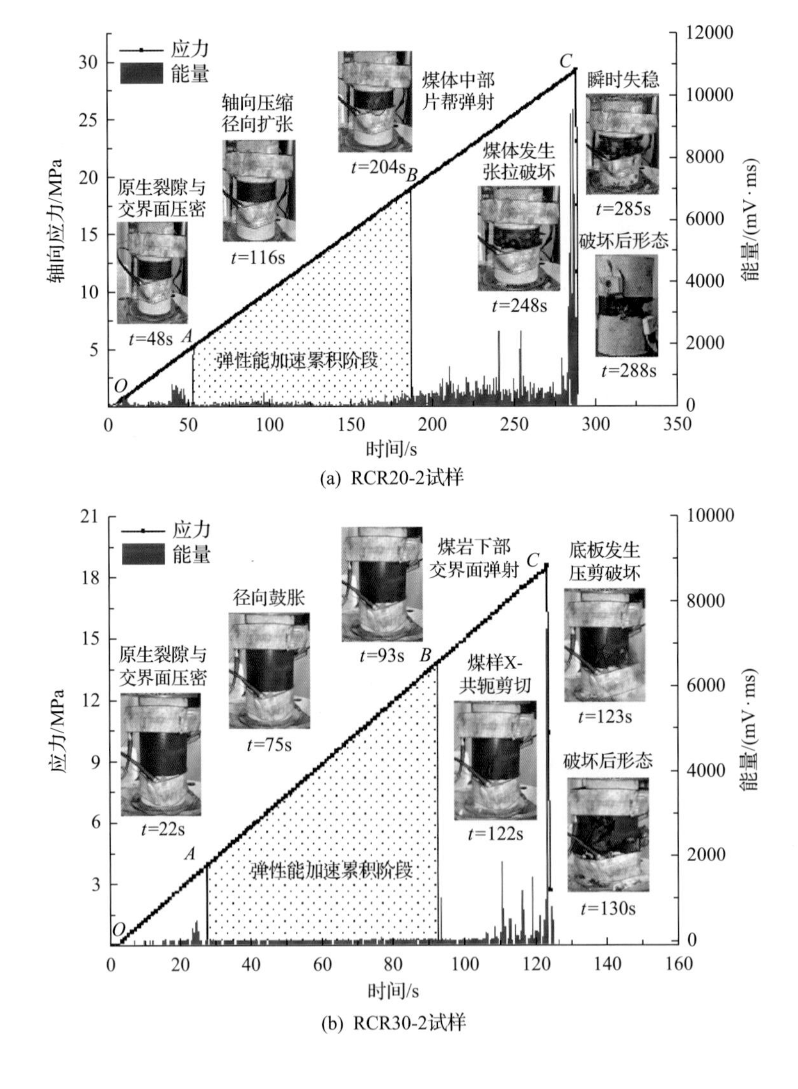

(a) RCR20-2试样

(b) RCR30-2试样

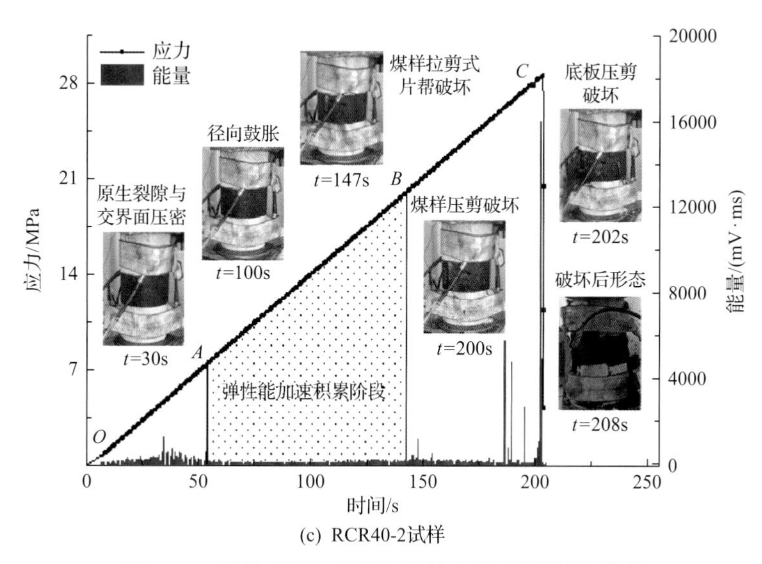

(c) RCR40-2试样

图 3-80 顶板-煤柱-底板组合体应力-能量特征曲线

是由顶板-煤柱-底板组合体内部原生孔隙、裂隙和交界面压缩密实产生声发射信号；在 *AB* 段，组合体主要发生轴向压缩和径向膨胀变形，弹性能加速累积，声发射信号较少，能量值较小；随着轴向应力的增加，进入 *BC* 段时，声发射信号较为密集，煤岩样内部开始出现新裂隙萌生和原始裂隙扩展，声发射能量值逐渐增大并伴随有突增点的存在。随着裂隙的扩展与贯通，顶板-煤柱-底板组合体开始出现宏观破坏，RCR3-2 和 RCR40-2 煤样在下部煤岩交界面处出现片帮弹射，RCR30-2 出现拉剪式片帮破坏。轴向应力逐渐增大，组合体损伤加剧，声发射能量值出现峰值且波动较为剧烈。当应力达到顶板-煤柱-底板组合体强度极限时，声发射能量值迅速升高达到最大，顶板-煤柱-底板组合体发生整体性破裂动力失稳。RCR3-2 由煤岩下部煤岩交界面处的拉剪破坏转变为煤体的单斜面剪切破坏，导致顶板-煤柱-底板组合体发生整体失稳，顶底板岩石均发生拉剪式片帮破坏，顶板-煤柱-底板组合体破坏时声发射最大能量值为 9968mV·ms；RCR30-2 煤样由局部拉剪破坏向压剪破坏过渡，煤体压剪裂纹延伸到底板岩石中导致顶板-煤柱-底板组合体发生整体性破坏，顶板-煤柱-底板组合体破坏时声发射最大能量值为 15980mV·ms。RCR40-2 煤体发生 X-共轭剪切破坏，底板岩石发生严重的压剪破坏，且底板破坏体较为破碎，组合体破坏时声发射最大能量值为 7856mV·ms。随煤层高度占比的减小，顶板-煤柱-底板组合体破坏时声发射能量的峰值逐渐增大。

2. 工作面围岩应力-裂隙-瓦斯渗流及能量场分布规律

1) 坚硬顶板条件下卸压开采应力-裂隙演化规律试验研究

A. 工程地质背景

以淮南矿业(集团)有限责任公司潘二煤矿 11223 工作面为工程背景构建厚硬顶板上行卸压开采地质模型，11223 工作面标高为–500.0～–460.0m。潘二煤矿 A3 煤和 B4 煤均为高瓦斯、突出煤层，开采地质和技术条件复杂。所构建的物理相似模型如图 3-81 所示，应力测点布置如图 3-82 所示。

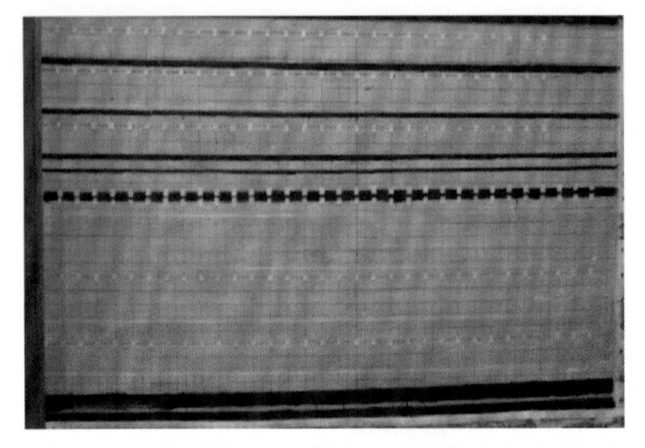

图 3-81 潘二煤矿 A3 煤与 B4 煤物理相似模型

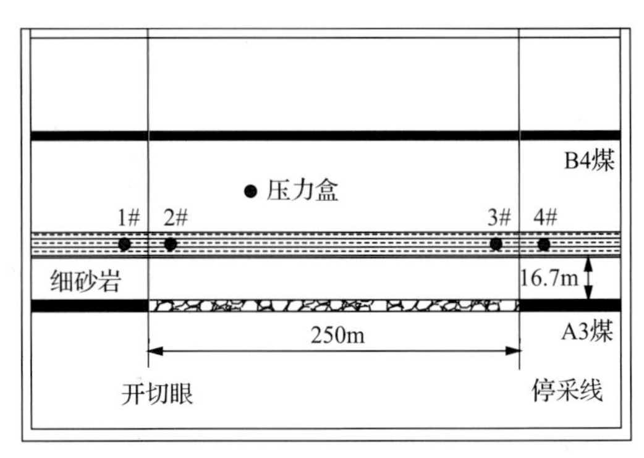

图 3-82 物理相似模型应力测点布置示意图

B. 坚硬顶板断裂对应力分布的影响

为研究坚硬顶板断裂对应力分布的影响，取应力测线上 1#、2#、4#压力盒(图 3-82)在开采过程中的应力数据进行分析。1#压力盒位于煤柱侧，煤柱侧应力增大，形成应力集中区，如图 3-83(a)所示，随着煤层的开采，1#压力盒应力数据增大。受厚硬顶板的影响，应力集中过程可分为两个阶段：第一阶段，坚硬顶板断裂前，由于坚硬顶板弹性模量大，聚集大量弹性能，应力增大速率较慢；第二阶段，A3 煤开采至 60m 时坚硬顶板断裂，弹性能瞬间释放，应力急剧上升，形成应力扰动，此时易发生冲击动力灾害。4#

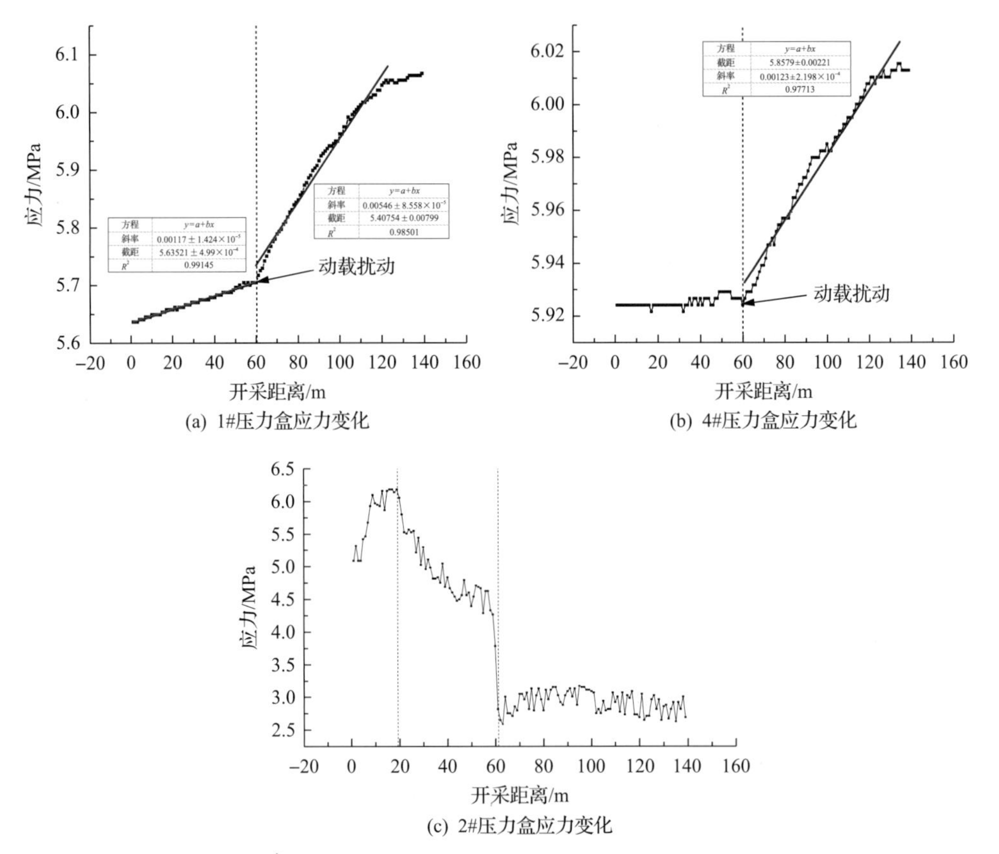

图 3-83 相似模型不同位置压力盒应力变化

压力盒同样位于煤柱侧，其应力变化规律与 1#压力盒一致，如图 3-83(b)所示。2#压力盒位于采空区侧，应力降低，处于卸压区。如图 3-83(c)所示，随着煤层的开采，2#压力盒应力数据先增大后减小，最后趋于平缓。煤层开采至 20m 时 2#压力盒位于未开采区，其应力增大，之后 2#压力盒处于采空区，其应力开始降低，当煤层开采至 60m 时坚硬顶板断裂，应力降低趋于平缓。

C. 厚硬顶板条件下卸压开采裂隙变化特征

分析坚硬顶板断裂前后裂隙分布特征，由图 3-84(a)可以看出，坚硬顶板断裂前，由于顶板弹性模量大，不易断裂，采空区只有直接顶垮落，出现大面积悬顶，悬着的坚硬顶板与两侧煤体形成简支梁结构，采场覆岩积蓄了大量弹性能及势能，这些能量由两侧煤体承担；随着煤层的推进，坚硬顶板达到极限垮落步距并发生断裂，如图 3-84(b)所示，坚硬顶板断裂后，与其所控制的岩层整体垮落，大面积顶板垮落会造成工作面来压剧烈。岩层整体垮落带来的应力重新分布必然对现场支护造成较大的困难。一方面，支架需要承受瞬间的高应力冲击；另一方面，煤柱范围的集中应力被释放会使煤壁方受到较大的剪切力影响，使得“砌体梁”结构被破坏，导致支架需要承受跨度、高度都较大的不规则岩块的重量。

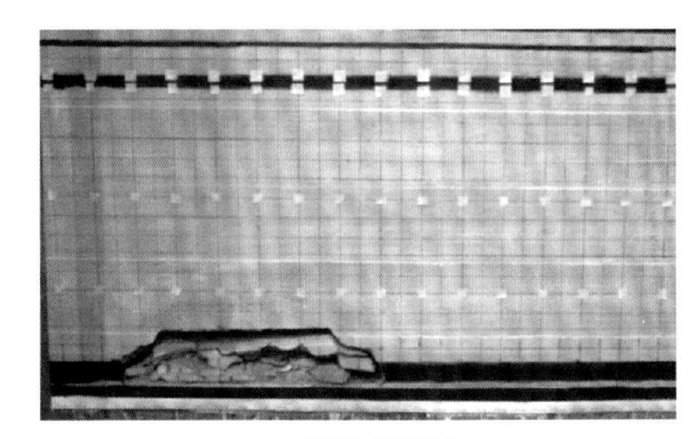

(a) 关键层断裂前

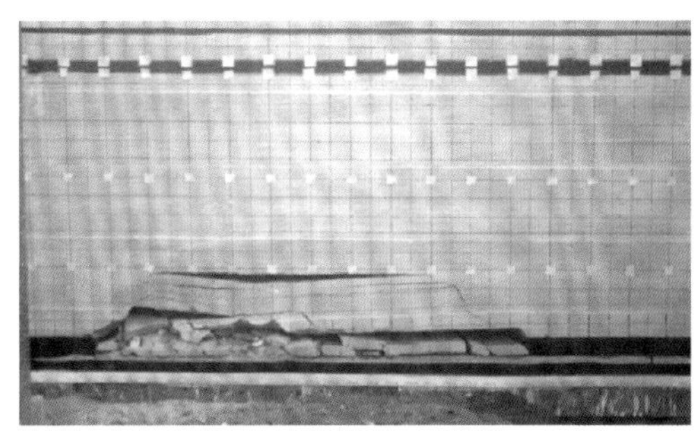

(b) 关键层断裂后

图 3-84 坚硬顶板断裂前后裂隙分布特征

2)坚硬顶板条件下卸压开采渗透率分布特征

A. 模型构建

基于 11223 工作面远程卸压保护 B4 煤的工程背景，构建了尺寸为 X=300m、Y=400m、Z=168m 的 FLAC^{3D} 数值模型(图 3-85)。模拟工作面长度 180m，上下两巷宽 5m，高 5m，煤层倾角 13°，A3 煤与 B4 煤的法向间距为 79.2m。本次模拟采用莫尔-库仑本构模型，开挖之后的采空区采用双屈服(*D-Y*)模型，具体参数如表 3-14、表 3-15 所示。模型底部设置固定边界，四周设置滚轴边界，顶部施加 10MPa 压力模拟上覆未模拟岩层。基于采空区岩体压实理论，根据覆岩“三带”(即垮落带、裂隙带、弯曲下沉带)中应力、裂隙分布特征渗透率的关系，利用 FLAC^{3D} 内嵌的 FISH 语言对渗流模块进行二次开发，模拟 A3 煤远程卸压被保护层 B4 煤过程中围岩渗透率的变化规律。其中，不同分带内的渗透率的定义是本次建模的关键。

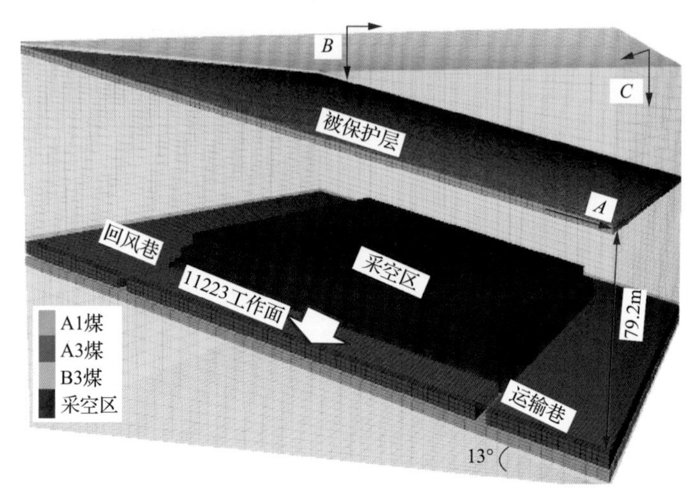

图 3-85 基于 11223 工作面的 $FLAC^{3D}$ 数值模型

B. 数值模拟结果分析

本次模拟采用 $FLAC^{3D}$ 中渗流模块进行计算，默认单位为 $m^2/(Pa\cdot s)$，与常用渗透率单位 mD 的换算需要除以甲烷的动力黏度 $1.1067\times10^{-5}Pa\cdot s$(常压，25°)，与实测煤层渗透率单位 $m^2/(MPa^2\cdot D)$ 关系如下：

$$1mD=42m^2/(MPa^2\cdot D)=9.036\times10^{-11}m^2/(Pa\cdot s) \quad (3\text{-}42)$$

所以，B4 煤原始渗透率 $0.016m^2/(MPa^2\cdot D)$ 转换成 $FLAC^{3D}$ 中渗流单位后大小为 $3.442\times10^{-14}m^2/(Pa\cdot s)$。

11223 工作面推进 300m 后 B4 煤渗透率变化分布范围呈“O”形分布，走向沿 Y=200m 对称，倾向沿 X=120m 对称。卸压后 B4 煤的渗透率由边缘向中心逐级增大到 5.0×10^{-12}～$8.36\times10^{-11}m^2/(Pa\cdot s)$，扩大了 145.2～2428.8 倍，说明 A3 煤远程卸压被保护层 B4 煤具有良好的卸压增透效果。

煤层倾角导致岩层移动的非对称性，从而被保护层的卸压增透区域在 X 方向具有明显的偏态特征。一方面，卸压增透区域倾向上沿 X=120m 对称，而并非工作面中部的沿 X=150m 对称，该区域向运输巷侧整体偏移 30m；另一方面，随着走向推进长度的增加，4 煤对应工作面中间位置的部分重新压实，渗透率恢复至原始渗透率状态，而在工作面中部左侧 X=120m 时渗透率最大，达到 $8\times10^{-11}m^2/(Pa\cdot s)$，工作面中部右侧 X=190m 时渗透率最大，达到 $5.5\times10^{-11}m^2/(Pa\cdot s)$，即沿倾向方向被保护层卸压增透效果为中下部＞中上部＞中部，这与倾向相似材料模型 B4 煤膨胀变形曲线“双峰”规律相吻合。

由图 3-86 可知，在“O”形卸压增透区域内渗透率由边缘向内侧增加的过程中，渗透率达到 $3.5\times10^{-11}m^2/(Pa\cdot s)$以后，增加速率变快，此时，可认为该数值所对应位置为压裂区与采空区的边界。按照此边界划分卸压角，如图 3-87 所示，工作面走向卸压角为 62°和 64°，倾斜上部卸压角为 59°，下部卸压角为 66°，与相似模拟结果基本一致。有效卸压范围呈正梯形，渗透率增大范围为倒梯形，有效卸压范围以岩层断裂线为界限，该范围内的煤层渗透率明显高于压裂区内的渗透率。A3 煤开采后，关键层 1(基本顶)垮落

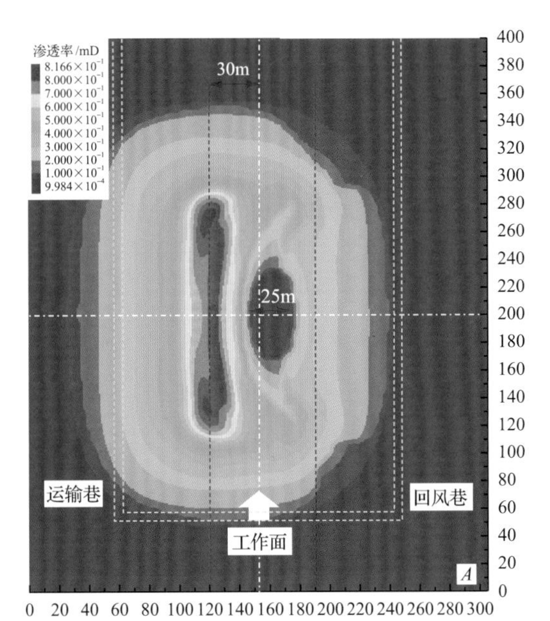

图 3-86 保护层开采后 B4 煤渗透率分布特征

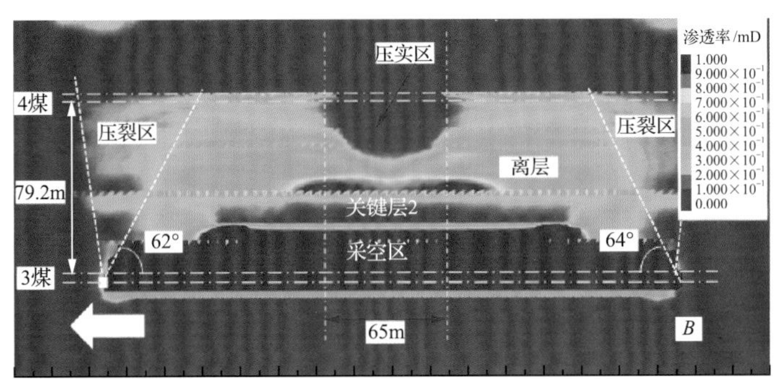

(a) B剖面(X=150m)

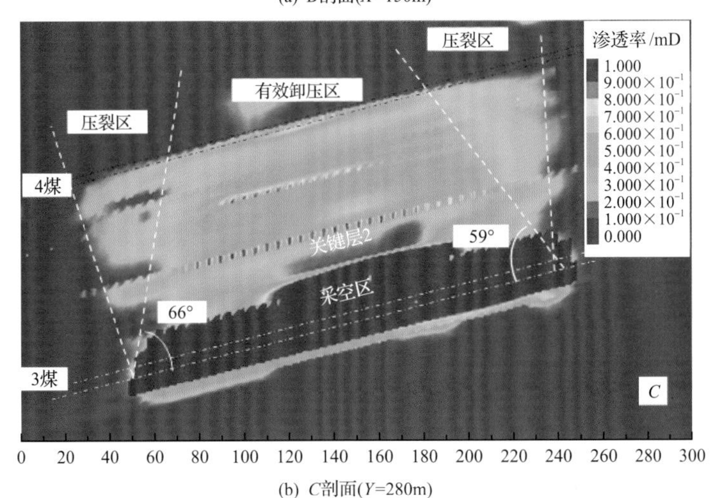

(b) C剖面(Y=280m)

图 3-87 保护层开采后围岩渗透率分布特征

在采空区范围内，并未对上覆岩层渗透率变化产生影响。关键层 2 内渗透率变化较小，而在岩层断裂线附近及其上方的离层裂隙有较大幅度增加，说明关键层 2 不易破断，从而阻碍其上覆岩层渗透率进一步增大。

3.5.3 冲击–突出复合型煤岩瓦斯动力灾害发生的动态演化规律研究

1. 深井高应力高刚度煤岩瓦斯复合动力灾害模拟装备

自主研制了深井高应力高刚度煤岩瓦斯复合动力灾害模拟装备，其主要由力学加载系统、环境模拟系统、监控系统、致灾效应模拟系统四大系统构成，同时还具备除尘装置等辅助设备，如图 3-88 所示。

(a) 力学加载系统

(b) 环境模拟系统

(c) 监控系统

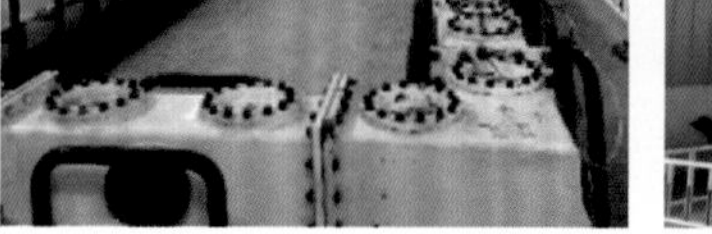

(d) 致灾效应模拟系统

图 3-88 高应力高刚度煤岩瓦斯复合动力灾害模拟装备

2. 厚硬顶板条件下动力灾害物理相似模型构建

1) 相似材料准备

根据前期相似材料配比研究结果，所用原料如表 3-16 所示。将取出的煤样运至实验室，经破碎筛分后使用。

2) 相似材料压制及传感器铺设

相似材料制作采用分层压制，预压压力为 25MPa，压制层数考虑传感器布置位置，共分 4 层。相似材料养护时间为 30d；相似材料成型保压时间为 30min。在压制模型的同时，将传感器布置在模型内部。以 0.1m、0.35m、0.6m 将相似材料划分为 3 个传感器布置平面，在竖直面上，以距离突出口 0.1m、0.35m、0.75m、1.15m、1.5m 为竖直面，将相似材料划分为 5 个传感器布置立面。箱体内共布置传感器 31 个，其中气体压力传感器 12 个、地应力传感器 13 个、温度传感器 6 个，具体布置情况如图 3-89 所示。

表 3-16 厚硬顶板条件下动力灾害物理模型相似材料配比原料 (单位：%)

原材料	备注	质量比
水泥	425 号普通硅酸盐水泥	7
砂子	普通干燥河砂、粒级为 40～20 目	5.5
水	一般自来水	8.5
活性炭	圆柱状，碾压后为 ϕ 3.6mm×5.6mm 颗粒状、干燥	0.84
粉煤	自然干燥，粒级 80～40 目、40～20 目，二者质量比 1∶1	78.16

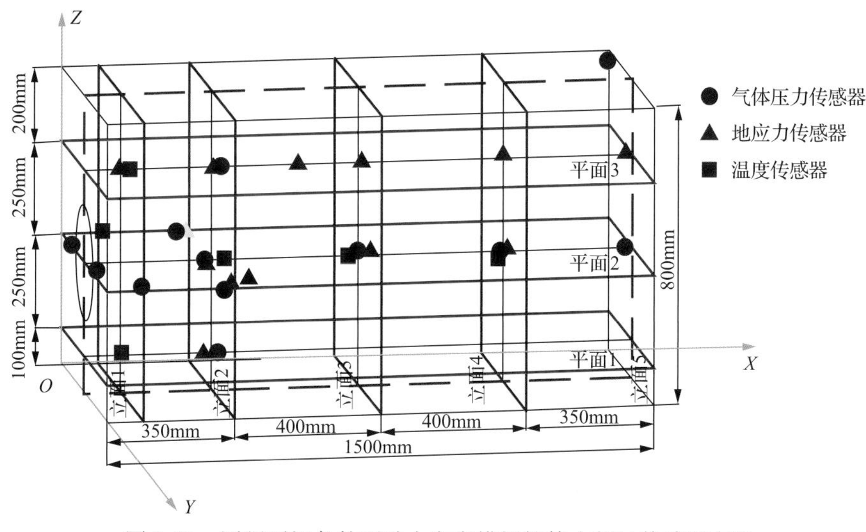

图 3-89 厚硬顶板条件下动力灾害模拟箱体内部的传感器布置

3. 冲击-突出复合型煤岩瓦斯动力灾害模拟实验

1) 实验模拟原型

根据现有资料，选择 2009 年淮沪煤电有限公司丁集煤矿“4·19”事故作为实验模拟原型。发生事故的地点为 13-2 煤层 1331(1)运输机巷掘进工作面。1331(1)运输机巷掘进工作面位于丁集煤矿东二采区，北部邻近正在掘进的 1321(1)工作面，工作面周围均为未采区，标高-855～-780m。工作面设计走向长 1740m，平均煤厚 3.2m，平均煤层倾角 2°，煤层瓦斯含量为 5.2m^3/t。事故点埋深 870m，煤厚 3.1～3.2m。该巷道采用综掘机掘进，设计巷道断面宽为 5.0m，高 3.2m，支护方式为锚带网加锚索梁组合支护。于 2008 年 10 月开始掘进，至 2009 年 4 月 19 日共掘进 610m。

此次事故为由冲击地压引起的煤体压出，具有如下特征：

(1) 本次动力现象共涌出瓦斯量为 235.4m^3，煤量为 35t。动力现象发生后工作面瓦斯浓度传感器 T2 最大值为 3.02%，动力现象形成的腔体底部在事故发生 135h 后的瓦斯浓度为 0.8%左右。

(2) 事故发生前当班没有煤炮声，回风瓦斯浓度没有异常变化。巷道右帮和工作面煤壁有片帮，其中巷道右帮片落宽度约 1.6m，深度最大 0.5～0.6m；工作面前方右侧煤壁片落宽度约 2m，深度约 0.9m。

(3)煤体有抛出现象，堆积煤炭距工作面的距离为 4～6m。煤体抛出后形成的腔体位于工作面右帮和工作面煤壁交接区域，呈楔形，宽 3～4m，深 6～7m。堆积煤炭没有明显分选现象。

(4)本区域煤层较硬，坚固性系数一般为 0.55～0.86，软分层坚固性系数为 0.3，顶板完整。

事故直接原因：这是一起在煤层埋藏深、地应力大，又处于地质构造影响区条件下，工作面掘进过程中由局部冲击地压引起煤体压出的动力灾害事故。

2) 实验方案与步骤

实验采用 CO_2 作为实验气体，模型尺寸为 1.5m×0.8m×0.8m，基于原型条件及相似比设计，实验条件如表 3-17 所示。

表 3-17 煤岩瓦斯动力灾害相似模拟实验条件

几何相似比	地应力、气压相似比	轴压/MPa	侧压/MPa	气体压力/MPa
3.5	1	16	3	0.5

煤岩瓦斯动力灾害相似模实验分为以下三个步骤。

(1)应力加载。在驱替一定时间后，对模型施加初始侧向和轴向应力。

(2)充气吸附。将出气口关闭，往箱体内部和泄爆装置平衡气室同步充气，保持爆破片两侧压力小于其爆破压力 0.4MPa，保持一定时间确保充入气体基本达到吸附平衡。

(3)激发及数据采集。在吸附基本平衡后，向泄爆装置平衡气室充入过压气体，大于 0.4MPa，诱发灾害发生。从应力加载就开始实时监测相似材料内部及巷道中的数据，而激发时启动高速采集，最终采集巷道内的煤粉分布情况及动力灾害孔洞形状等表象特征，以便后期对数据进行统计分析。

3) 实验结果与分析

(1)图 3-90 为气体压力传感器布置以及实验过程气体压力变化曲线。由图 3-90(b)可以看出，在 30.4s 时刻动力灾害发生，随着气体涌出，突出口附近(箱体壁面距突出口 5cm)气体压力在 1.5s 内迅速降低至 0MPa，如图 3-91(c)所示。

(2)应力变化规律。

煤岩瓦斯动力灾害孕育阶段，采掘作业破坏了原有的应力平衡，使原本由采掘空间内煤岩体承受的载荷向周围煤岩体转移，应力重新分布，形成卸压带、集中应力带、原始应力带。应力传感器整体布置情况及动力灾害过程中应力变化情况如图 3-91 所示。同一平面上，灾害发生前应力沿突出口向内部（沿 X 轴方向）呈现“低-高-低”的分布状态，与采掘工作面前方应力分布状态近似。

(3)温度变化规律。

煤岩瓦斯动力灾害发生过程中，煤体内部由于能量转化及气体解吸等综合作用，突出瞬间温度快速下降，从接近30℃下降到26℃，如图3-92所示。

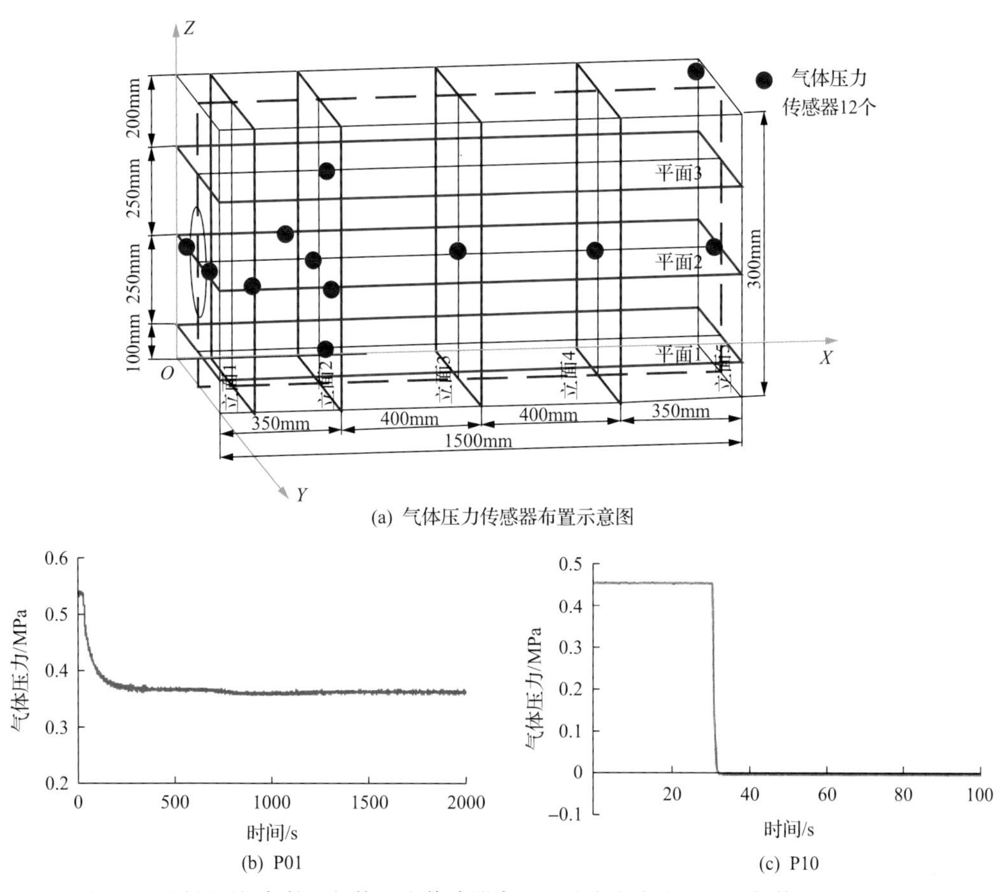

(a) 气体压力传感器布置示意图

(b) P01

(c) P10

图3-90 厚硬顶板条件下气体压力传感器布置及动力灾害发生过程气体压力变化规律

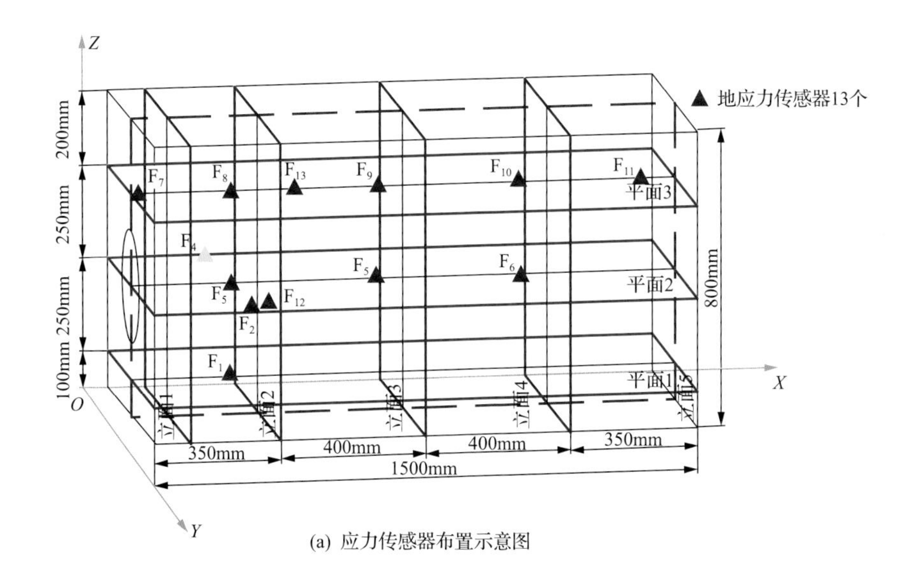

(a) 应力传感器布置示意图

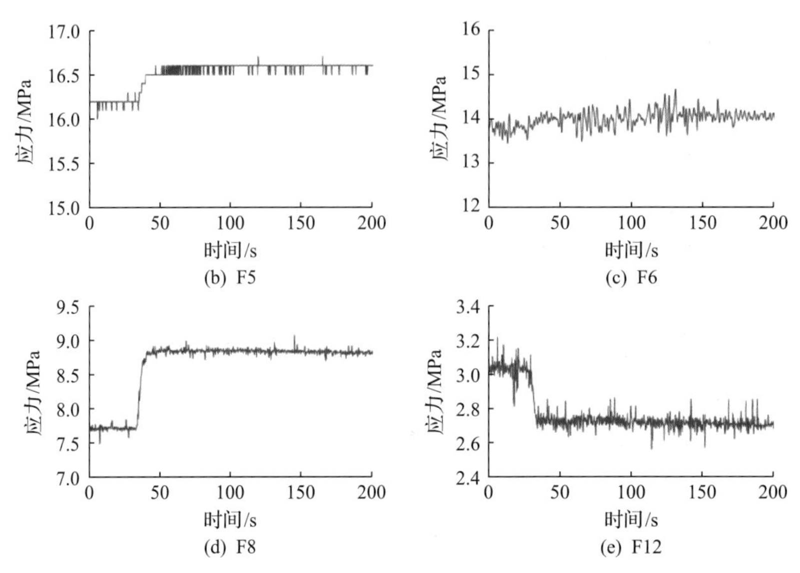

图 3-91 厚硬顶板条件下应力传感器整体布置情况及动力灾害发生过程应力变化规律

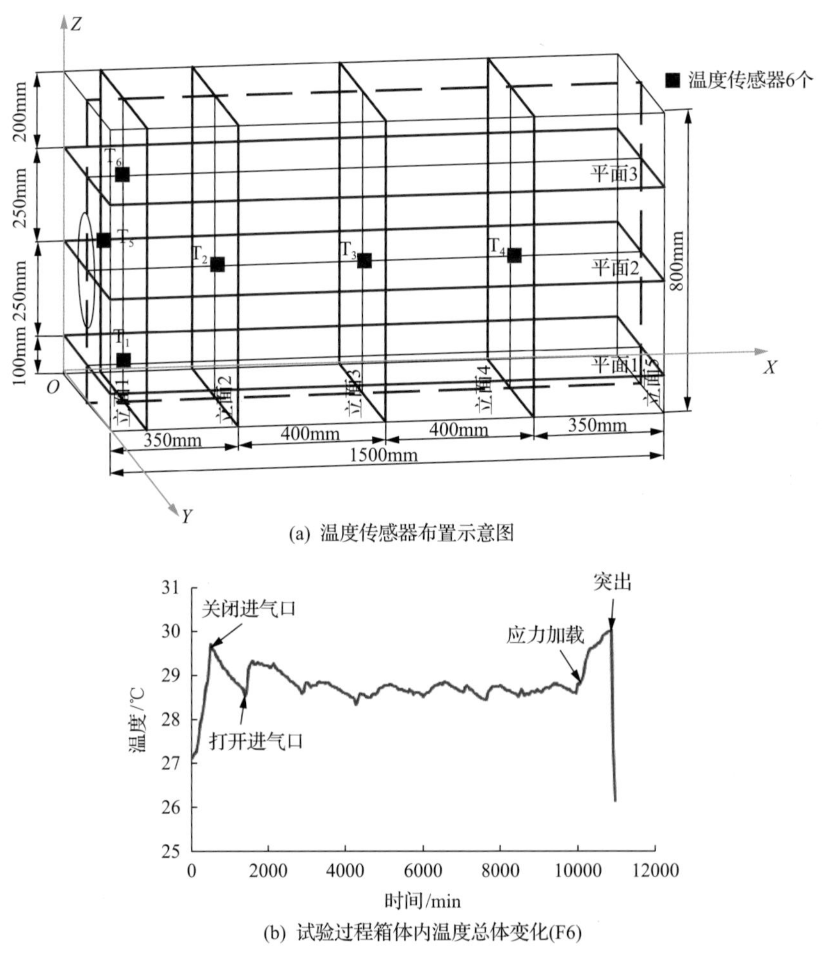

图 3-92 厚硬顶板条件下温度传感器布置及灾害发生前后温度变化规律

(4) 动力灾害孔洞。

动力灾害后形成的孔洞深度约 15cm，孔口处宽度最大为 30cm，整体形状近似于不规则半椭球形。孔洞内煤壁上部呈明显的层状破裂形态，如图 3-93 所示。

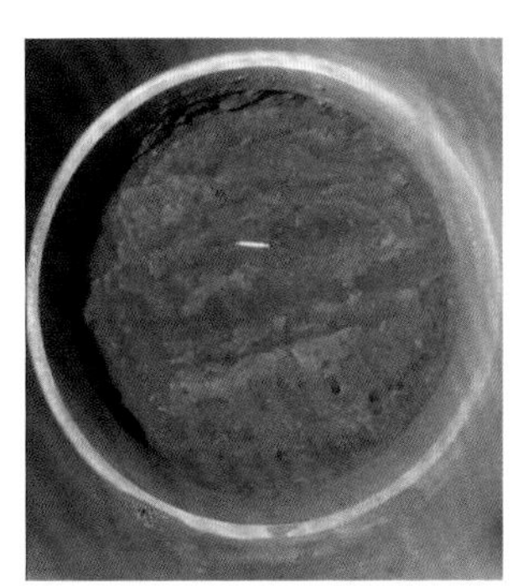

图 3-93　厚硬顶板条件下动力灾害前后突出孔洞情况

3.5.4　煤炭开采冲击–突出复合型煤岩瓦斯动力灾害孕灾机制探讨

煤层开采过程中坚硬顶板达到一定条件时会突然断裂，造成高应力集中并给煤体施加冲击载荷，形成冲击能量，当高应力区域的煤体应力超过峰值强度后，煤岩变形系统失稳，煤体破坏形成耗能的塑性变形区，在顶板断裂线附近煤体被整体挤出而激发冲击地压。输入煤体的冲击能量进一步促使吸附瓦斯解吸膨胀，煤岩体裂纹、裂隙被游离瓦斯充满，在冲击能量和瓦斯膨胀能共同作用下，克服了煤体粉碎功、煤岩体抛出功以及煤体发热发声等能量耗散，煤岩体破坏并被快速抛入巷道内，且瓦斯异常涌出，完成了煤与瓦斯突出的激发阶段。煤体的变形破坏改变了煤体透气性，局部区域形成高压瓦斯集聚；冲击引起的矿体震动会使部分吸附瓦斯解吸，从而有更多的游离瓦斯通过裂隙涌出，当塑性变形区内储存的瓦斯及其周围煤岩体裂隙、孔隙大量解吸的瓦斯在冲击能量和瓦斯膨胀能共同作用下迅速喷出，发生冲击–突出复合动力灾害，如图 3-94 所示。

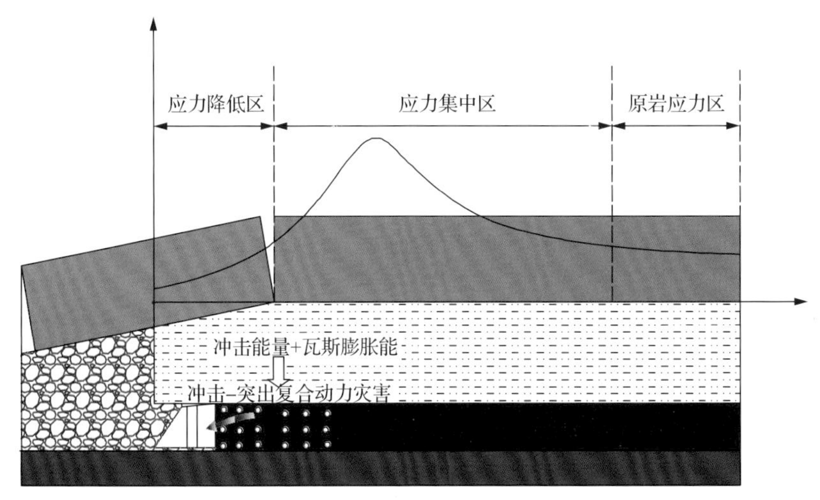

图 3-94　冲击–突出复合动力灾害发生机理

根据灾害诱因及其作用时序，煤岩瓦斯冲击-突出复合动力灾害可划分为冲击诱导突出型、突出诱导冲击型、突出-冲击耦合型动力灾害。冲击-突出复合动力灾害的发生机理和能量判别准则如图 3-95、图 3-96 所示。

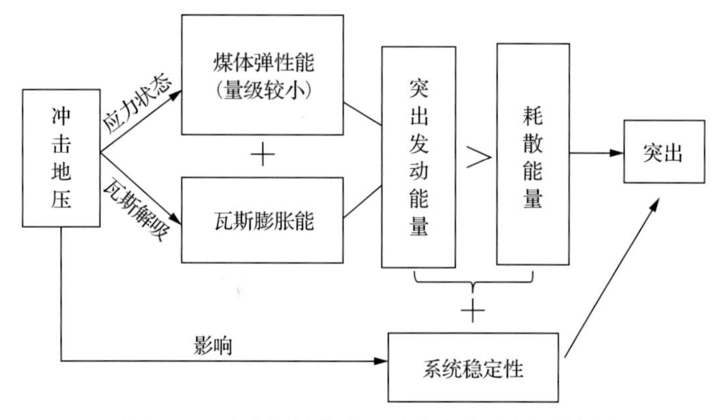

图 3-95 冲击诱导突出型动力灾害能量准则图

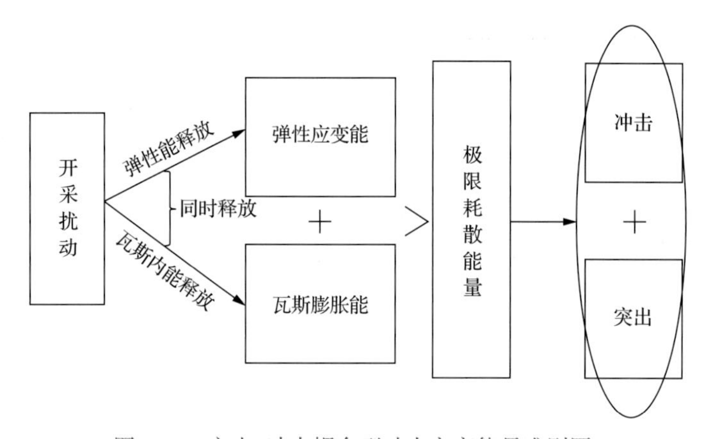

图 3-96 突出-冲击耦合型动力灾害能量准则图

第 4 章　冲击地压风险智能判识与监控预警理论及技术体系

4.1　冲击地压力学机理与分类

4.1.1　冲击地压三场耦合致灾机理

1. 三场耦合诱发机理的提出

随着采深增加、开采强度加大、开采布局变得复杂，冲击地压灾害发生的概率逐渐增加。冲击地压发生存在临界开采深度，已经成为国内外科研工作者的基本共识，然而我国一些浅部矿井也开始发生严重的冲击地压，如神华新疆能源有限责任公司宽沟等煤矿出现冲击地压的临界开采深度仅为 170～350m。浅部区域的采深小，静载压力小，按照传统理论与认识，不足以诱发冲击地压。一般来说，煤岩的冲击倾向性越强，越容易发生冲击地压，但也存在弱或无冲击倾向的煤岩发生冲击地压灾害。以上现象表明，冲击地压发生机理极为复杂，诱发因素多样，仍需要进行深入研究，从而揭示冲击地压发生的内在机理，为冲击地压防治奠定理论基础。

窦林名等提出了冲击地压的动静载叠加作用机理用于解释冲击地压现象。同时针对动静载理论提出了“应力场-震动波场”的综合监控预警技术体系。国内外学者也对煤岩体在动静载作用下的破坏特征、冲击显现特征展开了大量相关研究，动静载叠加冲击理论逐渐被认识、接受和应用。

根据能量判别准则，以单位体积煤岩体为研究对象，冲击地压是煤体—围岩系统所受载荷达到系统强度极限时产生突然破坏，煤岩体释放的能量大于消耗的能量时产生的动力现象。能量判别准则可表示为

$$\frac{\mathrm{d}U}{\mathrm{d}t}=\frac{\mathrm{d}U_{\mathrm{R}}}{\mathrm{d}t}+\frac{\mathrm{d}U_{\mathrm{C}}}{\mathrm{d}t}+\frac{\mathrm{d}U_{\mathrm{S}}}{\mathrm{d}t}>\frac{\mathrm{d}U_{\mathrm{b}}}{\mathrm{d}t} \tag{4-1}$$

式中，U_{R} 为围岩中储存的能量；U_{C} 为煤体中储存的能量；U_{S} 为矿震能量；U_{b} 为冲击地压发生时消耗的能量。煤岩体中储存的能量和矿震能量之和可用式(4-2)表示：

$$U=\frac{(\sigma_{\mathrm{s}}+\sigma_{\mathrm{d}})^2}{2E} \tag{4-2}$$

式中，σ_{s} 为煤岩体中的静载荷；σ_{d} 为矿震形成的动载荷。

而冲击地压发生时消耗的最小能量可用式(4-3)表示。其中，σ_{bmin} 为发生冲击地压时的最小应力。

$$U_{\mathrm{bmin}} = \frac{\sigma_{\mathrm{bmin}}^2}{2E} \tag{4-3}$$

因此，冲击地压的发生需要满足如下条件，即

$$\sigma_{\mathrm{s}} + \sigma_{\mathrm{d}} \geqslant \sigma_{\mathrm{bmin}} \tag{4-4}$$

也就是说，采掘空间周围煤岩体中的应力场与震动场叠加，超过煤岩体冲击的临界强度，同时煤岩体消耗的能量小于煤岩体能量场积聚的能量时，诱发冲击地压灾害，如图 4-1 所示。这就是冲击地压的“应力场—震动场—能量场”三场致灾机理。

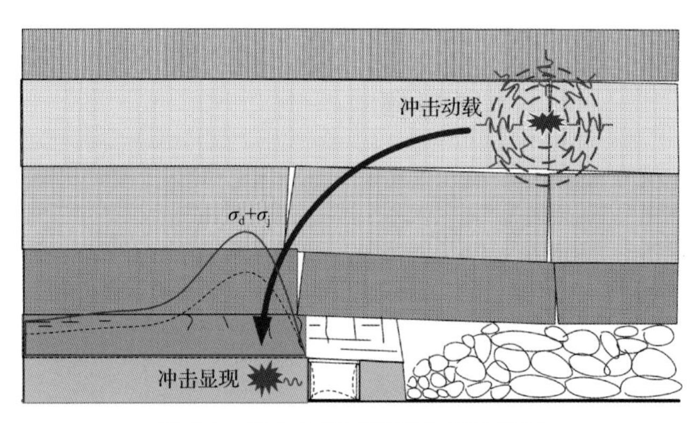

图 4-1　冲击地压三场耦合诱发模型

2. 采掘围岩三场分析

1) 应力场分析

一般情况下，采掘空间周围煤岩体中的静载荷由地应力 σ_{s1} 和支承压力 σ_{s2} 组成，即

$$\sigma_{\mathrm{s}} = \sigma_{\mathrm{s1}} + \sigma_{\mathrm{s2}} = (k+\lambda)\gamma H \tag{4-5}$$

式中，γ 为上覆岩层的容重；H 为采深；λ 为水平应力系数；k 为支承压力集中系数。

而地应力则由自重应力和构造应力组成：

$$\sigma_{\mathrm{s1}} = \gamma H + \lambda\gamma H = (1+\lambda)\gamma H \tag{4-6}$$

支承压力则可表示为

$$\sigma_{\mathrm{s2}} = (k-1)\gamma H \tag{4-7}$$

2) 震动场分析

矿井开采中动载产生的来源主要有开采活动、煤岩体对开采活动的应力响应等，具体表现为采煤机割煤、移架、机械震动、爆破、顶底板破断、煤体失稳、瓦斯突出、煤炮、断层滑移等。这些动载源可统一称为矿震。

假设矿井煤岩体为三维弹性各向同性连续介质，则应力波在煤岩体中产生的动载荷可表示为

$$\begin{cases} \sigma_{dP} = \rho v_P (v_{pp})_P \\ \sigma_{dS} = \rho v_S (v_{pp})_S \end{cases} \tag{4-8}$$

式中，σ_{dP} 为 P 波产生的动载；ρ 为介质密度；v_P 为 P 波传播速度；$(v_{pp})_P$ 为质点由 P 波引起的峰值振动速度；σ_{dS} 为 S 波产生的动载；v_S 为 S 波传播速度；$(v_{pp})_S$ 为质点由 S 波引起的峰值振动速度。

3) 能量场分析

能量是对冲击地压较为直观的认识，冲击地压发生瞬间，煤岩体集中释放大量能量，导致开采空间设备及人员损坏。20 世纪 50 年代末苏联学者 C.T.阿维尔申，以及 20 世纪 60 年代中期英国学者 Cook 等总结并提出了冲击地压的能量理论，即矿体与围岩系统平衡被打破后，释放的能量大于系统消耗的能量时，则发生冲击地压灾害。

实际上，冲击地压不是瞬间所能发生的，它需要经历较长时间的孕育过程，该孕育过程即能量的积累过程。在此过程中，煤岩体应力不断增高，在增高过程中，不断有裂纹达到其断裂韧性，并产生扩展，使煤岩体产生损伤，煤岩体损伤是在应力增高驱动下产生的，虽然煤岩体损伤过程需要消耗弹性变形能，使应力有减弱的趋势，但应力增加是主动因素，煤岩体损伤只能减弱该趋势而不能使应力增长消除，因而应力将进一步增大。应力增大过程中，煤岩体储存的变形能不断增加，此即能量的积累过程。要使煤岩体进一步损伤，则需要保证力的持续存在，必须具有足够的能量储备或源源不断的能量输入。如果没有能量的持续输入，裂纹扩展消耗一部分弹性变形能之后，煤岩应力将降低并小于裂纹扩展的断裂韧性，从而使裂纹扩展终止，煤岩体不再损伤破坏，冲击地压也就不会发生。因此，能量一方面使煤岩体损伤加剧，增大了其表面能，另一方面使煤岩体有足够的能量储备，在煤岩损伤达到临界点产生失稳破坏时，有足够的能量转化为破碎煤岩的动能。

式(4-9)、式(4-10)分别为煤岩在单轴和三轴条件下的弹性应变能表达式。煤岩存储的弹性应变能与应力大小呈二次方关系，煤岩体所受应力条件越高，积累的弹性应变能越大。

$$U = \frac{\sigma^2}{2E} \tag{4-9}$$

$$U = \frac{\sigma_1^2 + \sigma_2^2 + \sigma_3^2 - 2\nu(\sigma_1\sigma_2 + \sigma_1\sigma_3 + \sigma_2\sigma_3)}{2E} \tag{4-10}$$

式中，U 为弹性应变能；σ 为单轴加载应力；E 为弹性模量；σ_1、σ_2、σ_3 分别为最大主应力、中间主应力、最小主应力；ν 为泊松比。

由岩体动力破坏的最小能量原理可知，煤岩体动力破坏开始后，岩石破裂面的应力状态迅速从三向应力状态转变为双向应力状态，最终转变为单向应力状态。岩石动态破裂启动后破裂消耗的能量为单向应力状态破坏的能量，即 $U_{f\min} = \sigma_c^2 / 2E$ 或 $U_{f\min} =$

$\tau_c^2/2G$，此即岩石动态破裂所需的最小能量。因此，岩石剩余能量可表示为

$$U_C = U - U_{f\min} \tag{4-11}$$

式中，$U_{f\min}$为岩石破坏的最小能量；U_C为岩石破坏后剩余的能量。$U_{f\min}$一定时，煤岩存储的能量U越大，岩石破坏后剩余的能量U_C越多。

由冲击地压的能量判据可知，当围岩煤体能量释放有效系数一定时，围岩和煤体储存的能量越多，系统越容易满足冲击地压的能量条件。若煤体存在冲击倾向性，则冲击地压发生时，参与冲击的能量越多，冲击地压越猛烈。

对于静载作用下冲击倾向性较小或无冲击倾向性的煤体，当加载速率较低时，煤体强度较小，低应力条件下，煤体裂隙开始扩展破坏消耗煤体弹性能。在低加载速率下，载荷对煤体的能量输入较为缓慢，煤体能量输入和消耗处于自组织平衡状态，则煤体破坏形态为稳定流变破坏。当受动载作用时，加载速率趋于无穷大，强度急剧增大，煤体破坏并未增快，表现为高能量输入、低能量消耗，若动载输入的能量在煤体中驻留，动载引起的应力不能快速降低，煤体破坏形式表现为高应力作用下的动态破坏，剩余能量转变为破碎煤块的动能，从而形成冲击现象。

4.1.2 震动对煤岩体作用的试验研究

1. 加载应变率对煤岩力学特性的影响

震动场产生的动载将对煤岩体进行动态加卸载作用。为了研究揭示震动场对煤岩体的作用规律，对煤岩样在实验室进行单轴力学特性的应变率相关性试验。试验过程中，采用不同的加载速率对煤岩试样进行单轴压缩试验，研究随着应变率提高煤岩样强度、弹性模量等力学参数以及破坏形态、破坏猛烈程度与加载应变率的关系。

试验结果表明，煤岩样强度、弹性模量与加载应变率之间呈指数函数关系，加载应变率越大，则煤岩样测试得到的强度、弹性模量也越大，场应力由静载过渡到动载的过程中，煤岩样的强度、弹性模量急剧增大。图4-2、图4-3为煤岩样强度及弹性模量与应变率的关系。

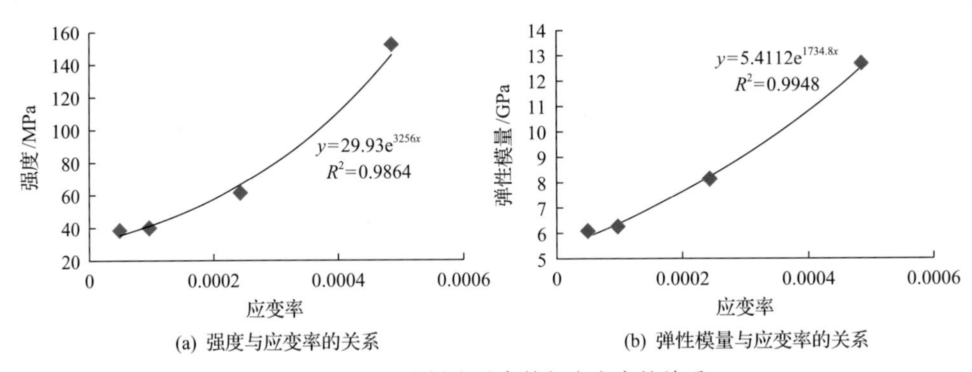

(a) 强度与应变率的关系　　(b) 弹性模量与应变率的关系

图4-2　顶板岩样力学参数与应变率的关系

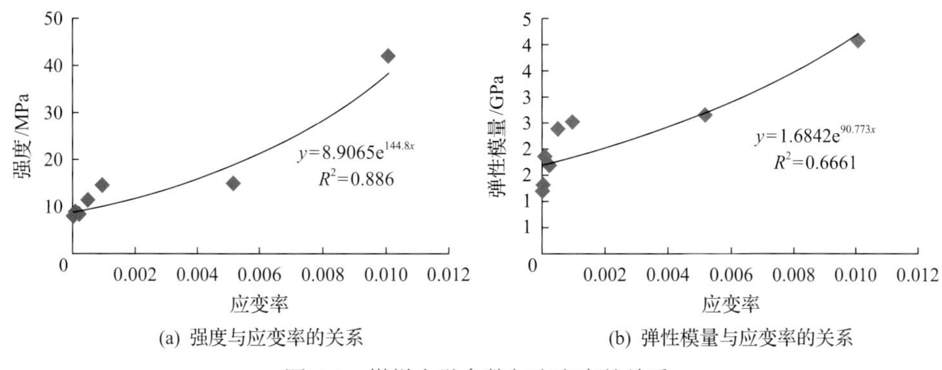

(a) 强度与应变率的关系
(b) 弹性模量与应变率的关系

图 4-3 煤样力学参数与应变率的关系

煤岩样破坏形态表明，随着加载应变率增大，煤岩样破坏声响增大，煤岩样破坏变得剧烈。煤岩样由剪切破坏逐渐转变为劈裂破坏，乃至爆裂破坏，破碎块体逐渐变得碎小。加载应变率低时，破碎块体不脱离岩样母体，应变率提高时，破碎块体开始脱离母体，且飞出速度逐渐增大。可见随着加载应变率提高，煤岩样破裂猛烈程度增大，冲击倾向性增强。

2. 动静载叠加作用的试验研究

为研究应力场、震动场叠加作用规律，对煤样进行动静载叠加试验。煤样承受的静载相同时，当加载应变率达到 10^{-3} 时，煤样强度显著增大，说明动静载叠加作用下，当静载相同时，加载应变率越高，煤岩体可达到的强度越高，动载对煤体的能量输入越大。动载作用时，首次动载作用煤样产生的塑性应变较高，损伤较大，随着作用次数增加，单次动载作用诱发的煤样损伤减小；当煤样强度较高时，50 次动载循环作用亦未引起煤样破坏，如图 4-4(a)所示；当煤样强度较低时，静载接近煤样强度时，冲击动载引起的损伤较大，如图 4-4(b)所示。因此，当动载一定时，静载与煤样强度决定了冲击破坏是否发生。若静载比煤样强度远远偏小，较小强度动载很难诱发煤样发生冲击破坏，需要更大幅值动载才能诱发冲击破坏。

如图 4-5 所示，相同动载作用下，随着静载增大，煤样破坏所需动载逐渐减小，静载越接近煤样强度，动静载叠加时，煤样破坏所需应力越小。静载较小时，一定动载反

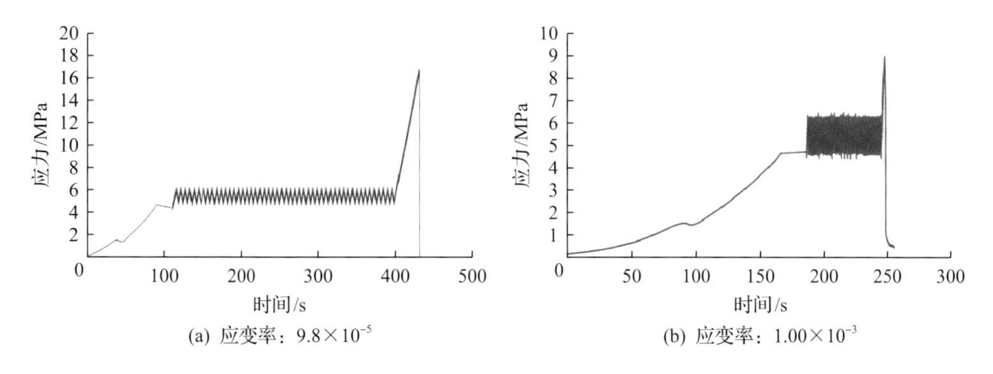

(a) 应变率：9.8×10^{-5}
(b) 应变率：1.00×10^{-3}

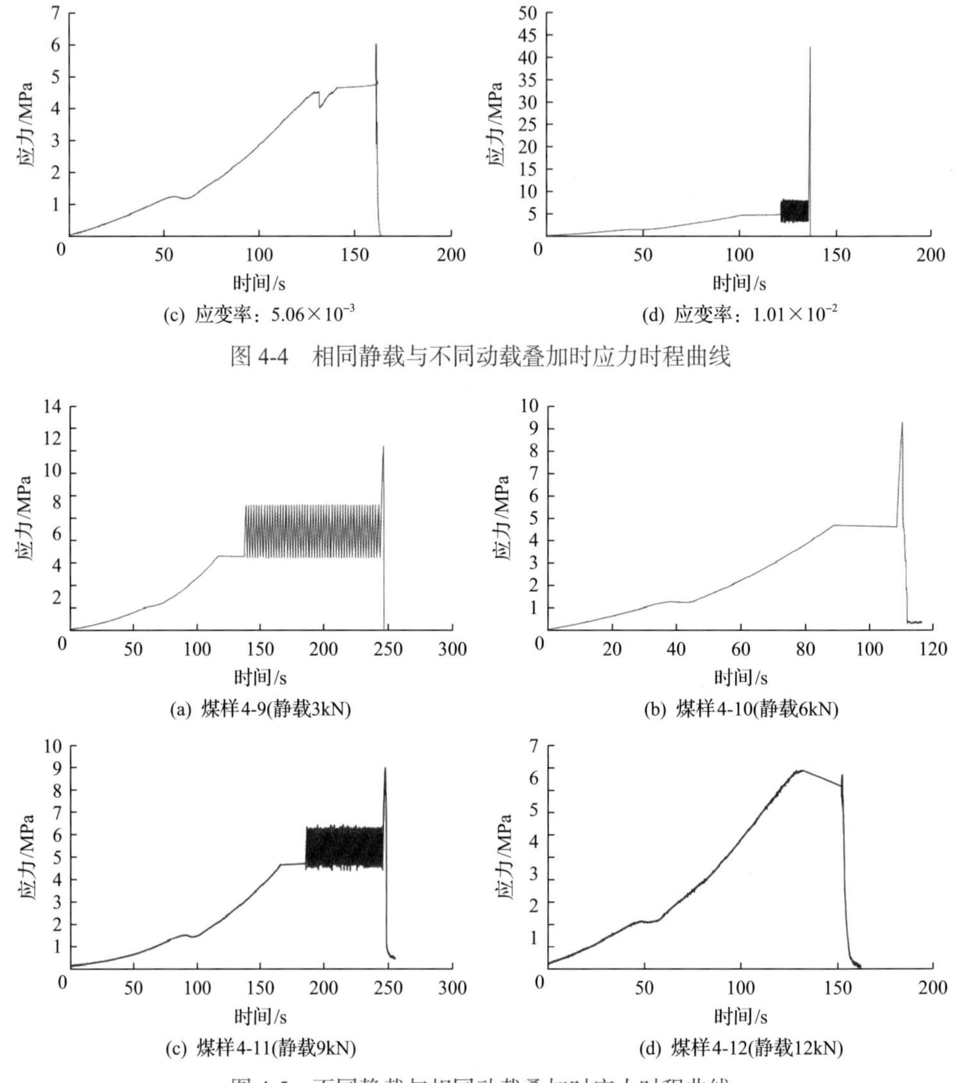

(c) 应变率：5.06×10^{-3}　　(d) 应变率：1.01×10^{-2}

图 4-4　相同静载与不同动载叠加时应力时程曲线

(a) 煤样4-9(静载3kN)　　(b) 煤样4-10(静载6kN)

(c) 煤样4-11(静载9kN)　　(d) 煤样4-12(静载12kN)

图 4-5　不同静载与相同动载叠加时应力时程曲线

复作用下，煤样虽然产生了损伤，但难于产生冲击破坏；静载较高时，较小动载即可促使煤样发生破坏。

因此，静载是冲击地压发生的应力基础，动载是冲击破坏的诱因。动静载叠加作用下，静载较低时，需要较强动载才能使煤岩破坏，如果动静载叠加小于煤岩强度，当差值较大时，多轮动载作用虽然能使煤岩产生部分损伤，但很难导致煤岩破坏；当差值较小时，多轮动载反复作用，煤岩内部损伤积累，也可导致煤岩破坏；当动静载叠加载荷大于煤岩强度时，动载首次作用即可导致煤岩破坏。静载较大时，煤岩破坏表现为静态破坏特征；动载较大时，煤岩破坏表现为动态破坏特性。

3. 三场叠加破煤机理

震动场产生的矿震动载传播至煤体后，除了直接作用造成煤体破坏以外，更为普遍的是与静载应力场叠加作用诱发煤岩体损伤破坏。

从能量场的角度考虑，传播至工作面的震动波能以动能的方式作用于“顶板-煤体-底板”系统，并与静态应力场能量进行标量形式的叠加。震动波动能的大小受矿震震源能量大小和能量辐射方式、震源至工作面传播距离、岩体介质吸收等因素综合决定。动能扰动赋予煤岩系统聚集更多弹性能，更容易满足煤体冲击失稳的能量条件。

上覆岩层破断释放的震动能量越多，产生的瞬间动载强度越大。同时，与能量的标量叠加不同，岩层破断产生的动载荷与煤岩系统原有静载荷以矢量形式进行叠加。应力叠加的结果使煤岩系统应力发生振荡性变化，其加载作用使煤岩系统的应力进一步增大，卸载作用会使煤岩系统的弹性能释放并在煤岩体内部产生惯性运动。若煤岩系统的原有静载荷较大，则较低的动载荷就可导致叠加后的应力峰值超过煤体极限强度而发生破坏，反之，若煤岩系统的原有静载荷较小，则需较高动载荷才能诱发煤体破坏。同时，叠加后的应力峰值越高，越易满足冲击失稳条件。对于图 4-6 的工作面开采地质模型，煤体冲击破坏载荷-位移关系如图 4-7 所示，在矿震动载扰动条件下，煤层动态冲击失稳条件可见式(4-12)：

$$\left.\begin{aligned}&E_z^{(\mathrm{s})}+E_z^{(\mathrm{d})}>\int_{z_1}^{z_3}\left[f(z)-(P_z+P_{\mathrm{d}}^z)\right]\mathrm{d}z\\&k'+f'(z)<0\end{aligned}\right\}\tag{4-12}$$

式中，$E_z^{(\mathrm{s})}$为工作面煤岩系统聚集的静态能量，主要由采深 H、上覆岩层和煤层性质、开采条件等决定；P_z 为上覆岩层施加给煤岩系统的静载荷大小；P_{d}^z 为动载荷的垂直分量；k' 为顶板卸载过程中的刚度大小，且 $k'>0$；$f'(z)=\mathrm{d}f(z)/\mathrm{d}z$ 为煤层的刚度大小，当 $f'(z)<0$ 时，煤体处于峰后残余强度阶段；$E_z^{(\mathrm{d})}$ 为动态能，大小受矿震震动能量大小和能量辐射方式、震动波传播距离、岩体介质吸收等因素综合决定；$f(z)$ 为煤体位移与应力的函数。式(4-12)中第一个公式表示煤岩体破坏的能量理论，第二个公式则表示煤岩体动态失稳破坏的刚度条件。

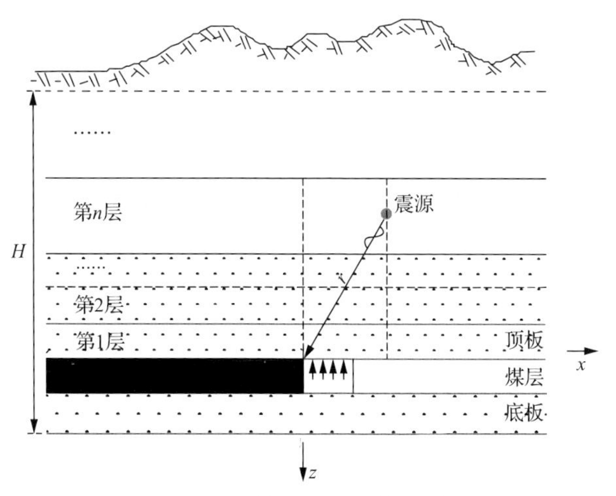

图 4-6 工作面及覆岩结构剖面

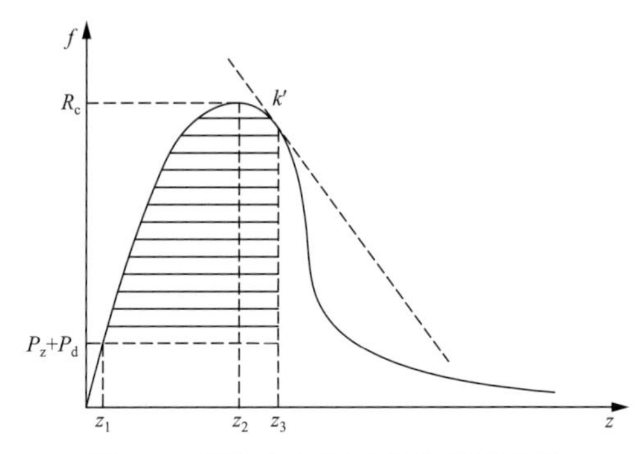

图 4-7　煤体冲击破坏载荷-位移曲线

P_d-岩层破断后施加给煤体的动载荷；z_1-在 P_z 和 P_d 作用下煤体的位移；z_3-煤体达到峰后状态时的位移；z_2-煤体达到单轴抗压强度时的位移；z-煤体位移；R_c-单轴抗压强度；f-载荷

4.1.3　基于主控因素的冲击地压分类方法

根据调查及统计分析，按照冲击地压位置及影响因素的不同，冲击地压可分为煤柱型、褶曲构造型、坚硬顶板型和断层型 4 种，如图 4-8 所示。

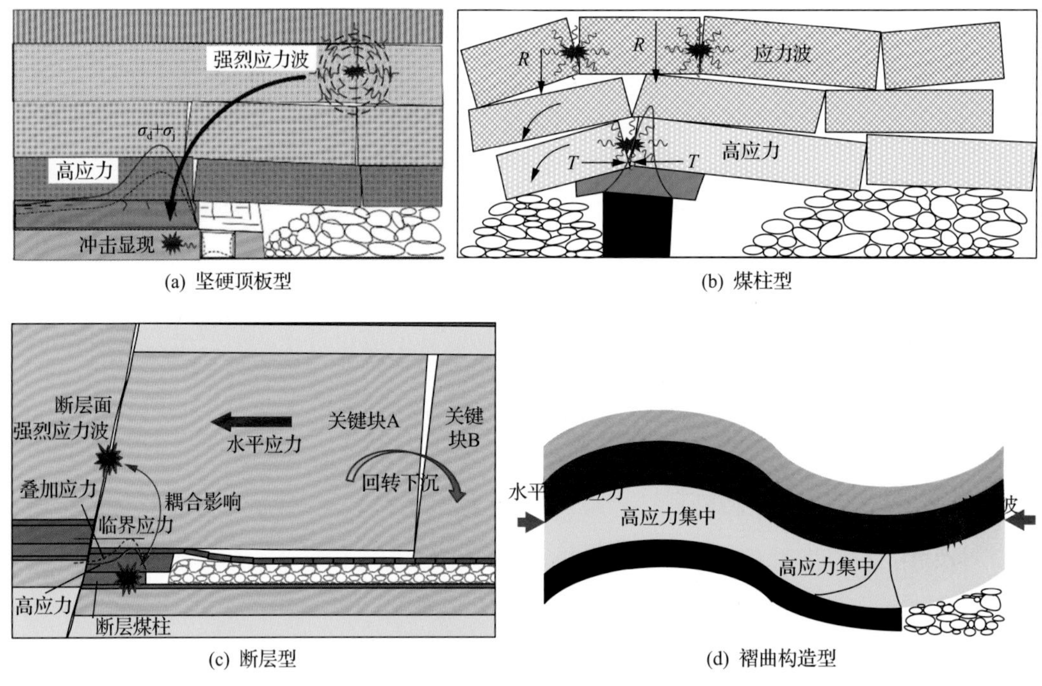

(a) 坚硬顶板型　　(b) 煤柱型

(c) 断层型　　(d) 褶曲构造型

图 4-8　冲击地压类型

1）煤柱型冲击地压

破坏形式主要为煤柱的压破坏及底板的瞬间鼓起。冲击力源上，以煤柱集中静载应力为主体，附加矿震震动应力波扰动，集中静载应力主要为垂直应力。巷道帮部煤体中主要受垂直应力作用，巷道底板主要受水平应力和垂直应力在底板内转化的水平应力双重作用。

2) 褶曲构造型冲击地压

破坏形式主要为底板瞬间鼓起及帮部破坏。冲击力源上，以煤体集中静载应力为主体，附加矿震震动应力波扰动，集中静载应力主要为水平应力。巷道底板主要受水平应力作用，帮部煤体中主要受垂直应力及由底板水平应力在帮部煤体中转化的垂直应力作用。

3) 坚硬顶板型冲击地压

破坏形式主要为煤岩体强烈震动、重型设备移动、底板瞬间底鼓、煤帮破坏及锚网索断裂。冲击力源上，以坚硬顶板破断滑移运动时形成的震动应力波为主体(矿震动载)，附加煤体中集中静载应力。

4) 断层型冲击地压

破坏形式主要为煤岩体强烈震动、重型设备移动、底板瞬间底鼓、煤帮破坏及锚网索断裂。冲击力源上，以断层活化运动时形成的震动应力波为主体，附加煤体中集中静载应力。

上述 4 种类型的冲击地压都是煤岩体集中静载应力和矿震动载应力波双重作用的结果，不同点是静载应力和动载应力波在冲击地压发生时的贡献大小不同。因此，冲击地压是采掘空间周围煤体中静载荷与矿震形成的动载荷叠加，超过煤体冲击所需要的最小载荷(临界载荷)而诱发的；动静叠加载荷超过临界载荷促使煤体破坏启动，此后聚集在煤岩体中的弹性能以及震动波输入的能量一部分用于煤体破裂耗散及克服围岩阻力，剩余部分使破坏的煤体获得动能形成冲击地压。根据载荷特征，冲击地压表现为高静载型、高动载型和复合型 3 种类型。

1) 高静载型

深部开采过程中，巷道或采场围岩原岩应力本身就很高，巷道开挖或工作面回采导致巷道或采场周边高应力集中，此时应力水平虽未达到煤岩体发生动态破坏的临界应力状态，但远场矿震产生的微小动应力增量可使动静载组合形成的应力场超过煤岩体动态破坏的临界应力水平，从而导致煤岩体动力灾害破坏。此时，矿震产生的动应力扰动在煤岩体破坏中主要起到一个诱发作用，这是目前深部开采最普遍的一种形式。

2) 高动载型

浅部开采过程中，巷道或采场围岩原岩应力并不是很高，但远处矿震震源释放的能量很强。震源传至采掘空间周围煤体的瞬间动应力增量很大，巷道或采场周边静应力与动应力叠加超过动态破坏的临界应力水平，导致煤岩体突然产生动应力破坏。另外，研究表明，在较大的加载速率下，煤岩试样的冲击倾向性比标准状态冲击倾向性更强，原本鉴定为无冲击倾向的煤岩体，在高速率加载或动载作用下，也有可能发生冲击破坏。此时，矿震的瞬间动态扰动在动力灾害破坏过程中起主导作用，这给出了浅部开采及原本鉴定为无冲击倾向的煤岩体仍可能发生冲击地压灾害的原因。

3）复合型

因煤岩体赋存的不均匀性及其物理力学性质的差异，不同区域发生冲击地压灾害的临界应力水平是不同的。当煤岩体中静载应力较低，而矿震引发的动载应力不高时，如果采掘空间周围煤岩体的物理力学性质突然发生变化，导致煤岩体动力灾害动态破坏临界应力水平降低，小于正常条件下的动静载叠加应力，也会诱发煤岩瓦斯动力灾害。例如，断层附近进行采掘作业时，断层面上受力处于临界平衡状态，煤岩瓦斯动力灾害的发生主要由断层滑移失稳诱发，具体可以由应力场的局部调整而触发，也可以由矿震震动波通过而触发。此时，动载荷通过改变断层区的力学状态或属性使动力灾害临界载荷降低而诱发煤岩瓦斯动力灾害。

4.2 冲击危险主控因素智能辨识与危险评价方法

4.2.1 不同类型冲击地压主控因素分析

主控因素是对事物的孕育、潜伏、发生、爆发、持续、衰减及终止的每个阶段有明显影响作用的因素或控制事物每一阶段发展的因素。冲击地压的诱发因素众多，且各因素之间呈非线性关系，无法用具体的数学表达式表示。因此，从权重的角度分析各因素所占的权重，进而分析其主控因素。

BP 神经网络能存储大量输入-输出的映射关系，其误差反向传播算法不断调整映射关系，直到网络达到预定目标，整个过程无须事先揭示这种映射关系的数学方程。BP 神经网络模型结构图如图 4-9 所示。

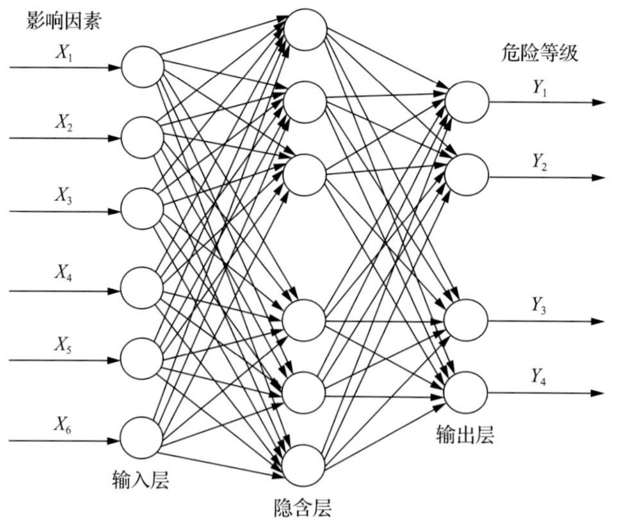

图 4-9 BP 神经网络模型结构图

BP 神经网络的学习过程由输入信号的正向传播和误差的反向传播两部分组成，在正向传播过程中，输入模式从输入层经过隐含层神经元的处理后，传向输出层，每一层神经元的状态只影响下一层的神经元。如果输出层不能得到期望输出，则转入误差反向传播过程，此时误差信号从输出层向输入层传播并沿途调整各层之间的连接权值和阈值，以使误差不断减小，直到达到精度要求。

1. 断层型冲击地压主控因素

1)断层型冲击地压主控因素选取

煤岩层冲击失稳作为一种特殊的矿压显现形式，是一个复杂的动力学过程，影响因素多且因工程而异。因此，对于不同类型冲击地压而言，应选取相应的影响因素输入 BP 神经网络模型中。

根据众多学者所揭示的冲击地压机理与现有冲击地压资料，选取以下 11 个元素作为断层型冲击地压的 BP 神经网络模型输入参数，如图 4-10 所示。

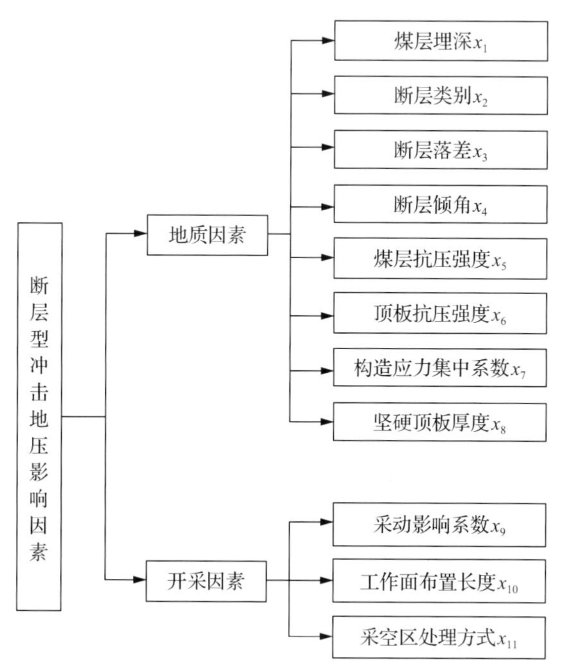

图 4-10　断层型冲击地压影响因素

2)BP 神经网络求解

网络训练所需的样本数主要由两个因素决定：一是网络映射关系的复杂程度，映射精度越高，关系越复杂，要求提供的样本数越多；二是数据中的噪声，为达到一定的映射精度，所需的样本数随着噪声的增大而增多。在组织训练样本集时，要考虑多方面的情况，如参数之间及参数与结果之间的相互影响关系，尽可能多地为网络提供必要的信息。

从前期调研的山东省 32 个煤矿的 96 个回采工作面资料中选取 20 个较典型的冲击地压实例，作为本次 BP 神经网络的学习样本，各学习样本的有关输入参数见表 4-1。

表 4-1 断层型冲击地压数据学习样本

样本号	煤层埋深 x_1/m	断层类别 x_2	断层落差 x_3/m	断层倾角 x_4/(°)	煤层抗压强度 x_5/MPa	顶板抗压强度 x_6/MPa	构造应力集中系数 x_7	坚硬顶板厚度 x_8	采动影响系数 x_9	工作面布置长度 x_{10}	采空区处理方式 x_{11}	冲击危险等级
1	775	正	4	40	22	61	1.2	4.3	1.8	120	充填	Ⅱ
2	880	逆	9	36	24	63	1.8	6.8	1.4	125	垮落	Ⅲ
⋮	⋮	⋮	⋮	⋮	⋮	⋮	⋮	⋮	⋮	⋮	⋮	⋮
20	1069	正	15	82	37	63	2.3	12.3	4.0	150	充填	Ⅲ

由于神经网络训练过程中，传递激活函数是训练的关键环节，而传递函数的特性要求其信息的输入数据在[0,1]内，因此必须对网络训练所需的原始样本数据进行规格化处理。采用线性变化法对样本数据进行规格化处理，即式(4-13)：

$$g\left(x_i = \frac{x_i - x_{\min}}{x_{\max} - x_{\min}}\right) \tag{4-13}$$

式中，$x_{\max}$ 为指标最大值；$x_{\min}$ 为指标最小值；x_i 为第 i 个指标值。

建立神经网络学习算法的目的是确定评价指标的权重，而神经网络训练得到的结果只是各神经网络神经元之间的关系，要想得到输入因素相对于输出因素之间的真实关系，也就是输入因素对输出因素的决策权重，需要对各神经元之间的权重加以分析处理，为此利用下列指标描述输入因素和输出因素之间的关系。

(1)相关显著性系数：

$$r_{ij} = \sum_{k=1}^{P} W_{ki}(1 - \mathrm{e}^{-W_{jk}}) / (1 + \mathrm{e}^{-W_{jk}}) \tag{4-14}$$

(2)相关指数：

$$R_{ij} = \left|(1 - \mathrm{e}^{-r_{ij}}) / (1 + \mathrm{e}^{-r_{ij}})\right| \tag{4-15}$$

(3)影响因素权重值：

$$S_{ij} = R_{ij} / \sum_{i=1}^{m} R_{ij} \tag{4-16}$$

式中，i 为神经网络输入单元；j 为神经网络输出单元；k 为神经网络的隐含单元；W_{ki} 为输入层神经元与隐含层神经元之间的权系数；W_{jk} 为输出层神经元和隐含层神经元之间的权系数；S_{ij} 为影响因素权重。

根据上述训练样本数据在计算机上进行训练，网络训练步数与训练误差、训练速率、验证次数之间的关系及目标拟合曲线如图 4-11 所示。

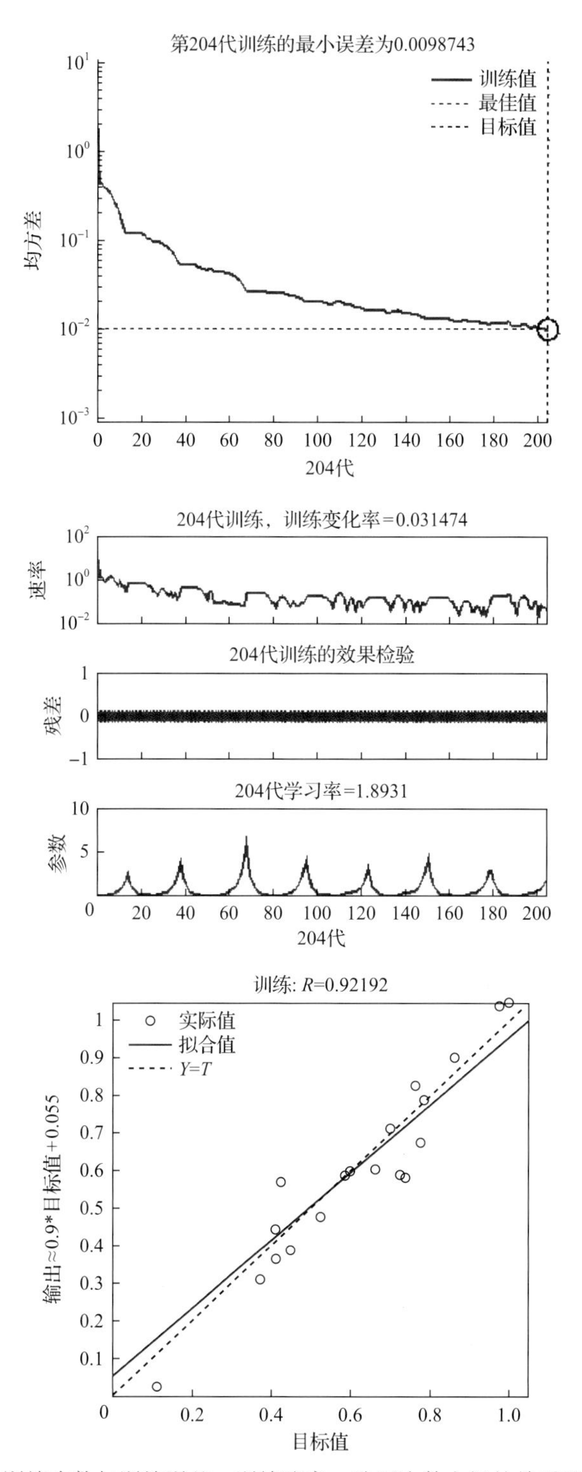

图 4-11　网络训练步数与训练误差、训练速率、验证次数之间的关系及目标拟合曲线

由式(4-14)～式(4-16)计算各影响因素的权重，结果见表 4-2。

表 4-2 断层型冲击地压影响因素权重结果

影响因素	煤层埋深 x_1/m	断层类别 x_2	断层落差 x_3/m	断层倾角 x_4/(°)	煤层抗压强度 x_5/MPa	顶板抗压强度 x_6/MPa	构造应力集中系数 x_7	坚硬顶板厚度 x_8	采动影响系数 x_9	工作面布置长度 x_{10}	采空区处理方式 x_{11}
权重	0.117	0.144	0.111	0.009	0.107	0.094	0.092	0.137	0.124	0.044	0.020

注：由于四舍五入各权重之和可能存在 0.001 的误差。

由表 4-2 可知，断层型冲击地压的 11 个影响因素按权重从大到小排列次序是：①断层类别；②坚硬顶板厚度；③采动影响系数；④煤层埋深；⑤断层落差；⑥煤层抗压强度；⑦顶板抗压强度；⑧构造应力集中系数；⑨工作面布置长度；⑩采空区处理方式；⑪断层倾角。可以看出，断层类别因素对断层型冲击失稳的影响最大，为主控因素，其次为坚硬顶板厚度。此外，对比分析断层型冲击地压前 5 个影响因素的权重值可知，其相互之间的权重差值较小，在实际开采过程中，均有可能成为诱发断层型冲击地压的主要因素，须对前 5 个影响因素予以高度重视。

2. 褶曲构造型冲击地压主控因素

按照断层型冲击地压主控因素研究思路来研究褶曲型、坚硬顶板型和煤柱型冲击地压。

表 4-3 褶曲型冲击地压影响因素权重结果

样本号	煤层埋深 x_1/m	褶曲类型 x_2	煤层抗压强度 x_3/MPa	顶板抗压强度 x_4/MPa	构造应力集中系数 x_5	坚硬顶板厚度 x_6/m	工作面开采方式 x_7	采动影响系数 x_8	工作面布置长度 x_9	采空区处理方式 x_{10}
权重	0.157	0.204	0.080	0.009	0.202	0.037	0.096	0.102	0.019	0.094

由表 4-3 可知，褶曲型冲击地压的 10 个影响因素按权重值从大到小排列次序是：①褶曲类型；②构造应力集中系数；③煤层埋深；④采动影响系数；⑤工作面开采方式；⑥采空区处理方式；⑦煤层抗压强度；⑧坚硬顶板厚度；⑨工作面布置长度；⑩顶板抗压强度。也就是说上述 10 个影响因素中，褶曲类型因素对褶曲型冲击失稳的影响最大，为主控因素，其次为构造应力集中系数，影响最小的是顶板抗压强度；坚硬顶板厚度较工作面布置长度对褶曲型冲击地压的影响更明显。

3. 坚硬顶板型与煤柱型冲击地压主控因素

按上述方法进行分析和操作，可分别得到坚硬顶板型和煤柱型冲击地压主控因素，在此不再详细赘述，仅给出计算结果(表 4-4，表 4-5)。

表 4-4 坚硬顶板型冲击地压影响因素权重值结果

样本号	顶板坚硬程度	基本顶厚度/m	顶板冲击倾向性	煤层埋深/m	煤层倾角/(°)	采高/m	采煤方法	顶板管理方式
权重	0.114	0.080	0.172	0.091	0.113	0.167	0.137	0.126

表 4-5 煤柱型冲击地压影响因素权重结果

影响因素	煤层埋深/m	煤柱与地质构造距离/m	煤层冲击倾向性	采高/m	宽高比	煤柱形状
权重	0.2238	0.1967	0.1532	0.0605	0.1318	0.2341

注：由于四舍五入，各权重之和可能存在 0.0001 的误差。

由表 4-4 和表 4-5 可知，坚硬顶板型冲击地压主控因素为顶板冲击倾向性，煤柱型冲击地压主控因素为煤柱形状。

4.2.2 冲击危险综合智能判识评价模型

冲击危险的评价及防治须有针对性。评价的方法主要有：①采用综合类比法评价工作面冲击危险性，评价方法为综合指数法，其类比的冲击危险影响因素主要包括地质条件和开采技术条件两大类，运用该方法可得到该区域内地质条件及开采因素危险状态评估指数，取其中的最大值作为该区域最终危险评价指数，评价完成后可将评价结果生成报表；②找出工作面冲击危险的主控因素，根据各因素的危险程度及影响区域的不同，利用多种因素叠加评价确定不同区域的相对应力集中系数及应力大小，多因素耦合法主要考虑的影响因素有煤的冲击倾向性、地质构造(断层、褶曲等)、煤岩结构、覆岩结构、开采技术条件等。根据以上两方面的评价结果最终得到工作面的冲击危险评价结果。

1. 工作面冲击危险等级划分理论依据

(1)综合指数法危险等级划分

首先采用综合指数法对选定开采区域冲击危险性进行评价，得到冲击危险指数。根据冲击危险综合指数判据，判定工作面处于无、弱、中等冲击危险状态还是强冲击危险状态。

(2)相对应力集中系数危险等级划分

将某一待分析区域内影响冲击地压发生的相对应力集中系数分量用δ_{ij}表示；σ_0为区域煤体单元上的自重应力。各影响因素叠加后该区域的相对应力集中系数记为δ_i。

若煤层具有冲击危险，其发生冲击地压时相对应力集中系数上临界值记为δ_c，同时，根据冲击发生的强度准则，将R_c/σ_0作为下临界值，R_c为煤体的单轴抗压强度，将冲击地压危险等级划分为无、弱、中等、强，如表 4-6 所示。

表 4-6 冲击地压的危险等级划分

危险等级	判据
无冲击危险	$\delta_i < \dfrac{R_c}{\sigma_0}$
弱冲击危险	$\dfrac{R_c}{\sigma_0} \leqslant \delta_i < \dfrac{1}{3}\left(\delta_c - \dfrac{R_c}{\sigma_0}\right) + \dfrac{R_c}{\sigma_0}$

续表

危险等级	判据
中等冲击危险	$\frac{1}{3}\left(\delta_{c}-\frac{R_{c}}{\sigma_{0}}\right)+\frac{R_{c}}{\sigma_{0}}\leqslant\delta_{i}<\frac{2}{3}\left(\delta_{c}-\frac{R_{c}}{\sigma_{0}}\right)+\frac{R_{c}}{\sigma_{0}}$
强冲击危险	$\delta_{i}\geqslant\frac{2}{3}\left(\delta_{c}-\frac{R_{c}}{\sigma_{0}}\right)+\frac{R_{c}}{\sigma_{0}}$

2. 综合指数法计算冲击地压危险指数

采用综合指数法对开采区域的危险状态进行评价，包括由地质条件确定的冲击危险评价指数、由采矿技术因素确定的冲击危险评价指数及确定危险状态后所需采取的相应的防治对策。通过在每一项影响因素中输入实际开采区域所对应的评估指数，即可分别计算出该区域内地质条件及开采因素危险状态评估指数。

(1)工作面地质因素影响的冲击地压危险状态评估指数 W_{t1}：

$$W_{t1}=\frac{\sum_{i=1}^{n_1}W_i}{\sum_{i=1}^{n_1}W_{i\max}} \tag{4-17}$$

式中，W_i 为第 i 个地质因素的评估指数；$W_{i\max}$ 为第 i 个地质因素的评估指数最大值；n_1 为地质因素的数目。

(2)工作面开采技术因素影响的冲击地压危险状态评估指数 W_{t2}：

$$W_{t2}=\frac{\sum_{j=1}^{n_2}W_j}{\sum_{j=1}^{n_2}W_{j\max}} \tag{4-18}$$

式中，W_j 为第 j 个开采技术因素的评估指数；$W_{j\max}$ 为第 j 个开采技术因素的评估指数最大值；n_2 为开采技术因素的数目。

对于该模块，用户所需输入内容包括：地质因素及开采技术因素参量。软件自动识别因素参量所对应该项参量的范围，并根据对应范围自动得出评估指数(0～3 中对应指数)后进行计算，最终得到冲击地压危险指数 W_t 及危险状态(无、弱、中等、强)。

3. 相对应力集中叠加法计算冲击地压危险指数

用户首先通过软件点选或输入所需评价区域坐标，确定评价范围；并对所需评价冲击危险区域进行网格划分。其次，输入巷道坐标，确定巷道及切眼位置。

影响因素识别方法可以通过对每种影响因素设定符号标记(断层类别、褶曲类型、巷道交叉等因素分别具有对应符号），在 CAD 图中指定位置设置标记。根据下面各影响因素的应力集中系数及影响范围，确定每种标记影响范围及叠加后的应力集中系数(用户所需输入的参数包括：煤体单轴抗压强度、弹性模量、泊松比、煤层埋深等；各影响因素应力集中系数默认为下面所述的数值，该模块中系统设置有某种因素影响时的默认值，用户亦可通过输入设定该影响因素应力集中系数的实测值)。

采掘空间周围煤岩体中的静载荷主要由自重应力、构造应力、巷道围岩的固定支承压力、回采工作面超前移动支承压力、采空区侧向支承压力、老顶初次来压的应力集中、周期来压的应力集中、覆岩见方破坏的应力集中等组成，可表示为

$$\sigma_{\mathrm{s}}=\sum_{i=1}^{n}\sigma_{ij}=\sqrt{a^2+b^2+\xi^2+k_1^2+k_2^2+\lambda_{1\mathrm{p}}^2+\lambda_{2\mathrm{p}}^2+\eta_1^2+\eta_2^2+\eta_3^2+\eta_4^2}\cdot\gamma H \tag{4-19}$$

式中，σ_{ij} 为静载荷中的第 i 种静载荷，包括自重应力、巷道围岩的固定支承压力、构造应力等；H 为上覆岩层的厚度，m；γ 为上覆岩层的容重，一般取 25000N/m^3。

因此相对应力集中系数 δ_i 可计算为

$$\delta_{ij}=\frac{(\sigma_1)_{ij}}{\sigma_0}=\frac{(\sigma_1)_{ij}}{\gamma H} \tag{4-20}$$

$$\delta_i=\sum_{\mathrm{j}=1}^{n}\delta_{ij}=\sqrt{a^2+b^2+\xi^2+k_1^2+k_2^2+\lambda_{1\mathrm{p}}^2+\lambda_{2\mathrm{p}}^2+\eta_1^2+\eta_2^2+\eta_3^2+\eta_4^2}$$

式中，σ_0 为原岩应力；$(\sigma_1)_{ij}$ 为第 i 种影响因素的最大主应力，在评价区域范围内计算 δ_i 时，对于产生影响的因素，则取相应的应力集中系数值，对于未产生影响的因素，则应力集中系数取 0(即不参与因素叠加计算)。

相对应力集中系数上临界值 δ_{c} 为

$$\delta_{\mathrm{c}}=\frac{H_{\mathrm{C}}}{H} \tag{4-21}$$

(1) $\lambda_{1\mathrm{p}}$ 为褶曲向斜轴部前后 20m 范围水平应力系数，按实测地应力确定；无实测地应力时一般取 1.3；无褶曲则取 0。

(2) $\lambda_{2\mathrm{p}}$ 为断层附近应力集中系数，按实测地应力确定；无实测地应力时一般取 1.5。断层落差大于 3m、小于 10m 时，前后 20m 范围内取 1.5，前后 20～50m 范围取 1.3；断层落差大于 10m 时，前后 30m 范围内取 1.5，前后 30～50m 范围内取 1.3；无则取 0。

(3) k_1 为巷道周边煤体内固定支承压力集中系数，一般取 1.3(应力峰值位置距煤壁一般为 15～20m，影响范围一般为 15～30m)。

(4) k_2 为回采工作面超前移动支承压力集中系数，一般取 1.5(应力峰值位置距煤壁一般为 4～8m，影响范围为 50m，50～100m 内取 1.3，100～150m 内取 1.1)。

(5) a 为初次来压阶段的应力集中系数，一般取 1.4，其他阶段取 0(影响区域和初次

来压步距相关，影响范围为来压位置前后 20m）。

（6）b 为周期来压阶段的应力集中系数，一般取 1.2，其他阶段取 0（影响区域和周期来压步距相关，影响范围为来压位置前后 10m）。

（7）ξ 为见方阶段的应力集中系数，一般取 1.5，其他阶段取 0（影响区域和周期来压步距相关，影响范围为见方位置前后 50m）。

（8）η_1 为巷道交叉应力集中系数，“四角”交叉时，应力集中系数取 1.5，“三角”交叉时，应力集中系数取 1.3，影响范围均为前后 20m；无交叉时则取 0。

（9）η_2 为顶板岩性变化应力集中系数，影响范围前后 50m 内取 1.5，50～100m 范围内取 1.1。

（10）η_3 为煤层厚度变化应力集中系数，影响范围前后 10m 取 1.5，10～20m 范围取 1.3。

（11）η_4 为“刀把”形等不规则工作面或多个工作面的开切眼及停采线不对齐等区域应力集中系数，影响范围前后 20m 取 1.5。

确定评价区域内各影响因素并进行标记后，对区域内的应力进行叠加计算，同种影响因素重叠时不进行叠加计算。对评价区域应力集中系数计算完成后，首先提取巷道范围内的集中系数，如图 4-12 所示。根据计算结果进行等级划分（无、弱、中等、强危险），并将巷道内的方形区域拟合成如图 4-12 所示的椭圆形，即完成了对巷道范围内各区域的危险性划分。

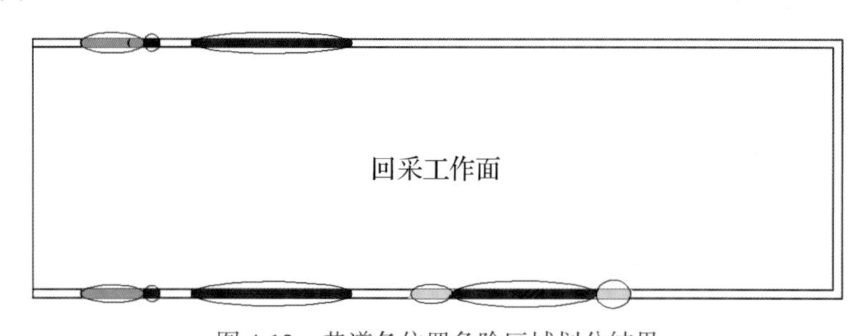

图 4-12 巷道各位置危险区域划分结果

4.3 冲击地压三场监测指标体系构建

4.3.1 预警指标构建

为了有效识别冲击地压前兆，通过理论研究、试验研究、现场实测等综合研究，得出冲击地压孕育过程的应力与震动敏感参量，构建基于应力场监测的冲击地压应力环境指标，基于震动场监测的冲击地压微震活动性多维信息预警指标、时空强多维信息预警指标。构建了冲击地压监测的指标，如 b 值、$A(b)$值、断层总面积、缺震、Z-MAP 值、活动度 S 值、活动度指标 ΔF、时间信息熵 Q_t、算法复杂性 AC 值、时空扩散性 d_s、赫斯特指数、等效能级参数、时序集中度、震源集中度、矿压危险系数和总应力当量等。

由于冲击地压的复杂多样性，不同条件下存在不同的前兆模式，单维信息指标只能侧重于从某一角度反映冲击危险，采用多维信息指标监测冲击地压是必然的趋势。另外，多维信息指标中的各指标都包含冲击地压发生的某些信息，甚至很多指标还存在物理内涵的重复，同时各指标量纲和权重均存在很大的差异，因此，有必要统一各指标的异常指数并最终确定多维信息指标的综合异常值，进而达到精细化监控预警冲击地压的目的。

1) 时序集中度

时序集中度指标是反映微破裂事件的时序密集特征，是通过计算相邻微震事件发生的时间间隔来量化反映微震序列的时序集中程度。为此，定义如下：

$$Q_{11}=\frac{\mathrm{Var}(T)}{\bar{\Delta}T} \tag{4-22}$$

式中，$\bar{\Delta}T$ 和 $\mathrm{Var}(T)$ 分别为相邻微震事件发生时间间隔的平均值和方差。Q_{11}=0 表示微破裂事件过程是周期性发生；$0<Q_{11}<1$ 表示微破裂事件过程是准周期性发生；Q_{11}=1 表示微破裂事件过程是随机平稳的泊松过程；$1<Q_{11}<\infty$，表示微破裂事件过程为丛集过程。

时序集中度指标说明微震频次越大，微震时序越密集，则微震活动性越强，冲击危险性越大，反之微震活动性越弱，冲击危险性越小。实际上，微震频次和时序集中度指标在一定程度上是等价的。

时序集中度可监测煤柱、顶板、断层活化、褶曲等类型的冲击地压。

2) 震源集中度

震源集中度指标是量化震源事件集中分布这一前兆信息的指标。试验发现，断面试样整个加载过程中的声发射事件在空间上沿断面集中分布，而完整试样在加载过程中的声发射事件在空间上由两端向中间扩展，即断面试样加载过程中的声发射事件分布集中，完整试样分布离散，以此作为断层活化滑移的前兆。推广到矿山开采尺度，在一定的研究范围内，当微震密集分布(呈丛呈条带分布)时，微震活动性强，冲击危险性大，如果微震正常分散分布，则安全，微震活动性低。为此定义如下震源集中度指标。

令 $\boldsymbol{\Sigma}$ 为震源坐标参量 x，y，z 的协方差矩阵，$\boldsymbol{X}=(x,y,z)^{\mathrm{T}}$，各参量组成的期望矩阵为 $\boldsymbol{u}=(u_1,u_2,u_3)^{\mathrm{T}}$。考虑到 $(\boldsymbol{X}-\boldsymbol{u})^{\mathrm{T}}\boldsymbol{\Sigma}^{-1}(\boldsymbol{X}-\boldsymbol{u})=d^2$（$d$ 为常数），设 $\boldsymbol{u}=0$，因此有

$$d^2=\boldsymbol{X}^{\mathrm{T}}\boldsymbol{\Sigma}^{-1}\boldsymbol{X}=\frac{Y_1^2}{\lambda_1}+\frac{Y_2^2}{\lambda_2}+\frac{Y_3^2}{\lambda_3} \tag{4-23}$$

式中，λ_1、λ_2、λ_3 为协方差矩阵 $\boldsymbol{\Sigma}$ 的特征根；Y_1、Y_2、Y_3 为特征根对应的主成分。由此可知，式(4-23)是一个椭球方程。

设参量 x，y，z 遵从三元正态分布，则其概率密度函数为

$$f(x,y,z)=\frac{1}{(2\pi)^{3/2}\left|\boldsymbol{\Sigma}\right|^{1/2}}\exp\left(-\frac{1}{2}\boldsymbol{X}^{\mathrm{T}}\boldsymbol{\Sigma}^{-1}\boldsymbol{X}\right) \tag{4-24}$$

式中，$|\Sigma|$ 为协方差矩阵 Σ 的行列式。很明显，式(4-24)为三元正态分布的等概率密度椭球曲面，即椭球体积越大，说明椭球表面处样本出现的概率越小，分布的离散程度越高；反之，椭球表面处样本出现的概率越大，集中程度越高。

因此，在三维空间中可采用等概率密度椭球的体积（$4\pi d^3\sqrt{\lambda_1\cdot\lambda_2\cdot\lambda_3}/3$）来反映微震事件分布的震源集中度，通过消除常量及量纲影响，得出震源集中度指标为

$$Q_{21}=\sqrt[3]{\sqrt{\lambda_1\cdot\lambda_2\cdot\lambda_3}} \tag{4-25}$$

震源集中度可监测煤柱、顶板、断层活化、褶曲等类型的冲击地压。

3) 活动度指标

微震活动度包含了微震活动性的时、空、强等因素，即微震频度、平均能级或平均释放能量、最大能级及微震空间分布的集中度及其记忆效应。其计算公式为

$$S=0.117\lg(N+1)+0.029\lg\frac{1}{N}\sum_{i=1}^{N}10^{1.5M_i}+0.015M \tag{4-26}$$

式中，N 为微震总数；M_i 为震动事件能级；M 为最大能级。强矿震理论上发生在活动度指标 S 值增强后。因此，活动度指标 S 可监测煤柱型冲击地压。

4) 时空扩散性

定义微震时空扩散性 d_{s}：

$$d_{\mathrm{s}}=\frac{(\overline{X})^2}{\overline{t}} \tag{4-27}$$

式中，$\overline{X}$ 为顺序发生微震间的平均距离，m；$\overline{t}$ 为顺序发生微震间的平均时间间隔，d。因此数据绝对量值很大，为此可将一个序列中的最大值作为分母，将此序列进行归一化处理，将 d_{s} 限定在[0, 1]。选取不同的时间、空间、震级窗口，连续做出 d_{s} 的时空扫描，理论上强能量释放前 d_{s} 有一个快速增加的过程。因此，时空扩散性 d_{s} 可监测褶曲型冲击地压。

5) 矿压危险系数

根据顶板来压原理，定义采掘工作面的危险性程度的矿压危险系数为

$$\Delta p=\frac{p'_{\mathrm{t}}-\overline{p}_{\mathrm{t}}}{\sigma_p}=\begin{cases}0(\Delta p<0),\\ \Delta p(0\leqslant\Delta p<1)\\ 1(\Delta p\geqslant 1)\end{cases} \tag{4-28}$$

式中，Δp 为矿压危险预警值；σ_p 为加权阻力或日最大阻力的均方差；$\overline{p}_{\mathrm{t}}$ 为加权阻力或日最大加权阻力的平均值。因此，矿压危险系数可监测断层型冲击地压。

6)总应力当量

总应力当量指标是单位面积、单位时间内的应力当量总和。试验表明，受加载的煤岩样在出现宏观破裂之前，声发射频次和能量急剧增大。由岩石力学理论可知，一个微震事件被定义为在一定体积内的突然非弹性变形，该变形能引起可监测的地震波。每次震动所释放能量的平方根与本次地震发生前岩体内的应变成正比，且应变释放比能量释放更适合描述地震活动性。进一步考虑到应力和应变在弹性范围内成正比，于是，微震所释放能量的平方根就是冲击地压发生前岩体内应力状态的一个测度，可用总应力当量指标，即

$$Q_{32}=\frac{\sum\sqrt{E_i}}{S_{\mathrm{m}}T} \tag{4-29}$$

式中，E_i为统计区域内第i个微震事件的能量，J；S_{m}为面积，m^2；T为统计时间，d。

在所讨论的时空范围内，如有两组微震事件，其频次相同，总能量也相同，但其最大能量仍可能不同。此时，可认为能量大的微震事件组活动性强。因此，强度因子还应包含最大应力当量指标：

$$Q_{31}=\sqrt{E_{\max}} \tag{4-30}$$

式中，$E_{\max}$为统计时段(区域)内微震事件的最大能量。因此，总应力当量可以监测顶板型冲击地压。

7)b值

古登堡和里克特(Gutenburg 和 Richter)发现地震频度和震级之间符合幂率关系，这就是著名的震级-频度关系式，亦称古登堡公式或G-R关系式：

$$\lg N_{\mathrm{d}}(\geqslant M_{\mathrm{z}})=a-bM_{\mathrm{z}} \tag{4-31}$$

式中，M_{z}为地震震级；$N_{\mathrm{d}}(\geqslant M_{\mathrm{z}})$为震级大于等于$M_{\mathrm{z}}$的地震次数；$a$、$b$为常数，其$a$的统计学意义为表征地震活动水平，$b$的统计学意义为表征大小地震数目的比例关系。

为了便于计算，采用能级$\lg E$代替震级M_{z}，于是式(4-32)转化为

$$\lg N_{\mathrm{d}}(\geqslant \lg E)=a-b\lg E \tag{4-32}$$

a、b值在矿震统计中各有其统计意义，a值反映的是矿震活动性的大小，a值越大说明矿震活动性越强，矿震频次高；反之矿震活动性弱，矿震频次低。b值反映的是矿震强度的强弱，b值越大，矿震中低能量震级矿震所占的比例越大，矿震强度越低，发生冲击矿震的可能性越小；反之b值越小，高能量矿震所占的比例越高，矿震强度越高，发生冲击矿震的可能性越大。为了获知矿井矿震所处的强弱水平，可将矿井a、b值进行比较。在这里，采用最小二乘法计算a、b值：

$$a=\frac{1}{m}\sum_{i=1}^{m}\lg N_i+b\frac{1}{m}\sum_{i=1}^{m}\lg E_i\ ,\quad b=\frac{\sum_{i=1}^{m}\lg E_i\sum_{i=1}^{m}\lg N_i-m\sum_{i=1}^{m}\lg E_i\lg N_i}{m\sum_{i=1}^{m}\lg^2 E_i-\left(\sum_{i=1}^{m}\lg E_i\right)^2} \tag{4-33}$$

式中，m 为能级分档总数；$\lg E_i$ 为第 i 档能级；N_i 为第 i 档能级的实际微震数；a、b 为最小二乘法拟合得到的估计参数。因此，b 值可监测断层型冲击地压。

8) $A(b)$ 值

$A(b)$ 值是一个震动事件集合的折合能级。其定义：

$$A(b)=\frac{1}{b}\log\sum_{i=1}^{N}10^{bM_i} \tag{4-34}$$

式中，b 为该区域的 b 值；M_i 为震动事件能级。由式(4-34)可知，$A(b)$ 值的本质是一个震动事件集合的折合能级，它的主要成分是该集合中的较大能级。同时它与该集合的 b 值有关，b 值越小，$A(b)$ 值越大，反之亦然。强矿震发生前，几乎均出现高值异常。因此，$A(b)$ 值可监测断层型冲击地压。

9) 断层总面积

设矿震弹性波能量 E_s 正比于微震能量 E_0，即 $E_s\propto E_0$，因能量正比于震源体积(即震源体大小的三次方)，即正比于震源断层面积 S_d 的 3/2 次方，$E_0\propto S_d^{3/2}$，因此，$S_d\propto E_s^{2/3}\propto 10^{2k/3}$；即 L=4.5 时，$A(t)$ 相当于断层总面积。

$$A(t)=\sum_{k=k_0}^{k-1}N(k)L^{k-k_0}\qquad (L=4.5) \tag{4-35}$$

式中，$N(k)$ 为时间 $t\sim t+\Delta t$ 间隔内能级为 k 的矿震数目(即微震弹性波能量在 $10^k\sim10^{k+1}$ 之间的矿震数目)；k_0 为所统计矿震的下限；k 为每个矿震的能级。在强能量释放前，$A(t)$ 出现高值异常，表明在强能量释放前，矿震活动性增强。因此，断层总面积可监测断层型冲击地压。

4.3.2 预警指标效能评价与检验

微震评价指标的有效性分析是指判断从微震监测和微震活动分析建立的上述理论和经验参数与冲击地压有无关系，其监测异常对辨别冲击地压危险是否具有参考价值。指标的有效性分析主要通过计算发震概率并与之背景概率对比：对于低危险指标，当评价指标值小于某一预警值时，其发震概率应明显大于背景概率，则这个指标是有效的，反之则是无效的；对于强危险指标，当评价指标大于某一预警值时，其发震概率应明显大于背景概率，则这个指标是有效的，反之则是无效的。指标有效性辨别对一项前兆指标来讲无疑是最基本的要求，其次才要求有较低的虚报率和漏报率。发震概率计算公式如下：

发震概率=预测正确次数/(预测正确次数+预测失误次数)

对上述指标中选取的 12 个具有代表性的微震指标用 R 值评估法评估预测效能，见表 4-7。从表 4-7 中可以得出：①从报准率的角度，弱危险＞中等危险＞强危险，同样其虚报率也是弱危险＞中等危险＞强危险。②由 R 值评分可知，对胡家河煤矿 401102 工作面回采期间的冲击地压微震预警，除了时空扩散性 d_s、赫斯特指数、微震时间信息熵 Q_t 三项指标的 R 值明显偏小以外，其他指标均具有一定的预报效能。③虽然时空扩散性 d_s、赫斯特指数、微震时间信息熵 Q_t 三项指标在 R 值评分上比较小，但从曲线趋势上仍可判断出较为明显的异常信息，所以在预警分析当中，这三项指标仍然值得参考，尤其是在趋势方面上的判断。

表 4-7 指标预测效能评估

指标	预测效能								
	报准率			虚报率			R 值		
	弱危险	中等危险	强危险	弱危险	中等危险	强危险	弱危险	中等危险	强危险
b 值	1.000	1.000	0.778	0.893	0.762	0.352	0.107	0.238	0.425
$A(b)$ 值	1.000	0.889	0.778	0.902	0.607	0.254	0.098	0.282	0.524
断层总面积	0.889	0.889	0.444	0.803	0.549	0.262	0.086	0.340	0.182
缺震	1.000	1.000	0.778	0.910	0.861	0.664	0.090	0.139	0.114
Z-MAP 值	0.667	0.444	0.222	0.533	0.213	0.090	0.134	0.231	0.132
活动度 S 值	1.000	1.000	1.000	0.943	0.893	0.656	0.057	0.107	0.344
活动标度 ΔF	1.000	1.000	0.778	0.959	0.926	0.639	0.041	0.074	0.138
时间信息熵 Q_t	0.667	0.333	0.111	0.426	0.107	0.041	0.240	0.227	0.070
算法复杂性 AC 值	0.667	0.333	0.222	0.574	0.123	0.033	0.093	0.210	0.189
时空扩散性 d_s	1.000	0.667	0.111	0.910	0.418	0.074	0.090	0.249	0.037
赫斯特指数	1.000	1.000	0.111	0.598	0.262	0.049	0.402	0.738	0.062
等效能级参数	1.000	1.000	0.889	0.959	0.926	0.639	0.041	0.074	0.250

最终，得出各指标综合 R 值评分、权重及排序，见表 4-8。从表 4-8 中可以得出各指标预测效能排序如下：$A(b)$ 值＞赫斯特指数＞b 值＞断层总面积＞活动度 S 值＞算法复杂性 AC 值＞Z-MAP 值＞等效能级参数＞时间信息熵 Q_t＞缺震＞时空扩散性 d_s＞活动标度 ΔF。进一步我们可以得出 12 项指标的综合指标值，计算公式如下：

$$\text{index} = \sum_{i=1}^{12} w_i \times \text{index}_i \tag{4-36}$$

式中，index 为综合指标值；index_i 为第 i 项指标值；w_i 为权重。

表 4-8　各指标综合 R 值评分、权重及排序

指标	综合 R 值评分 $R_{综}$	权重 w_i	排序
$A(b)$	0.558515483	0.151982668	1
赫斯特指数	0.515710383	0.140334587	2
b 值	0.464480874	0.126394065	3
断层总面积	0.327868852	0.08921934	4
活动度 S 值	0.325819672	0.088661719	5
算法复杂性 AC 值	0.270491803	0.073605956	6
Z-MAP 值	0.248178506	0.067534084	7
等效能级参数	0.234289617	0.063754654	8
时间信息熵 Q_t	0.226092896	0.06152417	9
缺震	0.177595628	0.048327143	10
时空扩散性 d_s	0.174863388	0.047583648	11
活动标度 ΔF	0.150956284	0.041078071	12

注：由于四舍五入，权重之和可能存在一定的误差。

最终得出综合指标值 index 曲线如图 4-13 所示。由图 4-13 可知，9 次冲击危险均提前 5 天进行了冲击危险等级的预警，其中 6 次预报为强冲击危险性，2 次预报为中等冲击危险，1 次为弱冲击危险，因此，综合指标值具有很好的预测能力。

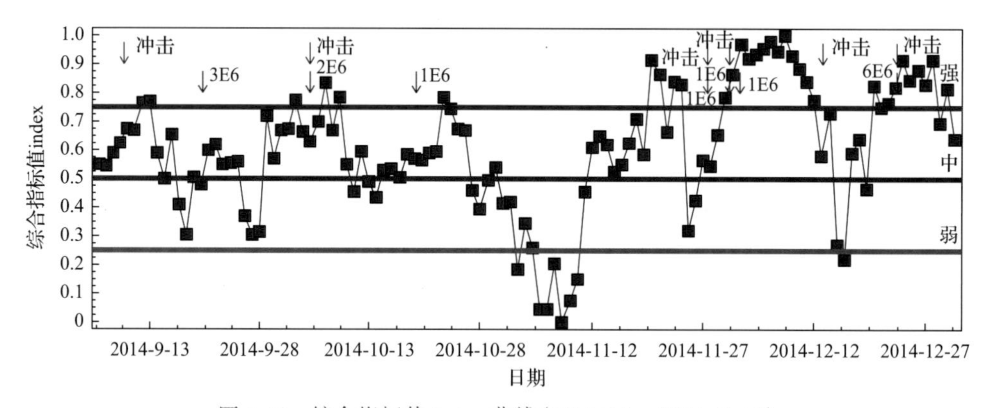

图 4-13　综合指标值 index 曲线(2014-9-1～2014-12-31)

对上述选取的 5 项指标的预测效能进行 R 值评估，见表 4-9。从表 4-9 中可以得出：①从报准率的角度来看，弱危险＞中等危险＞强危险，同样从虚报率角度来看也是弱危险＞中等危险＞强危险。②根据 R 值评分得知，在强危险等级上，总应力指标＞最大应力指标＞震中离散度指标＞时序集中度指标＞频次指标。针对胡家河煤矿 401102 工作面回采期间的冲击地压微震预警，各指标均具有一定的预报效能。③虽然频次指标在 R 值评分上比较小，但从曲线趋势上可判断出很明显的异常信息，所以在预警分析当中，仍然需要参考。

表 4-9 选取指标预测效能评估

指标	预测效能								
	报准率			虚报率			R 值		
	弱危险	中等危险	强危险	弱危险	中等危险	强危险	弱危险	中等危险	强危险
频次指标	0.889	0.778	0.222	0.877	0.639	0.246	0.012	0.138	−0.024
时序集中度	1.000	0.556	0.111	0.615	0.213	0.057	0.385	0.342	0.054
震中离散度	1.000	0.889	0.889	0.943	0.861	0.713	0.057	0.028	0.176
总应力指标	1.000	0.667	0.556	0.902	0.615	0.303	0.098	0.052	0.252
最大应力指标	1.000	0.778	0.667	0.951	0.779	0.475	0.049	−0.001	0.191

最终，得出各指标综合 R 值评分、权值及排序，见表 4-10。从表 4-10 中可以得出各指标预测效能排序如下：震中离散度＞时序集中度＞总应力指标＞最大应力指标＞频次指标。进一步我们可以得出 5 项指标的综合指标值，计算公式参照式(4-36)，选取 5 个指标进行计算时，i 取 1～5。

表 4-10 选取指标综合 R 值评分、权重及排序

指标	综合 R 值评分 $R_{综}$	权重 w_i	排序
频次指标	0.027208561	0.050485887	5
时序集中度	0.153916211	0.285593804	2
震中离散度	0.160291439	0.297423133	1
总应力指标	0.119877049	0.222433636	3
最大应力指标	0.077641166	0.14406433	4

最终得出综合指标值曲线如图 4-14 所示。从图 4-14 中可以看出，9 次冲击危险均提前 5 天进行了冲击危险等级的预警，其中 6 次预报为强冲击危险性，3 次预报为中等冲击危险，因此，综合指标值具有很好的预测能力。

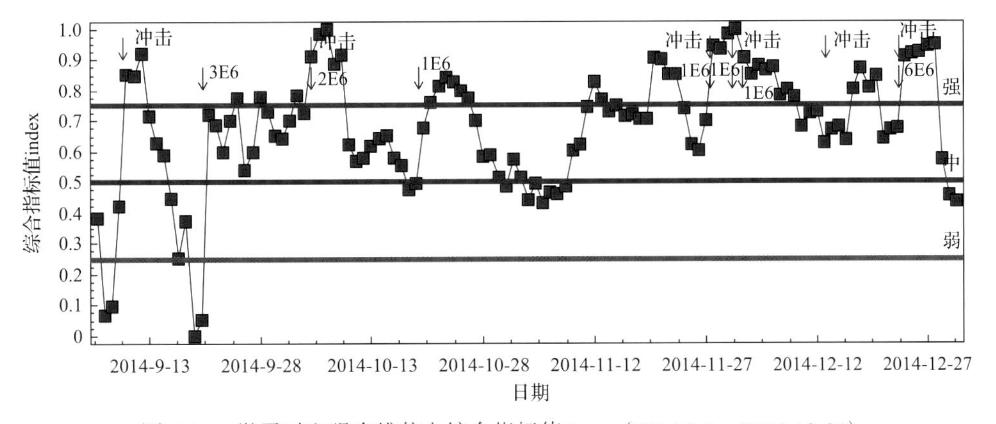

图 4-14 微震时空强多维信息综合指标值 index(2014-9-1～2014-12-31)

4.3.3 冲击危险监测多参量指标体系的建立

通过理论分析、实验室试验、现场实测，发现对断层型冲击监控预警比较敏感的指标有 b 值、$A(b)$ 值、断层总面积；对褶曲型冲击监控预警敏感的指标是时空扩散性；活动度指标能有效地对煤柱型冲击进行监控预警；而矿压危险系数和总应力当量对顶底板型冲击较为敏感，其他包括应力环境指标如区域波速变化，微震时空强指标如时序集中度、震源集中度以及冲击变形能指标都为通用指标，即对各种冲击类型都具有一定的预警效能。具体构建出冲击地压多参量监控预警指标体系如图 4-15 所示。

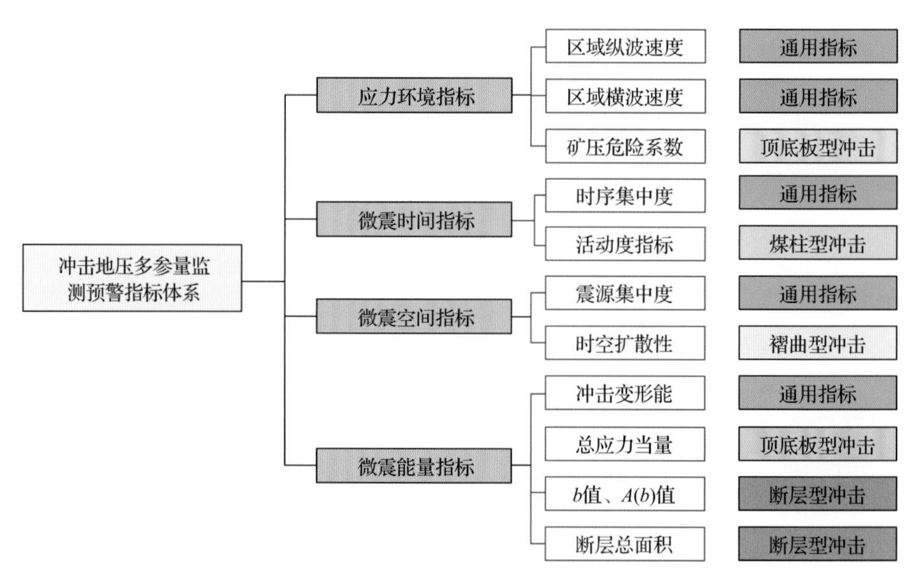

图 4-15 冲击地压多参量监控预警指标体系

4.4 冲击地压三场监控预警模型与技术体系

4.4.1 监控预警的理论基础

如图 4-16 所示，煤岩受载变形破坏过程中需经历四个阶段：裂隙闭合(OA)、弹性变形(AB)、裂隙发展(BC)和冲击破坏(CD)。在裂隙闭合和弹性变形阶段(OB)，煤岩试样没有损伤破坏，无新裂隙产生，对应到现场，即该阶段没有矿震产生；BC 阶段可分为裂隙缓慢发展、裂隙稳定扩展、裂隙加速扩展和裂隙快速贯通，分别对应应力水平为(σ_0, σ_{b1})、(σ_{b1}，σ_{b2})、(σ_{b2}，σ_{b3})、(σ_{b3}，R_c)，对应到现场，该阶段可产生矿震，且随裂隙扩展速度的增大，矿震产生的频次和能量都提高了；受载超过抗压强度后(C 点以后)，煤岩裂隙贯通，出现宏观大裂隙，煤岩失稳破坏。

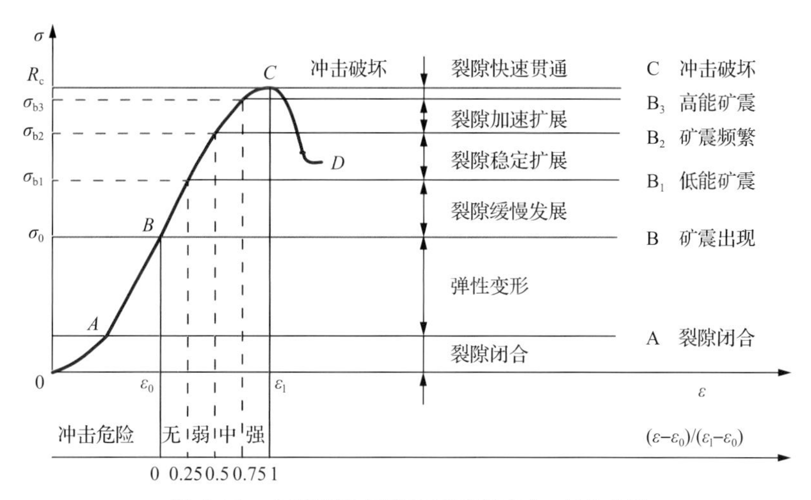

图 4-16　典型煤岩变形破坏过程应力-应变曲线

因此，针对煤岩试样受载变形破坏过程中的力学响应，根据 BC 阶段受载及对应的应变值，建立相应的煤岩体破坏危险性监控预警准则：

$$0 \leqslant W_{\varepsilon}(t) = \frac{\varepsilon(t) - \varepsilon_0}{\varepsilon_1 - \varepsilon_0} \leqslant 1 \tag{4-37}$$

式中，$\varepsilon(t)$ 为煤岩体在当前状态时刻的应变值；ε_0 为煤岩体开始出现微破裂时的初始应变值；ε_1 为煤岩体最终破坏时的应变值。该冲击地压危险判别准则的建立，为实现煤岩冲击动力灾害的监控预警提供了依据。

同时，煤岩体在变形破坏过程中，伴随着多元物理信息的变化，如应力、变形、微震、声发射、电磁辐射、温度等。这些信息与煤岩体的应力状态与破坏阶段具有一定的相关性。研究表明，煤岩变形破坏的 $\varepsilon(t)$、$w(t)$ 与微震、声发射、电磁辐射的特征值成正比，则可采用矿震、声发射、电磁辐射等地球物理方法确定煤岩冲击破坏危险的前兆信息模式。同样可采用式(4-37)的方式进行无量纲化处理，其中 N_1 为临界值，N_0 为初始值。

$$0 \leqslant W_n(t) = \frac{N(t) - N_0}{N_1 - N_0} \leqslant 1 \qquad (N(t) \geqslant N_0) \tag{4-38}$$

式(4-38)即采用微震、声发射、应力等方法进行冲击地压监控预警的判别准则。

根据冲击地压的动静载叠加诱冲理论，冲击地压的发生是应力场、震动场、能量场共同作用的结果。因此需要建立三场多参量综合监控预警技术体系，包括如下几个方面。

(1)应力场监测：由于应力是发生冲击地压的必要条件之一，煤岩体所受的应力要超过煤岩体的强度时才会发生破坏，当煤岩体所受应力处于强度峰值以下时，不会发生破坏甚至冲击地压，通过监测应力场中应力的变化情况，可以达到冲击地压预警的目的。

(2)震动场监测原理：冲击地压发生时会有很强的震感，可以通过监测这一震动形式，来达到冲击地压预警的目的。

(3)能量场监测原理：由于冲击地压是巷道周围煤岩体(物理)爆炸形成的突然猛烈破坏，当发生冲击地压时，部分煤岩体要发生垮落、破碎，获得较高的动能，以较大速度向巷道抛出，只有当抛出的动能能量大于一定值时，才会发生冲击地压，通过监测这一能量变化，来达到冲击地压预警的目的。

4.4.2 预警准确率的含义

预警准确率即冲击地压危险预警的正确程度。将如下几个方面作为监控预警准确率的判据：

(1)监控预警后发生了冲击地压灾害；

(2)出现强烈震动、瞬间底(帮)鼓、煤岩弹射、锚杆(索)断裂等；

(3)发生了危险性矿震(达到临界能量等级)；

(4)监测到预警指标超限，判定有冲击危险。

据此，预警准确率的定量化表达式为

$$\text{预警准确率}=\frac{\text{预警后发生冲击次数}+\text{预警后出现危险性矿震次数}+\text{预警后监控指标超限次数}}{\text{预警总次数}}\times 100\%$$

4.4.3 三场监控预警模型

1. 冲击地压应力-能量-物理量耦合关系

由煤岩体应力-应变曲线总结出煤岩体弹性模量 E 与降模量 λ 的关系，如图 4-17 所示。

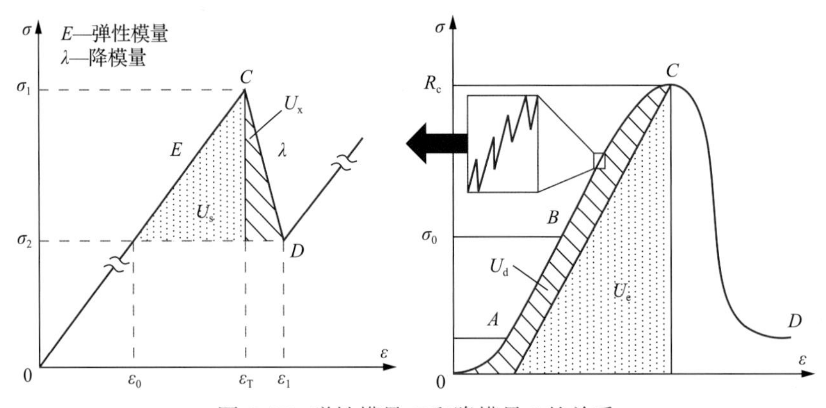

图 4-17 弹性模量 E 和降模量 λ 的关系

σ_1-一个应力升—降过程中的峰值应力；σ_2-应力升—降过程中应力开始上升时的应力；ε_0-应力为 σ_2 时的应变；ε_T-应力升—降过程中峰值应力时的应变；ε_1-应力降完成时的应变；U_s-应力升过程积聚的应变能；U_x-应力降过程消耗的应变能；σ_0-弹塑性阶段开始的应力；U_e-弹性应变能；U_d-总能量减去弹性应变能

进而推导出震动能量的表达式为

$$U_{AE} = U_{\mathrm{s}} - U_{\mathrm{x}} = \frac{\lambda - E}{2\lambda E}(\sigma_1 - \sigma_2)^2 = \frac{\lambda E(\lambda - E)}{2(\lambda + E)^2}(\varepsilon_1 - \varepsilon_0)^2 \tag{4-39}$$

显然，震动能量、应力降和应变增量之间满足：

$$\sqrt{U_{AE}} \propto \Delta\sigma = \sigma_1 - \sigma_2 \propto \Delta\varepsilon = \varepsilon_1 - \varepsilon_0 \tag{4-40}$$

当$E/\lambda \geqslant 0$时，$U_{AE} \leqslant 0$；当$E/\lambda = 0$时，U_{AE}最大，$U_{AE} = \frac{1}{2}E(\varepsilon_2 - \varepsilon_0)^2 = \frac{1}{2E}(\sigma_1 - \sigma_2)^2$。从而可知冲击地压发生的必要条件为：$0 \leqslant E/\lambda < 1$。

2. 冲击危险的分区分级监控预警

如图4-18所示，分区分级监控预警的主要内容为：

(1)对全矿井冲击危险进行分区分级，确定重点区域；

(2)对重点区域进行重点监控预警和检验，确定危险范围；

(3)对局部危险范围进行实时监控预警和检验。

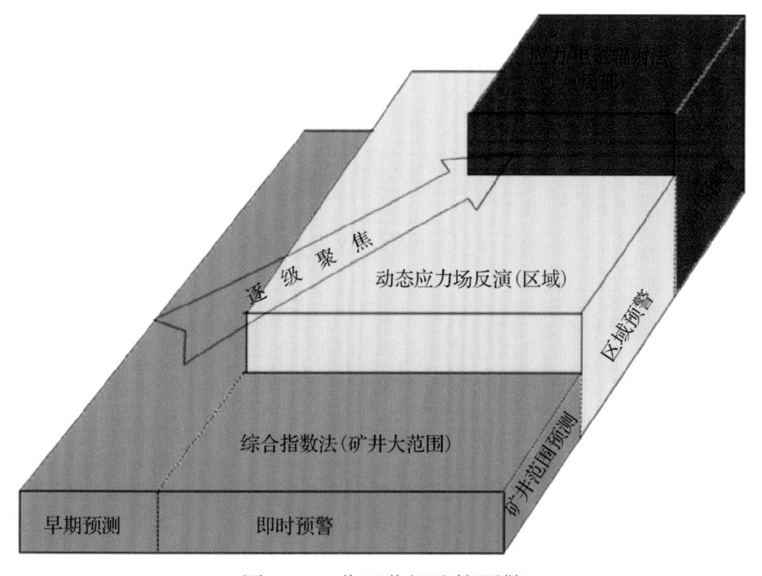

图4-18 分区分级监控预警

主要从时、空、强三个方面进行监控预警，其中时间上实现早期智能判识、即时多参量监测、临界冲击预警，空间上实现区域耦合评价、局部定量判断、定点确认。时空强多维监控预警如图4-19所示。

3. 指标归一化及权重确定

1)临界值确定及归一化

由于各项预警指标的计量单位不统一，并且各项指标还存在不同趋势的异常敏感信

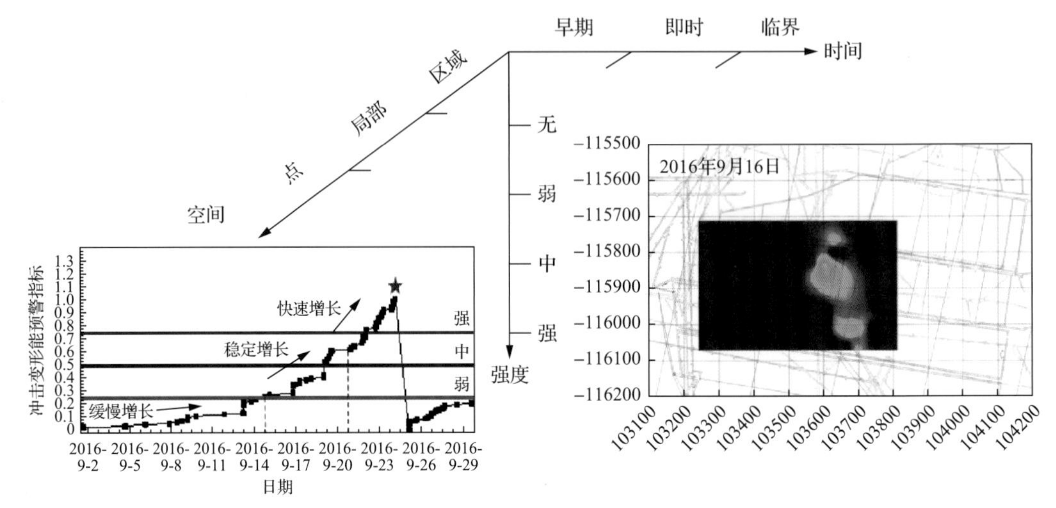

图 4-19 时空强多维监控预警

息，如低值异常(负向异常)、高值异常(正向异常)以及高低值异常(双向异常)，为了统一分析各指标，应先将指标的绝对值转化为相对值。对于正(负)向及双向指标，用不同的算法进行数据归一化处理，具体方法如下。

正向指标：

$$F_i = [(R_i - R_{\min}) / (R_{\max} - R_{\min})] \tag{4-41}$$

负向指标：

$$F_i = [(R_{\max} - R_i) / (R_{\max} - R_{\min})] \tag{4-42}$$

双向指标：

$$F_i = R_i' / R_{\max}' \tag{4-43}$$

式中，R_i 为指标序列中第 i 个值；$R_{\max}$ 为指标序列中的最大值；$R_{\min}$ 为指标序列中的最小值；$R_i' = \left|R_i - R_{\text{avg}}\right|$；$R_{\max}'$ 为 R_i' 序列中的最大值。

2) 综合异常指数方法

由于冲击地压的复杂多样性，不同条件下存在不同的前兆模式，单维信息指标只能侧重于从某一角度反映冲击危险，采用多参量监测冲击地压是必然的趋势。

适用于各指标统一转换的异常指数表达式：

$$W_{ij} = \frac{\mathrm{e} - \mathrm{e}^{1-\lambda_{ij}(t)}}{\mathrm{e} - 1} \tag{4-44}$$

式中，$\lambda_{ij}(t)$ 为相应指标在统计时间窗 t 内的异常隶属度，取值范围为 0～1。$\lambda_{ij}(t)$ 的具体计算采用归一化方法。

对于正向异常指标的 W_{11}、W_{31} 和 W_{32}：

$$\lambda_{ij}(t)=(Q_{ij}-Q_{\min})/(Q_{\max}-Q_{\min}) \tag{4-45}$$

对于负向异常指标的 W_{21}：

$$\lambda_{ij}(t)=(Q_{\max}-Q_{ij})/(Q_{\max}-Q_{\min}) \tag{4-46}$$

式中，Q_{ij} 为指标序列值；$Q_{\max}$ 为指标序列最大值；$Q_{\min}$ 为指标序列最小值。

综合异常指数 W 构建如下：

$$W=\sum\omega_{ij}\cdot W_{ij} \tag{4-47}$$

式中，ω_{ij} 为各指标的预测权重，满足 $\sum\omega_{ij}=1$；W_{ij} 为预警指标。

3) 权重确定方法

随着工作面回采，顶板、褶曲、断层、煤柱等地质条件不断变化，在不同位置各指标对应权重也不同，且处于动态变化过程，所以采用动态方法确定各指标权重。

(1) W 为工作面整体总冲击危险性；

(2) W_1 为当前断层型冲击危险性，a'为断层危险权重；

(3) W_2 为当前褶曲型冲击危险性，b'为褶曲危险权重；

(4) W_3 为当前顶板型冲击危险性，d 为顶板危险权重；

(5) W_4 为当前煤柱型冲击危险性，e 为煤柱危险权重。

当根据多参量判断的单一危险性因素变化较大时，如断层型冲击危险性 W_1 在短时间内变化较大时，可以认为工作面在靠近或者远离断层，断层处于活化加剧或逐渐稳定的状态，此时，单一断层因素对工作面冲击危险的影响程度较大，工作面的冲击危险性对断层因素更为敏感，应当赋予较高权重水平；反之，当 W_1 变化不大或者在某一值附近波动时，则断层处于一个稳定状态，总冲击危险性对断层因素不敏感，断层对工作面影响较小时，应当赋予一个较小的权重值，避免对工作面总冲击危险性判断产生干扰。

根据工作面距离断层、褶皱、顶板以及煤柱的冲击危险性的历史数据以及当前数据，可以确定各个因素的权重。

W_1^n、W_2^n、W_3^n、W_4^n 为第 n 次对断层、褶皱、顶板、煤柱的冲击危险性评价，$\overline{W}_1$、$\overline{W}_2$、$\overline{W}_3$、$\overline{W}_4$ 是在工作面回采过程中一个较为稳定的时间内对 W_1、W_2、W_3、W_4 统计得到的平均值；σ_1、σ_2、σ_3、σ_4 是统计所得的标准差。

断层、褶皱、顶板、煤柱权重的确定方法如下。

求出现在的 W_1^n、W_2^n、W_3^n、W_4^n 相对于历史统计数据的偏离程度，偏离程度高的，说明相对应的因素对冲击危险性影响较为明显；偏离程度低的，说明相对应的因素处于一个较为稳定的状态。

采用均值标准差作为冲击影响因素的权重标准：

$$\gamma_1=\left|W_1^n-\overline{W_1}\right|/\sigma_1\text{；}\ \gamma_2=\left|W_2^n-\overline{W_2}\right|/\sigma_2\text{；}\ \gamma_3=\left|W_3^n-\overline{W_3}\right|/\sigma_3\text{；}\ \gamma_4=\left|W_4^n-\overline{W_4}\right|/\sigma_4 \tag{4-48}$$

式中，γ_1、γ_2、γ_3、γ_4为断层、褶皱、顶板、煤柱因素的权重值，然后对这些因素进行归一化处理后，可得到归一化后各个因素的权重值。

$$a'=\gamma_1/\sum\gamma_i\text{；}\ b'=\gamma_2/\sum\gamma_i\text{；}\ c=\gamma_3/\sum\gamma_i\text{；}\ d=\gamma_4/\sum\gamma_i \tag{4-49}$$

则工作面的整体危险性为

$$\begin{aligned}W=&a'\times W_1+(2-a'\times W_1)\times b'\times W_2+[2-a'\times W_2-(2-a'\times W_1)\times b'\times W_2]\times c\times W_3\\&+\{2-a'\times W_2-(2-a'\times W_1)\times b'\times W_2-[2-a'\times W_2-(2-a'\times W_1)\times b'\times W_2]\times c\times W_3\}\times d\times W_4\end{aligned} \tag{4-50}$$

当存在四个因素对冲击地压的发生造成影响且这四个因素冲击危险性为W_1、W_2、W_3、W_4时，权重分别为a'、b'、c、d；断层造成的冲击危险性为$a'\times W_1$，褶曲造成的冲击危险将会对断层形成的冲击危险造成一个叠加作用，褶曲的叠加危险可通过$W_{叠加1}=(2-a'\times W_1)\times b'\times W_2$求出，顶板的叠加危险可通过$W_{叠加2}=[2-a'\times W_2-(2-a'\times W_1)\times b'\times W_2]\times c\times W_3$求出，煤柱的叠加危险可通过$W_{叠加3}=\{2-a'\times W_2-(2-a'\times W_1)\times b'\times W_2-[2-a'\times W_2-(2-a'\times W_1)\times b'\times W_2]\times c\times W_3\}\times d\times W_4$求出，则总体冲击危险性为：$W=a'\times W_1+(2-a'\times W_1)\times b'\times W_2+[2-a'\times W_2-(2-a'\times W_1)\times b'\times W_2]\times c\times W_3+\{2-a'\times W_2-(2-a'\times W_1)\times b'\times W_2-[2-a'\times W_2-(2-a'\times W_1)\times b'\times W_2]\times c\times W_3\}\times d\times W_4$。

4.4.4 冲击地压分源监测方法权重模型

当前还没有一种监测手段能够针对冲击地压远场动载和近场静载同时进行监测，因此采用单一手段进行冲击地压危险性识别本身就存在很多不足。而冲击地压监测指标，尤其是连续的具有时间坐标性质的监测指标，是冲击地压在形成、发展、发生过程中的必然结果，它有其自身的规律，仅采用单一指标(或特征)来识别冲击危险是不充分的。要准确预测预报冲击地压，不仅需要对反映冲击地压不同危险源状态的监测指标进行分析，还需要筛选物理意义明确、具有应用价值和较为敏感的预警指标，建立合理的预警准则和模型，通过不断地检验来实现。因此，基于冲击地压发生的复杂性、监测手段的多样性等特点，必须采用多手段联合监测、多指标综合分析的预警方法，建立深部矿井冲击地压预警模型，其主要内容包括指标体系的确定、指标定量处理、指标权重的确定和综合计算模型。

1. 监控预警方法的选择

冲击地压的预警主要依靠采场及巷道围岩多参量信息的获取来对冲击危险程度进行判断。某煤矿对冲击地压的监测采用危险源分源监测技术，针对集中动载荷采用了微震监测系统和地音监测系统；而针对集中静载荷的监测则采用的是应力在线监测和钻屑法监测。上述四种监测手段的预警指标在前面已详细论述，在对冲击地压进行综合预警时，将上述四种监测结果作为综合预警系统的预警指标进行分析，指标根据前述的分析结果共分为四级，分别用“a”“b”“c”“d”表示。因此，综合预警指标如表 4-11 所示。

表 4-11 冲击地压综合预警的预警指标

综合预警指标	无冲击危险	弱冲击危险	中等冲击危险	强冲击危险
微震监测结果	a	b	c	d
地音监测结果	a	b	c	d
应力在线监测结果	a	b	c	d
钻屑法监测结果	a	b	c	d

根据现场实际情况，在针对某煤矿的冲击地压进行监控预警时，由于钻屑法工程量较大，时效性较差，在实际监测过程中，综合预警模型主要以前三种监测手段的监测结果作为预警指标进行综合预警。钻屑法采用定期监测的方法，对预警结果进行辅助验证，保障预警结果的准确性。

2. 不同监控预警的量化处理

要进行分源监测的综合预警计算，需要对分源监测的结果进行量化分析，即将不同性质、不同单位的指标值用一种通用的方式进行数学运算。

首先将上述三种监测手段的监测结果统一为四种危险等级，按危险程度从低到高依次为 a、b、c、d，分别对应各监测系统预警结果的四个等级。按照定性指标的隶属度计算原则，第 i 种监测系统预警结果对第 j 等级的隶属函数为

$$r_{ij}(x_i)=\begin{cases}1 & (x_i=v_j)\\ 0 & (\text{其他})\end{cases} \tag{4-51}$$

式中，$\boldsymbol{V}=[v_1,v_2,v_3,v_4]=[\text{“a”},\text{“b”},\text{“c”},\text{“d”}]$，$v_1$、$v_2$、$v_3$、$v_4$ 分别为预警为无、弱、中、强时的隶属度；x 为分源监测的评价结果。这样分源监测的预警结果可以进行量化处理，其结果如下：

$$\boldsymbol{R}=\begin{bmatrix} r_{11} & r_{12} & r_{13} & r_{14}\\ r_{21} & r_{22} & r_{23} & r_{24}\\ r_{31} & r_{32} & r_{33} & r_{34}\end{bmatrix} \tag{4-52}$$

3. 综合预警权重的确定

由于对矿井冲击地压预警涉及多种监测手段和多个预警指标，而如何将不同的预警指标综合分析真实反映现场冲击危险，就必然需要对每个指标对冲击地压发生的贡献率进行设定，即每个指标的权重大小。但是设定好所有指标权重之后，当其中 1～2 个预警指标为强冲击危险时，无论采用何种算法，都有可能被其他危险性较小的指标中和，使

得预警系统反映的危险度降低，有失客观公正性。因此，拟采取变权综合预警方式将会更加合理，其权重大小除了本身对冲击地压发生的贡献率之外，还将受指标危险程度的影响，当某一指标表现为危险程度较高时，其权重就会随之增大，以避免被其他安全指标中和。在权重确定时，首先确定指标的属性权重与等级权重，再运用最小信息熵原理把属性权重和等级权重综合为组合权重，进而建立冲击地压预警的相对变权模型。

(1)原始数据归一化。设 m 个评价指标 n 个评价对象的原始数据矩阵为 $\boldsymbol{A}=(a_{ij})_{m\times n}$，对其归一化后得到 $\boldsymbol{R}=(r_{ij})_{m\times n}$。

$$r_{ij}=\frac{a_{ij}}{\max\left\{a_{ij}\right\}} \tag{4-53}$$

经归一化计算，各指标数值均被数量化，其中等级 a 被量化为 0.25，等级 b 被量化为 0.5，等级 c 的量化结果为 0.75，等级 d 的量化结果为 1。

(2)熵的计算。在有 n 个评价对象，每个对象有 m 个评价指标的问题中，第 i 个指标的熵为

$$h_i=-k'\sum_{j=1}^{n}f_{ij}\ln f_{ij} \tag{4-54}$$

式中，$f_{ij}=r_{ij}/\sum_{j=1}^{n}r_{ij}$，其中，$k'=1/\ln n$。

(3)熵权的计算。经计算得到第 i 个指标的熵之后，可得到其熵权为

$$w_i=\frac{1-h_i}{m-\sum_{i=1}^{m}h_i}\left(0\leqslant w_i\leqslant 1,\sum_{i=1}^{m}w_i=1\right) \tag{4-55}$$

前面将“三场”预警结果分为 4 个冲击危险等级，每个等级赋予一个权重，即等级权重 $w_i(j)$，i 表示评价单元的第 i 个指标，j 表示等级，据此可构造相应的模糊互补判断矩阵 $\boldsymbol{S}=(s_{ij})_{k\times k}$，其中 k' 为安全评价的等级数目。最大特征根为

$$\lambda_{\max}=\frac{1}{n}\sum_{i}\left[\frac{AW_i}{w_i}\right] \tag{4-56}$$

当预警结果分别给定状态值后，按其所在的级别即可确定对应的权重，即为该“场”指标的等级权重值。指标的综合权重 $\boldsymbol{W}=\left[w_1\ w_2\ w_3\right]$，其中：

$$w_i=\frac{\sqrt{w_i'w_i''}}{\sum_{i=1}^{n}\sqrt{w_i'w_i''}}\quad(i=1,2,3) \tag{4-57}$$

式中，w_i' 和 w_i'' 分别为第 i 个指标的属性权重和等级权重。

根据综合预警结果，将其量化后得到的评判矩阵与各监测系统的综合权重进行模糊计算，由式(4-58)计算最终预警结果：

$$\boldsymbol{U}=\boldsymbol{W}\cdot\boldsymbol{R}=[w_1\ w_2\ w_3]\cdot\begin{bmatrix} r_{11} & r_{12} & r_{13} & r_{14} \\ r_{21} & r_{22} & r_{23} & r_{24} \\ r_{31} & r_{32} & r_{33} & r_{34} \end{bmatrix} \tag{4-58}$$

对于最终预警结果，采用(confidence，置信度)识别原则，设 λ' 为置信度($\lambda'>0.5$，通常取 $\lambda'=0.6$ 或 0.7)，令

$$k_0=\min\left|k':\sum_{k'=1}^{4}u_i>\lambda',\right| \tag{4-59}$$

由此判断计算结果属于第 k_0 等级。

通过上述计算过程，可以将不同分源监测的预警结果进行综合分析，解决了不同监测系统结果相互矛盾的问题。但根据现场情况，钻屑法监测的时效性目前不能够实现工作面实时预警的需要，因此综合预警方法主要针对在线监测系统。日常预警主要以在线监测系统的综合预警结果为依据，当冲击危险等级达到“c”级时，可以根据现场需要采用钻屑法进行验证，以两者的较危险等级为最终结果。

4.5　冲击地压三场监测方法

4.5.1　应力场监测方法

煤岩发生冲击地压时，静载荷是煤岩失稳的应力和能量基础，因此需要对原始应力场和采掘形成的应力集中进行监测。通过应力场来监测冲击地压的危险性，应力场的监测方法主要有钻屑法、应力监测法、震动波 CT 探测法、支架阻力监测等。

1. 钻屑法

钻屑法是在煤层中施工直径为 ϕ42mm 的钻孔，根据每米排出的煤粉量及其变化规律和钻进过程中有关的动力现象鉴别冲击危险的一种方法。钻屑法钻出的煤粉量与煤体应力状态具有定量关系，即其他条件相同的煤体，钻孔的煤粉量随应力状态的变化而不同。

钻屑量的变化曲线和支承压力分布曲线十分相似。当钻孔进入煤壁一定距离处时，钻孔周围煤体过渡到极限应力状态，并伴随出现钻孔动力效应。应力越大，过渡到极限应力状态的煤体越多，钻孔周围的破碎带不断扩大，排粉量不断增多。

用钻屑法预测冲击地压危险的指标有两类：一是钻屑量指数，即钻出煤粉量与正常

排粉量之比；二是动力效应，如钻杆卡死、跳动、出现震动或声响等现象。

2. 应力监测法

有冲击地压动力灾害危险的区域，在发生冲击地压之前，应力是逐步增加的过程，且应力达到煤体破坏极限时，才有可能发生冲击地压。煤岩冲击动力灾害应力实时在线监测可实现对煤体应力的 24 小时连续监测。以煤体应力增量作为冲击危险评价指标，评价一组压力传感器的冲击危险状态。以应力增量评价的冲击危险状态结合过程判断作为强冲击地压危险的判别标准。

3. 震动波 CT 探测法

震动波 CT 探测技术，就是震动波层析成像技术，是采矿地球物理方法之一。其工作原理是利用地震波射线对工作面的煤岩体进行透视，通过对地震波走时和能量衰减的观测，将工作面的煤岩体进行成像。地震波传播通过工作面煤岩体时，煤岩体上所受的应力越高，震动传播的速度就越快。通过震动波速的反演，可以确定工作面范围内震动波速度场的分布规律，根据速度场的大小，可确定工作面范围内应力场的大小，从而划分出高应力区和高冲击地压危险区域，为这种灾害的监测防治提供依据。

要进行区域应力场的探测，首先要确定煤岩体上所承受的应力与震动波穿过煤岩体时的波速相关性。煤样的单轴压缩全过程超声波测试结果表明，纵波波速都随应力的增加而增加。单轴压缩条件下，试样总是在应力作用的开始阶段时，纵波波速变化有较高梯度，而随着应力的不断增加，纵波波速的上升幅度减缓，并逐渐趋于稳定。当应力升高到一定阶段后，影响波速大小的因素不再随应力的增加而调整。

震动波 CT 探测技术是在回采工作面的一条巷道内设置一系列震源，在另一条巷道内设置一系列检波器。当震源震动后，巷道内的一系列检波器接收到震源发出的震动波。根据不同震源产生震动波信号的初始到达检波器时间数据，重构和反演煤层速度场的分布规律。

应力与波速之间存在幂函数关系，即震动波速越高，所受应力越大，冲击危险性就越高；弹性模量与震动波速在弹性阶段呈正相关关系。即震动波速越大，对应的弹性模量就越大，则煤岩体变形储存能量的能力越高，刚度也就越强，抵抗变形破坏的能力就越大。波速越高的区域，受到的动载荷越大，这些区域受到强矿震扰动比其他低波速区域更容易形成冲击地压。波速异常指标 A_n 变化越大，矿震危险性越高。

4. 支架阻力监测

支架阻力监测主要体现为对工作面综采支架左右柱载荷的监测，在工作面将综采支架分上、中、下三部分布置，分别形成测区。在相应的支架上，分别安装顶板动态在线监测系统对工作面初期的支架受力情况进行连续观测。由安装在左柱、右柱上的压力表压力值的变化来反映支架受力变化情况及循环增阻情况，判断直接顶、老顶的初次垮落步距及周期来压活动规律，以及支架的使用、运载、对顶板的适应情况等。

4.5.2 震动场监测方法

静载荷是煤岩失稳的应力和能量基础，动载荷主要起诱发冲击地压的作用。因此需要对采掘过程中煤岩的变形破裂、顶板的破断运动、构造应力的释放以及断层的滑移运动等动力现象(可以统称为震动场)进行监测。目前，震动场监测主要有三种方法：微震法、地音法和电磁辐射法。

微震法就是记录矿震波形，通过记录分析计算矿震发生的时间、震源的坐标、震动释放能量等参数，来确定煤岩体破断的时间、位置和释放的能量。以此为基础，进行冲击地压危险性的监控预警。

微震法可对全矿井范围进行监测，是区域与局部监测方法，标准 16 通道的微震监测系统可以监测 $50km^2$ 的矿井区域，监测的矿震频率为 1～150Hz，绝大部分在 2～50Hz；震源定位误差一般为平面±20m、垂直±50m；可监测计算的矿震能量在 10^2～10^{10}J。

为分析震动集中区域，预测震动趋势，选择最优防治措施，最重要和基础的是对震源进行定位和能量计算；对于矿震震源的定位，通常选择容易辨识的纵波(P 波)进行定位，因为相较别的波，P 波首次到达时间的确定误差较小，定位精度较高，通过微震系统接收测站发出的 P 波信号接收时间来进行震源定位。震源是进一步分析震动特征的出发点，震动能量是岩体破坏的结果，通过对震源的确定，可进一步确定震动和能量释放与开采活动的因果关系。

通过大量的现场监测可知，通过矿震活动的变化、震源方位和活动趋势可以监测冲击地压危险，对冲击地压灾害进行预警。矿震参量的每一次变化都是某个区域中应力变形状态变化的征兆，可以说明冲击地压危险的上升或下降。

4.5.3 能量场监测方法

冲击地压的发生是采掘工作面周围煤岩体中能量聚集与释放的结果。因此，监测矿井采掘工作面生产过程中释放能量大小及能量释放的趋势等能量场的变化规律，就可以对冲击地压的危险性进行监控预警。目前我们常用的能量场监测方法有矿震能量判别法、能量趋势判别法、冲击变形能法。

1. 矿震能量判别法

现场实测统计表明，发生冲击地压的可能性和矿震能量的大小关系密切。矿震能量越高，发生冲击地压的可能性就越大。发生冲击地压的最小能量等级为 1×10^4J；随着矿震能量等级的加大，冲击地压发生的可能性逐渐提高；当矿震能量达到 4×10^8J 以上时，几乎每一次矿震都会造成冲击地压灾害。

从井田范围内的能量变化来看，一般受采掘活动影响的区域，能量集中程度较为明显，而在采动影响小或者无采动影响的区域，能量聚集的可能性就会降低。并且随着采掘活动的不断影响，能量集中带会在一定程度上发生转移、分散、破碎并向周边区域转移而变得更为集中。

在矿井的某个区域内，在一定的时间内，已进行了一定的微震观测。在这种情况下，就可以根据观测到的矿震能量水平，对冲击地压危险进行监控预警。监控预警的冲击地压危险程度分为四级，根据不同的危险程度，可采用相应的防治措施。

矿震能量判别法主要采用的指标是：矿震能量值和矿震能量的最大值 $E_{\max}$；一定推进距释放的矿震能量总和（$\sum E$）。同时，如果确定的冲击地压的危险程度高，当上述参数降低后，冲击地压危险性不能马上解除，必须经过一个昼夜或一个循环周转后才能逐级解除，一个昼夜最多只能降低一个等级。

表 4-12 为统计分析得到的矿震能量判别法确定的冲击地压危险性指标值。这是一般的统计规律，由于各个矿井的地质条件、岩层结构、开采技术条件不同，这些指标的具体数值和对应的冲击地压危险等级是不同的，需要根据矿井的具体情况通过一定的时间观测分析后确定。

表 4-12　矿震能量判别法确定的冲击地压危险性指标值

危险状态	工作面	掘进巷道
a 无冲击危险	①矿震能量一般为 10^2～10^3J，最大 $E_{\max}$＜5×10^3J； ②$\sum E$＜10^5J/每 5m 推进度	①矿震能量一般为 10^2～10^3J，最大 $E_{\max}$＜5×10^3J； ②$\sum E$＜5×10^3J/每 5m 推进度
b 弱冲击危险	①矿震能量一般为 10^2～10^5J，最大 $E_{\max}$＜1×10^5J； ②$\sum E$＜10^6J/每 5m 推进度	①矿震能量一般为 10^2～10^4J，最大 $E_{\max}$＜5×10^4J； ②$\sum E$＜5×10^4J/每 5m 推进度
c 中等冲击危险	①矿震能量一般为 10^2～10^6J，最大＜$E_{\max}$＜1×10^6J； ②$\sum E$＜10^7J/每 5m 推进度	①矿震能量一般为 10^2～10^5J，最大 $E_{\max}$＜5×10^5J； ②$\sum E$＜5×10^5J/每 5m 推进度
d 强冲击危险	①矿震能量一般为 10^2～10^8J，最大 $E_{\max}$＞1×10^6J； ②$\sum E$＞10^7J/每 5m 推进度	①矿震能量一般为 10^2～10^5J，最大 $E_{\max}$＞5×10^5J； ②$\sum E$＞5×10^5J/每 5m 推进度

2. 能量趋势判别法

能量趋势判别法以采用微震监测系统监测的矿震能量为基础。通过大量的监测实践，根据矿震活动的变化、震源与能量的变化趋势可对冲击地压危险进行预警。矿震能量参量的每一次变化都是某个区域中应力和应变状态、能量聚集与释放变化的征兆，可以说明冲击地压危险的上升或下降。

如果将冲击地压的危险性用危险指数来表示，则可采用矿震能量趋势判别法监测冲击地压危险程度。

$$\mu_{sj} = \mathop{V}_{i=1}^{2} \left\{ \mu_{ei}\left(e_i\right) \right\} \tag{4-60}$$

式中，μ_{sj} 为冲击地压危险指数。

其中：

$$\mu_{ei}(e_i)=\begin{cases}0 & (e_i<a_i)\\ \dfrac{e_i-a_i}{b_i-a_i} & (a_i\leqslant e_i<b_i)\\ 1 & (e_i\geqslant b_i)\end{cases} \tag{4-61}$$

$$e_i=\log(E_i) \tag{4-62}$$

式中，i 为索引号；e_1 为主要矿震能量；e_2 为偶尔发生的最大矿震能量；E_i 为矿震能量；a_i、b_i 为系数，对于不同的井巷，其值是不同的，其系数值如表 4-13 所示。

表 4-13 不同采掘工作面的系数值

矿震能量	类别		
	系数	垮落面	巷道
e_1	a_i	2	0
	b_i	6	4
e_2	a_i	4	2
	b_i	7	6

3. 冲击变形能法

煤层开采扰动下，煤岩体应力、应变状态及其不同阶段的声震演化规律可由图 4-16 描述。由图 4-16 可知，采动煤岩体先后历经了裂隙闭合阶段 OA、弹性变形阶段 AB、裂隙发展阶段 BC 和冲击破坏阶段 CD，尤其是煤岩体进入塑性应变软化阶段后，细观尺度下煤岩体中裂隙开始缓慢发展、稳定扩展、加速扩展、快速贯通至最终破坏，分别对应宏观尺度下的声震等能量释放现象开始出现、低能量声震现象频繁、声震能量及频次急剧增加、高能量声震事件产生至最终破坏。

作为最终破坏的最佳预警时期 BC 阶段，该阶段的力-震-变形关系为：矿震能量与应力降的平方和应变增量的平方成正比，即

$$\sqrt{U_{\mathrm{AE}}}\propto\Delta\sigma=\sigma_1-\sigma_2\propto\Delta\varepsilon=\varepsilon_1-\varepsilon_0 \tag{4-63}$$

式中，ε_0 为 B 点对应的应变；ε_1 为 C 点对应的应变；σ_2 为 B 点对应的应力；σ_1 为 C 点对应的应力；U_{AE} 为变形能。

根据受载煤岩体 BC 阶段的应变递增不变特性，可构建如式(4-64)所示的应变时序当量指标：

$$W_{\varepsilon\text{-temporal}}=\frac{\left(\varepsilon-\varepsilon_{N_t-1}\right)+\left(\varepsilon_{N_t-1}-\varepsilon_{N_t-2}\right)+\cdots+\left(\varepsilon_1-\varepsilon_0\right)}{\left(\varepsilon_1-\varepsilon_{N_1-1}\right)+\left(\varepsilon_{N_1-1}-\varepsilon_{N_1-2}\right)+\cdots+\left(\varepsilon_1-\varepsilon_0\right)}=\frac{\varepsilon-\varepsilon_0}{\varepsilon_l-\varepsilon_0}=\frac{\sum_{i=1}^{N_t}\sqrt{U_{\text{AE}-i}}}{\sum_{i=1}^{N_1}\sqrt{U_{\text{AE}-i}}} \tag{4-64}$$

式中，$0\leqslant W_{\varepsilon\text{-temporal}}\leqslant 1$，对应四个冲击危险等级：无冲击危险(0.00～0.25)，弱冲击危险(0.25～0.50)，中等冲击危险(0.50～0.75)和强冲击危险(0.75～1.00)；ε_0为初始值，即受载煤岩体开始出现矿震、声发射微破裂现象时对应的初始应变值；ε和N_t为当前值，即受载煤岩体当前对应的应变值和矿震、声发射数量；ε_1和N_1为临界值，即受载煤岩破坏冲击时对应的应变值和矿震、声发射数量；$U_{\text{AE}-i}$为第i个震动事件释放的能量值。由于应变参量不同于应力参量，它在煤层开采加卸载和动载作用过程中始终维持着整体递增状态，更适于量化描述煤岩破坏冲击之前的变形失稳状态。由于指标$W_{\varepsilon\text{-temporal}}$的计算是采用应变参量来描述冲击地压的危险等级，其中应变由矿震的能量换算获得，因此，称该指标为冲击变形能指数。

煤层开采引起外部围岩对支护体逐渐降低的支护力所做的功表现为开采自由面上的多余能量，该能量以P波和S波通过围岩介质向外传播，其大小直接影响围岩应力场。由于开采自由面的形成，周围煤体不仅承受静应力增加，即采矿引起的应力集中，而且还有一个瞬间动应力。动、静应力的叠加可能会超过煤体强度，也可能会是弱面法向应力减少进而降低弱面抗剪切力导致滑动，还可能产生拉应力引起煤体结构的局部松弛。因此，在无限煤体内进行采矿，每开采一定重量或体积煤体V，围岩释放出的变形能$\sum\sqrt{U_{\text{AE}-i}}$与煤体破坏形式和程度息息相关，重量或体积变形能释放率指标$\sum\sqrt{U_{\text{AE}-i}}/V$可用于衡量煤体破坏诱发煤岩冲击动力灾害的危险性。

$$W_{\varepsilon\text{-spatial}}=\frac{e-e^{1-\beta(t)}}{e-1} \tag{4-65}$$

$$U_{\varepsilon}=\frac{\sum\sqrt{U_{\text{AE}-i}}}{S_{\text{T}}V} \tag{4-66}$$

$$\beta(t)=(U_{\varepsilon}-U_{\varepsilon-\min})/(U_{\varepsilon-\max}-U_{\varepsilon-\min}) \tag{4-67}$$

式中，$0\leqslant W_{\varepsilon\text{-spatial}}\leqslant 1$，对应四个冲击危险等级：无冲击危险(0.00～0.25)，弱冲击危险(0.25～0.50)，中等冲击危险(0.50～0.75)和强冲击危险(0.75～1.00)；S_{T}为统计区域面积或体积；V为统计时间段内煤层开采重量或体积，当工作面匀速开采时可用时间天数代替。

图4-20为冲击变形能时序预警曲线图，图中9次冲击事件发生前，6次提前显示出了强危险预警等级，其余3次显示出了中等危险预警等级。图4-21为冲击变形能空间预警云图，图中危险性矿震发生之前，指标值明显指示出危险区，并在该区域急剧增加并逐渐往外围扩展，直至动力事件产生。

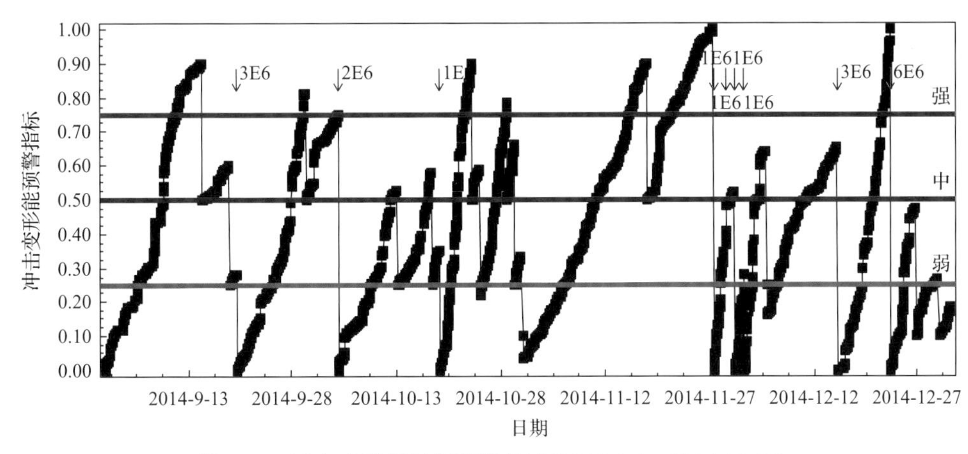

图 4-20 冲击变形能时序预警曲线(2014-9-1～2014-12-31)

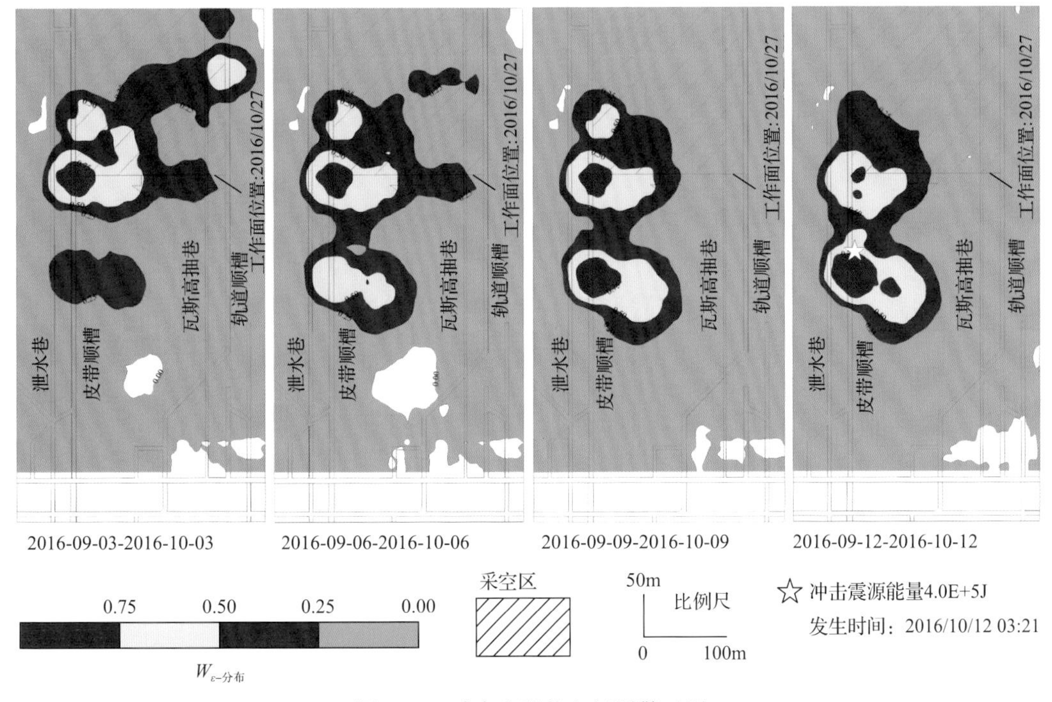

图 4-21 冲击变形能空间预警云图

4.6 冲击地压应力场监控预警技术与装备开发

4.6.1 冲击危险的双震源一体化反演预警技术

1. 双震源一体化监控预警理论与技术原理

1)技术介绍

为克服传统钻孔应力系统监测范围小、安装劳动强度高和系统损耗大的缺点，研发了用于冲击地压及煤与瓦斯突出矿井震动波监测和冲击地压危险性评价的新一代监控预警系统——KJ470 矿山地震波监测系统。系统采用双触发机制的独特设计方法实现了双源震动波信号的采集和分析，即可控震源和自然震源。可控震源为采掘工作面内放炮、重锤击打等激发源位置已知的震动信号。自然震源为采掘工作面生产活动诱发的矿震信号。采用双源震动波信号，基于主、被动震动波反演技术和预警指标体系，系统可大范围、高分辨率和高效率监测采掘范围的波速分布，确定采掘工作区域内的应力场，划分冲击危险区域，以便及时有针对性地指导现场采取有效的防冲或防突措施，从而消除冲击地压或突出灾害。

2) 理论依据

通过实验室研究及现场实验充分验证了震动波波速与应力之间存在的耦合(幂函数)关系，即随煤岩体内应力集中程度的增高，震动波波速也相应增加。反之，应力降低后震动波波速也降低。基于应力条件恶化是冲击地压发生的主因，确定震动波波速是用于反映应力集中情况进而实现冲击危险预警的关键参量，可用于构建预警指标，准确预警冲击危险范围和级别。

3) 工作原理及功能

在地震波监测系统处于被动源触发状态时，将实时扫描由接收探头感知的环境信号，若其中包含矿震信号，记录后进行自动或人工 P 波到时的标记分析和定位计算。定位后的足量自然震源与选用的接收探头间可形成大量射线覆盖，如图 4-22 所示。利用每条射线上的到时信号，基于震动波被动 CT 反演技术可划分网格模型和执行 SIRT 波速反演，其结果可用于预警指标计算，并最终完成一段周期内的工作面冲击危险预警。

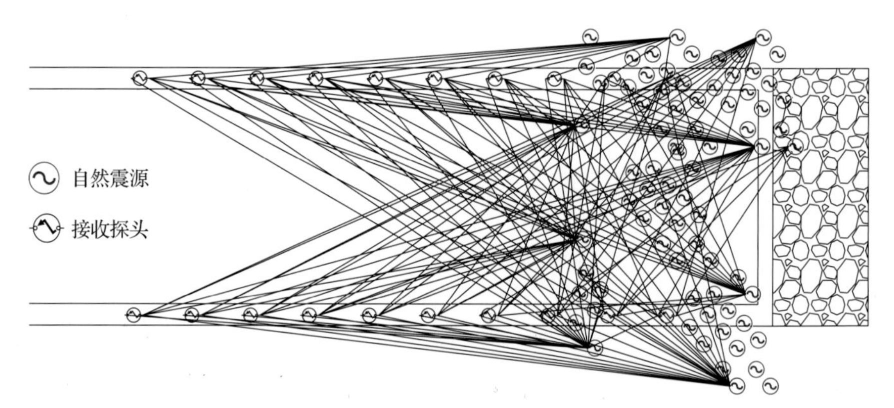

图 4-22 自然震源即矿震与接收探头形成的对工作面区域的射线覆盖

在地震波监测系统处于主动源触发状态时，系统主机与可控震源具有连接关系。位于两顺槽的可控震源一旦激发，将立即通知主机进行信号记录。两巷完成一次可控震源的循环后可形成对采掘工作面的高密度射线覆盖。每条射线的到时信号可由软件自动分析或进行人工分析。利用大量到时数据，基于震动波可控 CT 反演技术可划分网格模型和执行 SIRT 波速反演，其结果可用于预警指标计算，并快速完成工作面冲击危险预警，如图 4-23 所示。

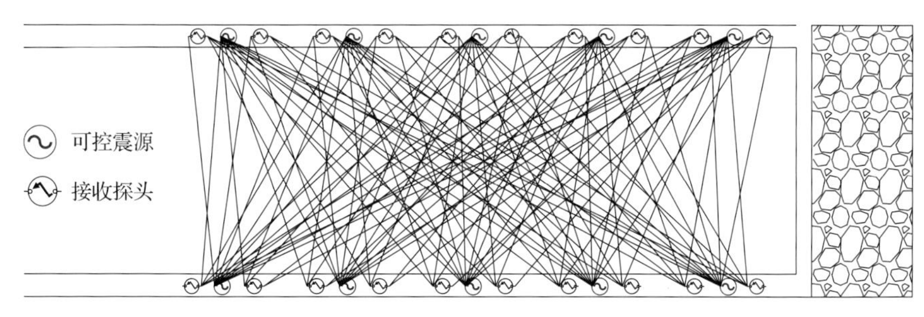

图 4-23　可控震源与接收探头形成的对工作面区域的射线覆盖

基于震动波速构建的冲击危险预警指标，可准确预警反演区域内的冲击危险分布范围和级别。

2. 双震源一体化装备关键技术研发

地震波监测系统由地面设备、KJ470-F 监测分站和 GZC5 拾震传感器三大部分组成。地面设备包括服务器、地面用光端机和不间断电源(UPS)等。监测分站与地面服务器之间通过地面用光端机连接，采用光信号方式传输。监测分站与拾震传感器之间由矿用聚乙烯绝缘编织屏蔽聚氯乙烯护套通信软电缆连接形成监测网络，采用 RS485 方式传输。系统可以传送 32 个拾震传感器的数据，每个分站可以接入 1～16 个任意组合个数的拾震传感器，但不能超过 16 个，因此分站的个数由拾震传感器的分布确定。时间同步采用自同步方式：当系统用于室内或巷道内时，系统要求有一台分站作为主站，下发时间给其他分站，分站之间同步信号采用光纤方式传递，观测的区域相对较小，用在一个采煤面，如图 4-24 所示。

系统工作流程为：拾震传感器将震动信号转换为电信号，经过放大、滤波、模数转换(A/D)为数字信号，编码后发送到监测分站。监测分站可接收多路拾震传感器上的数据，打包后形成文件，并加入时间同步，进而完成数据文件存储和编码。文件加入分站网址后送到地面用光端机进行以太网信号转换，最终传送到地面服务器实现数据接收和存储。

4.6.2　冲击地压地应力连续监控预警技术

1. 冲击地压地应力连续实时监测系统研发

1) 钻孔组合式监测装置

利用应变探头组建了应力连续系统，并开发了相应的数据采集、分析处理软件，如图 4-25 所示。

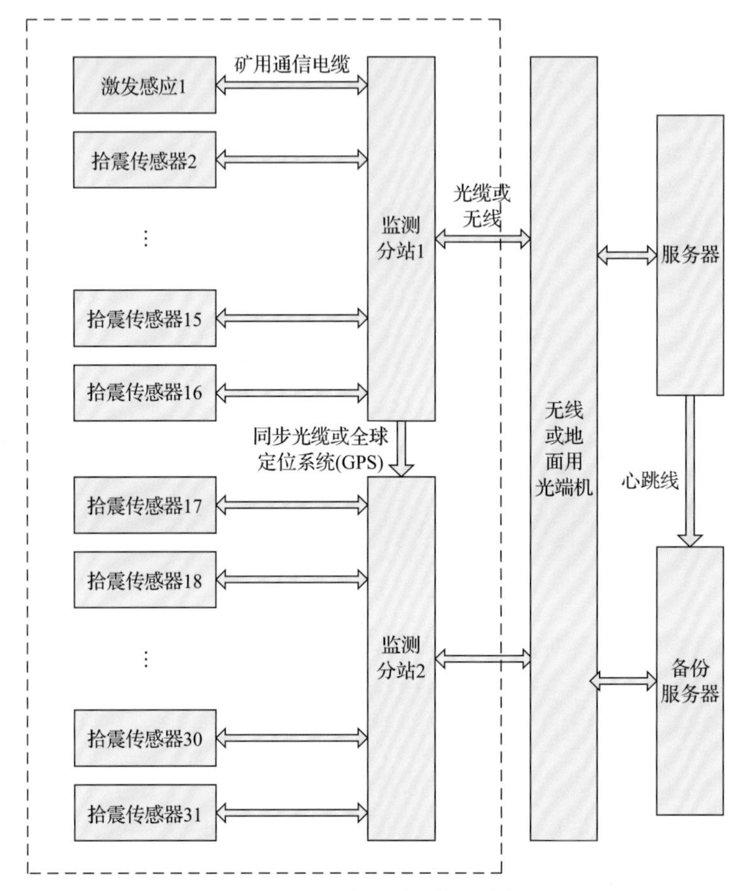

图 4-24　地震波监测系统组成框图

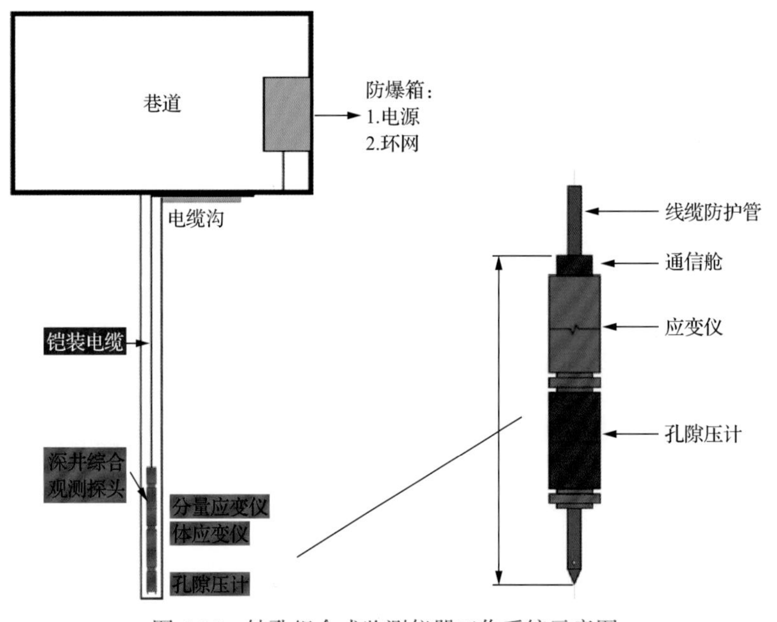

图 4-25　钻孔组合式监测仪器工作系统示意图

2) 应变(应力)测试基本原理

钻孔分量式应变仪为长圆筒径向位移式仪器。在圆筒中部位置安装了多个分量的径向测微传感器，TRY-4 型钻孔分量式应变仪外形呈圆柱形，内设 4 个方向的 4 组径向测微传感器，测量 4 个方向圆筒直径的微小变化，如图 4-26 所示。当圆筒探头放入地层钻孔，并用耦合介质将探头与地层连为一体后，通过仪器测量系统就能获取地层钻孔 4 个方向的钻孔井壁径向位移。

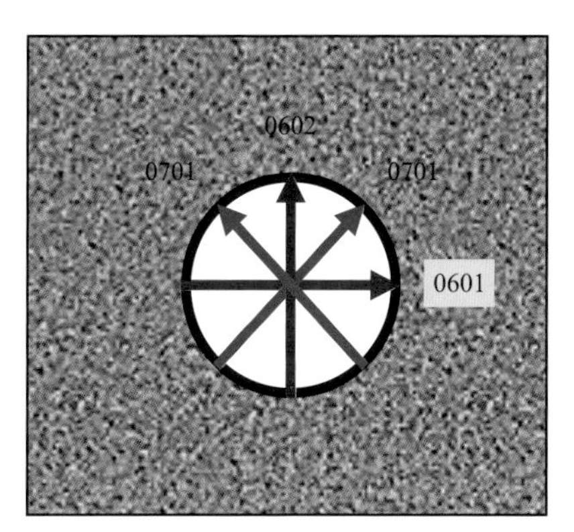

图 4-26 TRY-4 型钻孔分量式应变仪内部 4 组径向测微传感器布置图

四分量倾斜仪内部装有 1#、2#、3#、4#四个径向位移传感器，主要是测取孔径向位移值。传感器按相差 45°均匀布置，分为两组 1#和 3#、2#和 4#，每组内传感器相互垂直，监测站内四分量所对应的两组传感器分别为 0601 和 0602、0701 和 0702，对应红蓝两组。

2. 冲击地压地应力连续监测系统的现场应用

钻孔分量式应变仪外形呈圆柱形，内设 4 个方向的 4 组径向测微传感器。当圆筒探头放入地层钻孔，并用耦合介质将探头与地层连为一体后，通过仪器测量系统就能获取地层钻孔 4 个方向的钻孔井壁径向位移，如图 4-27 所示。

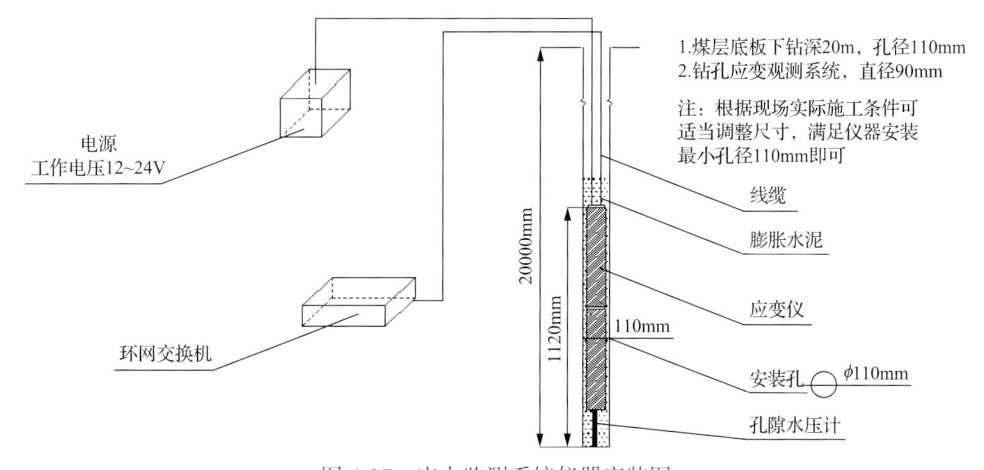

图 4-27 应力监测系统仪器安装图

井下工作站将数据实时上传至地面服务器，经过服务器上数据处理软件实时显示监测曲线，并对监测曲线设定预警阈值，钻孔应变出现预警应变时会出现相应提醒。

4.7 现场应用与示范

4.7.1 矿井概况

1. 胡家河煤矿概况

胡家河煤矿井田东西长 8.1km，南北宽 6.5km，面积 52.65km^2，如图 4-28 所示，设计年产原煤 500 万 t，服务年限为 69 年。矿井采用立井单水平开拓，首采 401 盘区，401101 首采工作面于 2013 年 11 月停止回采，采区的第二个工作面 401102 工作面也于 2015 年 7 月回采完毕，接替面为 402 盘区的 402103 工作面，也于 2016 年 12 月回采完毕。

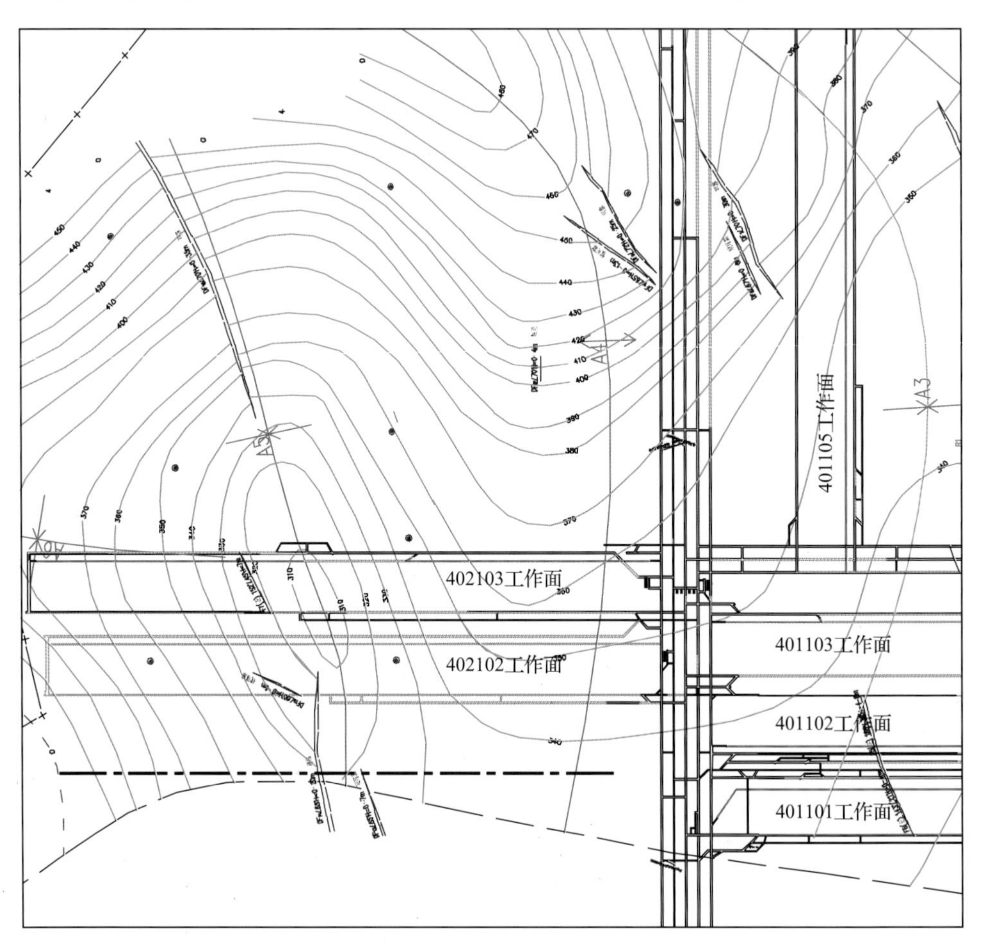

图 4-28 胡家河煤矿开拓布置平面图

2. 胡家河煤矿地质及煤层赋存特征

胡家河煤矿井田位于孟村向斜区，该向斜区位于路家—小灵台背斜与七里铺—西坡背斜之间及董家庄背斜东端。井田内存在曲率半径大于 5m 的低序次褶皱 6 个，包括 A1、A3、A5、A6 向斜及 A2、A4 背斜。由图 4-28 可见胡家河煤矿区域褶曲赋存情况，其中主要褶曲由三个向斜（A3 向斜、A5 向斜、A6 向斜）和一个背斜（A4 背斜）相间组成。

矿井可采煤层为 4 号煤层，可采面积 47.66km^2。煤层一般厚度为 10～15.00m。古隆起边缘煤层厚度较薄，一般小于 10.00m，古地形平缓区厚度稳定，一般在 15.00m 左右，古地形低凹区沉积厚度较大，一般在 24.00m 左右，最大厚度 26.20m，该煤层结构较简单，一般含两层夹矸，且位于煤层的中上部，属大部可采煤层。

煤层顶、底板岩性：4 号煤层伪顶多为黑色碳质泥岩，厚度小，直接顶板为较易冒落的泥岩、粉砂岩、砂质泥岩。基本顶为中砂岩、粗砂岩。底板岩性一般为泥岩及粉砂岩，局部为细粒砂。根据钻孔柱状图，胡家河煤矿 4 号煤层上方有中粒砂岩、砾砂岩等坚硬岩层。胡家河煤矿 402103 工作面 T2 钻孔柱状图如图 4-29 所示。

4.7.2 KJ470 双震源一体化反演的应用

1. 系统应用概况

(1) 在胡家河煤矿 4011103 工作面完成 KJ470 矿山地震波监测系统及配套装备安装工作，安装设备主要包括地面服务器、地面光端机和 UPS，以及井下部分的 KJ470-F 监测分站、GZC5 拾震传感器等。

(2) 完成了双源震动信息处理及分析反演软件的安装工作。

(3) 基于客户-服务器结构（C/S），完成了客户端软件编制工作并集成各监测系统数据解析、标准化存储及上传等软件。

(4) 基于 KJ470 矿山地震波监测系统分别完成了对胡家河煤矿 401103 工作面基于人工震源（主动）、自然震源（被动）的 CT 反演。

2. KJ470 双震源反演预警案例

KJ470 矿山地震波监测系统自安装试运行到目前一直处于正常运行状态，成功对能量高于 10^{4}J 的多次震动进行了预警，预警准确率达到了设计要求，部分结果如表 4-14 所示。

2018 年 8 月 20 日，在 401103 工作面预警 1.37×10^{4}J 大能量震动事件，如表 4-14 所示。

4.7.3 多参量监控预警应用

1. 研究过程

1) 统计方法

对胡家河煤矿 402103、401105、401103 工作面回采期间发生的冲击显现及危险性矿震进行监控预警，统计冲击显现及危险性矿震发生前两日、前一日的预警结果，当预警结果为强或中等则表示预警准确。

T2号钻孔综合柱状图				
序号	岩石名称	岩性描述	累厚/m	层厚/m
1	黏土主层	（采用测井资料）	137.5	137.5
2	细粒砂岩	（采用测井资料）	165.5	28
3	粉砂岩	（采用测井资料）	174.89	9.39
4	砂质泥岩	（采用测井资料）	183.72	8.83
11	粉砂岩	（采用测井资料）	191.85	8.13
12	砂质泥岩、粉砂岩互层	（采用测井资料）	255.14	62
19	粉砂岩	（采用测井资料）	479.83	41.35
20	砂质泥岩	（采用测井资料）	486.69	6.86
21	中粒砂岩	（采用测井资料）	512.41	25
22	中砾岩	（采用测井资料）	536.93	24.52
23	中粒砂岩	（采用测井资料）	546.93	10
24	粗粒砂岩	青灰色，厚层状，含砂不均，见黄铁矿结核，间夹泥岩及粉砂岩条带及薄层。RQD=40%，倾角=2°	613.64	35.82
27	粉砂岩	灰白色，厚层状，成分以石英为主，其次为长石，含少量岩屑，钙质胶结，分选性差，次棱角状，含大量砾石，直径5~50mm，间夹细粒砂岩薄层且显示交错层理，含植物化石及少量炭屑，局部岩心破碎。RQD=70%	626.83	13.19
28	粉砂岩	灰色—深灰色，厚层状，含大量植物化石及少量黄铁矿结核，间夹砂质泥岩和细粒砂岩条带及薄层且显示交错层理	664	18.50
31	中粒砂岩	深灰色，厚层状，见大量植物化石及黄铁矿薄膜，间夹细粒砂岩条带及薄层，断口平坦。RQD=80%，倾角=2°	667.5	3.5
34	煤	黑色，块状，轻微污手，黑色条痕，半暗型，呈沥青光泽，阶梯状断口，含有少量黄铁矿粉晶，局部加油改制薄膜。RQD=10%	691.45	22.45
35	粉砂岩	灰色—深灰色，厚层状，间夹碳质泥岩薄层，局部显示挤压现象，含大量铝土质成分且见大量菱铁质鲕粒。RQD=70%，倾角=2°	711.73	20

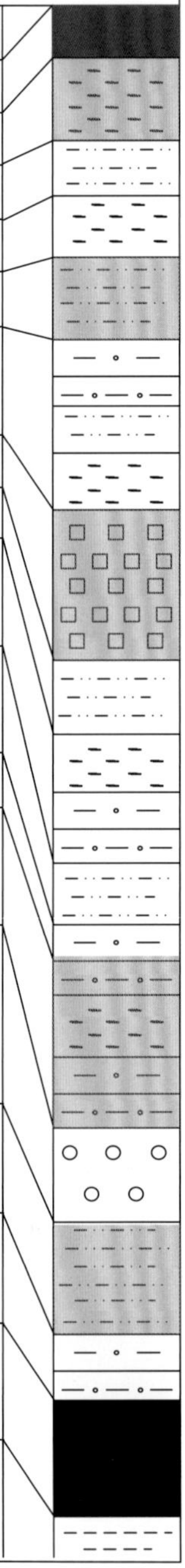

图 4-29　胡家河煤矿 402103 工作面 T2 钻孔柱状图

岩体 RQD 指标是指岩心中长度等于或大于 10cm 的岩心的累计长度占钻孔进尺总长度的百分比，它反映岩体被各种结构面切割的程度

表 4-14 2018-8-20 预警结果

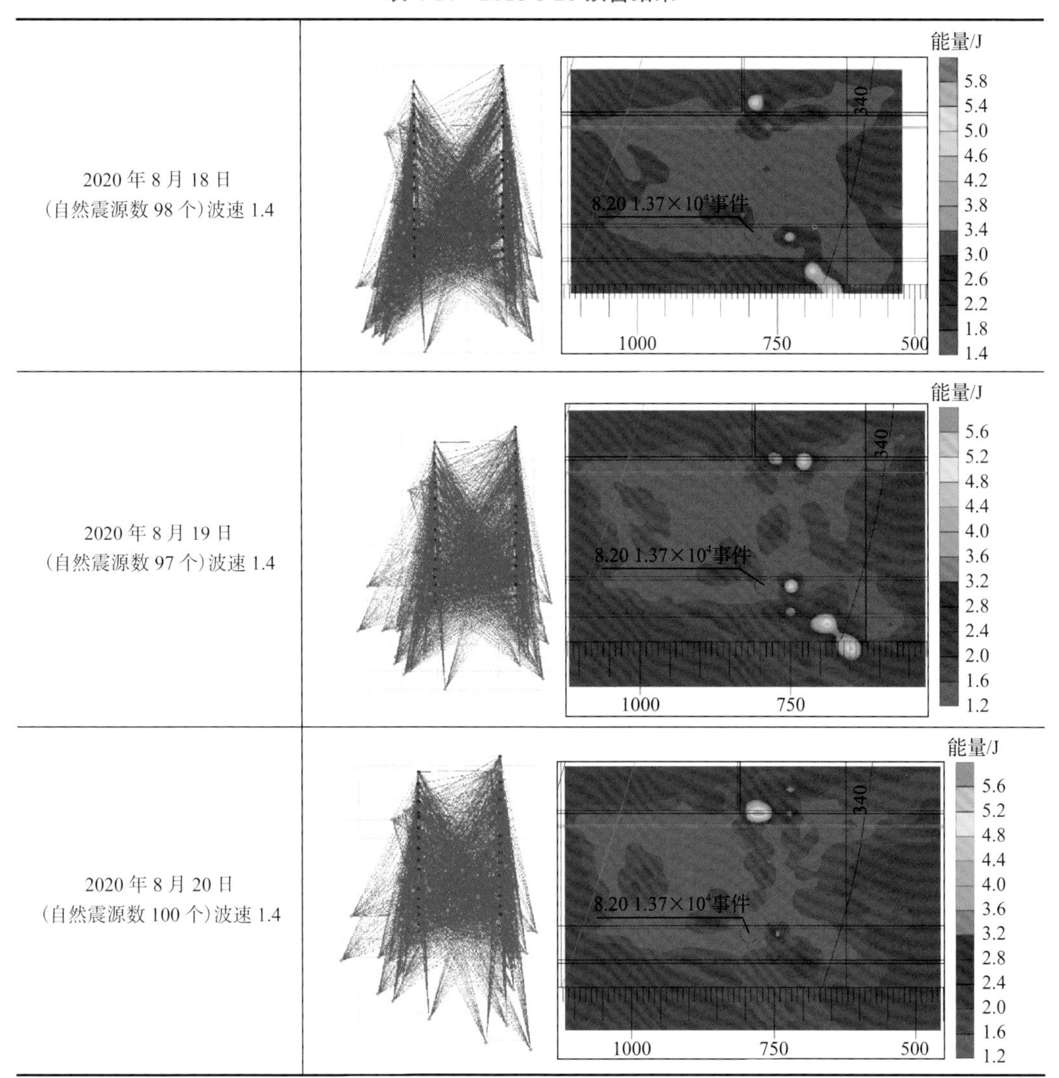

日期	预警结果
2020年8月18日 (自然震源数98个)波速1.4	
2020年8月19日 (自然震源数97个)波速1.4	
2020年8月20日 (自然震源数100个)波速1.4	

2)计算过程

不同工作面及工作面不同阶段由于地质条件等差异，呈现不同的微震发生规律。首先对工作面进行分析划分不同区段：402103工作面中间部分处于褶曲轴，如图4-30所示，水平应力较高，将402103工作面划分为三个阶段，初采阶段(第一阶段)、褶曲轴阶段(第二阶段)、末采阶段(第三阶段)，每阶段单独获取其指标权重及危险性矿震。

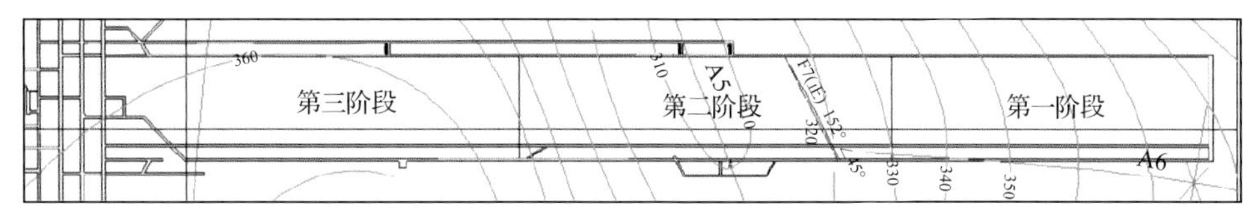

图4-30 402103工作面统计示意图

等高线单位为m

401105 工作面初期回采阶段处于褶曲轴，如图 4-31 所示，水平应力较高，将 401105 工作面划分为三个阶段，初采阶段(第一阶段)、褶曲轴阶段(第二阶段)、末采阶段(第三阶段)，每阶段单独获取其指标权重及危险性矿震。

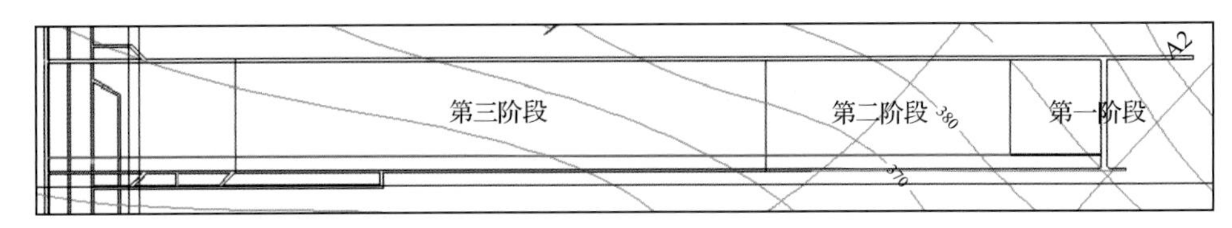

图 4-31　401105 工作面统计示意图

等高线单位为 m

401103 工作面整体地质条件差别不大，可作为整体进行分析(图 4-32)。

根据不同回采阶段，选取不同时间段的微震数据进行训练及权重计算，获取其危险性矿震及各指标的权重值，分别进行预警分析。

3) 大能量选取值

大能量事件表示工作面不同阶段内大于等于该阶段危险性矿震的微震事件。

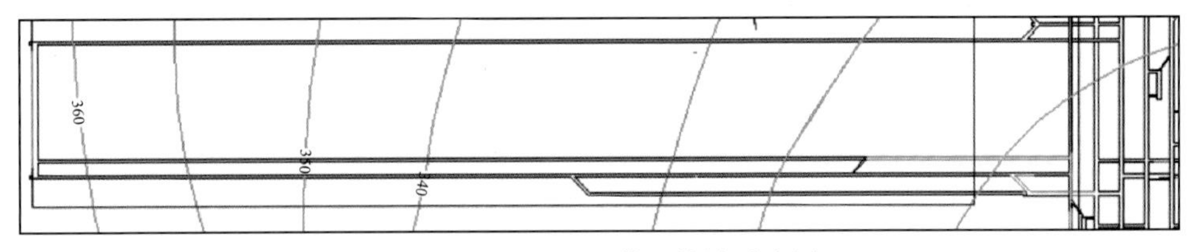

图 4-32　401103 工作面统计示意图

等高线单位为 m

2. 预警结果

(1) 401103 工作面统计结果如表 4-15 和表 4-16 所示。

表 4-15　401103 工作面统计

大能量事件	6-12	6-13	7-12	7-16	7-18	7-22	7-29	8-3
提前两日预警	中等	中等	中等	强	强	中等	弱	中等
提前一日预警	中等	弱	中等	强	强	中等	弱	弱
当日预警	弱	强	中等	强	中等	弱	弱	弱
大能量事件	5-12	5-19	5-28	5-31	6-1	6-5	6-13	6-17
提前两日预警	中等	强	强	强	强	强	中等	中等
提前一日预警	中等	强	强	强	强	强	弱	强
当日预警	中等	强	中等	强	强	强	强	强

表 4-16 401103 工作面预警准确率结果 （单位：%）

预警时间	大能量预警准确率	冲击显现预警准确率	综合预警准确率
提前两日	87.5	100.0	94.8
提前一日	62.5	87.5	75.0

(2) 401105 工作面统计结果如表 4-17 和表 4-18 所示。

表 4-17 401105 工作面统计

大能量事件	12-22	1-3	1-8	1-13	1-16	1-18	2-5	2-12	2-14
提前两日预警	强	强	弱	强	强	强	弱	中等	中等
提前一日预警	强	强	中等	强	强	强	弱	中等	中等
当日预警	强	强	强	中等	强	强	中等	中等	强
大能量事件	4-26	4-8	5-2	5-6	5-23	6-21	7-1	8-9	8-15
提前两日预警	中等	中等	中等	中等	弱	中等	强	强	强
提前一日预警	强	强	中等	强	弱	中等	强	强	强
当日预警	强	强	无	强	弱	强	强	强	强
大能量事件	9-22	10-6	10-9	10-11	10-15	12-23	12-24	12-25	
提前两日预警	强	强	强	强	中等	强	强	强	
提前一日预警	强	强	强	中等	强	强	强	强	
当日预警	强	中等	强	强	强	强	强	强	
大能量事件	12-9								
提前两日预警	强								
提前一日预警	强								
当日预警	强								

表 4-18 401105 工作面预警准确率结果 （单位：%）

预警时间	大能量预警准确率	冲击显现预警准确率	综合预警准确率
提前两日	88.5	100.0	88.9
提前一日	92.3	100.0	92.6

(3) 402103 工作面统计结果如表 4-19 和表 4-20 所示。

(4) 表 4-21 为胡家河煤矿总体预警准确率统计结果，可以看出，大能量预警准确率提前一天可达 92.2%；冲击显现预警准确率提前一天预警可达 92.3%，提前两天预警可达 100.0%。根据预警准确率的定义与公式，可得综合预警准确率达 92.2%。

表 4-19 402103 工作面统计

大能量事件	11-3	11-18	11-19	11-23	11-28	12-4	12-6	12-8	12-9	12-14
提前两日预警	强	强	强	强	强	强	中等	弱	中等	强
提前一日预警	强	强	强	强	强	强	中等	中等	中等	强
当日预警	强	强	强	强	强	中等	弱	中等	强	中等
大能量事件	2-27	5-7	5-1	5-19	5-20	5-21	5-22	5-23	6-21	8-7
提前两日预警	强	强	强	强	强	强	强	中等	弱	强
提前一日预警	强	强	强	强	强	强	中等	强	中等	强
当日预警	强	强	强	强	强	中等	强	中等	中等	强
大能量事件	8-26	9-14	10-12	10-13	10-15	10-18	10-19	10-23	10-27	10-31
提前两日预警	强	强	强	强	强	强	强	强	中等	中等
提前一日预警	强	强	强	强	强	强	强	中等	强	中等
当日预警	中等	强	强	强	强	强	强	中等	强	中等
冲击显现	11-4	12-16	8-4	10-27						
提前两日预警	强	中等	强	中等						
提前一日预警	强	中等	强	强						
当日预警	强	中等	强	强						

表 4-20 402103 工作面预警准确率结果 (单位：%)

预警时间	大能量预警准确率	冲击显现预警准确率	综合预警准确率
提前两日	94.3	100.0	94.1
提前一日	100.0	100.0	100.0

表 4-21 胡家河煤矿冲击危险预警准确率结果 (单位：%)

预警时间	大能量预警准确率	冲击显现预警准确率	综合预警准确率
提前两日	90.6	100.0	92.2
提前一日	92.2	92.3	92.2

3. 不同阶段与类型冲击危险预警结果

1) 初采阶段

对 401105 工作面初采阶段的大能量矿震进行当日、提前一日、提前两日预警，取三次预警结果的最大值为最终预警结果。分别统计活动性预警、时空强预警及冲击变形能预警的预警情况，并按相等权重进行计算，得出综合预警等级，如表 4-22 所示。将不同预警指标及综合预警的预警情况分别进行总结，如图 4-33～图 4-36 所示。

表 4-22　初采阶段大能量矿震预警结果

大能量矿震日期	预警日期	活动性预警	时空强预警	冲击变形能预警	综合预警
2016-12-22	当日	强	强	弱	强
	提前一日	强	强	中等	强
	提前两日	强	强	中等	强
	最终预警结果	强	强	中等	强
2017-2-3	当日	强	强	强	强
	提前一日	强	强	强	强
	提前两日	强	强	强	强
	最终预警结果	强	强	强	强
2017-2-8	当日	强	强	弱	中等
	提前一日	中等	强	弱	中等
	提前两日	弱	弱	弱	弱
	最终预警结果	强	强	弱	中等
2017-2-13	当日	中等	强	弱	中等
	提前一日	强	强	弱	中等
	提前两日	强	强	无	中等
	最终预警结果	强	强	弱	中等
2017-2-16	当日	强	强	弱	中等
	提前一日	强	强	无	中等
	提前两日	强	强	无	中等
	最终预警结果	强	强	弱	中等
2017-2-18	当日	强	强	弱	中等
	提前一日	强	强	强	强
	提前两日	强	强	弱	中等
	最终预警结果	强	强	强	强

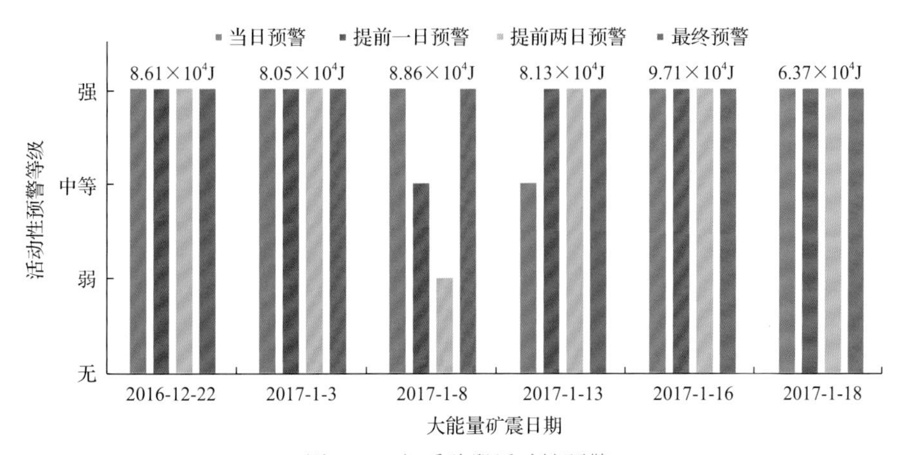

图 4-33　初采阶段活动性预警

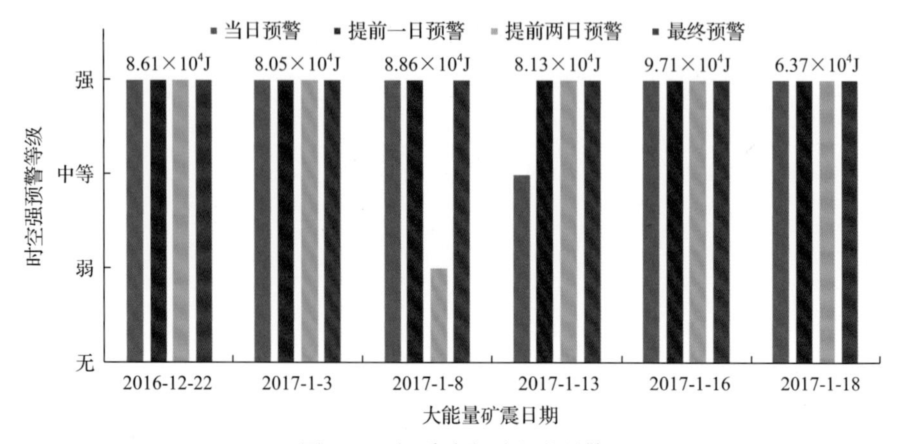

图 4-34 初采阶段时空强预警

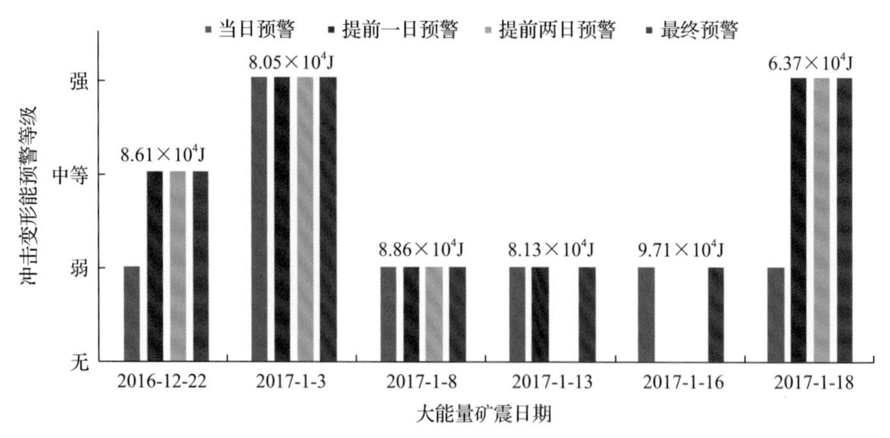

图 4-35 初采阶段冲击变形能预警

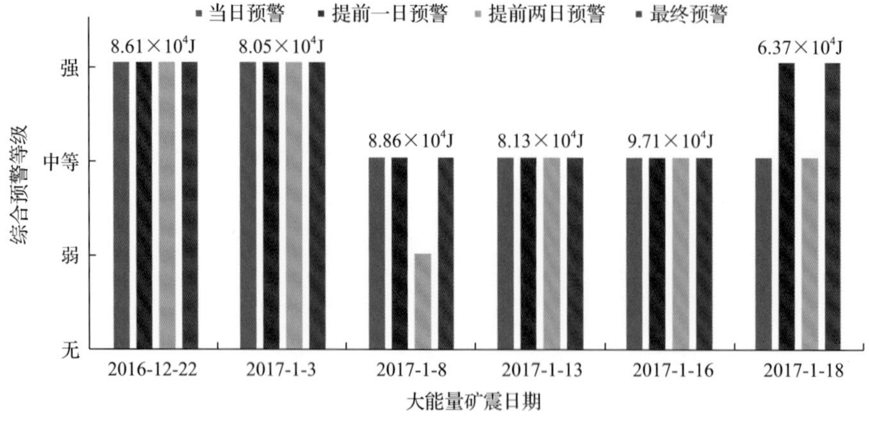

图 4-36 初采阶段综合预警

对 401105 工作面初采阶段大能量矿震的预测结果进行统计计算，得出如下结论：

(1)活动性预警当日预警准确率为 100%，提前一日预警准确率为 100%，提前两日预警准确率为 84.3%，最终活动性预警准确率为 100%。

(2)时空强预警当日预警准确率为 100%，提前一日预警准确率为 100%，提前两日预警准确率为 84.3%，最终时空强预警准确率为 100%。

(3)冲击变形能预警当日预警准确率为 16.7%，提前一日预警准确率为 50%，提前两日预警准确率为 50%，最终冲击变形能预警准确率为 50%。

(4)综合预警当日预警准确率为 100%，提前一日预警准确率为 100%，提前两日预警准确率为 84.3%，最终综合预警准确率为 100%。

2)401105 工作面褶曲轴阶段

对 401105 工作面褶曲轴阶段的大能量矿震进行当日、提前一日、提前两日预警，取三次预警结果的最大值为最终预警结果。分别统计活动性预警、时空强预警及冲击变形能预警的预警情况，并按相等权重进行计算，得出综合预警等级，如表 4-23 所示。将不同预警指标及综合预警的预警情况分别进行总结，如图 4-37～图 4-40 所示。

表 4-23 褶曲轴阶段大能量矿震预警结果

大能量矿震日期	预警时间	活动性预警	时空强预警	冲击变形能预警	综合预警
2017-2-5	当日	无	强	中等	中等
	提前一日	无	强	弱	弱
	提前两日	无	中等	中等	弱
	最终预警结果	无	强	中等	中等
2017-2-12	当日	中等	强	弱	中等
	提前一日	中等	强	中等	中等
	提前两日	中等	强	弱	中等
	最终预警结果	中等	强	中等	中等
2017-2-14	当日	强	强	弱	中等
	提前一日	中等	强	无	中等
	提前两日	中等	强	弱	中等
	最终预警结果	强	强	弱	中等
2017-4-26	当日	中等	强	强	强
	提前一日	中等	强	强	强
	提前两日	中等	强	中等	中等
	最终预警结果	中等	强	强	强
2017-4-8	当日	强	强	无	中等
	提前一日	强	强	弱	中等
	提前两日	中等	强	中等	中等
	最终预警结果	强	强	弱	中等

续表

大能量矿震日期	预警时间	活动性预警	时空强预警	冲击变形能预警	综合预警
2017-5-2	当日	无	无	中等	弱
	提前一日	弱	中等	中等	中等
	提前两日	弱	中等	中等	中等
	最终预警结果	弱	中等	中等	中等
2017-5-6	当日	强	强	无	中等
	提前一日	强	强	无	中等
	提前两日	中等	强	无	中等
	最终预警结果	强	强	无	中等

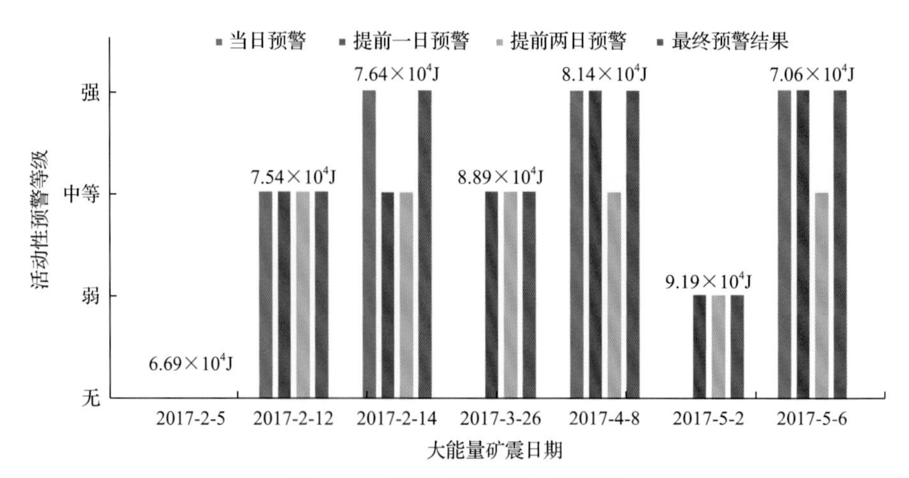

图 4-37 褶曲轴阶段活动性预警

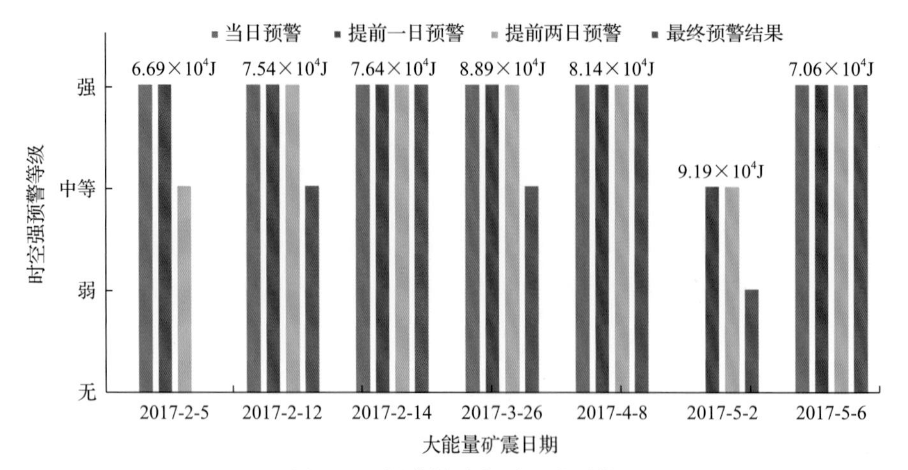

图 4-38 褶曲轴阶段时空强预警

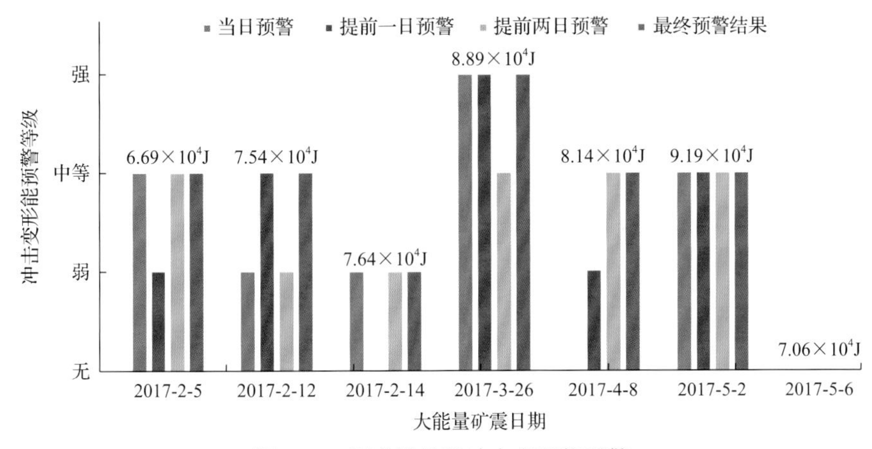

图 4-39 褶曲轴阶段冲击变形能预警

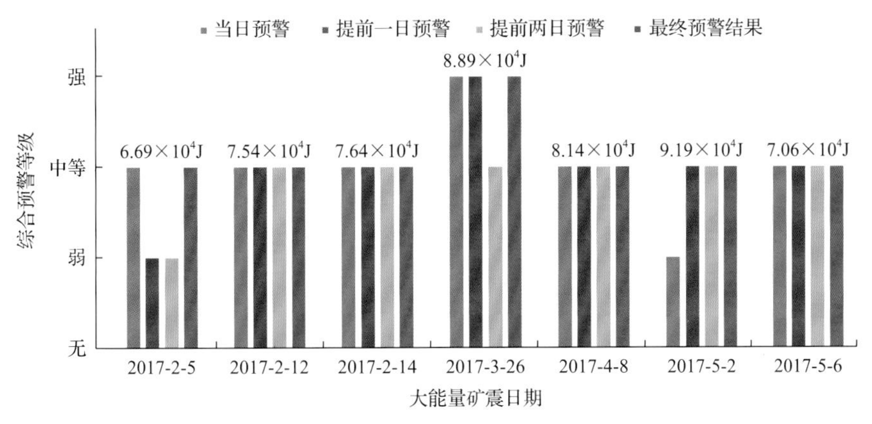

图 4-40 褶曲轴阶段综合预警

对 401105 工作面褶曲轴阶段回采期间大能量矿震的预测结果进行统计计算，得出如下结论：

(1)活动性预警当日预警准确率为 57.1%，提前一日预警准确率为 71.4%，提前两日预警准确率为 71.4%，最终活动性预警准确率为 71.4%。

(2)时空强预警当日预警准确率为 85.7%，提前一日预警准确率为 100%，提前两日预警准确率为 100%，最终时空强预警准确率为 100%。

(3)冲击变形能预警当日预警准确率为 42.9%，提前一日预警准确率为 42.9%，提前两日预警准确率为 57.1%，最终冲击变形能预警准确率为 71.4%。

(4)综合预警当日预警准确率为 85.7%，提前一日预警准确率为 85.7%，提前两日预警准确率为 85.7%，最终综合预警准确率为 100%。

3)401105 工作面末采阶段

对 401105 工作面末采阶段的大能量矿震进行当日、提前一日、提前两日预警，取三次预警结果的最大值为最终预警结果。分别统计活动性预警、时空强预警及冲击变形能预警的预警情况，并按相等权重进行计算，得出综合预警等级，如表 4-24 所示。将不同预警指标及综合预警的预警情况分别进行总结，如图 4-41～图 4-44 所示。

表 4-24 末采阶段强矿震事件预警结果

大能量矿震日期	预警时间	活动性预警	时空强预警	冲击变形能预警	综合预警
2017-5-23	当日	弱	无	中等	弱
	提前一日	无	无	中等	弱
	提前两日	无	无	中等	弱
	最终预警结果	弱	无	中等	弱
2017-6-21	当日	强	强	强	强
	提前一日	弱	中等	强	中等
	提前两日	弱	弱	强	弱
	最终预警结果	强	强	强	强
2017-7-1	当日	强	强	无	中等
	提前一日	强	强	强	强
	提前两日	强	强	无	中等
	最终预警结果	强	强	强	强
2017-8-9	当日	强	强	中等	强
	提前一日	强	强	无	中等
	提前两日	强	强	强	强
	最终预警结果	强	强	强	强
2017-8-15	当日	强	强	中等	强
	提前一日	强	强	弱	中等
	提前两日	强	强	弱	中等
	最终预警结果	强	强	中等	强
2017-9-22	当日	强	强	中等	强
	提前一日	强	强	中等	强
	提前两日	强	中等	强	强
	最终预警结果	强	强	强	强
2017-10-6	当日	强	强	中等	强
	提前一日	强	强	弱	中等
	提前两日	强	强	弱	中等
	最终预警结果	强	强	中等	强
2017-10-9	当日	强	强	中等	强
	提前一日	强	强	强	强
	提前两日	强	中等	强	强
	最终预警结果	强	强	强	强
2017-10-11	当日	强	中等	强	强

续表

大能量矿震日期	预警时间	活动性预警	时空强预警	冲击变形能预警	综合预警
2017-10-11	提前一日	强	中等	弱	中等
	提前两日	强	中等	强	强
	最终预警结果	强	中等	强	强
2017-10-15	当日	强	中等	强	强
	提前一日	强	弱	中等	中等
	提前两日	强	弱	弱	中等
	最终预警结果	强	中等	强	强
2017-12-23	当日	强	强	强	强
	提前一日	强	中等	强	强
	提前两日	强	无	强	中等
	最终预警结果	强	强	强	强

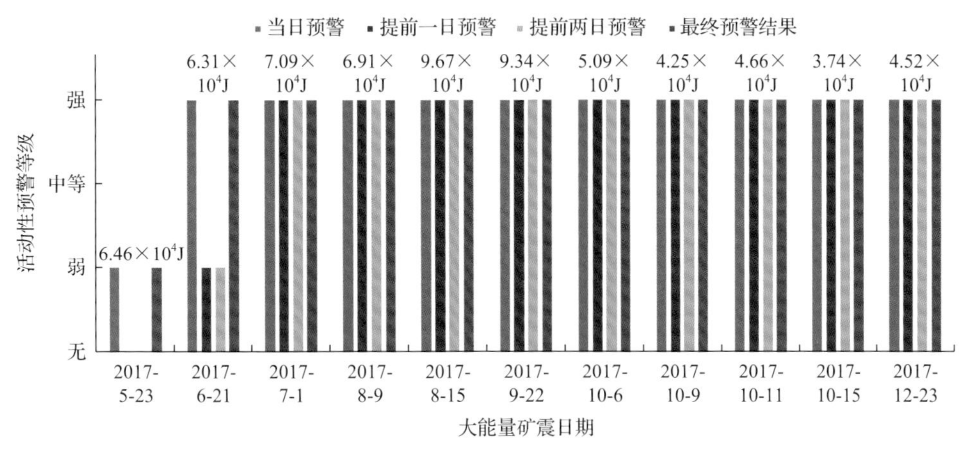

图 4-41　末采阶段活动性预警

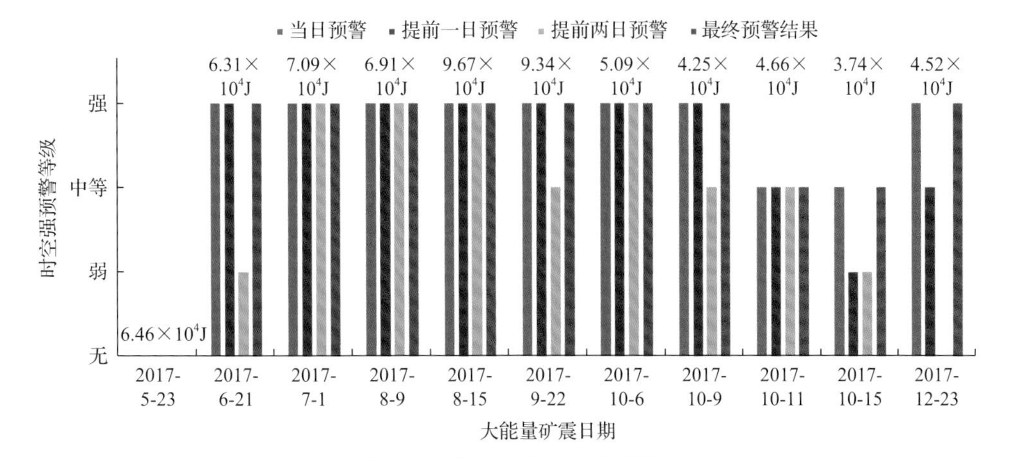

图 4-42　末采阶段时空强预警

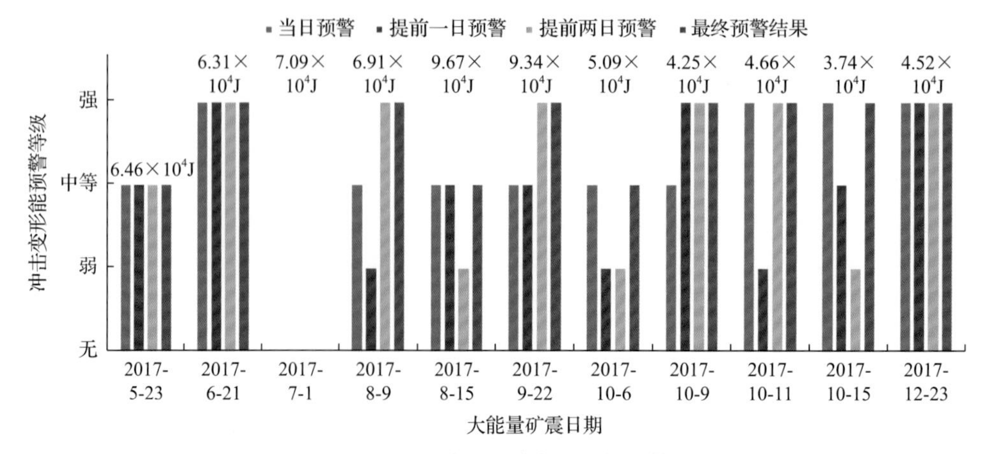

图 4-43 末采阶段冲击变形能预警

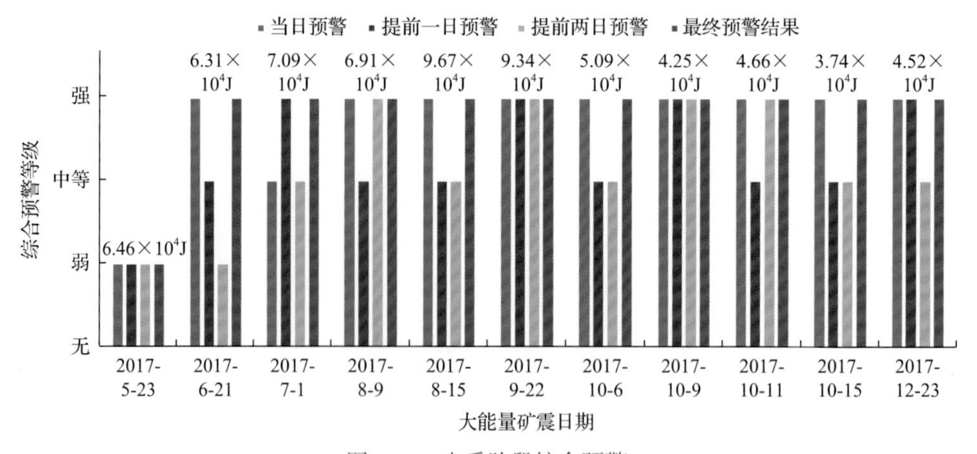

图 4-44 末采阶段综合预警

对 401105 工作面末采阶段大能量矿震的预测结果进行统计计算，得出如下结论：

(1)活动性预警当日预警准确率为 90.9%，提前一日预警准确率为 81.8%，提前两日预警准确率为 81.8%，最终活动性预警准确率为 90.9%。

(2)时空强预警当日预警准确率为 90.9%，提前一日预警准确率为 64.6%，提前两日预警准确率为 64.6%，最终时空强预警准确率为 90.9%。

(3)冲击变形能预警当日预警准确率为 90.9%，提前一日预警准确率为 54.5%，提前两日预警准确率为 64.6%，最终冲击变形能预警准确率为 90.9%。

(4)综合预警当日预警准确率为 90.9%，提前一日预警准确率为 90.9%，提前两日预警准确率为 81.8%，最终综合预警准确率为 90.9%。

第5章　煤与瓦斯突出风险判识与监控预警理论及技术体系

5.1　煤与瓦斯突出风险因素分析及预警指标体系构建

采用事故原因统计分析、事故树分析和危险源分析等方法对突出事故致因进行了系统分析，掌握了煤与瓦斯突出风险因素。在此基础上，结合煤矿生产过程中不同时期的突出预警时效性要求，从工作面、区域、生产系统三个层面建立了短期、中期、远期三大类、十三小类突出预警指标，形成了煤与瓦斯突出预警指标体系。

5.1.1　煤与瓦斯突出风险因素分析

1. 煤与瓦斯突出事故原因统计分析

对2009～2016年全国近百起较大以上突出事故原因进行统计，发现突出事故发生的直接原因主要包括：未采取综合防突措施、防突措施落实不到位、防突管理不到位和违章作业等。

1) 防突措施落实不到位

在防突措施落实不到位为主要原因的突出事故中，暴露出各种各样的隐患，包括：未制定防突措施或未执行制定的防突措施；防突措施针对性差，未根据工作面具体情况制定相应的防突措施，重点地点防突措施未加强；防突钻孔施工未达到设计要求，控制范围不足或留有空白带；瓦斯抽采时间短，抽采效果差，抽采不达标；局部措施执行未达到设计要求，措施效果不佳；等等。

2) 防突管理不到位

在很多突出事故中还暴露出许多矿井防突管理不到位，主要表现在：未制定防突管理制度，相关人员职责不明确；防突管理制度不完善，地质构造探测、钻孔施工管理、预测预报、突出征兆观测、允许进尺审批、循环进尺验收等重要的技术管理环节缺失；防突管理不精细、不规范，防突资料管理混乱、预测操作不规范、忽视突出征兆等；防突监督不力，弄虚作假，违规操作、违规指挥等。

3) 违章作业

违章进行采掘作业也是突出事故发生的重要原因之一，与突出相关的违章作业现象主要包括两类：一类是未进行工作面预测(效检)或预测(效检)工作面有突出危险但未进一步采取防突措施而进行的采掘作业；另一类是工作面循环累计进尺超过允许采掘距离。不论哪一类违章作业，导致的直接后果都是工作面前方保留的预测或措施超前距不足，是一种特殊的防突措施落实不到位现象。

4）未采取综合防突措施

在未采取综合防突措施的突出事故中，除违章作业或预测失误外，有不少属于未按突出矿井进行管理的情况。这些矿井中除个别为低瓦斯矿井外，大部分属于已发生过瓦斯动力现象而没有进行突出矿井鉴定、未建立防突机构并配备防突人员的矿井。另外，一些基建矿井和资源整合矿井发生了突出事故，其原因主要是没有及时进行突出矿井或煤层鉴定，未按照突出煤层管理，未采取综合防突措施，或者违法组织生产等。

除以上原因之外，在统计过程中还发现，我国煤与瓦斯突出事故的发生还与以下几个方面的因素有关，值得重点关注。

(1)防突观念和认识不到位。从事故调查资料中可以看出，一些矿井的主要领导防突观念和认识不到位，由于种种因素，不愿意将矿井定性为突出矿井，安全生产管理工作满足不了防突的需要。不少发生突出的矿井没有按照规定对煤层突出危险性进行鉴定，甚至有些矿井在已经发生过或邻近矿井发生过突出的情况下也没有进行突出矿井或突出煤层鉴定，更没有采取防突措施或不完全执行两个“四位一体”综合防突措施。

(2)突出防治基础薄弱。技术方面，众多突出矿井瓦斯基本参数缺乏、未掌握瓦斯赋存及瓦斯突出规律、未考察预测敏感指标及临界值等，从而导致防突措施针对性不强或措施参数不合理；装备方面，一些矿井突出预测仪器和防突措施施工设备数量不足、技术落后；人员方面，许多矿井防突技术人员配置偏少，而且经验不足、职业素质不高，对煤与瓦斯突出危险性和突出发生规律认识不足。

(3)采掘部署不合理、采掘接替紧张。一些矿井采掘部署未考虑煤与瓦斯突出防治的需要，没有给防突工作留设足够的空间和时间，不利于矿井煤与瓦斯突出的防治。不少突出矿井开采程序不合理，有保护层开采条件却不愿采用；多数突出矿井采掘接替紧张，“抽、掘、采”不平衡，区域性瓦斯预抽防突时间不足，瓦斯抽采不达标；个别矿井采用前进式、巷道式采煤方法，加剧了工作面突出的危险性；一些突出矿井的通风系统不可靠，发生突出事故后，容易造成灾害性气体的大面积波及，引起事故扩大。

(4)对突出相关信息的集中分析不足。按照目前的突出矿井管理机制，绝大多数突出矿井都实行传统的专业分工、纸质化办公方式，防突信息化工作严重落后，导致与突出相关的安全信息不共享、沟通不及时，通常矿井的地质构造、瓦斯赋存、煤柱留设、预测预报、防突措施、瓦斯监测等与突出相关的资料分别由不同的职能部门掌握。在防治煤与瓦斯突出过程中，极少有矿井将上述资料进行集中管理，而能在此基础上进行系统分析的更是少之又少。因此，安全信息的不集中，导致重要的安全隐患和预兆信息获取不及时，给事故的预防带来很大困难。

(5)防突管理工作不精细，重要技术管理环节缺失。煤与瓦斯突出防治是一项十分复杂的系统管理工作，组织和技术管理程序中的任何一个环节出现问题都可能造成事故的发生。只有对采掘部署、瓦斯地质分析、预测预报、防突措施、效果检验、安全防护措施等工作中的信息收集、分析、设计、施工、监督、反馈、措施调整、确认等环节全面把关，才能发现问题并及时处理问题。有些矿井在防突工作中，不同程度地存在不进行地质分析、预测不规范、预测仪器不校验、预报单信息量过少、防突设计不根据实际情况调整参数、不按照设计施工防突措施、不绘制措施施工图、抽放不计量等问题。粗放式的防突管理工作必然导致突出事故防不胜防。

2. 煤与瓦斯突出事故树分析

基于两个“四位一体”综合防突措施技术流程，同时考虑突出事故的发生特点和规律，按照事故树编制规则，以突出作为顶上事件，将各种因素与突出之间的逻辑关系用逻辑门分层表示出来，建立煤与瓦斯突出事故树，如图 5-1 所示。

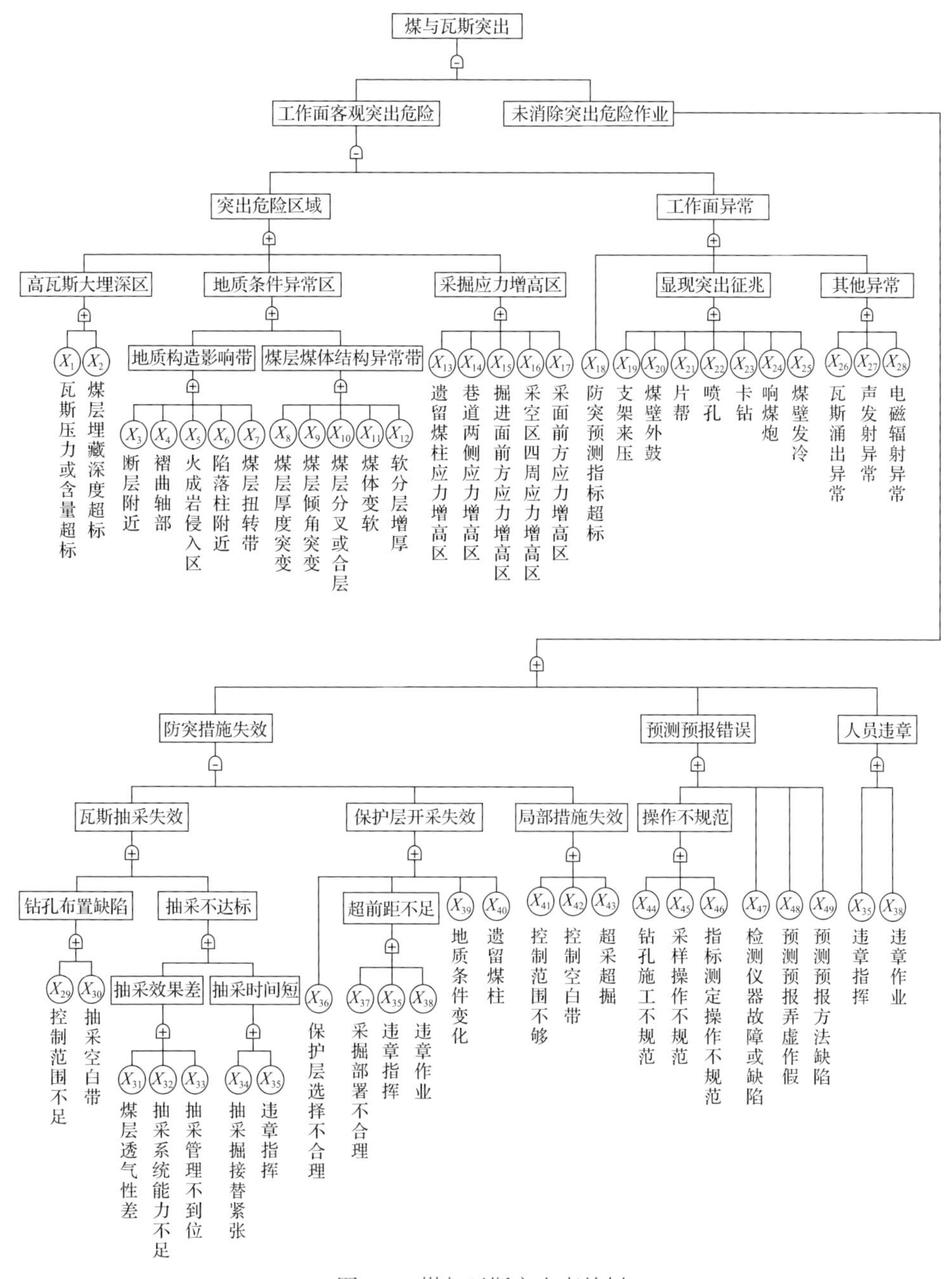

图 5-1 煤与瓦斯突出事故树

从图中可以看出，突出事故树的基本事件数量众多。根据事件性质或反映要素的不同，可划分为生产系统缺陷、客观突出危险、防突措施缺陷和防突管理隐患等 4 种类型。

(1)生产系统缺陷类基本事件。

生产系统缺陷类基本事件主要反映了采掘工程、瓦斯抽采系统等矿井生产系统存在的可能导致突出事故发生的缺陷。具体包括：

①采掘工程缺陷：保护层选择不合理；采掘部署不合理；抽、掘、采接替紧张。

②抽采系统缺陷：瓦斯抽采系统能力不足。

(2)客观突出危险类基本事件。

客观突出危险类基本事件从瓦斯赋存、地质异常、应力增高、日常预测、突出预兆等角度，系统地反映了工作面煤体的客观突出危险性。具体包括：

①瓦斯赋存：瓦斯压力或含量超标。

②地质异常：煤层埋藏深度超标；处于断层附近、褶曲轴部、火成岩侵入区、陷落柱附近、煤层扭转带等地质构造影响带；煤层厚度突变、倾角突变、煤层分叉或合层等煤层赋存突变；煤体变软、软分层增厚等煤体结构异常。

③应力增高：处于遗留煤柱、巷道两侧、采空区四周、其他工作面的应力增高区范围内。

④日常预测：防突预测指标超标。

⑤突出预兆：存在支架来压、煤壁外鼓、片帮、喷孔、卡钻、响煤炮、煤壁发冷等征兆。

⑥其他异常：瓦斯涌出、声发射或电磁辐射异常。

(3)防突措施缺陷类基本事件。

防突措施缺陷类基本事件分别反映了矿井预抽煤层瓦斯、开采保护层和实施局部防突措施过程中可能出现的措施缺陷。具体包括：

①预抽煤层瓦斯措施缺陷：瓦斯抽采钻孔控制范围不足、瓦斯抽采空白带、瓦斯抽采不达标。

②保护层开采措施缺陷：保护层开采超前被保护层不足、遗留煤柱等。

③局部防突措施缺陷：措施控制范围不足、局部措施存在空白带、超采超掘等。

(4)防突管理隐患类基本事件。

防突管理隐患类基本事件反映了对突出防治相关仪器设备、作业人员等管理不到位。具体包括：

①仪器设备管理隐患：检测仪器故障或缺陷。

②作业人员管理隐患：突出预测钻孔施工、采样、指标测定等操作不规范，弄虚作假、违章指挥、违章作业等。

3. 煤与瓦斯突出风险因素

根据煤与瓦斯突出事故原因统计和事故树分析结果，考虑不同因素对突出事故影响的时空范围和作用程度等不同，将煤与瓦斯突出风险因素划分为生产系统风险、区域风险、工作面风险和管理风险4种类型，如图5-2和表5-1所示。

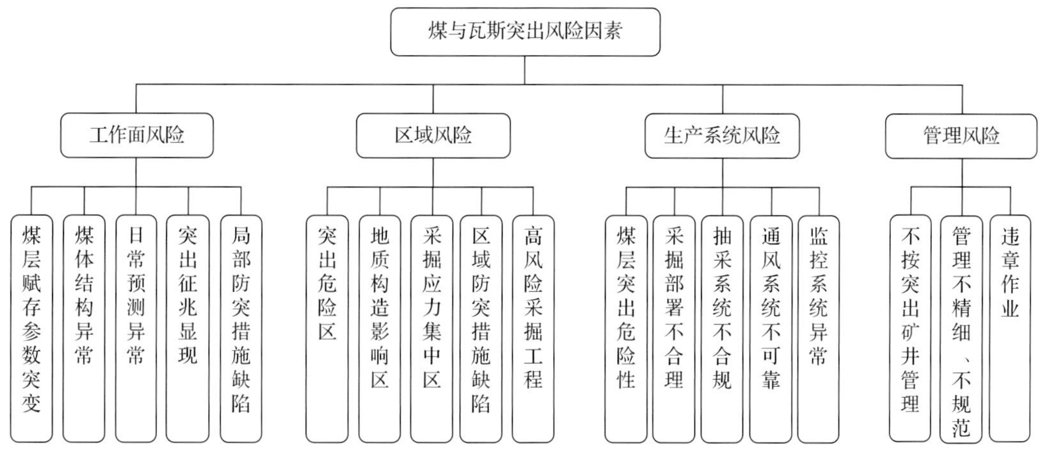

图5-2 煤与瓦斯突出风险因素

表5-1 煤与瓦斯突出风险因素汇总表

大类	小类	具体表现
工作面风险	煤层赋存参数突变	煤层走向、倾向、倾角、厚度变化区，煤层分叉、合层区等
	煤体结构异常	煤层出现软分层或软分层增厚区、煤层层理紊乱地点
	日常预测异常	日常预测超过临界值区域
	突出征兆显现	瓦斯涌出异常区、声发射异常区、电磁辐射异常区、声响征兆(响煤炮等)显现区、来压征兆(片帮、掉渣、支架来压及钻孔变形等)显现区、施钻征兆显现区(喷孔点、卡钻点等)
	局部防突措施缺陷	措施控制范围不足、控制范围内存在空白带、措施不达标(瓦斯抽排时间不达标、煤层注水量不达标等)
区域风险	突出危险区	经区域预测划分的高瓦斯压力、高地应力区
	地质构造影响区	断层影响区、褶曲影响区、火成岩影响区、帚状构造收敛端、陷落柱或煤层冲刷带影响区、煤层扭转带等
	采掘应力集中区	邻近层煤柱影响区、邻近层回采面影响区、巷道贯通点、本煤层采掘面影响区、孤岛型煤柱区等
	区域防突措施缺陷	瓦斯抽采不达标、抽采钻孔控制范围不足、瓦斯抽采区域存在空白带、保护层保护效果不佳等
	高风险采掘工程	石门揭煤工程、上山掘进工作面等
生产系统风险	煤层突出危险性	煤层具有突出危险性
	采掘部署不合理	煤层开采顺序不合理、主要巷道布置不合理、抽掘采接替紧张
	抽采系统不合规	未按要求建立地面永久抽采泵站、泵站抽采能力不够、备用泵数量(能力)不足、未实现高低浓度分系统抽采
	通风系统不可靠	风量不足、未分区通风、无专用回风巷、未设置防突反向风门、通风设施不可靠

续表

大类	小类	具体表现
管理风险	不按突出矿井管理	不采取两个“四位一体”综合防突措施，或不严格执行综合防突措施
	管理不精细、不规范	防突管理制度不科学、不规范，防突技术决策不当，无地质构造和煤层层位探测管理制度，缺少防突工作监督环节，突出预测操作不规范，预测仪器管理混乱，防突设计参数缺乏依据，无煤柱区管理措施、安全防护措施不完备，现场管理混乱等
	违章作业	工作面超采超掘、预测(效检)弄虚作假、防突措施施工中谎报钻孔深度、违章指挥或违章作业

5.1.2 煤与瓦斯突出预警指标体系构建

1. 预警指标选取原则

煤与瓦斯突出的复杂性和预警的超前性，要求煤与瓦斯突出预警指标体系的建立及指标选择应遵循以下原则：

目的性原则：预警指标的选择要紧紧围绕突出隐患和预兆超前判识及防治突出事故发生这一目标来设计。

科学性原则：预警指标体系的建立应有科学的依据，应以安全科学为指导，以突出机理、发生规律和事故致因为依据，建立突出预警指标体系。

系统性原则：应从整体出发建立突出预警指标体系。指标体系中的每一项指标要求从不同层次、不同角度全面反映与突出相关的各种原因、预兆以及相互之间的联系，使各指标构成一个有机的整体，以保证预警结果可信度。

超前性原则：指标的超前性是由预警的性质决定的，是指预警指标体系应能在突出事故发生前反映事故发生的可能性和事故后果严重性。

可行性原则：预警指标的选取应具有可操作性，即现实容易测定，便于量化，计算简便可行。

2. 突出预警指标体系

根据煤与瓦斯突出风险因素分析结果，并考虑现阶段防突管理监测评估手段缺乏的实际情况，主要从工作面风险、区域风险和生产系统风险三个方面出发，构建了如图 5-3 所示的突出预警指标体系框架。

突出预警指标体系框架整体分为工作面、区域、生产系统三个层次，如表 5-2 所示。工作面层次包含日常预测、声电瓦斯、矿压监测、突出征兆、局部防突措施等 5 个方面，用于工作面突出危险等级判定，进行短期预警；区域层次包含煤层瓦斯、地质构造、应力集中、区域防突措施缺陷和高风险采掘工程等 5 个方面，用于确定重点防突头面，进行中期预警；生产系统层次包含采掘部署、通风系统、抽采系统等 3 个方面，用于提醒采掘部署调整和生产系统优化改进，进行远期预警。

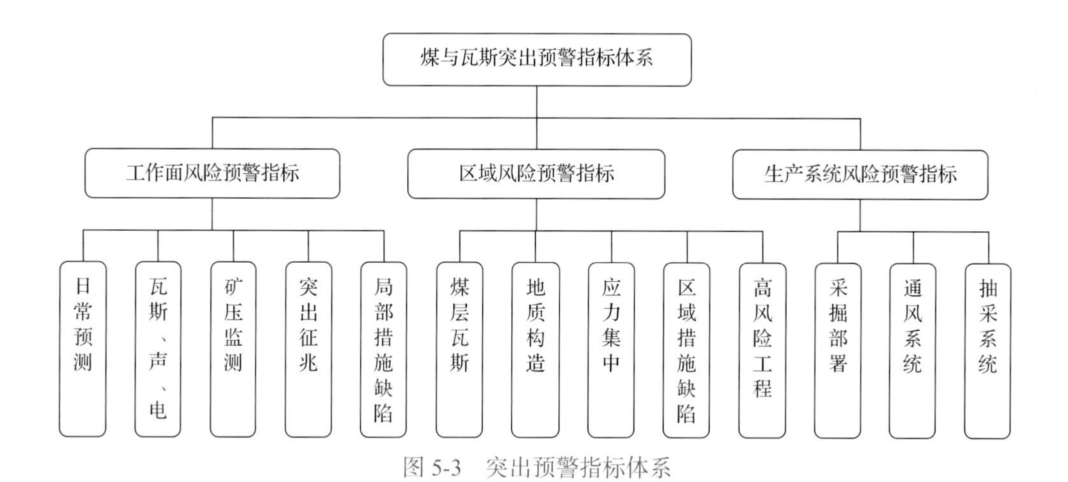

图 5-3 突出预警指标体系

表 5-2 突出预警指标所属风险层次、时效性及作用

风险层次	主要因素	预警时效	主要作用
工作面风险	日常预测异常、声电瓦斯异常、矿压监测异常、突出征兆显现、局部防突措施缺陷	短期预警	工作面突出危险等级判定
区域风险	煤层瓦斯超标、地质构造影响区（带）、应力集中区、区域防突措施缺陷、高风险采掘工程	中期预警	确定重点防突头面
生产系统风险	采掘部署不合理、通风系统不可靠、抽采系统不合规	远期预警	提醒采掘部署调整和生产系统优化改进

5.2 煤与瓦斯突出前兆信息特征规律

综合采用理论分析、试验测试和数据模拟等方法，探索了突出孕育阶段煤体应力、渗流、温度变化规律及互耦关系，得到了煤与瓦斯突出应力、瓦斯和温度前兆特征。考察分析了声发射和电磁辐射指标对异常响应的敏感性，研究了不同时间尺度的声电信号变化规律，掌握了煤与瓦斯突出的声发射和电磁辐射前兆特征，为煤与瓦斯突出预警模型构建奠定了基础。

5.2.1 瓦斯-应力-温度互耦关系及前兆特征

1. 瓦斯-应力-温度互耦关系理论分析

煤与瓦斯突出是一个涉及应力场、渗流场以及温度场耦合作用的动态演化过程。煤与瓦斯的这种复杂的相互作用关系很难从实验的角度解释清楚。因此，需要借用力学和数学工具建立采动作用下瓦斯在煤层中渗流的多场耦合模型。

①应力场控制方程。

分析含瓦斯煤的受力状态可知，考虑瓦斯和温度作用下的煤体应力-应变本构关系中包括外力作用产生的应变、热膨胀应变、吸附膨胀应变以及孔隙压缩应变，以此建立的

煤体变形控制方程为

$$
\begin{aligned}
&Gu_{i,jj}+\frac{G}{1-2\nu}u_{j,ji}-\frac{(3\lambda+2G)}{3}\alpha_{\mathrm{T}}\Delta T_{,i}-\frac{(3\lambda-2G)}{3}K_Y\Delta P_{,i}\\
&-\frac{(3\lambda+2G)2\rho RTaK_Y}{9V_{\mathrm{m}}}\ln(1+bp)_{,i}+\alpha p_{,i}+F_{,i}=0
\end{aligned}
\tag{5-1}
$$

式中，G为剪切模量；ν为泊松比；λ为拉梅系数；α_{T}为煤的体积热膨胀系数，$\mathrm{m^3/(m^3\cdot K)}$；$K_Y$为体积压缩系数，$\mathrm{MPa^{-1}}$；$\rho$为煤的密度，$\mathrm{kg/m^3}$；$R$为普适气体常数，$R$=8.3143J/(mol·K)；$V_{\mathrm{m}}$为气体的摩尔体积，$V_{\mathrm{m}}=22.4\times10^{-3}\mathrm{m^3/mol}$；$a$为煤的极限瓦斯吸附量，$\mathrm{m^3/t}$；$b$为煤的吸附平衡常数，$\mathrm{MPa^{-1}}$；$\alpha$为有效应力系数或Biot系数。

②渗流场控制方程。

煤是一种多孔介质，其孔隙和裂隙空间中充满了大量的瓦斯气体。采掘活动打破吸附和游离瓦斯的平衡状态时，吸附状态的瓦斯解吸，并在浓度梯度的驱动下以扩散为主导向裂隙系统中运移，然后在压力梯度的作用下在煤层中渗流。扩散过程可以用斐克扩散定律描述，而瓦斯在煤层中的渗流符合达西定律。应力、瓦斯压力或温度发生变化时，会引起瓦斯的解吸-渗流特性的改变。瓦斯在煤层中渗流的质量守恒方程为

$$
\frac{\partial m}{\partial t}+\nabla\cdot(\rho_{\mathrm{g}}q_{\mathrm{g}})=Q_{\mathrm{s}} \tag{5-2}
$$

式中，m为瓦斯含量，$\mathrm{m^3/kg}$；ρ_{g}为瓦斯密度，$\mathrm{kg/m^3}$；q_{g}为Darcy渗流速度，m/s；Q_{s}为源汇项。

基于孔隙率方程、渗透率方程、瓦斯含量方程、气体状态方程以及达西定律等，建立瓦斯在煤层中渗流的控制方程：

$$
C_1+C_2\frac{\partial p}{\partial t}-\nabla\cdot\left(\frac{k}{\mu}p\nabla p\right)=0 \tag{5-3}
$$

式中

$$
C_1=C_3\frac{\partial e}{\partial t}+C_4\frac{\partial T}{\partial t}
$$

$$
C_2=\left\{\phi-\frac{\rho_{\mathrm{c}}p_{\mathrm{a}}V_{\mathrm{L}}P_{\mathrm{L}}}{(p+P_{\mathrm{L}})^2}-\frac{p(1-\phi_0)K_Y}{1+e}\left[\frac{2\rho RTab}{3V_{\mathrm{m}}(1-\phi_0)(1+bp)}-1\right]\right\}
$$

$$
C_3=\frac{p(1-\phi_0)}{(1+e)^2}\left[\alpha_{\mathrm{T}}\Delta T-K_Y\Delta P+\frac{2\rho RTaK_Y\ln(1+bp)}{3V_{\mathrm{m}}(1-\phi_0)}\right]
$$

$$
C_4=-\frac{p(1-\phi_0)}{1+e}\left[\alpha_{\mathrm{T}}+\frac{2\rho RaK_Y\ln(1+bp)}{3V_{\mathrm{m}}(1-\phi_0)}+\frac{\phi}{T}\right]
$$

k 为煤体的渗透率，m^2；∇p 为煤层的瓦斯压力梯度，Pa/m；μ 为瓦斯的动力黏性系数，$\mu=0.0108\times10^{-3}\text{Pa}\cdot\text{s}$；$e$ 为体积应变；ϕ 为煤体的孔隙率；p_a 为标准状况下的气体压力，取 0.10325MPa；V_L 为 Langmuir 体积常数，m^3/kg；P_L 为 Langmuir 压力常数，Pa；ϕ_0 为初始孔隙率。

③温度场控制方程。

煤与瓦斯突出孕育过程中，煤体温度升高主要是由地应力破坏煤体和吸附放热造成的，煤体温度降低主要是由瓦斯解吸和膨胀吸热造成的。温度变化引起系统内能变化，煤体破坏过程中产生变形功，煤吸附/解吸瓦斯过程中会伴随着热量的释放/吸收，同时，系统通过热对流和热传导与外界发生热量交换。根据热传导的本构方程和特征单元体上的热量平衡方程，建立采动影响下瓦斯运移过程的温度场控制方程：

$$(\rho C)_{\mathrm{M}}\frac{\partial(T)}{\partial t}-TK_{\mathrm{g}}\alpha_{\mathrm{g}}\nabla\cdot\left(\frac{k}{\mu}\nabla p\right)+TK\alpha_{\mathrm{T}}\frac{\partial e}{\partial t}=\lambda_{\mathrm{M}}\nabla^2T+\frac{\rho_{\mathrm{ga}}pT_{\mathrm{a}}C_{\mathrm{g}}}{p_{\mathrm{a}}T}\nabla T\cdot\left(\frac{k}{\mu}\nabla p\right)+Q_{\mathrm{h}}\quad(5\text{-}4)$$

式中，$(\rho C)_M$ 为多孔介质整体的热容；K_g 为气体的体积模量，Pa；α_g 为气体在恒定孔隙压力和应力条件下的体积热膨胀系数，1/K；λ_M 为含瓦斯煤整体的热传导系数，$J/(m\cdot s\cdot K)$；ρ_{ga} 为标准状况下的瓦斯密度，kg/m^3；T_a 为标准状况下的气体温度，取 273.15K；C_g 为气体的恒体积热容，$J/(kg\cdot K)$；Q_h 为煤体解吸瓦斯热源。

④互耦关系。

应力场和渗流场之间的耦合关系为：瓦斯渗流过程中，孔隙压力的变化，引起有效应力改变，同时煤层吸附/解吸瓦斯也会引起煤体的膨胀或收缩；应力场对渗流场的影响主要是煤体发生变形时改变了孔隙率和渗透率，进而改变瓦斯的渗流过程。

渗流场和温度场之间的耦合关系为：瓦斯渗流过程会加快煤体热量的耗散，同时煤吸附/解吸瓦斯热效应也会改变温度场的分布状态；温度变化会改变煤层瓦斯含量、瓦斯压力、瓦斯密度等参数，进而改变瓦斯在煤层中的解吸和渗流。

温度场和应力场之间的耦合关系为：煤体变形过程中产生的变形能和摩擦热效应引起温度的变化；温度变化产生的热应力改变煤体的受力状态，导致煤体产生变形，同时温度变化引起孔隙压力的变化，也会影响煤体的受力状态。此外，应力场和温度场的耦合作用会改变煤体的物理力学特性和热物理性能参数。

煤与瓦斯的热流固耦合关系如图 5-4 所示。

2. 瓦斯、应力和温度前兆特征

(1)煤体受载过程瓦斯、应力、温度变化规律试验测试。

采用新景矿 3# 煤层煤样，试验分析了煤体受载破裂过程中瓦斯吸附/解吸、渗透率、表面温度等的变化规律。

①瓦斯吸附/解吸变化规律。

采用恒容加载煤岩破裂过程吸附/解吸瓦斯量测定装置，研究了煤体受载破裂过程瓦斯吸附/解吸规律。

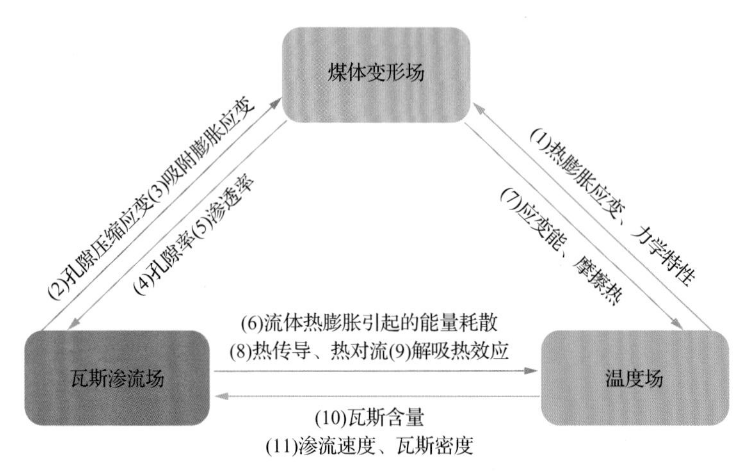

图 5-4 煤与瓦斯的热流固耦合关系

图 5-5 所示为煤试件受载全程瓦斯吸附量随时间的变化曲线。煤试件经过前期快速吸附瓦斯之后，逐渐达到吸附/解吸平衡，吸附量随时间不再增长。在煤试件受载破裂破坏之后，吸附量出现下降现象，但随着加载进行，煤试件吸附瓦斯量又继续上升，最后达到的吸附平衡状态比加载之前煤试件吸附瓦斯量大。

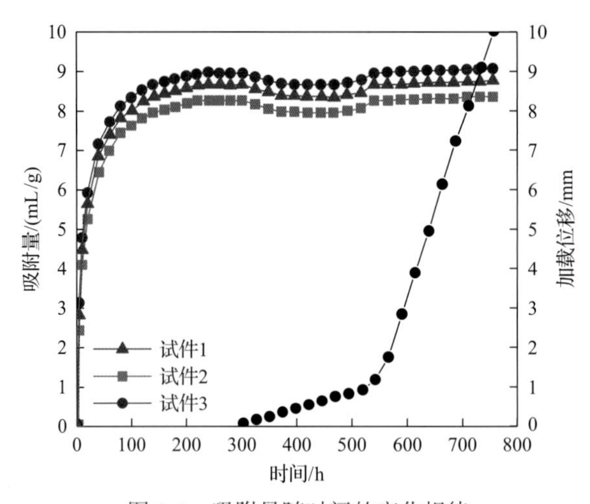

图 5-5 吸附量随时间的变化规律

图 5-6 为加载过程中煤样的瓦斯吸附量变化的演化特征。在对煤试件加载前，煤试件吸附/解吸瓦斯量已经达到动态平衡。煤试件吸附量在加载初期的压密阶段为负值，说明此时煤试件为解吸状态，且随着压密阶段的进行，解吸量呈线性增加状态；在加载压密阶段之后的弹性受载阶段，煤试件解吸瓦斯量进一步增加，只是增加速度与压密阶段相比有所降低；在弹性受载阶段之后的屈服阶段，煤试件的解吸量不再增长，相反解吸量开始减小；到之后的峰后破坏阶段，解吸量进一步减小，直到减小为加载之前的动态平衡位置，然后煤试件的吸附量开始占优势，随着粉碎阶段的进行，煤试件吸附量持续增加，直到加载至 6mm 处时，吸附量不再随着加载位移的加载而增加，煤试件吸附瓦斯量达到平衡状态。

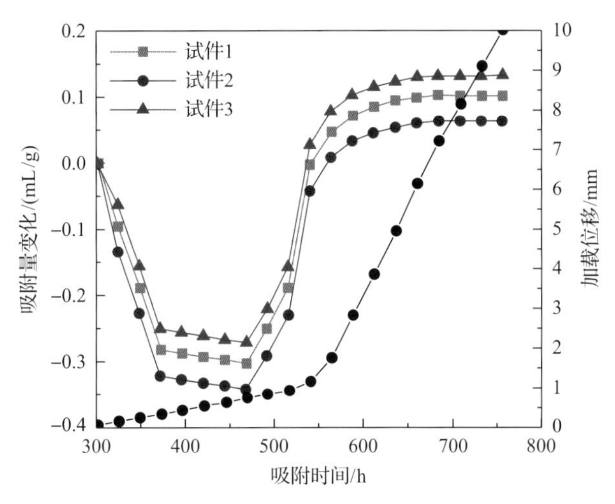

图 5-6 吸附量变化与加载位移的关系

②煤体渗透率变化规律。

图 5-7 为不同孔隙压力和围压作用下煤体渗透率变化。由图可知，在相同外力环境下，煤的渗透率随着煤承受的内部气体压力的增加呈现先减小后增加的趋势，气体在煤中的渗流具有明显的滑脱效应；在同一孔隙压力条件下，随着煤承受外部应力的提高，煤渗透率整体呈下降趋势，即围压升高，煤的渗透率下降。

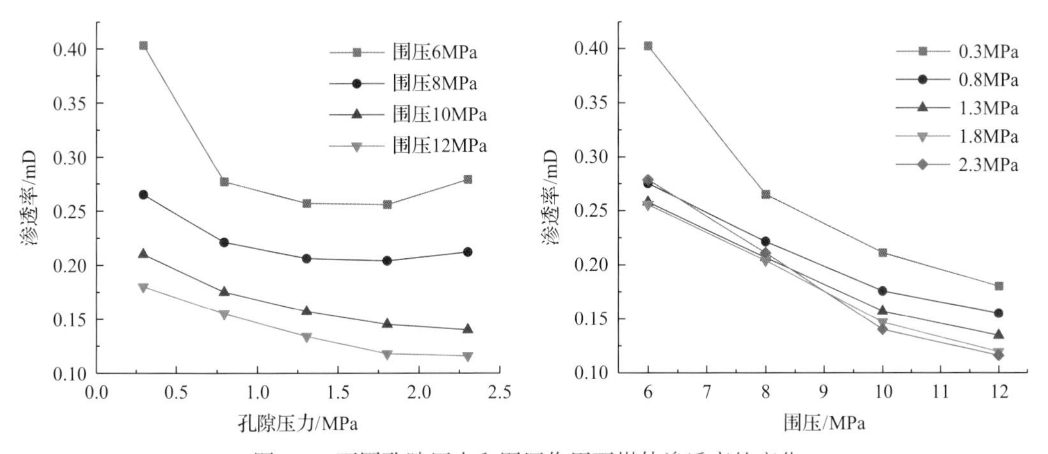

图 5-7 不同孔隙压力和围压作用下煤体渗透率的变化

③温度变化规律。

本书开展了煤体单轴加载条件下的红外热辐射实验，探索煤体加载破坏过程中表面温度演化规律。图 5-8 为位移加载速率为 0.01mm/s 时煤试样变形破坏过程应力-温度-应变变化曲线。随着应力增加，红外辐射温度总体呈波动上升趋势。弹性阶段，热弹性效应导致煤样温度缓慢波动上升；屈服和塑性变形阶段，煤样内部的微裂隙快速发育，摩擦热导致煤样温度快速升高，在应力达到峰值前温度达到最大值；试样破坏后，温度随应力降低而降低。

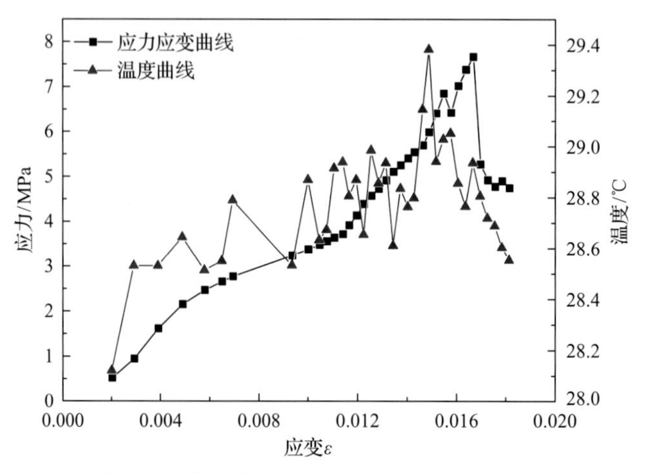

图 5-8 试样加载破坏过程应力-温度-应变曲线

新景矿煤样在加载过程中温度变化规律基本一致。在同一位移加载速率下，煤样温度峰值都出现在煤试样应变量 70%左右处，煤样失稳破坏后温度下降明显。煤样温度呈阶跃式、突增型上升趋势。利用煤岩表面红外辐射温度变化规律对瓦斯突出等动力灾害预测预报具有可行性。

④煤吸附/解吸瓦斯热效应特征。

为了揭示煤吸附/解吸瓦斯引起的温度变化规律，利用自行设计的煤与瓦斯热流固耦合实验系统，采用循环-阶梯吸附/解吸实验方法，在恒温环境中开展了加载条件下压差对原煤试件吸附/解吸瓦斯热效应影响的实验研究，分析了不同压差下煤吸附/解吸瓦斯温度变化规律。

图 5-9 展示了不同压差下的瓦斯吸附量和温度变化量。对比吸附量和温度变化量的变化趋势可知，吸附量越大，吸附过程中释放的热量越多，煤的温度升高速度越快，温度变化量与瓦斯压力呈线性关系。压差不变时，吸附量随着瓦斯压力的增大逐渐减小，吸附接近饱和时，瓦斯压力的变化量减小，吸附速率接近于零。同时，吸附量快速降低，吸附过程中向外释放的热量减少，从而导致煤样温度变化量降低。随着压差的增大，温

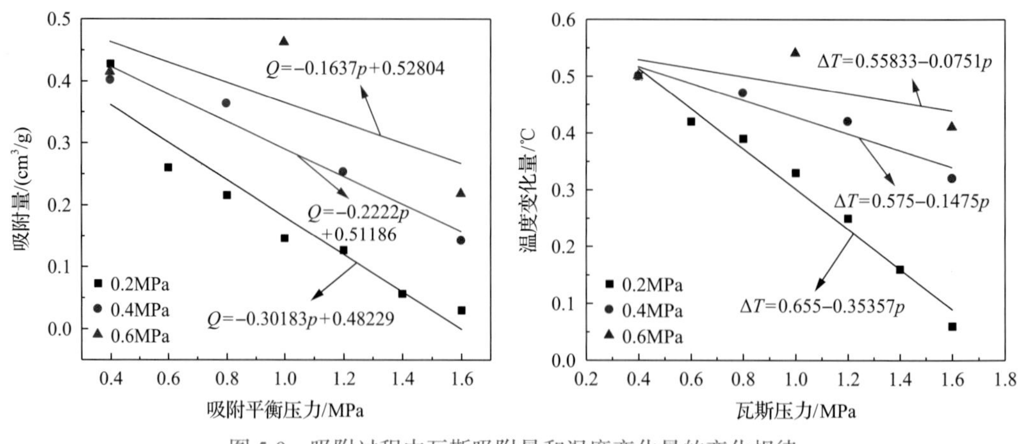

图 5-9 吸附过程中瓦斯吸附量和温度变化量的变化规律

度变化量曲线的斜率逐渐减小，吸附过程释放的热量逐渐增大。压差增大相当于瓦斯压力增大，瓦斯吸附量增大，煤样表面温度的升高量增大。

图 5-10 展示了不同压差下的解吸量和温度变化量，解吸过程为吸附的逆过程，解吸实验的结果与吸附实验结果具有一定的关联性。初始阶段，煤样处于吸附饱和状态，降低瓦斯压力解吸出的瓦斯量较小，温度变化量较小，这与吸附过程接近饱和时煤样的吸附量和温度变化量较小的规律相对应。对比解吸量和温度变化量的变化趋势可知，解吸量越大，解吸过程中吸收的热量越多，煤的温度降低速度越快，温度变化量与瓦斯压力呈线性关系。压差不变时，解吸量随着瓦斯压力的减小逐渐增大，导致温度变化量快速升高。解吸实验趋近于平衡状态时，解吸速率接近于零。因此，解吸量快速降低，解吸过程中吸收的热量减少，煤表面温度变化量降低。随着压差的增大，温度变化量曲线的斜率逐渐增大，解吸过程吸收的热量逐渐增大。压差增大表明解吸实验的瓦斯压力的降低量增大，瓦斯解吸量增大，煤样表面的温度降低量增大。

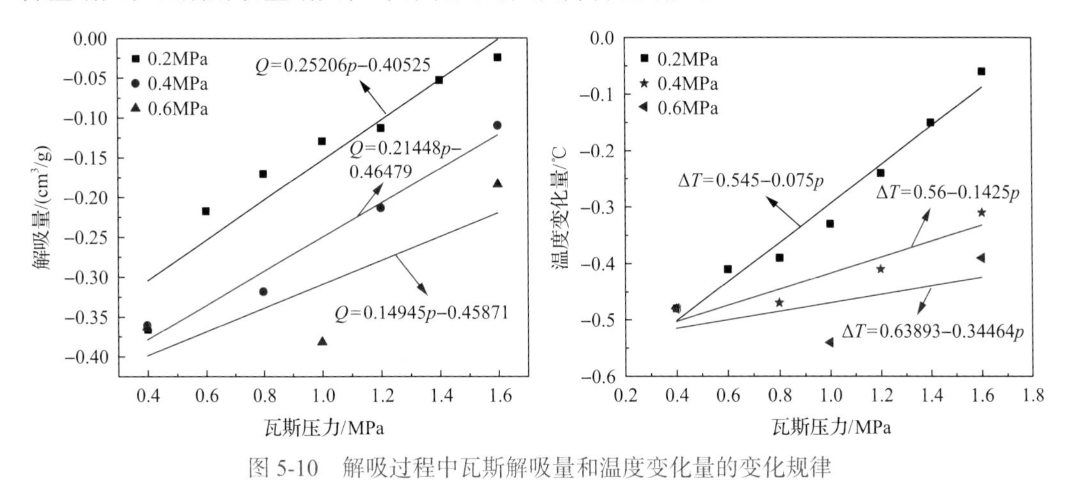

图 5-10　解吸过程中瓦斯解吸量和温度变化量的变化规律

进一步分析压差与温度累积量的关系，从图 5-11 中可以看出吸附/解吸过程中温度

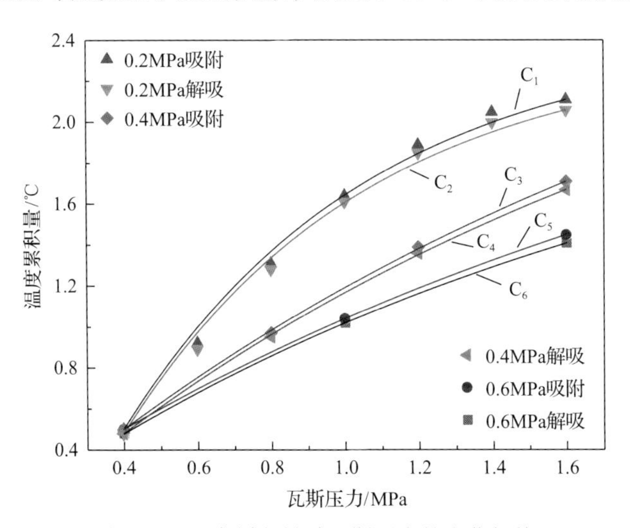

图 5-11　温度累积量随瓦斯压力的变化规律

累积量与瓦斯压力呈指数函数关系。随压差增大，温度累积量逐渐减小。压差不变时，吸附过程中的温度累积量大于解吸过程中的温度累积量。压差由 0.2MPa 增大至 0.4MPa 时温度累积量的变化量大于压差由 0.4MPa 增大至 0.6MPa 时的温度累积量的变化量。温度累积量的减小幅度随着压差的增大逐渐减小。

(2) 瓦斯、应力和温度前兆信息互耦关系数值模拟。

①数值计算模型。

几何模型如图 5-12 所示，模型包括煤层、煤层顶板和煤层底板三个部分，煤层中设计了回采工作面。煤层顶板和底板的尺寸为 45m×3.5m，煤层的尺寸为 45m×3.5m。工作面宽度为 7m，距左侧边界的距离为 5m。工作面和煤层外侧为自由空间，可视为裸露出来的煤壁。应力场边界条件：煤层顶板的上边界施加垂直方向的均布载荷 9.8MPa，工作面和煤壁为自由边界，模型四周的其他边界为辊支撑，煤层底板的下边界为固定位移。渗流场边界条件：煤层和岩层之间不存在瓦斯流动，煤层初始瓦斯压力为 1.3MPa，煤壁的瓦斯压力为 0.1MPa，其他边界均为无流动。温度场边界条件：煤层和顶底板岩层之间不存在热量传递，煤层初始温度为 292.4K，其他边界均为零通量。

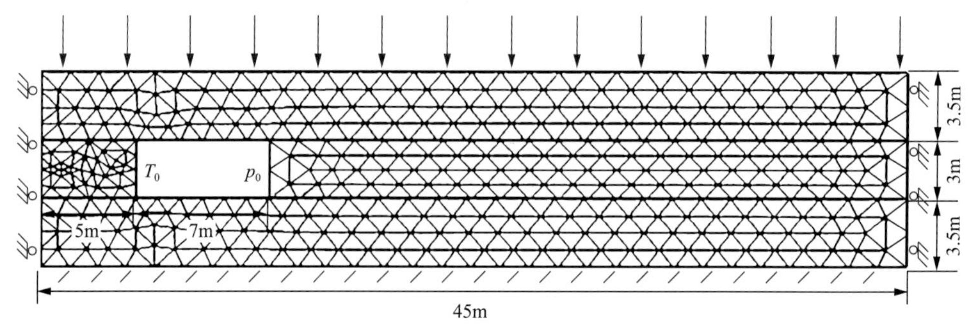

图 5-12 回采工作面数值计算模型

②数值模拟结果分析。

由图 5-13 可知，不同解吸热条件下的瓦斯压力变化较小，随着压差的增大，瓦斯压力的降低量逐渐减小，温度变化量逐渐减小，体积应变逐渐减小，渗透率逐渐减小。渗透率在工作面推进方向上呈先减小后增大。在应力集中区内，应力起主导作用，体积应变增大，煤体孔隙被严重压缩，渗透率迅速减小，远离应力集中区，游离瓦斯产生的压缩应变、吸附膨胀应变和温度变化产生的热应变起主导作用，渗透率逐渐趋于稳定。

随压力差增大，解吸热效应引起的煤体温度变化量较大，煤体温度降低量分别为 11.19K、7.37K、5.71K；解吸热效应对煤体瓦斯压力的影响较小，瓦斯排放带宽度变化很小；解吸热效应对煤体体积应变具有一定的影响，煤体体积应变最大值的升高量为 0.00069、0.00043、0.00033；渗透率的解吸热效应响应比较明显，煤体渗透率的增大值为 $0.1628\times10^{-19}m^2$、$0.1281\times10^{-19}m^2$、$0.0987\times10^{-19}m^2$，解吸热效应引起的变形对煤体渗透率的作用不可忽略。煤与瓦斯突出孕育阶段解吸热导致煤体渗透率增大，容易引起瓦斯异常涌出，增加了突出危险性。

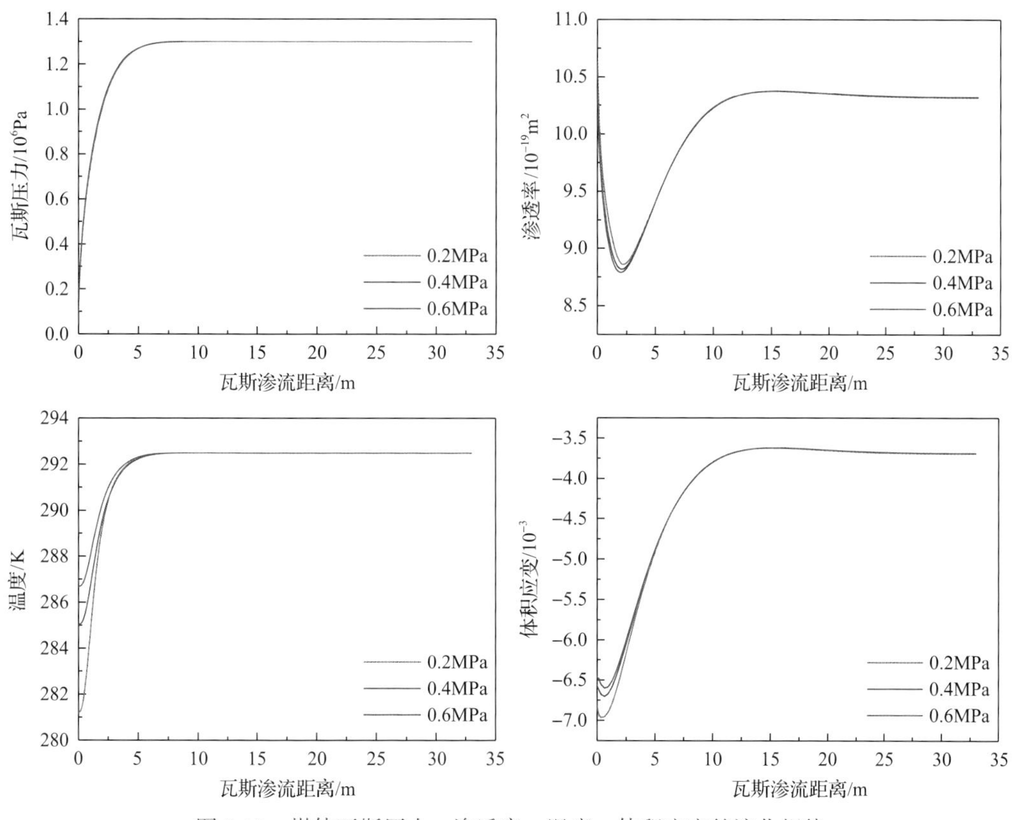

图 5-13　煤体瓦斯压力、渗透率、温度、体积应变的演化规律

5.2.2　声发射和电磁辐射前兆特征

(1)声电指标敏感性分析。

实验室考察了强度均值(有效值)、振幅、能量值、总振对等声电指标的响应特征及其响应灵敏度，确定了测试的敏感指标为 AE 强度均值和 EMR 强度均值，如图 5-14 所示。

现场考察表明声、电强度均值对瓦斯浓度具有较好的响应，如图 5-15 所示，得到声电强度均值是现场监测的敏感指标。

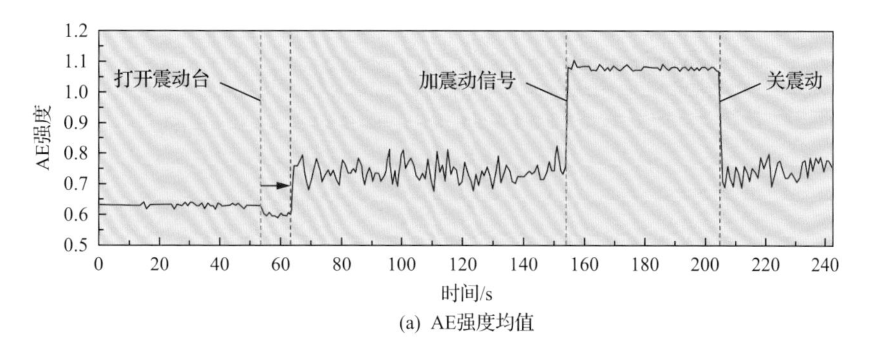

(a) AE强度均值

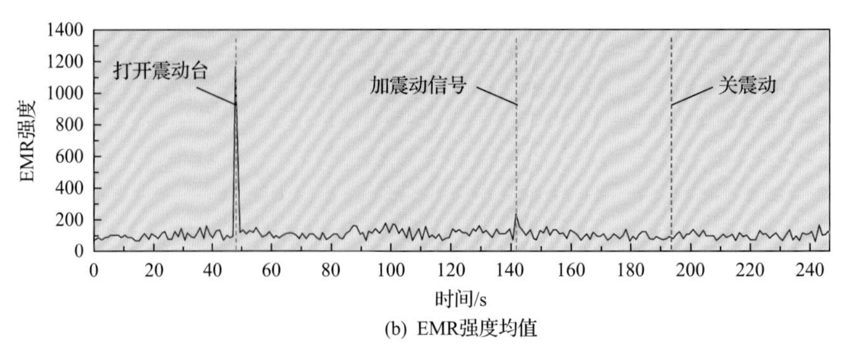

(b) EMR强度均值

图 5-14 AE 强度均值和 EMR 强度均值实验室测试结果

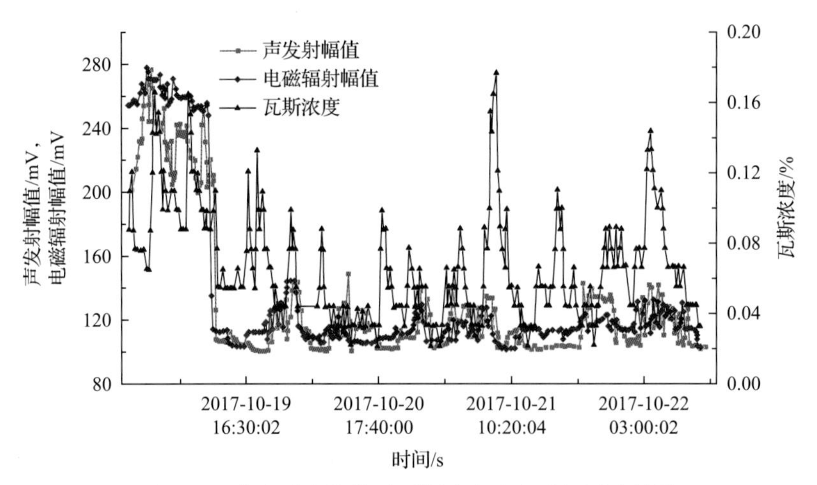

图 5-15 声电强度均值对瓦斯浓度响应现场测试结果

(2)声发射频响特征分析。

利用声电校准测试装置，研究了分布式声电瓦斯监测系统的声发射频响特征，得到声发射探头的最佳接收频率为 1300Hz，如图 5-16 所示。

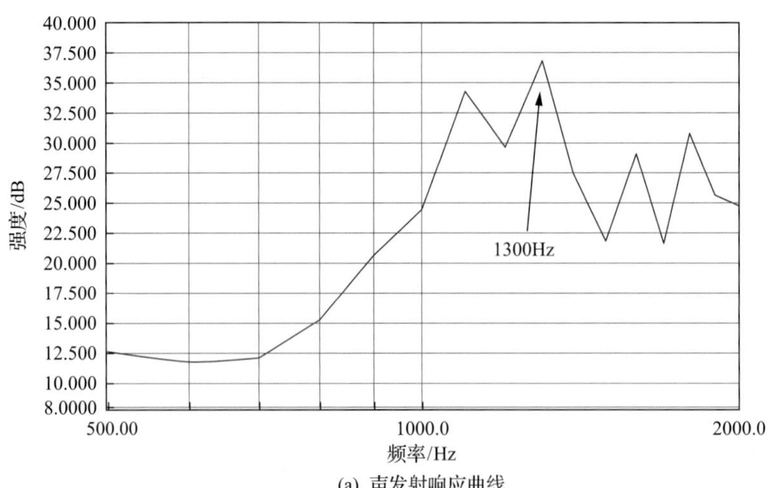

(a) 声发射响应曲线

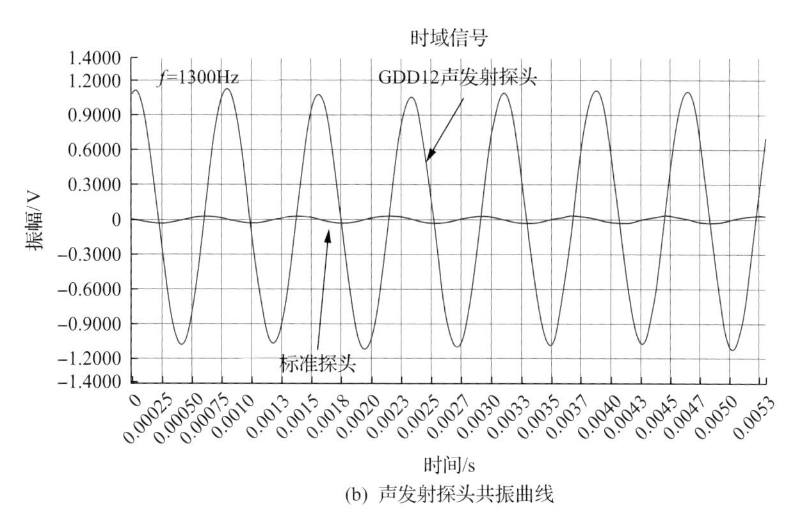

(b) 声发射探头共振曲线

图 5-16 声发射探头最佳接收频率

(3)声电信号的不同时间尺度响应特性。

①不同时间尺度声电信号变化。

声电监测系统实时采集的声电数据量非常大，为考察声电信号的最佳研究尺度，分析了 2h、4h、8h、1d、2d 等不同时间尺度的声电数据特征规律，发现随着时间尺度的增大，声电曲线变化更为平缓，对长期的宏观变化趋势反映更为明显，对短时间趋势不太明显。具体来说，8h 尺度下声电曲线与小尺度曲线变化趋势近似，对细节变化具有较高的反应性；1d 尺度曲线对声电信号的宏观变化趋势具有较好的表现度，对细节的变化已经不明显，如图 5-17 和图 5-18 所示。考虑常规指标的测试间隔，确定声电指标与常规指标进行对比分析的最佳时间尺度为 1d，该时间尺度下既能体现声电信号的宏观变化规律，又不遗漏太多细观变化特征。

②声电信号与常规指标的对应分析。

对比声电指标与常规指标曲线，钻屑量 S_{max} 和钻屑瓦斯解吸指标 Δh_2 与电磁辐射和声发射强度具有较好的一致性，如图 5-19 所示。

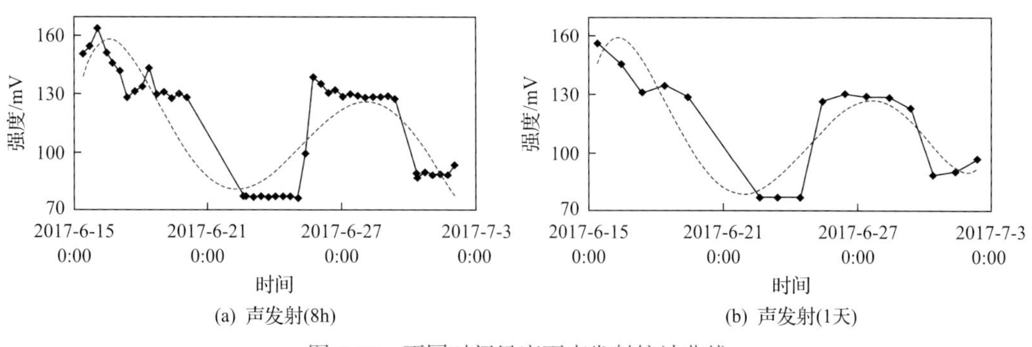

(a) 声发射(8h)　　(b) 声发射(1天)

图 5-17 不同时间尺度下声发射统计曲线

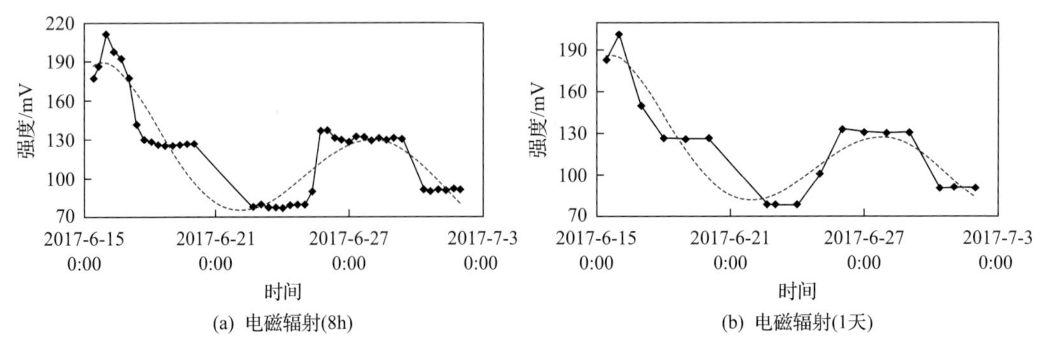

图 5-18 不同时间尺度下电磁辐射统计曲线

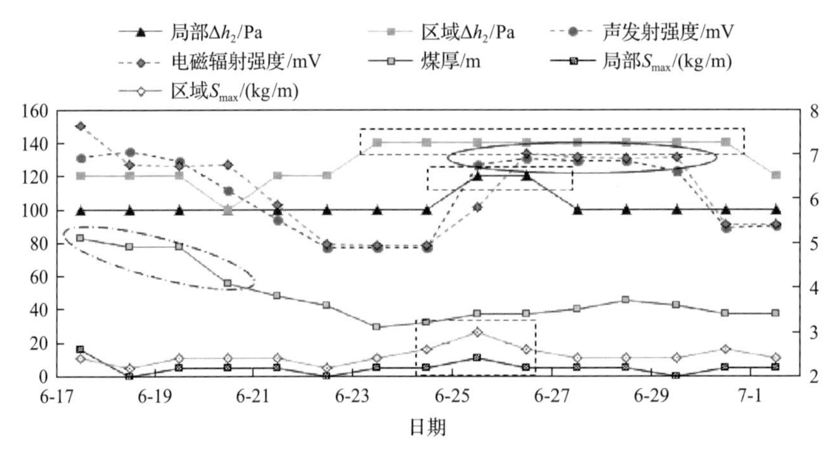

图 5-19 掘进巷监测多指标时间序列曲线

煤巷掘进过程中煤与瓦斯突出的演化过程是一个煤体逐渐变形破坏的过程，而突出的发生是快速释放能量的过程。随煤巷掘进在掘进面前方形成卸压破碎区、应力集中区和原岩应力区，其中卸压破碎区和应力集中区为非稳定区，是煤岩动力灾害发生的主要位置。在瓦斯压力和地应力的驱动下，煤体中积聚的能量快速释放，将煤体向采掘空间抛出，发生煤与瓦斯突出灾害。

煤与瓦斯突出(动力显现)发生前，煤体的变形破坏过程、变形速率与瓦斯涌出速率的突变可以作为突出的前兆对突出危险进行预测。对掘进过程煤体的变形破坏过程进行连续实时监测，才能准确把握煤体内部结构的变化情况，从而判断煤与瓦斯突出的危险性。这也是利用声电监测技术进行煤与瓦斯突出实时监控预警的现实意义。经过长期的监测与分析，发现动力显现发生前，声电信号在时间序列上一般表现出剧烈波动、波动上升或持续保持较高水平三个主要特征，在动力显现发生之前声电信号强度一般数次达到稳定值的 2 倍以上。

5.3 突出预警模型构建

分析了开拓、采掘、抽采、通风等生产系统对突出危险性、突出致灾和灾变控制的影响，建立了突出矿井生产系统风险评判指标与分级方法，构建了基于可拓理论的生产系统合理性判识模型；研究了电气干扰及不同作业工序的声电信号响应规律，建立了声电干扰识别方法与滤波模型，构建了声电瓦斯动态指标趋势预警方法与耦合模型；分析了预抽煤层瓦斯、开采保护层和超前钻孔三类防突措施失效评价方法模型；采用关联规则和证据理论两种算法相结合的方法，建立了多元信息融合的动态预警模型，实现了多指标自动融合分析与决策。

5.3.1 生产系统合理性评判模型

1. 生产系统对突出危险性影响分析

1) 开拓系统及采掘工程对突出危险的影响

开拓系统布置及采掘工程是煤矿生产的主体，包含了矿井开拓、巷道掘进、工作面回采等，这些工作和煤与瓦斯突出事故关系紧密。根据开拓系统包含的生产环节，从保护层及煤层群开采顺序、开拓系统复杂性、开拓巷道布置方式、揭煤工程等方面对开拓系统进行分析。根据采掘工程的强度、速度、方式、波及范围等特征，从安全错距、抽掘采接替等方面对采掘工程进行分析。

保护层为消除邻近煤层的突出危险而先开采的煤层或岩层。煤层群保护层及开采顺序选择不同，矿井的突出危险性不同。保护层及开采顺序选择的好坏的主要体现在保护层开采后的卸压保护效果，卸压保护效果越好，保护层及开采顺序选择得越好，反之则越差。而影响保护层卸压保护效果的因素很多，包括保护层厚度、工作面长度、层间距及层间岩石性质、开采深度、煤层倾角、作用时间等，因此可以从这些因素出发对保护层及煤层开采顺序选择的好坏进行评价。

揭煤工程是突出矿井中最容易发生突出、最危险的一项作业，其平均突出强度远大于其他类型工作面，对矿井安全生产危害极大。影响揭煤工程突出危险性太小的主要因素有揭煤频率、揭煤地点地质条件好坏、揭煤工程通风系统可靠性等，不同的影响因素下揭煤工程发生突出的危险性大小不同。

矿井开拓系统越复杂，矿井发生突出的危险性就越大。矿井突出的危险性主要受开采水平和生产面数量的影响，开采水平和生产面数量越多，开拓系统就越复杂，矿井发生突出的危险性就越大，反之则越小，最安全即最简单的开拓系统为“一矿一水平一面”的开拓系统。

开拓巷道布置对矿井突出危险的影响主要表现在开拓大巷布置层位上，开拓大巷所在层位离突出煤层垂直距离越近，掘进过程中受突出危险影响就越大。另外，开拓巷道布置位置还会影响矿井揭煤次数，合理的开拓巷道布置能够有效减少揭煤频率，降低矿井发生突出的危险性。

通常保护层工作面推过一定距离后，卸压作用才能传递到被保护层，所以被保护层工作面与保护层工作面之间应有一定的安全错距。合理的安全错距既要保证上、下煤层工作面开采的岩层移动与矿山压力不会相互影响，又要保证下煤层工作面顶板的完整性。若上、下煤层工作面安全错距过小，将会使上、下煤层工作面出现显著的应力叠加现象，不利于工作面突出防治和顶底板控制。

突出矿井采掘部署指导方针为“三超前”，即专用瓦斯抽采巷道超前于瓦斯抽采工程，瓦斯抽采工程超前于保护层开采，保护层开采超前于被保护层开采。煤与瓦斯突出矿井在制定采掘接替计划时，必须考虑瓦斯抽采巷道、瓦斯抽采工程、保护层工作面开采等的超前性，合理安排抽、掘、采工程的接替顺序，保证抽采达标和保护层有效开采。

2) 抽采系统对煤与瓦斯突出危险的影响

抽采系统对矿井突出危险的影响主要体现在抽采方法和抽采能力上。针对不同的生产环境选择合理的抽采方法可以更好地防治煤与瓦斯突出，合理的瓦斯抽采方法需要综合考虑矿井主要瓦斯来源、煤层赋存特征、采掘布置方式及煤层开采程序等许多客观因素。抽采系统必须具备足够的能力，能够克服抽采管道阻力并给抽采钻孔提供足够的抽采负压，同时抽采管路和抽采泵站能够满足矿井瓦斯抽采流量要求。

2. 生产系统对突出致灾的影响

1) 通风系统对突出致灾的影响

煤与瓦斯突出发生时，会在短时间内向巷道喷出大量瓦斯及碎煤，破坏通风设施、扰乱通风网络、冲击通风动力设备，造成巷道瓦斯积聚和发生风流紊乱或局部逆转，且很容易诱发瓦斯爆炸等继发性次生灾害。因此，分析通风系统对突出致灾的影响及抗灾能力，综合评价通风系统的安全可靠性，适时改进通风系统，提高抗灾能力十分重要。

在突出发生后，为了能够顺利将突出的瓦斯引入回风系统，避免波及其他区域，防止逆流到进风系统，扩大突出影响范围，造成更多人员伤亡，矿井和采区应当有独立的回风系统，并实行分区通风，而且严禁串联通风。同时，为了避免突出瓦斯流经有电器、人员作业及其他可能产生火源的区域，采区应设置专用回风巷，采掘工作面回风直接进入专用回风巷。

通风设施的多少和质量是通风系统抗灾能力的集中体现。突出矿井生产过程中，应尽可能地使每个采区的产量均衡，阻力接近，使自然分配的风量和按需分配的风量尽可能接近，尽可能少地建设局部调节风量的设施。特别是突出煤层采掘工作面回风系统不得设置调节风量的设施，否则一旦发生突出事故，有毒有害气体难以迅速排出，容易逆流侵袭通风系统，造成人员伤亡。

局部通风方式有压入式、抽出式和混合式，其中抽出式和混合式需要将污风流经局部风机抽出，污风流中含有高浓度瓦斯时，容易引起瓦斯爆炸，因此突出矿井掘进工作面应采用压入式通风。

2)辅助系统对突出致灾的影响

煤与瓦斯突出主要发生在井下最前方的作业区，突出事故发生后的抗灾救灾需要快速运输人员，应全面提高机械运人装备水平和安全系数。因此，运输、机电等辅助系统对突出后快速有效的抗灾救灾有着很大的影响作用。

监测监控、人员定位、紧急避险、压风自救、供水施救和通信联络等安全避险系统合称为安全避险“六大系统”，其中紧急避险系统是最核心的部分，能够在井下发生紧急情况时为遇险人员提供生命保障。紧急避险系统建设包括为井下人员提供自救器、建设井下紧急避险设施、合理设置避灾路线、科学制定应急预案等。

井下运输、机电辅助系统、避难硐室系统、避灾路线及科学应急预案的紧密结合所构成的井下紧急避险系统可以克服地面救援的单一性，弥补营救时间的不足，大大提高煤矿系统突出后的抗灾救灾能力，有效减少矿井突出事故带来的损失。

3. 生产系统风险判识及分级

1)抽、掘、采系统合理性

抽、掘、采系统的合理性主要体现在其各个系统对煤矿发生突出事故的影响程度，即抽、掘、采系统的风险等级，属于矿井突出事故的致灾因素。

A. 抽采系统

抽采系统是否合理可通过抽采参数来反映，因此根据抽采负压、抽采流量、抽采浓度等进行评价，具体的风险分级如表5-3所示。

表5-3 抽采参数指标风险分级

风险分级		无风险	低风险	高风险
抽采负压/kPa	穿层钻孔	>20	15~20	<15
	顺层钻孔	>15	10~15	<10
抽采流量/(m^3/min)		>10	7~10	<7
抽采浓度/%	穿层钻孔	>40	30~40	<30
	顺层钻孔	>30	20~30	<20

B. 采掘速度

采掘速度对煤矿井下生产作业有着直接的影响：采掘速度过慢会影响正常的采掘接替、延误生产；采掘速度过快则会使工作面前方的应力、瓦斯来不及再平衡及释放，极其容易导致突出事故的发生。在矿井生产实践中工作面的掘进工作并不连续，巷道的每日进尺并非完全一致，只能通过统计1个工作周内的总进尺计算出平均意义下的掘进速度。掘进作业必须在掘进面前方的卸压区内进行从而保证安全生产，因此通过掘进工作面日进尺的大小与卸压区宽度进行对比来表征掘进速度的合理性。

掘进速度系数：工作面的采掘必须在卸压区宽度 X_0 内进行，并保证工作面前方留有一定的安全距离，在保证安全的情况下，实现快速掘进。卸压区宽度 X_0 的计算如式(5-1)所示。定义掘进速度系数为最大日进尺与卸压区宽度之比，计算如式(5-2)所示，根据掘进速度系数将其风险划分为三个等级，如表 5-4 所示。

$$X_0 = \frac{mA_c}{2\tan\varphi}\ln\left(\frac{\rho gH - \alpha' p + \dfrac{c}{\tan\varphi}}{\dfrac{c}{\tan\varphi} - \dfrac{\Delta p}{A_c} + \dfrac{R_x}{A_c}}\right) \tag{5-5}$$

式中，m 为煤层开采厚度，m；A_c 为卸压区边界处侧压系数；c、φ 为煤层的黏聚力与内摩擦角；ρ 为煤层密度，t/m^3；H 为煤层埋深，m；p 为煤层瓦斯压力，MPa；α' 为有效应力系数；Δp 为瓦斯压力差，MPa；R_x 为侧向支护阻力，MPa。

$$C_1 = x / X_0 \tag{5-6}$$

式中，C_1 为掘进速度系数；x 为最大日进尺，m；X_0 为卸压区宽度，m。

表 5-4 掘进速度系数风险分级

风险分级	无风险	低风险	高风险
掘进速度系数	<0.8	0.8～0.9	>0.9

回采速度不均衡系数：与工作面的掘进不同，工作面的回采速度基本保持均匀连续的趋势，只有在遇到大的断层、陷落柱等区域时才会降低回采速度。正常情况下，井下每个开采队都能完成规定日隔几刀的开采任务，且每刀的最大进尺自动满足在工作面前方卸压区的安全深度。回采速度的稳定性对工作面围岩的应力分布有很大影响，在相同开采强度下，匀速回采与非匀速回采相比其应力集中系数较小，煤岩体储存的弹性能也更小，从而有利于井下回采的安全管理。因此，为了反映工作面回采速度的均匀程度，定义回采速度不均衡系数为最大日进尺与工作面平均日进尺之比，计算如式(5-7)所示，根据回采速度不均衡系数将其风险划分为三个等级，如表 5-5 所示。

$$C_2 = x / \overline{x} \tag{5-7}$$

式中，C_2 为回采速度不均衡系数；x 为最大日进尺，m；$\overline{x}$ 为考察工作面的平均日进尺，m。

表 5-5 回采速度不均衡系数风险分级

风险分级	无风险	低风险	高风险
回采速度不均衡系数	<1.8	1.8～2.5	>2.5

C. 开拓系统

突出矿井开拓系统越复杂，矿井发生突出的危险性就越大，而开拓系统的复杂性主要受开采水平和工作面数量的影响。因此，将矿井同时生产的水平和工作面数目的关系作为表征开拓系统复杂性的评价指标。定义工作面系数为工作面个数与开采水平个数之比，作为突出矿井危险性评价的一个指标，其计算如式(5-8)所示，并将其风险分为三个等级，如表 5-6 所示。

$$C = K_s \frac{n}{N} \tag{5-8}$$

式中，C 为工作面系数；n 为工作面个数；N 为开采水平个数；K_s 为调节系数，具体取值如下：

$$K_s = \begin{cases} 1 & (N = 1) \\ 2 & (N > 1) \end{cases} \tag{5-9}$$

表 5-6　工作面系数风险分级

风险分级	无风险	低风险	高风险
工作面系数	1	(1，2]	>2

D. 煤层开采顺序

煤层开采顺序最关键的技术是保护层的选择及其卸压效果的考察，因此从这两方面入手进行矿井风险等级的评判。影响保护层作用效果的主要因素包括：关键层个数、煤层层间距、保护层采高、保护层倾角、被保护层膨胀变形量、被保护层透气性变化系数。

关键层个数：关键层对覆岩位移变化及裂隙产生的影响较大。随着关键层个数的增加，被保护煤层最大膨胀率降低，充分卸压范围减小，因此可用关键层个数来表征保护层的作用效果。关键层个数风险分级见表 5-7。

表 5-7　关键层个数风险分级

风险分级	无风险	低风险	高风险
关键层个数	<1	2	>2

煤层层间距：煤层开采对被保护层的保护作用与煤层层间距关系密切。随着煤层层间距的增加，被保护煤层最大膨胀率降低，且煤层的充分卸压范围减小。结合《防治煤与瓦斯突出细则》保护层开采最大有效层间距相关规定进行煤层层间距风险等级确定，如表 5-8 所示。

表 5-8　煤层层间距风险分级　　(单位：m)

风险分级		无风险	低风险	高风险
倾斜与缓倾斜煤层	上保护层开采	<50	50～70	>70
	下保护层开采	<100	100～130	>130
急倾斜煤层	上保护层开采	<60	60～90	>90
	下保护层开采	<80	80～100	>100

保护层采高：保护层采高对岩层的移动变形影响较大，特别是对顶板煤岩层。在煤层顶板内，采动影响高度同保护层采高成正比关系，保护层采高越大，受采动影响的煤岩层范围越广，能够保护到的被保护层的层间垂距越大。保护层采高风险分级见表 5-9。

表 5-9　保护层采高风险分级　　（单位：m）

风险分级	无风险	低风险	高风险
上保护层开采	≥2	(1,2)	≤1
下保护层开采	≥1.5	(0.9,1.5)	≤0.9

保护层倾角：对于下保护层，当相对层间距相同时，保护作用随保护层倾角的增大而减小，这是由于随保护层倾角的增加，重力分量对煤层的约束减小，保护层开采引起的被保护层应力卸压量和变形量减小，保护效果降低。对于上保护层，当相对层间距相同时，保护作用随保护层倾角的增大而增大，这是因为煤层倾角由近水平变大时，上覆煤岩层重力对被保护层的约束作用减小，当保护层开采后，被保护层由倾角较小时的竖向卸压逐渐变成倾角较大时的横向卸压，上覆煤岩层的重力对被保护层的压实作用减小，被保护层的膨胀变形可长时间保持，使透气性长时间保持较高水平。保护层倾角风险分级见表 5-10。

表 5-10　保护层倾角风险分级　　（单位：°）

风险分级		无风险	低风险	高风险
保护层倾角α	上保护层开采	≥45	(8,45)	≤8
	下保护层开采	≤10	(10,30)	≥30

被保护层膨胀变形量：在保护层采空区顶(底)板煤岩层移动过程中，由于应力的变化，邻近煤层会发生垂向变形，卸压区煤层会发生膨胀变形，煤层的垂向变形在一定程度上也反映出煤层的应力变化情况。当煤层发生膨胀变形时，说明煤体获得卸压效果，膨胀变形量越大，说明煤体获得的卸压效果越好。《防治煤与瓦斯突出细则》指出，当煤层相对膨胀变形大于 3‰ 时，可确保煤层获得足够的卸压增透效果，在必要的瓦斯抽采措施作用下可实现有效降低煤层瓦斯含量和消除煤层突出危险性的目标。被保护层膨胀变形量风险分级见表 5-11。

表 5-11　被保护层膨胀变形量风险分级　　（单位：‰）

风险分级	无风险	低风险	高风险
被保护层膨胀变形量	≥3	(1.5, 3)	≤1.5

被保护层透气性变化系数：在保护层采动作用下，被保护层的应力下降、膨胀变形及裂隙发育共同促进了煤层透气性的显著增加，可实现百倍至上千倍的增长。统计分析，在大多数情况下，对于下保护层而言，被保护层透气性变化系数增加倍数可达 1000 倍以上；对于上保护层而言，被保护层透气性变化系数增加倍数可达 300 倍以上。被保护层透气性变化系数风险分级见表 5-12。

表 5-12 被保护层透气性变化系数风险分级

风险分级	无风险	低风险	高风险
上保护层开采	≥300	(180,300)	≤180
下保护层开采	≥1000	(600,1000)	≤600

E. 抽掘采接替指标

回采时间富裕系数：要保证矿井高效生产，回采必须连续接替，因此工作面回采时间 T_1 应大于等于接替工作面的抽采巷掘进时间 T_2、预抽达标时间 T_3、回采巷道掘进时间 T_4 及安装调试准备时间 T_5 之和。定义回采时间富裕系数 K_t 来衡量抽掘采配合的合理性程度，计算公式为

$$K_t = \frac{T_1}{T_2 + T_3 + T_4 + T_5} \tag{5-10}$$

回采时间富裕系数风险等级见表 5-13。

表 5-13 回采时间富裕系数风险分级

风险分级	无风险	低风险	高风险
回采时间富裕系数	>1.3	1～1.3	<1

保护层开采超前距系数：《防治煤与瓦斯突出细则》对保护层工作面相对被保护层工作面的超前距做了规定，即正在开采的保护层工作面应超前于被保护层的掘进工作面，其超前距不得小于保护层与被保护层层间垂距的 3 倍，并不得小于 100m。根据保护层开采超前距与保护层、被保护层层间垂距的比值划分风险等级，如表 5-14 所示。

表 5-14 保护层开采超前距系数风险分级 （单位：m）

风险分级	无风险	低风险	高风险
保护层开采超前距系数	>4	3～4	<3
	>150	100～150	<100

瓦斯超前治理指数：对突出煤层，应及时在采掘作业前采取抽采措施进行超前瓦斯治理，以确保矿井抽采达标生产区、超前治理区、衔接规划区三区的有序衔接。设计瓦斯超前治理指数 Z_c，从抽采煤量与规划煤量的角度来表征矿井抽、掘、采接替的合理性。瓦斯超前治理指数 Z_c 按照式(5-11)进行计算，并按照表 5-13 划分风险等级。

$$Z_c = \frac{M_d}{M} = \frac{\sum_{i=1}^{n}\left(\frac{W_{yi} - W_{ci}}{W_{yi} - 8} \times M_{ci}\right)}{M} \tag{5-11}$$

式中，Z_c 为瓦斯超前治理指数；M_d 为瓦斯超前治理当量煤量，万 t；M 为瓦斯治理应超

前治理煤量，万 t；W_{yi} 为考核单元的煤层原始瓦斯含量，m^3/t；W_{ci} 为考核单元的残余瓦斯含量(残余瓦斯含量低于 $8m^3/t$ 时按 $8m^3/t$ 取值)；M_{ci} 为考核单元煤量，即单元实际超前治理煤量，万 t；i 为考核单元数量。瓦斯超前治理指数风险分级见表 5-15。

表 5-15　瓦斯超前治理指数风险分级

风险分级	无风险	低风险	高风险
瓦斯超前治理指数	＞1	0.5～1	＜0.5

2) 通风系统合理性

通风系统合理性主要体现在突出事故发生后对通风系统稳定性的影响，属于矿井突出事故的抗灾因素。

A. 通风质量

风量供需比：矿井实际供风量满足需风要求，是保证井下各作业地点有足够风量的前提条件，也是改善劳动环境和安全生产的基础。矿井的实际供风量与需风量之比即风量供需比，能直观地说明井下用风的满足程度。一般认为风量供需比合理值的区间大小为[1,1.2]，风量供需比小于 1 说明矿井风量不足，不能满足风排瓦斯要求，对安全生产具有严重的影响；风量供需比大于 1.2 说明风量过大，可能引起生产作业区域粉尘的飞扬，同样不利于安全生产。风量供需比风险分级如表 5-16 所示。

表 5-16　风量供需比风险分级

风险分级	无风险	低风险	高风险
风量供需比	[1,1.2]	＞1.2	＜1

风量合格率：用风地点的实际供风量满足需风要求，反映了矿井通风系统供风的有效性，是创造良好劳动环境、防止瓦斯积聚、矿尘浓度超限、降低温度的基本措施，是矿井通风系统安全可靠的基础。风量合格率风险分级如表 5-17 所示。

表 5-17　风量合格率风险分级

风险分级	无风险	低风险	高风险
风量合格率	≥1.5	(1,1.5)	≤1

风质合格率：地面空气进入井下后因混入各种有毒有害气体和矿尘而受到污染，有毒有害气体达到一定浓度后将对井下作业人员的生命安全产生极大危害，因此要求各用风地点的风流质量必须满足要求。风质合格率风险分级如表 5-18 所示。

表 5-18　风质合格率风险分级

风险分级	无风险	低风险	高风险
风质合格率	≥2	(1,2)	≤1

B. 通风网络复杂程度

角联分支占比：角联分支是指一条或多条风路把两条并联风路连通的通风网络。角联分支容易发生风向改变，或者无风、微风，引起风流紊乱或瓦斯集聚，给矿井通风带来极大的危害。因此，通过角联分支占比来判断通风网络的风险等级，具体分级如表 5-19 所示。

表 5-19 角联分支占比风险分级 （单位：%）

风险分级	无风险	低风险	高风险
角联分支占比	≤5	(5,20)	≥20

C. 通风设备及设施

通风机运行效率：将通风机装置的输出功率与输入功率之比定义为主要通风机运行效率。通风机运行效率风险分级如表 5-20 所示。

表 5-20 通风机运行效率风险分级 （单位：%）

风险分级	无风险	低风险	高风险
通风机运行效率	≥70	(65,70)	≤65

主要通风机备用系数：指在矿井风网既定调风方案下主要通风机的最大可调风量与实际风量之比。该系数必须大于 1 以适应矿井需风量的变化、调节的不精确和不及时性，在通风机备用能力基本合理的前提下，该指标值越大越安全。主要通风机备用系数风险分级如表 5-21 所示。

表 5-21 主要通风机备用系数风险分级

风险分级	无风险	低风险	高风险
主要通风机备用系数	≥1.5	1～1.5	＜1

千米巷道通风设施数：通风设施数反映了通风系统复杂程度、通风管理难度和网络风流保持稳定的难易程度，其数量越少，风流的稳定性越高，管理难度越小。因此，千米巷道通风设施数定义为矿井通风设施总个数与矿井通风巷长度之比(单位为道/千米)。千米巷道通风设施数风险分级如表 5-22 所示。

表 5-22 千米巷道通风设施数风险分级

风险分级	无风险	低风险	高风险
千米巷道通风设施数	≤3	(3,7)	≥7

通风设施质量合格度：通风设施质量是否合格需按有关质量标准化方法判定，对布置不合理的设施视为不合格。通风设施质量合格度是按其不同种类分别统计符合质量要求的设施数占该类设施总数的百分比，反映了矿井通风的可靠性、稳定性和通风设施管理的水平。通风设施质量合格度风险分级如表 5-23 所示。

表 5-23　通风设施质量合格度风险分级　（单位：%）

风险分级	无风险	低风险	高风险
通风设施质量合格度	≥95	(90,95)	≤90

4. 生产系统合理性评价模型

建立了基于可拓理论的生产系统合理性评价模型(图 5-20)，主要分为以下两个步骤：①首次评价。对于一些非满足不可的指标先进行初步判识，若不满足合理性，直接得出评价结果为不合理；若满足合理性，进入下一阶段的评价。②可拓模型评价。根据可拓模型的关联函数，确定评价对象的最终合理性结果。

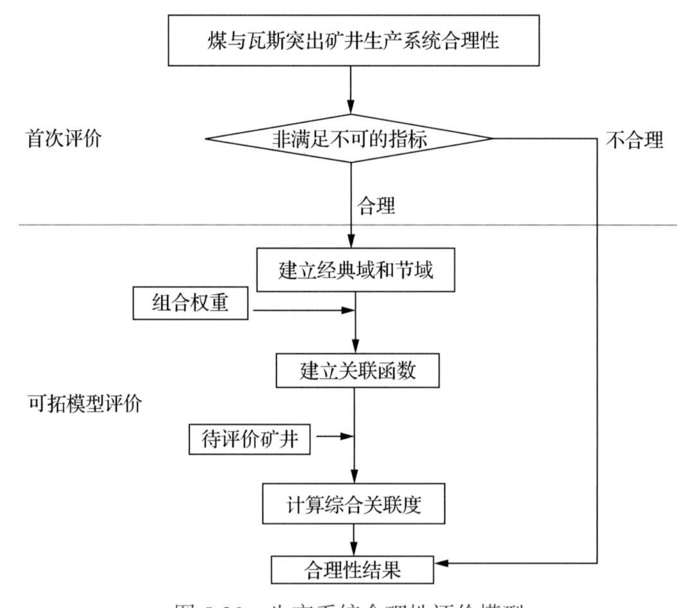

图 5-20　生产系统合理性评价模型

可拓模型评价是根据日常管理中积累的数据资料，把评价对象的优劣划分为若干等级，由数据库或专家意见给出各等级的数据范围，再将评价对象的指标代入各等级的集合中进行多指标评定，评定结果按它与各等级集合的综合关联度大小进行比较，综合关联度越大，就说明评价对象与该等级集合的符合程度越好。

1) 确定经典域与节域

令

$$\boldsymbol{R}_{0j}=(N_{0j},\boldsymbol{C},\boldsymbol{V}_{0j})=\begin{bmatrix} N_{0j} & c_1 & V_{0j1} \\ & c_1 & V_{0j2} \\ & \vdots & \vdots \\ & c_n & V_{0jn} \end{bmatrix}=\begin{bmatrix} N_{0j} & c_1 & \langle a_{0j1} \ b_{0j1} \rangle \\ & c_1 & \langle a_{0j2} \ b_{0j2} \rangle \\ & \vdots & \vdots \\ & c_n & \langle a_{0jn} \ b_{0jn} \rangle \end{bmatrix} \tag{5-12}$$

式中，N_{0j} 为所划分的第 j 个等级；$c_i(i=1,2,\cdots,n)$ 为第 j 个等级 N_{0j} 的特征(即评价指标)；a_{0ji} 和 b_{0ji} 分别为 V_{0j} 数据范围的边界值，a_{0ji} 为数据范围下限，b_{0ji} 为数据范围的上限；V_{0ji} 为 N_{0j} 关于特征 c_i 的量值范围，即评价对象各优劣等级关于对应的特征所取的数据范围，此为一经典域。

令

$$\boldsymbol{R}_D=(D,\boldsymbol{C},\boldsymbol{V}_D)=\begin{bmatrix} D & c_1 & V_{D1} \\ & c_1 & V_{D2} \\ & \vdots & \vdots \\ & c_n & V_{Dn} \end{bmatrix}=\begin{bmatrix} N_{0j} & c_1 & \langle a_{D1}\ b_{D1}\rangle \\ & c_1 & \langle a_{D2}\ b_{D2}\rangle \\ & \vdots & \vdots \\ & c_n & \langle a_{Dn}\ b_{Dn}\rangle \end{bmatrix} \tag{5-13}$$

式中，D 为优劣等级的全体；V_{Di} 为 D 关于 c_i 所取的量值的范围，即 D 的节域；a_{Di} 和 b_{Di} 分别为 V_{D} 的下限和上限。

2) 确定待评物元

对于评价对象 p_i，把测量所得到的数据或分析结果用物元表示，称为评价对象的待评物元：

$$\boldsymbol{R}_i=(p_i,\boldsymbol{C},\boldsymbol{V}_i)=\begin{bmatrix} p_i & c_1 & v_{i1} \\ & c_1 & v_{i2} \\ & \vdots & \vdots \\ & c_n & v_{in} \end{bmatrix}\quad (i=1,2,\cdots,m) \tag{5-14}$$

式中，p_i 为第 i 个评价对象；v_{ij} 为 p_i 关于 c_j 的量值，即评价对象的评价指标值。

3) 确定各特征的权重

权重的确定可以采用多种方法，如层次分析法(AHP)、熵权、专家评分等。

4) 建立关联函数，确定评价对象关于各安全等级的关联度

$$\boldsymbol{K}_j(v_{ki})=\frac{\rho(v_{ki},V_{0ji})}{\rho(v_{ki},V_{0pi})-\rho(v_{ki},V_{0ji})} \tag{5-15}$$

式中，$\rho(v_{ki},V_{0pi})$ 为点 v_{ki} 与区间 V_{0pi} 的间距；$\rho(v_{ki},V_{0ji})$ 为点 v_{ki} 与区间 V_{0ji} 的间距。

$$\rho(v_{ki},\ V_{0ji})=\left|v_{ki}-\frac{a_{0ji}+b_{0ji}}{2}\right|-\frac{1}{2}(b_{0ji}-a_{0ji}) \tag{5-16}$$

5) 关联度的规范化

关联度的取值是整个实数域，为了便于分析和比较，将关联度进行规范化：

$$\boldsymbol{K}'_j(v_{ki})=\frac{K_j(v_{ki})}{\max\limits_{1\leqslant i\leqslant m}\left|K_j(v_{ki})\right|} \tag{5-17}$$

6) 计算评价对象的综合关联度

考虑各特征的权重，将规范化的关联度和权重合成为综合关联度：

$$\boldsymbol{K}_j(p_k)=\sum_{i=1}^{n}K'_j(v_{ki}) \tag{5-18}$$

式中，p_k为第 k 个评价对象。

7) 安全性等级评定

若$\boldsymbol{K}_k(p)=\max\limits_{k\in(1,2,\cdots,m)}K_j(p_i)$，则评价对象 p 的安全性属于等级 k。

5.3.2 采掘工作面声电瓦斯预警模型

1. 声电干扰特征及识别与滤除技术

1) 采掘空间声电干扰特征

煤矿生产过程中电气工作和不同采掘工序都会产生一定程度的声电干扰信号，这会改变电磁辐射和声发射强度及变化趋势，引起预警误报。经过大量的现场跟踪测试，掌握了井下电气和不同工序的声电干扰特征，总体可归纳为两种类型：一种是间隔-持续型信号，其时间序列表现为“π”形，电气干扰、打区域钻和顶板支护钻等造成的声电信号干扰属于这一类；另一种是短时突增脉冲型信号，其时间序列表现为尖脉冲型，耙煤机清煤、放炮、移动传感器、上梁延长风筒、架立柱及背帮等工序造成的干扰属于这一类。

2) 声电干扰识别方法

A. 基于开停状态的电气设备干扰识别

采掘空间机电设备的运行会对声电信号造成严重干扰，利用开停传感器可以监测机电设备的开停，得到的开关量信息可为电气设备干扰提供判识依据，开关量状态可作为声电数据监测软件中滤波模块启用的触发开关。现场监测的开关量与声发射信号对应关系如图 5-21 所示，基于开关量状态即可实现电气设备干扰信号的识别和滤波触发。

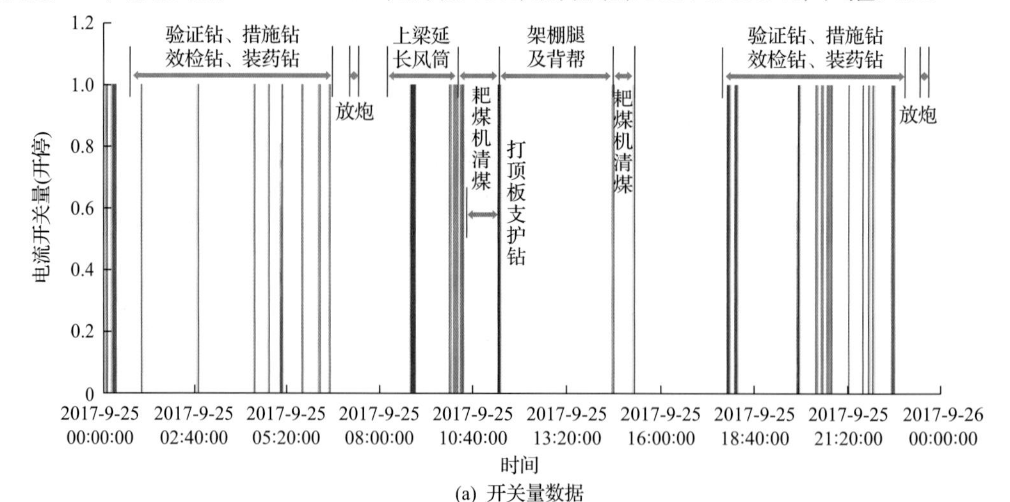

(a) 开关量数据

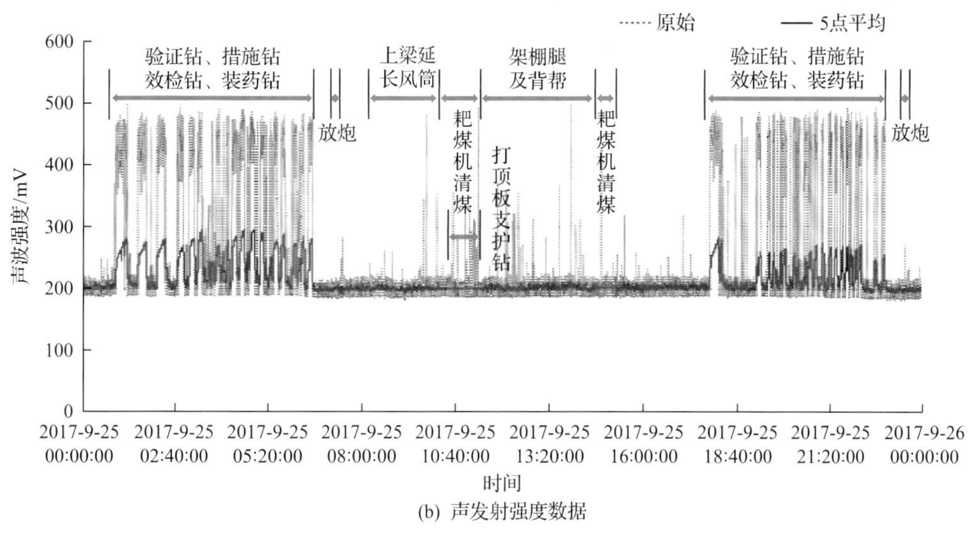

(b) 声发射强度数据

图 5-21 基于开关量的声发射干扰识别

B. 基于声电数据变化率的干扰识别

相对于干扰信号的短时响应特点，掘进过程中煤岩体破裂产生声电信号的变化则是缓慢的，即干扰信号的变化率是明显的，而有效信号的变化率是不明显的。为实现干扰信号的自动识别，在采集声电数据的过程中实时计算声电信号强度 E_{et} 和 E_{et} 的变化率，如果变化率不超过 1.5，则采集的数据为有效数据，如果变化率超过 1.5，则利用其估测值 $\hat{E}_{\mathrm{et}\ M+p}$ 和 $\hat{E}_{\mathrm{at}\ M+p}$ 代替采集到的数据。

$$
\begin{cases}
E_{\mathrm{et}}=\hat{E}_{\mathrm{et}\ M+p}; \quad E_{\mathrm{et}}>1.5E_{\mathrm{et-30s}} \\
E_{\mathrm{at}}=\hat{E}_{\mathrm{at}\ M+p}; \quad E_{\mathrm{at}}>1.5E_{\mathrm{at-30s}}
\end{cases}
\tag{5-19}
$$

式中，E_{et} 为电磁辐射强度；E_{at} 为声发射强度。

当识别后一段声电信号 $E_{\mathrm{et+30s}}$ 和 $E_{\mathrm{at+30s}}$ 的有效性时，以估测值 $\hat{E}_{\mathrm{et}\ M+p}$ 和 $\hat{E}_{\mathrm{at}\ M+p}$ 为基准值计算斜率，每次计算的时间间隔与监测系统巡检周期相同。

综合上述两种干扰识别方法，建立声电干扰识别及滤波流程(图 5-22)，可以实现对干扰信号的自动识别与滤除。声电干扰分类汇总及干扰识别方式如表 5-24 所示。

3) 声电干扰滤波方法

煤与瓦斯突出的发生是一个逐步演化的过程，该过程中声电信号也是逐步变化的。即使出现干扰信号，煤岩有效声电信号的变化趋势也应与干扰之前保持一致，因此，利用时间序列预测的方法可以对干扰期间的声电信号值进行估测。在此采用局部多项式预测法对干扰期间的有效声电信号值进行估计，并利用估测的值替换原有干扰数据，从而达到去除干扰影响的目的。

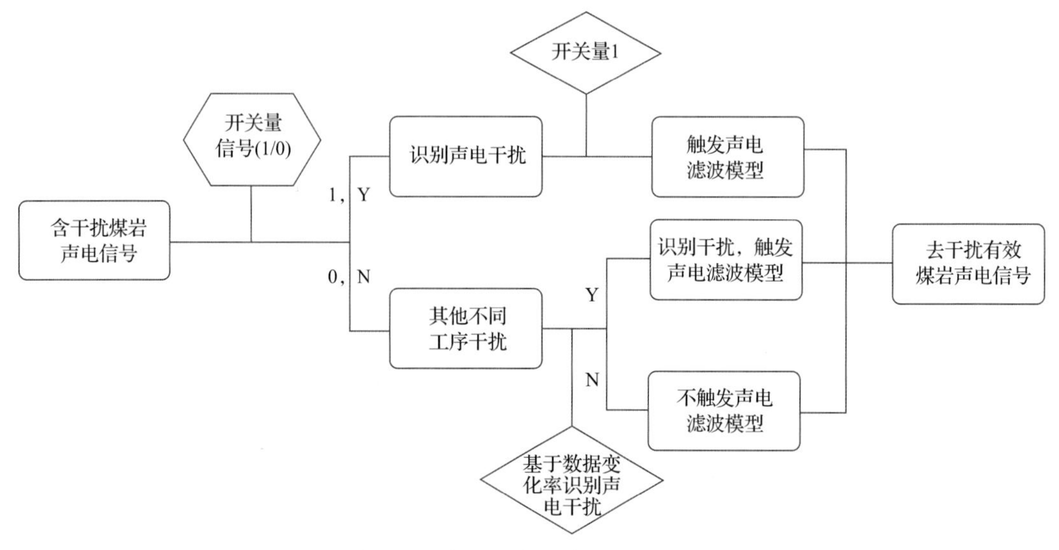

图 5-22 声电干扰识别及滤波流程图

表 5-24 声电干扰分类汇总及干扰滤波识别方式

典型工序	干扰源分类	干扰类型	干扰特征	滤波识别方法
耙煤机清煤	电气干扰	短时突增脉冲型	短时脉冲式波动	开关量识别滤波
打区域钻	电气干扰	间隔-持续型	“π”状突增	开关量识别滤波
移动传感器	震动类干扰	短时突增脉冲型	短时脉冲状连续突增	数据变化率识别滤波
放炮	震动类干扰	短时突增脉冲型	短时突增再突降	数据变化率识别滤波
打顶板支护钻	震动类干扰	间隔-持续型	突增并呈“π”状波动	数据变化率识别滤波
风钻打钻	震动类干扰	间隔-持续型	“π”状突增	数据变化率识别滤波
上梁延长风筒	震动类干扰	短时突增脉冲型	间或突增或无响应	数据变化率识别滤波
架立柱及背帮	震动类干扰	短时突增脉冲型	间或突增或无响应	数据变化率识别滤波

设观测的声电时间序列为 x_n，则可以将此序列以向量 $\boldsymbol{y}_n=[x_n,\ x_{n-\tau},\cdots,x_{n-(m-1)\tau}]$形成 m 维空间。如果 $m\geqslant 2d+1$，动力系统的几何结构可以完全打开，其中 d 为动力系统吸引子的维数。对于 p 步预测，其多项式预测模型为

$$y_{M+p}=c_0+c_1^{(1)}x_M+\cdots+c_m^{(1)}x_{M-(m-1)\tau'}+c_1^{(2)}x_M^2+\cdots+c_m^{(s)}x_{M-(m-1)\tau'}^s+e \tag{5-20}$$

式中，c_0，$c_1^{(1)}$，$\cdots$，$c_m^{(1)}$，$c_1^{(2)}$，$\cdots$，$c_m^{(s)}$ 为待定系数；e 为随机误差；τ'为延迟时间间隔；x_M，$x_{M-\tau'}$，$\cdots$，$x_{M-(m-1)\tau'}$ 为监测的声电时间序列数据。

为估计式(5-20)中的系数，计算目标点 y_M 与各重构向量的欧氏距离，取 k 个最近临点 x_{α_1}，x_{α_2}，$\cdots$，x_{α_k}，即

$$x_{\alpha_k}=(x_{\alpha_k},x_{\alpha_k-\tau},\cdots,x_{\alpha_k-(m-1)\tau}) \tag{5-21}$$

若记：

$$\boldsymbol{y}=[x_{\alpha_1+p},x_{\alpha_2+p},\cdots,x_{\alpha_k+p}]^{\mathrm{T}}\in R^K \tag{5-22}$$

$$\boldsymbol{c}=[c_0,c_1^{(1)},\cdots,c_m^{(1)},c_1^{(2)},\cdots,c_m^{(2)},\cdots,c_m^{(s)}]^{\mathrm{T}}\in R^{m+1} \tag{5-23}$$

$$\boldsymbol{X}=\begin{bmatrix} 1 & x_{\alpha_1} & x_{\alpha_1-\tau'} & \cdots & x_{\alpha_1-(m-1)\tau'} & x_{\alpha_1}^2 & \cdots & x_{\alpha_1-(m-1)\tau'}^2 \\ 1 & x_{\alpha_2} & x_{\alpha_2-\tau'} & \cdots & x_{\alpha_2-(m-1)\tau'} & x_{\alpha_2}^2 & \cdots & x_{\alpha_2-(m-1)\tau'}^2 \\ \vdots & \vdots & \vdots & & \vdots & & & \vdots \\ 1 & x_{\alpha_k} & x_{\alpha_k-\tau'} & \cdots & x_{\alpha_k-(m-1)\tau'} & x_{\alpha_k}^2 & \cdots & x_{\alpha_k-(m-1)\tau'}^2 \end{bmatrix}\in R^{K\times(m+1)} \tag{5-24}$$

利用最小二乘原理，c_0，$c_1^{(1)}$，…，$c_m^{(1)}$，$c_1^{(2)}$，…，$c_m^{(s)}$ 应满足矩阵方程：

$$\boldsymbol{y}=\boldsymbol{Xc}+e \tag{5-25}$$

如果矩阵 $\boldsymbol{X}^{\mathrm{T}}\boldsymbol{X}$ 可逆，则有

$$\boldsymbol{c}=(\boldsymbol{X}^{\mathrm{T}}\boldsymbol{X})^{-1}\boldsymbol{X}^{\mathrm{T}}\boldsymbol{y} \tag{5-26}$$

从而可由式(5-20)计算 y_{M+p} 的预测值 $\hat{y}_{M+p}$。

为确保存在干扰期间的声电信号预测值与有效信号的变化趋势一致，延迟时间间隔 τ' 不应取太长，也不应取太短。参照声电瓦斯监控预警的时间尺度为 1h，因此，信号预测的延迟时间间隔 τ' 也可取值为 1h，即根据 1h 以内的数据进行局部多项式趋势分析。

4) 声电干扰识别滤波效果

利用上述干扰识别及滤波方法，对不同典型工序的声电干扰进行了识别和滤波处理。以打区域钻为例，电磁辐射干扰信息滤除效果如图 5-23 所示。滤波结果表明声电干扰综合识别及滤波方法可以消除干扰信号，提高声电监测数据干扰信号滤波的可靠性。

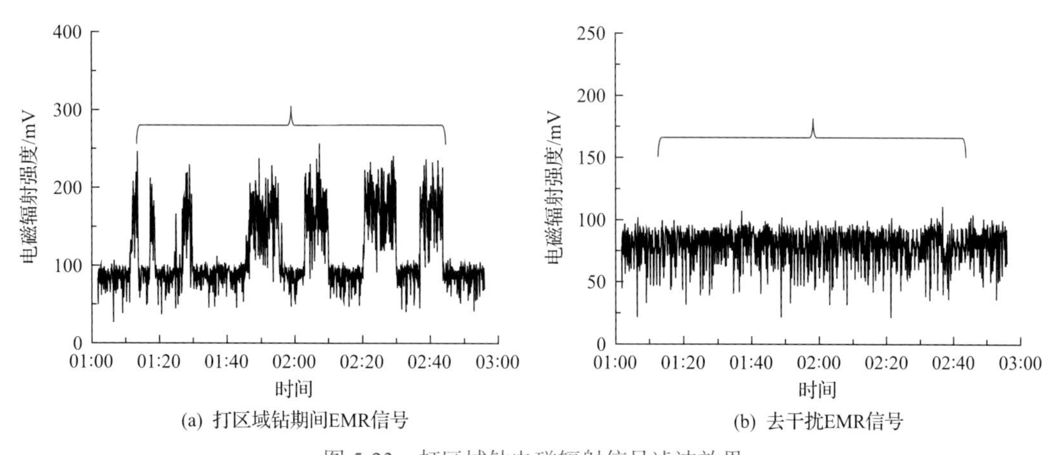

图 5-23　打区域钻电磁辐射信号滤波效果

2. 声电瓦斯预警模型

1) 声电瓦斯动态指标趋势预警方法

A. 声电瓦斯趋势预警理论

煤与瓦斯突出演化过程是含瓦斯煤体受应力和瓦斯压力耦合破坏的过程，该过程中含瓦斯煤体会经历“破坏—瓦斯运移—失稳—平衡”的演化。突出危险或动力显现伴随着声发射、电磁辐射、瓦斯涌出的前兆变化。声电瓦斯信号的持续增长使煤体内部应力和瓦斯压力集聚，引起煤体破坏、瓦斯异常涌出等现象；而当声电瓦斯信号由高值持续下降，则是突出危险前煤体应力和瓦斯压力积聚过程的平静期，可以利用声电瓦斯数据的变化趋势来反映突出危险性的演化过程。

在动态趋势预警条件下，声电瓦斯信号量值在一定时间范围内持续上升或下降达到一定的变化量后，应该发出预警提示。它表示的是煤与瓦斯突出演化过程声电瓦斯信号(应力、破坏状态或瓦斯动态)增大或降低的倍数，反映了煤与瓦斯突出的危险性。

B. 声电瓦斯趋势预警方法

声电瓦斯趋势预警过程包括：预警运算、符合前兆趋势、满足预警时间、发出预警提示、消除危险、解除预警。通过计算预警时段起点 A 和终点 B 的一次线性回归直线的 R 值以及预警起点和终点的声电数值的变化率 K_e 来进行联合预警。在突出预警状态下，当实时声电瓦斯数据变化幅度变小，数据变化趋势和变化率不满足预警条件，且持续时间满足解除预警时间后，解除该次预警。

“趋势预警”(数据趋势控制)算法模型：

$$y = K_e x$$

式中，y 为数据起点和终点声电数据值；x 为实时数据均值的时间；K_e 为声电数值变化率。计算该一次线性回归的 R 值，通过设置 R 值的大小来设定数据趋势。

“趋势预警”包括两个阶段：一是确定预警起始点(初始阶段)的斜率 K_{e1}；二是预警计算过程(预警阶段)，当起始点后监测数据的斜率 K_{e2} 大于 K_{e1}，且 R^2 也满足预设的拟合度时，说明声电瓦斯数据保持增长趋势。

“变化率预警”的算法模型为

$$C = (B-A)/A$$

式中，B 为预警终点的实时声电瓦斯数据均值；A 为预警起点的实时声电瓦斯数据均值；C 为计算得到的变化率。由 A 和 C 来控制声电瓦斯数据变化的预警条件。

通过设置参数 A，可以控制数据保持上升趋势，当声、电、瓦斯数据变化符合该趋势并且变化率 C 符合预警值时即可发出预警提示。

2) 声电瓦斯耦合突出预警模型

A. 声电瓦斯指标对突出危险的权重分析

声电瓦斯指标在突出危险预测中的重要度是不同的。利用层次分析法可以确定决策中的权重分配问题，其依据就是两两比较的标度和判断原理。由 a_{ij} 构成的矩阵为比较判断矩阵 $\boldsymbol{A}=(a_{ij})$，关于 a_{ij} 取值的规则如表 5-25 所示。比较判断矩阵有如下性质：$a_{ii}=1$; $a_{ij}>0$; $a_{ij}=1/a_{ji}$（其中 $i,j=1,2,3,\cdots,n$）。

表 5-25　比例标度的意义

标度值	定义	说明
1	同样重要	两元素重要性相等
3	稍微重要	一个元素的重要性稍高于另一个元素
5	明显重要	一个元素的重要性明显高于另一个元素
7	强烈重要	一个元素的重要性强烈高于另一个元素
9	绝对重要	一个元素的重要性绝对高于另一个元素

从声发射、电磁辐射、瓦斯浓度三个方面进行煤与瓦斯突出的预测。那么，煤与瓦斯突出预测指标的递阶层次结构如图 5-24 所示。

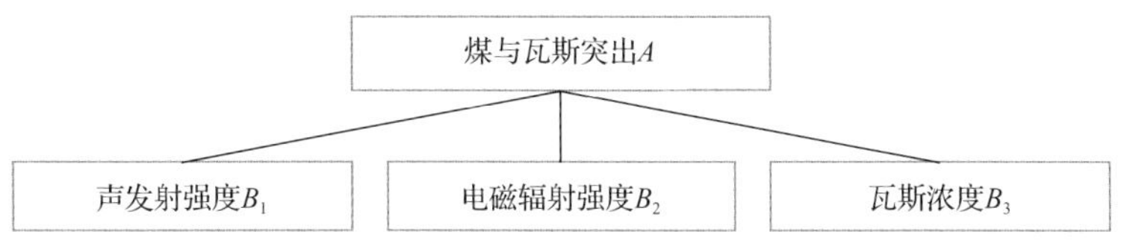

图 5-24　煤与瓦斯突出的递阶层次结构

构造判断矩阵。判断矩阵的构造是以某个元素为比较准则，通过对两两元素的比较，根据其对突出危险性影响的重要程度（*A*-*B* 即以 *A* 为准则 *B* 层元素两两进行比较），依据图 5-24 的结构和表 5-25 所示标度由专家来确定判断矩阵，如表 5-26 所示。

表 5-26　以 *A* 为准则的判断矩阵

A-*B*	B_1	B_2	B_3
B_1	1	1/2	1/3
B_2	2	1	1/2
B_3	3	2	1

层次排序及一致性检验。对于上述判断矩阵，通过下列计算步骤求出其最大的特征值及其对应的特征向量，将特征向量经归一化后，即可得到相应的层次单排序的相对重要性权重向量，以及一致性指标 CI 和一致性比例 CR。

a. 计算判断矩阵的最大特征根及特征向量

(1) 将判断矩阵的列向量归一化：

$$\widetilde{\boldsymbol{A}}_{ij}=\frac{a_{ij}}{\sum_{i=1}^{n}a_{ij}}$$

(2)将 $\widetilde{\boldsymbol{A}}_{ij}$ 按行得 $\widetilde{\boldsymbol{W}}=\left[\left(\prod_{j=1}^{n}\frac{a_{1j}}{\sum_{i=1}^{n}a_{ij}}\right)^{1/n},\left(\prod_{j=1}^{n}\frac{a_{2j}}{\sum_{i=1}^{n}a_{ij}}\right)^{1/n},\cdots,\left(\prod_{j=1}^{n}\frac{a_{nj}}{\sum_{i=1}^{n}a_{ij}}\right)^{1/n}\right]$。

(3)将 $\widetilde{\boldsymbol{W}}$ 归一化后，得排序向量 $\boldsymbol{W}=(\omega_1,\omega_2,\cdots,\omega_n)^{\mathrm{T}}$。

(4) $\lambda=\frac{1}{n}\sum_{i=1}^{n}\frac{(\boldsymbol{AW})_i}{\omega_i}$ 为最大的特征值。

第(4)步中的 $(\boldsymbol{AW})_i$ 表示 $\boldsymbol{AW}$ 的 i 个分量。

b. 进行一致性检验

判断一致性指标 $\mathrm{CI}=\frac{\lambda_{\max}-n}{n-1}$，其中 $\lambda_{\max}$ 为判断矩阵的最大特征值；n 为判断矩阵的阶数。

平均随机一致性指标 RI 的取值见表 5-27。

表 5-27　RI 的取值

n	1	2	3	4	5	6	7	8	9
RI	0	0	0.58	0.94	1.12	1.24	1.32	1.41	1.45

当 n=1、2 时，RI=0，这是因为 1、2 阶判断矩阵总是一致的；当 $n\geqslant 3$ 时，一致性比例 $\mathrm{CR}=\frac{\mathrm{CI}}{\mathrm{RI}}$，当 CR<0.1 时，认为判断矩阵的一致性可以接受，否则应对判断矩阵作适当的修正。

利用上述计算步骤计算得到如下结果：

$\boldsymbol{W}=(0.1634,0.2970,0.5396)^{\mathrm{T}}$，$\lambda_{\max}=3.0092$，$\mathrm{RI}=0.58$，$\mathrm{CI}=\frac{\lambda_{\max}-3}{2}=0.0046$，$\mathrm{CR}=\frac{\mathrm{CI}}{\mathrm{RI}}\approx 0.0079$。

由此可知判断矩阵的 CR 的值小于 0.1，符合一致性要求。故用层次分析法确定的煤与瓦斯突出的声电瓦斯的权重为(0.2,0.3,0.5)。

B. 声电瓦斯智能耦合预警

声电瓦斯智能耦合预警在声电瓦斯趋势预警的基础上充分考虑了声电瓦斯指标对突出危险的权重系数，前述分析声电瓦斯指标的权重系数分别为声发射 0.2、电磁辐射 0.3、瓦斯浓度 0.5。声电瓦斯指标发出危险预警结果时其状态值为 1，没有发出突出危险预警结果时其状态值为 0。利用声电瓦斯状态值结合各指标的权重系数相乘得到预警危险指数，当两个以上指标同时预警或预警隶属度之和大于等于 0.5 时，给出智能耦合预警提示，同步给出预警响应操作，实现煤与瓦斯突出危险预警的闭环管理。

5.3.3 防突措施失效判识模型

1. 预抽煤层瓦斯措施缺陷分析

1) 预抽煤层瓦斯防突机理

预抽煤层瓦斯的消突机理：施工抽采钻孔进入煤层，使得钻孔周围的煤层应力发生重构，煤层的透气性增大，钻孔周围煤层的瓦斯渐渐涌入钻孔，达到抽放煤层瓦斯的目的。抽放过后，钻孔周围煤层的应力迅速降低，同时瓦斯压力和瓦斯含量也迅速降低，因此，煤层中的瓦斯弹性潜能得以释放。煤层吸附瓦斯含量降低，煤体机械强增强，煤与瓦斯突出的阻力也会增大，从而达到治理煤与瓦斯突出的目的。

2) 数值模拟分析

以新景矿底抽巷抽采钻孔设计为例，采用 Abaqus 有限元软件对预抽煤层瓦斯措施空白带缺陷进行了模拟分析，建立的初始模型如图 5-25 所示，模型尺寸为 90m×50m×10m，巷道尺寸为 3m×5.6m，本构关系为莫尔-库仑本构模型。

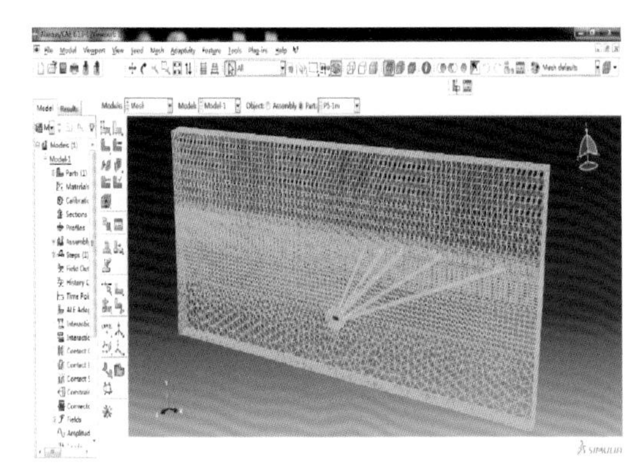

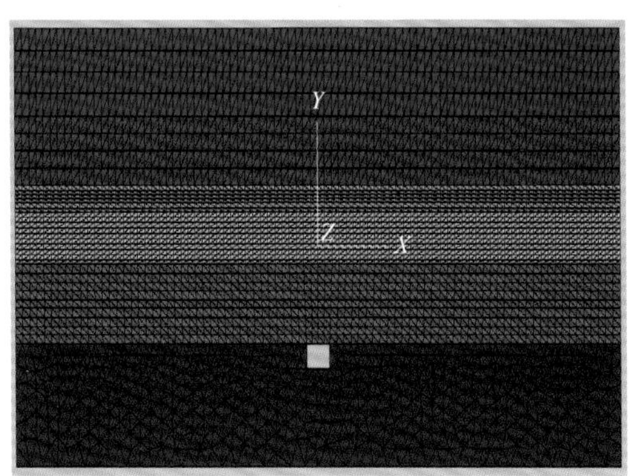

图 5-25 2#煤层及其顶底板岩层初始模型

对 5 孔、2 孔、3 孔三种抽采工况的卸压效果进行了模拟，模拟结果表明：5 孔组合、2-3-5 组合与 2-4 组合在相同条件下塑性区均随着孔径和孔压的增大而增大，但 2-4 组合抽采卸压区无法连通，2-3-5 组合在直径 113mm、负压 30kPa 下卸压区基本贯通，且基本接近 5 孔组合抽采效果，可以消除空白带，如图 5-26 所示。

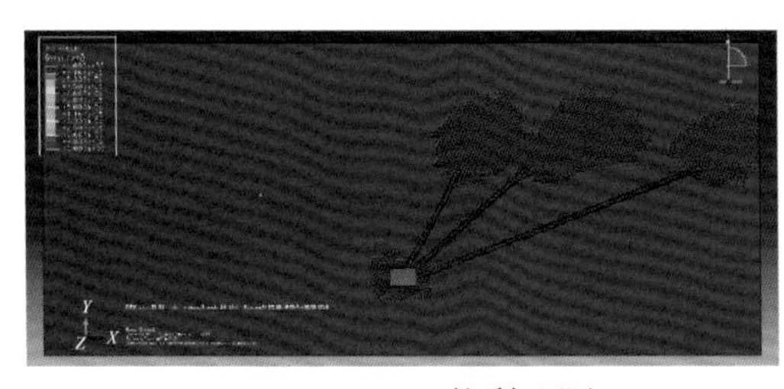

(a) 113mm、20kPa抽采卸压区

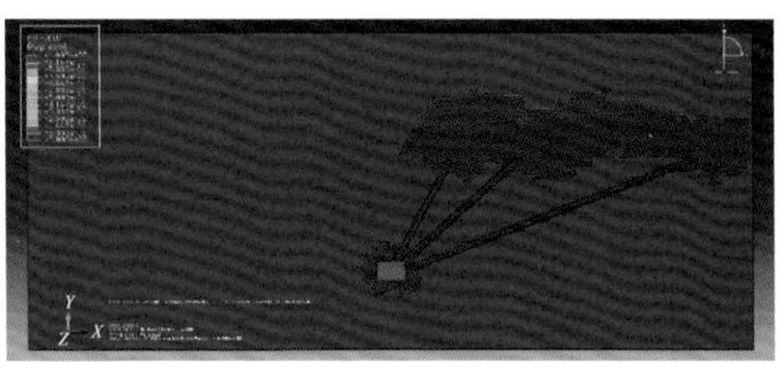

(b) 113m、30kPa抽采卸压区

图 5-26 2-3-5 组合孔抽采卸压区数值模拟结果

对钻孔直径 113mm、不同负压工况下的抽采达标情况进行了数值模拟，模拟结果表明：在抽采钻孔卸压前后，钻孔周围的应力高峰区向前推移距离基本为 3m 左右。15kPa 负压抽采后垂直卸压率为 77.8%，水平卸压率为 85.4%；20kPa 负压抽采后垂直卸压率为 85.7%，水平卸压率为 85.1%；30kPa 负压抽采后垂直卸压率为 85.2%，水平卸压率为 80.3%。2-3-5 组合孔在孔径 113mm、孔压 25kPa 下塑性区基本贯通，卸压效果理想，接近 5 孔组合冲击效果，如图 5-27 所示。

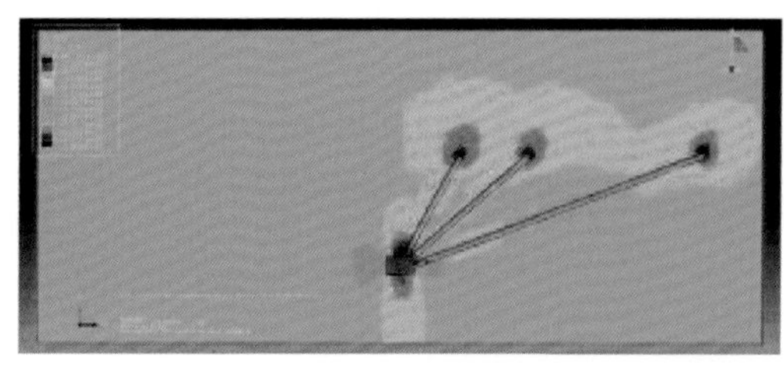

(a) 竖向应力云图　　(b) 水平应力云图

图 5-27　抽采达标情况数值模拟结果(孔径 113mm，孔压 25kPa)

进而得到抽采钻孔 10m 范围内水平应力和垂直应力卸压前后变化曲线，以 30kPa 负压为例，如图 5-28 所示。

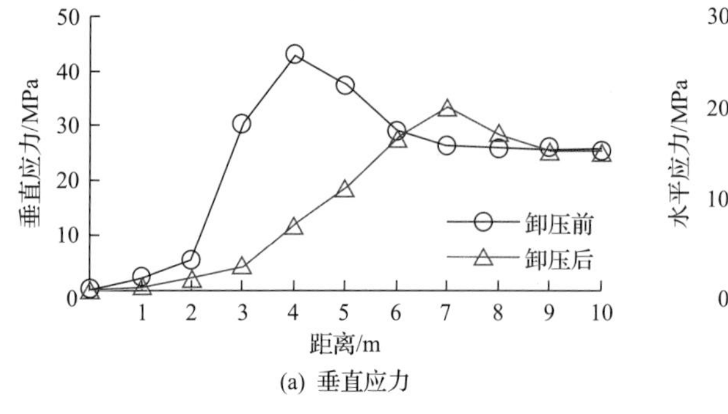

(a) 垂直应力

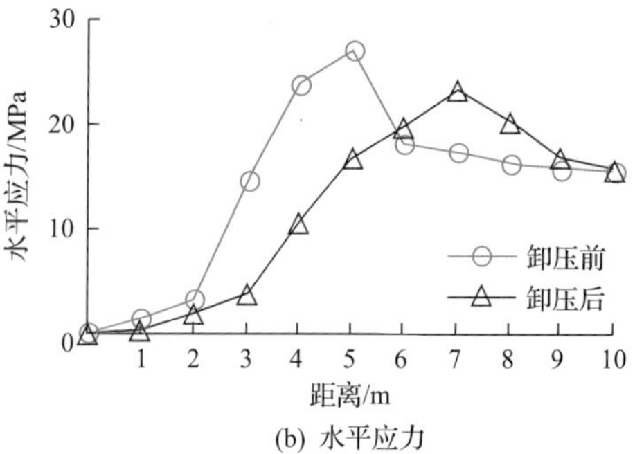

(b) 水平应力

图 5-28　钻孔周边垂直应力和水平应力分布

3) 失效判识方法

A. 钻孔控制范围不足判识方法

当预抽钻孔实际控制范围或施工参数不满足《防治煤与瓦斯突出细则》中的规定要求时，判定措施存在技术缺陷：

$$M_k > M_0$$

式中，M_k 为钻孔实际控制巷道轮廓线外的距离，m；M_0 为《防治煤与瓦斯突出细则》要求的巷道轮廓线外控制距离，m。

B. 措施空白带判识方法

a. 钻孔间距判识评价指标

预抽钻孔在实际设计施工过程中，其终孔位置与其邻近钻孔终孔位置间的法距超过设计孔底间距一定比例时，判定预抽钻孔消突措施存在空白带的缺陷，建议预警并加大钻孔数量和密度，使终孔位置间距在可控范围内，存在措施空白带的评价指标如下：

$$Y > Y_0,\ Y = d / d_0$$

式中，Y 为相邻预抽消突钻孔实测最大孔间距与设计孔间距的比例；Y_0 为相邻预抽消突钻孔实测最大孔间距与设计孔间距之比的临界值，一般取 1.2～2；d 为相邻钻孔终孔间距实测值，m；d_0 为相邻钻孔终孔间距设计值，m。

b. 空白带面积占比判识评价指标

将预抽消突钻孔未控制的总面积(空白带)与该控制区域总面积的比值作为评价指标，当该指标大于临界值时，判定预抽煤层瓦斯的防突措施存在空白带缺陷，其评价指标如式(5-27)所示：

$$E > E_0,\ E = \frac{100 \times \left(S_0 - \sum_{i=1}^{n} S_{1i} + \sum_{i=1}^{n} S_{2i} \right)}{S_0} \tag{5-27}$$

式中，E 为空白带面积占比，%；E_0 为空白带面积占比临界值，一般取 20%；S_0 为预抽消突控制区域总面积，m^2；S_{1i} 为钻孔有效抽采半径控制范围，根据钻孔有效抽采半径确定，m^2；S_{2i} 为相邻钻孔有效抽采半径控制范围间重叠面积之和，m^2。

c. 空白带(区)体积占比判识评价指标

空白带体积占比判识法是由空白带面积占比判识法衍生而来，其原理同样是根据实测的预抽钻孔在考察区域内煤层的有效抽采半径，结合钻孔在煤层内的轨迹长度，计算出预抽消突钻孔未控制的总体积(空白体积)与该控制区域总体积的比值作为评价指标，当该指标大于临界值时，判定预抽煤层瓦斯的防突措施存在空白带(区)缺陷，其判定准则如式(5-28)所示：

$$V > V_0, V = \frac{100 \times \left(K_0 - \sum_{i=1}^{n} K_{1i} + \sum_{i=1}^{n} K_{2i} \right)}{K_0} \tag{5-28}$$

式中，V 为空白带(区)体积占比，%；V_0 为空白带(区)体积占比临界值，一般取 20%；K_0 为预抽消突控制区域煤层体积，m^3；K_{1i} 为根据钻孔有效抽采半径和煤层内钻孔轨迹长度计算出的单个钻孔的有效控制体积，m^3；K_{2i} 为相邻钻孔有效控制体积间重叠的体积，m^3。

C. 预抽瓦斯不达标判识方法

预抽煤层瓦斯作为区域防突措施和局部综合防突措施执行后的抽采效果，均需进行达标评判和循环验证，当预抽钻孔抽采达标评判指标不能满足要求时，则判定预抽煤层瓦斯防突措施存在缺陷。超前预抽钻孔效果检验评价指标：P＜0.74MPa；Q＜8m^3/t；Δh_2＜200Pa(干)或 200Pa(湿)；K_1＜0.5mL/(g/$min^{1/2}$)(干)/0.4mL/(g/$min^{1/2}$)(湿)；S≤6kg/m

(5.4L/m)。其中 P 为抽采瓦斯后的残余瓦斯压力，MPa，实测或计算可得；Q 为抽采后的残余瓦斯含量，m^3/t，实测和计算可得；Δh_2 为实测的钻屑瓦斯解吸指标，Pa；K_1 为钻屑瓦斯解吸指标，mL/(g·min$^{1/2}$)；S 为实测的钻屑量指标，kg/m 或 L/m。

2. 开采保护层措施缺陷分析

1) 保护层开采卸压消突原理

保护层开采以后，上覆岩层发生垮落，周围的煤岩体向采空区移动并发生变形，引起地应力重新分布，使被保护煤层地应力降低，煤层发生膨胀变形，增加了被保护层的煤层透气性，提高了被保护层的瓦斯解吸能力和抽采强度。保护层开采改变了被保护层的地应力状态、瓦斯分布情况及煤体本身的骨架结构。保护层开采后，被保护层地应力降低，被保护层沿垂直煤层层面方向膨胀变形，并将产生大量新的裂隙，且原有裂隙也将一进步扩大，为瓦斯的流动提供了有利通道，使得煤层透气性增大数十倍到数百倍甚至上千倍。瓦斯自然排放或抽采使被保护煤层瓦斯含量和瓦斯压力低于始突值，煤层失去突出危险倾向。卸压是引起煤层膨胀变形、透气性增加等因素的依据，因此卸压效果对保护层的开采具有决定性作用，在保护层开采过程中需保证卸压效果。在层间距较大的情况下，由于被保护层的卸压强度比较小，需进行瓦斯抽采才能达到较好的保护效果。保护层开采卸压消突机理图见图 5-29。

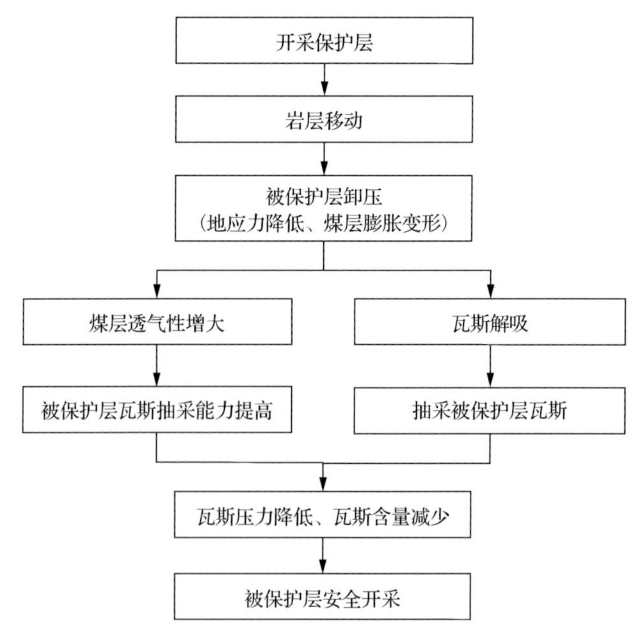

图 5-29　保护层开采卸压消突机理示意图

保护层的保护作用是卸压和排放瓦斯综合作用的结果，但卸压作用是引起其他因素变化的根源，卸压是首要的、起决定性的。由矿压理论可知：保护层与被保护层的层间距是卸压效果的决定性因素；保护边界存在一定范围的应力集中区，而且煤岩体的充分卸压及瓦斯的有效排放需要一定的作用时间，因此认为层间距过大、超前距不足和处于卸压范围之外是保护层开采时的主要技术措施缺陷。当开采层和保护层的垂距超过了有效保护垂距，或被保护层工作面到达卸压范围之外，保护层的效果便得不到保证；当被保护层的采掘工作面位置距保护层工作面的水平距离小于保护层工作面的超前距时，卸压效果尚未完全体现，防突效果也得不到保证。

2) 开采保护层对消突效果的影响

结合淮南矿区潘二煤矿西四采区煤系地层B组煤近距离煤层群赋存特点和长壁开采特征，采用相似物理实验和数值分析方法等研究了保护层开采条件下不同层间距、不同超前距、不同卸压范围对消突的影响效果。

A. 层间距对消突效果的影响

建立保护层开采相似物理实验结构，如图5-30所示，模拟8煤、7煤、6煤、5煤依次开采后各煤层应力分布，发现：层间距是影响保护层开采卸压影响范围的主要因素之一，保护层开采的叠加效应会减弱层间距对卸压保护范围的影响，这种影响主要表现为层间距越大，保护层开采的卸压影响范围越小，保护层叠加开采会减弱层间距造成的卸压影响范围缩小的情况。

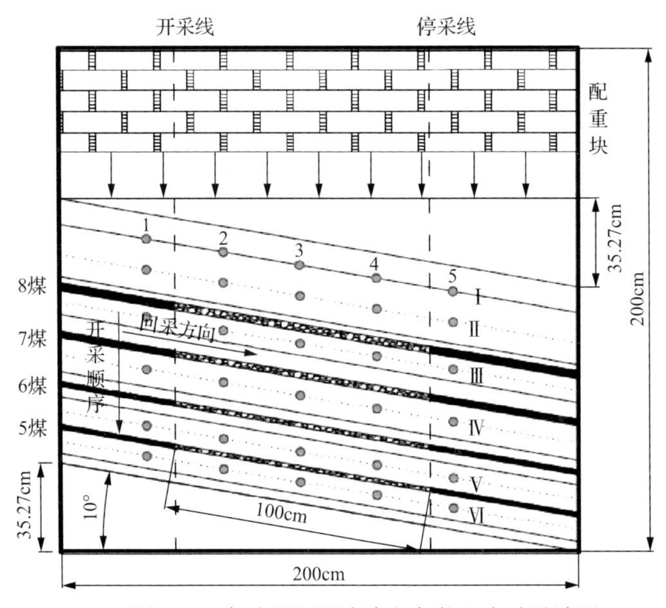

图5-30 倾向层间距考察相似物理实验设计图

B. 超前距和卸压范围对消突效果的影响

依据淮南矿区潘二煤矿西四采区近距离B组煤的赋存特征和开采布置情况，并考虑到缓倾斜煤层走向长壁开采的结构特点，建立如图5-31(a)所示的近距离缓倾斜煤层群走向长壁开采三维数值计算模型，基于此可建立三维FLAC^{3D}数值模拟模型，如图5-31(b)所示。

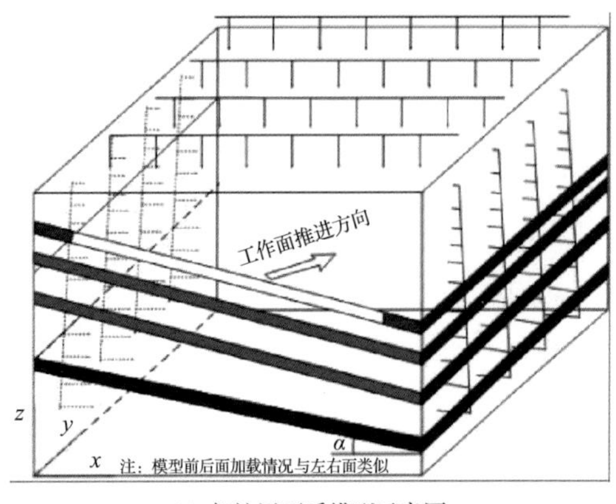

(a) 保护层开采模型示意图　　(b) 保护层开采三维数值模型

图 5-31　保护层开采数值模型

由保护层开采底板应力分布模拟结果可知，超前距是影响保护层开采卸压影响范围的主要因素之一，这种影响主要表现为：超前距越大，保护层开采的纵向卸压影响深度越大，但超前距达到一定长度时，卸压影响深度会趋于稳定，这种稳定的影响深度受煤岩层赋存条件、保护层开采设计等多重因素的影响。

煤层底板下方煤岩层受到应力变化的作用，形成破坏性裂隙。与覆岩采动裂隙演化过程相似，卸压保护范围随保护层开采范围的增大而增大，煤层底板下方卸压影响区域发育逐步扩散至一定深度和范围后保持不变，而在走向上，卸压影响范围随保护层工作面推进而逐步演化发展，如图 5-32 所示。

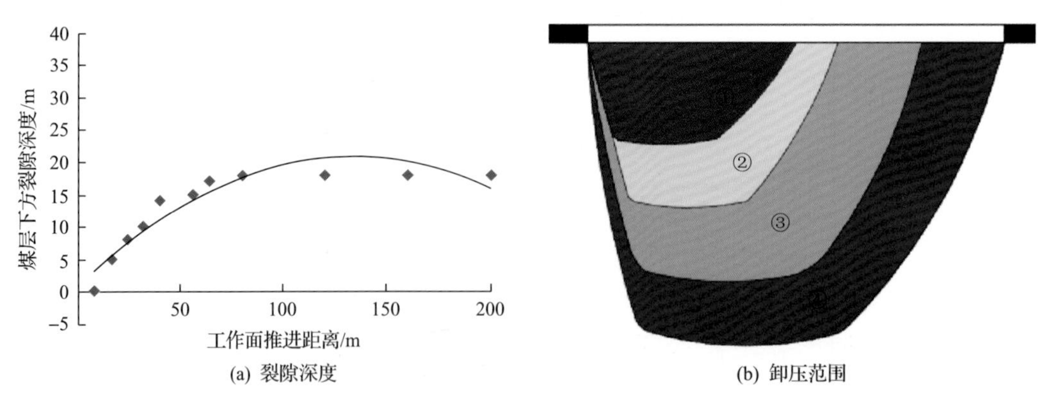

(a) 裂隙深度　　(b) 卸压范围

图 5-32　底板裂隙深度、卸压影响范围和工作面推进距离的关系

①、②、③、④分别表示工作面推进 50m、60m、80m、100m 时煤层底板下方的泄压影响范围

3) 失效判识方法

A. 层间距过大

当保护层和被保护层的层间距不满足要求时，判定措施存在技术缺陷：

$$h \geqslant h_0$$

式中，h 为被保护层和保护层的法向间距，m；h_0 为《防治煤与瓦斯突出细则》要求的层间距，m。

B. 超前距不足

保护层工作面超前被保护层工作面，超前距不小于层间距的3倍或100m，不满足这一要求时判定措施失效。超前距不足的评价指标如下：

$$L<L_0$$

式中，L 为保护层工作面的投影距离被保护层工作面的距离，m；L_0 为保护层工作面的投影距离超前被保护层工作面的临界距离，取层间距的3倍或100m的较小值。

C. 处于卸压影响范围外

当保护层开采面积较小或煤柱影响范围使保护层不能完全覆盖被保护层工作面范围时，形成实体煤区或应力集中带，对被保护层采掘活动造成不利影响，即被保护层工作面边界超出卸压圈边界时，认为有突出危险。卸压影响范围不足的评价指标如下：

$$S>S_0$$

式中，S 为被保护层工作面的实际边界，m；S_0 为保护层工作面的卸压影响范围边界。

3. 超前钻孔防突措施缺陷分析

超前预抽钻孔和预抽煤层瓦斯的卸压消突机理类似，都是通过瓦斯预抽使得钻孔周围的煤层应力发生重构，煤层的透气性增大，钻孔周围煤层的瓦斯渐渐涌入钻孔，钻孔周围煤层的瓦斯压力和瓦斯含量迅速降低，因此，煤层中的瓦斯弹性潜能得以释放。煤层应力变小后，煤体的稳定性和机械强度自然也就跟着增强了，煤与瓦斯突出的阻力也会增大；从而达到治理煤与瓦斯突出的目的。

超前钻孔防突措施缺陷主要包括：控制范围不足、存在空白带、抽采不达标、超前距不足。在预抽煤层瓦斯措施缺陷分析部分已经建立了控制范围不足、措施空白带和预抽瓦斯不达标等措施缺陷判识模型，本节主要研究建立了超前距不足缺陷判识方法，具体如下：

$$l>l_0,\ l=L_{\mathrm{k}}-\sum_{i=1}^{n_{\mathrm{x}}}x_i$$

式中，l 为超前钻孔措施超前距，等于工作面前方超前预抽钻孔控制范围减去措施循环工作面累计进尺，m；l_0 为《防治煤与瓦斯突出细则》规定的措施超前距，m(煤巷掘进工作面5m，回采工作面3m；在地质构造破坏严重地带，煤巷掘进工作面不小于7m，回采工作面不小于5m)；L_{k} 为超前预抽钻孔对掘进工作面前方控制范围，m；n_{x} 为超前预抽钻孔控制范围内采掘循环次数，次；x_i 为每次采掘循环进尺，m。

5.3.4 突出多元信息融合动态预警模型

煤与瓦斯突出事故原因复杂，影响因素众多，是多因素综合作用的结果。依靠单一信息或有限参量，根据经验和统计规律，通过阈值比对进行突出预警，容易形成虚警、错警现象，普遍认为多元信息融合分析是实现突出准确预警的有效途径。并且，我国突出矿井的生产条件复杂多变，突出控制因素各有所异，不同预警指标在不同矿井、不同区域的适用性有所不同，要求预警模型必须能够自调整、自优化。因此，研究能够对突出多元、多类、复杂信息进行融合分析，且具有自分析、自进化、自调优能力的突出预警模型势在必行。

1. 预警模型总体框架

采用关联规则算法和证据理论算法相结合的方式建立突出多元信息融合动态预警模型，实现多指标自动融合分析与决策，同时达到预警模型自修正和预警原因可追溯的目的，其总体流程如图 5-33 所示，具体步骤为：第一步，收集整理突出相关的历史数据，得到同一时空范围内各预警指标值及实际突出危险情况，并进行数据归一化处理；第二步，利用关联规则算法对各预警指标进行关联分析，计算出各指标的支持度(support)和置信度，并进行指标优选；第三步，建立证据理论识别框架，并以关联规则分析优选得到的指标及其置信度为基础，建立证据理论算法所需要的基本置信度分配规则；第四步，

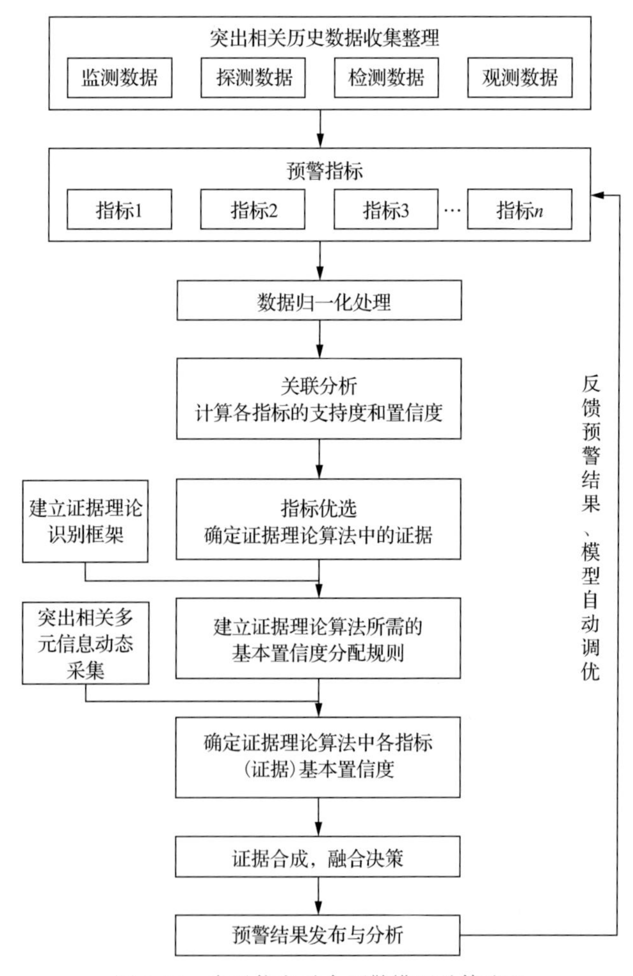

图 5-33 多元信息融合预警模型总体流程

预警过程中，以基本置信度分配规则为依据，根据新获取的指标值，确定证据理论算法中各指标(证据)基本置信度，形成基本置信度分配表，并进行证据合成，得到融合决策结果，发布预警结果；第五步，采用专家判定的方式，定期对预警结果进行准确性考察和确认，并根据考察结果重新利用关联规则算法计算各指标置信度，形成新的基本置信度分配规则，实现模型动态调优。

2. 多元信息融合预警模型

1)关联规则算法参数的确定

设项目为$i_m(m=1,2,\cdots,k)$，则项目集$I=\{i_1,i_2,\cdots,i_k\}$，项目由预警指标Z_n或其演化事件，以及“实际具有突出危险”构成，其中预警指标既有定量指标又有定性指标，而“实际具有突出危险”是一种定性描述。根据规则中处理的变量的类别，关联规则可以分为布尔型和数值型，其中布尔型关联规则处理的值都是离散的、种类化的，即定性指标或项目；而数值型关联规则主要是对数值型字段以及定量指标进行处理，需要将其进行动态分割，或者直接对原始数据进行处理，当然数值型关联规则中也可以包含种类变量，具体确定方法为：①若预警指标Z_n为定性指标，则将该指标定义为一个项目如预警指标“发生动力现象”为一个项目；②若预警指标为定量指标，假设突出危险程度与指标值呈正相关或负相关，没有突变情况，则定义$Z_n \geqslant Z_{n0}+L_b \cdot j$或$Z_n \leqslant Z_{n0}+L_b \cdot j$ $(j=1,2,3,\cdots,k)$为一个项目，一个定量指标可以演化成$k+1$个项目，其中Z_{n0}为分析初始值，L_b为分析步长，上述参数根据各指标测量或计算的精度、量程及现场实际考察综合确定。

设数据集T是事务的集合，对一组同一时空下历史数据的分析处理即一项事务，其集合用$T=\{t_1,t_2,\cdots,t_n\}$表示，是一个非空项集，且T是I的非空子集；$|T|$为分析数据的次数，即项集的事务数，称为项集的频数。

2)关联规则分析

关联分析的目的就是通过分析预警指标与实际突出危险的关联关系，从而确定各预警指标反映突出危险的敏感性，为证据理论算法中确定证据及其基本置信度提供支撑。定义式(5-29)所示关联规则，式中项目A为预警指标或其演化事件，项目B为实际具有突出危险，A、B均是I的真子集，并且$A \cap B=\varnothing$，A称为规则的前提，B称为规则的结果，反映A项目出现时，B项目也跟着出现的规律。

$$A \Rightarrow B \tag{5-29}$$

支持度是指数据集D中同时包含A和B的事务所占的百分比，如式(5-30)所示，其物理意义是反映指标预测突出危险的漏报情况，支持度越高，漏报率越低；置信度是指包含A的事务中包含B的事务的百分比，如式(5-31)所示，其物理意义是反映指标预测突出危险的虚报情况，在合理的支持度情况下，置信度越高，虚报率越低，则说明指标的可信度越高。

$$\text{support}(A \Rightarrow B) = P(AB) = \frac{|T(A \cup B)|}{|T|} \tag{5-30}$$

$$\text{confidence}(A \Rightarrow B) = P(B|A) = \frac{|T(A \cup B)|}{|T(A)|} \tag{5-31}$$

3) 预警指标优选

根据关联分析计算得到的支持度和置信度，可将关联规则划分为四类：①高支持度、高置信度规则。认为该规则为强关联规则，表示相关项目对应的预警指标为关键指标，且设置的临界值合理，能较准确地预测突出危险。②低支持度、高置信度规则。若为定性指标认为该规则为强关联规则，若为定量指标则认为该规则为弱关联规则，表示预警指标定性指标所描述现象的发生为小概率事件或定量指标的临界值设置过于严格，指标异常时能较准确地预测突出危险性，但指标正常时，不能确定是否有危险，漏报率高。③高支持度、低置信度规则。认为该规则为弱关联规则，表示相关项目对应的预警指标是关键指标，但指标临界值设置过于宽松。④低支持度、低置信度规则。认为该规则为弱关联规则，表示相关项目对应的预警指标不能很好地预测突出危险性。

最小支持度计算方法如式(5-32)所示，其中 α 为最小支持度系数，根据现场实际情况确定，若 $S \geqslant S_{\min}$，则认为该规则支持度高，否则支持度低；最小置信度的计算方法如式(5-33)所示，β 根据现场实际情况确定，若 $C \geqslant C_{\min}$，则认为该规则置信度高，否则置信度低。

$$S_{\min} = \frac{|T(B)|}{|T|} \cdot \alpha \tag{5-32}$$

$$C_{\min} = \beta \tag{5-33}$$

根据上述方法可以筛选出强关联规则,相应规则中项目对应的指标为优选后的指标,即证据理论中的证据;若预警指标为定量指标,则会出现同一指标对应多个规则的情况,此时选择高支持度条件下置信度最高的规则为最终优选规则，该规则中项目对应的指标临界值即最终确定的临界值，其值为 $Z_0=Z_{n0}+L_b \cdot j$。

4) 识别框架及基本置信度分配规则建立

将预警结果等级划分为绿色、橙色、红色 3 个级别，预警等级依次升高，因此定义式(5-34)所示识别框架。在识别框架 Θ 上的基本概率分配(BPA)是一个 $2^{\Theta} \to [0,1]$的函数 m，满足 $m(\varnothing)=0$，且 $\sum_{X \subseteq \Theta} m(X) = 1$，其中 X 为识别框架子集，$m(X)$ 为基本置信度指派值，当其大于 0 时，称 X 为证据的焦元；为简化计算，仅关注{红色}、{橙色}、{绿色}、Θ 四个识别框架的子集，其对应的命题分别为“预警级别最高，工作面具有突出危险性”“预警级别中等，工作面具有一定的突出危险性，需要重点关注”“预警级别最低，工作面没有突出危险性”“不能确定工作面突出危险等级”。定义信任函数如式(5-35)所示，似然函数如式(5-36)所示，则信任区间为[Bel(X),Pl(X)]。

$$\Theta=\{红色，橙色，绿色\} \tag{5-34}$$

$$\mathrm{Bel}(X)=\sum_{Y\subseteq X} m(Y) \tag{5-35}$$

$$\mathrm{Pl}(X)=\sum_{Y\cap X\neq\varnothing} m(Y) \tag{5-36}$$

若预警指标为定性指标，当预警指标定性指标所描述的现象出现时，通过关联规则计算得到的置信度 C 分配给焦元{红色}或{橙色}，剩余概率 $C'=2-C$ 分配给焦元 Θ；当预警指标定性指标所描述的现象未出现时，将所有概率全部分配给焦元 Θ。

当预警指标为定量指标时，以关联算法分析得到的指标临界值为基础，将指标划分为3个区间(以指标值为正值，且与突出危险程度呈正相关的预警指标为例)，即 $Z_n\in[Z_0,+\infty)$、$Z_n\in[\lambda\cdot Z_0,Z_0)$、$Z_n\in(-\infty,\lambda\cdot Z_0)$，其中 λ 根据现场实际确定，建议取值90%，Z_0 为关联算法得到的指标临界值，Z_n 为指标值。基本置信度分配规则如表5-28所示，其中 ε_1、ε_2、ε_3、ε_4 为基本置信度分配系数，其取值视现场实际情况而定，可参考表5-29。基本置信度分配规则是：首先将通过关联算法计算得到的置信度 C 分配给动态采集的指标值所属区间所对应的焦元；其次，将 C' 分配给其他焦元。

表 5-28 基本置信度分配规则

焦元	$Z_n\geqslant Z_0$	$\lambda\cdot Z_0\leqslant Z_n<Z_0$	$Z_n\leqslant\lambda\cdot Z_0$
{红色}	C	$(2-C)\cdot\varepsilon_1$	$(2-C)\cdot\varepsilon_1$
{橙色}	$(2-C)\cdot\varepsilon_2$	C	$(2-C)\cdot\varepsilon_2$
{绿色}	$(2-C)\cdot\varepsilon_3$	$(2-C)\cdot\varepsilon_3$	C
{红色, 橙色, 绿色}	$(2-C)\cdot\varepsilon_4$	$(2-C)\cdot\varepsilon_4$	$(2-C)\cdot\varepsilon_4$

表 5-29 基本置信度分配系数 （单位：%）

基本置信度分配系数	$Z_n\geqslant Z_0$	$\lambda\cdot Z_0\leqslant Z_n<Z_0$	$Z_n\leqslant\lambda\cdot Z_0$
ε_1	—	10	10
ε_2	80	—	50
ε_3	10	80	—
ε_4	10	10	40

5) 证据合成及融合决策

设 $m_1,m_2,\cdots,m_n$ 是同一识别框架下的基本置信度指派，对应的焦元分别为 $X_1,X_2,\cdots,X_n$，则这 n 条证据的合成计算方法如式(5-37)所示：

$$\begin{aligned}m(X)_{合}&=(m_1\oplus m_2\oplus\cdots\oplus m_n)(X)\\&=(1-K)^{-1}\sum_{X_2\cap X_2\cap\cdots\cap X_n=X} m_1(X_1)\cdot m_2(X_2)\cdot\cdots\cdot m_n(X_n)\end{aligned} \tag{5-37}$$

其中：

$$K = \sum_{X_2 \cap X_2 \cap \cdots \cap X_n = \varnothing} m_1(X_1) \cdot m_2(X_2) \cdot \cdots \cdot m_n(X_n)$$

采用类概率函数的方法进行决策，见式(5-38)，若 $g(X_i)=\max\{g(\{红色\}), g(\{橙色\}), g(\{绿色\})\}$，则 X_i 即融合决策结果。

$$g(X) = \mathrm{Bel}(X) + \frac{|X|}{|\Theta|}\left[\mathrm{Pl}(X) - \mathrm{Bel}(X)\right] \tag{5-38}$$

式中，$|X|$、$|\Theta|$ 为焦元的基，即焦元中所包含元素的个数，分别为 1 和 3。

6) 预警结果分析

不同的指标反映了不同的突出危险致因，预警结果发布后需要追溯预警的原因，以便采取有效的针对性措施。证据合成后追溯预警的原因就是要确定导致预警结果的主要证据，即预警指标，具体方法为：首先找出预警结果对应焦元最大的基本置信度指派值 m_n，若 $m_n - m_{n'} \leqslant \delta$($n \neq n'$，$\delta$ 为预先设定门限值)，则证据 n 和证据 n' 对应的指标即为预警原因，否则仅有证据 n 对应的指标为预警原因。

预警结果发布后，需要根据现场实际情况，采用专家判定的方式，定期评估预警准确性，并根据评估结果及新增历史数据对模型参数进行自动调整，以实现模型的动态调优，其关键在于确定更加合理的基本置信度分配规则，随着准确的历史数据的累加，基本置信度的分配将会变得更加科学。

5.4 突出预警信息采集方法及途径

防突相关安全信息的有效采集是突出预警的前提和基础。煤与瓦斯突出预警所需安全信息大致可以分为三种类型，分别为：矿井基础信息、自动监测信息、人工检测(观测)信息，如图 5-34 所示。针对不同类型的信息，应采用不同的信息采集方式，实现各类信息的全面、及时、准确获取。

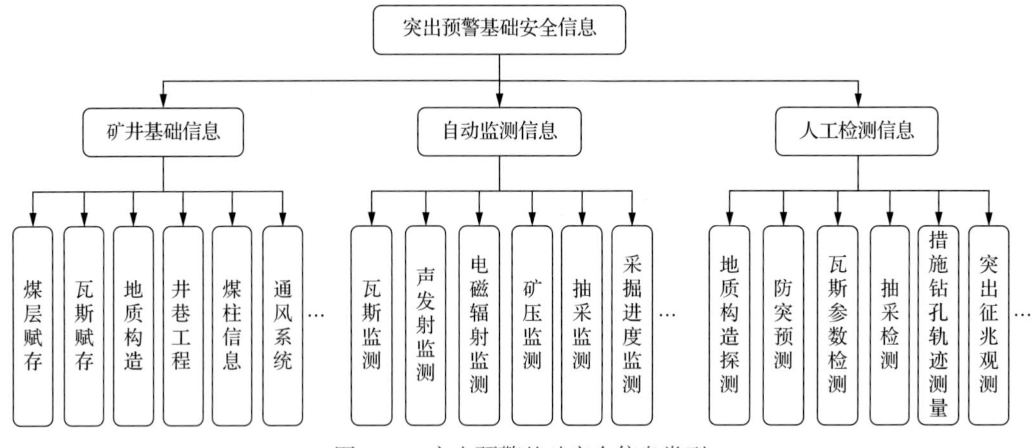

图 5-34 突出预警基础安全信息类型

1) 矿井基础信息数字化

煤层赋存、瓦斯赋存、地质构造、井巷工程、煤柱信息等矿井基础信息，在煤矿日常生产或突出防治过程中变动较小，为静态或准静态信息。在突出预警系统初始化阶段，采用专门的数字化工具对这类信息进行数字化，并将其存储到突出预警数据库中。后期突出预警过程中，通过预警系统人机交互接口，对这些信息进行修改、更新。

2) 自动监测信息在线采集

瓦斯、声发射、电磁辐射、矿压、抽采、采掘进度等自动监测信息，均为由专业系统实时生成的流态类数据。这些专业监测系统在地面装备有监测主机，借助矿井局域网，将监测主机与预警服务器连接，并通过开发的专业数据接口程序，对监测信息进行连续、实时采集。

3) 人工检测信息动态采集

突出预警所需的防突预测、地质构造探测、瓦斯参数检测、抽采检测、措施钻孔轨迹测量、突出征兆观测等信息，或由单机运行的检测仪器设备测定产生，或由人工观测获得。对于井下单机检测信息，通过对检测设备进行联网能力改造，采用无线方式与井下环网连接，将检测信息自动上传到地面预警服务器数据库中；对于井下非电子类仪器设备人工读取的检测数据，以及人工观测的突出征兆等信息，充分利用井下移动终端进行采集，并通过无线方式连接井下环网，进行信息的自动上传；对于地面实验室测定数据或专业部门分析成果信息，通过地面办公网进行上传。

5.5 煤与瓦斯突出预警系统

面向煤与瓦斯突出灾害智能化准确预警，开发满足 Windows 客户端、Android 及 IOS 智能手机客户端、网站等多终端和多操作系统场景应用的突出系统，实现突出相关信息动态采集、多指标自动融合分析、实时智能预警、多终端联动发布和远程查询。

5.5.1 设计原则与总体架构

1. 设计原则

根据软件开发一般过程，在煤与瓦斯突出智能预警系统软件开发前期，制定以下原则，对整个设计、开发过程进行约束指导。

(1)稳定性原则：系统采用成熟的计算机技术进行开发，并在系统设计、实现和测试时，采用科学有效的技术和管理手段，确保系统开发完成后能够稳定运行；同时，系统具有相应的容错能力，在一定程度上能够自动识别错误操作和非法输入，并在这些情况出现时不会发生运行错误。

(2)可靠性原则：在保证系统稳定的基础上，严格按照预警模型进行开发，使系统计算过程和模型准确吻合，确保系统计算结果的可靠性。

(3)先进性原则：所选用的开发工具应为先进的主流成熟产品，同时软件设计尽可能采用软件领域最新思维，保证系统具有较强的生命力。

(4)安全性原则：采用内外双层安全防护机制，确保系统运行和数据库数据的安全性。在外部安全方面，充分考虑系统备份、防火墙和权限设置等高级别、多层次的安全防护措施，系统出现故障时的软硬件恢复等应急措施，以及针对外部非法访问的系统层面的相对独立的安全机制；在内部安全方面，系统应确保用户的合法使用，具有一定的容错功能，并提供严格的操作控制和存取控制。

(5)适用性原则：系统运行环境应适用当前阶段主流硬件设备型号和操作系统版本；通过系统各个层次的封装，展现在用户面前的应是操控性很强的界面，而深层次的预警分析计算尽量不暴露给用户；系统界面应美观、友好、直观，并充分考虑用户操作习惯，保证多数功能一键到达；数据展现方面应充分发挥数据图形化表现的直观、高效优势，尽可能避免单纯的表格、文字方式的枯燥性；系统应提供在线联机帮助功能。

(6)开放性原则：系统是一个开放性的系统，能够从其他系统提取需要的信息，也能够向其他系统提供信息，实现与其他系统交互，因此系统的数据格式应符合相关国家标准和行业标准规定。

(7)可扩展性原则：系统必须具有较强的可扩展性，能够满足未来系统扩容和扩大应用范围的需求。随着软、硬件的发展和功能的扩展，系统应具备灵活和平滑的扩展能力。

(8)开发过程标准化：严格按照软件工程标准规范要求，从调研报告、需求分析、系统总体设计、详细设计、代码编写、系统测试等步骤进行软件系统开发，做到系统开发规范化、软件管理过程化、文档撰写标准化。

2. 系统架构

煤与瓦斯突出智能预警系统整体采用分层架构设计，整体包括数据库、数据访问层(DAL)、业务逻辑层(BLL)和表现层4层架构设计，如图5-35所示。

1)数据库

数据库用来存储与突出预警相关的各种数据，包括：动态采集和上传的各种矿井基础安全信息、实时计算的各种预警指标信息、优选指标及置信度分配等预警模型参数、突出预警结果信息等。

2)数据访问层

数据访问层提供对数据库的访问，实现突出预警过程中对数据库中各类信息的输入、更新、读取、查询、修改、删除等操作，为业务逻辑层和表现层提供数据服务。

3)业务逻辑层

业务逻辑层用于完成数据的业务逻辑处理，是软件专业功能实现的关键所在，在软件架构中具有承上启下的作用。煤与瓦斯突出智能预警系统的业务逻辑层主要包括预警指标计算、指标关联规则分析、指标基本置信度分配、预警融合决策等业务对象。

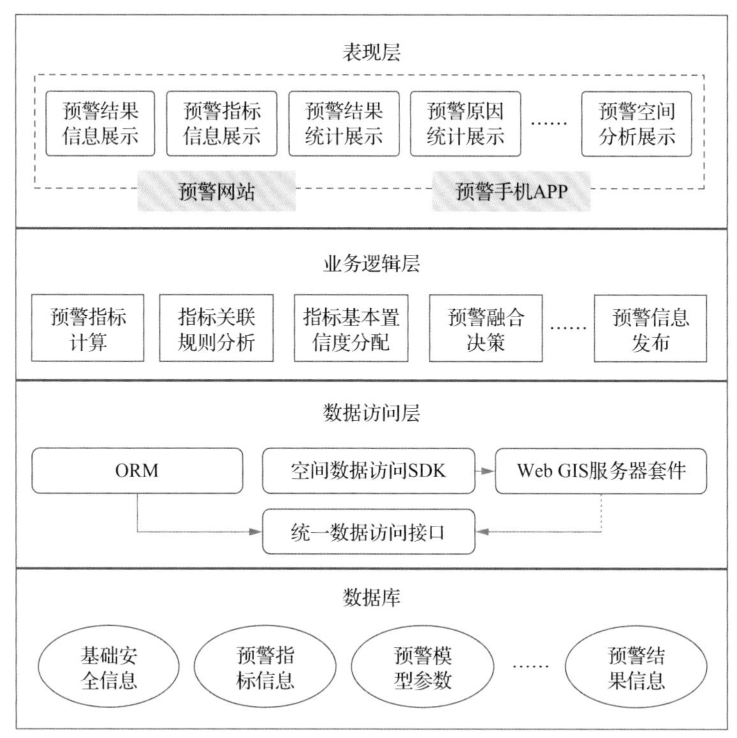

图 5-35 煤与瓦斯突出智能预警系统软件架构

ORM-对象关系数据模型；SDK-软件开发套件；Web GIS-万维网地理信息系统

4）表现层

表现层即用户界面，是软件的最外层，用于数据展示和用户交互，重点在于软件系统良好的交互设计。煤与瓦斯突出智能预警系统的表现层重点在于实现多终端和多操作系统场景下突出预警信息的多渠道联动发布、远程查询和运维管理。

3. 开发和运行环境

系统设计采用浏览器/服务器（B/S）模式，其中服务器端采用基于 WCF（Windows Communication Foundation）的 Web Service 设计开发信息查询分析服务；网站基于 ASP.NET MVC5 框架、Java Script 语言开发，以满足 B/S 端访问；移动端 Android APP、IOS APP 基于 React Native 框架，以提升用户体验。

系统开发环境为 Visual Studio 2015、ASP.NET5.0、Visual Studio Code 和 Mac Xcode 等。

系统运行环境要求为：支持 32 位和 64 位 Windows Server 2008 及其以上版本的操作系统，Microsoft IIS7.5 及其以上版本；Android APP 支持 API 19（Android 5.4）及以上运行环境；IOS APP 支持 IOS 7.0（iPhone 5S）及以上版本；浏览器访问支持 IE 9.0、Chrome 35.0、QQ 浏览器 9.0 及以上运行环境。

5.5.2 数据库设计

建立了基于 Web GIS 技术的突出预警数据库，采用 Microsoft SQL Server 2008 标准版作为数据库管理系统，其具有超大存储能力和空间数据智能分析、长事务处理、数据完整性检查、高容错性和高稳定性等功能。

煤与瓦斯突出预警数据库存储的数据内容主要包括：

(1)数字化、实时采集和自动上传各种突出预警基础安全信息，如瓦斯赋存、煤层赋存、井巷工程、瓦斯监测、矿压监测、声发射监测、抽采监测、瓦斯参数检测、防突预测、措施钻孔轨迹测量、突出征兆观测等信息。

(2)突出预警指标计算分析信息，如瓦斯涌出特征指标、矿压监测特征指标、工作面距地质构造影响带距离、工作面距离应力集中区距离、日常预测指标变化趋势、措施控制范围、措施空白带判识结果等。

(3)突出预警分析及预警结果信息，包括预警指标与突出危险性关联关系的支持度和置信度计算结果，预警指标优选结果，预警指标基本概率分配规则和分配系数、突出预警结果等信息(包括预警工作面信息、预警时间、预警结果等级等信息)。

(4)用户及操作权限分配、系统运行日志、用户操作日志等系统运维信息。

5.5.3 系统功能模块

煤与瓦斯突出智能预警系统采用服务架构模式，主要由预警分析服务、预警网站和预警移动终端 APP 等模块构成，其中预警分析服务作为后端，主要实现突出预警分析决策及对预警模型进化调优；预警网站和预警移动终端 APP 作为前端，主要负责预警信息的多渠道联动发布和预警系统运维管理。

1. 预警分析服务

煤与瓦斯突出智能预警系统的预警分析服务的主要功能如下。

(1)预警分析：从综合数据库中实时采集预警相关基础数据，根据多元信息融合预警模型，自动计算煤与瓦斯突出预警指标，进行置信度分配和融合分析，确定突出预警结果等级。

(2)模型进化：根据煤与瓦斯突出预警反馈信息，进行预警指标关联分析，自动计算预警指标的支持度和置信度，优选预警指标及临界值，对预警结果等级的置信度分配规则进行优化调整，实现预警模型的自进化。

2. 预警网站

煤与瓦斯突出智能预警网站(图 5-36)主要用于预警结果发布和预警信息查询。用户可通过客户端电脑网络浏览器对矿井最新预警结果和预警基础数据进行查询和统计。

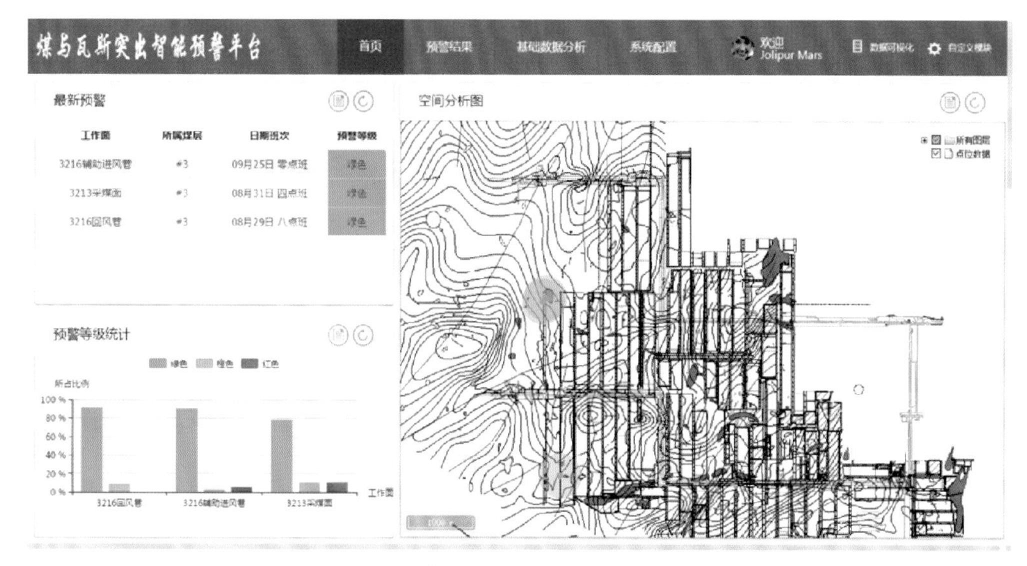

图 5-36　煤与瓦斯突出智能预警网站

1) 预警结果查询统计

预警结果查询统计功能具体包括：最新预警结果查询、历史预警结果查询、预警结果等级统计 3 个子功能模块。

最新预警结果查询：通过最新预警结果查询功能，能够对矿井所有防突工作面的最新煤与瓦斯突出预警结果进行查询，并能查看最新预警结果的详细预警基础数据。

历史预警结果查询：通过历史预警结果查询功能，能够设置工作面、起止时间等查询条件，对历史预警结果进行查询，如图 5-37 所示。

煤与瓦斯突出智能预警平台　首页　预警结果　基础数据分析　系统配置　欢迎 Jolipur Mars　数据可视化

最新预警
历史预警
预警统计

历史预警　　导出数据

时间：从 2019-04-13　至 2020-04-13　　最近5天　最近10天　最近15天　查询　更多条件

工作面：3109辅助进风巷　3109回风巷　3217辅助进风巷　3217回风巷　3218辅助进风巷　3218回风巷　3107采煤面

工作面	所属煤层	日期班次	预警等级	详细信息
3109辅助进风巷	#3	05月04日 八点班	橙色	煤层厚度,指标值:2.36
3109辅助进风巷	#3	05月06日 八点班	绿色	
3109辅助进风巷	#3	05月25日 八点班	红色	煤层厚度,指标值:2.47,煤厚变化率,指标值:0.15
3109辅助进风巷	#3	05月27日 八点班	橙色	煤层厚度,指标值:2.43
3109辅助进风巷	#3	05月28日 八点班	绿色	
3109辅助进风巷	#3	05月30日 八点班	红色	最大钻屑量,指标值:5
3109辅助进风巷	#3	06月02日 八点班	绿色	
3109辅助进风巷	#3	06月04日 八点班	橙色	煤层厚度,指标值:2.43
3109辅助进风巷	#3	06月05日 八点班	绿色	
3109辅助进风巷	#3	06月19日 八点班	红色	煤层厚度,指标值:2.6,煤厚变化率,指标值:0.14
3109辅助进风巷	#3	07月01日 八点班	橙色	煤层厚度,指标值:2.58
3109辅助进风巷	#3	07月02日 八点班	绿色	

图 5-37　历史预警结果查询

预警结果等级统计：利用预警结果等级统计功能，能够设置工作面、起止时间等统计条件，对各工作面预警结果中绿、橙、红等不同等级预警结果所占比例进行统计，并自动生成柱状统计图。

2) 预警基础数据查询分析

预警基础数据查询分析功能具体包括：预警指标查询、预警结果对比分析、异常数据统计 3 个子功能模块。

预警指标查询：能够设置工作面、起止时间等查询条件，对防突预测、瓦斯涌出、矿压监测、煤层赋存等预警指标进行查询，并自动生成曲线统计图。瓦斯涌出特征数据查询如图 5-38 所示。

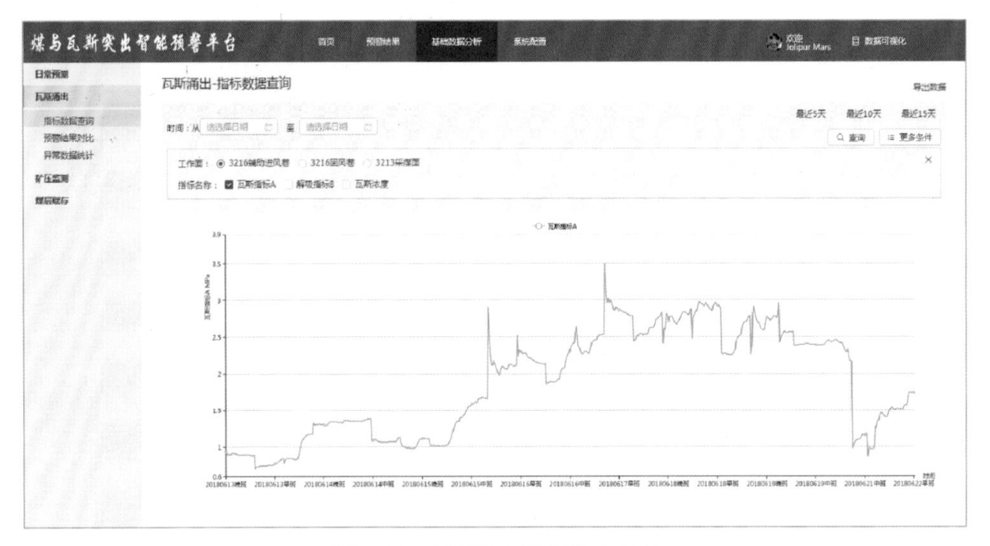

图 5-38 瓦斯涌出特征数据查询

预警结果对比分析：通过预警结果对比功能，能够设置工作面、起止时间等查询条件，对基础信息和预警结果进行查询，并自动生成双轴曲线柱状复合统计图，可用于对基础信息和预警结果进行对比分析，有助于发现预警因素与预警结果的关联关系。

异常数据统计：通过异常数据统计功能，能够设置工作面、起止时间、预警指标等查询条件，对预警基础数据的区间分布进行统计，并自动生成饼状统计图。

3) 预警空间分析

通过预警空间分析功能，能够对工作面空间位置以及与空间位置相关的预警指标进行查询，包括：集中应力分布、防突措施控制范围、防突措施空白带缺陷分布、地质构造影响范围等，如图 5-39 所示。

3. 预警移动终端 APP

煤与瓦斯突出智能预警移动终端 APP 具备跨 Android、IOS 平台运行能力，能够通过手机、Pad 等移动终端对预警结果、基础信息等进行查询和统计，如图 5-40 所示。

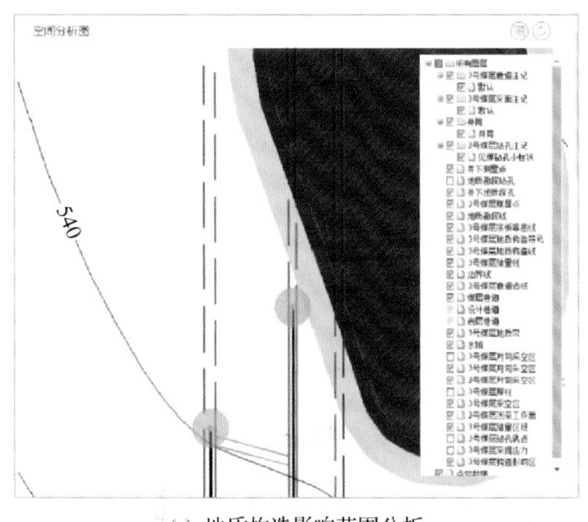

(a) 地质构造影响范围分析

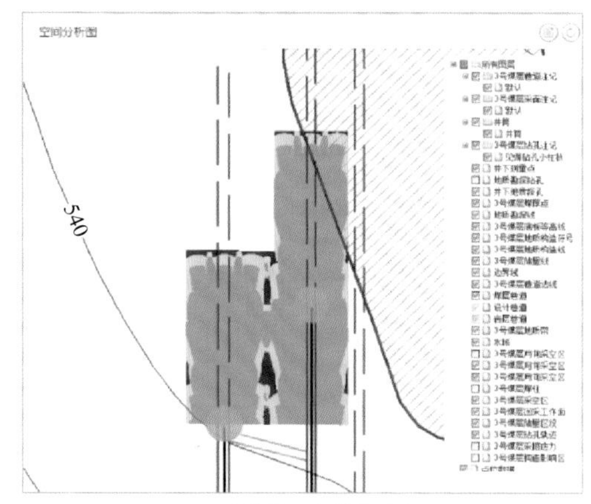

(b) 防突措施空白带缺陷分析

图 5-39 预警空间分析

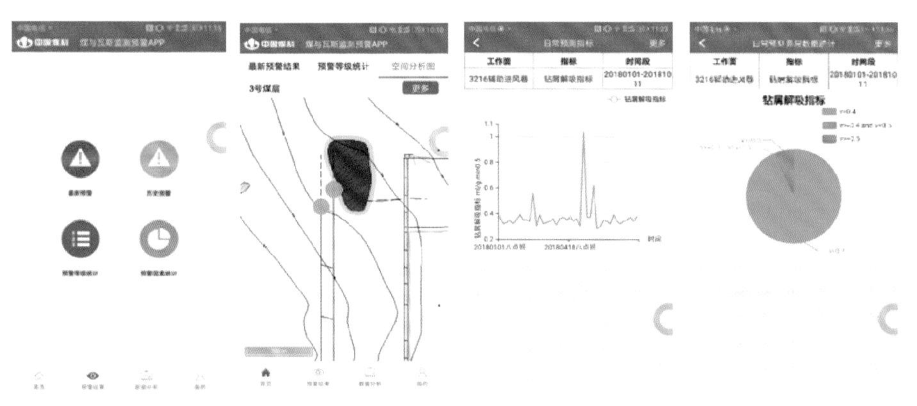

图 5-40 预警移动终端 APP

5.6 典型工程应用

5.6.1 矿井概况

新景矿于 1997 年建成投产，2009 年经改制成为阳泉煤业(集团)股份有限公司(简称阳煤集团)的子公司，矿井核定生产能力为 378 万 t/a，是阳煤集团目前主力生产矿井之一。新景矿的煤与瓦斯突出灾害十分严重，主采 3 号、8 号、15 号煤层均为突出煤层，建矿以来发生过 200 余次有记录的瓦斯动力现象，其中最大的一次煤与瓦斯突出事故共突出煤岩 202.99t，涌出瓦斯 15862m^3。

5.6.2 多元信息融合突出预警系统

1. 系统总体结构

综合考虑新景矿防突工艺、支撑条件和网络环境等要素，设计矿井突出智能预警系统总体结构如图 5-41 所示。充分借助矿井井下环网和地面办公网，动态采集各类防突相关信息，并存储于预警服务器数据仓库中；各专业分析系统利用智能预警平台和各类信息进行挖掘分析，自动判识突出前兆和隐患，对突出灾害进行多指标融合预警，并通过预警网站或移动终端 APP 实时联动发布预警结果；矿业务部门、矿调度中心和矿领导办公室等，通过办公网访问预警网站对预警信息进行在线查询；其他用户通过互联网访问预警网站，或使用移动终端预警 APP 程序，对突出预警信息进行远程查询。

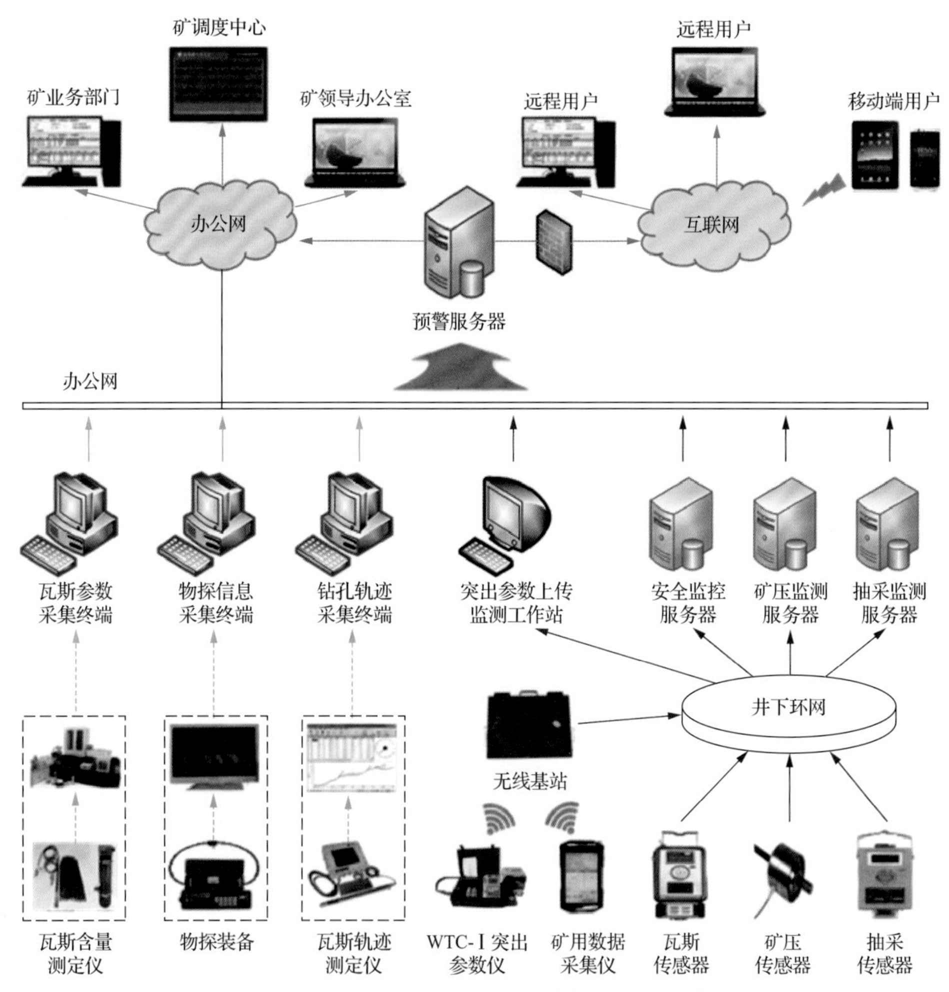

图 5-41 新景矿矿井突出智能预警系统结构示意图

2. 基础信息采集系统

新景矿装备有 DGC 瓦斯含量直接测定装置、钻孔轨迹测量装置、WTC-Ⅰ突出参数仪，YCS40 瞬变电磁仪、KJH-D 探地雷达和 YTR(D)瑞利波探测仪等物探装备， 以及 KJ90NB 煤矿安全监控系统、KJ90NB 抽采监控系统和矿压监测系统，为突出预警基础安全信息获取提供了支撑。依托矿井井下环网和地面办公网，构建了突出预警基础安全信息采集系统，各类信息采集方式如下。

(1)煤层瓦斯含量测定、地质构造物理探测和措施钻孔轨迹测量等，在井下现场测试完成后需要在地面对测试数据进行分析处理，才能形成最终的测定结果，对于这类信息开发专门的接口程序，通过地面办公网自动上传到信息采集服务器的数据库中。

(2)对于防突预测信息，将 WTC-Ⅰ突出参数仪采用无线方式与井下环网连接，通过井下环网、地面办公网、信息采集服务器等环节，将测定的防突预测信息从井下工作面现场自动上传到地面服务器数据库中(图 5-42)。

图 5-42　WTC-Ⅰ突出参数仪和防突预测信息井下无线上传

(3)瓦斯监测数据、矿压监测数据和抽采监测数据等具有实时更新、数据海量等特征，通过地面办公网将安全监控服务器、矿压监测服务器和抽采监控服务器与信息采集服务器连接，并开发专业的监测数据采集接口程序，对各监测监控系统的监测数据进行实时、连续、自动采集。

3. 专业分析及融合预警

新景矿煤与瓦斯突出预警系统包含地质测量管理分析、多级瓦斯地质动态分析系统、抽采钻孔管理分析系统、抽采达标在线评判系统、防突动态管理分析系统、矿压监测特征分析系统、瓦斯涌出特征分析系统 7 个专业子系统和 1 个突出智能预警平台，如图 5-43

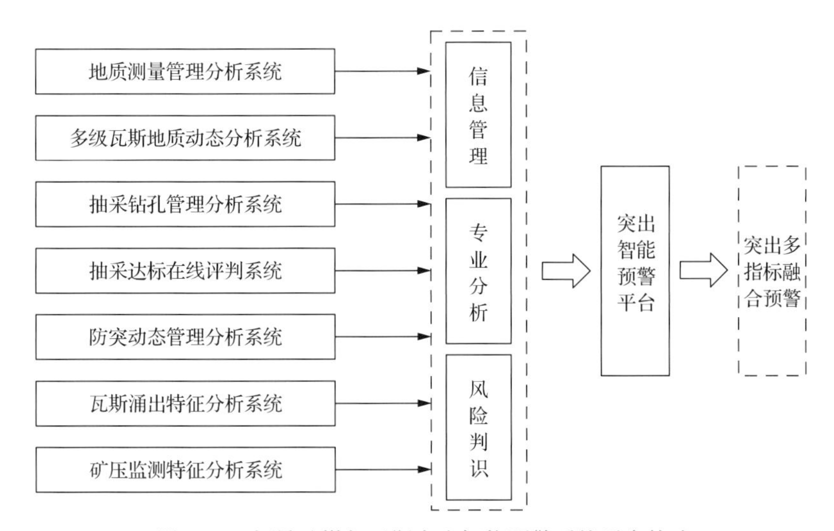

图 5-43　新景矿煤与瓦斯突出智能预警系统平台构成

所示。各专业子系统具备相应的信息化管理、专业分析和风险判识功能，能够为矿井地测、防突、抽采、生产、监控等部门日常业务处理提供专业化工具，同时为煤与瓦斯突出融合预警分析提供专业分析结果信息。煤与瓦斯突出智能预警系统平台汇集各专业信息，对矿井采掘工作面突出危险进行多指标融合分析和实时预警。

5.6.3 预警应用

利用构建的煤与瓦斯突出智能预警系统，对新景矿 3 号煤层防突工作面进行了跟踪预警。试验期间累计跟踪煤巷掘进工作面 4 个、巷道长度 1148m，回采工作面 2 个，工作面推进距离 675m，超前捕捉突出预兆 23 次，提醒防突人员及时采取防突措施，确保了矿井安全生产。结合打钻喷孔、矿压现象、煤壁片帮、日常预测显著超标、瓦斯涌出明显异常等实际突出预兆，从总准确率、漏报率和误报率三个角度对预警结果的准确性进行了分析，统计结果如图 5-44 所示。

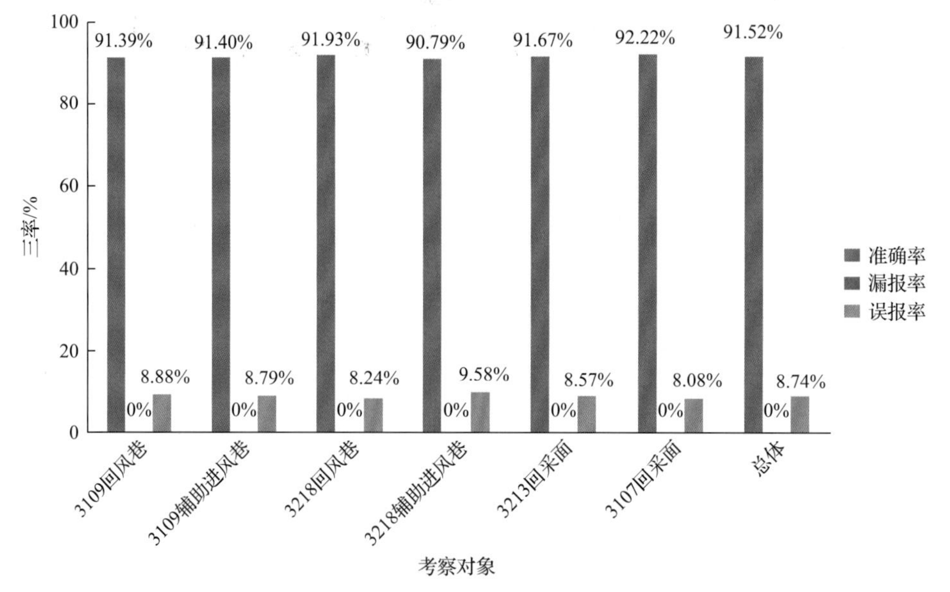

图 5-44 预警应用阶段各工作面预警准确性“三率”统计结果

从图 5-44 中可以看出，新景矿煤与瓦斯突出智能预警系统预警准确性“三率”如下所述：

(1) 预警总准确率整体达到了 90%以上。跟踪考察的 6 个工作面中，预警总准确率最低的是 3218 辅助进风巷，为 90.79%；最高的是 3107 回采面，达到了 92.22%。从整个矿井角度统计，预警总准确率达到了 91.52%。

(2) 无漏报现象发生。

(3) 无突出危险误报率整体低于 9%。跟踪考察的 6 个工作面除 3218 辅助进风巷的无突出危险误报率为 9.58%外，其他工作面的无突出危险误报率除均低于 9%。从整个矿井角度统计，无突出危险误报率达到了 8.74%。

第6章　煤矿动力灾害前兆采集传感与多网融合传输技术及方法

6.1　煤矿典型动力灾害多元前兆信息传感技术及装备

在灾害前兆信息新型传感方面，主要针对微震、应力、瓦斯浓度、钻屑瓦斯解吸指标及钻孔瓦斯涌出初速度等参数开展具体研究工作。通过基于管内对称微结构加速度传感、基于反正切的相位生成载波(PGC)高灵敏度解调方法及传感器封装结构研究，开发光纤微震传感装置，解决频带窄、灵敏度较低的问题；开展光纤传感多路复用、信号同步采集、气体温度与压力补偿技术研究，研制基于激光吸收光谱技术的分布式多点激光甲烷监测装置，实现工作面等关键区域瓦斯浓度分布式监测；通过对多维度、高灵敏度应力检测技术的研究，研制三轴应力传感器；开展钻屑瓦斯解吸指标及钻孔瓦斯涌出初速度测定装置的模块化、轻便化、无线数据传输设计，实现人工检定数据的及时采集与传输。研究开发了光纤微震监测装置、分布式多点激光甲烷监测装置、三轴应力传感器、无线钻屑瓦斯解吸指标测定装置及钻孔瓦斯涌出初速度测定装置共5类传感设备。

6.1.1　光纤微震监测装置研究

光纤微震监测装置研究内容主要包括三个方面：一是宽频高灵敏度光纤微震传感技术研究；二是高分辨率微震数据同步采集技术研究；三是微震震源高精度定位方法研究。

1) 宽频高灵敏度光纤微震传感技术研究

目前光纤微震检波器主要由光纤加速度传感器构成，其灵敏度较高、稳定性好、本质安全，但目前此类检波器的固有频率普遍较低(百余赫兹以下)，严重影响了小微震事件的探测效果。因此，研发宽频高灵敏度光纤微震传感器十分必要。

针对当前光纤加速度传感器存在的响应频带窄的问题，需要研发一种基于柔性铰链的光纤光栅多分量微震检波器。检波器采用芯体一体化加工，具有宽频率响应范围、高灵敏度和低交叉轴敏感度等优点，其可同时记录纵波、横波和转换波，能全面反映岩体震动情况，避免了单分量拾震造成的数据残缺或丢失。

解调系统是光纤加速度检测的关键部分，其性能的高低直接决定了整个光纤微震监测系统的性能和稳定性。目前光纤加速度传感器的主要解调方法是边带斜坡法，其简单易用，灵敏度较高，稳定性好，但也存在光电探测动态范围小、波长稳定精度低、低频响应差等不足，因此，利用边带斜坡法实现对光纤加速度传感器的高精度解调，仍需要解决光电探测动态范围增大、解调算法优化、低频响应改善等问题。

2) 高分辨率微震数据同步采集技术研究

常规数据采集单元使用了大量模拟器件和数字器件，所以电路结构十分复杂，功耗大，成本高，这些都不符合现代电子技术集成化、数字化、低功耗、高性能的要求。因此，需要研发一种新型结构的微震数据采集站，以适应现代高分辨率微震监测的需要。而采用高分辨率 Δ-Σ 采样技术的采集站具有很高的性能，克服了常规采集器存在的诸多不足。本章将就精确网络时间协议(PTP)技术结合高分辨率 Δ-Σ 采样技术实现微震监测。

3) 微震震源高精度定位方法研究

准确定位震源位置是利用微震监测系统对危险源进行监控预警的关键问题之一。通过在煤矿巷道布置传感器，接收震动波信号，结合传感器坐标、岩层波速等数据可实现震源位置反演。而传感器的布置受隧道狭小巷道空间的制约，受此影响震源反演定位的误差将会大大增加。采用线性方法进行震源定位反演，对测点布置做线性无关处理，测点布置为三维方向非等间距，增大测点之间的安装深度差。采用中心化、行平衡预处理法和 Tikhonov 正则化组合优化算法，提升震源定位精度。

1. 光纤微震传感器研制

1) 结构设计

本书设计了一种基于柔性铰链的光纤光栅三分量加速度传感器(图 6-1)。在壳体内设置有 L 形基座和三个单轴柔性铰链(图 6-2)，其中两个单轴柔性铰链固定于 L 形基座的长臂上，另一个单轴柔性铰链固定于 L 形基座的短臂上，三个单轴柔性铰链的敏感轴均互相垂直；每个单轴柔性铰链的一端均为固定端，其固定在 L 形基座上，另一端均为自由端；每个单轴柔性铰链垂直于敏感轴方向的上表面开设有光纤沟槽，光纤沟槽内固定有光纤；每个柔性铰链的固定端和自由端之间的上表面和下表面均开设有凹槽，凹槽设有光纤布拉格光栅(fiber Bragg grating，FBG)；每个单轴柔性铰链的凹槽包括两个对称的矩形切口及与其连接的半椭圆形切口。

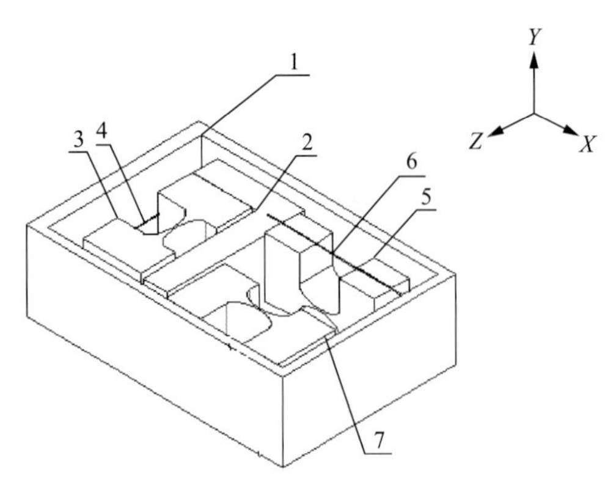

图 6-1 微震传感器整体结构示意图

1-壳体；2-L 形基座；3-X 方向柔性铰链；4-X 方向光纤光栅；5-Y 方向柔性铰链；6-Y 方向光纤光栅；7-Z 方向柔性铰链

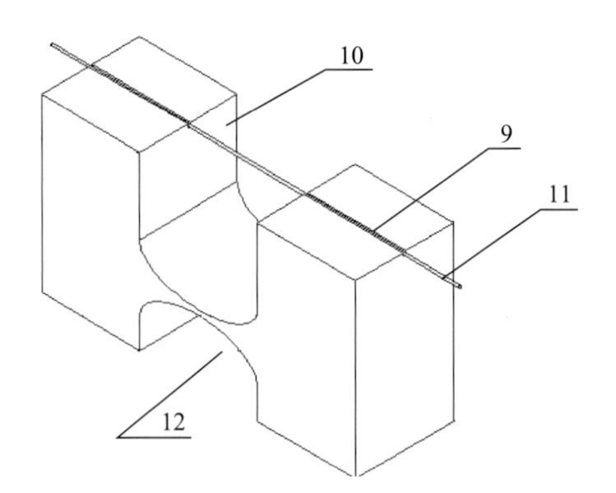

图 6-2 柔性铰链结构示意图

9-壳体；10-上凹槽；11-光纤光栅；12-下凹槽

2) 参数计算

设计的悬臂梁-质量块结构中，假设 k_1 为光纤的弹性系数，k_2 为结构的弹性系数，

a 为柔性铰链薄壁到光纤的高度，b 为质量块中心到柔性铰链固定端的距离，则系统总的弹性系数 k 为

$$k = k_2 + k_1\left(\frac{a}{b}\right)^2 \tag{6-1}$$

系统的谐振频率为

$$f = \frac{\omega_0}{2\pi} = \frac{1}{2\pi}\cdot\sqrt{\frac{k}{m}} = \frac{1}{2\pi}\cdot\sqrt{\frac{k_2 + k_1\left(\frac{a}{b}\right)^2}{m}} \tag{6-2}$$

式中，m 为质量块的质量。

设计的柔性铰链总长度为 32mm，上凹槽的矩形切口高度为 7mm，下凹槽的矩形切口高度为 3mm，上凹槽和下凹槽的椭圆形切口尺寸一致，短轴半径 r 为 3mm，长轴半径 R 为 6mm，铰链薄壁厚度 t 为 0.5mm，厚壁厚度 h 为 16.5mm，质量块中心柔性铰链固定端的距离 b 为 10mm。

3) 性能测试

A. 频率响应

利用振动校准系统，首先测试 X 轴方向的频率响应特性，将被测传感器按照 X 轴敏感轴按照与振动台的振动方向一致的方向安装在振动台上，将标准电荷加速度传感器（型号为 4371）采用螺母固定在振动台上，光纤光栅动态解调仪输出的模拟信号接到振动系统的频谱分析仪上，输入激励信号为正弦波，经功率放大器放大后加载到振动台上。

先用标准加速度传感器校准被测传感器，即固定正弦波的频率为 80Hz，然后改变频谱分析仪被测传感器灵敏度的值，使被测传感器的输出加速度与标准电荷加速度传感器的值一致，该值即传感器的电压灵敏度，约为 $910\text{mV}/(\text{m}\cdot\text{s}^2)$，然后逐步增加频率，频率由 5Hz 上升至 500Hz，获得传感器加速度值和 4371 加速度值，通过求取二者比值得到归一化值即可获得频率响应曲线。

在谐振频率处，频率取值间隔较小，可以获得准确的谐振频率，实验结果见图 6-3(a)。可得 0～260Hz 为幅值平坦区域，260～500Hz 为共振区，500Hz 以后为衰减区，谐振频率约为 440Hz。同理可测得 Y 轴和 Z 轴的频率响应特性，分别如图 6-3(b) 和 (c) 所示。由图 6-3 可以看出，被测传感器三个敏感轴方向的加速度频率响应基本一致。

B. 波长灵敏度

将被测传感器 X 轴方向按照重力加速度方向放置，然后连接光纤环形器的蓝端，光纤环形器的红端连接宽带光源，白端接波长计。通过波长计可获得光纤光栅的中心波长为 1550.240nm，将传感器 X 轴方向按与重力加速度方向相反放置，可获得光纤光栅的中心波长为 1550.110nm，这两个波长之差即为光纤光栅传感器受两个重力加速度时改变的波长，因此 X 方向波长灵敏度为 65pm/με。同理，测得 Y 轴和 Z 轴方向的波长灵敏度分别为 65.2pm/με 和 64.6pm/με。

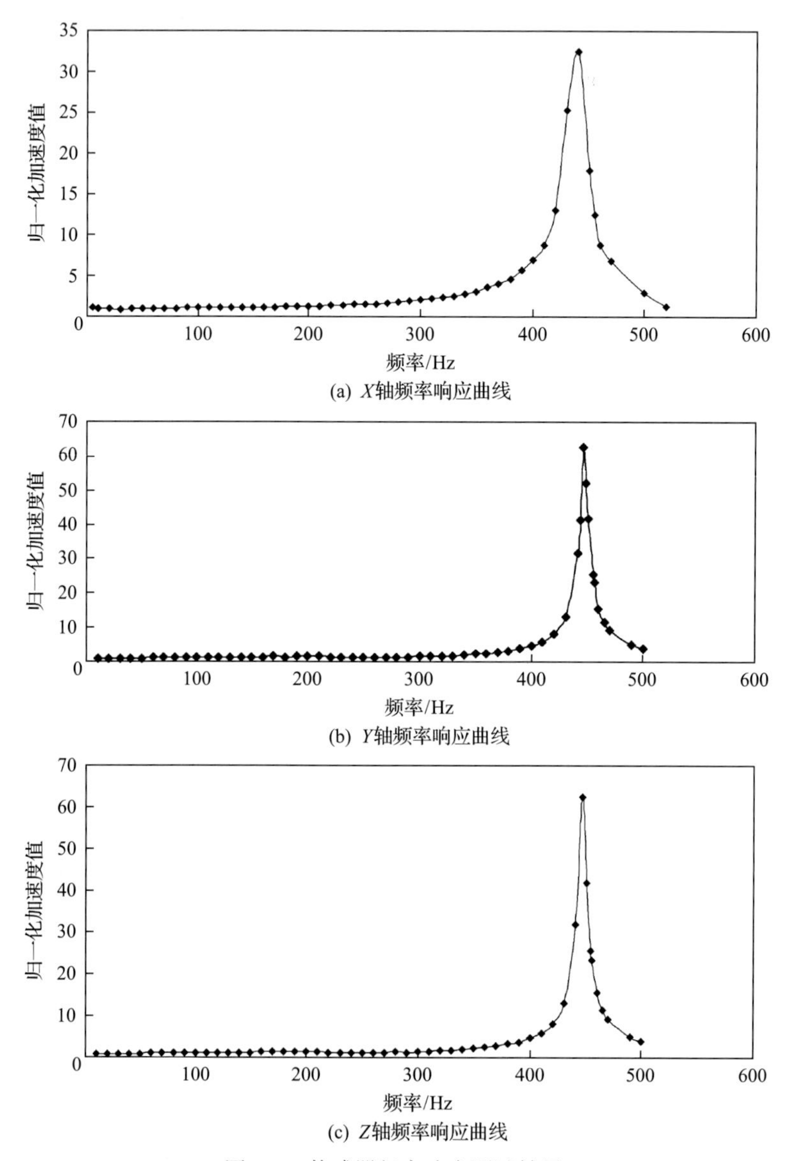

(a) X轴频率响应曲线

(b) Y轴频率响应曲线

(c) Z轴频率响应曲线

图 6-3 传感器频率响应测试结果

C. 交叉轴敏感度

当主轴方向（Y 轴方向）正、反放置，使其受两个重力加速度时，用波长计分别测量主轴和交叉轴方向（X 轴、Z 轴方向）的波长变化，计算得到 Y 轴、X 轴、Z 轴方向的波长灵敏度分别为 65.2pm/με、1.9pm/με、1.8pm/με，由此可得，在 X 轴、Z 轴方向的交叉轴敏感度分别小于主轴灵敏度的 2.91%和 2.76%。

D. 线性度

首先用标准加速度传感器校准被测传感器，即固定正弦波的频率为 80Hz，加速度值为 $60mm/s^2$，改变频谱分析仪被测传感器灵敏度的值，使被测传感器的输出加速度与标准电荷加速度传感器的值一致，这个灵敏度即电压灵敏度，为 $910mV/(m\cdot s^2)$@80Hz，固定正弦波的频率为 240Hz，其次逐步增加加速度值，加速度值由 10mm/s^2 升至 200mm/s^2。记录 4371 和传感器的加速度值，测试结果见图 6-4。可以看出，三个敏感轴方向传感器的线性度特性基本一致。

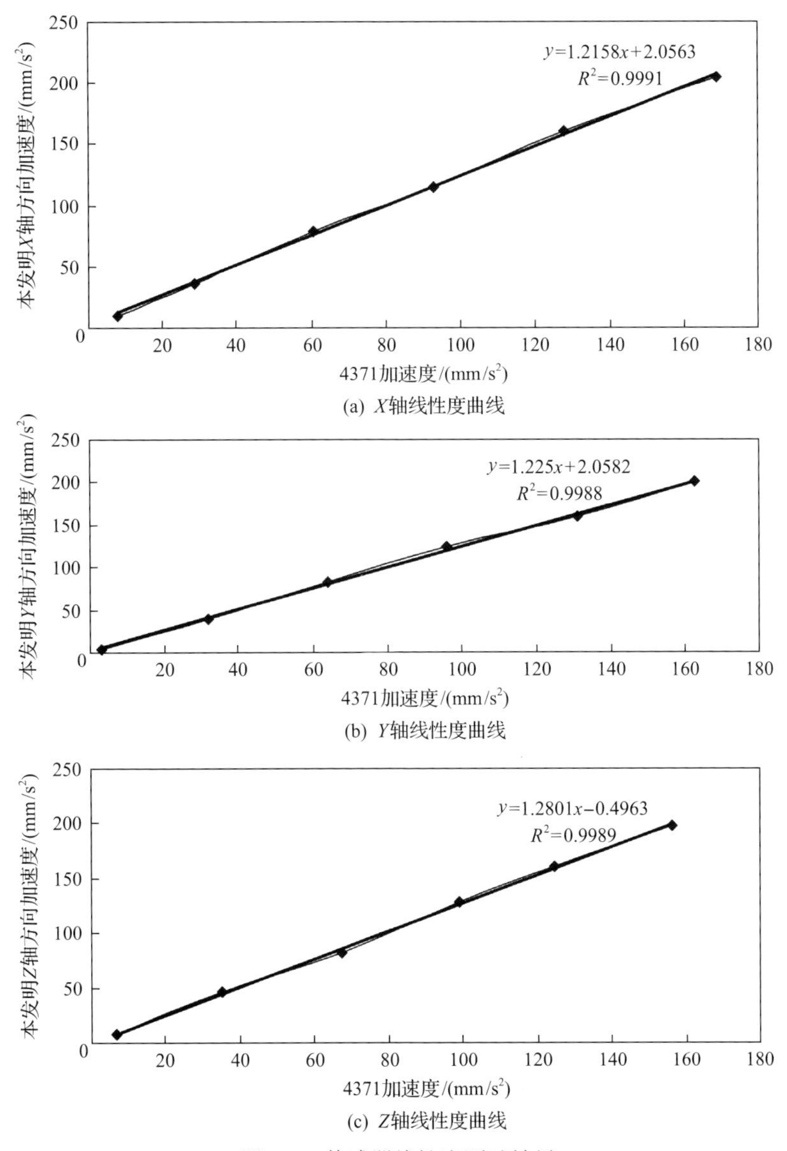

图 6-4 传感器线性度测试结果

2. 光纤微震动态解调技术研究及产品开发

1) 分布式反馈激光器调谐特性

分布式反馈(DFB)激光器的输出波长可由工作温度和驱动电流改变，温度调谐波长范围宽，但速度较慢；电流调谐速度快，但波长范围较窄。随着温度的升高，它的输出波长也会增加。在 5～35℃的温度范围内，温度调谐系数约为 0.09nm/℃，波长调谐范围约为 2.7nm。另外，输出功率与工作温度有密切关系，其值随着温度升高而有一定程度的衰减。因此，使用 DFB 激光器进行温度调谐时，需要对激光器输出功率进行归一化处理。

2) 光纤微震解调系统

光纤微震传感解调原理如图 6-5 所示，采用窄线宽 DFB 激光器作为光源，将其波长置于光纤光栅微震传感器反射谱上–3dB 处，当传感器受外界震动时，光纤光栅受到拉伸或压缩，使得折射率发生变化，光栅的波长就会左右移动，导致反射激光光强发生变化，通过检测该光强变化，就能得到加速度的大小。

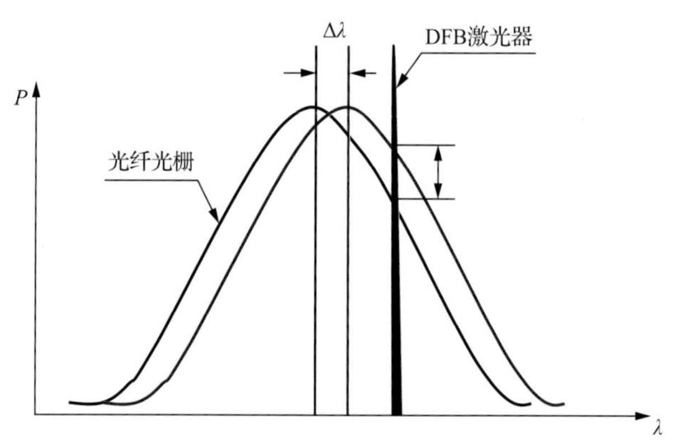

图 6-5　光纤微震传感器解调原理

P-功率；*λ*-波长

假设激光器输出光功率为 I_0，光纤光栅微震传感器波长变化为 $\Delta\lambda$，反射率变化为 Δs，则光强变化为 $I_0\Delta s$。在测量范围内，$\Delta\lambda$ 相对较小，根据小信号模型原理，Δs 和 $\Delta\lambda$ 具有线性关系。此外，由于光电探测器输出电流和入射光强具有线性关系，光纤光栅微震传感器输出信号 I_s 与输入信号 I_r 可以表示为

$$\frac{I_s}{I_r} = k(R + \beta\Delta\lambda) \tag{6-3}$$

实际应用中，由于光纤连接、弯折、耦合等，返回到探测器的光信号都有不同程度的衰减，而传统线性光电探测电路的放大倍数需要人工现场调节，且系统运行一段时间后，随着光路损耗进一步加大，放大倍数仍需人工现场调节，费时费力，实用性不强。因此，本设计使用具有大动态范围特性的对数放大器进行光电流信号的检测。利用其转换函数，可得到传感器检测光信号 I_s 与激光器参考光信号 I_r 的归一化信号 V_n：

$$V_n = k(I_s - I_r) = k\lg(R + \beta\Delta\lambda) \tag{6-4}$$

光纤微震传感解调系统由 DFB 激光器模块、精密恒流源、光电探测器、光环形器、对数放大器、仪表放大器、温控模块、模数转换器、数据采集单元等部分组成。

3) 系统校准

光纤光栅加速度传感器和解调电路套组经过中国测试技术研究院的校准测试，校准器具为频率范围为 1～100Hz 的低频垂直向标准振动台，以及频率范围为 10～2000Hz 的中频振动标准套组。

通过校准，系统的–3dB 带宽为 0.5～300Hz，在 10^{-3}～$10m/s^2$ 范围内，线性度较好，动态范围达到 80dB。

3. 微震数据采集分站研制

微震数据采集分站主要完成对光纤微震传感器的光电探测、信号调理、模数转换、数据存储、数据传输，以及 PTP 从时钟同步等功能。Δ-Σ 模数转换器选用了 ADS1278，其内部集成有多个独立的高阶斩波稳定调制器和有限冲击响应(FIR)数字滤波器，可实现 8 通道同步采样。

研制的数据采集单元主要性能指标如表 6-1 所示。

表 6-1 数据采集单元主要性能指标

项目	参数值	单位
输入量程	±10	V
模拟输入阻抗	10	MΩ
通道数	8	个
转换精度	24	位
采样速率	8、16、32、64	kHz
通道增益	1、10、100、1000	倍
分站通道数	8	个
存储器深度	128	MB

4. 震源高精度定位方法研究

1) 光纤微震定位算法研究

目前，震相识别的方法主要有阈值比较法和 STA/LTA (short-term averaging/long-term averaging) 方法，阈值比较法简单易用，但在低信噪比条件下检测效率低，漏判、误判严重；STA/LTA 方法更具实用性，但依赖于时窗长度、特征函数、阈值等。

STA/LTA 方法的基本原理是：用 STA 和 LTA 之比来反映信号幅度、频率等特征的变化；当微震信号到来时，STA/LTA 的值会有一个突变，当其值大于某一设定阈值 R 时，则判定为有效信号。R 的计算公式为

$$R=\frac{\text{STA}}{\text{LTA}}=\frac{\frac{1}{M}\sum_{i=L+1}^{L+M}\text{CF}(i)}{\frac{1}{L}\sum_{j=1}^{L}\text{CF}(j)} \tag{6-5}$$

式中，L 和 M 分别为长、短时间窗内的样本数；$\text{CF}(i)$ 为特征函数，一般可以取 $|x(i)|$、$x(i)^2$、$x(i)^2-x(i-1)x(i+1)$ 或 $x(i)^2+\left[x(i)-x(i-1)\right]^2$。

通过对 STA/LTA 算法进行实验和分析，得出下列结论：

(1) STA/LTA 算法的时窗长度和触发阈值对检测效果具有较大影响，一般地，短时窗长度选 2～3 倍的微震信号主周期，长时窗长度为短时窗长度的 5～10 倍，触发阈值应随着短时窗长度的增大而降低；

(2) STA/LTA 算法的特征函数取 $\text{CF}(i)=x(i)^2$ 和 $\text{CF}(i)=x(i)^2-x(i-1)x(i+1)$ 时，对微震记录的振幅变化响应较灵敏，且后者对频率变化也敏感，选取这两种特征函数的拾取效果更好；

(3) 修正的能量比法对信噪比低的微震记录的检测效果更好，而且提高了微震到时的拾取精度。

2) 测点布置

测点布置如图 6-6 所示，蓝色圆点表示安装在顶板的传感器，黑色圆点代表安装在底板的传感器，红色圆点表示标定炮位置，标定炮孔在底板中。

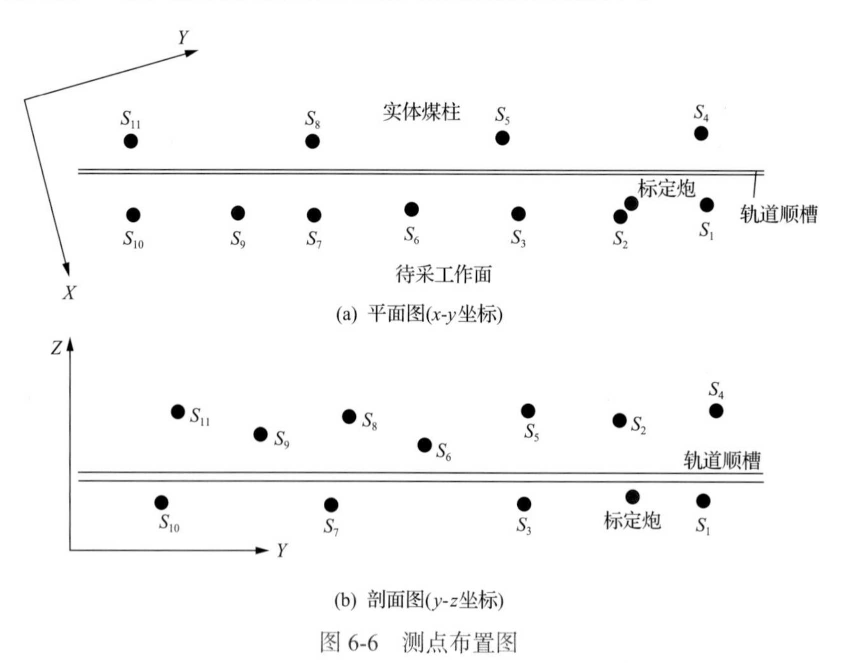

图 6-6　测点布置图

表 6-2 中 S_1、S_2、…、S_{11} 为各测点编号，x_i、y_i、z_i 为各测点三维坐标，t_i 为 P 波初至时刻。标定炮的空间坐标为(3899.89，5097.48，1009.30)，S_1 为距离标定炮最近的基

点，任取两个传感器 S_i 和 S_j，二者到标定炮的距离分别为 d_i 和 d_j，震动波到时分别为 t_i 和 t_j，则以这两个传感器计算波速，公式为

$$v_{ij} = \frac{|d_i - d_j|}{|t_i - t_j|} \tag{6-6}$$

表 6-2　测点坐标及到时数据

测点	x_i/m	y_i/m	z_i/m	t_i/ms
S_1	3906.54	5119.51	1008.18	3.23
S_2	3902.80	5093.28	1032.42	4.28
S_3	3893.61	5063.44	1007.16	6.32
S_4	3886.85	5123.43	1036.47	7.45
S_5	3870.24	4981.19	1028.01	10.53
S_6	3883.43	5032.34	1024.89	14.70
S_7	3877.21	5003.34	1006.54	18.88
S_8	3856.33	5008.77	1033.43	22.00
S_9	3870.80	5064.73	1036.27	26.22
S_{10}	3861.92	4949.66	1007.31	32.43
S_{11}	3840.91	4954.85	1034.76	34.90

分别取 4 组底板测点组合和 4 组顶板测点组合，选取间隔最大的测点、跨越轨顺的测点、间隔最近的测点等分别计算对应的波速 v_{ij}，再对全部 v_{ij} 取算术平均值，得到波速为 4.35m/ms，具体如表 6-3 所示。

表 6-3　波速计算

参数	底板				顶板			
组合	S_2-S_{10}	S_3-S_7	S_3-S_{10}	S_7-S_{10}	S_2-S_5	S_5-S_6	S_6-S_{11}	S_2-S_{11}
距离差/m	129.59	62.19	117.95	56.76	27.25	18.05	87.46	132.75
到时差/ms	29.2	13.56	27.11	13.55	6.25	4.17	20.20	30.62
速度/(m/ms)	4.44	4.59	4.35	4.12	4.36	4.33	4.33	4.34

5. 光纤微震监测装置取得的重要成果

(1)研制了一种基于柔性铰链的光纤微震传感器，传感器采用芯体一体化加工，其谐振频率约为 450Hz、灵敏度约为 0.015mg，交叉轴敏感度约为 2.9%，其可同时记录纵波、横波和转换波，能全面反映岩体震动情况，避免了单分量拾震造成的数据残缺。

(2)研发了改进型窄线宽 DFB 激光器波长自动跟踪解调技术。设计并实现了新型精密温控和驱动电路，保证了激光器稳定可靠工作；研制了新型解调电路，优化了波长自动跟踪算法，实现了对光纤微震信号高灵敏度、大动态范围的解调。

(3)研发了一种基于微震监测测点优化布置的高精度震源定位算法，采用微震监测数据中心化、行平衡预处理法和 Tikhonov 正则化组合优化算法，经现场试验数据验证，最

小定位误差约为3m，平均定位误差约为11m，达到了实际工程应用要求。

从光纤微震传感器的光纤光栅微震传感器设计、高灵敏度光纤微震检测方法、大动态范围数据采集及微弱信号处理电路、高精度微震震源定位、传感系统研制等多个方面攻关，研制了一种多通道、高灵敏度、宽频带的光纤微震检测装置及系统。该系统基于高精度同步技术实现了多纤微震检测装置同步的分布式检测；采用隔爆兼本安设计，顺利通过了安标国家矿用产品安全标志中心的检验，获得了防爆认证和煤安认证，具备了实用条件；在山东能源集团有限公司下属具有高冲击地压倾向的矿井进行现场应用示范，结果显示系统检测性能、可靠性满足现场使用要求，在功能上与国外同类系统基本一致，在局部区域上进行检测灵敏度更高、获得的微震事件和能级更低，能够更好地满足冲击地压等典型动力灾害对检测技术的需求。

光纤微震检测装置及系统突破了亚赫兹微震信号准确解调的技术难题，可实现8个通道、0.5～300Hz范围的测量，且灵敏度提升到0.1mg，响应时间小于15s，标校周期大于120天；形成了成套技术与装备，具备替代国外同类系统的能力。

6.1.2 分布式多点激光甲烷监测装置研究

对于分布式多点激光甲烷监测装置，主要开展了以下四个方面的研究：一是分布式多点激光甲烷检测原理与光纤复用技术研究；二是多光路信号同步采集与数据处理技术研究；三是甲烷气体温度与压力补偿技术研究；四是分布式多点激光甲烷监测装置样机设计和性能测试验证。

1. 分布式多点激光甲烷检测原理与光纤复用技术研究

1) 甲烷在近红外的光谱吸收特性

气体分子的选择性光谱吸收理论即气体分子只吸收能量等于分子结构中某两个能级能量之差的光子。由于气体分子结构的差异性，通过对特定光波波长吸收情况的探测分析，可以对气体浓度进行定量检测。

甲烷在1653.7nm光谱区域具有较高的吸收率，并且没有水汽、烷烃、二氧化碳等气体的吸收干扰。该工作波段与1550nm的通信波段较为接近，光纤在对应波段的损耗较小，相应的激光器和光电探测器等光电器件也非常成熟。

2) 谐波检测原理

当光强为I_0的光波通过充有甲烷气体的气室时，光波能量会发生衰减，其物理过程用比尔-朗伯(Beer-Lambert)定律描述，如式(6-7)所示：

$$I(\upsilon)=I_0(\upsilon)\exp[-\alpha(\upsilon)CL] \tag{6-7}$$

式中，I为出射光波光强；α为光波吸收率；C为气体浓度；L为气室光程长度；υ为光波频率。

对激光器注入电流进行正弦调制，光波波长和输出光强也会受到相应调制。则式(6-7)

可改写为

$$I = I_0(1+\eta\sin(\omega t))\exp[-\alpha(\upsilon_0+\delta\sin(\omega t))CL] \tag{6-8}$$

式中，η 为光强调制幅度；υ_0 为光波中心频率；δ 为光波频率调制幅度；ω 为电流调制频率。

经过傅里叶变化和谐波信号处理，气体浓度 C 可由检测信号的二次谐波与一次谐波的比值得到，其数学表达式为

$$C = \frac{A_2(x)\cdot\eta}{A_1(x)\cdot\alpha LK_2} + D \tag{6-9}$$

式中，D 为系统噪声误差；K_2 为吸收函数傅里叶展开的二次项系数；$A_1(x)$ 为一次谐波幅值；$A_2(x)$ 为二次谐波幅值。谐波检测方法可有效消除系统固有噪声、光源功率波动等共模噪声引起的偏差。

3) 光波多点复用检测原理

根据寻址方式的不同，将光波多点复用技术分为空分复用、时分复用、频分复用等多种方式。空分复用是利用光分束器进行分光，结合多个光电探测器对每路待测光信号进行检测；时分复用是利用光开关分时对每路光信号进行检测；频分复用是对同一传输光路中的光波信号按调制频率差异进行分段提取检测。通过分析比较，在综合考虑性能和现场应用的基础上，选用空分复用技术，其优点是空间选址结构和控制过程简单，各支路相对独立无串扰，复用的测点数量由激光器能量及光路损耗决定，可实现大量测点的复用，结构如图 6-7 所示。

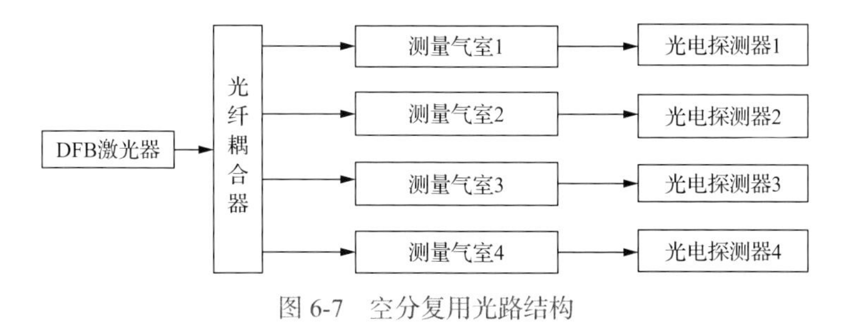

图 6-7　空分复用光路结构

本书开展了光空分复用技术光损耗实验仿真测试研究，通过光学平台、光空分复用器、光路衰减器及 LabVIEW 软件进行仿真平台搭建。仿真系统软件架构采用 LabVIEW 仿真测试软件进行程序控制，包括信号触发、信号调制、数模转换(D/A)、模数转换、信号处理等单元。软件通过控制波形发生器输出正弦波模拟信号对激光器进行波长扫描；通过控制数据采集卡采集光电探测器接收的电信号。采集信号再经锁相放大、滤波、互相关等处理，转换为被测气体的温度和浓度等信息。仿真系统软件的架构如图 6-8 所示。

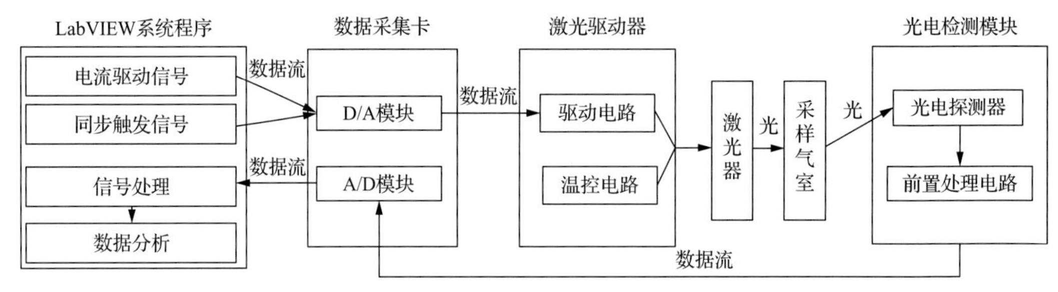

图 6-8 仿真系统软件的架构图

通过平台测试验证了一只激光器输出光功率，在光强衰减至输出的 1%时，检测系统不受该光强衰减的影响，测量值稳定；保证了采用空分复用技术实现分布式多点测量的技术可行性。

为仿真现场采用光缆带载能力，模拟光强变化对分布式多点传感系统的影响，在实验室环境中，搭建的实验测试系统通过光衰减器，将激光器入射光强由 2.5mW 衰减至 0.025mW，分布式多点传感系统的检测值如表 6-4 所示。通过仿真测试数据发现，光纤长度引起的光强衰减对浓度检测无影响。

表 6-4 仿真平台测试光损结果 （单位：% CH_4）

标气甲烷浓度	1 通道	2 通道	3 通道	4 通道	5 通道	6 通道	7 通道
0.50	0.45	0.45	0.45	0.45	0.44	0.46	0.44
1.94	1.93	1.93	1.94	1.94	1.95	1.96	1.97
7.98	7.93	7.92	7.95	7.94	7.96	7.95	7.96
20.00	20.22	20.14	20.12	20.05	20.00	19.95	19.90
36.00	36.35	36.54	36.35	36.43	36.70	36.62	36.40
60.00	59.85	59.97	60.05	60.08	60.03	60.12	60.35
74.80	74.42	74.58	74.45	74.50	74.65	74.89	74.95

2. 8 光路信号同步数据采集与数据处理技术研究

为满足 8 光路信号同步数据采集和解析的需求，同时针对气体响应时间 15s 的指标，设计了基于现场可编程逻辑门阵列(FPGA)的多通道高速数字信号处理电路。

8 光路信号同步采集模块采用美国 XILINX 公司 XC3S400AN 系列的 FPGA 芯片、ADI 公司的 8 路高速同步采样模-数转换器(ADC)芯片，每个通道的采样频率高到 200kHz；选用 ADI 公司低功耗、低噪声的模拟运放芯片实现对 8 路光信号的光电转换，再结合美国微芯科技公司的微处理器(MCU)和程控放大电路，进行光电转换信号的增益自调节。MCU 通过串口电路，接收来自主板发送的各通道光强数据，结合增益自调节算法进行实时的光强自适应放大；FPGA 芯片控制 ADC 进行 8 路模拟信号的同步采集，然后将各通道采集的数字信号进行高速谐波解调，以实现同步采集 8 路测量气室的浓度吸收信号。

3. 分布式多点激光甲烷监测装置样机设计及性能测试验证

1) 分布式多点激光甲烷监测装置样机设计

A. 分布式多点激光甲烷监测装置系统架构

采用 DFB 半导体激光器，设定中心波长为 1653.7nm。在激光器驱动和温控模块控制下，激光器出射光波经多路光分束器后，转换成 8 路光波，再经过导光光缆传输至甲烷测量气室(待测点)，携带信息的光波由光纤准直器耦合进导光光缆，并由 InGaAs 光电探测器将光信号转换成电信号，再经过放大、滤波、锁相、相关等信号处理，得到待测信号的一次谐波和二次谐波波形，再经数值分析反演得到待测甲烷气体的浓度。为提高系统的稳定性，引入参考光路通道，内置甲烷浓度恒定的参考气室，用于自动锁定激光器出射中心波长和光谱范围，并根据解算的参考气室内甲烷的浓度值对系统检测值进行实时修正。分布式多点激光甲烷监测装置的组成框图如图 6-9 所示。

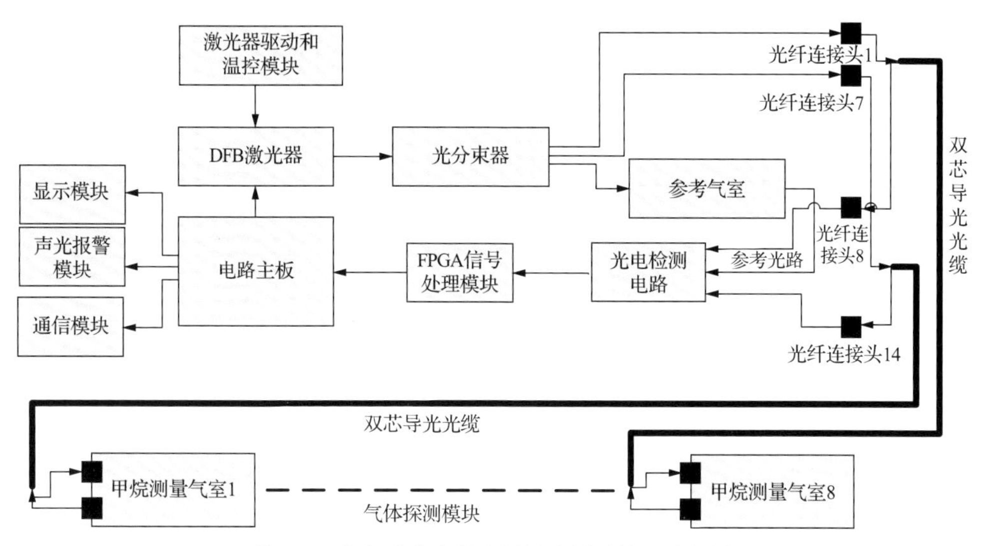

图 6-9 分布式多点激光甲烷监测系统组成框图

B. 主板硬件电路设计

分布式多点激光甲烷传感器主板主要包括 NXP 公司的高端 ARM 系列 LPC1788 芯片、温度和压力传感电路、FPGA 并口控制接口电路、激光器板接口、显示电路及 RS485 通信接口。主板电路可实现甲烷浓度数据的线性解调、温度和压力补偿、光强串口通信、浓度数据显示和故障显示，最后通过 RS485 总线接口将各通道的浓度数据与上位机、监控分站以及区域协同控制器进行实时交互。

C. 主机软件设计

分布式多点激光甲烷监测装置的软件主程序流程图如图 6-10 所示，其中包含初始化程序、线性参数计算、按键程序、线性标定程序、调用浓度算法、显示程序、485 通信程序、定时中断读取 FPGA 数据等功能。

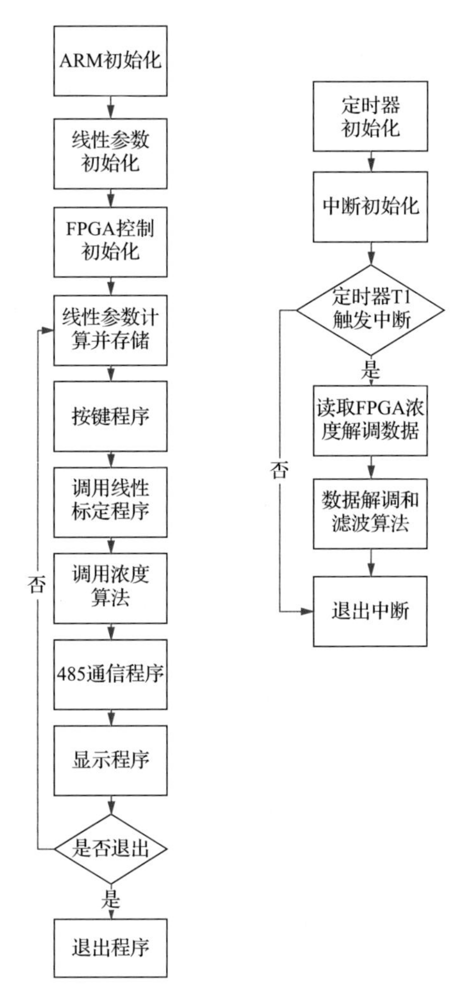

图 6-10　分布式多点激光甲烷监测装置的软件主程序流程图

D. 分布式多点激光甲烷监测装置结构设计

分布式多点激光甲烷监测装置及系统包括监测主机、传输光缆、采样气室等结构设计(图 6-11)。

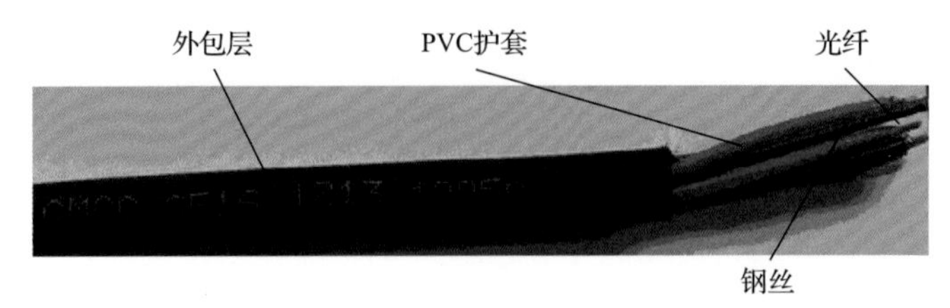

图 6-11　多芯单模铠装传输光缆结构

2) 样机性能测试

分布式多点激光甲烷监测装置系统图如图 6-12 所示，包括 7～8 路独立的采样气室及传输光缆、监测主机等。由于采样气室长度、光电探测器等存在差异，各支路相对独立，在进行测试前，各气室通入氮气和 20.0%的标准甲烷气体进行线性标定。在实验室环境中，对该监测装置分别通入 0.5%、2.0%、8.0%、60.0%、85.0%的标准甲烷气体，其测试数据见表 6-5。

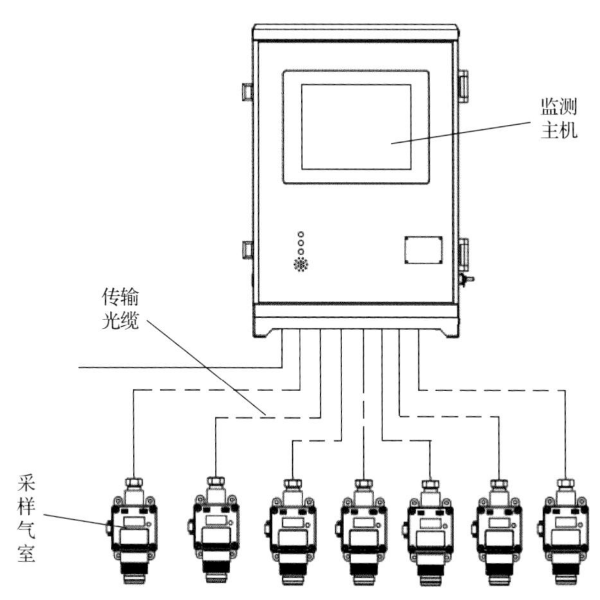

图 6-12 分布式多点激光甲烷监测装置系统图

表 6-5 分布式多点激光甲烷检测系统通气测试值 （单位：$\%CH_4$）

标准甲烷	1#	2#	3#	4#	5#	6#	7#
0.5	0.49	0.51	0.49	0.50	0.51	0.50	0.49
2.0	1.99	2.02	2.00	2.01	2.01	2.00	1.99
8.0	7.96	8.02	7.98	8.01	8.02	8.00	8.01
60.0	60.1	60.2	60.0	60.1	59.8	60.2	59.9
85.0	85.2	84.9	84.9	85.3	85.1	85.2	84.8

分布式多点激光甲烷监测装置单通道的检测性能与单点激光甲烷传感器的性能基本一致，且系统测量误差提高到±3%，响应时间减小到 10s。

在监测系统中分别接入 8 芯 1km、2km、4km 和 5km 的导光光缆，并通入 2.0%、20.0%、60.0%、85.0%的标准甲烷气体，系统测量误差小于 2%，以最大带载距离 5km 为例其测试数据如表 6-6 所示。

表 6-6 系统带载 5km 的测试数据 （单位：$\%CH_4$）

标准甲烷	1#	2#	3#	4#	5#	6#	7#
2.0	2.02	2.03	1.98	2.02	2.04	1.97	1.98
20.0	20.3	20.4	19.9	20.2	20.3	19.8	19.9
60.0	60.7	60.5	59.6	60.3	61.0	58.9	59.1
85.0	85.9	84.5	84.1	85.8	85.8	84.1	84.3

4. 甲烷气体温度与压力补偿技术研究

1) 温度补偿技术研究

A. 温度对甲烷吸收光谱的影响

由 HITRAN 数据库进行仿真，在–10～50℃温度范围，对甲烷分子的光谱吸收线宽进行分析，下面给出甲烷吸收光谱具体的谱线半宽数据。谱线宽度的描述参数为谱线半宽，为吸收率降为峰值吸收率的$1/\sqrt{2}$处对应的光谱范围(表 6-7)。

表 6-7 温度对甲烷吸收光谱展宽的影响

环境温度/℃	吸收谱线范围/nm	吸收谱线半宽/nm	相对变化率(以 20℃为基准)/%	吸收波长/nm
–10		0.00935	7.72	
–5		0.00911	4.95	
0		0.00895	3.11	
10		0.00881	1.50	
20	1653.65～1653.80	0.00868	0.00	1653.7
30		0.00857	–1.27	
40		0.00849	–2.19	
45		0.00843	–2.88	
50		0.00839	–3.34	

环境温度变化时，甲烷吸收峰对应的波长不变，但中心波长 1653.725nm 所对应的吸收率会随温度发生变化。下面以中心波长 1653.725nm 对甲烷吸收谱线强度进行分析，由 HITRAN 数据库得到的仿真数据如表 6-8 所示。

表 6-8 甲烷吸收谱线强度随温度的变化

环境温度/℃	吸收谱线强度/(mol/cm)	相对变化率(以 20℃为基准)/%	吸收波长/nm
–10	0.372	24.25	
–5	0.3517	17.5	
0	0.3329	11.2	
10	0.3155	6.38	
20	0.2994	0.00	1653.725
30	0.2844	–6.01	
40	0.2704	–9.69	
45	0.2573	–14.1	
50	0.2451	–18.1	

B. 温度对浓度测量的影响

根据煤矿现场复杂的应用环境，模拟环境温度变化范围为–10～50℃。待传感器和工作温度稳定后，经导热管通入 0.05%、1.94%、7.94%、20.0%、35.1%、60.0%、75.0%、84.8%八种标准甲烷气体进行了实验测试，相应的测试数据如图 6-13 所示。图 6-13 给出了在通入不同浓度甲烷气体的条件下，监测装置吸收信号幅值的相对变化率(以 20℃为基准)随温度变化的关系曲线。

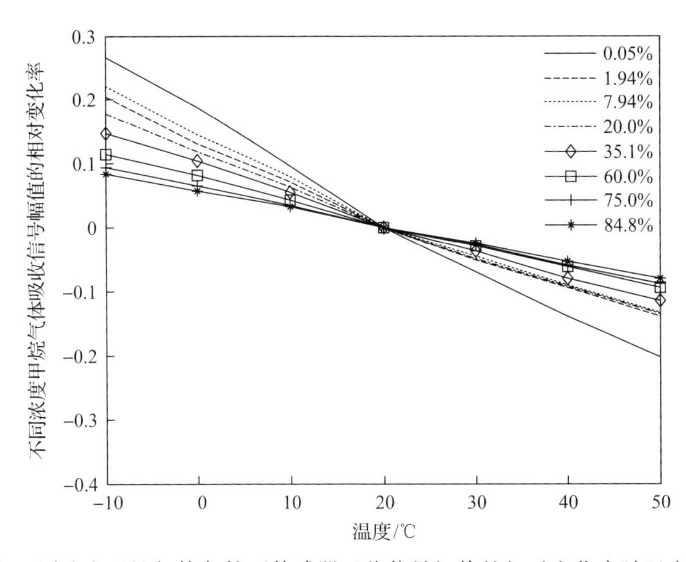

图 6-13　在不同浓度甲烷气体条件下传感器吸收信号幅值的相对变化率随温度变化的关系

由上述测试结果可知，当甲烷气体浓度恒定时，系统检测得到的甲烷吸收信号幅值随着温度逐渐增大而逐渐减小。对于不同浓度的甲烷气体，在同一环境温度状态下，激光甲烷传感器检测得到的甲烷吸收信号幅值与甲烷气体浓度呈单调递增的一一对应关系，通入的甲烷气体浓度越高，系统检测的信号幅值越大。

C. 温度补偿算法及测试

在分析甲烷吸收光谱的温度特性的基础上，针对监测装置在不同温度和甲烷浓度条件下得到的大量离散实验数据，采用数值分析的方法，结合激光甲烷传感器在现场测试时无法获知真实环境中甲烷浓度的实际情况，提出了一种基于大量基础测试数据的多变量自适应插值迭代补偿方法对系统的温度特性进行补偿，其算法流程如图 6-14 所示。

由表 6-9、表 6-10 可知在进行温度补偿前，测量显示的甲烷浓度值与真实值存在较大误差。在 30℃进行标定时，甲烷浓度为 36.1% 条件下–10℃对应的浓度偏差为 10.07%，50℃对应的浓度偏差为–4.6%；补偿前测试数据与实际浓度的偏差在 –10%～20%变化，且浓度越高偏差越大；采用该补偿算法对传感器进行温度补偿后，在 –10～50℃温度范围内传感器测量浓度与真实浓度偏差在±1%以内。在甲烷浓度为 1.94% 条件下，温度 8～32℃区间内，温度每变化 2℃测量一次甲烷浓度，测试结果表明补偿前的最大误差为 0.31%，补偿后降至 0.01%。

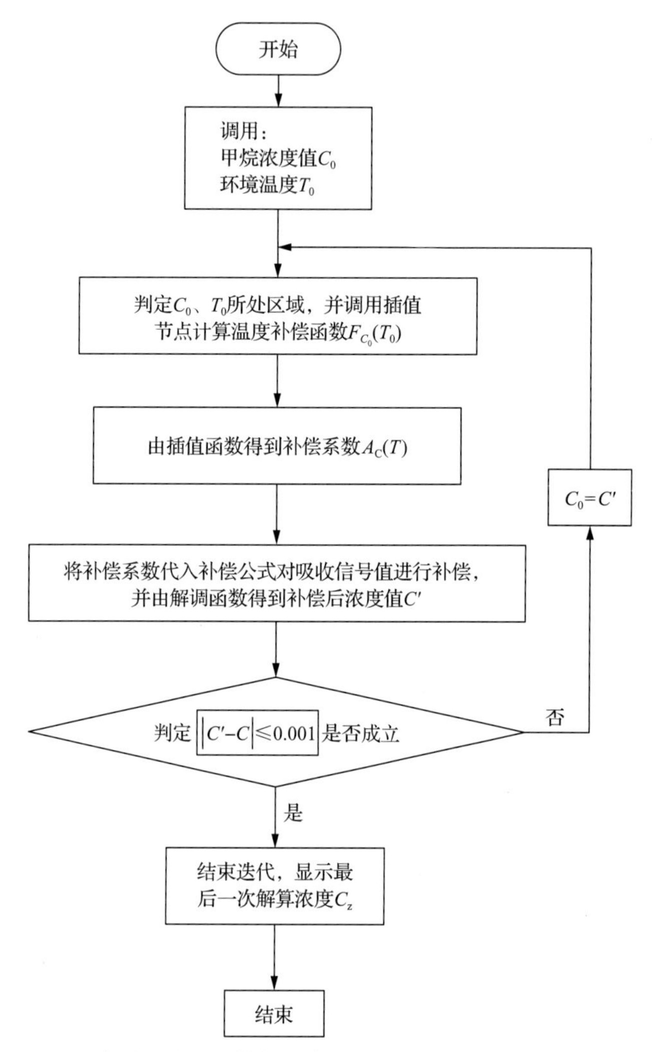

图 6-14　基于大量基础测试数据的多变量自适应插值迭代补偿方法流程图

表 6-9　浓度为 1.94%的甲烷温度变化补偿前后的实验测试数据　（单位：$\%CH_4$）

温度	8℃	10℃	12℃	14℃	16℃	18℃	20℃	22℃	24℃	26℃	28℃	30℃	32℃
补偿前	2.23	2.20	2.16	2.12	2.09	2.06	2.04	2.01	1.99	1.97	1.96	1.94	1.92
补偿后	1.94	1.94	1.94	1.94	1.94	1.94	1.94	1.94	1.94	1.94	1.94	1.95	1.95

表 6-10　浓度为 36.1%的甲烷温度变化补偿前后的实验测试数据　（单位：$\%CH_4$）

温度	−10℃	−5℃	0℃	5℃	10℃	15℃	20℃	25℃	30℃	35℃	40℃	45℃	50℃
补偿前	46.42	44.13	43.84	42.43	41.04	39.42	37.93	36.92	36.94	34.85	33.74	32.15	31.82
补偿后	36.35	36.44	36.54	36.41	36.35	36.37	36.43	36.52	36.73	36.58	36.62	36.50	36.42

2) 气体压强补偿技术研究

A. 压强对甲烷吸收光谱的影响

随着气体压强的增大，甲烷吸收峰的峰值逐渐增大，吸收谱线范围展宽。气体压强变化主要影响气体分子密度的变化，进而影响分子碰撞展宽的概率，分子吸收谱线宽度随压强变化较大。甲烷吸收率随压强变化的具体数据如表 6-11 所示。

表 6-11 甲烷吸收率随压强变化

压强/kPa	峰值吸收率/(10^{-19}mol/cm)	吸收谱线半宽/nm	平均光谱吸收率/(10^{-19}mol/cm)	相对变化率/%
200	0.076	0.00923	0.043	0.82
185	0.0759	0.00812	0.04	0.61
170	0.07582	0.00785	0.038	0.52
155	0.07564	0.00702	0.036	0.44
140	0.0754	0.00638	0.033	0.32
125	0.075	0.00602	0.03	0.21
105	0.0744	0.00581	0.0267	0.068
100	0.0741	0.00568	0.025	0
85	0.0732	0.00536	0.022	−0.12
70	0.0717	0.00455	0.0187	−0.25
55	0.0694	0.00398	0.015	−0.4
40	0.065	0.00356	0.011	−0.56

B. 压强对浓度测量的影响

在常温条件下，利用气体压强测试装置，对激光甲烷监测装置进行气体压强实验（图 6-15）。

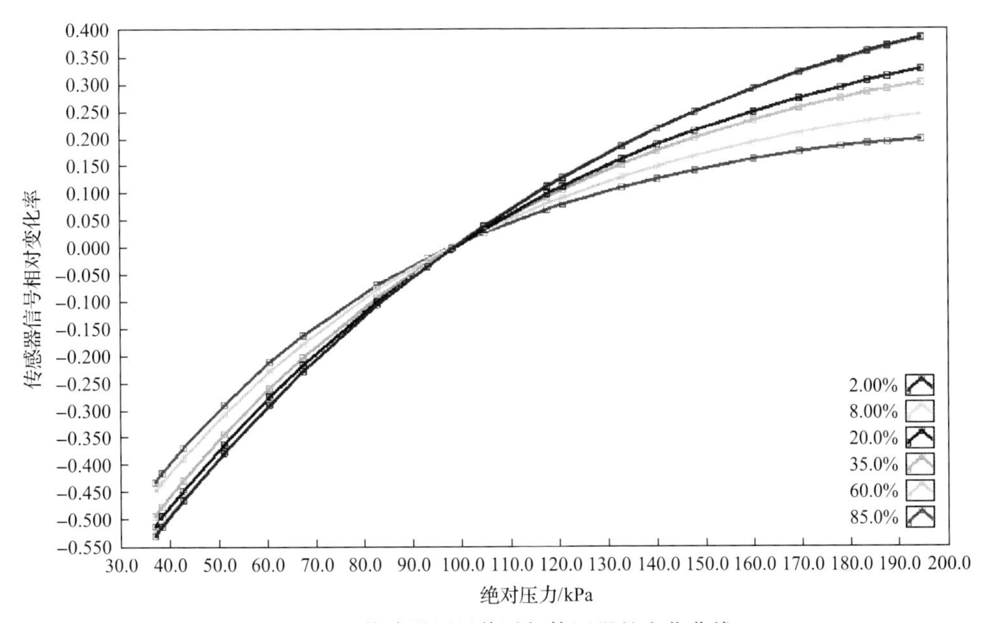

图 6-15 传感器测量值随气体压强的变化曲线

测试方法：首先，向气密性良好的测试装置内通入气体浓度已知的标准甲烷气体，待装置内甲烷气体浓度恒定后，关闭出气阀，将气体压强加至 200kPa 左右。其次，利用抽真空泵进行抽气减压，在 35～200kPa 范围内，每间隔 10kPa 测定一个压强点，待监测显示值稳定后，记录每个压强测试点对应的压强值、浓度信号值和浓度显示值。

由上述数据分析可得到如下结论：

(1) 在恒温条件下，甲烷气体浓度恒定时，系统检测信号随气体压强增大而增大，与甲烷光谱吸收理论相符。

(2) 系统检测信号随气体压强变化趋势与气体浓度无关，但变化率的值与浓度有关。

(3) 系统检测信号随气体压强变化的相对变化率随浓度增大而增大。

C. 压强补偿算法及测试

在温度补偿算法研究的基础上，提出基于分段插值和重心插值的气体压强自适应迭代算法，将传感器通过检索测得的初始浓度值 C 和气体压强值 P 进行多次自适应迭代补偿，最终求解出真实的甲烷气体浓度，以消除气体压强对测量的影响。采用基于自适应迭代算法的气体压强补偿算法，其补偿前后系统测试数据如表 6-12～表 6-15 所示。

表 6-12 浓度为 2.0%的甲烷压强变化补偿前后的实验测试数据 （单位：$\%CH_4$）

压强/kPa	50	60	70	80	90	100	110	120	130	140	150	160	170
补偿前	1.05	1.18	1.46	1.62	1.85	2.00	2.11	2.18	2.29	2.35	2.42	2.50	2.58
补偿后	1.99	1.99	1.99	2.00	2.00	2.00	2.00	2.00	2.01	2.01	2.01	2.02	2.02

表 6-13 浓度为 20.0%的甲烷压强变化补偿前后的实验测试数据 （单位：$\%CH_4$）

压强/kPa	50	60	70	80	90	100	110	120	130	140	150	160	170
补偿前	11.9	14.7	16.8	17.9	19.0	20.0	21.1	22.0	22.9	23.8	24.7	26.1	26.5
补偿后	19.8	19.9	19.9	19.9	20.0	20.0	20.0	20.1	20.1	20.0	20.1	20.1	20.1

表 6-14 浓度为 36.0%的甲烷压强变化补偿前后的实验测试数据 （单位：$\%CH_4$）

压强/kPa	50	60	70	80	90	100	110	120	130	140	150	160	170
补偿前	21.9	26.8	28.9	30.9	33.1	36.0	37.2	38.3	40.1	40.9	41.8	42.5	43.2
补偿后	34.6	34.7	34.8	34.8	34.9	36.0	36.1	36.1	36.1	36.2	36.2	36.3	36.2

表 6-15 浓度为 86.0%的甲烷压强变化补偿前后的实验测试数据 （单位：$\%CH_4$）

压强/kPa	50	60	70	80	90	100	110	120	130	140	150	160	170
补偿前	60.1	70.2	77.8	79.4	82.1	86.0	88.3	89.9	90.9	94.7	96.1	100.2	101.5
补偿后	84.3	84.3	84.5	84.7	84.9	86.0	86.1	86.1	86.2	86.3	86.3	86.3	86.5

对比实验测试数据可知，进行压强补偿前，浓度测量值与实际气体浓度值的偏差较

大，2.0%的标准浓度甲烷实际测量值为1.05%～2.58%，20.0%的标准浓度甲烷实际测量值为11.9%～26.5%，36.0%的标准浓度甲烷实际测量值为21.9%～43.2%，86.0%的标准浓度甲烷实际测量值为60.1%～101.5%，监测装置测量误差较大。采用自适应迭代压强补偿算法后，监测装置测量误差降为：在50～170kPa气体压强范围，各标气浓度测试点2.0%、20.0%、36.0%、86.0%的测量误差均小于1%，大大降低了气体压强变化对测量的影响。

5. 分布式多点激光甲烷监测装置取得的重要成果

(1)采用谐波检测原理的分布式多点激光甲烷监测装置，可有效消除系统固有噪声、光源功率波动等共模噪声引起的偏差。通过系统仿真测试验证，系统光强衰减到激光器输出的1%时，测量值稳定不受该光强衰减的影响；同时引入5km光纤长度所引起的光强衰减，系统测量值稳定不变；通过仿真测试验证了采用空分复用技术实现分布式多点测量的技术可行性。

(2)研制了基于FPGA的多通道高速数字信号处理电路模块，实现了8通道光纤光路信号的同步高速数据采集。提出并实现了8路光电转换电路光信号增益自适应调节算法，通过MCU自动控制程控放大电路，满足ADC对采样模拟信号的要求，提高了噪声抑制比，使检测系统能够适应不同的光纤长度、安装损耗，更适合煤矿现场安装使用。

(3)针对分布式多点激光甲烷监测装置及系统长期稳定性要求，在检测光路中引入密封有恒定甲烷浓度的参考气室作为参考光路，配合激光器温控硬件电路和算法，实现了系统的自动校准功能，系统的长期稳定达到120天，并通过了第三方检测认证。

(4)针对分布式多点激光甲烷系统测量准确性受环境温度、压强影响的问题，提出了一种基于分段插值和重心插值的自适应融合迭代补偿算法，推导出了具体的迭代函数，给出了该补偿算法的具体步骤，并编程实现了该算法，还进行了实验验证。验证结果表明，温度补偿方面，在高浓度甲烷情况下，补偿误差从20%降到1%，在低浓度甲烷情况下，补偿误差从0.09%降到0.01%；压强补偿方面实现了激光甲烷系统在30～200kPa压强变化范围内测量误差不超过1%的高精度补偿。

分布式多点激光甲烷监测装置及系统实现了8通道同步高精度测量，测量范围(0.00%～100%) CH_4，测量误差不超过±3%，响应时间达到10s，标校周期大于120天。

6.1.3 三轴应力传感器研究

三轴应力传感器研究主要开展了以下三个方面的研究：一是光纤光栅三轴应力传感器探头设计；二是三轴应力传感器主机研究设计；三是三轴应力传感器配套装置研究。

1. 三轴应力传感器探头

1) 光纤布拉格光栅工作原理

光纤布拉格光栅是将光纤特定位置制成折射率周期分布的光栅区，于是特定波长(布拉格反射光)的光波在这个区域内将被反射。反射的中心波长信号与光栅周期和纤芯的有效折射率有关。光纤光栅传感器基本工作原理：光纤光栅的反射或透射峰的波长与光栅的折射率调制周期及纤芯折射率呈线性比例关系；外界温度或应变的变化也会影响光纤光栅的折射率调制周期和纤芯折射率，从而引起光纤光栅的反射或透射峰波长的变化。

布拉格波长对于外界力、热负荷等极为敏感。应变和压力影响布拉格波长是由于光栅的周期伸缩以及弹光效应引起的，而温度影响布拉格波长是由于热膨胀效应和热光效应引起的。当外界的温度、应力和压力等参量发生变化时，布拉格波长的变化可表示为

$$\Delta\lambda_B = 2\Delta n_{eff}\Lambda + 2n_{eff}\Delta\Lambda \tag{6-10}$$

式中，λ_B为布拉格波长；n_{eff}为有效折射率；Λ为光栅周期。基于上述原理，宽带光进入光纤，经过光栅反射回特定波长的光。通过测量光栅反射波长，换算被测体温度/应变等物理量(图 6-16)。

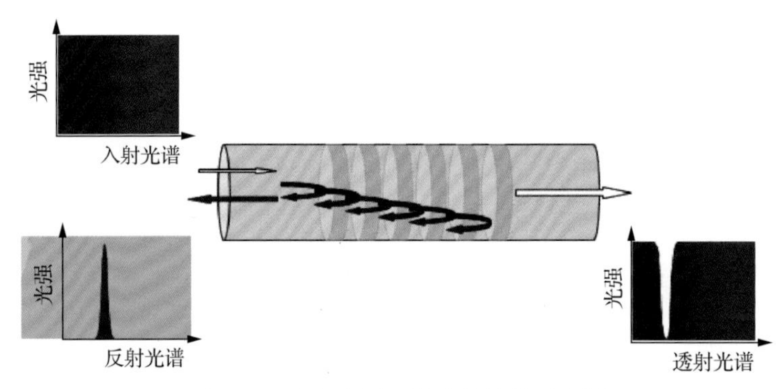

图 6-16　光在光纤光栅中的传输示意图

光纤光栅式三轴应力传感器充分利用到波分复用(wavelength division multiplexing, WDM)技术。波分复用是将两种或多种不同波长的光载波信号(携带各种信息)在发送端经复用器(亦称合波器, multiplexer)汇合在一起，并耦合到光线路的同一根光纤中进行传输的技术；在接收端，经分波器将各种波长的光载波分离，然后由光接收机作进一步处理以恢复原信号。

2)传感器设计与工作原理

一点的应力状态由六个不同的应力分量组成，其中包括三个正应力分量($\sigma_x,\sigma_y,\sigma_z$)和三个剪切应力分量($\tau_{xy},\tau_{yz},\tau_{zx}$)，而压应力传感器测得的应力只能是正应力，因此每一个测点至少测得六个相互独立的正应力值($\sigma_{n1},\sigma_{n2},\sigma_{n3},\sigma_{n4},\sigma_{n5},\sigma_{n6}$)，才能确定该点的应力状态。

本书研发的光纤光栅式三轴应力传感器，以光纤光栅作为内部传感元件，传感器外观为球形，在实心球体上布设 6 个不同方向的传感单元，可测得 6 个独立方向的正应力，因此在岩体应力测量时仅需埋设一个传感器，然后利用坐标变换方程求解，即可获得该点的应力状态，大大简化了测试步骤，提高了测试准确率。

光纤光栅式三轴应力传感器的外部结构示意图如图 6-17 所示。

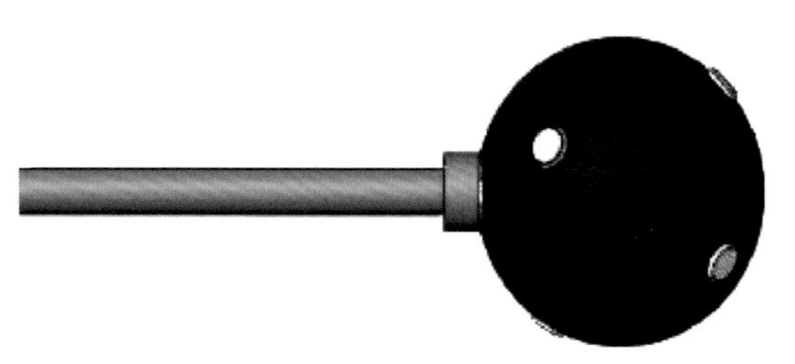

图 6-17　光纤光栅式三轴应力传感器的外部结构示意图

光纤光栅式三轴应力传感器外部结构白色为传感面，蓝色代表球形外壳，由上半球形外壳与下半球形外壳扣合而成，用于保护传感器内部结构，黄色代表引出光纤的连接杆。传感器内部结构为实心球体，如图 6-18 所示，在球面上按照传感面的布设方位布设 6 个传感单元安装槽，传感单元安装槽两侧部分均开设有伸长端安装槽，伸长端安装槽与光纤走线槽连通，最终 6 个传感单元上的光纤汇聚于光纤出线孔后，由连接杆引出。

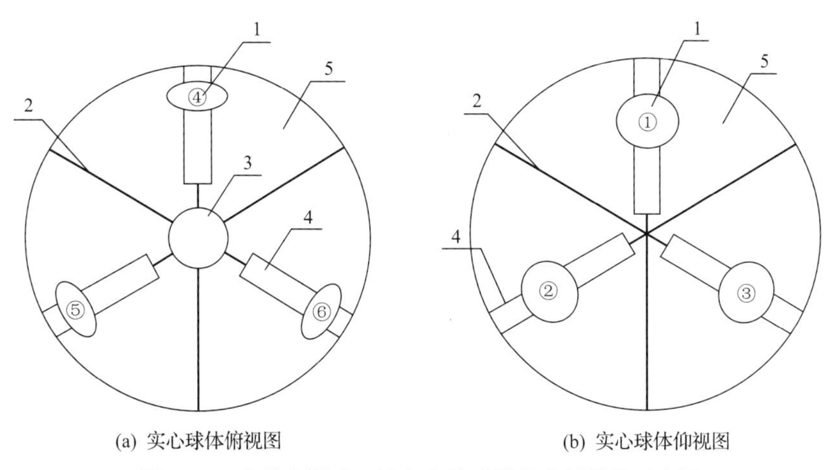

(a) 实心球体俯视图　(b) 实心球体仰视图

图 6-18　光纤光栅式三轴应力传感器的内部结构示意图

图中编码仅为示意

该传感单元工作时，外载荷通过圆柱压头，以集中力的形式作用于拱形梁式光纤光栅应变计上半拱顶点位置。当受到来自压头的集中力作用时，将在方向上发生挤压变形，其竖向高度降低，横向宽度增加。通过解调仪测量并记录光纤光栅在变形前的初始波长值 λ_0 和变形后波长值 λ'，可以得到波长信号在传感单元受压变形过程中的改变量 $\Delta\lambda$：

$$\Delta\lambda = \lambda' - \lambda_0 \tag{6-11}$$

将此时对某一传感单元施加的外部法向载荷 F 与其波长改变量 $\Delta\lambda$ 之间的比值关系定义为标定系数 K，则有

$$K = F / \Delta\lambda \tag{6-12}$$

在实际工作过程中，经过标定系数反算，能够通过各传感单元波长改变量求出对应的外部荷载实际值，该值为该传感单元所对应的传感面法线方向的集中力矢量。由于传感面直径 D 已知，可以将该集中力转化为传感面外表面的压强即所承受的压应力大小：

$$P = \frac{4F}{\pi D^2} \tag{6-13}$$

根据式(6-13)，可以通过一个传感器 6 个面的压应力大小 P 求出该测点的一点应力状态，进而求出该点处的主应力大小和方向，即实际地应力值。

3) 传感器性能测试

对三轴应力传感器各个传感面进行三次预加载，共分为 12 级加载，具体的标定试验步骤如下：

(1) 将三轴应力传感器放置于标定支架的传感器底座上，缓慢移动传感器，使得传感器的传感面与传力杆同轴，用定位卡将传感器连接杆部分固定在导向杆上，记录初始状态下输出的波长值。

(2) 加载步长为 0.2kN，加载速率为 0.01kN/s，每级加载稳定 10min 后，记录每个标定点对应的波长后，开始进行下一步加载，加载到 2.4kN，接近于三轴应力传感器量程的最大值(30MPa)。卸载过程与加载过程一致，从满量程逐级同速率卸载至初始状态。

(3) 重复第(2)步三次，使得每个面进行三次加卸载循环。

(4) 重复上述三个步骤，直至三轴应力传感器的 6 个传感面均标定完毕。

(5) 从标定支架上取下传感器，结束试验。

将传感器进行标定试验，依据前面所述的标定试验方案，得到的 6 个传感面的标定试验数据如表 6-16～表 6-21 所示。

表 6-16　1 号传感面标定试验数据

外荷载/kN	第 1 组循环(波长/nm)		第 2 组循环(波长/nm)		第 3 组循环(波长/nm)	
	加载	卸载	加载	卸载	加载	卸载
0.0	1542.430	1542.442	1542.442	1542.435	1542.435	1542.441
0.4	1542.898	1542.894	1542.904	1542.906	1542.909	1542.903
0.8	1543.360	1543.366	1543.368	1543.375	1543.374	1543.376
1.2	1543.843	1543.854	1543.851	1543.859	1543.853	1543.859
1.6	1544.332	1544.337	1544.340	1544.346	1544.350	1544.348
2.0	1544.836	1544.841	1544.841	1544.845	1544.852	1544.848
2.4	1546.307	1546.307	1546.326	1546.326	1546.336	1546.336

表 6-17 2 号传感面标定试验数据

外荷载/kN	第1组循环（波长/nm）		第2组循环（波长/nm）		第3组循环（波长/nm）	
	加载	卸载	加载	卸载	加载	卸载
0.0	1537.038	1537.050	1537.050	1537.046	1537.046	1537.056
0.4	1537.510	1537.504	1537.503	1537.501	1537.506	1537.511
0.8	1537.965	1537.967	1537.963	1537.961	1537.961	1537.965
1.2	1538.431	1538.438	1538.437	1538.437	1538.436	1538.439
1.6	1538.889	1538.910	1538.906	1538.899	1538.897	1538.900
2.0	1539.367	1539.380	1539.370	1539.369	1539.370	1539.371
2.4	1539.862	1539.862	1539.861	1539.861	1539.854	1539.854

表 6-18 3 号传感面标定试验数据

外荷载/kN	第1组循环（波长/nm）		第2组循环（波长/nm）		第3组循环（波长/nm）	
	加载	卸载	加载	卸载	加载	卸载
0.0	1531.795	1531.809	1531.809	1531.799	1531.799	1531.803
0.4	1532.241	1532.270	1532.256	1532.270	1532.245	1532.270
0.8	1532.703	1532.740	1532.706	1532.738	1532.694	1532.742
1.2	1533.150	1533.191	1533.141	1533.194	1533.130	1533.207
1.6	1533.601	1533.665	1533.604	1533.643	1533.606	1533.644
2.0	1534.049	1534.102	1534.058	1534.089	1534.067	1534.089
2.4	1534.540	1534.540	1534.523	1534.523	1534.537	1534.537

表 6-19 4 号传感面标定试验数据

外荷载/kN	第1组循环（波长/nm）		第2组循环（波长/nm）		第3组循环（波长/nm）	
	加载	卸载	加载	卸载	加载	卸载
0.0	1557.432	1557.423	1557.423	1557.427	1557.427	1557.426
0.4	1557.937	1557.928	1557.945	1557.939	1557.945	1557.938
0.8	1558.463	1558.461	1558.474	1558.464	1558.466	1558.463
1.2	1558.978	1558.979	1558.990	1558.984	1558.988	1558.982
1.6	1559.487	1559.494	1559.500	1559.504	1559.507	1559.502
2.0	1560.020	1560.021	1560.016	1560.022	1560.027	1560.027
2.4	1560.568	1560.568	1560.540	1560.540	1560.557	1560.557

表 6-20　5 号传感面标定试验数据

外荷载/kN	第 1 组循环（波长/nm）		第 2 组循环（波长/nm）		第 3 组循环（波长/nm）	
	加载	卸载	加载	卸载	加载	卸载
0.0	1552.508	1552.515	1552.515	1552.505	1552.505	1552.503
0.4	1552.986	1552.983	1552.990	1552.990	1552.990	1552.992
0.8	1553.462	1553.470	1553.466	1553.462	1553.457	1553.471
1.2	1553.937	1553.932	1553.929	1553.940	1553.927	1553.949
1.6	1554.375	1554.394	1554.409	1554.419	1554.399	1554.404
2.0	1554.864	1554.879	1554.876	1554.880	1554.870	1554.878
2.4	1556.346	1556.346	1556.351	1556.351	1556.341	1556.341

表 6-21　6 号传感面标定试验数据

外荷载/kN	第 1 组循环（波长/nm）		第 2 组循环（波长/nm）		第 3 组循环（波长/nm）	
	加载	卸载	加载	卸载	加载	卸载
0.0	1547.350	1547.349	1547.349	1547.349	1547.349	1547.348
0.4	1547.820	1547.848	1547.831	1547.840	1547.834	1547.851
0.8	1548.301	1548.330	1548.314	1548.330	1548.319	1548.336
1.2	1548.762	1548.802	1548.762	1548.805	1548.786	1548.799
1.6	1549.205	1549.267	1549.232	1549.278	1549.240	1549.257
2.0	1549.650	1549.706	1549.712	1549.722	1549.675	1549.723
2.4	1550.135	1550.135	1550.128	1550.128	1550.162	1550.162

研制的三轴应力传感器灵敏度是指单位兆帕对应的光纤光栅输出波长变化量。因此，灵敏度$\alpha = \lambda_f /30\text{MPa}$，为保证解调仪对传感单元返回信号进行准确解调，传感单元的灵敏度应当设计在 50～150pm/MPa。

研制的传感器各传感单元标定指标值及对应的准确度等级如表 6-22 所示。传感器的标定试验各项数据均符合传感器的研发要求。在预设的 30MPa 量程内，传感单元的传感特性曲线始终保持稳定，表明其最大工作量程符合 30MPa 的设计标准。其灵敏度在 50～150pm/MPa 范围内，满足了解调仪分辨输出信号的要求。

2. 三轴应力传感器主机

根据流变应力恢复法地应力测量原理，为测得岩体应力状态，须将三轴应力传感器六个传感单元的光信号换算为对应的 6 个不同的传感面上的正应力值，进而将三轴应力传感器测得的应力值解算为一点应力状态。研发的三轴应力传感器主机为一种组网式矿用本安型光纤光栅解调仪，将采集到的光信号源调制解调，输出传感器的波长值。

表 6-22　传感器各传感单元标定指标值及对应的准确度等级

传感单元编号	传感特性指标数值(准确度等级)			计量误差指标数值(准确度等级)			
	最大工作量程/MPa	满量程输出值/nm	灵敏度/(pm/MPa)	零点漂移量/%	线性度/%	重复性/%	迟滞/%
1	30 (—)	2.890 (—)	96.322 (—)	0.415 (0.5)	0.773 (1.0)	0.311 (0.5)	0.288 (0.5)
2	30 (—)	2.816 (—)	93.856 (—)	0.639 (1.0)	0.668 (1.0)	0.234 (0.5)	0.296 (0.5)
3	30 (—)	2.736 (—)	91.189 (—)	0.292 (0.5)	1.328 (1.5)	0.584 (1.0)	2.461 (2.5)
4	30 (—)	3.126 (—)	104.211 (—)	0.192 (0.2)	0.339 (0.5)	0.301 (0.5)	0.235 (0.25)
5	30 (—)	2.840 (—)	94.667 (—)	0.176 (0.2)	0.376 (0.5)	0.406 (0.5)	0.516 (1.0)
6	30 (—)	2.792 (—)	93.078 (—)	0.072 (0.1)	1.141 (1.5)	0.833 (1.0)	1.779 (2.0)

1)组网式矿用本安型光纤光栅解调仪

本书研发的组网式矿用本安型光纤光栅解调仪(以下简称“解调仪”)含有扫描激光光源，可同时测量 6 路光谱信号，具有光谱查询功能；其测量光谱动态范围大、长期稳定性好、精度高等。

2)解调仪主要技术指标

(1)工作电压：10～26V；

(2)最大功率：≤10W；

(3)波长范围：1510～1590nm；

(4)光学接口类型：FC/APC；

(5)通信接口：RS485；

(6)通道数量：6；

(7)压力范围：0～30MPa；

(8)测量误差：3%；

(9)响应时间：1s；

(10)抗干扰等级：3 级。

解调仪采用了先进的光谱运算技术，采集出整个带宽范围内的光谱点，在 2Hz 采集时光谱间隔 10pm，并根据运算规则计算出光谱中峰值的中心位置。同时采用光学标准装置进行校准，保证系统温度测量的准确性和稳定性。解调仪主要由扫描光源、光探测器、硬件电路、光路、电源模块等部分组成。

3. 三轴应力传感器取得的重要成果

(1)研制的光纤光栅应力传感器在预设的 30MPa 量程内，传感单元的传感特性曲线始终保持稳定，表明其最大工作量程符合 30MPa 的设计标准。其灵敏度在 50～150pm/MPa 范围内，满足了解调仪分辨输出信号的要求。

(2)研制的解调仪可同时测量 6 路光纤光栅应力信号，压力测量范围为 0～30MPa，测量误差不超过±3%，响应时间为 1s。

6.1.4 无线钻屑瓦斯解吸指标测定装置及钻孔瓦斯涌出初速度测定装置

无线钻屑瓦斯解吸指标测定仪和无线钻孔瓦斯涌出初速度测定仪大幅度减小了两种仪器的体积、重量和功耗；提高了人机交互操作的便利性，增加了数据存储容量；增加了数据无线上传功能；去掉了连接胶管，消除了漏气隐患，减小了操作复杂度；对解吸指标测定仪的罐内压力进行了温度补偿，提高了测定精确度。

两种仪器的测定数据管理系统主要由以下 4 个部分组成：地面监控中心、井下以太网、井下 WiFi 无线基站和手机智能分析终端。地面监控中心通过以太网以及相连的无线网络实现对仪器的管理、监测。井下以太网是连接地面监控中心和井下 WiFi 无线基站的有效媒介，通过无线基站实现井下网络的无线覆盖以及测定参数的无线上传。测定仪和智能分析终端由井下防突人员随身携带。参数测定完之后，在井下 WiFi 无线基站附近由智能分析终端上传给地面监控中心，实现对井下测定参数的实时监测和管理。

1. 测定装置硬件软件设计

1) 电路设计

无线钻屑瓦斯解吸指标测定装置由压力传感器、温度传感器、微处理器及外围电路、蓝牙模块、液晶显示屏(LCD)、按键和电池电源模块组成。

温度传感器采用数字式单总线温度传感器，不需要 A/D 电路，可直接将温度值转换为温度数字量，大大简化外围电路和设计成本。

压力传感器选用电路板安装微型压力传感器。该传感器具备高灵敏度和高过压与爆破压力特性，可以在不影响极微小压力变化感应能力的前提下保护传感器，还可以克服一些环境因素的影响(如温度、湿度等)而保持耐用性。

微处理器采用了高度集成的片上系统(SoC)信号处理器 STM32F030，运算速度高达 48MHz，具有 64KB Flash、8KB SRAM、2 个 SPI、2 个 I^2C、3 个 USART、12 个通道的 12bit ADC、39 个 GPIO。

人机交互模块主要包括 4 个按键以及 1 块 LCD。LCD 采用串行外设接口(SPI)，接口信号线数量少，接线简单，所需外部器件少。

设计采用低功耗蓝牙 4.0 电路模块。该蓝牙串口通信模块是新一代的基于 Bluetooth Specification V4.0 BLE 蓝牙协议的数传模块。无线工作频段为 2.4GHz 带业务监测(ISM)，调制方式是高斯频移键控(GFSK)。模块最大发射功率为 4dBm，接收灵敏度–

93dBm。该模块采用电路板板载天线，空旷环境下可以实现80m超远距离通信。

装置采用3.7V锂电池为供电电源，电源稳压电路稳压输出3.3V电压给各电路模块。电源和所有电路设计为矿用本质安全型，符合电池性能、火花点燃、最高表面温度等防爆试验的要求。压力传感器误差试验测试数据如表6-23所示。

表6-23 压力传感器误差试验测试数据 （单位：kPa）

标准压力	0	10	20	30
3次传感器测定压力平均值	0.01	9.93	19.94	29.98
误差	0.01	−0.07	−0.06	−0.02

2）软件设计

仪器软件设计包含测定装置软件和智能分析终端软件两个部分。

测定装置嵌入式控制软件由主程序、子程序及中断子程序等组成，可分为系统初始化、信号采集转换控制及数据读入采集、处理、显示、传输等模块。具有背光液晶显示、功能符号提示、电池电量和数据无线实时传输等功能。

智能分析终端软件的主要功能：基于蓝牙通信方式获取数据并进行处理，最终计算得到钻屑瓦斯解吸指标；其数据管理功能包含显示、处理、存储、查询、打印及删除；工作面管理包含添加、修改及删除工作面；运行状态显示包含仪器连接状态、打印机连接状态；系统设置包含传感器调校、打印机配对等参数配置。两种测定装置的APP软件界面分别如图6-19和图6-20所示。

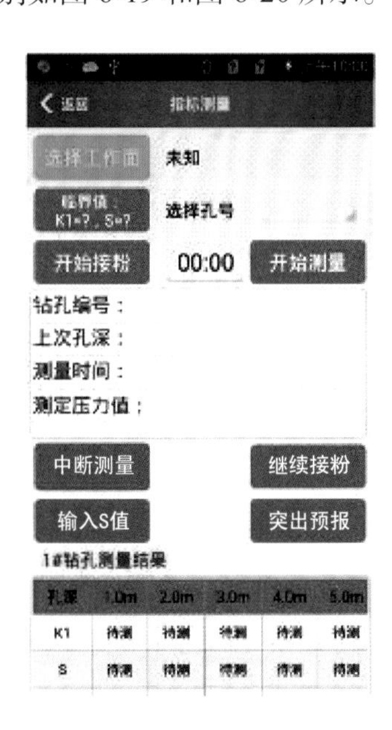

图6-19 无线钻屑瓦斯解吸指标测定装置APP软件界面

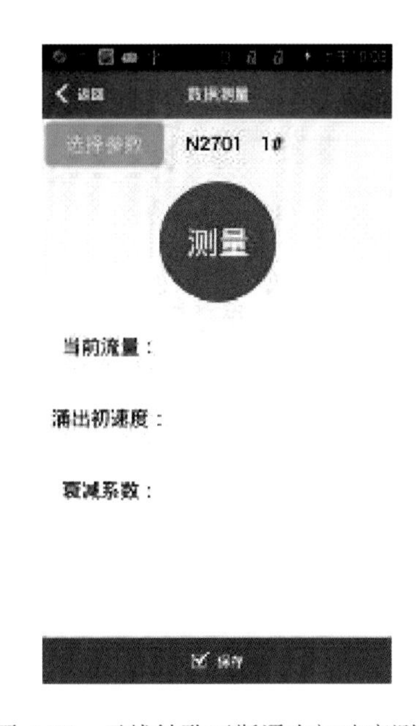

图6-20 无线钻孔瓦斯涌出初速度测定装置APP软件界面

2. 测定样机设计

两个测定装置主要包括煤样仓、电池组、显示屏、按键盘、外壳等。采用集约结构形式，将煤样仓、数据采集、数据处理、结果显示等有效集约在一起，整体结构紧凑、轻便，方便用户使用。仪器煤样仓用工程塑料模铸成，结构紧凑、重量轻。另外对充电电池组、充电插口、显示屏、按键盘等的结构都做了最优化的结构处理。

无线钻屑瓦斯解吸指标测定仪实现了对煤样仓压力进行温度补偿，提高了测定结果的准确性，测量范围为 0～6895Pa；取消了连接胶管，结构紧凑，功耗低，操作界面方便友好，功能丰富，存储量大，并实现了数据无线上传。

无线钻孔瓦斯涌出初速度测定仪测量范围为 0～50L/min，新增数据无线传输功能和手机 APP，大幅降低了仪器重量和体积，取消了取压连接胶管；提高了仪器的技术先进性，具有更好的操作界面，操作更为简单和直观，显示更为清晰，功能更为完善。

6.2 关键区域无线自组网输技术与装备

在无线自组网及分布式总线传输技术的研究中，根据井下不同工作面空间和环境的要求，研究合理的无线传感网拓扑结构、工作模式、移动节点与静止节点间网络重构与网络自组织问题；研究井下受限空间内蜂舞协议(ZigBee)、低功耗无线个人区域网上的IPv6(6LoWPAN)、WiFi 无线自组网及路由管理技术及装备；针对狭长弯曲空间无线信号连续均匀覆盖问题，研究分布式总线传输技术与装备。研究开发了无线自组网节点、基站及分布式总线 3 类设备。

6.2.1 无线自组网节点及基站研究

1. 高速无线自组网技术

1) 无线 Mesh 技术原理

无线网络的通信节点包括无线通信终端、无线接入设施[基站或交替多项式时间复杂性类(AP)]与核心网(传输与交换)设施。Mesh 就是指所有的节点都互相连接，组成一个网状网(网格)。无线 Mesh 网络的组网原理与传统的无线网络具有显著区别。在无线 Mesh 网络中，每个无线 Mesh 节点都可以发送和接收无线信息，同时可具有路由与交换功能，保证网络中 2 个或多个无线节点间可以直接通过无线或无线接力方式进行无线通信。无线 Mesh 技术可以与多种无线接入技术(如 IEEE 802.11、IEEE 802.15、IEEE 802.16 和 3G 等)相融合，形成具有不同应用场景的多种新型无线多链路网状网。融合无线局域网(WLAN)技术的无线 Mesh 网络(WMN)具有速率高、传输距离远、移动性强、自组织、自愈合等特点。

2) 无线 Mesh 网络结构

A. 多射频多信道模式

a. 多射频多信道模式基本结构

无线 Mesh 网络也称为“多跳”(multi-hop)网络，其技术演进与网络结构已演进到第 3 代。无线 Mesh 基站(路由交换节点)由单个 6.8GHz 回传链路演进到有多个 6.8GHz 无线网卡与无线回传链路，相邻节点可以采用独立的网络回传通信链路。新一代 Mesh 拥有更优异的网络性能以及更广泛的应用场景，在井下巷道部署应用时网络结构如图 6-21 所示。

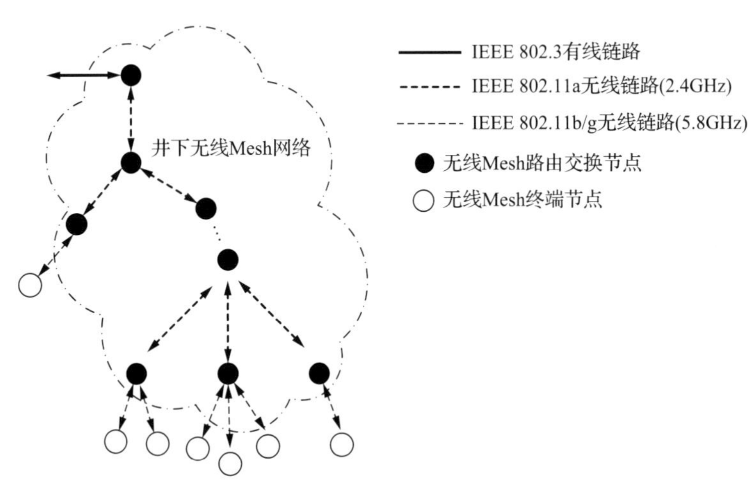

图 6-21 井下无线 Mesh 网络结构示意图

井下空间主要是有弯曲的线性巷道空间，无线 Mesh 网络在井下部署时是树形拓扑。新一代无线 Mesh 多射频(RF)多信道的设计，在保证流媒体业务传输质量(2Mbps 带宽)情况下，无线接力可以达到 10～15 跳，可以支持井下树形拓扑呈多分支长延伸形状，并且允许部署部分冗余节点。

b. 无线 Mesh 基站嵌入式软件原理

无线 Mesh 基站嵌入式软件结合多射频硬件实现了第 3 代无线 Mesh 网络路由、交换基站。基站有多个无线接入网卡(2.4GHz/6.8GHz)和 RF 通信链路，且各自独立负责网络无线接入(2.4GHz)和多跳传输业务(6.8GHz)，相邻节点采用独立的网络回传通信链路，且工作在同一频段(6.8GHz)的不同信道上，并通过信道管理机制来协调多跳无线传输。

B. 单射频多信道模式

单射频多信道模式结构较为简单，基站采用无线多跳自组网技术，节点之间采用无线级联方式通信，仅使用 IEEE 802.11n 标准进行无线组网，每个节点都可以与其他节点使用点对点(point to point)的方式连接，通过 6～10 跳的无线级联组网，最终实现复杂网络数据传输以及多种数据应用，解决了传统布线方案实施周期长、成本高、维护难度大等问题。

与多射频模式相比，单射频模式有以下几个特点：

(1)射频频率仅涉及单个频段，基带技术和硬件设备成本较低，底层硬件开发难度小。

(2)从技术向产品成果转化速度快，产品实际应用形势更为便捷，仅需使用单一频段天线即可。

(3)产品多跳后数据带宽衰减明显，十跳以上数据带宽与多射频模式相比有明显不足。

3)无线 Mesh 网络的动态路由原理

在无线 Mesh 网络中，需要设计合理的路由和信道分配算法。无线 Mesh 网络中的路由和信道分配问题为 NP 困难(NP-hard)问题。解决 NP-hard 问题有两种方法：一种方法是使用贪婪或优化算法来近似得到最优解；而另一种方法是提出子优化模型来解决路由和信道分配问题，这种方法在建立子优化模型时忽略路由和信道分配问题中的一些限制条件，然后再用优化算法来满足这些限制条件。

在路由尺度的选择上，如果在路由发现过程中有多条路由可达目的节点，动态源路由(DSR)是按照最少跳数进行选择，自组织按需距离向量路由协议(AODV)是按照时间最短度量来进行路由选择。当网络中数据传输速率较小、发包频率较低的情况下，AODV 建立路由方式可以更高效地利用无线信道带宽。

2. 低速无线自组网技术

1)ZigBee 技术

ZigBee 技术是一种低成本、低功耗、低速率的短距离无线通信新技术。该技术主要是针对低速率的通信网络而设计的。ZigBee 协议栈构建在 IEEE 802.16.4 标准之上，IEEE 802.16.4 标准定义了介质访问控制(MAC)和 PHY 层的协议标准，而 ZigBee 协议栈则规定了网络层(network layer)、应用层(application layer)和安全服务层的标准。

A. ZigBee 网络架构

ZigBee 网络架构包括星形、树形和网状网三种，在应用时根据实际任务需要来选择合适的 ZigBee 网络结构，三种 ZigBee 网络架构各有优势。

a. 星形拓扑

星形拓扑是最简单的一种拓扑形式，包含一个协调者(Co-ordinator)节点和一系列的终端(End Device)节点。每一个 End Device 节点只能和 Co-ordinator 节点进行通信。如果需要在两个 End Device 节点之间进行通信必须通过 Co-ordinator 节点进行信息的转发(图 6-22)。

这种拓扑形式的缺点是节点之间的数据路由只有唯一的一个路径。Co-ordinator 有可能成为整个网络的瓶颈。实现星形网络拓扑不需要使用 ZigBee 的网络层协议，因为本身 IEEE 802.16.4 的协议层就已经实现了星形拓扑形式，但是这需要开发者在应用层做更多的工作，包括自己处理信息的转发。

b. 树形拓扑

树形拓扑包括一个 Co-ordinator 以及一系列的路由器(Router)和 End Device 节点。Co-ordinator 连接一系列的 Router 和 End Device，它的子节点的 Router 也可以连接一系列的 Router 和 End Device，这样可以重复多个层级。树形拓扑结构如图 6-23 所示。

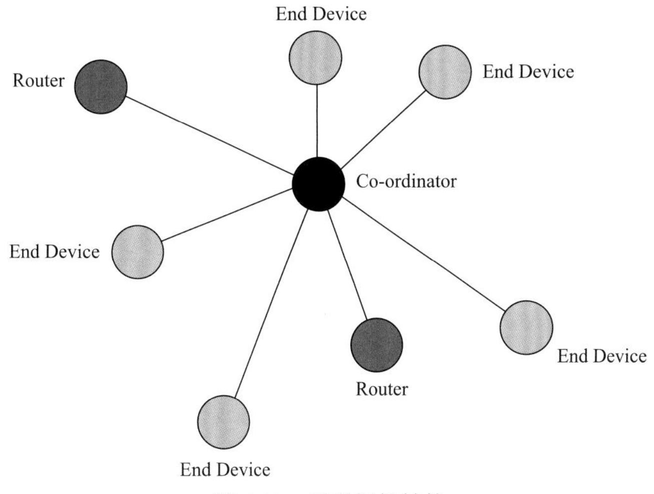

图 6-22　星形拓扑结构

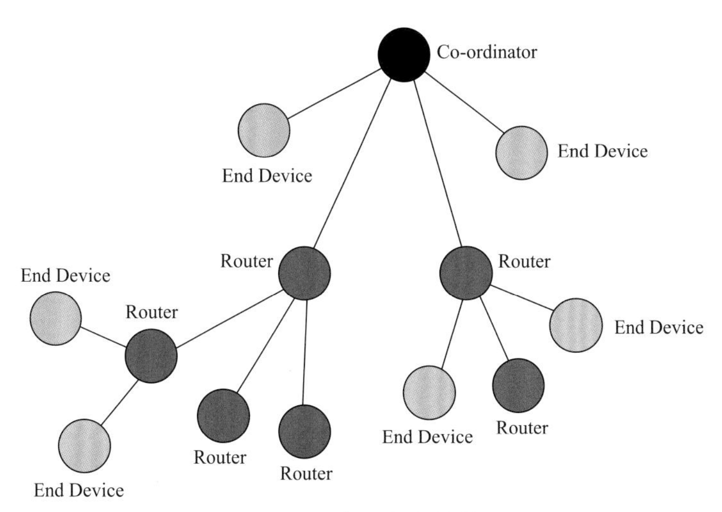

图 6-23　树形拓扑结构

树形拓扑有特殊的通信规则：每一个节点都只能和它的父节点和子节点之间通信，如果需要从一个节点向另一个节点发送数据，那么信息将沿着树的路径向上传递到最近的祖先节点然后再向下传递到目标节点。

这种拓扑方式的缺点就是信息只有唯一的路由通道。另外信息的路由是由协议栈层处理的，整个路由过程对于应用层是完全透明的。

c. 网状网拓扑

网状网拓扑包含一个 Co-ordinator 和一系列的 Router 和 End Device。这种拓扑形式和树形拓扑相同，请参考上面所提到的树形拓扑。但是，网状网拓扑具有更加灵活的信息路由规则，在可能的情况下，路由节点之间可以直接通信。这种路由机制使得信息的通信变得更有效率，而且意味着一旦一个路由路径出现了问题，信息可以自动沿着其他路由路径进行传输。网状网拓扑结构如图 6-24 所示。

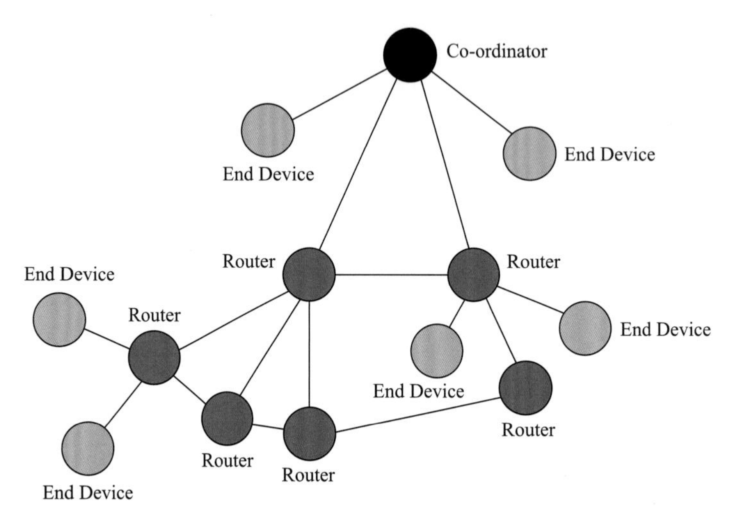

图 6-24 网状网拓扑结构

Mesh 网状网拓扑结构的网络具有强大的功能，网络可以通过“多级跳”的方式来通信；该拓扑结构还可以组成极为复杂的网络；网络还具备自组织、自愈功能；而星形和树形网络适合点对点、距离相对较近的应用。

B. ZigBee 网络层次结构与地址分配机制

ZigBee 网络中的所有节点都有两个地址：一个 16 位网络短地址和一个 64 位 IEEE 扩展地址。其中 16 位网络地址仅仅在网络内部使用，用于路由机制和数据传输。这个地址是在节点加入网络时由其父节点动态分配的。当网络中的节点允许一个新节点通过它加入网络时，它们之间就形成了父子关系。所有加入 ZigBee 网络的节点一同组成一棵逻辑树，逻辑树中的每一个节点都拥有以下两个参量：

(1) 16bit 的网络地址，只负责节点之间数据传输。

(2) 网络深度，即从该节点到根节点协调器的最短跳数，标识了该节点在网络拓扑图中的层次位置。

C. ZigBee 路由协议分析

路由技术的主要作用是为数据以最佳路径通过通信子网到达目的节点提供服务。在传统的开放系统互连(OSI)参考模型中，网络层实现路由功能。路由协议是自组网体系结构中不可或缺的重要组成部分，其主要作用是发现和维护路由，具体来说主要有以下几个方面：监控网络拓扑结构的变化，交换路由信息，确定目的节点的位置，产生、维护以及取消路由，选择路由并转发数据。为了达到低成本、低功耗、可靠性高的设计目标，ZigBee 协议采用以下两种算法的结合体作为自身的路由算法。

(1) AODV：自组织按需距离向量路由协议；

(2) 树形网络结构路由。

其中 AODV 是一种按需路由协议，利用扩展环搜索的办法来限制搜索发现过目的节点范围，支持组播，可以实现 ZigBee 节点间动态、自发路由，使节点很快获得通向所需目的路由。这也是 ZigBee 路由协议的核心。针对自身的特点，ZigBee 网络中使用一种简化版本的 AODV(AODV Junior，AODVjr)。

cluster-tree 算法包括地址的分配(configuration of addresses)与寻址路由(addresses routing)两部分，包括子节点的 16 位网络短地址的分配，以及根据目的节点网络地址来计算下一跳的算法。

2)6LoWPAN 协议栈

A. 6LoWPAN 基本结构

6LoWPAN 是 IPv6 over low power wireless personal area networks 的简写，是指一种基于低功耗无线个人区域网实现 IPv6 通信的技术标准。6LoWPAN 技术是一种在 IEEE 802.16.4 标准的基础上传输 IPv6 数据包的网络体系，可用于构建无线传感器网络。6LoWPAN 规定其物理层(physical layer)和 MAC 层采用 IEEE 802.16.4 标准,上层采用 TCP/IPv6 协议栈。6LoWPAN 协议栈参考模型与 TCP/IP 的参考模型大致相似，区别在于 6LoWPAN 底层使用的 IEEE 802.16.4 标准，而且因低速无线个人区域网的特性，在 6LoWPAN 的传输层(transport layer)没有使用 TCP。

B. 6LoWPAN 网络特点

6LoWPAN 网络是由符合 IEEE 802.16.4 标准的设备组成的，具有低速率、低功耗、低成本等特点，根据 IEEE 802.16.4 标准，6LoWPAN 网络具有以下特点：

(1)传输报文小；

(2)支持 IEEE 16bit 短 MAC 地址和 64bit 扩展 MAC 地址；

(3)传输带宽窄；

(4)网络拓扑结构为网状网或星形；

(5)设备功耗低；

(6)设备成本低；

(7)设备数量多；

(8)设备位置不确定或不易到达；

(9)设备可靠性差；

(10)设备可能长时间处于睡眠状态。

3. 现有组网路由协议

无线自组织网络最常用的一个英文名称为 mobile ad-hoc network，即 MANET。在网络中，每个移动节点之间利用无线收发设备进行信息交换。当彼此之间不在通信范围时，则借助其他节点的中继来通信。每个节点可以自由移动，可以构成任意的网络拓扑结构，节点都具有路由功能且地位相等。自组织网络实质上就是一个可以在任何时刻、任何地点快速构建、多跳的临时性无中心网络。目前已被广泛应用于军事、救援、探险、无线个人通信等场合。

目前对于自组织网络路由协议的分类方法较多，根据不同的路由发现策略，路由协议主要可分为先应式路由协议和反应式路由协议两种。

先应式路由协议中,无论是否有通信需求,每个节点都进行周期性的路由分组广播,通过交换路由信息，维护一张到其他节点的路由信息表。

反应式路由协议又称为按需路由协议，节点并不保存及时准确的路由信息，而是当需要时才查找路由。此类算法不用周期性地广播路由信息，节省了网络资源，简单实用，在民用技术中有大量的应用，主要代表有 AODV、临时按序路由算法(TORA)、动态源路由(DSR)、基于关联的长活路由(ABR)等，目前路由主要基于 AODV 和 TORA 设计。

4. 按需路由协议

1) AODV

A. AODV 基本原理

AODV 是一种典型的按需驱动路由协议，该算法可被称为纯粹的需求路由获取系统，那些不在活跃路径上的节点不会维持任何相关路由信息，也不会参与任何周期路由表的交换。此外，节点没有必要去发现和维持到另一节点的路由，除非这两个节点需要进行通信。移动节点间的局部连接性可以通过几种方法得到，其中包括使用局部广播 Hello 消息。这种算法的主要目的是：在需要时广播路由发现分组一般的拓扑维护；区别局部连接管理(邻居检测)和一般的拓扑维护；向需要连接信息的邻居移动节点散播拓扑变化信息。

B. AODV 流程及特点

a. 广播发现机制

AODV 使用广播路由发现机制，依赖中间节点动态建立路由表来进行分组的传送。为了维持节点间的最新路由信息，AODV 借鉴了 DSDV 中的序列号的思想，利用这种机制就能有效地防止路由环的形成。当源节点想与另外一个节点通信，而它的路由表中又没有相应的路由信息时，它就会发起路由发现过程。每一个节点维持两个独立的计数器：节点序列号计数器和广播标识。源节点通过向自己的邻居广播 RREQ(route requests)分组来发起一次路由发现过程。

b. AODV 反向路由的建立

在 RREQ 分组中包含了两个序列号：源节点序列号和源节点所知道的最新的目的序列号。源节点序列号用于维持到源的反向路由的特性，目的序列号表明了到目的地的最新路由。当 RREQ 分组从一个源节点转发到不同的目的地时，沿途所经过的节点都要自动建立到源节点的反向路由。

节点通过记录收到的第一个 RREQ 分组的邻居地址来建立反向路由，这些反向路由将会维持一定时间，一该段时间足够 RREQ 分组在网内转发以及产生的 RREP 分组返回源节点。当 RREQ 分组到达了目的节点，目的节点就会产生 RREP 分组，并利用建立的反向路由来转发 RREP。

c. AODV 正向路由的建立

RREQ 分组最终将到达一个节点，该节点可能就是目的节点，或者这个节点有到达目的节点的路由。如果这个中间节点有到达目的节点的路由项，它就会比较路由项里的目的序列号和 RREQ 分组里的目的序列号的大小来判断自己已有的路由是否是比较新的。

如果 RREQ 分组里的目的序列号比路由项中的序列号大，则这个中间节点不能使用已有的路由来响应这个 RREQ 分组，只能是继续广播这个 RREQ 分组。中间节点只有在路由项中的目的序列号不小于 RREQ 中的目的序列号时，才能直接对收到的 RREQ 分组做出响应。如果节点有到目的地的最新路由，而且这个 RREQ 还没有被处理过，这个节点将会沿着建立的反向路由返回 RREP 分组。

这种方法有效地抑制了向源节点转发的 RREP 分组数，而且确保了最新及最快的路由信息。AODV 中规定，源节点将在收到第一个 RREP 分组后，就开始向目的节点发送数据分组。如果以后源节点了解到更新的路由，它就会更新自己的路由信息。

2) TORA 路由协议

A. TORA 路由基本原理

TORA 是一种源初始化按需/先验自组织路由协议，它采用链路反转(link reversal)的分布式算法，通过路由高度(router height)机制创建从源节点到目的节点的有向无环图，适合高动态移动多跳无线网络。TORA 能够发现并维护多条路由，但在为业务分组进行路由选择时并没有充分利用多条路径的信息，可能使得关键路径上的中间节点负荷繁重，从而导致路由延时增大、分组投递率降低以及中间节点能量过度消耗。作者提出的 M-TORA 协议是在经典 TORA 路由协议的基础上，通过修改路由选择策略形成的一种多径路由算法。M-TORA 协议在路由选择过程中综合考虑路由跳数与下行链路节点的 MAC 层缓存队列长度，从而能够更好地选择合适的下一跳。

B. TORA 路由机制

TORA 路由机制可以用水从高山上流下的过程来比喻。水道代表节点间的链路，水道的转接处代表节点，水流代表分组，每个节点有一个相对于目的节点的路由高度，用作计算路由方向的度量。当相邻两节点能够直接通信时，具有较小高度值的节点被视为下行链路，TORA 规定被路由的数据分组只能沿着下行链路传递，因此避免了路由环路的出现。

通过路由高度机制，TORA 实现了多跳网络的分布式路由选择，可支持多条路由并能够避免路由回路。TORA 协议由路由建立、路由维护和路由删除 3 部分构成。

6.2.2 基于 AODV 路由优化设计

1. 现有 AODV 测试结果

AODV 是一种按需路由协议，一般用于拥有数十个到上千个移动节点的自组织网络。该协议能应付低速、中等速度以及相对高速的网络速度。在实际使用中，AODV 一般仅用于节点间可以互相信任的网络，为了提升网络的测量性和效能，AODV 设计成尽量降低控制信息的流量，以减少对数据流量的影响。

AODV 网络中数据包投递成功率试验结果如图 6-25 所示，在相同的无线组网拓扑并保证每次数据包经过三次转发的情况下，分别设置无线节点路由信息有效时间为 3s 和 10s，测试 5min 内数据包从源节点成功发送到目标节点的概率，当每秒发送的数据包达到 200B 以上时，两种路由有效时间下的数据发送成功率有较大区别。

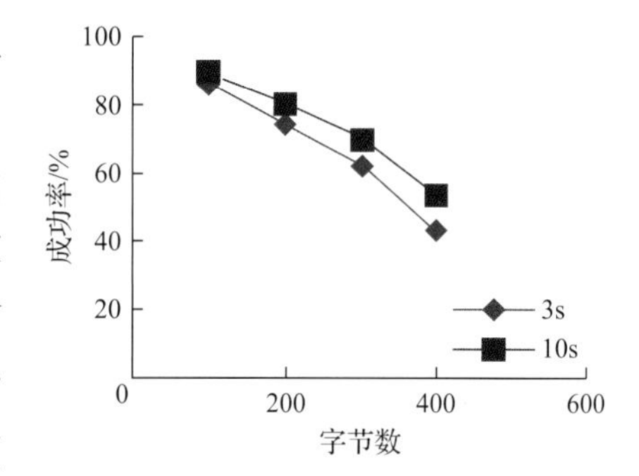

图 6-25 AODV 网络中数据包投递成功率试验结果

因此基于 AODV 标准路由协议，结合煤矿井下应用需求提出了一种低速自组网拓扑结构，并针对这种拓扑类型设计了一种对路由信息有效时间的优化算法。

2. 仿真环境

研究使用 NS2 软件作为网络仿真平台。NS2 是一款面向对象的开源仿真软件，具有配置灵活、库函数功能调用方便、扩展功能强大等特点。

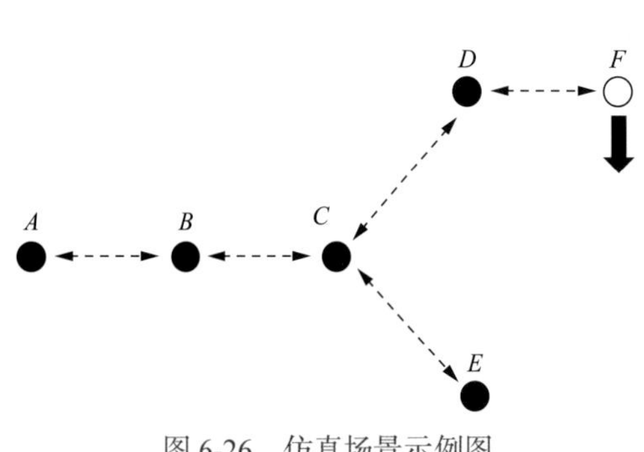

图 6-26　仿真场景示例图

具体仿真场景如图 6-26 所示，在 600m×400m 的长方形区域内共存在 *A*、*B*、*C*、*D*、*E*、*F* 六个无线节点，其中 *A*、*B*、*C*、*D*、*E* 五个节点为路由节点，*F* 节点为终端节点。每个无线节点与相邻节点的最大无线连接距离为 200m，初始状态下各节点间按照图 6-26 中的虚箭头线进行网络连接，建立网络连接的相邻节点之间的距离均为 100m。无线网络 MAC 层协议选择 IEEE 802.16.4，路由协议将会分别采用标准 AODV 和算法优化后的协议进行两次测试，对两次仿真测试的结果进行比较分析获得算法优化的结果。当仿真开始以后，*F* 节点会从与 *D* 节点平行的位置以每秒 2m 的速度向下移动，持续移动 150s，在此期间，*A* 节点向 *F* 节点持续发送数据包，每个数据包大小为 100B，分别测试 100B/s、200B/s 和 400B/s 三种数据传输速率情况下的数据包投递成功率，通过数据包投递成功率可以判断出当前网络中数据流量的传输效率。

3. 仿真结果及分析

在本次仿真测试中，选择标准 AODV 时路由信息有效时间固定为 10s，选择算法优化后的协议时路由信息有效时间则通过节点的无线负载系数计算得到，最终仿真结果如图 6-27～图 6-29 所示。

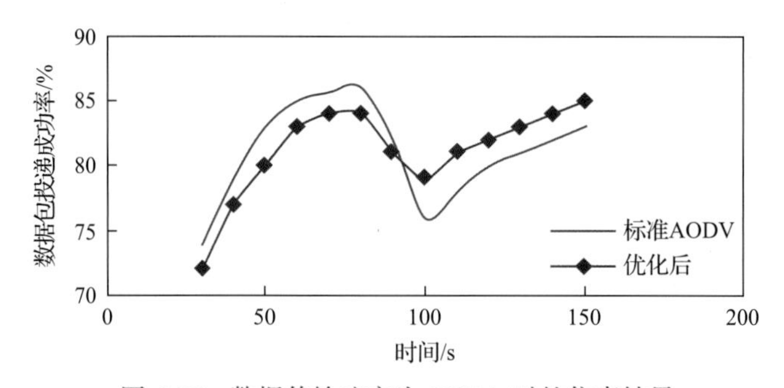

图 6-27　数据传输速率为 100B/s 时的仿真结果

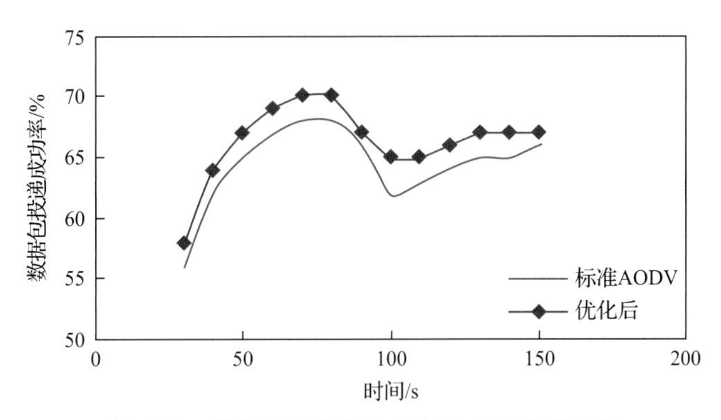

图 6-28 数据传输速率为 200B/s 时的仿真结果

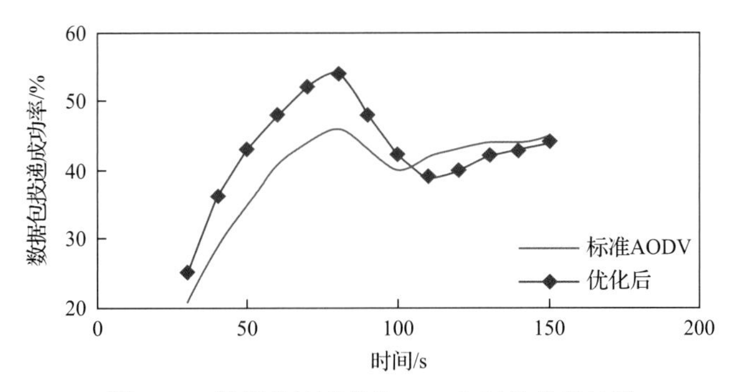

图 6-29 数据传输速率为 400B/s 时的仿真结果

根据仿真结果可以看出，当 *F* 节点与 *D* 节点距离超过 200m 后，*A* 节点无法通过 A→B→C→D→F 的路由路径传输数据包，因此数据包投递成功率会明显下降。当数据传输速率为 100B/s 和 200B/s 时，经过算法优化后的协议与标准 AODV 相比数据包投递成功率波动相对更小，当数据传输速率为 400B/s 时，优化后的协议相比标准 AODV 数据包投递成功率有明显提升。

基于仿真结果可以得出结论，应用通过无线负载系数实时优化路由信息有效时间的方式可以使数据包投递成功率更加稳定，特别是当数据包传输速率较高的情况下可以有效提升数据包投递成功率。

6.2.3 无线自组网基站及节点样机设计

1. 无线自组网基站

1) 无线自组网基站参数

无线自组网基站主要包含 4 个天线、1 个电源接口、1 个以太网接口、2 个备用口。采用无线自组网模块设计，该模块具备多级连跳、组网覆盖一体化的能力，每跳无线网络的带宽损耗低于 3%，数据延时损耗小于 20ms，支持 15 跳以上的无线组网，其主要参数如表 6-24 所示。

表 6-24 无线组网参数

主控方案	MT76XXA RT30XX	
存储器(Memory)	64MByte DDR2	
Flash	8MByte	
接口	2×RJ-45(10/100Mbps)	
	1×复位按键(复位和出厂默认值)	
	1×Power DC Jack	
数据速率/Mbps	11b：11，6.5，2，1	
	11g：54，48，36，24，18，12，9，6	
	11n：6.5，13，13.5，19.5，26，27，39，40.5，52，54，58.5，65，81，108，121.5，135，150，270，300	
传输方式	直接序列扩频(DSSS)	
标准	IEEE 802.11n，IEEE 802.11g，IEEE 802.11b，IEEE 802.3U	
频率范围	2412～2472MHz	
支持协议	CSMA/CA，TCP/IP，DHCP，HTTP，TELNET，TFTP，ICMP	
功耗	＜18W	
电源方案	电源适配器 12V/1.5A	
射频 MT76XXA		
频率	2412～2472MHz	
连接速度	300Mbps	
输出功率	802.11b	25dBm @ 1～11Mbps
	802.11g	24dBm @ 6～24Mbps
	802.11n	24dBm @ MCS0～2/MCS8～10
接收灵敏度	802.11b	–82dBm @ 11Mbps
	802.11g	–74dBm @ 54Mbps
	802.11n(2.4GHz)	–70dBm @ MCS7
射频 RT30XX		
频率	2412～2472MHz	
连接速度	300Mbps	
输出功率	802.11b	22dBm @ 1～11Mbps
	802.11g	21dBm @ 6～24Mbps
	802.11n(2.4GHz)	19dBm @ MCS0～2/MCS8～10
接收灵敏度	802.11b	–85dBm @ 11Mbps
	802.11g	–72dBm @ 54Mbps
	802.11n(2.4GHz)	–68dBm @ MCS7

注：CSMA/CA 表示带冲突避免的载波感应多路访问；TCP/IP 表示传输控制协议/互联网协议；DHCP 表示动态主机配置协议；HTTP 表示超文本传送协议；TELNET 表示远程上机；TFTP 表示简易文件传送协议；ICMP 表示互联网控制报文协议。

2) 无线自组网基站主要技术指标

A. 供电参数

(1) 额定工作电压：18V DC；

(2) 工作电流：≤0.9A。

B. 网口

(1) 接口数量：2路；

(2) 传输方式：全双工 TCP/IP 以太网电信号传输；

(3) 传输速率：100Mbps；

(4) 信号工作电压峰值：1～5V；

(5) 传输距离：100m[使用 MHYV4×2×(1/0.97mm^2)矿用通信电缆]。

C. 光口

(1) 接口数量：2路；

(2) 传输方式：全双工 TCP/IP 以太网光信号传输；

(3) 传输速率：100Mbps；

(4) 光发射功率：–15～0dBm；

(5) 光接收灵敏度：–25dBm。

D. 无线通信

(1) 通信协议：IEEE 802.11b/g；

(2) 调制方式：正交频分复用(OFDM)、DSSS；

(3) 工作信道：1～11；

(4) 工作频率：2400～2483MHz；

(5) 发射功率(天线前)：–30～10dBm；

(6) 接收灵敏度：–75dBm；

(7) 有效通信距离：200m(空旷无障碍)。

E. 天线

(1) 天线接口数量：4个；

(2) 标称增益：14dBi。

2. 无线自组网节点

1) 无线自组网节点结构

无线通信节点选用中煤科工集团常州研究院有限公司规定的标准外壳，即 KJF80.2A 的外壳，该外壳为塑料材质，对无线通信节点内置的天线发射信号影响较小。无线自组网节点外观结构图如图 6-30 所示。

2) 无线自组网节点参数

无线通信节点采用 Jennic 第四代 JN5168 无线控制器。该控制器是一款超低功耗、高性能的无线 SOC 模块，其内部集成了 IEEE 802.16.4 兼容的 2.4GHz 射频收发器，具有

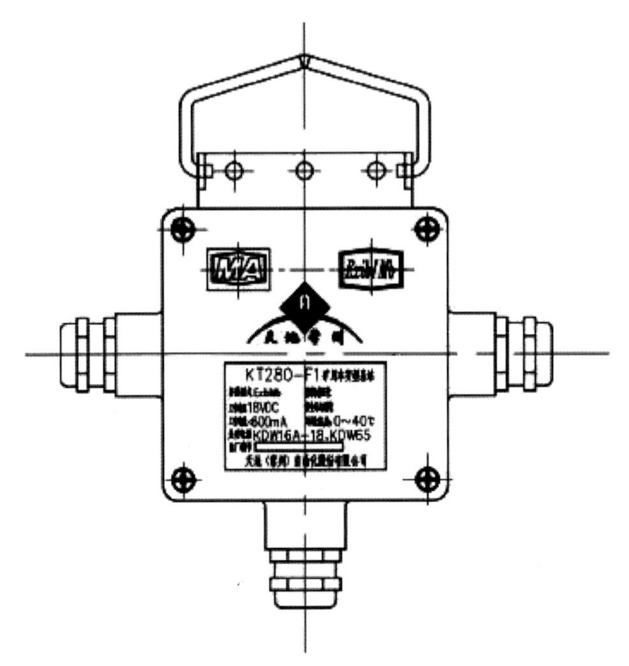

图 6-30 无线自组网节点外观结构图

高性能的中央处理器(CPU)、超低功耗、大容量存储、优异 RF 性能等特点。JN5168 兼容 IEEE 802.16.4、JenNet-IP、ZigBee Light Link、ZigBee Smart Energy 和 RF4CE 等多种网络协议栈，支持点对点、星形网络、树形网络、网状网络等组网方式，能够满足各种标准以及非标准的网络拓扑需求，具有一个平台、多种方案的优势与特点。

设计选用的 JN5168-002-M05(高功率模块)的主要参数如下。

(1)可视距离：<2km；

(2)M05：uFI 连接器(16×30mm)；

(3)发射功率：+9.5dBm；

(4)接收器灵敏度：–96dBm；

(5)TX 电流：35mA；

(6)RX 电流：22mA；

(7)工作电压：2.0～3.6V。

无线通信节点在 JenNet-IP 无线网络协议栈的基础上进行开发，该软件的特性包括：

(1)支持 JenNet 无线树形网络；

(2)经过一个 IPv6 用户数据报协议(UDP)套接字层的套接字信息和数据传输服务；

(3)提供一个支持 IPv6 标准的 UDP 套接字层和数据传输服务；

(4)支持包分段和重组功能(大型 IP 包必须进行拆分，以多个 IEEE 802.16.4 帧的形式来传输)；

(5)IP 层通过一个无线个人区域网-局域网(WPAN-LAN)边界路由器(border-router)实现 6LoWPAN 无线网络和以太网之间的中继路由功能；

(6) 支持单播、多播和广播寻址。

3) JenNet-IP 协议栈的构成

JenNet-IP 协议栈结构图如图 6-31 所示。物理层和 MAC 层是基于 IEEE 802.16.4 标准，而网络层则较复杂，分别由 JenNet、6LoWPAN、IP、用户数据报协议(UDP) 组成，应用层通过 JIP 所定的应用程序接口(API)函数实现对网络层的访问从而完成通信功能。

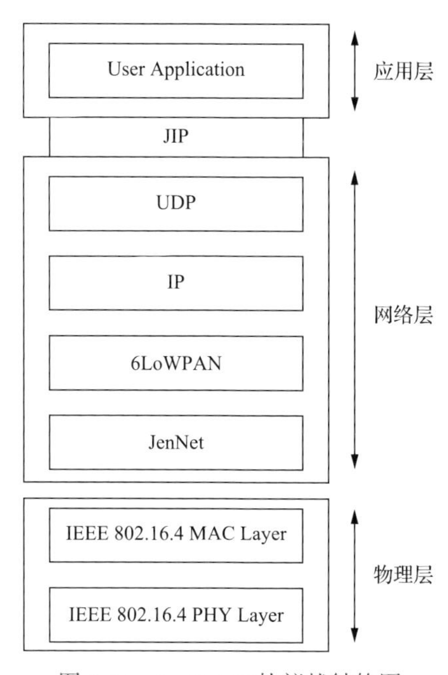

图 6-31 JenNet-IP 协议栈结构图

4) 无线自组网节点主要技术指标

A. 供电

(1) 工作电压：18V DC；

(2) 工作电流：≤1000mA。

B. RS485 接口

(1) 接口数量：1 路；

(2) 传输方式：RS485 信号；

(3) 传输速率：9600bps；

(4) 信号工作电压峰值：3～10V；

(5) 传输距离：300m(使用煤矿用通信电缆，单根线横截面积不小于 1.0mm^2)。

C. 以太网电口

(1) 接口数量：1 路；

(2) 传输方式：全双工 TCP/IP 以太网电信号传输；

(3) 传输速率：100Mbps；

(4) 信号工作电压峰值：1～5V；

(5)传输距离：3m(使用 MHYV4×2(1/0.97mm^2)通信电缆)。

D. 无线传输参数

(1)通信协议：IEEE 802.16.4；

(2)频率范围：(2405±3)MHz；

(3)发射功率：–25～0dBm；

(4)接收灵敏度：–75dBm；

(5)传输距离：80m(空旷无障碍)。

6.3 关键区域设备非接触供电及数据传输技术与装备

在非接触供电及传输技术的研究中，通过对电磁波功率、频率在瓦斯爆炸性气体环境下对本安型火花能量的影响及非接触供电调制技术的研究，开发矿用非接触供电调制装置；在矿用本安型电源技术的研究基础上，开展无线电能接收技术的研究，解决电能拾取装置的小型化、本安化等煤矿井下适用性问题，实现关键区域内终端设备的按需灵活取电；通过对 ZigBee 、6LoWPAN、WiFi、RS485、CAN、以太网等多种制式数据的解调转换传输技术的研究，开发透明传输网关，结合电力载波调制信号在矿用电力电缆中的传输特性、信号中继及抗干扰技术的研究，实现传感数据透明接入及共网可靠传输。

研究开发了矿用非接触供电调制装置、取电装置、电力载波传输装置及透明传输网关 4 类传输设备，实现多元制式数据透明接入及共网可靠传输。

6.3.1 矿用非接触供电及电力载波技术研究

按照频率、功率两因素进行分类，在低频、大功率、非接触供电应用中开展电能有效传输距离、对外能量辐射、火花点燃安全等技术的研究。在高频、小功率、非接触供电应用中开展电能有效传输距离、传输效率、火花点燃安全等技术的研究(图 6-32)。

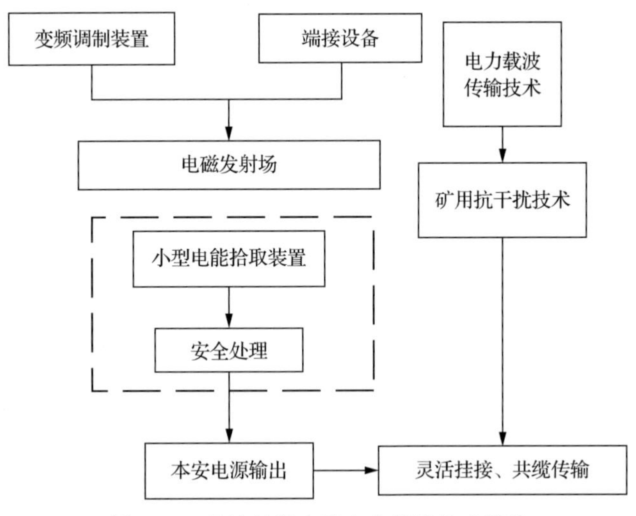

图 6-32 非接触供电及电力载波技术路线

1. 非接触供电调制装置研究

对非接触供电技术进行调研，分析各功能模块的技术实现方式以及国家防爆标准对该项技术的要求等；利用高频电磁调制和能量耦合接收技术，在 100kHz 频率下针对 10cm 的间距实现 10W 功率传输，并且满足《爆炸性环境 第 1 部分：设备 通用要求》(GB 3836.1—2021) 中 6.6 电磁能辐射设备规定。

利用变频调制技术，在 1kHz 情况下完成了非接触供电调制功能模块的设计及验证工作。通过为耦合感应线圈增加磁芯、改变磁芯窗口面积和材质、调整线圈匝数等措施提高电能拾取装置的输出功率，将拾取器输出能量转化为恒电压电源输出，实现 18V/0.2A 输出。

在供电调制装置的设计中，设计采样硬件波形合成和比例积分微分(PID)控制，采用硬件和软件结合的功率器件保护方式，保护迅速可靠，如图 6-33 所示。高频正弦脉宽调制(SPWM)的硬件调整技术反应速度快，输出稳定，利用大功率场效应管驱动，运行可靠，过载能力强，可适用于阻性、感性、整流性等各种负载，结合现场使用特性，产品设计具有过热、过流、短路等异常状况保护功能，具有参数记忆功能、快捷键操作方式，使用简单方便，电源电压在线可调，输出频率可任选，采用高亮 LED 显示，清晰醒目，可视角度大，方便生产线使用，具有 RS485 通信接口等功能。

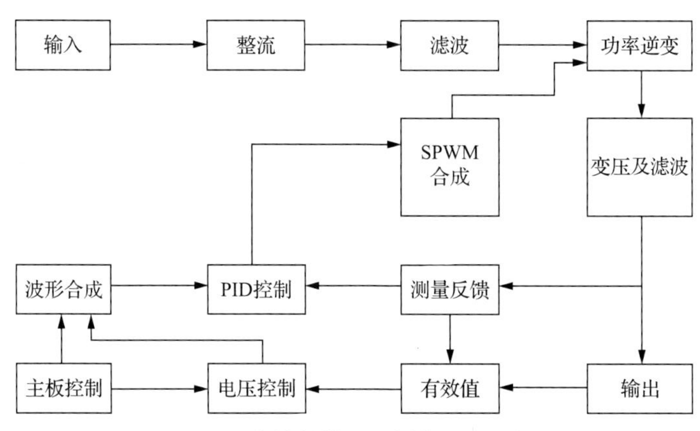

图 6-33 非接触供电调制装置原理框图

1) 整流滤波电路

调制装置在 660V 电压等级下工作，为提高整流电路的负载调整能力，并联有大容量的电容。根据电容两端电压不能突变的特性，在上电瞬间，电容两端类似处于短路状态，会产生很大的瞬态电流。在整流桥后串接 100Ω 限流电阻，将瞬态电流值限制在 12A 以内，以保护整流桥免受瞬态电流冲击。在限流电阻两端并接一个晶闸管，当电容完成充电后，由控制电路发出指令，晶闸管导通将限流电阻短路，以提高电路的转换效率(图 6-34)。

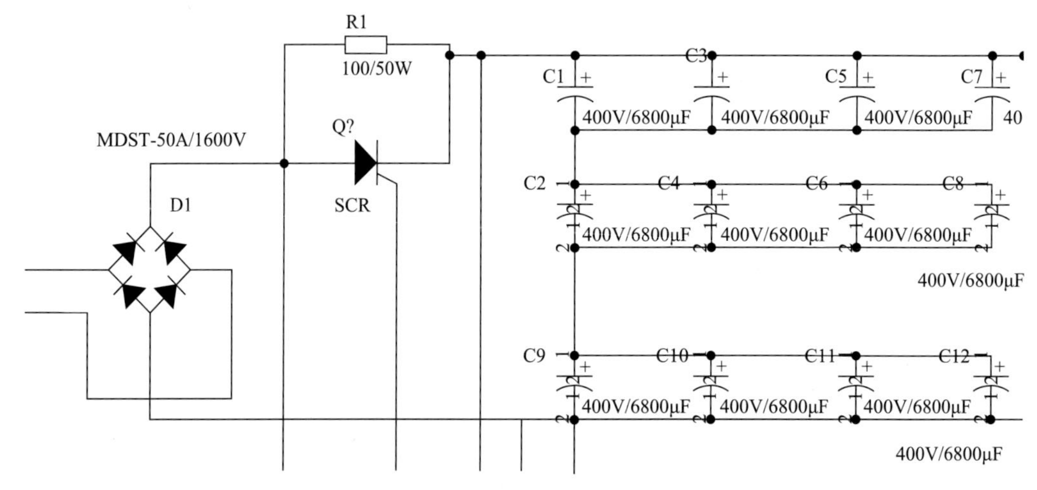

图 6-34 整流滤波电路原理图

2) IGBT 调制及驱动电路

变频调制主电路采用 IGBT 进行控制，具有输入阻抗高、开关频率高、工作电流大等特点，具有一个 2.5～6.0V 的阈值电压，有一个容性输入阻抗，因此 IGBT 对栅极电荷集聚很敏感。故驱动电路必须可靠，要保证有一条低阻抗值的放电回路，同时驱动电源的内阻一定要小，即栅极电容充放电速度要快，以保证 VGE 有较陡的前后沿，使 IGBT 的开关损耗尽量要小(图 6-35)。

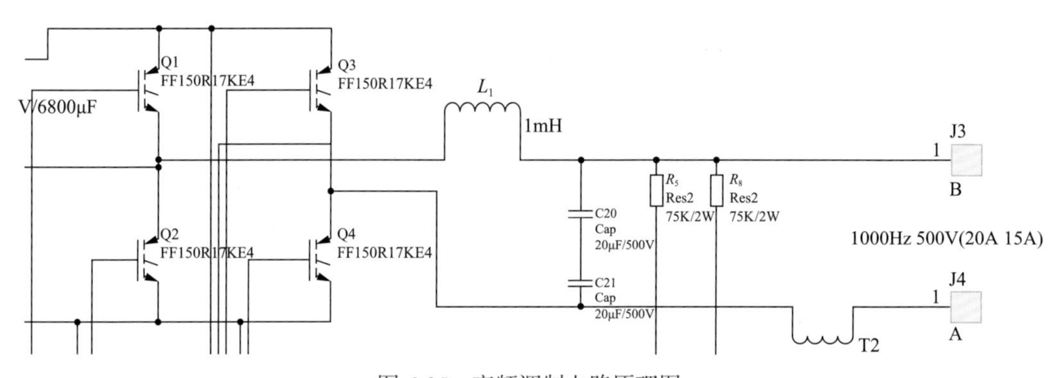

图 6-35 变频调制电路原理图

利用 IGBT 模块 FF150R17KE4 组成全桥调制电路，将直流电压调制成 1000Hz 的方波交流电压，再通过 LC 电路进行整形，实现正弦波输出。

3) 电流限制电路

主控板根据电流检测电路反馈的输出电流值，实时调控 IGBT 的驱动电路，调制电源的输出电压，以实现对输出电流的限制，保证电缆的能量场(表 6-25)。

表 6-25 调制装置技术指标

型号	KDY660/500
输入电源	660V±165V AC，50Hz
输出电压范围	单相：1.0～500.0V，分辨率 0.1V
输出频率/Hz	1000
频率稳定度/%	≤0.1
电压稳定度/%	≤1
输出电流限制值	15A/20A AC
供电覆盖范围/km	3
失真度/%	≤3(阻性负载)
波峰系数	1.41±0.10
源电压效应/%	≤1
负载效应/%	≤1
效率/%	≥80
预置功能	输出电压，输出频率，输出电压上、下浮动百分比预置
快捷功能	常用电压、频率转换，输出电压上下浮动选择
报警功能	保护装置动作后发出报警(声光)信号，显示故障代码
过载能力	15s、5s 过载保护
过热保护/℃	85±5
工作环境	温度：0～40℃；相对湿度：20%～90%(40℃)
连续运行条件	P 输出≤1.0P 额定/I 输出≤1.0I 额定
15s 内关断输出	1.0P 额定<P 输出≤1.1P 额定/1.0I 额定<I 输出≤1.1I 额定
5s 内关断输出	1.1P 额定<P 输出≤1.5P 额定/1.1I 额定<I 输出≤1.5I 额定
立即关断输出	1.5I 额定<I 输出(10～20kVA)

2. 非接触供电取电装置研究

非接触供电的取电及供电原理框图如图 6-36 所示，电源主要包括滤波及保护电路、开关电源、充放管理、升压变换及两级安全栅等部分。

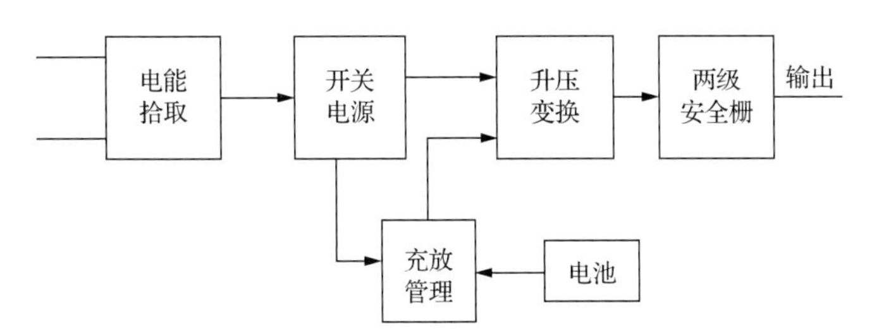

图 6-36 非接触供电的取电及供电原理框图

其中充电管理电路中的充电电路采用 BUCK 电路，图 6-37 是 BUCK 电路的经典模型。图 6-37 中 K 表示开关管、L 表示电感、D 表示二极管、C 表示电容、R 表示负载、U_i 表示输入电压、U_o 表示额定输出电压、I_o 表示额定输出电流。BUCK 电路的功能：把直流电压 U_i 转换成直流电压 U_o，实现降压的目的。

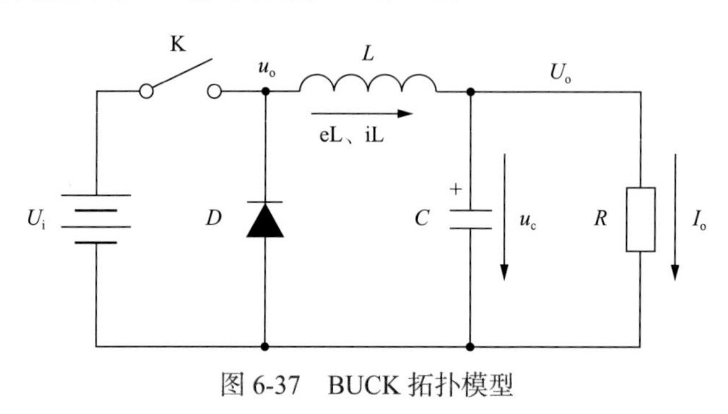

图 6-37 BUCK 拓扑模型

反激式变换器的工作原理：主开关管导通时，二次侧二极管关断，变压器储能；主开关管关断时，二次侧二极管导通，变压器储能向负载释放。变换器中变压器起隔离和变压作用。

矿用电源在产品的安全性方面需对电源电路增加如下的一些特殊安全性要求设计：

(1) 出于安全方面考虑的一些电路设计，如电路中对温度的保护、电路中出现一级故障不能影响安全的保护电路设计。

(2) 隔离变压器、隔离电容的设计，安全性需满足《爆炸性环境 第 4 部分：由本质安全型“i”保护的设备》(GB 3836.4—2010) 标准中的要求。

安全栅电路的工作原理框图如图 6-38 所示，电源主要包括电流检测电路、触发单稳电路、控制电路、开关管 (Q) 、可靠检流电阻 (RS) 等部分。为增加电路的抗扰性和带载能力需在传统的电路中增加滤波和软启动电路。

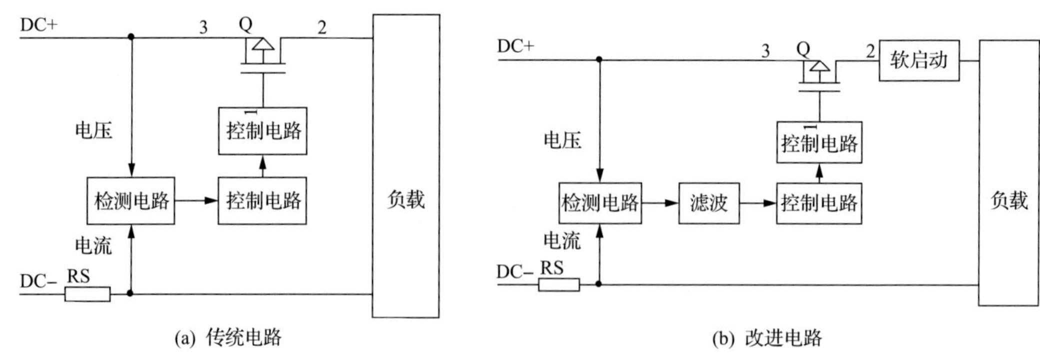

图 6-38 安全栅电路的工作原理框图

为保证矿用电源的安全性，在设计变压器时要考虑以下几点：

(1) 需在变压器输入、输出绕组间增加接地铜箔，铜箔屏蔽应设置两根结构上分开的接地导线，其中每一根导线应能承受熔断器或断路器动作之前流过的最大持续电流，并且变压器输入、输出与铜箔之间的耐压需达到 2U+1000(最低不低于 1500V AC)的工频耐压；

(2) 输入与输出绕组间耐压需达到 2U+1000V AC(最低不低于 1500V AC)的工频耐压；

(3) 输入绕组导线应能承受熔断器或断路器动作之前流过的最大持续电流。

在《爆炸性环境 第 4 部分：由本质安全型"i"保护的设备》(GB 3836.4—2010) 明确规定：对于可靠布置的隔离电容器，两个串联电容器中的任一电容器都可认为会发生短路或开路故障，且该组件的电容量应取任一电容器的最不利值。因此，在满足耐压要求的基础上在输入、输出到地之间或输入与输出之间使用的电容都必须串联两个或两个以上，因此，在使用隔离电容时需参考图 6-39 中的电路设计，其中 L 和 N 表示交流输入，VOUT+和 VOUT–分别表示输出正和输出负。

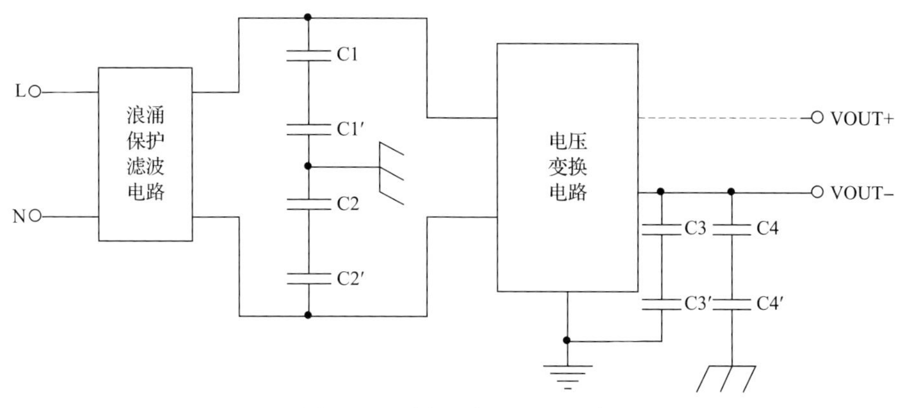

图 6-39 隔离电容的特殊设计

充放管理部分包括了恒流充电电路设计、充放电管理电路设计、镍氢电池单体检测电路设计等。

因此，根据上述要求设计了镍氢电池智能充电管理系统，具体功能框图如图 6-40 所示。该系统主要由充放模块、电池组、检测模块、智能控制单元组成，其原理为：检测模块采集电池组的电压、温度、电流等数据，再由智能控制单元进行数据处理和分析，然后分析结果对系统中的充放模块发出管理、控制指令。电池组将采用 6 节串联、容量为 4.5Ah 的镍氢电池。

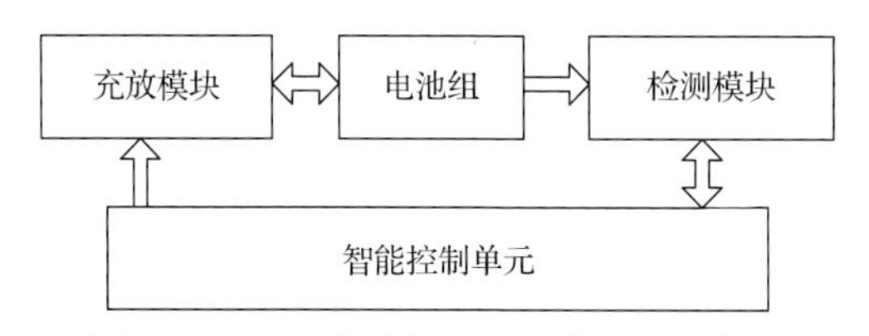

图 6-40 镍氢电池智能充电管理系统框图

项目研究开发的取电装置样机如图 6-41 所示，其主要技术参数如表 6-26 所示。

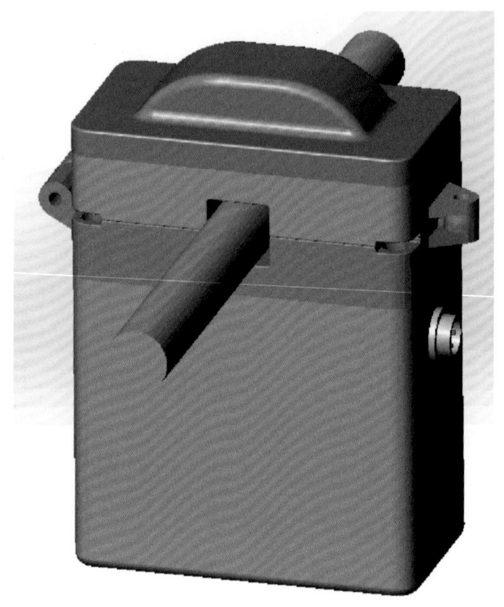

图 6-41 取电装置样机

表 6-26 非接触供电调制样机主要技术参数

取电装置及电源	输出电压	18V DC
	保护电流	≤0.8A
	输出功率	15A 调制状态下≥5W
		20A 调制状态下≥6.5W
	本安参数	U_o：19V；I_o：1A

3. 电力载波传输装置研究

针对煤矿井下使用的可行性分析及技术本身的优缺点，对电力线通信(PLC)电力线传输模块、甚高比特率数字用户线(VDSL)传输模块、同轴电缆传输(ethernet over cable)传输模块进行了详细的功能测试、传输距离测试、传输带宽测试以及各种抗干扰测试，选定利用第一代高速电力线网络的技术规范(HOMPLUG)协议、同轴电缆传输技术进行载波通信设计。

PLCi36G-Ⅲ-E 是专门为电力线介质作为通信信道而设计的扩频通信芯片。该芯片具有通信可靠性高、高效帧中继转发策略、信号强度指示、相位检测以及完善的网络数据通信协议集，并且具有低成本、低功耗、外围器件少等特点。

PLCi36G-Ⅲ-E 是实现基于电力线通信网络电子终端设备之间可靠的数据交换的核心芯片。其中，数据链路层(DLL)通信协议遵循高级数据链路控制通信协议，应用层通信协议完全兼容于《多功能电能表通信协议》(DL/T 645—2007)规范，在保证 DL/T 645—2007 协议完整性的前提下，扩充了 DL/T 645—2007 对网络数据通信的支持。

1) PLCi36G-Ⅲ-E 芯片的特点

采用集中式和分布式混合网络结构、主动接收技术，使路径更稳定、健壮，具有表号、报警事件自动上传功能，主动向 MCU 申请端口地址，合理高效地压缩算法，最大程度地压缩报文，以提高通信能力与稳定性，高效率前向纠错，BFSK 调制，半双工通信，码速率高达 20.8kbps，高效率的节点帧中继转发机制，支持七级路由深度，可编程的网络地址、地址过滤，提供有效的本地访问数据，接收信号强度权重参数指示，为中继搜索算法提供支持，提高通信系统稳定性，支持相位检测（需要本地交流电过零检测电路）及大数据量传输，应用数据（DL/T 645 数据域）可达 176 字节，五层网络体系结构物理层、数据链路层、网络层、传输层、应用层，其中，数据链路层协议规范是基于高级数据链路控制协议，应用层通信协议完全兼容于《多功能电能表通信协议》（DL/T 645—2007）规范，网络层集成 V2、V3、V3.5 版网络层通信协议。

2) 通信电路设计

A. 网络地址管理

在整个通信网络中，每个通信节点的网络地址是唯一的，其物理地址用 6 个字节来表示，并存储在外部的 I^2C 串行 E2PROM 中。

B. 185kHz 方波信号输出

由 PLCi36G-Ⅲ-E 内部产生的频率为 185kHz 的方波信号，通常作为通信系统模拟前端集成电路（IC）的本地振荡信号源。该信号的周期为 6.4μs，占空比为 1∶1，高电平为工作电源电压，是一个标准的频率为 185kHz 的方波信号。

如果使用它作为模拟前端 IC 的本地振荡信号源，推荐使用一个外部带通滤波器（L10、C28）来提取 185kHz 基频信号，抑制基频外的谐波分量。另外，需要根据模拟前端对本振信号幅度的要求，适当调整限流电阻 R38。典型的模拟前端本振信号形成电路如图 6-42 所示。

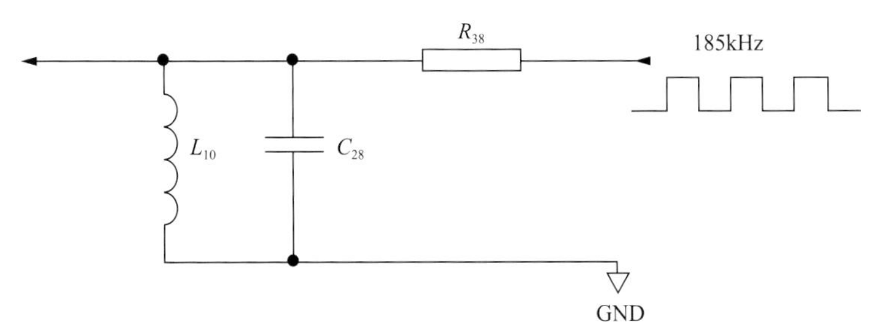

图 6-42　模拟前端本振信号形成电路

3) 终端设备数据输入 RX 和终端设备数据输出 TX

终端设备数据输入 RX 和终端设备数据输出 TX 端口是电力线载波通信系统与数据终端设备之间的唯一接口。RX 和 TX 工作在异步串行通信模式，数据使用不归零（non-return to zero, NRZ）码格式。

4) 数据通信标准

PLCi36G-Ⅲ-E 的数据终端通信协议是依据中华人民共和国电力行业标准《多功能电能表通信协议》(DL/T 645—2007)而设计，其目的是实现与遵循该标准的智能仪器仪表的无缝连接，简化整个系统的结构、降低系统的成本、提高系统的可靠性。其主要特点包括以下几点。

(1)字节格式：1 位起始位、8 位数据位、1 位偶校验、1 位停止位；

(2)通信速率：2400bps；

(3)数据通信协议：符合《多功能电能表通信协议》(DL/T 645—2007)中的规定。

5) 信号耦合电路

信号耦合电路是将载波通信单元与电力线连接的关键单元。其主要功能包括：滤除 220V AC/50Hz 的交流信号；抑制瞬时电压冲击(如雷击造成的过电压、电网电压的浪涌和尖峰电压及静电放电电压等)；能够高效率地将发射信号注入电力线，保证在电力线上的有效信号功率；对来自电力线上的有用信号实现最小的衰减和最佳接收；最大限度地抑制来自电力线上的噪声干扰，具有高通滤波的功能。

A. 电路组成

根据通信系统的载波中心频率 f_c=270kHz 的要求，信号耦合电路的设计如图 6-43 所示。

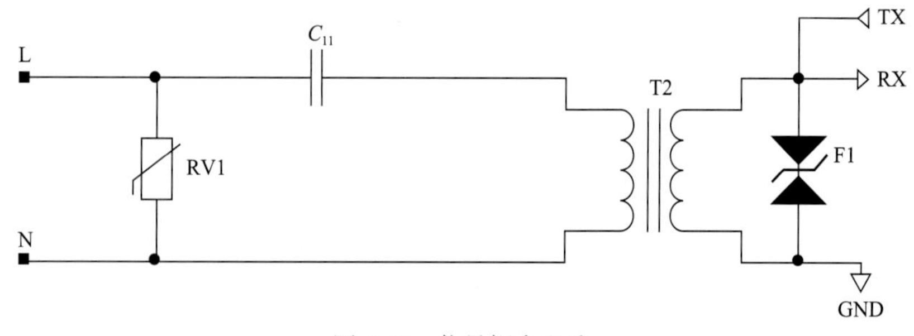

图 6-43　信号耦合电路

在信号耦合电路中，电容 C11 滤除交流 50Hz 信号，采用隔离变压器 T2 使电力线回路和通信单元安全隔离，并由电容 C11 和隔离变压器的次级线圈电感 L 构成高通滤波器。

B. 抑制瞬时电压冲击

瞬时电压冲击(包括雷击造成的过电压冲击、电网电压的浪涌和尖峰电压、某些用电设备所产生的尖峰干扰脉冲、工业火花及静电放电电压等)会对电路系统起到破坏和干扰作用。因此，必须采取严格的防护和抑制措施。在信号耦合电路中，采用氧化锌压敏电阻器件对瞬时电压冲击进行抑制。

6) 信号部分

A. 发送电路组成

电力线载波通信系统的信号发送部分由扩频调制信号输入、谐振功率放大器和信号耦合电路三部分组成。其主要任务是高效率地输出信号功率，并将载波信号有效地注入电力线。

B. 接收电路组成

信号接收部分由信号耦合电路、带通滤波器和模拟前端三部分组成，其主要功能是对来自电力线上的扩频通信信号进行有效的接收和模拟解调。信号接收电路原理图如图 6-44 所示。

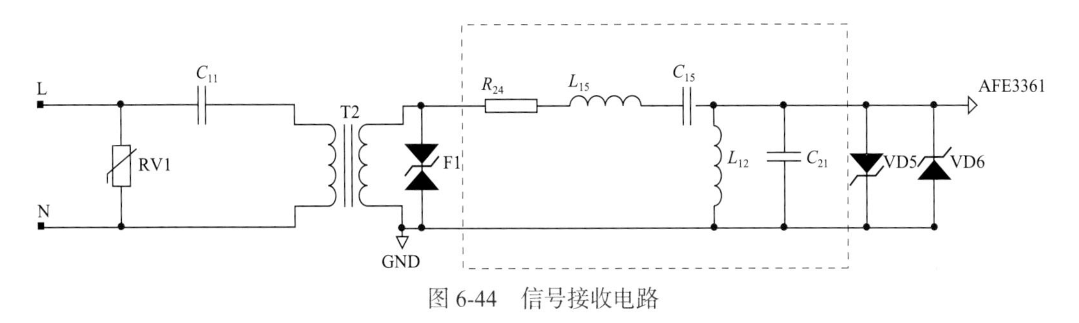

图 6-44 信号接收电路

7) 电力载波通信装置测试

试验设备：载波装置 2 台、通信电缆 1000m、电脑 2 台、工频磁场发生器，距离测试图见图 6-45。

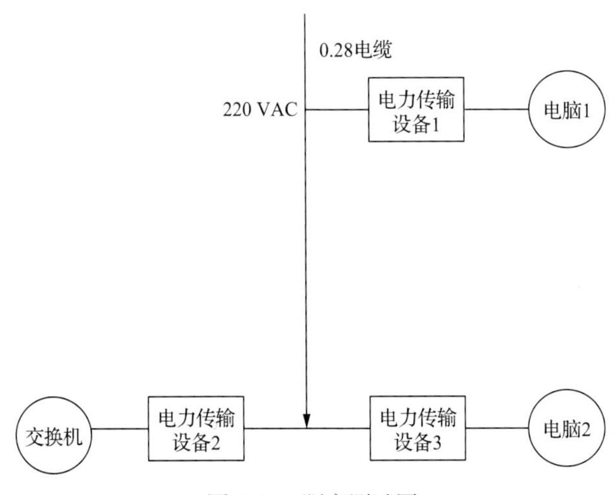

图 6-45 距离测试图

通过测试发现，电力线载波传输技术具备抗工频磁场干扰能力、抗群脉冲干扰能力，在 500m 的传输距离范围内带宽可达 6.3Mbps，在传输距离为 800m 时，带宽可以达到 1Mbps。

6.3.2 透明传输网关研究

透明传输网关主要研究内容包括：一是研究矿井有线通信网络和无线通信网络的相关技术和特点，其中有线通信网络包括工业以太网、RS485 和 CAN 总线，无线通信网络包括 ZigBee、6LoWPAN 和 WiFi 网络；二是综合矿井现有的各种子系统，根据煤矿生产中不同业务的需求，搭建矿井综合业务的泛在网络架构，确定异构网络融合网关的接入方式与设计要求；三是研究井下不同网络协议的异构性，突破多制式协议的瓶颈，实现 ZigBee、6LoWPAN、WiFi、CAN、RS485 和以太网等多种制式数据的解调、转换与传输，建立多网异构数据的融合传输新方法，统一多协议转换机制下的数据帧结构；四是设计异构网络融合网关的硬件平台和软件系统，网关采用分层的模块化设计方案，从功能结构上分为路由处理单元、融合接入处理单元、ZigBee 边界路由处理单元和 6LoWPAN 边界路由处理单元。最后，对网关的整体功能进行测试。

1）透明传输网关系统架构设计

透明传输网关系统架构框图如图 6-46 所示，系统的硬件设计主要由路由模块 MT7620A，节点主控模块 STM32、CC2650，以及通信模块如 RS232、RS485、CAN、ZigBee、6LoWPAN、LAN8720、ENC28J60 等组成。其中 RS232、RS485、CAN、ZigBee、6LoWPAN 模块分别与煤矿现有网络连接，实现原有通信设备共网接入。节点主控模块

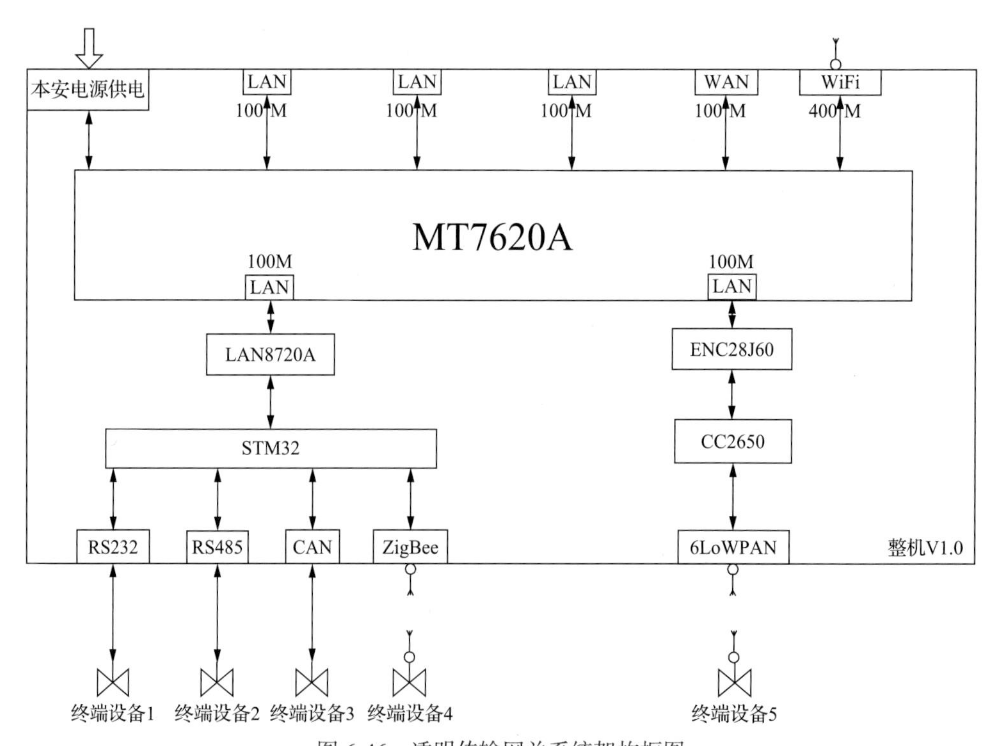

图 6-46 透明传输网关系统架构框图

STM32、CC2650 分别将多种网络协议和数据转换成以太网数据帧通过 LAN8720、ENC28J60 模块传输到路由模块 MT7620A。路由模块 MT7620A 运行融合转换仲裁机制将异构内网信息透明传输到上层井下环网或者因特网。

2) 硬件电路设计

路由模块 MT7620A 芯片集成了 CPU、基本频带、无线通信等功能，加上一些外围电路，很方便地完成无线路由设计。MT7620A 支持最新的 1T1R 802.11ac(433Mbps)及 2T2R 802.11n(300Mbps)标准，可建立总传输速度高达 733Mbps 的同步双频无线网络环境，使信息、语音及高画质影音传输各走各的频段而不互相干扰。在 MT7620A 中运行 OpenWrt 操作系统。OpenWrt 拥有强大的网络组件和扩展性，常常被用于工控设备、电话、小型机器人、智能家居、路由器等设备中。还可以更好地支持 IPv6，提供更好的 DHCPv6(一种运行在客户端和服务器之间的协议)服务，同时还能显著提升路由器的网络地址转换(NAT)和防火墙吞吐量，所以该芯片满足该任务开发所需的硬件要求。

节点主控选择 STM32F429IGT6。STM32F429 系列芯片采用的是 Cortex-M4 内核 32 位处理器，最高主频 180MHz，高性能且带数字信号处理器(DSP)和浮点处理单元(FPU)，1M Flash，数据安全和加密功能也得到增强。支持 RS232、RS485、CAN、通用异步接收发送设备(UART)、ETH 等多种外设。以 STM32F429 为核心，周围连接最小系统电路以及所需的多种接口模块。软件设计方面利用 MDK 进行程序编写，实现多协议数据的解调转换，最后转化成以太网的形式传输到路由模块。

Zigbee 网络部分采用 CC2530 作为硬件基础，利用 IAR 分别设计 Zigbee 协调器、终端节点的程序，最终组建 Mesh 型网络拓扑结构，协调器采集的数据通过 UART 与节点主控 STM32 相连，实现数据的解调转换。

6LoWPAN 网络部分采用 CC2650 作为硬件基础，在 Linux 系统环境中编写 Contiki 嵌入式操作系统。Contiki 对 TCP/IP 网络支持包括 IPv4 和 IPv6，还有 6LoWPAN 报文压缩、用于低功耗易丢失网络的 IPv6 路由协议(RPL)、受限应用协议(CoAP)应用层，已经成为无线传感器网络和物联网感知层低功耗无线组网协议研发和实验的主要平台。6LoWPAN 网络包含边缘节点、终端节点。

在接口模块器件选型方面，为了实现该课题无故障运行时间、抗干扰能力和防爆能力的要求，进行了多种接口模块测试，最后选择了广州立功科技股份有限公司的三种通信模块作为设备的通信接口模块。RS232 信号接收采用了 RSM232 模块，RS485 信号接收采用了 RSM485PCHT 模块，CAN 信号接收采用了 CTM1051KT 模块。三种模块隔离耐压值达到了 2500V DC，电磁辐射极低，电磁抗干扰极高，多项产品传输特性和电气特性均满足井下复杂环境使用的要求。

6.4 灾害前兆信息采集、解析及协同控制技术与装备

在采集、解析及协同控制技术研究中，制订、修订相关行业标准，统一关键区域内动力灾害前兆信息采集及传输协议；开发相应的区域控制装置，实现多元信息的采集

与解析；根据预警需求，按照既有逻辑实现智能路由、就地交互和区域协同控制，并将相关信息按需上传；最终形成“人、机、环境”多网融合的信息利用模式及区域协同控制。

区域控制器研究主要包括硬件电路、软件、控制逻辑及上位机软件、外观结构设计等内容。

1. 区域控制器硬件电路设计

区域控制器硬件电路设计包括：控制器核心板电路、控制器以太网通信电路、控制器 RS485 总线电路、控制器 CAN 总线电路、开关量采样输入电路等。

1) 控制器核心板电路设计

核心板选用低功耗的基于 TI 工业级 Cortex-A8 嵌入式微处理器 AM3352 构建。AM3352 是一款 TI ARM Cortex-A8 高性能处理器，主频最高可达 1GHz，运算能力为 1600DMIPS。集成 NEON（ARM 架构处理器扩展结构）协处理器，二级高速缓存，2 个具有集成 PHY 的高速 USB 接口，自带的 24 位 LCD 控制器和触摸屏控制器，分辨率高达 2048×2048。集成 2 个工业用千兆以太网 MAC（10/100/1000MHz），最多支持 6 个串口，2 个控制器局域网 CAN 总线端口，2 路多功能音频通道，多路 SPI、I^2C、定时器、脉宽调制（PWM）、直接存储器存取（DMA）、RTC 等常用外设等。核心板设计了 512M DDR3 SDRAM，256MB Flash 用来满足控制器数据存储与程序运行，完全满足控制器的设计要求。

2) 控制器以太网通信电路

控制器支持 2 路光口及 1 路电口通信接口。通过 AM3352 芯片自带的 2 个工业用千兆以太网 MAC（10/100/1000MHz），外接 AR8031 千兆网络芯片电路，实现 2 路光口以太网通信接口。通过更换光模块及配置 AM3352 内部 MAC 寄存器参数，可实现 2 路光口 100/1000M 通信速率切换。通过外接 DM9000PHY 芯片实现 1 路电口以太网通信接口。

3) 控制器 RS485 总线电路

RS485 总线采用平衡发送与差分接收的方式，具有抑制共模干扰的能力。在一些要求通信距离为几十米到上千米的时候，RS485 总线是一种应用最为广泛的总线之一。通过增加上下拉电阻以及匹配电阻，RS485 可实现无中继情况下最大 5km 传输距离。

控制器共支持 9 路 RS485 总线通信接口，其中 1 路基于 SN65LBC184 芯片实现与交换机 RS485 接口相连，可作为主通信，其余 8 路基于 MAX13487 芯片实现，作为从通信分别与传感器、读卡器等设备相连。控制器通过 CH438 八串口芯片扩展 8 路串口从而实现 8 路 RS485 通信接口。CH438 是八串口芯片，包含八个兼容 16C550 或者 16C750 的异步串口，支持最高 4Mbps 的通信波特率，可以用于单片机/嵌入式系统的 RS232 串口扩展、带自动硬件速率控制的高速串口、RS485 通信等。芯片具有完全独立的八个异步串口，兼容 16C550、16C552、16C554 及 16C750 并且有所增强。支持 5 个、6 个、7 个或者 8 个数据位以及 1 个或者 2 个停止位，支持奇、偶、无校验、空白 0、标志 1 等校验方式。可编程通信波特率，支持 115200bps 以及最高达 4Mbps 的通信波特率。内置 128 字节的先进先出(FIFO)缓冲器，支持 4 个 FIFO 触发级。

4) 控制器 CAN 总线电路

CAN 总线是控制线局域网络，是国际标准化组织(ISO)规定的串行数据通信协议。CAN 属于现场总线的范畴，是一种有效支持分布式控制或实时控制的串行通信网络。现场总线是当今自动化领域技术发展的热点之一，被誉为自动化领域的计算机局域网。通信介质是双绞线、同轴电缆或光导纤维；通信速率可达 1Mbps；CAN 总线通信接口中集成了 CAN 协议的物理层和数据链路层功能，可完成对通信数据的成帧处理。

控制器共支持 2 路 CAN 总线通信接口，实现与支持 CAN 总线通信的智能设备进行数据传输。

5) 开关量采样输入电路

控制器支持 8 路 1/5mA 或 4/20mA 开关量信号采集。通过硬件电路将电流信号根据电流强度转化为电平信号，再通过 STM32 芯片控制译码芯片对 8 通道开关量数据进行采集，并通过串口上传给控制器主控制单元。

6) 控制口输出电路

控制器支持 8 路控制口输出。控制信号由 STM32 单片机通过控制口输出电路模块产生。

7) SD 卡电路

控制器除了主板核心板上的存储模块外，还支持外接 SD 卡等大容量存储介质，从而可以实现长时间、密集记录异常事件等功能。将实时数据以一定的格式存储在数据存储器内，在通信恢复的时候再将数据发送到地面中心站，从而保证监控数据的连续性。

8) DC/DC 电源转换隔离电路

控制器的核心是嵌入式微控制器及各种集成块，对电源要求较高。为了提高分站的可靠性，在电路中设计了电源隔离变换单元。它主要由稳压和 DC/DC 电源转换隔离电路组成，主要功能是确保嵌入式微控制器、数字电路、模拟电路为核心的电路单元与电源间有效隔离，提高井下分站工作时的可靠性。

2. 区域控制器软件设计

通信模块主要完成接入控制器各系统上传数据采集(如瓦斯监控系统、人员定位系统等)，控制器之间的 RS485 通信、TCP/IP 通信，控制器与上位机服务器端的 RS485 通信及数据存储；控制模块主要完成对通信模块采集到的数据进行处理、分析并根据预先配置好的关联、控制逻辑实现控制及报警；显示模块采用虚拟键盘和外接鼠标方式，基于人机交互界面通过图标选项完成各线程采集数据、历史数据查询及显示当前关联系统之间控制的详细信息；时钟同步模块主要向接入控制器的各关联系统发送校时信息，以保证各系统时钟信息统一；配置参数生成模块主要完成区域控制器本机参数设置功能。

固件软件设计主要包括区域控制器主板系统运行环境搭建、RS485 通信协议栈设计、TCP/IP 通信协议栈设计、外设及接口驱动软件设计。

3. 区域控制器主板系统环境搭建

主要完成适合 IMX6 芯片运行的 Linux 系统环境的搭建，主要包括根文件系统制作、U-Boot 移植及 Kernel 内核移植三部分。

1）系统移植操作

描述：Busybox1.16.2 源码是制作根文件系统的根据，根据 FHS 的要求进行存放，根文件系统需要的命令、库文件等都需要 Busybox1.16.2 提供。根文件系统制作移植流程图如图 6-47 所示。

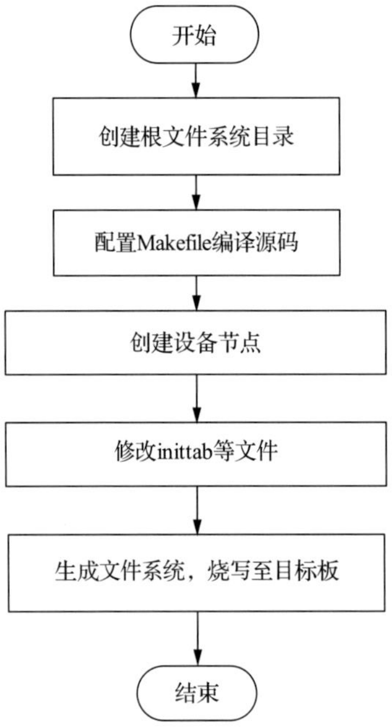

图 6-47　根文件系统制作移植流程图

2）RS485 通信协议栈设计

区域控制器与上位机及接入关联系统采用 RS485 进行通信，通信总线共有两条，分别与区域控制器的 UART0 和 UART1 口相连。

RS485 为两个通信口设计各自独立的通信线程，以减少 IO Driver 通信等待时间，因为 UART0 口和 UART1 口的通信在一个线程中会互相干扰。

3）TCP/IP 的套接字（Socket）编程接口设计

区域控制器之间或区域控制器与交换机通信之间均支持 TCP/IP 传输协议。

服务器端工作流程：

（1）使用 WSAStartup()函数检查系统协议栈安装情况。

（2）使用 Socket()函数创建服务器端通信套接口。

（3）使用 Bind()函数将创建的套接口与服务器地址绑定。

（4）使用 Listen()函数使服务器套接口做好接收连接请求准备。

（5）使用 Accept()接收来自客户端由 Connect()函数发出的连接请求。

（6）根据连接请求建立链接后，使用 Send()发送数据，或者使用 Recv()函数接收数据。

（7）使用 Closesocket()函数关闭套接口。

（8）最后调用 WSACleanup()函数结束 Winsock Sockets API。

客户端工作流程：

（1）使用 WSAStartup()函数检查系统协议栈安装情况。

（2）使用 Socket()函数创建客户端套接口。

（3）使用 Connect()函数发出与服务器建立连接的请求[调用前可以不用 Bind()端口

号，由系统自动完成]。

(4)连接建立后使用 Send()函数发送数据，或使用 Recv()函数接收数据。

(5)使用 Closesocket()函数关闭套接口。

(6)最后调用 WSACleanup()函数，结束 Winsock Sockets API。

4)主函数和控制逻辑函数设计

A. void main(void)

描述：主函数入口。

B. void Ctrol(void)

描述：控制、报警逻辑。

以瓦斯监控系统、顶板压力监测系统、人员定位系统、信息引导发布系统为例，当瓦斯监控系统或顶板压力监测系统采集数据出现异常时，首先执行配置的控制操作，如断电等。如果关联人员定位系统和信息引导发布系统，则会按照配置的关联条件，由人员定位系统采集到的人员位置信息做出正确的人员疏导，并由信息引导发布系统发出报警、指引等信息。

第 7 章　基于数据融合的煤矿典型动力灾害多元信息挖掘分析技术

7.1　井下传感器数据的多元海量动态信息的聚合理论与方法

基于煤矿动力灾害预警所涉及的时空、感知、生产、灾害等数据的大范围、多类型、多维度、多尺度、多时段等特征，综合利用经验模态分解和小波分析等技术，研究面向煤矿微震、地应力、瓦斯等监测数据的快速分析算法，实现面向数据特征的去噪、滤波、分解和频谱信息的快速提取，自动分析波形的频率、幅值、趋势和梯度的变化规律，提出基于特征保留的实时数据快速压缩感知方法和算法，建立统一维度及尺度的数据规范化模型和算法，实现数据的异构集成、有机聚合和规范化处理，建立煤矿典型动力灾害多元信息数据仓库，实现面向煤矿动力灾害预警的多元数据的特征保留、简约传输和存储。

7.1.1　基于变分模态分解与小波包的微震信号降噪滤波方法

岩石发生破裂时诱发微震，形成微震数据。然而，煤矿井下噪声污染严重，微震数据中包含了大量外部噪声，需将微震有效信号从噪声中分离出来。

目前常用的岩石破裂微震信号的降噪滤波方法有经验模态分解(EMD)、集成经验模态分解(EEMD)、小波分析等，这些方法运算速度慢、抗噪性能差、误判率高、拾取精度低、算法实时性不强。例如，EMD 在分解过程中会产生模态混叠现象，即分解得到的一个或多个本征模态函数(IMF)中包含差异极大的特征时间尺度，信号和噪声混叠在一个或多个 IMF 中，很难达到有效降噪滤波的效果。

针对现有技术中存在的上述技术问题，提出了一种基于变分模态分解(VMD)与小波包的微震信号降噪滤波方法，本方法克服了现有技术的不足，具有良好的降噪效果。基于 VMD 与小波包的微震信号降噪滤波方法包括以下步骤。

步骤 1，读取含噪微震信号的监测数据时序序列 $X(t)$，其中，$t=1,2,\cdots,T$。

步骤 2，对含噪微震信号 $X(t)$ 进行 VMD 分解，得到一系列变分模态分量。

步骤 3，对各变分模态分量进行频谱分析，根据模态主频范围以及频谱方差选取含有有效信号的模态。其中频谱方差求解的具体步骤如下：

(1) 分别对各个模态进行频谱分析，计算各模态频谱方差 $D_k(k=1,2,3,\cdots,6)$，具体包括如下步骤。

计算各个频谱分量的均值：

$$E=\frac{1}{N}\sum_{\omega=0}^{N-1}S(\omega) \tag{7-1}$$

式中，N 为每个模态的长度；$S(\omega)(\omega=0,1,2,\cdots,N-1)$ 为各频谱分量的值。

计算各模态频谱方差值：

$$D_k=\frac{1}{N}\sum_{\omega=0}^{N-1}[S(\omega)-E]^2 \tag{7-2}$$

(2)设定硬阈值 λ 来判定各个模态是否为有效信号：

$$\lambda=\max(D_k)/\beta \tag{7-3}$$

式中，$\max(D_k)$ 为模态中最大频谱方差；β 为设置的参数。若模态主频范围小于 50Hz 且 $D_k\geqslant\lambda$，则判定为有效信号，否则为噪声信号。

步骤 4，对选取的含有有效信号的模态分别进行小波包降噪，然后对降噪后的模态进行重构，得到 VMD 与小波包降噪后的微震信号。

在步骤 2 中，对含噪微震信号进行 VMD 分解，变分约束问题是寻求 k 个模态函数 $u_k(t)(k=1,2,3,\cdots,6)$，要求分解后的各个模态分量的估计带宽之和最小，且各模态之和等于含噪微震信号 X，具体的构造过程如下。

通过希尔伯特(Hilbert)变换，得到每个模态函数 $u_k(t)$ 的解析信号，目的是得到它的单边频谱：

$$\left(\delta(t)+\frac{j}{\pi t}\right)*u_k(t) \tag{7-4}$$

式中，$\delta(t)$ 为狄拉克(Dirac)函数；*表示卷积；$j^2=-1$。加入 $e^{-j\omega_k t}$，将各模态的频谱调制到相应的基频带：

$$\left[\left(\delta(t)+\frac{j}{\pi t}\right)*u_k(t)\right]e^{-j\omega_k t} \tag{7-5}$$

式中，$e^{-j\omega_k t}$ 为预估中心频率。

求取解调信号梯度的二范数，估计各模态带宽，则变分约束问题为

$$\min_{\{u_k\},\{\omega_k\}}\left\{\sum_k\left\|\partial_t\left[\left(\delta(t)+\frac{j}{\pi t}\right)*u_k(t)\right]e^{-j\omega_k t}\right\|_2^2\right\} \tag{7-6}$$

式中，$\sum_k u_k=X$，X 为含噪微震信号；$\{u_k\}=\{u_1,u_2,\cdots,u_k\}$ 为分解得到的 k 个变分模态分量；$\{\omega_k\}=\{\omega_1,\omega_2,\cdots,\omega_k\}$ 为 k 个变分模态分量的中心频率；符号 $\sum_k:=\sum_{k=1}^{k}$ 为所有变分模态分量之和。

对变分约束问题求解，引入增广拉格朗日将变分约束问题变为变分非约束问题，其表达式如式(7-7)所示：

$$
\begin{aligned}
L(\{u_k\},\{\omega_k\},\lambda) &= \alpha\sum_k\left\|\partial_t\left[\left(\delta(t)+\frac{j}{\pi t}\right)*u_k(t)\right]e^{-j\omega_k t}\right\|_2^2 \\
&+\left\|X(t)-\sum_k u_k(t)\right\|_2^2+\left\langle \lambda(t), X(t)-\sum_k u_k(t)\right\rangle
\end{aligned} \tag{7-7}
$$

式中，α 为二次惩罚因子；$\lambda(t)$ 为拉格朗日乘法算子；$L(\ )$ 为拉格朗日函数。

为寻求增广拉格朗日表达式式(7-7)“鞍点”的最小值问题，采用交替方向乘子法优化算法，通过交替更新 u_k^{n+1}、ω_k^{n+1} 和 λ^{n+1} 来寻求增广拉格朗日表达式的“鞍点”：

$$
\begin{aligned}
u_k^{n+1} &= \underset{u_k\in X}{\arg\min}\left\{\alpha\left\|\partial_t\left[\left(\delta(t)+\frac{j}{\pi t}\right)*u_k(t)\right]e^{-j\omega_k t}\right\|_2^2\right\} \\
&+\left\|X(t)-\sum_i u_i(t)+\frac{\lambda(t)}{2}\right\|_2^2
\end{aligned} \tag{7-8}
$$

式中，ω_k 等同于 ω_k^{n+1}；$\sum_i u_i(t)$ 等同于 $\sum_{i\neq k} u_i(t)^{n+1}$。

利用帕塞瓦尔/普朗歇尔(Parseval/Plancherel)傅里叶等距变换，将式(7-8)转变到频域：

$$
\begin{aligned}
\hat{u}_k^{n+1} &= \underset{\hat{u}_k, u_k\in X}{\arg\min}\left\{\alpha\left\|j\omega\left[(1+\operatorname{sgn}(\omega+\omega_k))\hat{u}_k(\omega+\omega_k)\right]\right\|_2^2\right. \\
&\left.+\left\|\hat{X}(\omega)-\sum_i \hat{u}_i(\omega)+\frac{\hat{\lambda}(\omega)}{2}\right\|_2^2\right\}
\end{aligned} \tag{7-9}
$$

式中，$\hat{X}(\omega)$ 为含噪微震信号 $X(t)$ 的傅里叶变换，$\hat{X}(\omega)=\frac{1}{\sqrt{2\pi}}\int_R X(t)e^{-j\omega t}\mathrm{d}t$，$j^2=-1$。

将式(7-9)第一项的 ω 用 $\omega-\omega_k$ 代替并写成非负频率区间积分形式：

$$
\hat{u}_k^{n+1} = \underset{\hat{u}_k, u_k\in X}{\arg\min}\left\{\int_0^\infty 4\alpha(\omega-\omega_k)^2\left|\hat{u}_k(\omega)\right|^2+2\left|\hat{X}(\omega)-\sum_i \hat{u}_i(\omega)+\frac{\hat{\lambda}(\omega)}{2}\right|^2\mathrm{d}\omega\right\} \tag{7-10}
$$

将式(7-10)中的第一项置零得到二次优化问题为

$$
\hat{u}_k^{n+1}(\omega)=\frac{\hat{X}(\omega)-\sum_{i\neq k}\hat{u}_i(\omega)+\dfrac{\hat{\lambda}(\omega)}{2}}{1+2\alpha(\omega-\omega_k)^2} \tag{7-11}
$$

同理，对于 ω_k^{n+1} 的最小值问题，将中心频率更新问题转换到频域，解得中心频率为

$$
\omega_k^{n+1}=\frac{\int_0^\infty \omega\left|\hat{u}_k(\omega)\right|^2\mathrm{d}\omega}{\int_0^\infty \left|\hat{u}_k(\omega)\right|^2\mathrm{d}\omega} \tag{7-12}
$$

式中，$\hat{u}_k^{n+1}(\omega)$ 为当前余项 $\hat{X}(\omega)-\sum_{i\neq k}\hat{u}_i(\omega)$ 的维纳滤波；ω_k^{n+1} 为模态功率谱的重心；对 $\{\hat{u}_k(\omega)\}$ 进行傅里叶逆变换，那么实部即为所求。

求解变分问题的具体步骤如下：

(1) 定义变分模态分量个数 K 值与二次惩罚因子 α 的值；

(2) 初始化 $\{\hat{u}_k^1\}$、$\{\omega_k^1\}$、$\{\hat{\lambda}^1\}$，n=0；

(3) 令 n=n+1，执行整个循环；

(4) 执行内层第一个循环，根据式(7-11)更新 u_k；

(5) 令 k=k+1，重复步骤(4)，直到 k=K，结束内层第一个循环；

(6) 执行内层第二个循环，根据式(7-12)更新 ω_k；

(7) 令 k=k+1，重复步骤(6)，直到 k=K，结束内层第二个循环；

(8) 执行外层循环，根据式(7-13)更新 λ，其中 τ 为拉格朗日乘法算子 $\lambda(t)$ 的更新步长参数。

$$\hat{\lambda}^{n+1}(\omega)=\hat{\lambda}^{n}(\omega)+\tau\left[\hat{X}(\omega)-\sum_k \hat{u}_k^{n+1}(\omega)\right] \tag{7-13}$$

(9) 重复步骤(3)～(8)，直到满足迭代停止条件式(7-14)，结束整个循环，输出结果，得到 K 个变分模态分量，其中，ε 为求解精度。

$$\sum_k\left(\frac{\left\|\hat{u}_k^{n+1}-\hat{u}_k^{n}\right\|_2^2}{\left\|\hat{u}_k^{n}\right\|_2^2}\right)<\varepsilon \tag{7-14}$$

步骤 4 具体包括如下步骤：

(1) 选择一个合适的小波并确定所需要分解的层次，然后对信号进行小波包分解；

(2) 对于一个给定的熵标准，计算最佳树，确定最优小波包基；

(3) 选择一个恰当的阈值并对每一个小波包分解系数进行阈值量化；

(4) 根据最底层的小波包分解系数和经过量化处理的系数，进行信号的小波包重构。

该方法采取 VMD 与小波包相结合的方式，借助 VMD 分解方法的自适应性以及该算法本身具有强大的数学理论基础、抑制高频噪声等的特点，以及小波包具有将频带进行多层次划分，对多分辨分析中没有细分的高频部分进一步分解，能够根据被分析信号的特征，自适应地选择频带的特性，进而提高时频分辨率；此方法能够在保留微震信号随机性、非平稳、突发瞬态特征的基础上，对微震信号进行滤波，该算法简单易行、效果较为理想，能对矿山含噪微震信号进行有效降噪滤波，具有很好的技术价值和应用前景。

7.1.2　基于奇异值分解中值法的瓦斯浓度数据降噪方法

由于煤矿井下环境十分恶劣，布置在井下的瓦斯传感器经常受到各种干扰的影响，如烟尘、高温、水蒸气等，并且还会受到电磁干扰的影响，致使采集到的瓦斯浓度数据普遍含有噪声。如果用含有噪声的瓦斯浓度数据直接进行分析处理，不仅不能准确预测瓦斯涌出量，及时预警危险，而且浪费时间，做大量无用工作。因此，对瓦斯浓度数据必须进行去噪处理还原其真实的发展变化趋势。

目前对瓦斯信号降噪的主要方法有小波变换降噪方法和支持向量回归机降噪方法。由于采集到的瓦斯信号数据往往具有混沌特征，其频谱散布于整个频率空间，这时，采用小波变换降噪方法很难将有用信号和噪声频谱严格区分开来并且小波阈值和支持向量回归机的核函数无法准确选择。

针对现有技术中存在的上述技术问题，提出了一种基于奇异值分解中值法的瓦斯浓度数据降噪方法。基于奇异值分解中值法的瓦斯浓度数据降噪方法包括以下步骤：

步骤 1，导入含噪瓦斯浓度监测数据$\{x(t),t=1,2,\cdots,N\}$。

步骤 2，检测含噪瓦斯浓度数据中是否含有单个异常数据和缺失数据。若含有单个异常数据和缺失数据，则通过移动平均线法处理单个异常数据，通过三次指数平滑法处理缺失数据；若含有单个异常数据和缺失数据，则无须处理。

步骤 3，将步骤 2 中的瓦斯浓度数据构造成汉克尔(Hankel)矩阵并进行奇异值分解(singular value decomposition，SVD)变换。

步骤 4，基于奇异值中值滤波策略选出有效奇异值，选取$\lambda_1,\lambda_2,\cdots,\lambda_{r/2}$作为有效奇异值。

步骤 5，通过 SVD 逆变换、重建 Hankel 矩阵并进行信号重构，得到降噪后的信号。

在步骤 2 中，当有数值满足式(7-15)时，表示数据中含有单个异常数据；当有数值满足式(7-16)时，表示数据中含有缺失数据；

$$\left\| x_t - x_{t-1} \right| - \left| x_t - x_{t+1} \right\| > 0.02\% \tag{7-15}$$

式中，x_t为当前采样点的瓦斯浓度；x_{t-1}为当前采样点前一个采样点的瓦斯浓度；x_{t+1}为当前采样点后一个采样点的瓦斯浓度；0.02 为判定是否有单个异常数据的阈值；%为导入的含噪瓦斯浓度监测数据单位。

$$x_t = \mathrm{NULL} \,\|\, x_t = ? \,\|\, x_t = * \tag{7-16}$$

式中，NULL 为空；? 和*为特殊符号。

对单个异常数据使用移动平均线法进行处理。若采样点 $t=b$ 时满足式(7-15)即出现单个瓦斯数据异常高或异常低的现象，则通过式(7-17)计算移动平均数值 x_b，单个异常数据用x_b表示，其中，K表示b点之前的瓦斯浓度数据的采样点。

$$x_b = \frac{\sum_{t=K}^{b-1} x_t}{b-K} \tag{7-17}$$

对缺失数据使用三次指数平滑法进行处理。监测数据$\{x(t),t=1,2,\cdots,N\}$中间含有缺失数据，先确定插入数据点数与平滑处理的步距 L，以缺失数据之前的瓦斯浓度数据为基础数据，按照式(7-18)～式(7-22)进行平滑处理：

$$x_{t+L} = a_t + b_t L + c_t L^2 / 2 \tag{7-18}$$

式中，a_t、b_t、c_t 为三次指数平滑法的预测参数。a_t、b_t、c_t 的计算公式如下：

$$a_t = 3S_t' - 3S_t'' + S_t''' \tag{7-19}$$

$$b_t = \frac{\alpha}{2(1-a)^2}\left[(6-5\alpha)S_t' - (10-8\alpha)S_t'' + (4-3\alpha)S_t'''\right] \tag{7-20}$$

$$c_t = \frac{\alpha^2}{(1-\alpha)^2}[S_t' - 2S_t'' + S_t'''] \tag{7-21}$$

式中，S_t' 为 t 点的一次指数平滑值；S_t'' 为 t 点的二次指数平滑值；S_t''' 为 t 点的三次指数平滑值；α 为权数。S_t'、S_t''、S_t''' 平滑值的计算公式如下：

$$\begin{cases} S_t' = \alpha x_t + (1-\alpha)S_{t-1}' \\ S_t'' = \alpha S_t' + (1-\alpha)S_{t-1}'' \\ S_t''' = \alpha S_t'' + (1-\alpha)S_{t-1}''' \end{cases} \tag{7-22}$$

式中，x_t 为缺失数据之前的瓦斯浓度数据；S_{t-1}' 为 t–1 点的一次指数平滑值；S_{t-1}'' 为 t–1 点的二次指数平滑值；S_{t-1}''' 为 t–1 点的三次指数平滑值；α=0.5。

在步骤 3 中，基于相空间重构理论，对含噪瓦斯浓度数据构造如式(7-23)所示的 $p \times q$ 阶 Hankel 矩阵：

$$\boldsymbol{H}_{pq} = \begin{bmatrix} x_1 & x_2 & \cdots & x_q \\ x_2 & x_3 & \cdots & x_{q+1} \\ \vdots & \vdots & \ddots & \vdots \\ x_p & x_{p+1} & \cdots & x_N \end{bmatrix} \tag{7-23}$$

式中，$\boldsymbol{H}_{pq}$ 为 $p \times q$ 阶矩阵；N 为信号长度，$N=p+q-1$ 并且 $p \geqslant q$。对 $\boldsymbol{H}_{pq}$ 进行 SVD 变换，如式(7-24)所示：

$$\boldsymbol{H}_{pq} = \boldsymbol{U\Sigma V}^{\mathrm{T}} \tag{7-24}$$

式中，$\boldsymbol{U}$ 为 $p \times p$ 阶的左奇异矩阵；$\boldsymbol{V}^{\mathrm{T}}$ 为 $q \times q$ 阶的右奇异矩阵；$\boldsymbol{\Sigma}$ 为 $p \times q$ 阶的对角奇异矩阵，其表达式如式(7-25)所示：

$$\boldsymbol{\Sigma} = \begin{bmatrix} \boldsymbol{S} & 0 \\ 0 & 0 \end{bmatrix} \tag{7-25}$$

$$S=\begin{bmatrix}\lambda_1 & 0 & \cdots & 0\\ 0 & \lambda_2 & & 0\\ \vdots & \vdots & \ddots & \vdots\\ 0 & 0 & \cdots & \lambda_r\end{bmatrix} \tag{7-26}$$

式中，$\lambda_1,\lambda_2,\cdots,\lambda_r$ 为矩阵 $\boldsymbol{H}_{pq}$ 的奇异值，且 $\lambda_1\geqslant\lambda_2\geqslant\cdots\geqslant\lambda_r\geqslant 0$。

式(7-24)的具体推导展开过程如下。

(1)根据矩阵 $\boldsymbol{H}_{pq}$ 在重构空间的特性将矩阵 $\boldsymbol{H}_{pq}$ 表示为 $\boldsymbol{H}=\boldsymbol{D}+\boldsymbol{W}$ 的形式，其中，$\boldsymbol{D}$ 表示纯净信号的 $p\times q$ 阶矩阵，$\boldsymbol{W}$ 表示噪声干扰信号的 $p\times q$ 阶矩阵。

(2)去噪的理想目标就是从矩阵 $\boldsymbol{H}_{pq}$ 中恢复出 $\boldsymbol{D}$ 包含的信号即通过 SVD 分解从矩阵 $\boldsymbol{H}_{pq}$ 中恢复信号子空间。假设 $\boldsymbol{D}$ 存在秩亏，即 rank$(\boldsymbol{D})=r(r<q)$，且具有如下 SVD 分解：

$$\boldsymbol{D}=\boldsymbol{U}_x\sum\nolimits_x\boldsymbol{V}_x=\begin{bmatrix}\boldsymbol{U}_{x1} & \boldsymbol{U}_{x2}\end{bmatrix}\begin{bmatrix}\boldsymbol{\Sigma}_{x1} & 0\\ 0 & 0\end{bmatrix}\begin{bmatrix}\boldsymbol{V}_{x1}\\ \boldsymbol{V}_{x2}\end{bmatrix} \tag{7-27}$$

式中，$\boldsymbol{U}_{x1}$ 为 $p\times r$ 阶矩阵；$\boldsymbol{U}_{x2}$ 为 $p\times(p-r)$ 阶矩阵；$\sum_{x1}$ 为 $r\times r$ 阶矩阵；$\boldsymbol{V}_{x1}$ 为 $r\times q$ 阶矩阵；$\boldsymbol{V}_{x2}$ 为 $(p-r)\times q$ 阶矩阵；r 为矩阵 $\boldsymbol{H}_{pq}$ 的秩，$\boldsymbol{U}_{x1}$ 张成的空间为 $\boldsymbol{D}$ 的列空间，即称为信号子空间。

(3)根据 $\boldsymbol{V}_{x1}\boldsymbol{V}_{x1}^{\mathrm{T}}+\boldsymbol{V}_{x2}\boldsymbol{V}_{x2}^{\mathrm{T}}=\boldsymbol{I}$，将前面的带噪信号矩阵 $\boldsymbol{H}_{pq}$ 重写成如式(7-28)所示：

$$\begin{aligned}\boldsymbol{H}&=\boldsymbol{D}+\boldsymbol{W}=\boldsymbol{D}+\boldsymbol{W}\left(\boldsymbol{V}_{x1}\boldsymbol{V}_{x1}^{\mathrm{T}}+\boldsymbol{V}_{x2}\boldsymbol{V}_{x2}^{\mathrm{T}}\right)\\&=\left(\boldsymbol{D}\boldsymbol{V}_{x1}+\boldsymbol{W}\boldsymbol{V}_{x1}\right)\boldsymbol{V}_{x1}^{\mathrm{T}}+(\boldsymbol{W}\boldsymbol{V}_{x2})\boldsymbol{V}_{x2}^{\mathrm{T}}\\&=\left(\boldsymbol{P}_1\boldsymbol{S}_1\boldsymbol{Q}_1^{\mathrm{T}}\right)\boldsymbol{V}_{x1}^{\mathrm{T}}+\left(\boldsymbol{P}_2\boldsymbol{S}_2\boldsymbol{Q}_2^{\mathrm{T}}\right)\boldsymbol{V}_{x2}^{\mathrm{T}}\\&=\begin{pmatrix}\boldsymbol{P}_1 & \boldsymbol{P}_2\end{pmatrix}\begin{pmatrix}\boldsymbol{S}_1 & 0\\ 0 & \boldsymbol{S}_2\end{pmatrix}\begin{pmatrix}\boldsymbol{Q}_1^{\mathrm{T}}\boldsymbol{V}_{x1}^{\mathrm{T}}\\ \boldsymbol{Q}_2^{\mathrm{T}}\boldsymbol{V}_{x2}^{\mathrm{T}}\end{pmatrix}\end{aligned} \tag{7-28}$$

式中，$\boldsymbol{D}\boldsymbol{V}_{x1}+\boldsymbol{W}\boldsymbol{V}_{x1}=\boldsymbol{P}_1\boldsymbol{S}_1\boldsymbol{Q}_1^{\mathrm{T}}$；$\boldsymbol{W}\boldsymbol{V}_{x2}=\boldsymbol{P}_2\boldsymbol{S}_2\boldsymbol{Q}_2^{\mathrm{T}}$；理想目标 $\boldsymbol{P}_1=\boldsymbol{U}_{x1}$，直接恢复 $\boldsymbol{D}$ 的信号子空间，但由于 $\boldsymbol{P}_1\neq\boldsymbol{U}_{x1}$，无法直接恢复 $\boldsymbol{D}$ 的信号子空间，就要寻找 $\boldsymbol{D}$ 的最佳逼近矩阵即选取有效的奇异值。

在步骤 4 中，对于无噪信号，对角矩阵 $\boldsymbol{S}$ 为满秩，即所有奇异值都是有效的；对于含噪信号，根据式(7-26)以及奇异值分解理论和 Frobeious 范数意义下矩阵最佳逼近定理得到：有效信号包含在较大的奇异值中，噪声信号包含在较小的奇异值中，并且奇异值下降迅速，中值之前奇异值($\lambda_1,\lambda_2,\cdots,\lambda_{r/2}$)的和就占了全部奇异值($\lambda_1,\lambda_2,\cdots,\lambda_r$)之和的99%以上的比例，即

$$\sum_{k=1}^{r/2}\lambda_k \approx \sum_{k=1}^{r}\lambda_k \tag{7-29}$$

在步骤 5 中，保留大于中值的奇异值（$\lambda_1,\lambda_2,\cdots,\lambda_{r/2}$），将小于中值的奇异值（$\lambda_{r/2+1},\lambda_{r/2+2},\cdots,\lambda_r$）设置为零，则源信号中的噪声被去除，即

$$\hat{\boldsymbol{S}} = \begin{bmatrix} \lambda_1 & \cdots & 0 \\ \vdots & \lambda_{\frac{r}{2}} & \vdots \\ 0 & \cdots & 0 \end{bmatrix} \tag{7-30}$$

再进行 SVD 的逆变换即

$$\hat{\boldsymbol{H}} = \sum_{k=1}^{r/2}\lambda_k u_k \boldsymbol{v}_k^{\mathrm{T}} \tag{7-31}$$

得到矩阵 $\hat{\boldsymbol{H}}$，$\hat{\boldsymbol{H}}$ 相对于矩阵 $\boldsymbol{H}_{pq}$ 而言少了一半的奇异值，不符合 Hankel 矩阵的形式，因此将矩阵 $\hat{\boldsymbol{H}}$ 中的反对角线元素采用式(7-32)进行平均：

$$\overline{x}_i = \frac{1}{m-n+1}\sum_{j=1}^{m}\boldsymbol{H}_{i-j+1,j} \tag{7-32}$$

式中，i 为矩阵 $\boldsymbol{H}_{pq}$ 的行；j 为矩阵 $\boldsymbol{H}_{pq}$ 的列；m=max(1，i–p+1)；n=min(q，i)；由 $\overline{x}_i$ 构成的 $\overline{X}=\{\overline{x}_1,\overline{x}_2,\cdots,\overline{x}_N\}$ 即降噪后的瓦斯信号。

基于中值滤波策略选出有效奇异值进行信号重构，在充分保留瓦斯信号随机性、非平稳特征的基础上，对瓦斯信号进行有效降噪滤波，能对瓦斯信号进行滤波，相比于小波变换和支持向量回归机降噪方法，能有效解决瓦斯信号数据的混沌特性，具有良好的稳定性、不变性和噪声鲁棒性，能够反映数据的内在属性，同时又能更好地保留信号细节。

7.1.3 基于字典学习的自适应微震数据压缩感知方法

矿山微震监测主要是监测采区岩体在开挖时岩体破裂而产生的震动信号。实时监测需要传输大量的数据，所以需要对实时信号用压缩感知方法采样，以传输尽量少的数据，然后在终端对采集到的数据进行重构。

压缩感知理论指出，信号在稀疏基(字典)下的表示系数越稀疏，信号的重构质量越好，所以信号稀疏分解方法将直接影响信号重构的性能。而常用的稀疏变换方法有离散余弦变换(DCT)、快速傅里叶变换(FFT)、小波变换变换等，其均不能根据数据本身的特点进行自适应调整，导致微震信号峰值产生偏差，重构后的效果不理想。

针对现有技术中存在的上述问题，本节提出了一种基于字典学习的自适应微震数据压缩感知方法。基于字典学习的自适应微震数据压缩感知方法包括以下步骤：

步骤 1，读取微震信号的监测数据时序序列 $X(t)$，其中 $t=1,2,\cdots,N$；

步骤 2，根据微震信号的特征构造自适应冗余字典 D；

步骤 3，根据微震信号的能量和稀疏度确定采样数目 M；

步骤 4，通过压缩感知方法进行采样，得到样本 $Y(t)$，其中 $t=1,2,\cdots,M$；

步骤 5，存储、传输采样得到 $Y(t)$ 并在终端重构微震信号的监测数据时序序列 $X(t)$。

在步骤 2 中，根据 K 奇异值分解(K-SVD)方法构造自使用冗余字典 D，K-SVD 训练字典的过程可以表示为

$$\begin{aligned}\|\boldsymbol{S}-D\boldsymbol{A}\|^2&=\left\|\boldsymbol{S}-\sum_{j=1}^{N}d_j a_j\right\|^2=\left\|\left(\boldsymbol{S}-\sum_{j\neq i}d_j a_j\right)-d_i a_i\right\|^2\\&=\|E_i-d_i a_i\|^2\end{aligned}\tag{7-33}$$

式中，$\boldsymbol{S}$ 为训练样本矩阵，训练样本由原始信号构成；$d_j\,(j=1,2,\cdots,N)$ 为字典 D 的第 j 列；$\boldsymbol{A}$ 为稀疏向量构成的矩阵；$a_j\,(j=1,2,\cdots,N)$ 为 $\boldsymbol{A}$ 的第 j 行，反映了训练字典 d_j 分量在各个训练样本稀疏分解过程中稀疏系数的大小；a_i 为 $\boldsymbol{A}$ 的第 i 行；d_i 为待训练字典原子；E_i 为去掉原子的 d_i 成分在所有 N 个样本中造成的误差。在 K-SVD 训练过程中，字典原子的训练逐个进行，对 a_i 进行去零收缩，定义 ω_i、$\boldsymbol{\Omega}_i$ 如下：

$$\omega_i=\{k\,|\,1\leqslant k\leqslant N,a_i(k)\neq 0\}\tag{7-34}$$

$\boldsymbol{\Omega}_i$ 为一个 $N\times|\omega_i|$ 的矩阵，在 $(\omega_i(j),j)$ 处为 1，在其他位置为 0，则去零收缩如式(7-35)所示：

$$\boldsymbol{E}_R^i=\boldsymbol{E}_i\boldsymbol{\Omega}_i\tag{7-35}$$

式中，$\boldsymbol{E}_R^i$ 为去零收缩后的矩阵。训练字典原子的训练更新结果通过奇异值分解赋值，对 $\boldsymbol{E}_R^i$ 进行奇异值分解：

$$[\boldsymbol{S},\boldsymbol{V},\boldsymbol{D}^{\mathrm{T}}]=\mathrm{svd}(\boldsymbol{E}_R^i)\tag{7-36}$$

式中，$\boldsymbol{S}$ 为 $N\times N$ 的正交矩阵；$\boldsymbol{V}$ 为 $|\omega_i|\times|\omega_i|$ 的正交矩阵。利用 $\boldsymbol{S}$ 的第一列元素对训练字典原子进行赋值，即完成了一个原子的训练过程，在 K-SVD 训练过程中，字典原子的训练逐个进行，每个字典原子的训练重复上述过程，直至整个字典训练完毕。

在步骤 3 中，具体包括如下步骤：

(1)根据步骤 2 得到训练后的字典 D，对信号在字典 D 上的投影系数进行分析，确定信号的稀疏度 K，具体包括如下步骤。

根据式(7-37)计算目标信号 X 在稀疏基上的投影系数，其中，b_j 为投影系数，X 为目标信号：

$$b_j = \boldsymbol{d}_j^{\mathrm{T}} * X \tag{7-37}$$

根据式(7-38)计算稀疏系数的均值，其中，N 为信号长度。

$$\hat{b} = \frac{1}{N}\sum_{j=1}^{N} b_j \tag{7-38}$$

通过循环确定微震信号的稀疏度，若 $b_j > c\hat{b}$，则令 $K=K+1$，其中 c 为设定的参数，通过调节参数 c 可以调整稀疏度的大小。

(2)根据式(7-39)计算目标信号 X 的能量 E，其中，N 为信号长度，x_i 为采样点：

$$E = \sum e_i = \sum_{i=1}^{N} x_i^2 \tag{7-39}$$

(3)根据历史微震信号设定能量阈值 E_0、E_1，且 $E_0 < E_1$，判断能量 E 与能量阈值 E_0、E_1 的大小关系。

若判断结果为 $E < E_0$，则令目标信号 X 的稀疏度 $K=1$，采样数 M 为

$$M = [C_1 K \times \lg(N / K)] \tag{7-40}$$

或判断结果为 $E_0 < E < E_1$，根据步骤(1)求出稀疏度 K，采样数 M 为

$$M = [C_2 K \times \lg(N / K)] \tag{7-41}$$

或判断结果为 $E > E_1$，根据步骤(1)求得稀疏度 K，采样数 M 为

$$M = [C_3 K \times \lg(N / K)] \tag{7-42}$$

式中，C_1、C_2、C_3 为调节参数，可以控制采样数的大小；K 为信号稀疏度；N 为信号长度。

在步骤 4 中，压缩感知模型为

$$\boldsymbol{Y} = \boldsymbol{\Phi} X = \boldsymbol{\Phi}\Psi\theta = \boldsymbol{\Theta}\theta \tag{7-43}$$

式中，X 为待处理信号；$\boldsymbol{\Phi}$ 为观测矩阵；Ψ 为稀疏基；θ 为稀疏基变换后的稀疏系数；$\boldsymbol{\Theta} = \boldsymbol{\Phi}\Psi$ 为感知矩阵。

所述的压缩感知方法具体包括如下步骤：

(1)根据自适应冗余字典 D，通过稀疏变换得到 θ；

(2)根据采样数 M，构造 M 维的随机高斯观测矩阵 $\boldsymbol{\Phi}$；

(3)根据 $Y(t) = \boldsymbol{\Phi}\theta$ 得到 $Y(t)$。

在步骤 5 中，重构模型为

$$\hat{\theta} = \arg\min \|\theta\|_{l_0} \quad \text{s.t.} \quad \boldsymbol{\Theta}\theta = Y(t) \tag{7-44}$$

式中，l_0为l_0-范数，一般情况下 $l_0=0$。

根据式(7-45)完成重构；

$$X(t) = D\hat{\theta} \tag{7-45}$$

当$\boldsymbol{\Theta}$满足约束等距性质(RIP)时，可以通过最小l_0范数实现θ的精确重构，进而再由θ实现X的精确重构。

该方法针对微震信号非平稳、随机性的特点，构造自适应冗余字典，根据信号的能量和在自适应字典上的稀疏分解系数确定采样数目，然后根据压缩感知技术对信号进行压缩采样，存储、传输到终端后重构信号。

该方法采取 K-SVD 算法根据微震信号特征构造自适应冗余字典，保证了信号在稀疏分解重构后峰值不会产生偏差，然后根据信号的能量和稀疏度自适应确定采样数目，减少采样数目，增加了有效采样率，减少了存储传输压力。该算法简单易行、效果较为理想，能对矿山微震信号进行有效压缩采样，具有很好的技术价值和应用前景。

7.1.4 基于有效投影的压缩采样匹配追踪算法在瓦斯数据压缩感知中的应用

在煤矿开采过程中，瓦斯从煤层或者岩层内涌出，通过瓦斯检测设备会捕捉到大量的瓦斯数据，如果不能及时对瓦斯数据进行分析，将产生煤与瓦斯突出、瓦斯爆炸等各种危害，严重地危及井下工作人员的安全，我们迫切需要将收集到的瓦斯数据进行及时而又准确的分析，降低由瓦斯产生的各种危害。2004 年，Candès、Donoho 等开创性地提出压缩感知理论，证明了信号必须满足具有可压缩的特性或者信号在某个变换域上具有稀疏性质，使用非线性优化的方法，实现以较少的观测值高精度地恢复出原始信号。目前，压缩感知技术已经广泛地应用于信号处理中。

压缩感知理论的研究涉及三个方面：信号的稀疏表示、设计观测矩阵、重构算法的设计。压缩感知算法的应用大致可以分为三类：第一类是基于l_1范数最小化的凸优化算法，如基追踪(basis pursuit，BP)、梯度投影法(gradient projection method)、迭代收缩阈值法(iterative shrinkage thresholding，IST)等算法；第二类是基于l_0范数最小化的贪婪匹配追踪算法，如匹配追踪算法(matching pursuit，MP)、正交匹配追踪算法(orthogonal matching pursuit，OMP)、正则化正交匹配追踪算法(regularized orthogonal matching pursuit，ROMP)、分段正交匹配追踪算法(stagewise orthogonal matching pursuit，StOMP)、广义正交匹配追踪算法(generalized orthogonal matching pursuit，GOMP)和压缩采样匹配追踪算法(compressive sampling matching pursuit，CoSaMP)等算法；第三类是组合算法，如链式追踪算法(chaining pursuit)和 HHS 追踪等算法。

在对煤矿监测到的瓦斯数据进行处理时主要用到的压缩感知方法是正交匹配追踪算法，此算法的优点是将施密特正交化方法应用于已经选择的原子，这样就可以使残差与支撑集中包含的原子均正交，避免重复选择原子，把残差信号投影到这些正交化的原子所组成的空间上，从而减少了迭代的次数，加快了重构算法的收敛速度；但是此算法缺少“回溯”思想，即一旦原子被选入支撑集中，将会保留到程序结束，正是由于这种特性，即便被错选的原子也不能将其删除，重构精度必然降低。

压缩感知技术对煤矿瓦斯监测数据的处理至关重要，而已有的压缩感知算法在处理瓦斯数据时存在着需要较多的样本观测值数据和重构精度低等问题。本节提出一种基于有效投影的压缩采样匹配追踪算法，有效解决了以较少的样本观测值数据实现信号高精度重构的问题。该算法通过使用有效投影法来构造观测矩阵，从而降低观测矩阵和稀疏字典的不相关性；通过使用 Dice 系数准则能够快速定位出原子与残差信号中的重要数据组成成分，优化支撑集合。本节实验以煤矿瓦斯监测数据为研究对象，使用有效投影法和 Dice 系数准则，对压缩采样匹配追踪算法进行改进，通过 MATLAB 进行仿真，获得了较好的重构质量。

基于有效投影的压缩采样匹配追踪算法是在压缩采样匹配追踪算法的基础上进行改进的，目的是增大观测矩阵和稀疏字典的不相关性，获得较少的样本观测值，高精度恢复原始信号。基于有效投影的 CoSaMP 算法步骤如下：

步骤 1，读取监测到瓦斯数据信号的时序序列$\{X_{(t)}, t=1,2,\cdots,N\}$。

步骤 2，对稀疏字典$\boldsymbol{\Psi}$进行奇异值分解$\boldsymbol{\Psi}=\boldsymbol{A\Sigma B}^{\mathrm{T}}$，得到酉矩阵$\boldsymbol{A}$、酉矩阵$\boldsymbol{B}$和对角奇异矩阵$\boldsymbol{\Sigma}$。令观测矩阵$\boldsymbol{\Phi}$等于左奇异矩阵的前$\sigma$列，记为$\boldsymbol{\Phi}=\boldsymbol{A}_{\sigma}^{\mathrm{T}}$，则感知矩阵为$\boldsymbol{\eta}=\boldsymbol{\Phi\Psi}$。

步骤 3，对稀疏后的信号进行采样，得到样本观测值为$\{Y_{(t)}, t=1,2,\cdots,M\}$。

步骤 4，初始化残差r_0、索引集合ξ_0、原子集合η_0和迭代次数τ。令初始化残差$r_0=Y_{(t)}$，索引集合$\xi_0=\phi$，原子集合$\eta_0=\phi$，迭代次数$\tau=1$。

步骤 5，计算原子集合和残差的 Dice 系数，$u=\arg\max\left|\mathrm{Dice}(\boldsymbol{\eta}^{\mathrm{T}}, r_{\tau-1})\right|$，选择$u$中最大的$2k$个值，将这些值对应的列序号$\omega$构成集合$J_0$。其中，$\mathrm{Dice}(\boldsymbol{\eta}^{\mathrm{T}}, r_{\tau-1})$表示计算残差信号与原子的 Dice 相似系数，$K$为稀疏度。

步骤 6，更新索引集合ξ_τ和原子集合η_τ；令$\xi_\tau=\xi_{\tau-1}\cup J_0$，$\eta_\tau=\eta_{\tau-1}\cup v_\omega$（$\omega\in J_0$）。其中，$\xi_\tau$为$\tau$次迭代的索引集合，$\eta_\tau$为按索引选择出的矩阵$\boldsymbol{\eta}$的列集合，$v_\omega$为矩阵$\boldsymbol{\eta}$的第$\omega$列，符号$\cup$表示集合并运算。

步骤 7，求$Y_{(t)}=\eta_\tau\theta_\tau$的最小二乘解，$\hat{\theta}_\tau=\arg\min\left\|Y_{(t)}-\eta_\tau\theta_\tau\right\|=(\boldsymbol{\eta}_\tau^{\mathrm{T}}\eta_\tau)^{-1}\boldsymbol{\eta}_\tau^{\mathrm{T}}Y_{(t)}$。其中，$\theta_\tau$为信号稀疏表示系数估计值。

步骤 8，从$\hat{\theta}_\tau$中选出绝对值最大的k项记为$\hat{\theta}_{\tau k}$，相应地，η_τ中k列记为$\eta_{\tau k}$。

步骤 9，更新残差$r_\tau=Y_{(t)}-\eta_{\tau k}\hat{\theta}_{\tau k}$。

步骤 10，$\tau=\tau+1$，如果$\tau\leqslant k$，则返回步骤 5 继续迭代，否则进入步骤 11。

步骤 11，由$\hat{\theta}$重构信号$X_{(t)}=\boldsymbol{\eta}\hat{\theta}$。

对于步骤 5 中采用 Dice 系数准则来匹配原子与残差信号的相似性，Dice 系数的定义为

$$\text{Dice}(x,y)=\frac{2\sum_{i=1}^{n}x_i*y_i}{\sum_{i=1}^{n}x_i^2+\sum_{i=1}^{n}y_i^2} \tag{7-46}$$

式中，$\text{Dice}(x,y)$ 为两个向量的 Dice 系数；n 为原子个数。

通过有效投影法可以获得不相干性低的观测矩阵，进而获得较少的样本观测值，使用 Dice 系数准则代替内积法作为衡量原子与残差相似性的标准，可以突显出数据中的重要组成部分；故相对于内积法来说，Dice 系数准则更能从字典中选择出与残差向量最匹配的原子。改进的压缩采样匹配追踪在瓦斯数据信号的采样和压缩方面具有良好的效果。

为了验证基于有效投影的 CoSaMP 算法的重构性能，在 MATLAB R2016a 的仿真环境下，利用基于有效投影的 CoSaMP 算法对一维瓦斯数据信号进行重构，并与 OMP 算法、GOMP 算法、ROMP 算法、CoSaMP 算法进行对比分析。实验选取瓦斯数据信号长度为 N=1024，观测值 M=300，稀疏度 K=30；选取的稀疏基为离散余弦变换，使用有效投影法构造观测矩阵，使用 Dice 系数准则作为度量向量相似性的准则，然后通过压缩感知算法对瓦斯数据信号进行恢复。

通过以下标准来衡量一维信号恢复的质量：信噪比 SNR、匹配度 Mat_rate、相对误差 Rel_err、绝对误差 Abs_err 和相似性指标 PRD。

x 为原始信号，x_r 为恢复的信号，N 为信号长度，衡量标准可用如下定义。

信噪比 SNR：

$$\text{SNR}=10\lg\left(\|x\_r\|_2^2 \Big/ \left(\|x-x\_r\|^2 \Big/ N\right)\right)$$

匹配度 Mat_rate：

$$\text{Mat\_rate}=1-\left(\left|\|x\_r\|_2-\|x\|_2\right| \Big/ \left|\|x\_r\|_2+\|x\|_2\right|\right)$$

相对误差 Rel_err：

$$\text{Rel\_err}=\|x-x\_r\|_2 \Big/ \|x\_r\|_2$$

绝对误差 Abs_err：

$$\text{Abs\_err}=\|x-x\_r\|_2^2$$

相似性指标 PRD：

$$\text{PRD}=\|x-x\_r\|_2 \Big/ \|x\|_2$$

实验中的瓦斯信号长度为1024，观测值为300，稀疏度为30，通过压缩感知算法将瓦斯数据信号经采样和压缩然后以高精度恢复出来；本方法所采用的基于有效投影的CoSaMP算法相对于其他压缩感知算法，在重构性能上得到了大幅度提高，即从观测矩阵的设计和向量相似性度量方面来改进CoSaMP算法是可行的，适用于煤矿瓦斯数据的压缩，然而基于有效投影的CoSaMP算法在运行时间上略逊于其他压缩感知算法。

7.2 矿山监测数据挖掘与在线预警理论与方法研究

面向煤矿动力灾害预测特征的时空强技术需求，研究了煤矿动力灾害特征数据的快速抽取技术。利用煤矿典型动力灾害多元信息数据仓库，通过深度机器学习和模式识别理论发现敏感特征，提出了特征选择策略，建立了灾变前兆信息模态构建的数据挖掘模型；利用在线数据，对灾变前兆信息模态及参数进行反馈与修正，实现了模型的自动更新。

首先，针对煤矿典型动力灾害数据，研究多元海量数据动态信息的融合方法；其次，基于此，构建在线数据流挖掘模型与更新方法；再次，针对实际生产过程中，灾害数据相比正常数据稀少的问题，构建分布不平衡条件下的典型动力灾害在线预测方法；最后，设计并实现面向实际应用领域的灾害分类和预测原型系统，以此验证理论与方法的有效性和实用性。

煤矿典型动力灾害(如煤与瓦斯突出、冲击地压等)与多参数有关，如瓦斯浓度、风量、风速、落煤量、环境温度、地面进风温度、微震、地音、电磁辐射、瓦斯含量、瓦斯压力、矿山压力、瓦斯放散初速度、煤层坚固性系数、煤层厚度、构造煤厚度、开采深度、破坏类型、地应力、采掘位置、赋存条件、地质构造、采煤方法及工艺等，灾害数据维度多，并且内在关系复杂，因此采用神经网络模型融合多维度数据构建预测模型。

7.2.1 基于Bagging算法的改进BP神经网络集成学习模型

在突出预测方面，其方法主要分为区域预测和工作面预测。区域预测的主要任务是预测煤层区域的突出危险性。工作面预测是在前者的基础上，预测工作面附近煤体的突出危险性，在采掘工作面推进过程中进行。根据预测过程及连续性，工作面预测又可分为静态(或不连续)和动态(或连续)两类。目前已有的静态预测方法耗时长且所需费用较高，并存在预测不准确和易受人工影响的特点；动态预测技术要求高且费用多，且目前其突出预测的可靠程度与生产实际的需要还有差距。针对当前进行突出预测方法的不足，引入了结合Bagging算法的BP神经网络的预测方法并且基于附加动量项法改进了BP算法，借助改进BP神经网络的高度非线性映射功能以及Bagging算法的集成学习优势，寻找在煤与瓦斯突出数据中隐藏着的影响突出因素与突出之间的相关规律，从而弥补传统预测方法预测突出危险性的不足，从而更加准确可靠地实现工作面煤与瓦斯突出危险性的预测。

本方法结合Bagging算法和基于附加动量项法的BP神经网络集成学习模型用于对煤与瓦斯突出进行预测。在BP神经网络训练过程中，采用附加动量项法对BP神经网络的权值及阈值更新进行优化，为了提高神经网络的预测能力，采用 Bagging 算法进行神经网络集成。

本方法可以形式化地描述为:煤与瓦斯突出数据集D包含M条数据记录$\{(\boldsymbol{x}_i,y_i)_{i=1}^m\}$，其中$\boldsymbol{x}_i\in R^d$表示含$d$维特征的一个向量示例，$y_i\in Y=\{c_1,c_2,\cdots,c_v\}$表示其预测的类别标签，$v$表示预测的标签个数。为了构建改进 BP 神经网络集成学习模型，首先，采用折交叉验证法将数据集D分成训练集 DT 和测试集 DS。再采用k折交叉验证法将训练集 DT 分成k个不相交的子集，取 1 份作为验证数据集D_i^u，k–1 份作为训练数据集D_i^l，测试集 DS 作为测试数据集D_i^t，记为$D=\{D_1^l,\cdots,D_{k-1}^l,D_k^u,D_{k+1}^t,\cdots,D_m^t\}$。其次，每次从训练数据集$D_i^l$中采取有放回的方式随机抽取$l_N$个样本训练分类器，并用验证数据集$D_i^u$验证该分类器，最终得到一个改进 BP 神经网络的基分类模型，用相同的方法形成集成分类器$E=\{E_1,E_2,\cdots,E_k\}$。最后，将该集成分类器用于测试数据集D_i^t，采取加权平均法，得到一个强分类器用于测试集中未知样本的分类。本节的研究问题即在数据集D上训练改进 BP 神经网络模型，该模型可用于预测未知示例的突出危险性情况，可形式化表示成：$E_{\sum_{i=1}^{m}D_i^j}\to Y(j\in l、u、t)$。

本方法基于附加动量项法对 BP 神经网络进行了改进。附加动量项法的实质是将权值或阈值变化的影响通过一个动量因子来传递，当动量因子为 0 时，权值或阈值的变化根据梯度下降法产生；当动量因子为 1 时，梯度下降法产生的变化部分被忽略掉，新的权值或阈值变化是最后一次权值或阈值的变化。以此方式，当增加了动量项后，促使权值的调节向着误差曲面底部的平均方向变化，利用其“惯性效应”来抑制网络训练中可能出现的振荡，起到了缓冲平滑的作用，有助于使网络从误差曲面的局部极小值中跳出。

改进 BP 神经网络基本处理单元如图 7-1 所示。其中$X=(X_1,X_2,\cdots,X_n)$是从外部或其他神经元输出的n个输入值；$W=(W_1,W_2,\cdots,W_n)$称为权重或权值，代表该神经元与其他n个神经元之间的连接强度；$\sum WX$称为激活值，等于人工神经元的总输入；O代表神经元的输出；θ表示这个神经元的阈值，当该输入信号的加权和大于θ时，人工神经元被激活。这样，人工神经元的输出可以描述为

$$O=f\left(\sum WX-\theta\right) \tag{7-47}$$

$f(\bullet)$称为激活函数，本方法采用的激活函数是非线性变换函数——Sigmoid 函数（又称 S 函数），其特点是函数本身及其导数都是连续的，BP 神经网络误差反向传播的过程中，涉及对激活函数求导的问题，所以 S 函数有效解决了导数不连续的问题。双极性 S 函数解决了 zero-centered 的输出问题，所以用作本方法的激活函数。它的表达式如下：

$$f(x)=(1-\mathrm{e}^{-x})/(1+\mathrm{e}^{-x}) \tag{7-48}$$

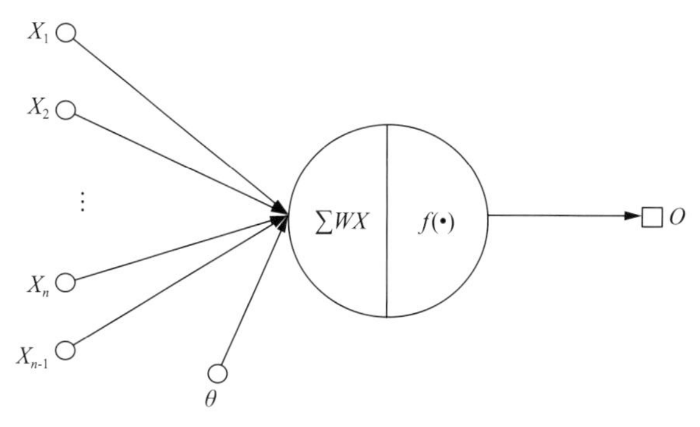

图 7-1　改进 BP 神经网络基本处理单元

本方法采用单隐含层结构的三层 BP 神经网络来模拟煤与瓦斯突出的变化情况，网络结构如图 7-2 所示，动量因子作用在误差反向传播的过程中，当更新的权值或阈值在误差中产生太大的增长结果时，新的权值或阈值被取消而不采用，并使动量作用停止下来，避免网络进入较大误差曲面；当新的误差变化率对其旧值超过一个事先设定的最大误差变化率时，取消所计算的权值或阈值变化。其最大误差变化率可以是任何大于或等于 1 的值，经验取值为 1.04。所以，基于附加动量项法的程序设计中必须加入条件以正确更新权值及阈值，其判断条件如下：

$$mc\begin{cases}0 & E(k) > E(k-1)*1.04 \\ 0.95 & E(k) < E(k-1) \\ mc & \text{others}\end{cases} \tag{7-49}$$

式中，mc 为动量因子；$E(k)$ 为第 k 层误差。

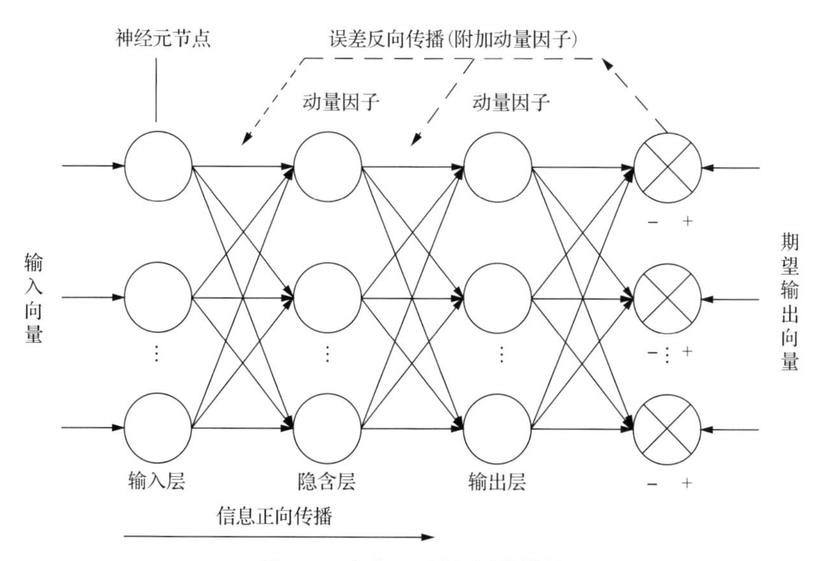

图 7-2　改进 BP 神经网络结构

改进 BP 神经网络算法采用 δ(Delta)学习规则，通过一个使损失函数最小化的过程来完成输入到输出的映射，该过程用于调整神经元之间的连接权值及阈值。

设学习率为η，动量因子为α。每个网络层的输入输出可按如下公式计算。定义损失函数如下：

$$L(e)=1/2\text{SSE}=1/2\sum_{j=0}^{k}e_j^2=1/2\sum_{j=0}^{k}(\overline{y_j}-y_j)^2 \tag{7-50}$$

式中，SSE 为误差项平方和；e_j为第j个节点的误差；$\overline{y_j}$为输出层第j个节点的实际输出；y_j为输出层第j个节点的期望输出。

隐含层节点输入的计算：

$$s_j^1=\sum_{i=1}^{m}x_i\cdot w_{ij}^1-x_0\cdot w_{0j}^1=\sum_{i=1}^{m}x_i\cdot w_{ij}^1+b_j^1 \tag{7-51}$$

式中，s_j^1为隐含层第j个节点的输入；x_i为输入层第i个神经元的输入；w_{ij}^1为输入层第j个节点的阈值；m为输入层神经元节点个数。

输出层节点输入的计算：

$$s_i^2=\sum_{j=1}^{m}\theta(s_j^1)\cdot w_{ji}^2+b_i^2 \tag{7-52}$$

式中，s_i^2为输出层第i个节点的输入；$\theta()$为激活函数；b_i^2为隐含层第i个节点的阈值。

输出层反向输出值的计算：

$$\delta_i^2=\frac{\partial L}{\partial s_i^2}=\frac{\partial\sum_{j=1}^{k}\frac{1}{2}(\overline{y_j}-y_j)^2}{\partial s_i^2}=(\overline{y_j}-y_j)\cdot\frac{\partial\overline{y_j}}{\partial s_i^2}=e_i\cdot\theta'(s_i^2) \tag{7-53}$$

式中，s_i^2为隐含层第i个节点的反向输出值。

计算隐含层反向输入值：

$$\delta_j^1=\partial L/\partial s_j^1=\theta'(s_j^1)\cdot\sum_{i=1}^{k}\delta_i^2\cdot w_{ji}^2 \tag{7-54}$$

式中，δ_i^2为输出层第j个节点的反向输出值。

采用附加动量项法更新权值及阈值，可按如下公式计算。

更新输入层到隐含层之间的权值：

$$\Delta w_{ij}^1(t)=(1-mc)\cdot\eta\cdot x_i\cdot\delta_j^1+mc\cdot\Delta w_{ij}^1(t-1) \tag{7-55}$$

式中，$\Delta w_{ij}^1(t)$为t时刻输入层第i个节点到隐含层第j个节点的权值的更新值。

更新隐含层的阈值：

$$b_j^1(t)=(1-mc)\cdot\eta\cdot\delta_j^1+mc\cdot\Delta b_j^1(t-1) \tag{7-56}$$

式中，$\Delta b_j^1(t-1)$ 为 t 时刻输入层第 j 个节点的阈值的更新值。

更新隐含层到输出层之间的权值：

$$w_{ij}^2(t)=(1-mc)\cdot\eta\cdot\theta(s_i^1)\cdot\delta_j^2+mc\cdot\Delta w_{ij}^2(t-1) \tag{7-57}$$

更新输出层的阈值：

$$b_j^2(t)=(1-mc)\cdot\eta\cdot\delta_j^2+mc\cdot\Delta b_j^2(t-1) \tag{7-58}$$

本方法采用Bagging集成学习思想提高改进BP神经网络的分类预测准确率和泛化能力。图7-3给出了基于Bagging的改进BP神经网络预测模型集成示意图，图7-4和图7-5分别为动量因子与预测准确率的关系以及集成学习模型预测趋势。

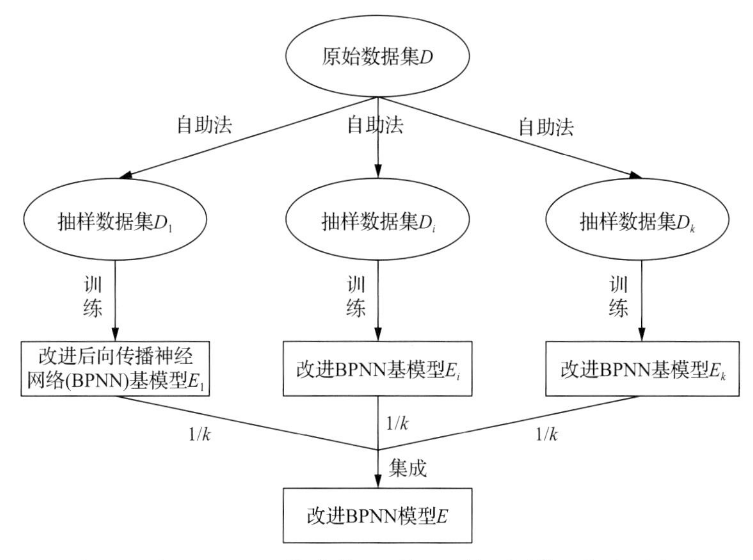

图7-3　基于Bagging的改进BP神经网络预测模型集成示意图

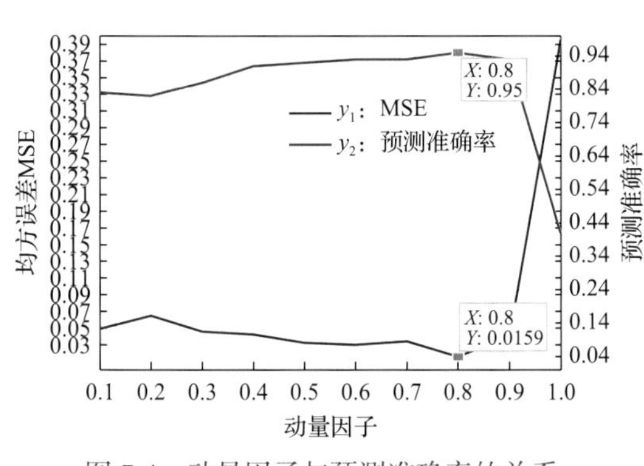

图7-4　动量因子与预测准确率的关系

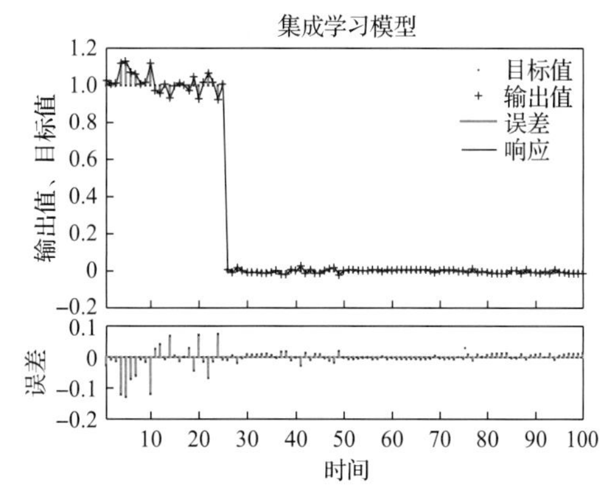

图7-5　集成学习模型预测趋势

由于煤与瓦斯突出受多种因素的影响，同时这些影响因素的影响原理、影响方式和影响范围很难定量处理，所以具有高度非线性映射功能的神经网络模型发挥了明显的优势。改进 BP 神经网络模型预测方法较传统预测方法而言具有许多优点，如坚实的理论基础、严谨的推导过程等，比其他大部分方法更适合用于煤与瓦斯突出现象的综合分析。

本方法结合 Bagging 算法，对改进的 BP 神经网络构造集成学习模型，相比单一的学习器，该集成学习模型具有更显著的泛化性能，能提高预测的准确率。比标准的 BP 神经网络训练过程更稳定可靠，训练结果更有效，提高了预测准确率。该预测方法是对现有煤与瓦斯突出预测方法的补充，可与其他预测方法相结合，丰富该预测模型及其功能，如包括辐射法在内的动态连续突出预测方法，将其作为预测指标输入该模型中，来对工作面进行动态连续突出预测。

在这些研究中，仍然存在一些限制：一方面，真实数据较难获取，其选择的案例数量不够丰富，限制了神经网络的功能并使建立的网络不够稳定。另一方面，尽管本节建立的模型具有较高的准确性，但实际应用中条件更为复杂，若煤矿建立多指标煤与瓦斯突出预测学习样本数据库，无疑将能使该模型更广泛可靠地应用在实际中。

7.2.2 基于 RBF 神经网络的煤与瓦斯突出预测方法

瓦斯是煤矿的头号“杀手”，而煤与瓦斯突出又是瓦斯灾害事故中发生频率高、伤害人数较多的典型动力灾害之一。因此，能够快速、准确地预测煤与瓦斯突出，不仅能提高煤矿生产的安全，而且也会产生巨大的经济效益和社会效益，具有重大的现实意义。

传统的对煤与瓦斯突出预测的方法主要包括：单项指标法、综合指标法、钻屑瓦斯解吸指标法、R 指标法等，这些预测方法仅仅考虑了影响煤与瓦斯突出的某个因素，而且预测指标的临界值的大小会随着不同地区、不同矿井而有所不同，这些因素造成煤与瓦斯突出预测结果准确度不高。

近几年，先进的理论方法如计算机模拟、模糊数学理论、灰色系统理论、专家系统、分形理论、非线性理论、流变理论以及人工神经网络等已开始应用于煤与瓦斯突出的分析中，并取得了一定的研究成果。应用 BP 神经网络模型预测煤与瓦斯突出的不足之处是 BP 神经网络存在收敛速度慢、训练时间长、容易陷入局部极小值等问题。

径向基函数(RBF)神经网络的思想是用隐含层神经元将非线性可分的输入空间映射到线性可分的特征空间，然后再在特征空间用线性模型来做回归或者分类。RBF 神经网络可以以任意准确率逼近任意连续函数，目前广泛应用于非线性函数逼近、数据处理、模式识别、图像分类、系统建模等。已有一些工作将 RBF 神经网络用于预测煤与瓦斯突出问题，但是由于 RBF 神经网络的最优参数很难确定，并且不同地区、不同矿井的煤与瓦斯突出数据存在差异，最优参数也会有所不同。

因此，针对 RBF 神经网络的最优参数难以确定，以及不同地区、不同矿井的煤与瓦斯突出数据的差异导致最优参数不同的问题，本方法采用一种最优参数自适应的 RBF 神经网络模型预测煤与瓦斯突出，其方法步骤如下。

步骤 1，获取一组煤与瓦斯突出的训练样本，此处所述的训练样本是由特征数据 $X=\{x_1,x_2,\cdots,x_i,\cdots,x_N\}$ 和分类标签数据 $Y=\{y_1,y_2,\cdots,y_i,\cdots,y_N\}$ 组成，其中，N 表示所述训练样本的个数，x_i 表示所述训练样本中的第 i 条特征数据，并有 $x_i=\{x_{i1},x_{i2},\cdots,x_{iz},\cdots,x_{im}\}$，$x_{iz}$ 表示所述训练样本中的第 i 条特征数据第 z 个特征值，m 表示所述特征数据 X 的维数，y_i 表示所述训练样本中的第 i 条特征数据 x_i 对应的分类标签，并有 $y_i=\{c_l\mid l=1,2,\cdots,C\}$，$C$ 表示分类标签的个数，c_l 表示第 l 个分类标签，$i\in[1,N]$，$z\in[1,m]$。

步骤 2，用主成分分析法对所述特征数据 X 进行特征维数约简，再对约简后的特征数据进行归一化处理，生成归一化特征数据 $X'=\{x'_1,x'_2,\cdots,x'_i,\cdots,x'_N\}$，其中，$x'_i$ 表示所述归一化特征数据 X' 中的第 i 条数据，并有 $x'_i=\{x'_{i1},x'_{i2},\cdots,x'_{iz'},\cdots,x'_{im'}\}$，$x'_{iz'}$ 表示所述归一化特征数据 X' 中的第 i 条数据 x'_i 的第 z' 个特征值，m' 表示所述归一化特征数据 X' 的特征维数，且 $m'\leqslant m$，$z'\in[1,m']$。

步骤 3，使用 K-均值算法对所述归一化特征数据 X' 进行聚类，计算出 K 个聚类簇及其聚类中心 $Q_1,Q_2,\cdots,Q_j,\cdots,Q_K$，其中，$K$ 表示 RBF 神经网络隐含层神经元个数，并初始化 K 为输入层神经元个数 M，Q_j 表示第 j 个聚类簇的聚类中心，$j\in[1,K]$。以所述聚类中心 $Q_1,Q_2,\cdots,Q_j,\cdots,Q_K$ 作为径向基函数的中心，则 $Q_j=\left\{\overline{x}_{j1},\overline{x}_{j2},\cdots,\overline{x}_{je},\cdots,\overline{x}_{jm'}\right\}$ 表示第 j 个径向基函数的中心，且 $\overline{x}_{je}$ 表示第 j 个聚类簇的第 e 个特征的中心，并有 $\overline{x}_{je}=\dfrac{1}{n_j}\sum_{i=1}^{n_j}x'_{ie}$，$n_j$ 表示第 j 个聚类簇的数据个数，x'_{ie} 表示第 i 条数据的第 e 个特征值，$e\in[1,m']$。

步骤 4，在所述归一化特征数据 X' 上训练 RBF 神经网络，引入自适应差分进化算法确定所述隐含层神经元个数为 K 时的 RBF 神经网络的扩展因子 $\Delta(K)=\{\sigma_1,\sigma_2,\cdots,\sigma_K\}$ 和权重 $W(K)=\{\omega_1,\omega_2,\cdots,\omega_K\}$，其中自适应差分进化算法编码、变异因子、交叉因子、选择操作以及 RBF 神经网络的代价函数如下所述。

编码 $a=\{\Delta(K),W(K)\}=\{a_1,a_2,\cdots,a_j,\cdots,a_K,a_{K+1},a_{K+2},\cdots,a_{K+j},\cdots,a_{2K}\}$，其中 a_j 表示个体 a 的第 j 个元素值，K 为隐含层神经元个数；a_K 表示个体 a 的第 K 个元素值。

变异因子：

$$\lambda^g=\min\{\lambda_{\max},f(\tilde{y}^g_{d_{\text{best}}},Y)\} \tag{7-59}$$

式中，λ^g 为第 g 代变异因子；$\lambda_{\max}$ 为变异因子的最大值，为常数；$\tilde{y}^g_{d_{\text{best}}}$ 为第 g 代进化中使目标函数最好的个体的预测值；Y 为步骤 1 中的分类数据标签。

交叉因子：

$$CR^g=CR_{\min}+\frac{g}{g_{\max}}(CR_{\max}-CR_{\min}) \tag{7-60}$$

式中，CR^g 为第 g 代交叉因子；g 为自适应差分进化的进化代数；$g_{\max}$ 为最大进化代数；

$CR_{\max}$ 为交叉因子最大值；$CR_{\min}$ 为交叉因子最小值。

选择操作：

$$a_d^{g+1}=\begin{cases}u_d^{g+1}, f(u_d^{g+1},Y)<f(a_d^g,Y)\\ a_d^g, f(u_d^{g+1},Y)\geqslant f(a_d^g,Y)\end{cases} \tag{7-61}$$

式中，a_d^{g+1} 为第 g+1 代中个体 a 的第 d 个元素值；u_d^{g+1} 为第 g+1 代中交叉个体 u 的第 d 个元素值；a_d^g 为第 g 代中个体 a 的第 d 个元素值。

RBF 神经网络目标函数：

$$f(\tilde{y}_d^g,Y)=\sum_{i=1}^{N}\left\|\tilde{y}_d^g-y_i\right\|^2 \tag{7-62}$$

式中，$\tilde{y}_d^g$ 为第 g 代中第 d 个个体的预测结果；y_i 为第 i 条数据的分类标签。

步骤 5，将 K+1 赋值给 K，重复步骤 3，直至满足 $K=\min\left\{N,\lceil\sqrt{N}\rceil M\right\}$ 为止，并取 $K_{\text{best}}=\left\{K\mid \underset{M\leqslant K\leqslant\min\{N,\lceil\sqrt{N}\rceil M\}}{\arg\min} f_K\right\}$，$f_K$ 为隐含层神经元个数为 K 的目标函数值，则 RBF 神经网络的全局最优参数为隐含层神经元个数 K_{best}、扩展因子 $\Delta(K_{\text{best}})$ 和权重 $W(K_{\text{best}})$，即确定 RBF 神经网络的输出函数为 $F(x_i')=\sum_{j=1}^{K_{\text{best}}}\omega_{d_{\text{best}}j}^g\varphi_{d_{\text{best}}j}^g(x_i')$，$\omega_{d_{\text{best}}}^g$ 为第 g 代中使目标函数最好的个体 d_{best} 的第 j 个元素的权重，$\varphi_{d_{\text{best}}}^g$ 为第 g 代中使目标函数最好的个体 d_{best} 的第 j 个元素的径向基函数，x_i' 为第 i 条数据的值。

步骤 6，对煤与瓦斯突出的测试样本进行预测。

本方法中采用的 RBF 神经网络结构图和 RBF 神经网络预测煤与瓦斯突出流程图分别如图 7-6 和图 7-7 所示。

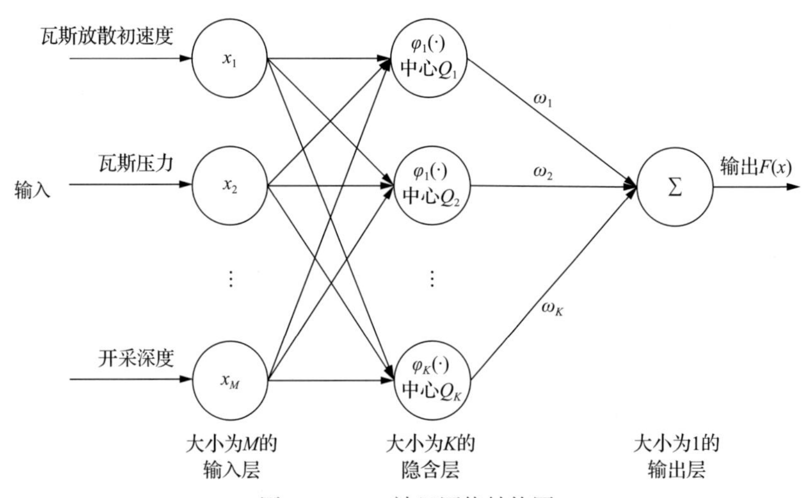

图 7-6 RBF 神经网络结构图

x_M 为第 M 个值，比如开采深度；φ_K 为第 K 个径向基函数；Q_K 为第 K 个聚类簇中心；ω_K 为第 K 个聚类中心的权重值

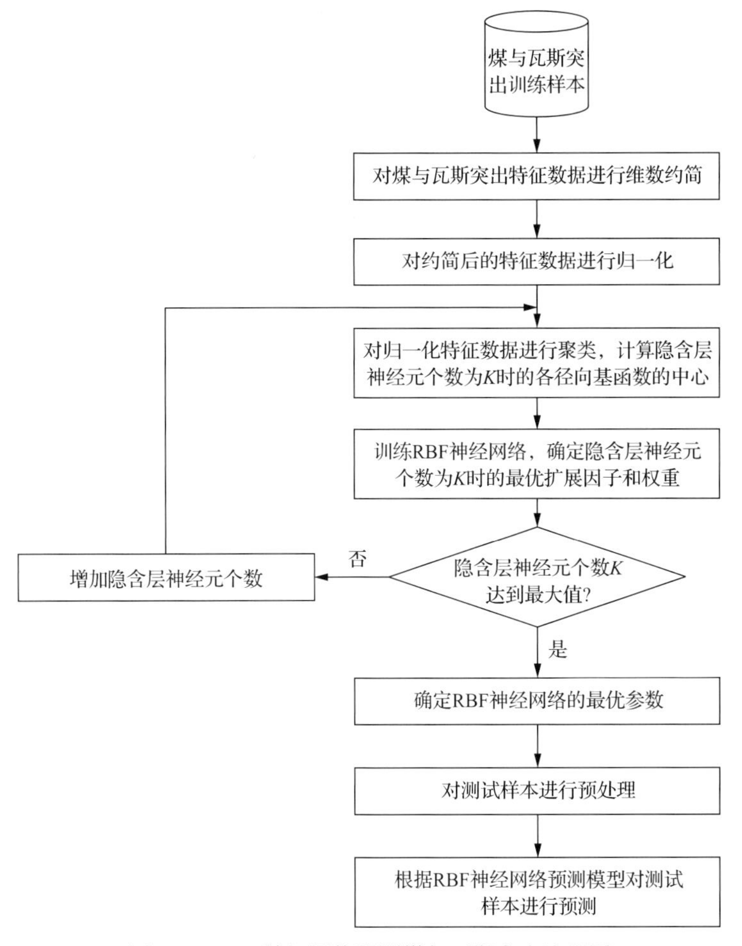

图 7-7　RBF 神经网络预测煤与瓦斯突出流程图

基于 RBF 神经网络的煤与瓦斯突出预测方法，借鉴 RBF 神经网络高精度的函数逼近能力，同时引入自适应差分进化算法，解决 RBF 神经网络的最优参数自适应问题，以快速、准确地预测煤与瓦斯突出问题。

本方法能够有效地应用于煤与瓦斯突出灾害的预测。针对不同的煤与瓦斯突出数据，RBF 神经网络的最优参数可以自适应，方便、快速地确定基于 RBF 神经网络的煤与瓦斯突出预测模型，并能保证模型预测的准确度。

7.2.3　基于 Tri-training 的数据流集成分类算法

煤矿生产过程中产生大量未标记的监测数据，这些未标记数据极大且隐含大量信息，为利用这些未标记数据的信息，提出了一种基于 Tri-training 的数据流集成分类算法。该算法采用滑动窗口机制将数据流分块，在前 k 块含有未标记数据和标记数据的数据集上使用 Tri-training 训练分类器，通过迭代的加权投票方式不断更新分类器直到所有未标记数据都被打上标记，并利用 k 个 Tri-training 集成模型对第 k+1 块数据进行预测，丢弃分类错误率高的分类器并在当前数据块上重建新的分类器从而更新当前模型，可对煤矿典型动力灾害的危险性进行分类，并能保证较高的正确率。

Tri-training 算法为经典的半监督技术，可以有效地使用未标记数据和标记数据训练分类器。但限于其是静态数据分类算法，当数据流巨大时，Tri-training 算法将耗费大量内存，因此不能直接用于流环境下的数据分类问题。

本方法借鉴传统的基于协同训练策略处理不完全标记数据的方法。设数据流 DS 包含标记数据和未标记数据，TriTDS（Tri 训练数据流）采用固定窗口机制将数据流 DS 划分成一系列数据块，记为 $D_i=\{l_i^1,l_i^2,\cdots,l_i^z,u_i^{z+1},u_i^{z+2},\cdots,u_i^{|D_i|}\}$，其中包含 Z 个标记样例和 D_i-z 个未标记样例，从数据流自身考虑，数据流的属性特征和数据块的属性特征一致。这些数据块随时间顺序产生，在最早到达的 k 个数据块 $D_1,D_2,\cdots,D_k$ 上使用半监督技术 Tri-training 算法训练得到 k 个基分类器 $T_1,T_2,\cdots,T_k$。此外，因为随着数据块的不断到来，数据的概念不断变化，最早建立的基分类器不能很好地适应最新到来的数据，所以需要不断更新基分类器。最后，通过等值加权投票策略对测试集进行测试得到分类精度。

本方法采用的基分类器更新策略是：依次测试建立的 k 个基分类器 $T_1,T_2,\cdots,T_k$ 对最新到来的数据块 D_{i+1} 的错误率 $\mathrm{err}_j(j\in\{1,2,\cdots,k\})$，若到第 $r(r\in\{1,2,\cdots,k\})$ 个基分类器 T_r 时其错误率高于阈值 th，则 T_r 应在最新数据块上重新训练；为了保持基分类器的多样性，用于更新剩下的基分类器的数据块应为 D_{i+2}，再依次测试剩下的基分类器 $T_{r+1},T_{r+2},\cdots,T_k$ 在 D_{i+2} 上的错误率 $\mathrm{err}_j(j\in\{r+1,\cdots,k\})$，若到第 $s(s\in\{r+1,\cdots,k\})$ 个基分类器 T_s 时其错误率高于阈值 th，则 T_s 在最新数据块 D_{i+2} 上重新训练；如此循环，直到更新到最后一个分类器。

本方法的算法描述如下：

算法 1 一种基于 Tri-training 的数据流集成分类算法

```
FOR i=1  to k do
    Di=readChunk(DS,m)
    使用 Tri-training算法在 Di上训练得到基分类器 Ti
end FOR
    Di+1=readChunk(DS,m)
FOR i=1 to k do
    erri=measureErr(Di+1,i,cL)
    IF erri>th
    Tri-training在 Di+1上重新训练得到基分类器 T'i，取代 Ti
    Di+1=readChunk(DS,m)
    end IF
end FOR
```

本方法受批处理算法 Tri-training 的启发，考虑其在静态未标记数据集上的分类优势，成功将其应用于数据流分类中。该算法能在保持分类精度的情况下有效使用未标记数据训练分类器，相比基于完全标记数据的传统数据流分类方法，该算法数据成本大幅度降低。与其他传统的基于半监督技术的数据流分类算法在 10 个加利福尼亚大学欧文分校简易对象访问协议（UCI）数据集上的对比实验结果表明：本算法可以在高达

80%的未标记数据集上训练分类器，并保持很高的分类精度。

7.3　需求驱动的煤矿灾害预警服务知识体系及其关键技术研究

基于煤矿、国家矿山安全监察局等生产和监督管理部门的煤矿典型动力灾害预警需求，构建了煤矿动力灾害事故的预警知识库、预警模型库、预警方法库、行业标准数字化规范库，建立了人机联合在线诊断体系；创建了个性化预警服务定制、单一对象访问协议(SOAP)服务请求、移动终端预警推送、预警有效性和准确率反馈等完整的一体化即时主动服务新模式。

7.3.1　研究方法

采用 TCP、UDP、WebSocket 等协议以及 Java NIO、APNs、Android、iOS 等相关技术，实现一个拥有多协议兼容应用服务器、推送服务器、多端兼容的推送端和接收端的消息推送系统。

推送端使用 HTTP 协议向应用服务器发送推送请求，之后应用服务器使用 TCP 向推送服务器发送单点推送请求。推送服务器根据接收到的信息确定接收端，并使用 TCP、UDP 和 WebSocket 等协议向目标终端发送推送消息。除 iOS 接收端外，其余接收端都会向推送服务器发送心跳包，并在接收到消息后响应消息。

消息推送系统的主要功能如图 7-8 所示。

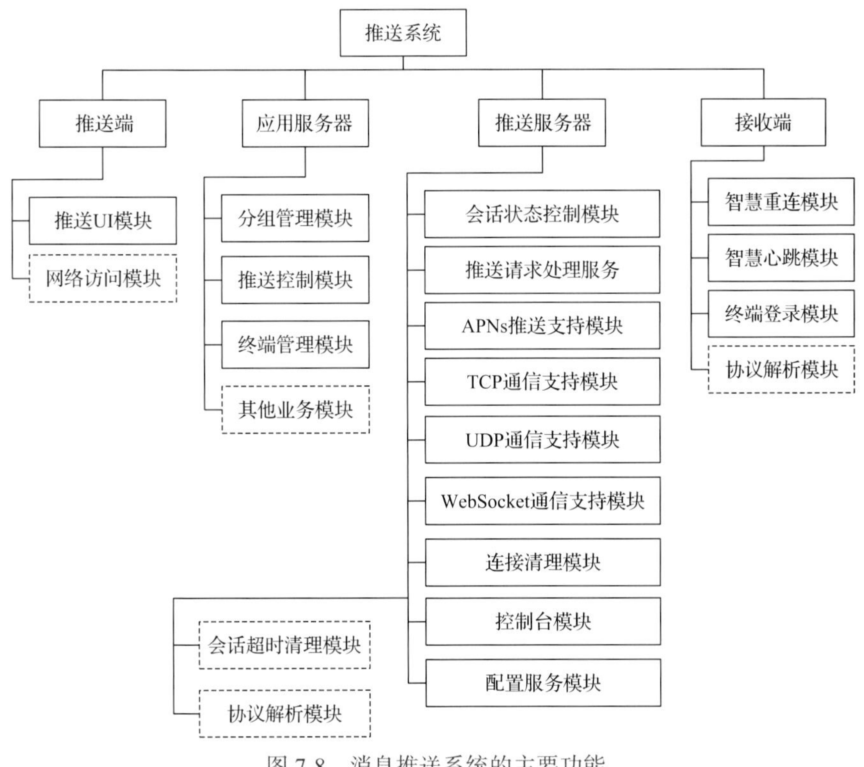

图 7-8　消息推送系统的主要功能

UI 为用户界面

7.3.2 基于SaaS模式的煤矿典型动力灾害预警服务方法研究

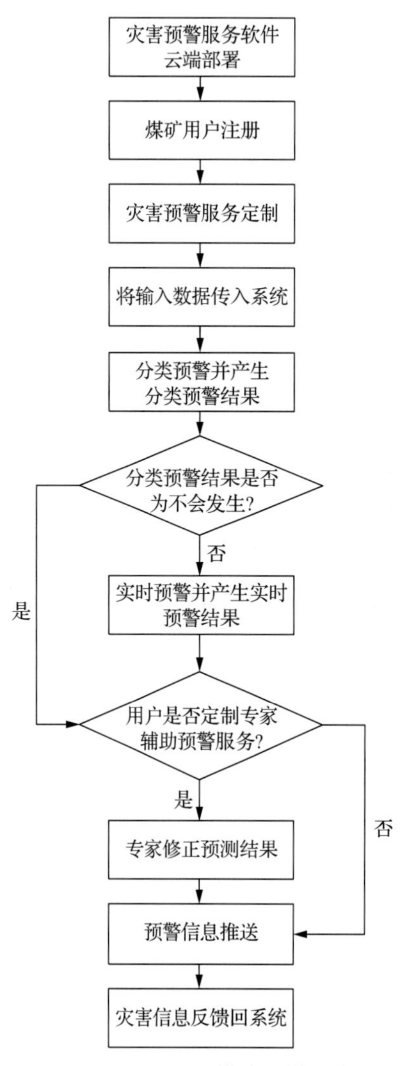

图 7-9 基于SaaS模式的煤矿典型动力灾害预警服务流程

目前，我国多个煤矿纷纷对典型动力灾害预警系统进行了大量的资金投入，取得了一定的效果。而建立一套完整的、实用的典型动力灾害预警系统，需要购置大量硬件设备、操作系统、数据库系统和GIS软件平台等，以及建立庞大的空间地理数据库和典型动力灾害预警基础资料数据库，为实现预期的预警功能还需要开发相应的软件系统等。然而，这些系统的功能大都相似；另外，有些用户只需要部分功能，却也不得不购买昂贵的软硬件设备和开发系统。每个典型动力灾害预警系统都是单独从头开发建设，如此不可避免地造成大量资源的浪费和闲置，且系统建成后更新维护困难、无法共享数据资源也是一大难题。

为了解决上述问题，提出了一种基于SaaS模式的煤矿典型动力灾害预警服务方法。通过SaaS模式，煤矿用户只需要通过APP或者Web的形式访问网站来定制煤与瓦斯突出和冲击地压等典型动力灾害预警服务，而不再需要管理或控制任何云计算基础设施，包括硬件、服务器、操作系统、存储等。基于SaaS模式的煤矿典型动力灾害预警服务流程如图7-9所示。

基于SaaS模式的煤矿典型动力灾害预警服务具体技术方案如下：

(1)搭建或租赁预警服务云平台，将灾害预警服务端软件部署在云端。

(2)煤矿用户进行注册，SaaS服务端为煤矿用户提供相应的访问网站及用户注册操作流程，煤矿用户可以以APP或者Web的形式进入网站注册。

(3)煤矿用户根据自身情况对灾害预警服务进行定制，灾害预警服务内容包括煤与瓦斯突出和冲击地压预警、预警信息推送、数据统计分析等。其中，煤与瓦斯突出和冲击地压预警分为分类预警和实时预警两步；分类预警可以将煤与瓦斯突出和冲击地压易发生的程度定性分类；实时预警可以预警两类典型动力灾害发生的等级、时间、地点和范围。预警信息推送可以根据用户定制结果通过包括微信、短信、互联通信网、语音播放在内的方式发送预警结果信息给相关人员。数据统计分析可以对煤矿相关数据和预警结果进行综合性分析，得出该煤矿动力灾害发生趋势、灾害影响因素、预警结果准确性、预防措施缺陷、预警失败原因，并将其最终以统计图或报表的形式展示出来。煤矿用户结合自身情况，可以定制一种至多种预警服务。

(4) 根据预警服务要求，煤矿用户将灾害预警输入数据传入系统；传入系统的数据包括两部分，其中，分类预警使用的数据主要包括地形、岩层、断层、陷落柱、褶皱、岩浆侵入、火烧在内的构造信息，地温、水压、岩移、沉陷、煤柱、井巷、硐室、工作面、采空区在内的空间分布信息以及支护、卸压、充填、瓦斯抽放在内的灾害防治工艺参数。实时数据除了使用分类预警用到的数据外，还要用到以下数据：冲击倾向性测试和相关防突测试数据以及相关的微震信号、地音信号、爆破信号、电磁辐射信号、应力信号、矿压信号、锚杆阻力、离层和位移信号、瓦斯浓度、风速、瓦斯抽放流量。其中，实时监测数据需要通过安全信息采集接口程序传入系统数据库，采用了 Web Service 技术，通过 HTTP 协议实现数据的实时交换。

(5) 通过服务端软件对数据进行处理并自动预警，预警分为分类预警和实时预警两步。分类预警根据定制服务会产生 5 种结果：极易发生、较易发生、可能发生、不易发生、不会发生。实时预警根据传入的全域数据自动挖掘分析得出预警模态数据，再通过神经网络构造一个预警器，由预警器根据预警模态数据给出初步的动力灾害预测结果。灾害预测结果中包括灾害发生的等级、时间、地点和范围。其中预警模态数据主要包括地应力、围岩强度、抵抗线长、顶板压力、围岩变形、体积变形能、形状变形能、顶板弯曲能、煤层瓦斯含量、煤层瓦斯压力、突出倾向性、冲击倾向性、围岩或煤层弹性模量及状态持续时间。动力灾害预测结果按颜色分为三种，其中红色表示预测该煤矿有灾害发生；黄色表示该煤矿有灾害发生的征兆；绿色表示该煤矿是安全的，不会发生灾害。灾害等级分为三级，其中 A 级表示危害严重，有可能造成重大人身伤亡或者重大经济损失，治理难度及工程量大，或需由县级以上人民政府或煤炭管理部门协调解决的重大事故隐患；B 级表示危害比较严重，有可能导致人身伤亡或者较大经济损失，或治理难度及工程量较大，须由煤矿限期解决的隐患；C 级表示危害较轻，治理难度和工程量较小，煤矿区、业务部门能够解决的隐患。

(6) 若煤矿用户定制了专家预警服务，则将预警信息推送给专家，由专家对预警结果进行修正。

(7) 根据定制结果，对灾害预警信息进行推送，推送方式为微信、短信、通信网、语音播放，煤矿用户可以预先对接收信息的方式和内容进行定制，且需及时做出反馈，以保证信息传达的效率，若用户没有及时反馈，则间隔较短时间后重新推送，直至用户做出反馈或达到推送次数上限。

(8) 煤矿用户将煤矿灾害真实情况数据反馈回预警服务端软件，不论灾害最终发生与否，煤矿用户都需要把煤矿最终的真实情况数据反馈回系统，包括灾害实际是否真实发生、灾害等级、影响范围、人员伤亡，以便系统学习，提高自动预警的准确率。

基于 SaaS 模式的煤矿典型动力灾害预警服务系统架构图共分为 4 层，如图 7-10 所示，分别为用户层、应用服务层、应用支撑平台、动态基础设施。

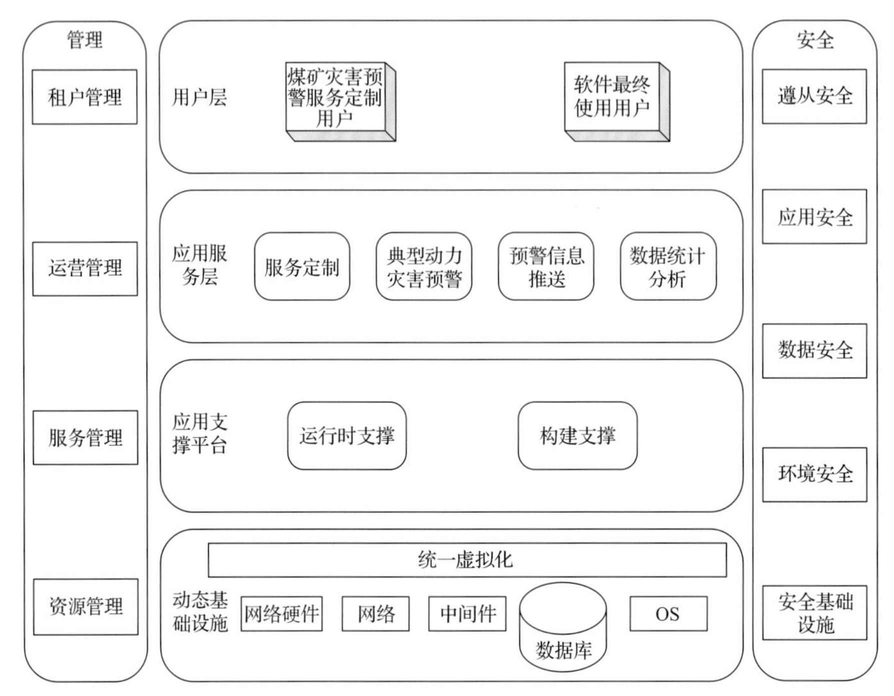

图 7-10　系统架构图

(1)用户层，包括煤矿灾害预警服务定制用户和软件最终使用用户，且使用方式可以是 Web 和 APP 两种方式。煤矿灾害预警服务定制用户指进入网站注册并定制预警服务的用户；软件最终使用用户包括定制用户、接收推送预警信息的相关人员或部门等。

(2)应用服务层，主要为用户提供煤矿预警服务定制、典型动力灾害预警、预警信息推送以及数据统计分析。其中，煤矿预警服务定制可以按用户需求实现个性化定制。典型动力灾害预警分为分类预警和实时预警两步。分类预警可以将煤矿煤与瓦斯突出和冲击地压易发生的程度定性分类；实时预警可以预警两类典型动力灾害发生的等级、时间、地点和范围。预警信息推送可以根据用户定制结果通过微信、短信、互联通信网、语音播放等方式发送预警结果信息给相关人员。数据统计分析可以对煤矿相关数据和预警结果进行综合性分析，得出该煤矿动力灾害发生趋势、灾害影响因素、预警结果准确性、预防措施缺陷、预警失败原因分析等，最终以统计图或报表的形式展示。

(3)应用支撑平台，包括运行时支撑和构建支撑。运行时支撑提供煤矿信息集成、数据存储框架等方面的支持；构建支撑提供开发环境、煤矿数据存储模型、煤矿灾害信息挖掘模型等方面的支持。

(4)动态基础设施，提供网络硬件、网络、中间件、数据库和 OS 的支持，提供支持统一虚拟化的计算、存储、网络通信与交换能力。数据库包括煤矿事故信息数据库、煤矿领域知识数据库、知识字典库、用户台账数据库、共享库等。

管理可分为租户、运营、资源和服务管理。租户管理提供租户身份、权限管理；运营管理提供组合使用情况度量、计费，生成账单；资源管理管理应用实例，实现模板配置与快速部署；服务管理提供服务描述、注册、集成与发现。

安全可分为应用安全、遵从安全、数据安全、环境安全及安全基础设施。应用安全提供身份认证、访问控制、程序加固；遵从安全提供相关标准和规范；数据安全提供读写控制、数据加密、数据隔离；环境安全提供接入控制、入侵防御、安全运维功能；安全基础设施提供数字证书和公钥体系。

基于 SaaS 模式的煤矿典型动力灾害预警服务方法有效解决了各个煤矿预警系统重复建设造成大量资源的浪费和闲置、系统维护困难、资源无法共享等问题，能够为各个煤矿按需提供煤与瓦斯突出和冲击地压等典型动力灾害预警的个性化服务，有效降低甚至避免了煤矿典型动力灾害带来的损失。

7.3.3 面向煤矿灾害预警需求的即时主动信息推送方法

由于煤矿生产作业的特殊性，煤炭开采一直是国家生产安全保障与重大事故预防的重点领域之一，安全生产是煤炭企业发展的核心要素。而灾害预警信息的及时准确送达与发布，对于提高煤炭企业灾害的防控能力，避免事故发生或降低事故损失具有重要意义。传统的灾害预警信息送达及发布方法和系统，技术手段单一，不能根据灾害数据进行预警信息的定制、主动发送和反馈，已无法满足煤矿灾害预警工作的实际需求。因此，融合多种现代通信技术，实现语音、文本、图像和视频等多种预警信息即时主动个性化推送，是煤矿灾害预警亟须解决的重要问题。

针对上述技术问题，研究了面向煤矿灾害预警需求的即时主动信息推送方法，面向煤矿灾害预警需求的即时主动信息推送具体由推送服务器和语音系统协同来实现。

1. 推送服务器架构设计

如图 7-11 所示，推送服务器包括定制模块、第一接收模块、处理模块、第一查询模块、推送模块和发送模块等。

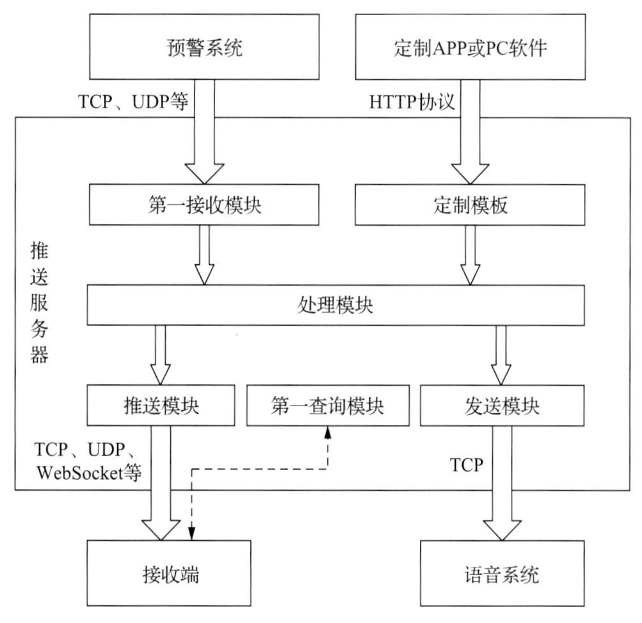

图 7-11 推送服务器架构

(1)定制模块，被配置为用于为用户定制相关服务，并对外提供必要的接口或API。

(2)第一接收模块，被配置为用于接收预警信息。

(3)处理模块，被配置为用于根据消息定制情况及预警消息内容确定接收端，并同时构建推送消息队列。

(4)第一查询模块，被配置为用于根据处理模块构建的推送消息队列查询推送服务器与接收端是否存在可用连接或数据链路。

(5)推送模块，被配置为用于根据处理模块构建的推送消息队列向接收端推送相关预警信息，前提是第一查询模块查询到推送服务器与接收端存在可用连接或数据链路。

(6)发送模块，被配置为用于将处理模块构建的推送消息队列中需要发送到语音系统的文本内容及接收端标识发送至语音系统。

2. 语音系统架构设计

语音系统架构如图7-12所示，包括第二接收模块、转化模块、拨号模块、第二查询模块以及广播模块。

(1)第二接收模块，被配置为用于接收推送服务器发送的预警信息及相关接收端标识。

(2)转化模块，包括信息提取(简化)子模块与文字转语音子模块，其中信息提取(简化)子模块被配置为用于提取预警信息中的主要信息；文字转语音子模块被配置为用于将信息提取(简化)子模块提取的预警信息的主要信息转化为语音消息。

(3)拨号模块，被配置为用于通过第二接收模块接收的接收端标识中的电话号码向相关用户进行拨号。

(4)第二查询模块，被配置为用于查询第二接收模块接收的标识中非电话号码类查询语音设备与语音系统之间是否存在连接或数据链路。

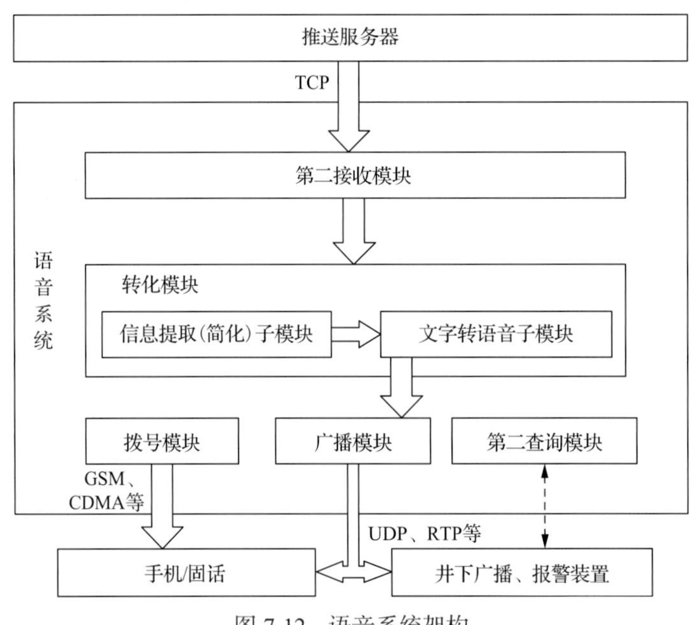

图7-12 语音系统架构

GSM-全球移动通信系统；CDMA-码分多路访问；RTP-实时传输协议

(5)广播模块，被配置为用于进行预警信息的播音，预警信息为经文字转语音模块转化后的语音消息。

面向煤矿灾害预警需求的即时主动信息推送流程图主要包括以下步骤,如图 7-13 所示。

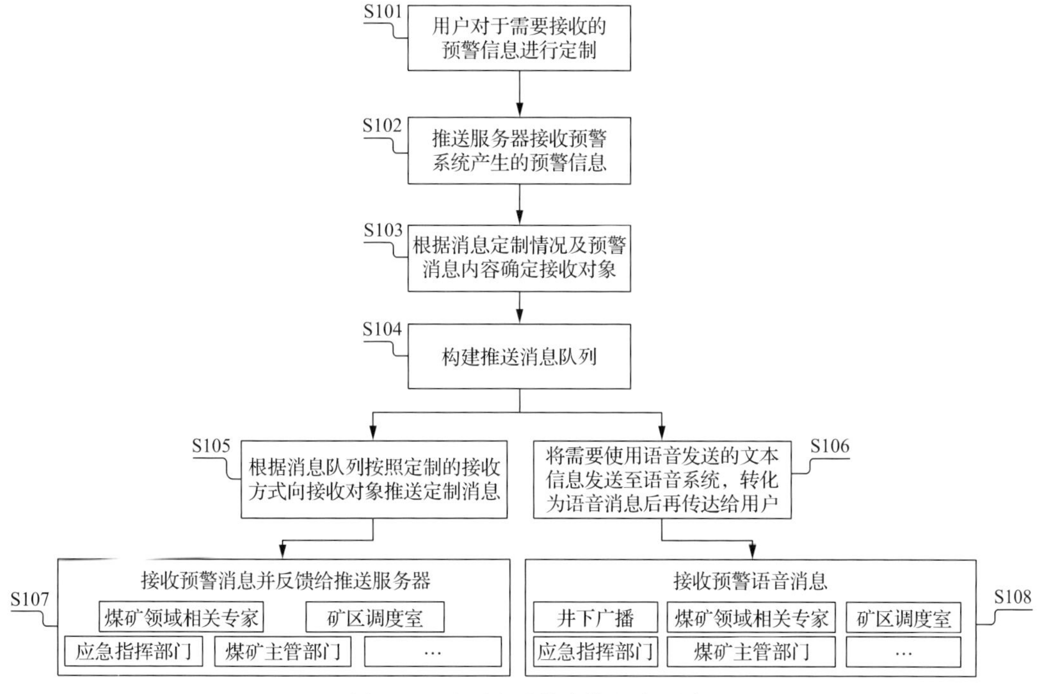

图 7-13 即时主动信息推送流程图

步骤 1，用户对于需要接收的预警信息通过定制模块进行定制。

步骤 2，推送服务器的第一接收模块接收预警系统产生的预警信息。

步骤 3，通过推送服务器的处理模块，并根据消息定制情况以及预警信息内容确定接收端。

步骤 4，通过推送服务器的处理模块构建推送消息队列。

步骤 5,判断第一查询模块查询的推送服务器与接收端是否存在可用连接或数据链路。若判断结果是存在可用连接或数据链路，则执行步骤 6。若判断结果是不存在可用连接或数据链路，则将预警信息和相关信息加入消息等待队列，待接收端与推送服务器建立连接后，再将预警信息推送至接收端。

步骤 6，根据推送消息队列，推送服务器的推送模块按照定制的接收方式将定制的预警信息推送至接收端；当推送的定制预警信息到达接收端后，若用户在接收端按照提供的反馈方式向推送服务器做出反馈,则表明用户已经接收到相关信息;若不做出反馈，则表明用户没有接收到相关信息，则加入消息等待队列，一段时间后推送服务器将再次推送相同预警信息至用户的接收端。

步骤 7，根据推送消息队列，语音系统处理预警信息并传递至用户的接收端，具体包括如下步骤，如图 7-14 所示。

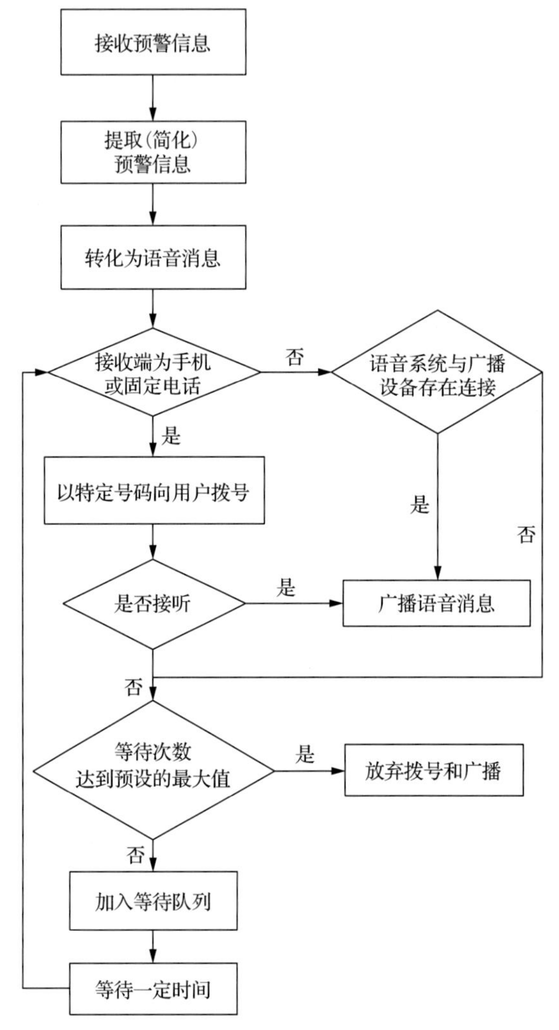

图 7-14 语音系统发送消息的流程图

(1)语音系统的第二接收模块接收推送服务器发送的预警信息及相关接收端标识；

(2)语音系统接收到推送服务器发送的预警信息后，对预警信息 M 进行简化处理，从内容较多的预警信息提取出主要信息，简化为较简要的信息 M′；

(3)语音系统中的转化模块将预警信息 M 或较简要的信息 M′转化为语音消息 V；

(4)判断相关接收端标识的类型，通过语音系统中的广播模块播放语音消息 V。

若相关接收端标识为电话号码，则接收端为手机或固定电话，通过语音系统中的拨号模块以特定号码向用户的接收端拨号，用户接听即表示用户获悉预警信息，语音系统中的广播模块播放语音消息 V。

若相关接收端标识为某语音广播设备的相关标识，则接收端为广播设备，第二查询模块查询语音系统与该语音广播设备之间是否存在着可用连接或数据链路，若存在可用连接或数据链路，则语音系统中的广播模块播放语音消息 V。

若用户固定电话或手机没有接听拨号，或语音系统与语音广播设备之间不存在可用连接或数据链路，则将拨号任务或查询语音系统与语音广播设备是否存在可用连接或数据链路任务加入语音消息等待队列，等待一段时间后，再次发起拨号任务或查询可用连接或数据链路任务，在未达到系统预设的等待次数最大值前，重复步骤(4)；若最终拨号次数或等待次数达到预设的最大值，则放弃拨号和广播。

用户接收到未经过语音系统进行推送的消息后要根据预定的反馈方式向推送服务器做出反馈，表明已接收到预警信息，而接收预警语音消息的终端无须进行反馈。用户包括井下工人、井下广播、相关领域专家、煤矿相关主管部门、矿区调度室和应急指挥部门。

定制可以是用户通过相关 APP 自己完成个性化定制，也可以通过相关技术管理人员根据用户的角色设定完成预警信息的个性化定制；预警信息包括主信息和附加信息。其中预警信息的主信息为文本信息，附加信息包括文本、图片及视频在内的格式信息，如图 7-15 所示。

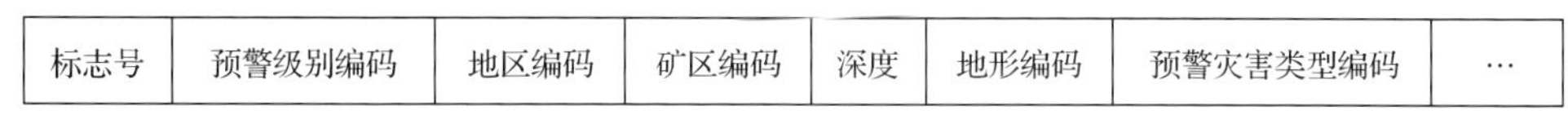

标志号	预警级别编码	地区编码	矿区编码	深度	地形编码	预警灾害类型编码	…

图 7-15　预警信息的主信息格式图

接收语音消息的终端包括手机或固定电话、广播设备或其他语音设备。

7.4　基于特征漂移的煤矿冲击地压、灾害在线预警方法

冲击地压是一种典型的煤岩动力灾害，具有孕灾过程长、发生突然、破坏力强等特征，对煤矿安全生产构成巨大威胁。目前，微震监测已成为煤矿冲击地压监控预警的重要手段之一，国内外开展这方面的研究也已有多年历史，取得了丰硕的成果，但由于冲击地压发生机理十分复杂，已有的微震监控预警方法大多基于对微震事件数及能量的静态统计，通过设定阈值进行监控预警，且阈值设定需要综合考虑多方面的因素，有时甚至需要不断调整相关参数，大大限制了微震监控预警系统的推广应用，同时也使预警的准确率大打折扣。换言之，这些预警方法没有充分考虑冲击地压孕灾的过程特征，特别是微震监测数据流的漂移特征，导致其推广应用困难、预警准确率低。

在微震监测过程中，产生了大量的微震监测数据，这些微震监测数据以数据流的形式存在，并且在不断膨胀，而对这些数据的利用目前还仅停留在微震事件数统计及能量计算层面，还没有对数据流所蕴含的特征规律进行深入分析研究，出现了数据丰富但可利用信息和知识贫乏的尴尬局面。因此，基于机器学习及数据挖掘技术对微震监测流数据进行分析处理，进而获得监测数据流的漂移特征及规律，对于提高冲击地压灾害预警的准确率具有重要意义。

7.4.1　基于特征漂移的煤矿冲击地压灾害在线预警方法研究

针对煤矿开采过程中可能引发的环境漂移、事件漂移、感知漂移、关联漂移等问题，实现漂移数据恢复，构建了动态潜在煤矿典型动力灾害分析和反走样模型，进而提出了

面向煤矿灾害在线预警与预测方法。

该方法应用非线性信号分析理论对时窗内的微震数据流进行处理，对每个微震事件提取出 p 个时频域数据组成特征向量，准确描述微震数据在冲击地压灾变前后的漂移规律。

微震数据流形式化定义为：$S=\{d_1,d_2,\cdots,d_n,\cdots\}$，其中 $d_i=\left[f_1,f_2,\cdots,f_p\right]$ 是维度为 p 的数据点，d_i 对应的已知类标号为 $c\in\{c_1,c_2,\cdots,c_k\}$，数据流分类任务是根据先验事件构建模型 M 且 d_i 的类标号 $c^i=M(d_i)$，使得 S 到新数据点 d_i+1 的分类概率 $P\left(M\left(d_{k+1}\right)=c^{k+1}\right)\geqslant 1/2$。若 S 中的两段数据 S_m 和 S_{m+1} 具有不同的模型 M，即 $M\left(S_m\right)\neq M\left(S_{m+1}\right)$ 时，则利用 $M\left(S_m\right)$ 按时序对 S_{m+1} 段的数据进行分类是不正确的，称此时发生概念漂移。

工作窗口：对按时间不断到来的数据流进行分段处理，当缓存中数据点数达到设定阈值 $|W|$ 时，就对缓存中的数据处理一遍继续接收新到来的数据。则称该缓存为工作窗口 W，大小为 $|W|$。

关键度：对工作窗口 W 中的数据进行分类时，依据特征 f_i 划分后，子集合类别纯度越高说明特征 f_i 越关键，因此可以用 f_i 的信息熵表示其关键度，记为 $CD=H(W\mid f_i)$。关键度达到阈值的特征称为关键特征，未达到阈值的特征称为噪特征。

关键特征集：对维度为 p 的数据流 S 进行分类时，从 p 个特征中选出对分类器起关键作用的关键特征，组成关键特征集(CFS)，记为 $\mathrm{CFS}\subset\{f_1,f_2,\cdots,f_p\}$。

缓存窗口：对工作窗口 W 的数据已经完成特征选择，但还未做分类，将此类数据暂存于缓存中等待最终数据处理并交回数据流 S，称这段缓存为缓存窗口(CW)。

特征漂移：在数据流 S 中，设在相邻工作窗口 W_i 和 W_{i+1} 中，利用特征选择技术分别得到关键特征集 CFS_i 和 CFS_{i+1}，若 $\mathrm{CFS}_i\neq\mathrm{CFS}_{i+1}$，则称 S 在数据长度为 $|W_i|+|W_{i+1}|$ 的窗口中发生了特征漂移(FD)。

微震数据流处理流程如图 7-16 所示。

步骤 1，计算每个特征的特征度量值 UFF。由于关键特征对 CFS 的依赖更高且具有更高的互信息值，可以通过计算所有数据特征的互信息 $I\left(f_i;\overline{f_i}\right)$，从中选择出 CFS。其原理为设条件概率 $p(f_i\mid c)=p_i$，除去特征 f_i 的 CFS 记为 $\overline{f_i}$，若 $p_i>p_j$，则互信息 $I\left(f_i;\overline{f_i}\right)>I\left(f_j;\overline{f_j}\right)$。由此可知，为分类提高更多信息的特征具有更高的互信息值，即关键特征对 CFS 的依赖度更高，其互信息值也更高。因此，可以通过计算所有特征的互信息 $I\left(f_i;\overline{f_i}\right)$ 选择出 CFS。计算方法采用熵估计法，即

$$H_k=\frac{p}{n}\sum_{i=1}^{n}\log t_{ik}+\mathrm{GM}(k)+\log\left(c_p\right) \tag{7-63}$$

式中，t_{ik} 为数据点 d_i 和第 k 个近邻在 p–1 维的欧氏距离；GM(k) 为双伽马函数。特别地：

$$H_1 = \frac{p}{n}\sum_{i=1}^{n}\min_{i \neq j}\left(\ln d_i - d_j\right) + \mathrm{GM}(n) - \mathrm{GM}(1) + \log\left(c_p\right) \tag{7-64}$$

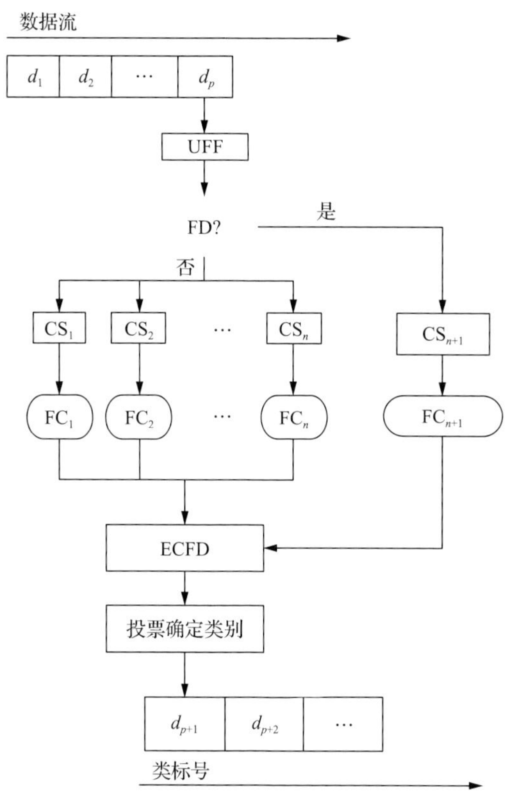

图 7-16　微震数据流处理流程图

ECFD-数据流集成分类器

另外由信息论可知特征 f_i 和 $\overline{f}_i$ 的互信息值：

$$I\left(f_i \mid \overline{f}_i\right) = H\left(f_i\right) + H\left(\overline{f}_i\right) - H(\mathrm{CFS}) \tag{7-65}$$

于是给出特征度量 UFF 如下：

$$\mathrm{UFF} = \frac{1}{n}\sum_{i=1}^{n} t_{ik} + \frac{p-1}{n}\sum_{i=1}^{n} l_{ik} \tag{7-66}$$

式中，t_{ik} 为数据点 d_i 和第 k 个近邻在 p–1 维的欧氏距离；l_{ik} 为数据点 d_i 和第 k 个近邻在 p–1 维子空间的欧氏距离。

利用式(7-66)计算特征集 F 中所有的特征 f_i 的 UFF 值并按从小到大存入数组 UFFS。

步骤 2：特征选择。特征选择执行算法 1。算法 1 如下所述。

输入：数据集 S，特征集 F，已标记数据集 T 和已构造的分类器 M，正随机小数 ∂。

输出：关键特征集 CFS。

```
令 num_top_highest 等于数组 UFFS 中元素个数
while UFFS<>NULL do
    将 UFFS 中 num_top_highest 个作为 CFS，利用 T 和 M 计算分类精度 p_i;
    if |p_i - p_{i-1}| ≤ ∂ then
       CFS=num_top_highest-1
    end if
end while
```

为处理流式微震数据，把工作窗口 W 作为数据集 S 进行处理，即当工作窗口数据点数目达到阈值时，令 $S=W$，启动算法 1 进行特征选择，同时清空工作窗口 W 继续接收流数据。当相邻工作窗口得到的关键特征集不同时，则可判定有特征漂移发生。

步骤 3：判断是否有特征漂移发生。若 $CFS_i=CFS_{i+1}$，则未发生特征漂移，此时需要对 CFS_i 的特征分类器 FC 进行再学习，使 FC 提高分类精度并获得最新数据信息；若 $CFS_i \neq CFS_{i+1}$，则说明发生了特征漂移，此时需要利用 CFS_{i+1} 新得到的特征数据集 CS 训练新的特征分类器 FC_{new}。

对特征分类器 FC 的再训练采用平均距离测试泊松分布方法得到 Poisson(1)的值 Num，对特征数据集 CS 中的数据拟合训练 Num 次。对于特征漂移发生时需要训练新的特征分类器 FC_{new}，首先找出其中分类精度最高和最低的特征分类器，分别记为 high_FC 及 low_FC，利用新得到的特征数据集 CS 训练，同时选用与 high_FC 相同的基础算法，得到新的特征分类器 FC_{new}，然后用 FC_{new} 替换 low_FC。

步骤 4：利用加权投票对数据进行分类。各分类器权值比例为

$$w_i = \frac{|\mathrm{UFF}(\mathrm{CFS}_i)|}{(\mathrm{MSE}_r - \mathrm{MSE}_i) + \partial} \tag{7-67}$$

式中，$|\mathrm{UFF}(\mathrm{CFS}_i)|$ 为 CFS_i 中所有特征度量值之和；∂ 为正随机小数。具体算法如算法 2 所述。

输入：未分类数据点 d_i。

输出：d_i 的类标矩阵 $\boldsymbol{C}=[c_1,c_2,\cdots,c_k]$及最大分类标号。

```
while i<=n do
  依据式(7-67)计算所有 FC_i 的权值 w_i。
end while
for FC_i∈ECFD
  if FC_i分类为 c_i then
  c_i=c_i+w_i;
end if
end for
```

返回向量 $\boldsymbol{C}$ 和类标号 arg max($\boldsymbol{C}$)。

7.4.2 研究结果与结论

1. 微震事件数据漂移规律发现

应用非线性信号分析理论对时窗内的微震数据流进行处理，对每个微震事件提取出8个时频域数据组成特征向量，更能准确描述微震数据在冲击地压灾变前后的漂移规律；引入最小二乘支持向量机对样本数据进行学习与训练，得出最小二乘支持向量机(LS-SVM)分类器，使用LS-SVM分类器发现隐藏在微震监测数据流中特征漂移规律，进而发现冲击地压灾变前兆并在线预警，其相较于常规阈值预警方法鲁棒性更强。

提出了一种基于特征漂移的煤矿冲击地压灾害在线预警方法，设计合理，克服了现有技术的不足，具有良好的效果。一种基于特征漂移的煤矿冲击地压灾害在线预警方法包括如下步骤。

步骤1：构建并训练LS-SVM分类器M。

微震数据流表示为$S=\{d_1,d_2,\cdots,d_i,\cdots\}$，其中$d_i=[f_1,f_2,\cdots,f_8]$是维度为8的数据点，每个$d_i$为一个独立的微震事件，$f_1$～$f_8$组成的集合称为微震事件$d_i$的特征集，记为$F$。

设冲击地压灾害类别为$C=\{C_1, C_2, C_3\}$，分别表示煤矿生产处于正常、危险、临界三种状态，对应于绿色、黄色、红色三种预警信号。

输入：从历史监测数据中选择$3a$个微震数据段，且$a\geqslant 200$，每个微震数据段包含100个微震事件，记为数据集SC。其中对应C_1状态的微震数据段a个，记为SC_1数据集；对应C_2状态的微震数据段a个，记为SC_2数据集；对应C_3状态的微震数据段a个，记为SC_3数据集。

输出：LS-SVM分类器M。LS-SVM分类器训练与判断过程图如图7-17所示。

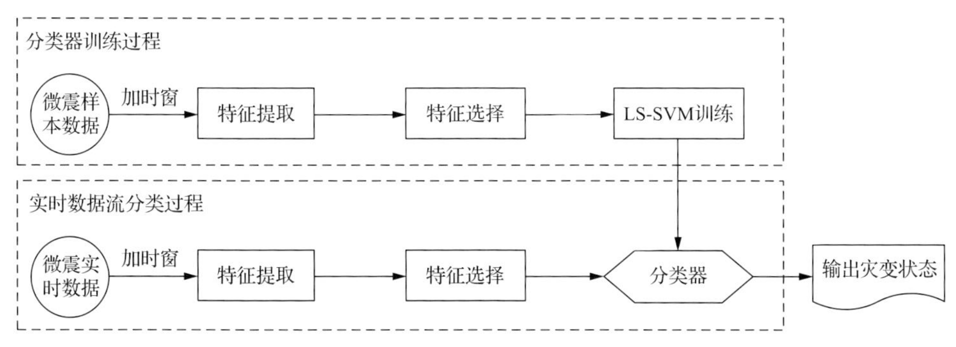

图7-17 LS-SVM分类器训练与判断过程图

具体包括如下步骤：

(1)使用高斯径向基函数作为核函数，构建初始LS-SVM分类器M，令正规化参数γ=0.1及核函数参数δ^2=1。

(2)将数据集SC随机均分成b份，且$b\geqslant 10$，并使每份都含有等量的SC_1、SC_2、SC_3数据集样本。

(3) 取前 b–1 份作为训练集，余下的 1 份作为验证集，先用训练集对初始 LS-SVM 分类器 M 进行训练，再用验证集对初始 LS-SVM 分类器 M 进行验证。

(4) 调整初始 LS-SVM 分类器 M 的正规化参数 γ 及核函数参数 δ^2，将步骤(2)、(3)重复 b 次，将 b 次过程中分类准确率最高的正规化参数 γ 及核函数参数 δ^2 作为初 LS-SVM 分类器 M 的最优参数。

(5) 输出 LS-SVM 分类器 M。

步骤 2：分段处理。

对微震事件进行分段处理，当计算机缓存中的微震事件数达到设定阈值 Q=100 时，记该工作窗口为 W，转步骤 3 对工作窗口 W 中的微震数据进行处理。

步骤 3：特征度量。

针对工作窗口 W 中的微震数据，采用熵估计法计算微震数据特征集 $F=\left[f_1,f_2,\cdots,f_8\right]$ 中每个特征的度量值 FM，其表达式如式(7-68)所示：

$$\mathrm{FM}=\frac{1}{n}\sum_{i=1}^{n}t_{ik}+\frac{p-1}{n}\sum_{i=1}^{n}l_{ik} \tag{7-68}$$

式中，n 为微震事件个数，取值为 100；p 为微震事件特征维数，取值为 8。

计算特征集 F 中所有特征 f_i 的 FM 值，并按从大到小的次序存入数组 FMS=[$\mathrm{FM}_1,\mathrm{FM}_2,\cdots,\mathrm{FM}_8$]。

步骤 4：关键特征选择。

从 $F=\left[f_1,f_2,\cdots,f_8\right]$ 中选择关键特征。

输入：缓存窗口 W 中的微震数据集 S，特征集 F；已标记的先验数据集及分类器 M，阈值 τ=0.001。

输出：关键特征集 CFS。

具体包括如下步骤：

(1) 令数组 FMS 中元素个数=m。

(2) 在数组 FMS 中取前 m 个特征组成特征集 CFS_1，利用先验微震数据集和 LS-SVM 分类器 M 计算分类精度 γ_i。

(3) 在数组 FMS 中取前 m–1 个特征组成特征集 CFS_2，利用先验微震数据集和 LS-SVM 分类器 M 计算分类精度 γ_{i-1}。

(4) 若 $|\gamma_m-\gamma_{m-1}|<\tau$ 且 $m>1$，则令 $m=m-1$，然后转步骤(2)；否则转步骤(5)。

(5) 关键特征集 CFS=CFS_1。

步骤 5：特征漂移判断，具体包括如下步骤。

(1) 利用步骤 4 所述方法对缓存窗口 W 中的数据进行关键特征选择，得到关键特征集 CFS_j=CFS。

(2) 清空缓存窗口 W，继续接收微震事件，当缓存窗口 W 中微震事件个数达到 100 个时，利用步骤 4 所述方法对缓存窗口 W 中的数据进行关键特征选择，得到关键特征集

CFS_{j+1}=CFS。

(3)判断 CFS_j 与 CFS_{j+1} 的大小。若判断结果为 $CFS_j=CFS_{j+1}$，则没有特征漂移发生，令 $j=j+1$，然后转步骤(2)；或判断结果为 $CFS_j \neq CFS_{j+1}$，则有特征漂移发生，此时利用特征集 CFS_{j+1} 训练新的特征分类器 M_{new}，然后转步骤 6。

步骤 6：输出灾害状态。

利用新的特征分类器 M_{new} 对缓存窗口 W 中的数据段进行分类，输出分类标号即输出 C_{2}-(绿色)，C_2-(黄色)，C_3-(红色)三类中的任意一种标号，并启动相应级别的预警信号。

该方法应用非线性信号分析理论对时窗内的微震数据流进行处理，对每个微震事件提取出 8 个时频域数据组成特征向量，更能准确描述微震数据在冲击地压灾变前后的漂移规律；引入最小二乘支持向量机对样本数据进行学习与训练，得出 LS-SVM 分类器，使用 LS-SVM 分类器发现隐藏在微震监测数据流中的特征漂移规律，进而发现冲击地压灾变前兆并在线预警，其相较于常规阈值预警方法鲁棒性更强。

2. 地震数据压缩重建分析与方法

基于优化的泊松碟采样算法提出一种缺失地震数据的压缩重建方法。该方法首先通过学习型超完备字典对缺失地震数据进行稀疏化表示；其次通过优化的泊松碟采样方法对地震数据进行采样，使采样点分布更加均匀，有效调节了采样间距；最后，利用 OMP 对地震数据进行重构。通过对合成地震数据和实际地震数据进行重构，验证了该方法的可行性及有效性。优化的泊松碟采样算法具体步骤如表 7-1 所示。

表 7-1 优化的泊松碟采样算法

算法名称：优化的泊松碟采样算法
输入：采样区域大小 size$I$=[M,N]，最小的采样间隔 r。 输出：采样矩阵 $\boldsymbol{\Phi} \in M \times N$。 算法步骤： 步骤 1，根据最小采样间隔设置网格大小为 $r/\sqrt{2}$，利用元胞组函数 ndgrid()对采样区域进行网格划分，以列为主序建立网格索引。 步骤 2，初始化投掷因子 dartFactor、每次迭代采样个数 ndarts、候选网格数 emptyGrid、符合采样要求的网格得分 scoreGrid。 步骤 3，在候选网格中随机选择 ndarts 个网格，在网格内随机投掷。 步骤 4，判断投掷点是否在采样区域内以及与所有已采样点的距离是否满足最小间隔，选择合格采样点。 步骤 5，更新本次迭代不合格采样点的记分 scoreGrid，在候选网格中删除得分较高的采样点所在网格。 步骤 6，在候选网格中删除合格采样点所在网格，更新候选网格数 emptyGrid。 步骤 7，判断合格采样点数是否小于网格总数，以及候选网格数是否大于 0。若是，则返回步骤 3；反之结束迭代，返回采样点坐标。

用贪婪迭代方法选择变换基 Ψ 的列，使得在每次迭代过程中所选择的列与当前冗余向量最大程度相关，从原始信号向量中减去相关部分并反复迭代，直到迭代次数达到稀疏度 K 时停止迭代。具体算法步骤如表 7-2 所示。

表 7-2 基于泊松碟优化采样的压缩重构算法步骤

算法名称：压缩重构算法
输入：$M\times N$ 感知矩阵 $\boldsymbol{\Theta}$；观测值 y；稀疏度 K。 输出：信号的稀疏表示估计值 $\hat{s}$，残差 r_t。 算法流程中：r_t表示残差，t表示迭代次数，Ø 表示空集，Λ_t表示 t 次迭代的索引（列序号）集合，λ_t表示第 t 次迭代找到的索引（列序号），a_j表示矩阵 $\boldsymbol{\Theta}$ 的第 j 列，$\boldsymbol{\Theta}_t$表示按索引 Λ_t选出的矩阵的列集合（大小为的 $M\times t$ 矩阵），$\boldsymbol{s}_t$为 $t\times 1$ 的列向量，符号∪表示集合中的并运算，<·,·>表示求向量内积。 算法步骤： 步骤 1，初始化 $r_0 = y, \Lambda_0 = \varnothing, \boldsymbol{\Theta}_0 = \varnothing, t = 1$； 步骤 2，找到索引 λ_t，使得 $\lambda_t = \arg\max\limits_{j=1,2,\cdots,N} \left|< r_{t-1}, a_j >\right|$； 步骤 3，令 $\Lambda_t = \Lambda_{t-1} \cup \{\lambda_t\}, \boldsymbol{\Theta}_t = \boldsymbol{\Theta}_{t-1} \cup a_\lambda$； 步骤 4，求 $y = \boldsymbol{\Theta}_t s_t$ 的最小二乘解：$\hat{s}_t = \arg\min\left\|y - \boldsymbol{\Theta}_t s_t\right\| = \left(\boldsymbol{\Theta}_t^{\mathrm{T}}\boldsymbol{\Theta}_t\right)^{-1}\boldsymbol{\Theta}_t^{\mathrm{T}} y$； 步骤 5，更新残差 $r_t = y - \boldsymbol{\Theta}_t\hat{s}_t = y - \boldsymbol{\Theta}_t\left(\boldsymbol{\Theta}_t^{\mathrm{T}}\boldsymbol{\Theta}\right)^{-1}\boldsymbol{\Theta}_t^{\mathrm{T}} y$； 步骤 6，$t$=$t$+1，如果 $t \leqslant K$ 则返回步骤 2，否则停止迭代进入步骤 7； 步骤 7，重构所得 $\hat{s}$，在 Λ_t 处有非零项，其值分别为最后一次迭代所得 $\hat{s}_t$。

主要研究了缺失地震数据重建问题，并在压缩感知理论框架下对泊松碟采样算法进行优化，弥补了传统随机采样方法的不足，改善了原有泊松碟采样算法中迭代采样速度慢、采样边界数据无法获取的问题。数值算例表明，合成地震数据在随机缺失 30%数据的情况下仍取得了较好的重建效果，验证了本章算法的可行性及有效性。需要指出的是，由于在地震数据稀疏表示时采用了超完备字典，而超完备字典的生成需要对大量样本数据进行训练，算法训练时间较长，同时算法的冗余度、迭代次数、稀疏度等因素直接影响超完备字典的训练过程，以及超完备字典的训练结果对地震数据重建效果起关键性作用，如何训练出更加有效的超完备字典将是今后研究的重点。

本研究用零相位里克子波与反射系数褶积合成了一个四层水平均匀介质的地震记录，共得到 400 道地震数据，地震记录灰度图如图 7-18(a)所示，三个反射界面清晰可见，其 *F-K* 谱如图 7-18(b)所示；图 7-18(c)为随机缺失 30%地震数据的合成地震记录，其 *F-K* 谱如图 7-18(d)所示。应用本章提出的优化泊松碟方法对地震数据进行采样，同时利用超完备字典对地震数据进行稀疏表示，通过 OMP 重构算法对缺失地震数据进行重构，重构后的地震记录及其 *F-K* 谱如图 7-18(e)、(f)所示。

3. 煤矿灾害感知数据漂移反走样方法研究

煤矿微震信号在研究震动特征、衰减规律、灾害评估方面起着重要的作用。但由于受到地质构造、能量损耗等因素影响，同一种类灾害的微震波信号在时间域上传播会出现减缓或加剧等数据漂移现象，影响煤矿灾害预警的准确性。因此，提出的预警方法首先引入音频识别领域中的动态时间规整(DTW)算法构建反走样模型，首先，将实时微震感知数据与历史灾害数据模板波形进行相似性拟合，识别是否为灾害信号；其次，若感知数据是灾害信号，在相似性拟合过程中，为确定感知数据与灾害模板波形匹配的起始点，实现实时匹配，本节提出一种可变滑动窗口策略实现波形的对齐，通过感知窗口渐进滑动的方式找出感知灾害波与模板波的起始对齐位置，保证信号对比的准确性；最后，基于窗口匹配策略及煤矿灾害波形的特点，提出多级预警机制，以 $1/N$ 窗口大小作为预警阈值，逐步提高预警级别。

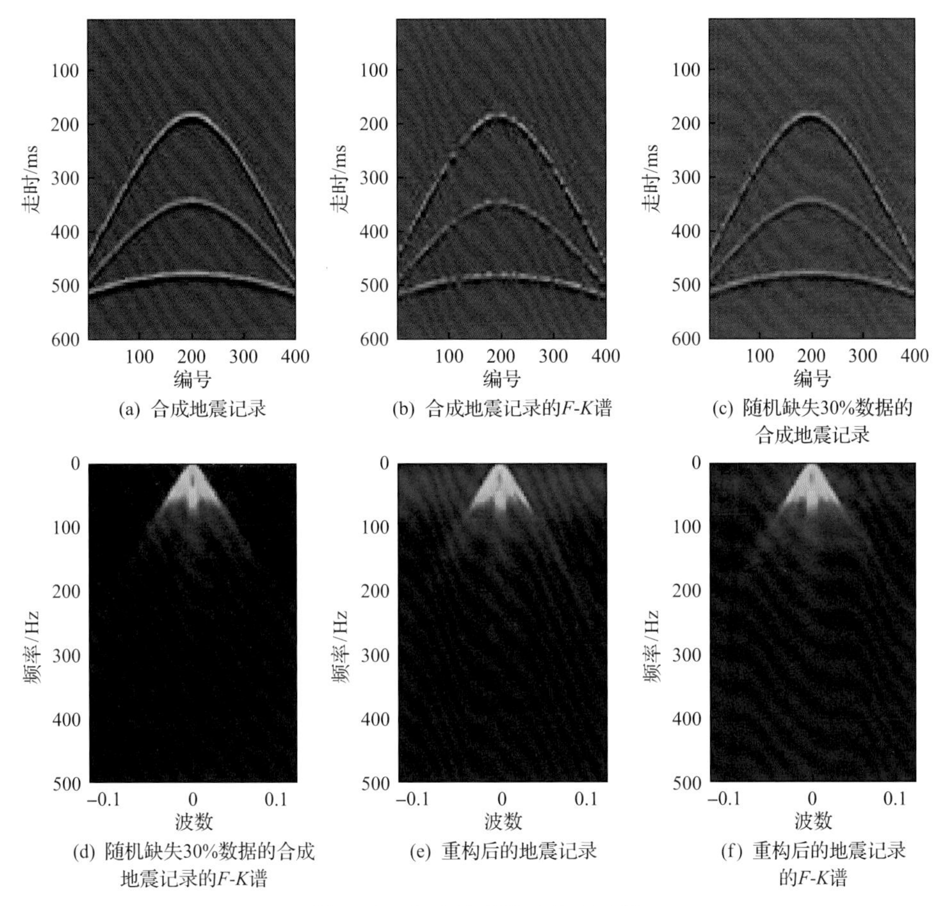

(a) 合成地震记录 (b) 合成地震记录的F-K谱 (c) 随机缺失30%数据的合成地震记录

(d) 随机缺失30%数据的合成地震记录的F-K谱 (e) 重构后的地震记录 (f) 重构后的地震记录的F-K谱

图 7-18 合成地震记录及 F-K 谱

煤矿微震感知数据传播过程会在 x 轴与 y 轴方向产生数据漂移现象，进而导致感知数据波形与灾害模板波形无法直接进行数据流匹配，因此，本节引入动态时间规整算法构建反走样模型实现扭曲矫正，进行相似性拟合。

设煤矿动力灾害典型数据序列为 $\gamma(\gamma1,\gamma2,\cdots,\gamma n)$，待比较的数据序列为 $\chi(\chi1,\chi2,\cdots,\chi m)$，长度分别是 n 和 m。其中，γ 通常为由历史灾害数据挖掘出的参考模板 $\chi(\chi1,\chi2,\cdots,\chi m)$，长度分别是 n 和 m，χ 为测试模板。当 $n\neq m$ 时，构造 DTW 反走样模型比较 γ 和 χ 的相似度。首先，构造一个 $n\times m$ 的矩阵网格对齐这两个序列，矩阵元素 (i, j) 表示 γi 和 χj 两个点的欧氏距离 $d(\gamma i, \chi j)$，该欧氏距离即为序列 γ 的每一个点和 χ 的每一个点之间的相似度，且距离越小相似度越高。每一个矩阵元素 (i, j) 表示点 γi 和 γj 的对齐。如图 7-19 所示，寻找一条通过此网格中若干格点的路径，路径通过的格点即两个序列进行计算的对齐的点。

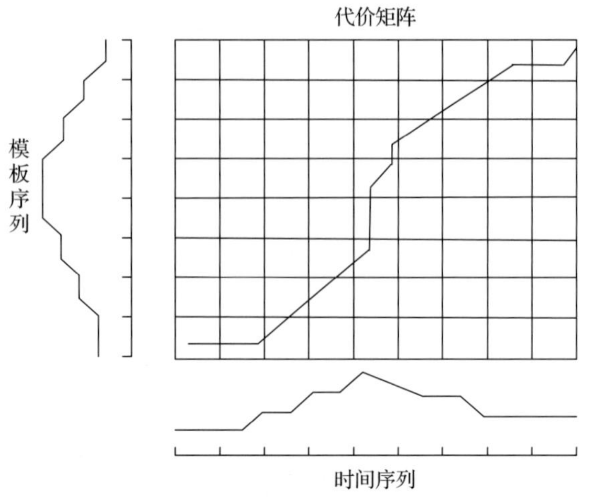

图 7-19　规整路径代价矩阵

找到使得规整代价最小的路径，并计算序列 γ 和 χ 的相似度，即

$$\mathrm{DTW}(\gamma,\chi)=\min\left\{\sqrt{\sum_{k=1}^{K}w_k}\ /\ K\right\} \tag{7-69}$$

式中，w_k 为这条规整路径第 k 个元素。分母中的 K 主要是用来对不同的度的规整路径做补偿。通过比较序列 γ 和 χ 的相似度(即累积距离)来确定是否发生动力灾害。由于煤矿动力灾害感知数据主要测量东西向、南北向、垂直向三个方向的数据，应对该三分量数据分别作 DTW 计算，若其中两个或两个以上方向满足要求，则判定为发生动力灾害。

煤矿灾害漂移数据反走样及预警方法一直是煤矿防灾领域研究的重点难点问题，本节在国内外相关研究的基础上，提出了一种煤矿灾害漂移特征的反走样模型及多级预警方法。首先，引入音频识别领域中的动态时间规整算法识别感知灾害波形，实现与灾害模板波形的相似性拟合；其次，提出可变滑动窗口机制实现波形的对齐策略，通过窗口渐进滑动的方式确定感知灾害波的起始位置进行波形对齐，保证信号对比的准确性；最后，基于拟合匹配策略及煤矿灾害波形的特点，提出多级预警机制，以 $1/N$ 最大窗口大小作为预警阈值，由低到高逐步提升预警级别，提高效率。实验表明，多级预警方法具有更高的实时性和准确性。

7.5　基于大数据分析的灾害危险区域快速辨识及智能评价技术研究

7.5.1　矿山动力灾害的全息预警方法

矿山动力灾害包括冲击地压(岩爆)、煤与瓦斯突出、突水透水等，其都属于矿山重大灾害，一旦发生这类灾害对矿山的人员生命和财产都将造成重大损失。因此，对矿山动力灾害的超前预测、预报和预警就显得至关重要。由于矿山动力灾害涉及的因素众多，至今对这类灾害的发生机理、演化过程和诱发方式没有形成一套完整的理论体系，也没有形成可用于可靠监测的、编程实现的和准确率较高的预警方法。现有的大多数预测和预警方法大都是采用层次分析法的思想，通过各层次预警参数权值的定义，实现综合加权法进行灾害预警。但是，这些综合加权法存在以下缺陷：

(1)所选的预警参数大部分是间接参数，而不是直接参数，如采深、地质构造、生产工艺、通风方式等，而且很多间接参数都和某一种直接参数有关，而不只是线性关系，导致权值难以确定。

(2)这些方法即使考虑了一些直接参数，如冲击倾向性、突出倾向性等，但没有给出这些指标的合理计算方法，如国家标准《冲击地压测定、监测与防治方法 第2部分：煤的冲击倾向性分类及指数的测定方法》(GB/T 25217.2—2010)中利用加权综合方法，有8种情况无法给出冲击倾向性结果。

(3)把直接指标和间接指标放到一个表达式中进行加权，无法体现各种指标的层次关系，以及对预警结果的支持度。

(4)综合加权法无法体现迹象越多，发生事故越大的特点，一旦确定了预警参数集，新的迹象和显现将无法加入，因为一旦加入，就要重新分配权值，导致预警结果既不确定，也不科学。

总之，到目前为止，对矿山动力灾害还没有一个适用范围广、准确率高的预警方法和系统。本书提出的矿山动力灾害的全息模态化预警方法及系统，可以实现矿山动力灾害的全息模态化在线预测预报和预警，以期达到矿山动力灾害的有效预警和提前防治。该方法的步骤如下。

步骤1，选取直接影响矿山动力灾害发生与否的模态化参数集为输入变量集，以冲击地压发生的可能性和煤与瓦斯突出发生的可能性作为输出变量，建立人工神经网络模型。

例如，选取预警区域和地点的动力灾害公用参数 X 方向地应力 X_1、Y 方向地应力 X_2、Z 方向地应力 X_3、围岩或煤层强度 X_4、围岩或煤体抵抗线长 X_5、工作面顶板压力 X_6、围岩变形量 X_7、围岩体积变形能 X_8、围岩形状变形能 X_9 和顶板弯曲能 X_{10}，以及与瓦斯突出强相关的煤层瓦斯含量 X_{11}、煤层瓦斯压力 X_{12}，当前状态(允许有小波动)的持续时间 X_{13}，煤层瓦斯突出倾向性 X_{14}，地应力增量 $X_{15}(\Delta X_1)$、地应力增量 $X_{16}(\Delta X_2)$、地应力增量 $X_{17}(\Delta X_3)$、围岩或煤体强度增量 $X_{18}(\Delta X_4)$、围岩或煤体抵抗线长增量 $X_{19}(\Delta X_5)$、工作面顶板压力增量 $X_{20}(\Delta X_6)$、围岩变形量增量 $X_{21}(\Delta X_7)$、煤层瓦斯含量增量 $X_{22}(\Delta X_{11})$、煤层瓦斯压力增量 $X_{23}(\Delta X_{12})$、围岩和煤层冲击倾向性 X_{24}、区域自由空间绝对气压 X_{25}、围岩或煤层弹性模量 X_{26} 等 M 个输入变量。选取冲击地压发生的可能性 Y_1 和煤与瓦斯突出发生的可能性 Y_2 等 J 个为输出变量。设置一个单隐含层，隐含层的节点个数为 L_j，建立矿山动力灾害预警的神经网络模型，如图7-20所示。

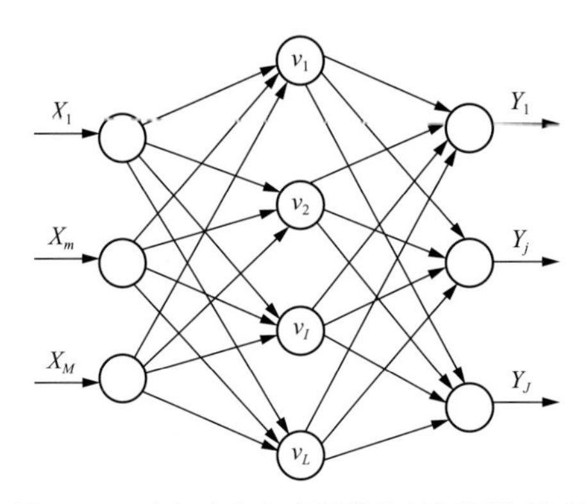

图 7-20 矿山动力灾害预警的神经网络模型

步骤 2，分别用理论计算法、专家评估法和案例追溯法不断添加学习样本库中的样本。

所谓理论计算法就是利用一组理论计算公式，对任意给定的一组输入值(X_1,X_2,…)，计算出一组(Y_1,Y_2)，添加该组数据到样本库。所谓专家评估法就是对任意给定的一组输入值(X_1,X_2,…)，通过专家评价给出一组(Y_1,Y_2,…)，添加该组数据到样本库。所谓案例追溯法就是每当获取到矿井动力灾害事故或异常征兆，就追溯该时段及之前的多组输入参数(X_1,X_2,…)的值及相应的显现程度(Y_1,Y_2,…)，并将其添加到样本库。一旦样本库中有较多的样本(如超过 200 条)就可以利用学习算法进行学习，以确定人工神经网络模型中的权值和阈值。这个过程可以新样本的加入或无用样本的淘汰循环进行，不断优化神经网络模型中的权值和阈值，不断提高预警的准确率。我们称确定了权值和阈值的矿山动力灾害预警人工神经网络模型为预警器。

步骤 3，开发一个包括空间检索、插补、降噪、反漂移和信号重建等功能的全息数据挖掘转换器，对于矿山任意一个预警区域，在预警时，首先利用该数据挖掘转换器把矿山实验测试和安全生产中能够获得的相关信息(这些信息包括矿山地理信息、地质信息、生产信息和相关属性信息，如地形、岩层、断层、陷落柱、褶皱、岩浆侵入、火烧等构造信息，地温、水压、岩移、沉陷、煤柱、井巷、硐室、工作面、采空区等空间分布信息，支护、卸压、充填、瓦斯抽放等灾害防治工艺等参数，以及冲击倾向性测试和相关防突测试数据及相关的微震信号、地音信号、爆破信号、电磁辐射信号、应力信号、矿压信号、锚杆阻力、离层和位移信号、瓦斯浓度、风速、瓦斯抽放流量、水位、涌水量等监测数据)，转化成预警模型的输入参数(X_1,X_2,…)。再利用预警器给出预警结果(Y_1,Y_2,…)，预警时系统可根据(Y_1,Y_2,…)的大小分别实现{红色，橙色，黄色，蓝色，绿色}预警，并可以把预警信息实时发布到各种显示终端和移动设备上。

7.5.2 基于实时监测数据的矿山动力灾害模态预警方法

基于实时监测数据的矿山动力灾害模态预警方法，对于指定区域和时段[x_0, x_1]的单因素实时监测数据，如微震能量及变化率、微震频率及变化率、地应力及变化率、电磁辐射幅值及变化率、电磁辐射频率及变化率、声发射频率及变化率、瓦斯涌出量及变化率、涌水量及变化率、巷道位移及变化率、锚杆阻力及变化率、支架阻力及变化率、顶板离层及变化率等，利用样本数据建立一个连续可微的模态函数 $f(x)$，其特征是其在一个预警时段内持续上升，到达峰值点 $x_d \in [x_0, x_1]$ 后突然下降。模态预警方法就是根据实时监测数据与 $f(x)$ 的相对关系以及实时监测数据变化率与 $f(x)$ 导数的相对关系，结合其他相关因素实时计算发生动力灾害的可能性，从而实现包括煤与瓦斯突出、冲击地压、突水透水等矿山动力灾害的在线实时动态预警和解警。

基于实时监测数据的矿山动力灾害模态预警方法步骤如下。

步骤 1，针对不同矿山不同区域的动力灾害模态预警问题，安装一种或多种实时监测传感器。例如，实时监测并记录微震能量及变化率、微震频率及变化率、地应力及变化率、电磁辐射幅值及变化率、电磁辐射频率及变化率、声发射频率及变化率、瓦斯涌出量及变化率、涌水量及变化率、巷道位移及变化率、锚杆阻力及变化率、支架阻力及变化率、顶板离层及变化率等，利用发生动力灾害的前期记录数据序列的 $q(x)$ 作为样本数据，建立一个连续可微的模态函数 $f(x)$，其特征是找到一个预警时段 $[x_0, x_1]$，设 $S(x)$ 监测数据序列 $q(x)$ 的上包络线，其在预警时段 $[x_0, x_1]$ 内开始持续上升，到达峰值点 $x_d \in [x_0, x_1]$ 后突然下降，并记 $T = x_d - x_0$，$f_d = f(x_d)$，$f_0 = f(x_0)$，给定一个正数 $\delta > 0$ 为一个容差，从而根据实时监测数据序列 $S(x)$ 与 $f(x)$ 的相对关系以及实时监测数据的变化率 $\Delta S(x)$ 与 $f(x)$ 的导数 $f'(x)$ 的相对关系，结合下降后其他相关因素计算发生动力灾害的可能性。

步骤 2，在步骤 1 的基础上，按照下列方法进行在线实时预警或解警。

(1) 按照监测系统的采样周期或频率，设定计算步长 Δx，一般可取 Δx 等于 3 倍的采样间隔。

(2) 进入模态分析和预警，即对于实时监测数据序列 $S(x)$，一旦出现某个 x 和 x_m，使得

$$S(x-\Delta x) \geqslant f(x_m - \Delta x) \text{ 并且 } \frac{S(x) - S(x-\Delta x)}{\Delta x} \geqslant f'(x_m - \Delta x) - \delta$$

则取 $x_0 = x - \Delta x$，进入预警时段。

(3) 随着时间推移到 x（这里 $x \geqslant x_0$）点，按照下列准则实现在线预警：

如果满足 $f_d > S(x) \geqslant f(x_m)$，并且 $\frac{S(x) - S(x-\Delta x)}{\Delta x} \geqslant f'(x_m - \Delta x) - \delta$，取 $p = \min\left\{\frac{S(x) - S(x_0)}{f_d - f_0}, 1\right\}$ 如果 $p \leqslant 0.2$，为绿色无警状态；如果 $p \in (0.2, 0.4]$ 进行蓝色预警；如果 $p \in (0.4, 0.6]$ 进行黄色预警；如果 $p \in (0.6, 0.8]$ 进行橙色预警；如果 $p \geqslant 0.8$ 进行红色预警。

如果满足 $S(x-2\Delta x) \geqslant f_d$，$S(x) < S(x-\Delta x) < S(x-2\Delta x)$。说明监测数据序列的上包络线已经超过模态峰值，并开始下降。这时可参考与动力灾害相关的其他因素（如地质构造、围岩力学性质及除该监测值外其他监测参数），如果其他因素也倾向于灾害的发生，则直接进入报警状态。否则，进行解警，并转入步骤(2)。

如果满足 $S(x-2\Delta x) < f(x-2\Delta x) < f_d$，$S(x) < S(x-\Delta x) < S(x-2\Delta x)$，则进行解警，并转入步骤(2)。

该预警方法利用微震能量监测、微震频率监测、地应力监测、电磁辐射幅值监测、电磁辐射频率监测、声发射频率监测、瓦斯涌出量监测、涌水量监测、巷道位移监测、锚杆阻力监测、支架阻力监测、顶板离层监测等得出矿山动力灾害的一个普适性的显现特征，通过对不同矿山、不同区域的不同动力灾害的相关监测，利用历史数据构造模态函数，根据矿山动力灾害发展态势的监测显现，对矿山动力灾害进行在线预警和解警。

第8章　基于云技术的煤矿典型动力灾害区域监控预警系统平台

本章在获取区域内煤矿的人机环参数信息后，采用自然语言处理(NLP)和机器学习技术构建基于 OWL-DL(基于描述逻辑的 Web 本体语言)本体的区域煤矿知识库，OWL-DL本体基于描述逻辑，因此具有表达能力强、语义信息丰富等特点。基于大数据的煤矿灾害风险判识技术研究基于上述构成的煤矿知识库，第一，研究区域性矿井动力灾害发生的地质动力条件和采掘扰动构成的煤岩动力系统；第二，分析煤层埋深、地质构造、煤岩物理力学特性、瓦斯涌出、采煤方法等煤矿动力灾害致灾因素；第三，提取区域典型动力灾害特征，并计算区域动力灾害相似性；第四，构建煤矿典型动力灾害风险智能判识模型；第五，进行煤矿典型动力灾害风险判识。

8.1　具有推理能力、语义一致性的煤矿典型动力灾害知识库构建技术

8.1.1　基于改进七步法的煤矿典型动力灾害本体构建方法

首先调研了国内外概念抽取和关系抽取的研究现状。概念抽取方法从主导技术方面分为三种：统计主导、语言学主导、深度学习主导。统计主导的方法通过对比领域概念和非概念的统计特征(如领域相关性和通用性)，判断该词汇是否为领域概念，常用的技术有聚类、潜在语义分析、词频统计、词共现分析等。相较于语言学主导的方法，统计主导的方法较少研究数据之间语义学方面的关联，使用的自然语言处理技术也较为浅层。语言学主导方法通过对比领域概念和非概念的词法、句法结构或模板，挖掘与特定模板结构相符合的字符串，判断领域概念，常用的技术有词性标注、语义角色标注、句法分析、依存分析等。统计主导的方法和语言学主导的方法都存在人工特征构建能力有限的问题，导致通用性差等。近些年，相关研究开始使用深度学习的方法进行概念抽取。深度学习方法的优点是无须耗费大量时间进行特征选择，依靠神经网络本身进行特征学习。常用的神经网络有 BP 神经网络、卷积神经网络(convolutional neural network，CNN)、递归神经网络(recurrent neural network，RNN)、长短期记忆网络(long short-term memory，LSTM)。关系抽取方法从标注数据依赖程度方面分为四种：有监督学习方法、半监督学习方法、无监督学习方法和开放式抽取方法。有监督学习方法是使用已标注的训练数据进行机器学习模型训练，并用测试数据进行关系类型判断。有监督学习方法包含基于规则的方法、基于特征的方法和基于核函数的方法。半监督学习方法相比有监督学习方法只需标注少量的关系实例，因此适合缺少标注的语料。但是，该方法的准确度依赖于初

始关系种子的质量，并且可移植性较差。无监督学习方法相比有监督和半监督学习方法，通用性较强，但是聚类阈值无法事先确定并且目前缺乏客观的评价标准。开放式抽取方法可以自动实现关系类型的挖掘和抽取，无须针对特定关系人工构建语料。该方法借助外部知识库如 DBPedia、OpenCyc、YAGO 等将关系实例映射到文本中，然后使用文本对齐方式获得训练数据，最后使用有监督学习方法实现关系抽取。

从描述语言、构建方法和构建工具这三方面对本体知识库进行比较。在此基础上，提出了一种基于改进七步法的煤矿典型动力灾害本体知识库构建方案。

从表 8-1 中可以看出，这几种语言都可以对概念和实例进行描述。XOL 无法对关系进行描述。XOL、SHOE 和 RDFS 无法对函数、公理、产生式规则进行描述，因此对领域知识的定义有所欠缺。DAML+OIL 和 OWL 基本上可以描述所有元素，对领域知识的定义较完善。综上所述，采用 OWL 本体描述语言进行概念和关系的形式化。

表 8-1 本体描述语言比较

语言名称	概念	关系	函数	实例	公理	产生式规则	形式语义
XOL	✓	×	×	✓	×	×	✓
SHOE	✓	✓	×	✓	×	×	×
OIL	✓	✓	✓	—	—	—	×
DAML+OIL	✓	✓	✓	—	—	—	—
RDFS	✓	✓	×	✓	×	×	×
OWL	✓	✓	✓	✓	✓	✓	✓

注：“✓”表示可以描述；“×”表示不可以描述；“—”表示可以实现但是无强制要求。

从构建方式、详细程度、可扩展性、本体评价和主要应用领域这几方面对上述构建方案进行比较，具体如表 8-2 所示。

表 8-2 本体构建方法比较

名称	构建方式	详细程度	可扩展性	本体评价	主要应用领域
骨架法	手动	简单	✓	✓	企业
TOVE 法	手动	简单	×	✓	企业
IDEF5 法	手动	详细	×	✓	企业
METHONTOLOGY 法	手动	详细	✓	×	化学
五步循环法	半自动	详细	✓	×	语义网
七步法	半自动	详细	×	×	医学

注：TOVE 法是虚拟企业本体的经验总结；IDEF5 法是一种结构化的企业本体构建方法；METHONTOLOGY 法是基于生命周期的本体构建过程。

从表 8-2 中可以看出，多数本体构建方法是针对特定领域应用提出的。骨架法、METHONTOLOGY 法和五步循环法支持演进，有助于本体的更新和复用。骨架法、TOVE 法和 IDEF5 法支持优化评价，有助于本体的迭代。这几种方法按照成熟度由高至低依次为：七步法、TOVE 法、骨架法、METHONTOLOGY 法、IDEF5 法、五步循环法。本节在七步法的基础上进行改善，提出了一种新的本体构建方法。

从获取方式、可视化、可扩展性等几个方面对本体构建工具进行了比较，具体如表 8-3 所示。

表 8-3　本体构建工具比较

工具性能	WebOnto	WebODE	OntoEdit	Protégé	Jena
获取方式	在线免费使用	免费注册使用	免费注册使用	开源	开源
可视化	✓	✓	×	✓	×
可扩展性	×	插件扩展	插件扩展	插件扩展	✓
协同工作	✓	✓	✓	×	✓
本体存储	数据库(JDBC)	数据库(JDBC)	文件/数据库	文件/数据库	文件/数据库
导入格式	OCML	XML、RDFS 等	XML、RDFS 等	RDFS、OWL 等	RDFS、OWL 等
输出格式	OCML	XML、RDFS 等	XML、RDFS 等	RDFS、OWL 等	RDFS、OWL 等

从表 8-3 中可以看出，本体构建工具存在多样性和差异性，这是知识表达形式和本体描述语言不同造成的。每种本体构建工具都有各自的优势，因此根据应用领域和需求的不同，被用于不同的场景。在总结比较了这几种工具后，决定采用 Jena 工具构建煤矿典型动力灾害本体知识库，并使用 Protégé 工具进行可视化展示。

将骨架法和七步法融合，提出了一种煤矿安全领域本体自动构建方法，并详细介绍了技术方案，具体方法如图 8-1 所示。

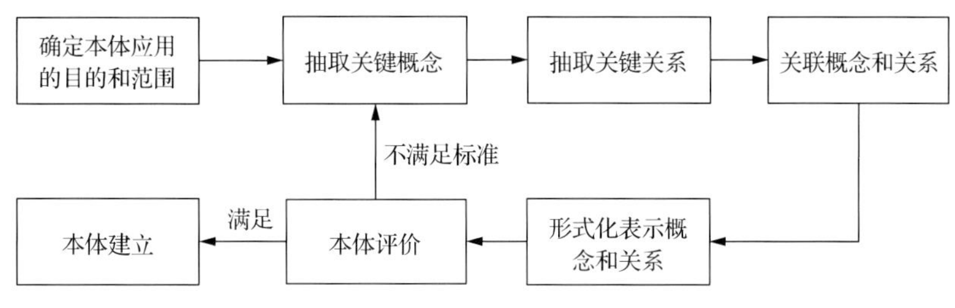

图 8-1　本体构建方法

本章提出的方法将骨架法中本体应用目的确定和本体分析整合为一步，根据煤矿安全领域本体研究现状省略了七步法中复用现有本体步骤，强调了煤矿安全领域概念和关系的自动抽取，为研究者提供了工程上可实现的本体构建思路。具体步骤如下。

(1)确定本体应用的目的和范围：目的是构建煤矿典型动力灾害本体知识库，用于煤矿典型动力灾害知识管理，建立煤矿典型动力灾害知识分类体系，构建范围涉及“人-机-环-管”四方面的信息。

(2)抽取关键概念：使用基于词向量和条件随机场的算法，实现了概念的自动抽取。该方法是一种统计主导的方法，使用条件随机场模型，选取当前词、词性、词长、依存句法关系作为统计特征，词向量间的语义相似度作为语义相似性特征，并将二者拼接为一个新的特征向量作为 CRFs(条件随机场)模型的输入特征，进行概念的抽取。

(3)抽取关键关系：使用基于 Bi-MGU(双向最少门结构的循环神经网络)神经网络模型的算法，实现了关系的自动抽取。该方法是一种有监督的学习方法，选取当前词和词间距作为特征，进行关系的抽取。

(4)关联概念和关系：使用 Jena 本体开发工具将概念用关系连接起来。

(5)形式化表示概念和关系：使用 OWL 本体描述语言对概念和关系进行形式化表示。

(6)本体评价：邀请领域专家对所构建的本体进行更专业和深入的评价。如果满足标准，则完成最终的本体构建。如果不满足标准，则返回前面重新构建。

8.1.2 基于词向量和条件随机场的概念抽取

条件随机场模型可以将领域概念抽取问题转化为序列标注问题。在传统 CRFs 模型的基础上，将统计特征和语义相似性特征相结合，提出一种基于词向量和条件随机场模型的概念抽取方法，具体方法如图 8-2 所示。

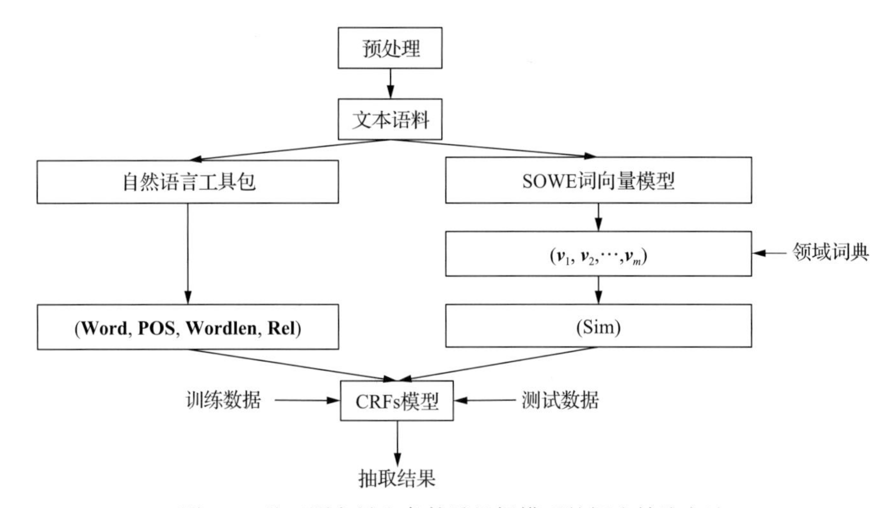

图 8-2 基于词向量和条件随机场模型的概念抽取方法

算法具体步骤如下所述。

(1)将煤矿典型动力灾害事故新闻和事故分析报告等文本数据作为原始语料，并对其进行分词等预处理。使用 NLTK 工具获取文本数据的当前词(**Word**)、词性(**POS**)、词长(**Wordlen**)、依存句法关系(**Rel**)，合并为统计特征向量(**Word**，**POS**，**Wordlen**，**Rel**)。

(2)采用 SOWE 词向量模型训练预处理后的数据，获取词向量$(\boldsymbol{v}_1, \boldsymbol{v}_2, \cdots, \boldsymbol{v}_m)$；通过与煤矿安全领域词典进行对比，计算出处理后数据中的词语和煤矿安全领域词典中词语之间的语义相似度，并将其进行离散化，得到语义相似性特征 **Sim**。

(3)将统计特征和语义相似性特征合并为(**Word**，**POS**，**Wordlen**，**Rel**，**Sim**)，作为 CRFs 模型的输入特征。

(4)在领域专家的协助下对语料进行标注。标注集使用$\{B,I,O\}$组块，其中 B 表示概念开始的部分，I 表示概念的其他部分，O 表示非概念的部分。

(5)用标注好的数据训练模型，得到煤矿安全领域概念自动抽取模型。

(6)用该模型在测试数据上进行概念的标注任务，得到概念抽取的结果。

条件随机场是一种基于统计的序列标记和数据分割的概率模型。相较于传统的隐马尔可夫模型（HMM）、最大熵马尔可夫模型（MEMM）、SVM，CRFs 可以容纳上下文信息，采用全局化归一方法，有效克服了 HMM 的强独立性假设条件约束和 ME 的标记偏置问题。CRFs 适用于序列标注问题，因此被广泛应用于命名实体识别、分词等自然语言处理任务。

CRFs 是一种无向图模型，如图 8-3 所示。

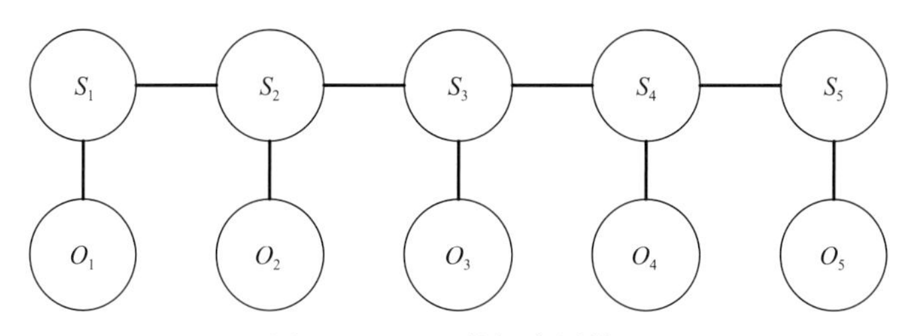

图 8-3　CRFs 的概率图模型

图 8-3 中，O 为输入的观察序列，设 $O^{(i)}=\left\{o_1^{(i)},o_2^{(i)},\cdots,o_T^{(i)}\right\}$；$S$ 为被预测的状态序列，设 $S^{(i)}=\left\{s_1^{(i)},s_2^{(i)},\cdots,s_T^{(i)}\right\}$。对于参数为 $\Lambda=\{\lambda_1,\lambda_2,\cdots,\lambda_k\}$ 的线性 CRFs，其状态序列的条件概率为

$$P_{\Delta}(S\mid O)=\frac{1}{Z_0}\exp\left(\sum_{t=1}^{T}\sum_{k=1}^{K}\lambda_k f_k(s_{t-1},s_t,o,t)\right) \tag{8-1}$$

式中，Z_0 为归一化因子，保证了所有可能的状态序列概率和为 1，即

$$Z_0=\sum_{s}\exp\left(\sum_{t=1}^{T}\sum_{k=1}^{K}\lambda_k f_k(s_{t-1},s_t,o,t)\right) \tag{8-2}$$

式中，$f_k(s_{t-1},s_t,o,t)$ 为模型中的特征函数，通常为一个二值函数；λ_k 为模型中特征函数的权重。

给定一个由式（8-1）定义的 CRFs 模型，对于输入的观察序列 O，最可能的标记序列为

$$S^{*}=\arg\max_{s} P_{\Delta}(S\mid O) \tag{8-3}$$

模型训练的关键是解决特征选择和参数估计问题。首先，根据不同的领域和数据特点，选取合适的特征。其次，对参数进行估计并获得特征的权重，即求解 $\Lambda=\{\lambda_1,\lambda_2,\cdots,\lambda_k\}$，可以使用对数最大似然估计，在训练数据 D 下对数似然为

$$L_{\Delta}=\sum_{t=1}^{N}\lg P(S^{(i)}\mid O^{(i)}) \tag{8-4}$$

将条件概率公式（8-1）代入式（8-4）中，即

$$L_{\Delta}=\sum_{i=1}^{N}\sum_{t=1}^{N}\sum_{k=1}^{N}\lambda_k f_k(s_{t-1}^{(i)},s_t^{(i)},o^{(i)},t)-\lg Z_{o^{(i)}} \tag{8-5}$$

为了避免出现过拟合现象，使用高斯先验来调整模型的参数计算过程，则式(8-5)变为

$$L_{\Delta}=\sum_{i=1}^{N}\sum_{t=1}^{N}\sum_{k=1}^{N}\lambda_k f_k(s_{t-1}^{(i)},s_t^{(i)},o^{(i)},t)-\sum_{i=1}^{N}igZ_{o^{(i)}}-\sum_{k}\frac{\lambda_k^2}{2\sigma^2} \tag{8-6}$$

式中，σ^2为方差。

CRFs模型的特征一般分为三类：原子特征、复合特征和全局变量特征。针对应用的领域不同，选取的特征也不尽相同，应该具有代表性和针对性。选取特征时，不仅要考虑上下文信息、依存句法关系等信息，还应该最大限度地集成知识源，避免特征碎片化。使用不同特征的组合最终实现抽取结果准确度的最大化。通过对煤矿安全领域词汇统计特征和语言学特征的分析，使用当前词、词性、词长、依存句法关系这四个特征作为统计特征，如表8-4所示。

表8-4 CRFs模型的特征类型和取值

特征类型	值
当前词	词本身
词性	名词(n),动词(v)等
词长	词长度值：1,2,···
依存句法关系	定中关系、动宾关系等

(1)当前词：词语是构成概念的基本单位。概念的统计信息表明有些词只出现在煤矿典型动力灾害领域。因此，当前词本身包含了候选词是否作为煤矿典型动力灾害领域概念的很多信息，因此使用当前词本身作为特征。

(2)词性：概念的词性一般为名词或者名词短语，几乎不会是介词、连词等词性。词性组合模式主要为“n”“n+n”“n+vn+n”“n+n+n”。因此，概念和词性有一定的相关性，可以选取词性作为概念抽取的特征。

(3)词长：由于煤矿典型动力灾害领域概念中许多词是未登录词，分词后会产生很多单字，所以可以将词长作为特征，判断当前词是否是概念的组成部分。

(4)依存句法关系：依存关系的类型有核心关系(HED)、定中关系(ATT)、动宾关系(VOB)、右附加关系(RAD)等。概念间的依存关系存在一定规律。通过过滤不可能组成概念的依存关系，可以提高概念抽取的正确率。其中，词与词之间的关系可以使用依存句法关系的标注来表示。例如，“一种预测煤矿典型动力灾害的方法”其中概念为“煤矿典型动力灾害”。依存句法分析的结果如图8-4所示。

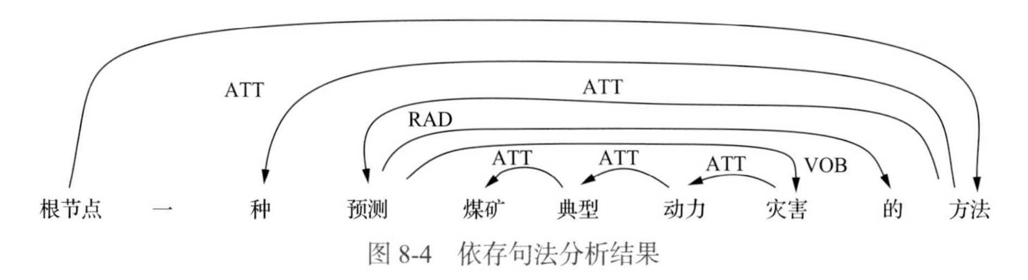

图8-4 依存句法分析结果

词向量是经过神经网络模型生成的词，实质上是一个低维的实数向量表示，又称词嵌入或分布表示。通过这种词向量表示技术可以对上下文以及上下文与目标词之间的关系建模，进而表达词语的语义含义。由于语义上相似的词语在空间中的向量也相似，所以通过这种表示，可以描述词之间的相似度。因此，本节借助煤矿安全领域专家提供的煤矿安全领域词典，使用词向量描述煤矿安全领域概念的语义含义并通过词语与煤矿安全领域概念的词向量之间的相似度来表达领域性。如果该词语与煤矿安全领域词典中的词语相似度高，就可认定该词语是煤矿安全领域概念。

本节通过计算待识别词语与煤矿安全领域词典中词语的词向量间的语义相似性特征(Sim)来表达领域性，并将统计特征与语义相似性特征合并为(**Word**，**POS**，**Wordlen**，**Rel**，**Sim**)。其中，语义相似度为两个词向量夹角余弦值的最大值，即

$$\mathbf{Sim}(\boldsymbol{e}(w_i),\boldsymbol{e}(w_j)) = \underset{j}{\mathrm{Max}}(\cos(\boldsymbol{e}(w_i),\boldsymbol{e}(w_j))) \tag{8-7}$$

式中，$\boldsymbol{e}(w_i)$、$\boldsymbol{e}(w_j)$ 分别为待识别词语 w_i 的词向量和词典中词语 w_j 的词向量，$w_j \in D$，D 为煤矿领域词典。

在传统 CRFs 模型的基础上，将统计特征和语义相似性特征相结合，提出一种基于词向量和条件随机场模型的煤矿典型动力灾害概念抽取方法，具体方法如图 8-5 所示。

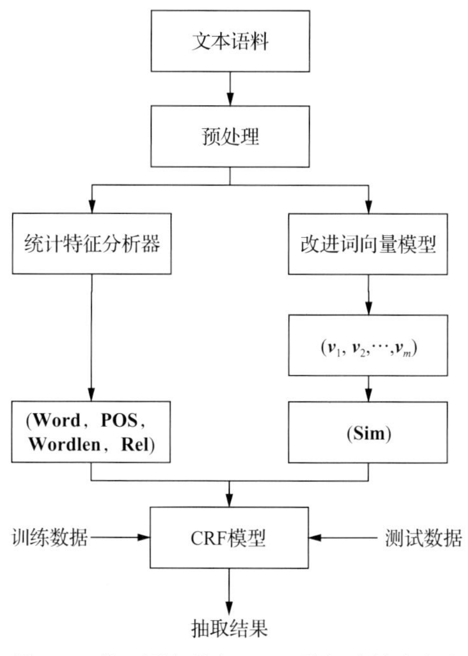

图 8-5　基于词向量和 CRFs 的概念抽取方法

具体步骤如下。

(1)使用煤矿典型动力灾害事故案例报道和分析报告，将未经过处理的原始文本语料输入。

（2）对上述原始语料进行去噪、去重、分词、词性标注、去除停用词等预处理，并使用统计特征分析器抽取当前词、词性、词长、依存句法关系共 4 个特征，得到统计特征向量（**Word**，**POS**，**Wordlen**，**Rel**）。

（3）采用改进的 Skip-gram 模型进行训练获取词向量$(\boldsymbol{v}_1, \boldsymbol{v}_2, \cdots, \boldsymbol{v}_m)$；通过与煤矿安全领域词典进行对比，计算出语义相似度，该相似度为连续的实数。由于 CRFs 模型的输入特征为离散特征，所以将计算出的相似度离散化，得到语义相似性特征 **Sim**。

（4）将统计特征向量与语义相似性特征 Sim 拼接为一个特征向量（**Word**，**POS**，**Wordlen**，**Rel**，**Sim**），作为 CRFs 模型的输入特征。

（5）在内部专家的协助下对语料进行标注。标注集使用$\{B,I,O\}$组块，其中 B 表示概念开始的部分，I 表示概念的其他部分，O 表示非概念的部分。

（6）用标注好的训练数据训练模型，得到领域概念抽取的模型。

（7）用该模型在测试数据上进行概念的标注任务，得到煤矿典型动力灾害事故本体概念抽取的结果。

只使用统计特征的方法和统计特征与语义相似性特征相结合的方法的实验结果对比如表 8-5 所示。

表 8-5 实验结果对比 （单位：%）

方法	P	R	F
传统 CRF 法	85.2	82.6	83.8
本课题的方法	89.8	92.0	90.9

从表 8-5 中可以看出，本节提出的语义相似性特征和统计特征相结合的方法，在准确率（P）、召回率（R）、F 值上相比传统基于条件随机场的方法均有提高。因此，实验结果表明本节提出的方法具有性能优越性。

8.1.3 基于双向 MGU 模型的关系抽取

MGU 是由 Zhou 等于 2016 年提出的一种最少门结构的循环神经网络，仅使用了一种门结构。它在 GRU 的基础上，将重置门和遗忘门合并，相比 LSTM 和 GRU 结构更加简单，参数更少。

本节在单向 MGU 模型上进行改进，增加了自后向前的 MGU 层，设计了双向 MGU 模型，改进了单向 MGU 对后文依赖性不足的缺点，并提出一种基于双向 MGU 模型的煤矿典型动力灾害关系抽取方法，具体过程如图 8-6 所示。

首先对煤矿数据进行预处理，将数据以句子为单位进行划分并去除不包含煤矿安全领域概念或只包含一个概念的句子；其次，选取当前词和词间距作为特征，在领域专家的协助下对数据进行标注；最后，将数据分为训练集和测试集，使用训练集对模型进行训练，并用测试集进行测试，验证关系抽取的准确度。

整体网络结构图是从微观角度详细阐述每步关系抽取所用的技术，如图 8-7 所示。

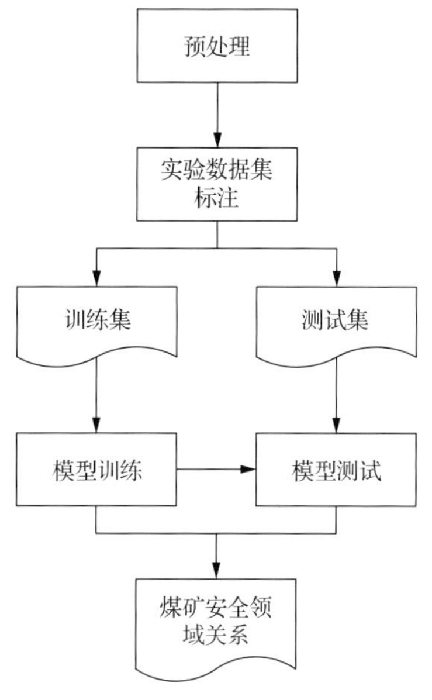

图 8-6 关系抽取流程

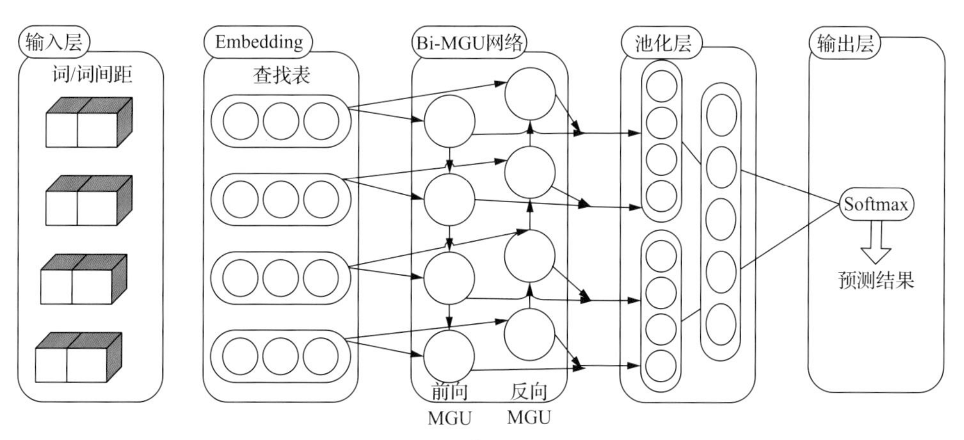

图 8-7 整体网络结构图

第一层为输入层，将煤矿文本数据以句子为单位划分，去掉不包含概念对的句子，并将每条数据表示成：{概念 1 概念 2 概念词间距 关系类型 句子}的形式。第二层为词向量表示层，又称词嵌入(Word Embedding)，使用 SOWE 词向量模型将数据表示成向量的形式。第三层为 Bi-MGU 网络，使用标注好的数据训练模型。第四层为池化层，使用最大池化操作得到最终的向量表示。第五层为输出层，使用集成 Softmax 函数进行关系类型的判断。

MGU 是一种最少门结构模型，能够决定记忆单元保留上一级记忆状态和提取当前输入特征的程度，是 RNN 的扩展。相比传统的 RNN 模型，MGU 模型可以有效解决梯度消失问题和长期依赖缺失问题。MGU 只有一种门结构，它将输入门(重置门)与遗忘门(更新门)合并。因此，其相比三个门结构的 LSTM 和两个门结构的 GRU，结构更加简单，参数更少，其结构如图 8-8 所示。

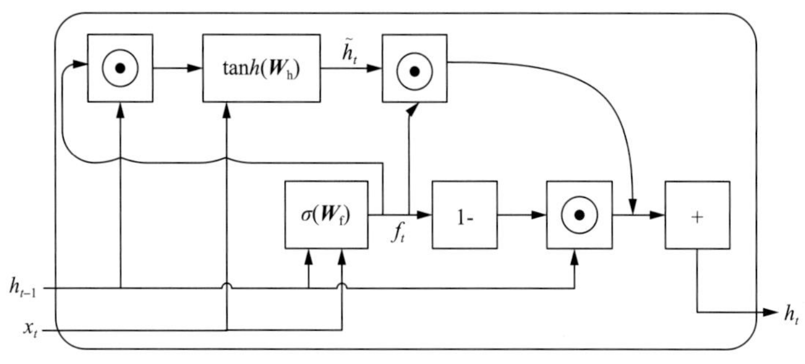

图 8-8　MGU 结构图

从图 8-8 中可以看出：

$$f_t = \sigma\left(\boldsymbol{W}_{\mathrm{f}}[h_{t-1}, x_t] + b_{\mathrm{f}}\right) \tag{8-8}$$

$$\tilde{h}_t = \tanh\left(\boldsymbol{W}_{\mathrm{h}}[f_t e h_{t-1}, x_t] + b_{\mathrm{h}}\right) \tag{8-9}$$

$$h_t = (1 - f_t) e h_{t-1} + f_t e \tilde{h}_t \tag{8-10}$$

式中，h_{t-1} 和 h_t 分别为 t–1 和 t 时刻隐藏层的状态；x_t 为 t 时刻的输入；f_t 为 t 时刻门结构的激活函数；$\tilde{h}_t$ 为短时记忆项；$\boldsymbol{W}_{\mathrm{f}}$ 和 $\boldsymbol{W}_{\mathrm{h}}$ 为权重矩阵；b_{f} 和 b_{h} 为偏差项。

单向 MGU 模型只能在一个方向上处理数据，因此本节提出一种双向的 MGU 模型，目的是解决单向 MGU 模型无法处理后文信息的问题。正向的 MGU 捕获了上文的特征信息，反向的 MGU 捕获了下文的特征信息，然后通过融合捕获的上文特征信息和下文特征信息最终获得全局的上下文信息。同时考虑序列上下文信息有助于序列建模任务。其结构如图 8-9 所示。

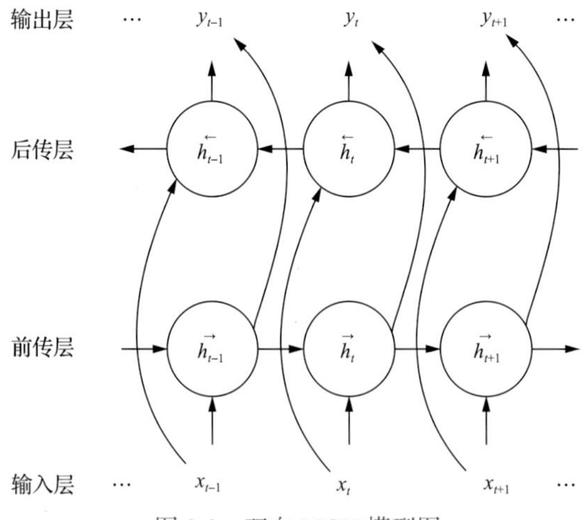

图 8-9　双向 MGU 模型图

从图 8-9 中可以看出，双向 MGU 神经网络由两个部分构成：①自前向后的单层 MGU；②自后向前的单层 MGU。每一个训练序列向前和向后分别是两个 MGU 单元，而且这两个都连接着一个输出层。

自前向后 MGU 层的更新公式为

$$\vec{h}_t = H\left(\boldsymbol{W}_{x\vec{h}_t} x_t + \boldsymbol{W}_{\vec{h}\vec{h}} \vec{h}_{t-1} + b_{\vec{h}}\right) \tag{8-11}$$

式中，$\vec{h}_t$ 为自前向后层 t 时刻隐藏层的状态；$\vec{h}_{t-1}$ 为 $t-1$ 时刻隐藏层的状态；x_t 为 t 时刻的输入；$\boldsymbol{W}_{x\vec{h}_t}$ 和 $\boldsymbol{W}_{\vec{h}\vec{h}}$ 为权重矩阵；$b_{\vec{h}}$ 为偏差项。

自后向前 MGU 层的更新公式为

$$\overleftarrow{h}_t = H\left(\boldsymbol{W}_{x\overleftarrow{h}_t} x_t + \boldsymbol{W}_{\overleftarrow{h}\overleftarrow{h}} \overleftarrow{h}_{t+1} + b_{\overleftarrow{h}}\right) \tag{8-12}$$

式中，$\overleftarrow{h}_t$ 为自前向后层 t 时刻隐藏层的状态；$\overleftarrow{h}_{t+1}$ 为 $t+1$ 时刻隐藏层的状态；x_t 为 t 时刻的输入；$\boldsymbol{W}_{x\overleftarrow{h}_t}$ 和 $\boldsymbol{W}_{\overleftarrow{h}\overleftarrow{h}}$ 为权重矩阵；$b_{\overleftarrow{h}}$ 为偏差项。

两层 MGU 层叠加后输入隐藏层：

$$y_t = \boldsymbol{W}_{\vec{h}y} \vec{h}_t + \boldsymbol{W}_{\overleftarrow{h}y} \overleftarrow{h}_t + b_y \tag{8-13}$$

式中，y_t 为 t 时刻的输出结果；b_y 为偏差项。

首先对比了 LSTM、GRU、双向 MGU 模型的训练时间，如表 8-6 所示。

表 8-6　训练时间比较　　（单位：s）

模型名称	LSTM	GRU	双向 MGU
训练时间	10260	8600	6850

从表 8-6 中可以看出，LSTM、GRU、双向 MGU 模型的训练时间依次递减，证明模型结构越简单，训练参数越少，所需的训练时间越少。由于煤矿典型动力灾害领域数据量巨大，为了减少成本，提高效率，本节提出的双向 MGU 模型更适用于煤矿典型动力灾害领域的关系抽取。

接下来，对比了双向 MGU 模型和单向 MGU 模型关系抽取的准确率、召回率和 F 值，如图 8-10～图 8-12 所示。

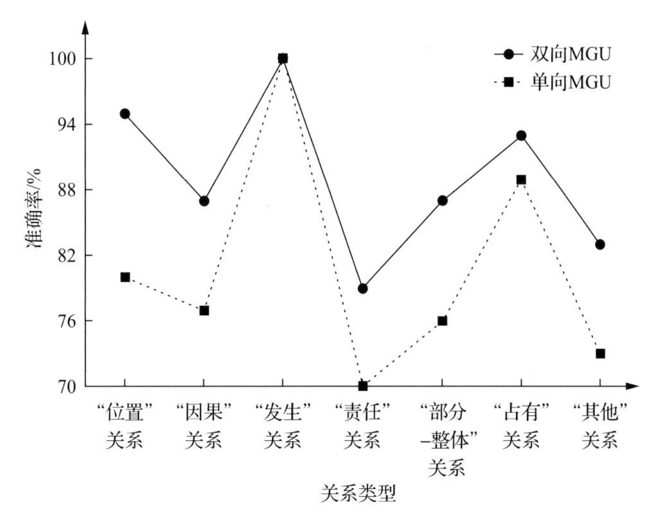

图 8-10　双向 MGU 模型和单向 MGU 模型关系抽取准确率比较

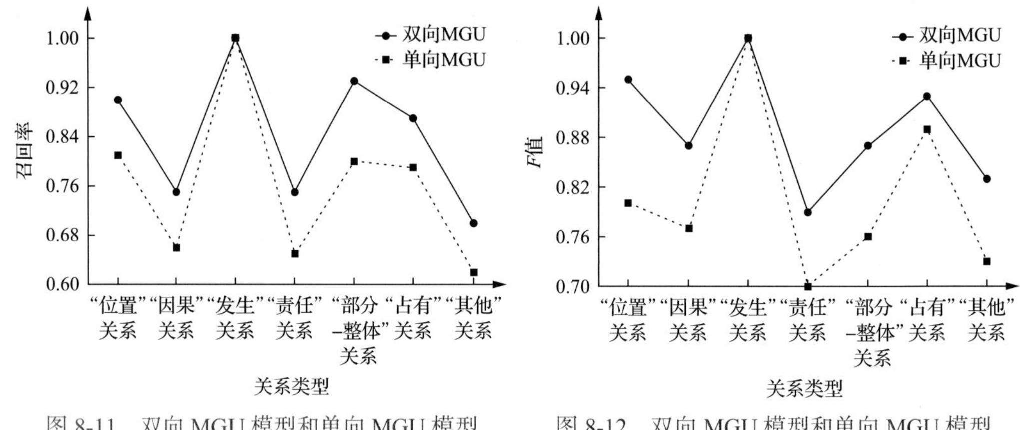

图 8-11 双向 MGU 模型和单向 MGU 模型关系抽取召回率比较

图 8-12 双向 MGU 模型和单向 MGU 模型关系抽取 F 值比较

从上述结果中可以看出，本节提出的双向 MGU 模型相比传统的单向 MGU 模型在准确率、召回率和 F 值上均有明显的提升，弥补了单向 MGU 对后文依赖性不足的缺点。

8.1.4 煤矿典型动力灾害本体形式化表示

本节使用 Jena 工具实现对煤矿安全领域本体的形式化表示。Jena 是一种基于 Java 框架的本体开发工具包，来源于惠普公司的语义网研究项目，为语义网的研究提供了程序开发环境。Jena 支持 RDFS、OWL 等本体描述语言进行本体的构建，并提供本体解析、存储和推理等功能。

图 8-13 中，XML/RDF 文档是原始储存和标引格式，借助 XML/RDF 解析器和 RDF API 转换成 RDF Model 的形式存储到内存中，或者借助 RDF 模型的持续性存储方案和

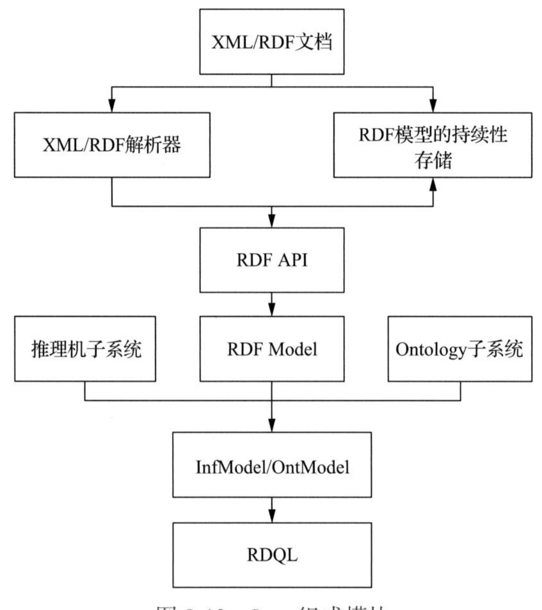

图 8-13 Jena 组成模块

RDF API 存储到数据库中，并使用 RDF API 进行调用。推理子系统提供了基于规则的推理机，也可以使用第三方推理引擎，常用于检索功能中。Ontology 子系统用于处理本体模型，能够对本体中的概念、关系、实例等元素进行增加、修改、删减等操作。RDQL 是一种类似于 SQL 的查询语言，用于对数据进行检索。

1) 概念的形式化表示

使用 Jena 工具描述概念，首先，要对领域中的资源进行归类，并抽象成概念；其次，根据概念的相关性，将其划分成不同的集合；再次，为每个集合分配名称空间，并对名称空间里的资源命名；最后，建立概念间的层次关系。

使用 Protégé 工具对抽取的煤矿安全领域概念进行可视化展示，共计 1211 个概念，其中一级概念有 36 个，二级概念有 287 个，三级概念有 260 个，四级概念有 350 个，五级概念有 278 个(图 8-14～图 8-18)。

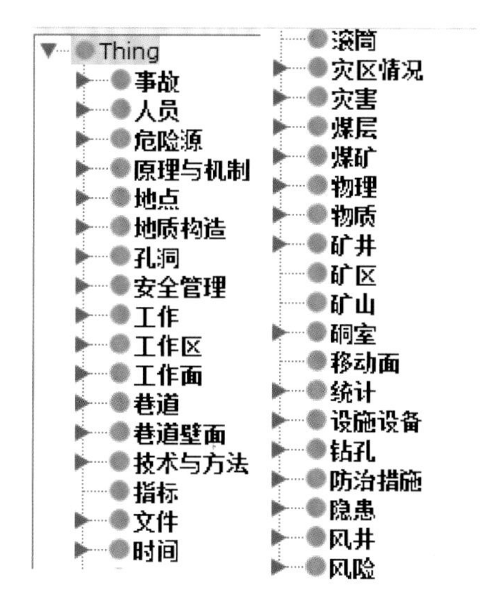

图 8-14 一级概念

图 8-15 部分二级概念

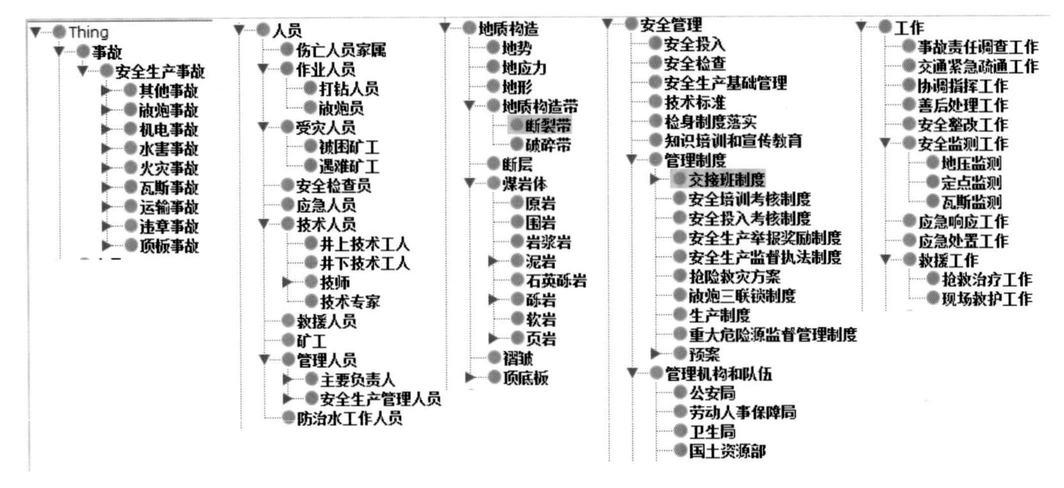

图 8-16 部分三级概念

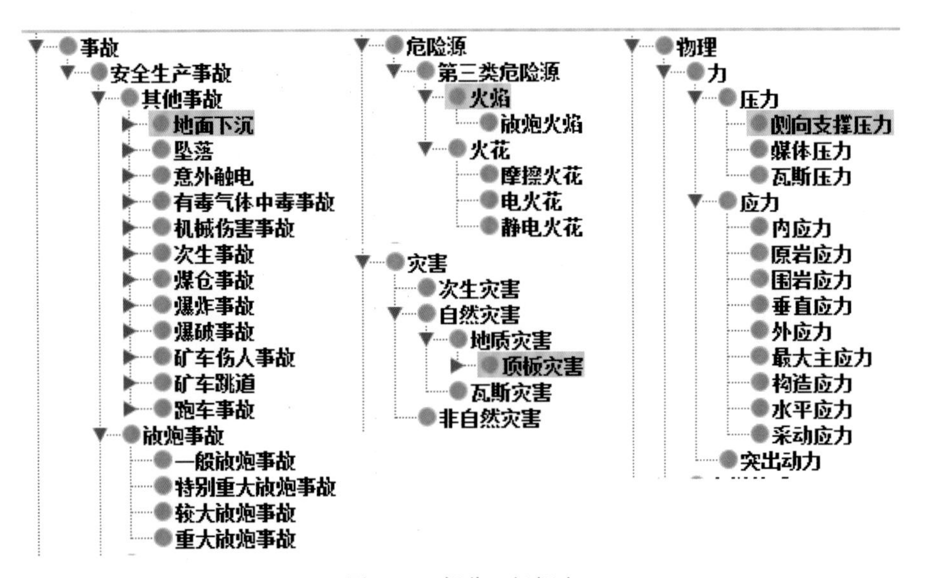

图 8-17 部分四级概念

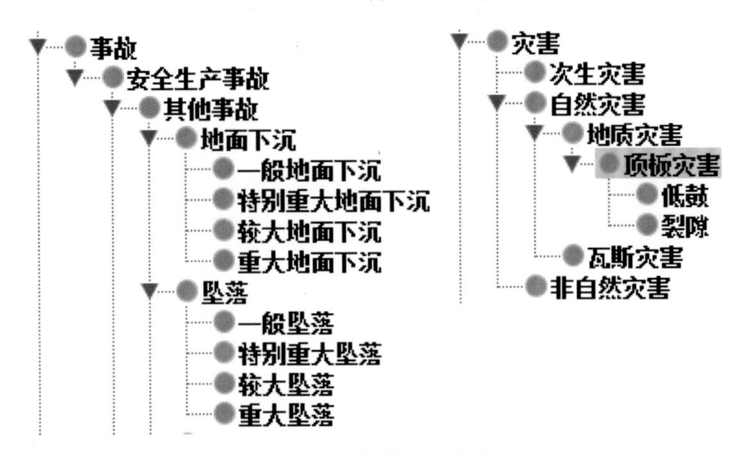

图 8-18 部分五级概念

2)关系的形式化表示

使用 Jena 工具描述关系，首先，要确定描述上述概念所需的关系类型(对象属性)；其次，为每个关系(对象属性)分配一个 URI；再次，描述关系(对象属性)的特征和约束，如对称性、可逆性等；最后，建立关系(对象属性)间的层次结构。图 8-19 为关系的形式化表示的示例。

```
//创建“发生”关系
OntClass Accident=m.createClass(exNs+"事故");
OntClass Coal=m.createClass(exNs+"煤矿");
ObjectProperty happen=m.createObjectProperty(exNs+"发生");
```

图 8-19 关系的形式化表示

3)概念和关系的关联表示

使用 Jena 工具将概念之间用关系连接起来，表示成“概念-关系-概念”的形式。图 8-20 为概念和关系的关联表示的示例。图 8-21 为构建的本体示意图。

```
//将煤矿和事故用发生关系连接起来
OntClass Accident=m.createClass(exNs+"事故");
OntClass Coal=m.createClass(exNs+"煤矿");
ObjectProperty happen=m.createObjectProperty(exNs+"发生");
Resource happen=model.createResource(happen URI);
happen.addProperty(Coal,Accident);
```

图 8-20 概念和关系的关联表示

8.2 区域性煤矿典型动力灾害风险判识技术

区域性煤矿典型动力灾害主要包括煤与瓦斯突出和冲击地压，风险判识主要研究区域性矿井动力灾害发生的地质动力条件和采掘扰动构成的煤岩动力系统。分析煤矿典型动力灾害致灾因素，发生动力灾害的煤层埋深、地质构造、构造运动、煤岩物理力学特性、瓦斯涌出规律等地质动力条件，采煤方法、掘进方式、工艺参数、工作面推进速度、采场应力分布等开采扰动因素，构建煤矿典型动力灾害特征向量表示方法。基于以往煤矿典型动力灾害案例，研究基于并行计算模型的多元异构数据的抽取、关联、聚合方法，提取致灾因素；基于人工神经网络等技术建立煤矿动力灾害致灾因素对应向量的相似性计算模型。

煤岩动力系统的组成如下所述。

1)含瓦斯煤岩体

含瓦斯煤岩体由煤岩、瓦斯、水和空气等物质构成，是煤与瓦斯突出发生的物质基础，是诱发煤与瓦斯突出的必要条件，其自然因素包括煤层厚度、煤坚固性系数、煤岩体孔隙率、煤岩体渗透率、瓦斯压力、瓦斯含量、瓦斯放散初速度、地下水含量等。

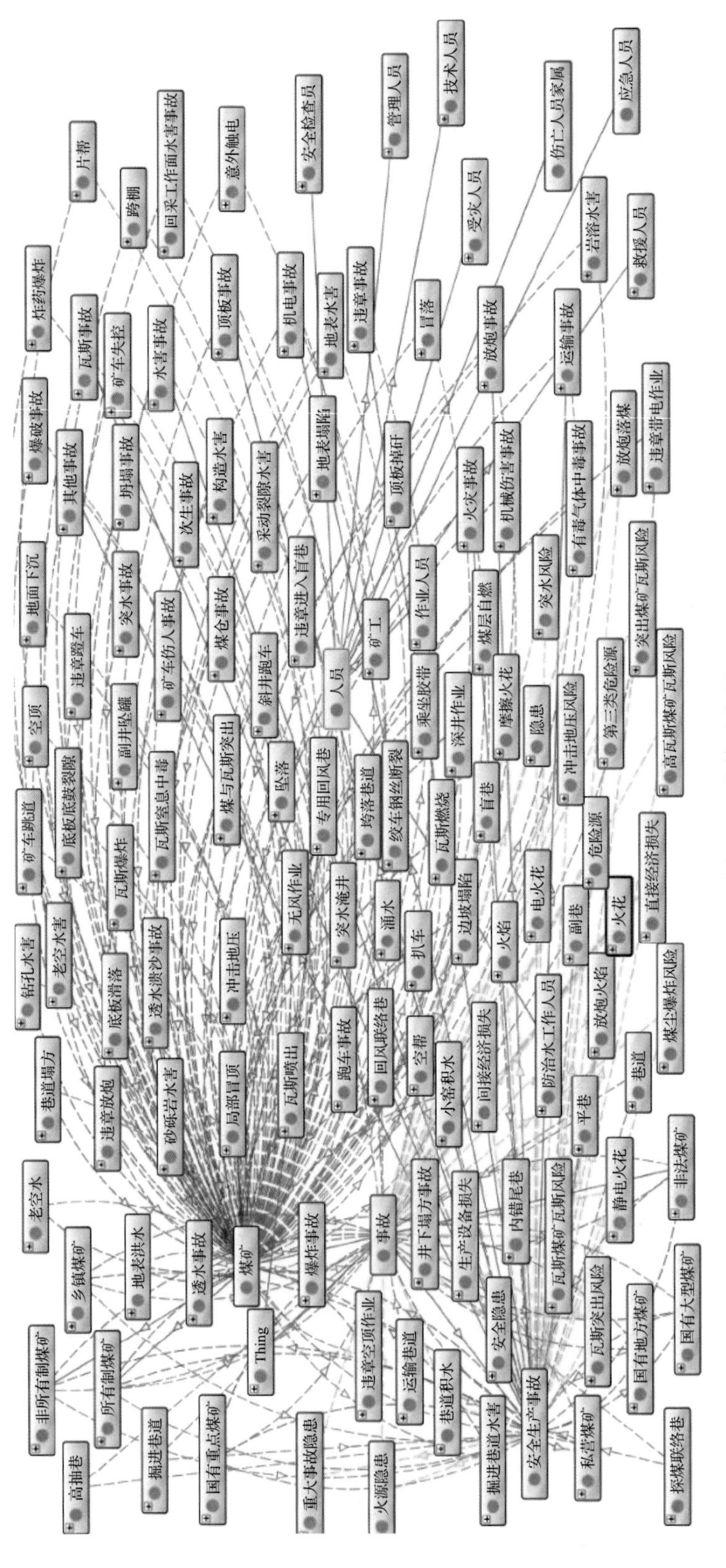
片帮
跨棚
回采工作面水害事故
意外触电
安全检查员
管理人员
技术人员
伤亡人员家属
应急人员
受灾人员
岩溶水害
救援人员
炸药爆炸
瓦斯事故
矿车失控
水害事故
顶板事故
机电事故
地表水害
违章事故
冒落
放炮事故
运输事故
爆破事故
其他事故
坍塌事故
构造水害
采动裂隙水害
地表塌陷
顶板掉矸
火灾事故
机械伤害事故
有毒气体中毒事故
放炮落煤
违章带电作业
地面下沉
突水事故
次生事故
煤仓事故
违章进入盲巷
矿工
作业人员
煤层自燃
突水风险
突出煤矿瓦斯风险
违章蹬车
矿车伤人事故
斜井跑车
人员
乘坐胶带
深井作业
摩擦火花
隐患
冲击地压风险
第三类危险源
高瓦斯煤矿瓦斯风险
空顶
副井坠罐
瓦斯窒息中毒
煤与瓦斯突出
坠落
专用回风巷
跨落巷道
绞车钢丝断裂
瓦斯燃烧
盲巷
危险源
直接经济损失
矿车跳道
底板底鼓裂隙
瓦斯爆炸
无风作业
突水淹井
涌水
边坡塌陷
电火花
副巷
火花
钻孔水害
老空水害
底板滑落
透水溃沙事故
冲击地压
扒车
火焰
放炮火焰
煤尘爆炸风险
巷道塌方
违章放炮
砂砾岩水害
局部冒顶
瓦斯喷出
跑车事故
回风联络巷
空帮
小窑积水
间接经济损失
防治水工作人员
平巷
巷道
非法煤矿
静电火花
老空水
乡镇煤矿
地表洪水
透水事故
煤矿
爆炸事故
事故
井下塌方事故
生产设备损失
内错尼巷
瓦斯煤矿瓦斯风险
瓦斯突出风险
国有地方煤矿
国有大型煤矿
非所有制煤矿
所有制煤矿
Thing
违章空顶作业
运输巷道
巷道积水
安全隐患
安全生产事故
私营煤矿
高抽巷
掘进巷道
国有重点煤矿
重大事故隐患
火源隐患
掘进巷道水害
探煤联络巷

图8-21 本体示意图

煤层中瓦斯主要以吸附态存在，其占瓦斯含量的80%以上，而吸附瓦斯量的多少主要取决于煤的孔隙发育程度、瓦斯压力、温度等条件。煤层瓦斯是煤与瓦斯突出的重要能量来源，突出煤层中瓦斯储有大量内能，这些瓦斯在高压力梯度下产生高速膨胀，可能将煤抛出和进一步破碎。一般而言，瓦斯压力越高、瓦斯含量越大、瓦斯放散初速度越低，发生煤与瓦斯突出的可能性越高。

2）地质动力环境

地质动力环境是指对含瓦斯煤体产生力学作用的各种地质因素，是煤与瓦斯突出发生的内部动力，包括地质构造（断层、褶曲、岩浆岩侵入、煤层厚度变化）、构造运动、煤层埋深等。发生煤与瓦斯突出的矿区、矿井多分布在软分层变厚，有断层、褶曲、火成岩侵入、煤层厚度变化等地质构造附近。

地质构造对含瓦斯煤体的结构与力学特性具有改造作用，即损伤效应。构造复杂区的含瓦斯煤体大都经历了规模不等的构造挤压剪切作用，其结构破坏严重，往往伴生着构造煤，煤体强度低，抵抗突出的能力下降；同时，地质构造复杂区构造应力分布不均衡，往往存在局部应力集中，有利于煤体弹性潜能的增加；地质构造可能引起瓦斯聚集，形成高压瓦斯，并使瓦斯分布不均衡，在裂隙发育的煤体内存在较高的瓦斯压力梯度，容易使煤体产生拉伸破裂，增大了发生突出的概率。

以向斜构造为例，岩层在弯矩 M 的作用下弯曲，以中性层为界，下部受拉应力作用，上部受压应力作用，并且离中性层越远拉（或者压）应力越大，其最大值在远离中性层最远的上下边缘处。在岩层由本身弯曲（纯弯曲）所决定的应力状态中，最大和最小压应力（σ_1 和 σ_3）垂直或者平行于岩层表面，并垂直于向斜轴，而中间应力应该平行于岩层面和向斜轴。总体上向斜构造的两翼与轴部中性层以上为高压区，中性层以下表现为拉张应力，形成相对低压区。煤层中的最大剪切应力在向斜轴部最小，在翼部最大，并随煤层倾角增加而增大；距离向斜轴部越近，主应力及其梯度越大（图8-22）。

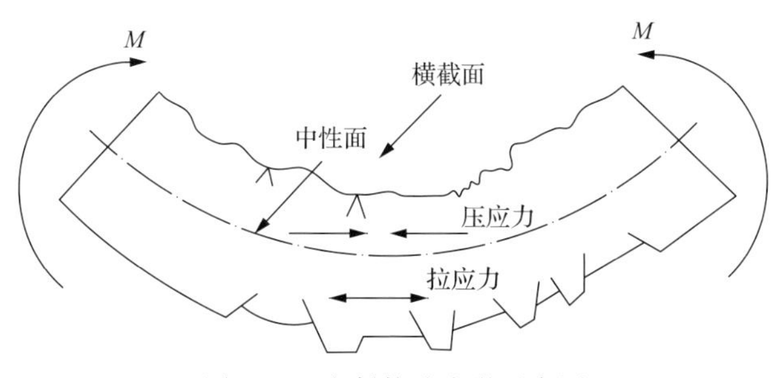

图8-22　向斜构造力学示意图

平顶山矿区位于李口向斜西南部，矿区总体线展布方向与李口向斜平行。矿区东部的八矿、十矿和十二矿以李口向斜、牛庄向斜等为主；中部的一矿、四矿和六矿主体为规模较小的断层；西部的五矿、七矿和十一矿主要包括锅底山断层、九里山断层及中间地带的郝堂向斜等。对平顶山矿区煤与瓦斯突出的统计表明，突出具有区域性分布特征，表现为矿区东部的3对矿井为突出矿井，已发生突出43次，位于西部的矿井只有少数突出显现，而位于中部的矿井基本上没有突出显现。总体上，平顶山矿区的煤与瓦斯突出宏观上受到向斜构造的控制(图 8-23)。

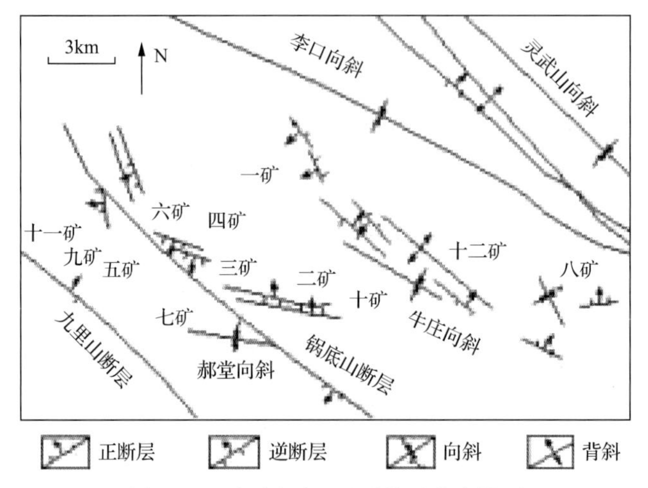

图 8-23　平顶山矿区地质构造分布情况

3) 采掘扰动

采掘工作面等含瓦斯煤体在地应力(自重应力和构造应力)和采动应力共同作用下产生变形。如图 8-24 所示，当高应力区域的含瓦斯煤体应力超过峰值强度后，破坏含瓦斯煤体形成耗能的塑性变形区，而其周围煤岩体构成蓄能的弹性变形区。含瓦斯煤体在煤壁处卸载，引起煤体产生拉伸破坏并向深部扩展，微破裂不断发生发展，煤层透气性高倍增加，同时煤体内大量瓦斯因降压快速解吸，局部区域形成高压瓦斯集聚，瓦斯迅速喷出时，靠近煤壁的煤体内瞬间形成高动能的气、煤颗粒混合体，类似点爆炸药包，造成煤层严重崩塌破坏，发生煤与瓦斯突出。采掘扰动是煤与瓦斯突出的外部动力，为突出提供足够能量来源和空间条件。

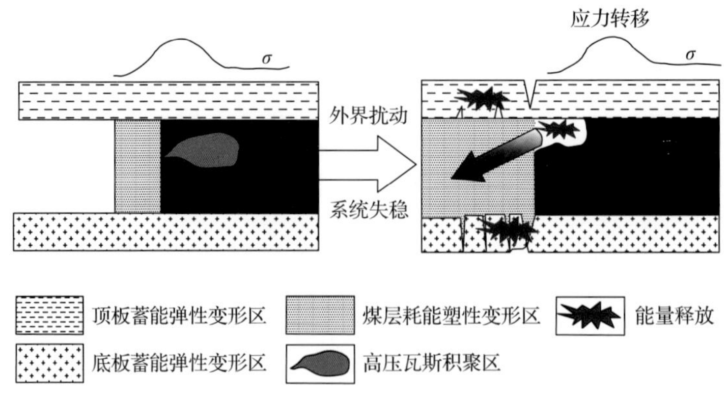

图 8-24　采掘扰动对煤与瓦斯突出的作用

因此，煤与瓦斯突出动力系统中含瓦斯煤岩体是物质基础，地质动力环境是内部动力，采掘扰动是外部动力，煤与瓦斯突出实际上是这三要素之间应力-渗流-损伤多物理场耦合作用的灾变过程。

煤是一种多孔介质，其中赋存着大量瓦斯，在一定地质环境下，受采掘扰动的作用，含瓦斯煤体将失稳，产生煤与瓦斯突出。煤与瓦斯突出的动力系统由含瓦斯煤岩体、地质动力环境和采掘扰动三要素共同构成。动力系统中应力场、渗流场、损伤场相互耦合作用，在掘进(回采)工作面前方的含瓦斯煤岩体中产生局部应力集中、煤体弹性潜能增加，使该区域含瓦斯煤岩体发生应变软化，形成局部裂纹聚集，高压瓦斯非均衡分布，当瓦斯压力梯度足以破坏低强度煤体时，将发生煤与瓦斯突出(图 8-25)。

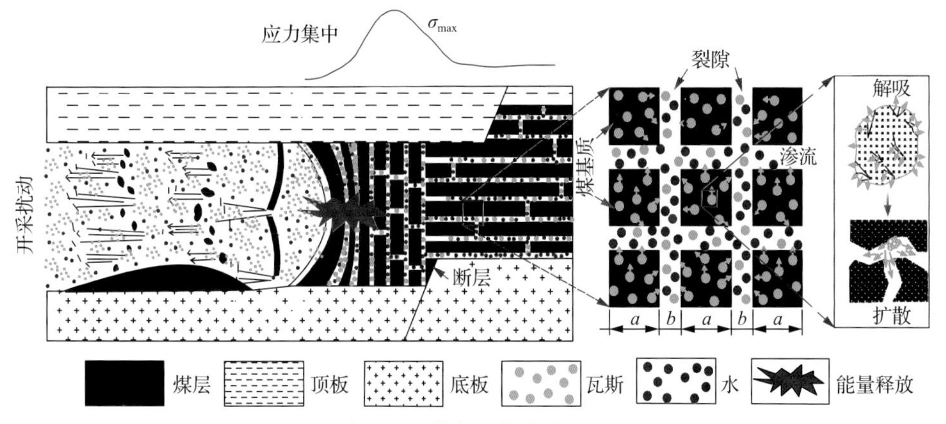

图 8-25 煤与瓦斯突出过程

地应力是现今地应力场对煤层的作用，反映了煤层的受力状态，而初始渗透率是受长期地应力作用的煤层在自由状态下测得的结果，反映了煤层本身的物理力学性质。随着埋深增加，煤层压力增加的正效应和地层温度升高的负效应相互作用，使得煤层含气量随着埋深增加存在普遍的先升高后降低的关系。深部煤层的产气规律受到地应力、初始渗透率、煤层压力和煤层温度等深部特征参数的控制。根据我国境内垂直地应力的实测结果，如图 8-26 所示，同一煤层埋深对应的垂直地应力在一个局部狭小的平行范围带

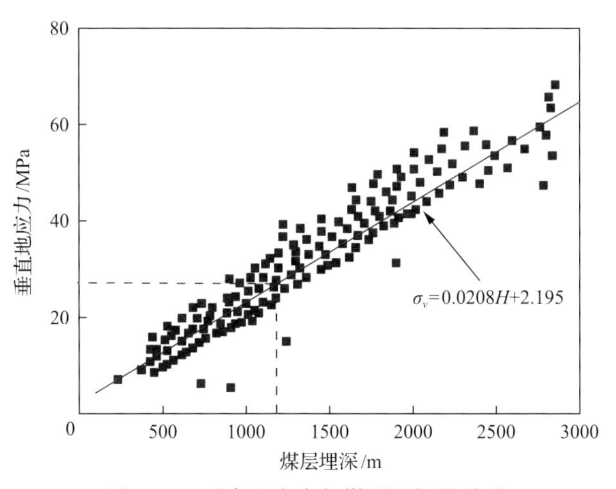

图 8-26 垂直地应力与煤层埋深的关系

内变化，垂直地应力整体上随煤层埋深增大而增大，呈现良好的线性关系，拟合得到的函数关系为 σ_v=0.0208H+2.195，其中 σ_v 为垂直地应力，H 为煤层埋深。

统计我国沁水盆地和鄂尔多斯盆地试井渗透率数据，渗透率随煤层埋深的增加而降低。经拟合，在煤层埋深 200～1400m 处，初始渗透率与煤层埋深呈负指数关系，拟合函数为 $k=10^{-0.00175H+1.04495}$，如图 8-27 所示。当煤层埋深超过 800m 时，渗透率低于 0.1mD，当煤层埋深大于 1300m 时，煤层渗透率在 0.01mD 以下。国外瓦斯勘探开发实践也发现相似的变化规律，随煤层埋深增加，渗透率呈指数形式降低。

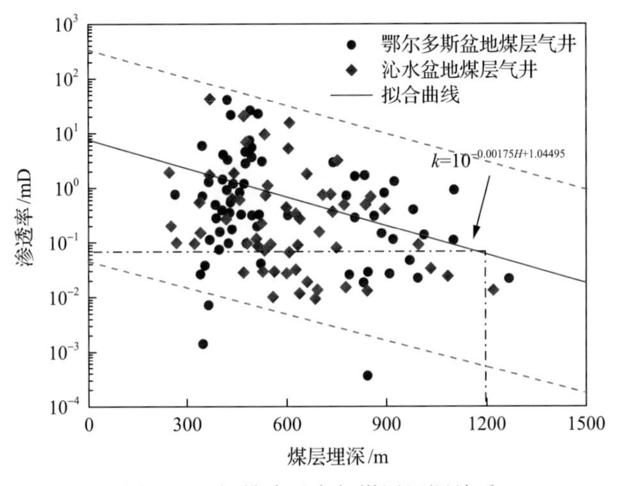

图 8-27　初始渗透率与煤层埋深关系

我国部分高瓦斯煤矿和鄂尔多斯盆地在不同煤层埋深处的瓦斯压力情况如图 8-28 所示。经拟合，煤层埋深与瓦斯压力呈线性关系，其函数表达式为 p=0.0092H–2.831。总体上，随着煤层埋深的增加，瓦斯压力增大。

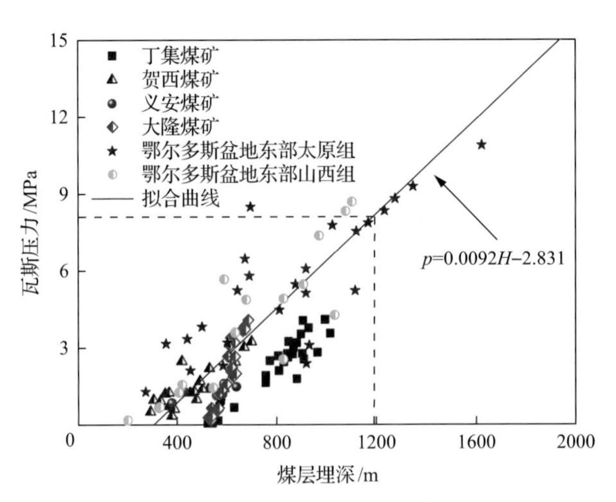

图 8-28　瓦斯压力与煤层埋深关系

研究煤与瓦斯突出的致灾因素，重点从地质构造、水文性质、煤岩性质、围岩条件及瓦斯参数等方面，对国内典型煤与瓦斯突出事故、动力现象案例进行资料收集。

在平顶山矿区、抚顺矿区等典型煤与瓦斯突出区域开展调研，收集了地应力、煤层赋存深度、地质构造、煤的破坏类型、煤的坚固性系数、钻屑量、煤厚变化、采动应力等参数(图 8-29)。

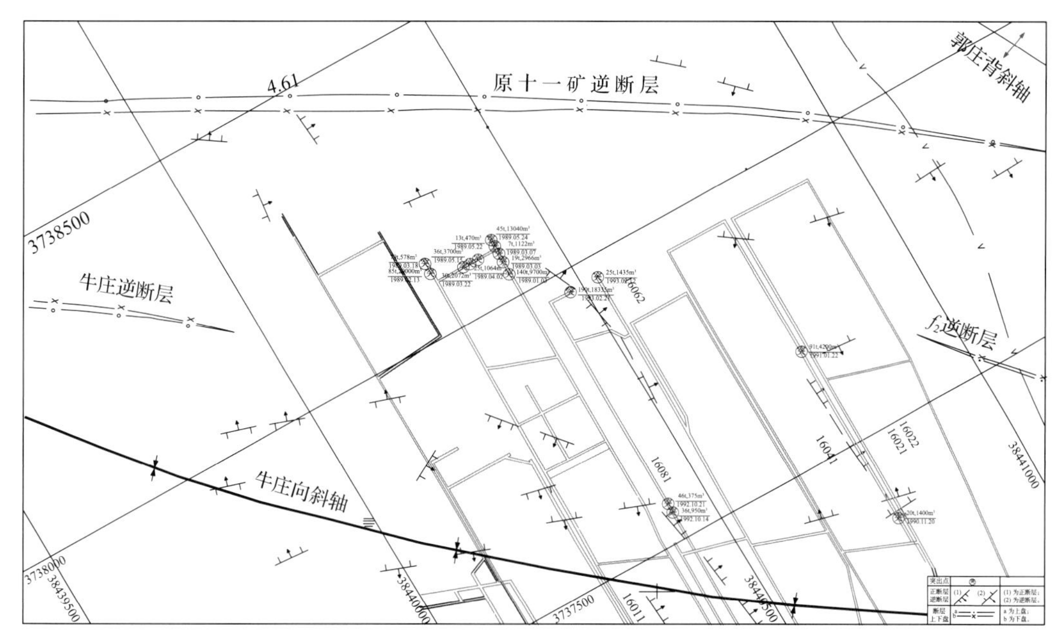

图 8-29　平顶山十二矿动力灾害区域分布

煤与瓦斯突出的致灾因素分析主要包含静态影响因素分析和动态影响因素分析。煤与瓦斯突出的静态影响因素主要包括原始地应力、煤层赋存深度、地质构造、煤体物理性质及煤层厚度变化等。地应力是煤与瓦斯突出的主要动力源，地应力越大，突出危险性越大。随着煤层赋存深度的增加，上覆岩层的自重应力逐渐增大，煤体中所积聚的弹性能也将增大，煤层突出危险性也将变大。褶皱、断层等地质构造容易造成局部区域应力集中，通常应力集中的区域容易引发煤与瓦斯突出灾害。煤体的动态破坏时间越短，突出危险性越大；煤体煤阶越高，其变质程度越大，内生节理越发达，瓦斯含量越高，突出危险性越大；煤体结构破坏越严重，突出危险性越大。通常，厚度大的煤层比厚度小的煤层突出危险性大；同一煤层中，厚度变化大的区域比相对平稳的区域的突出危险性要大。

随着采掘活动的进行，工作面前方和巷道周围产生应力集中，围岩中积聚了大量的变形能，扰动越大，能量积聚越大，且采动应力的大小随着工作面的推进而动态变化。采动应力的高度集中极易使煤体达到极限应力状态，进而与其他因素耦合引发煤与瓦斯突出动力灾害，是突出灾害发生的导火索。

建立煤与瓦斯突出致灾因素对应向量的相似性计算模型，将煤与瓦斯突出的主控因

素表示为 N 维数组，以数据流图的方式进行计算，将复杂的数据结构传输至动力灾害风险判识网络中进行分析和处理(图 8-30)。

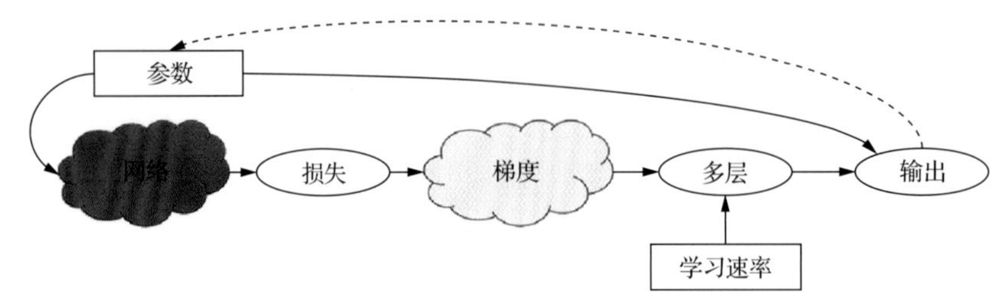

图 8-30 动力灾害风险判识流程图

智能判识的关键在于模式分类器的构建，而人工神经网络作为一种自适应能力强、学习能力强、容错能力强的智能算法，非常适用于煤与瓦斯突出危险性预测的特殊非线性变换。通过对给定的煤与瓦斯突出样本进行训练学习，把输入空间经数据集多层处理、张量化处理变换到输出空间，从而确定分类模型参数，得出预测结果。

智能判识模型的基本结构包括两个层面：第一个层面为根据煤与瓦斯突出典型动力灾害的各致灾因素数据流，进行数据集多层处理；其中，每一组数据流的输入与前一层的局部接收域相连，并提取该局部的特征；一旦该局部特征被提取后，它与其他特征间的位置关系也随之确定下来。第二个层面为模型的深度学习及概率预测，深度学习网络的每个计算层由多个特征映射组成，每个特征映射是一个平面；特征映射结构采用影响函数核小的 Sigmoid 函数作为智能判识模型网络的激活函数，使得特征映射具有位移不变性；通过不断地动态学习，优化模型中各隐含参数，实现煤与瓦斯突出动力灾害的危险性概率预测和分级管理(即无、弱、中、强)(图 8-31)。

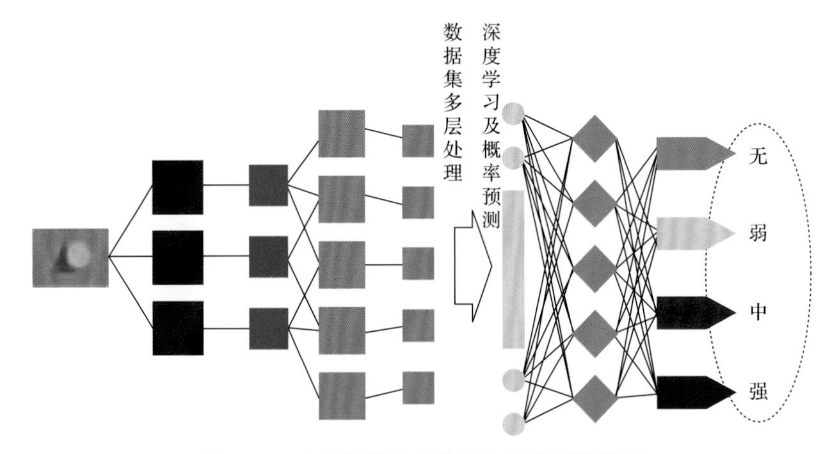

图 8-31 动态数据的多数据集智能判识模型

建立了基于云计算的区域煤矿动力灾害风险判识方法，其由业务应用程序、云计算服务器和前端应用 3 层架构组成。业务应用程序根据云的服务和资源状况，封装云服务资源，对服务和消费进行分级；云计算服务器接收前端应用传递请求，并调用相应的业务应用程序，结合用户请求来运行计算任务；前端应用用于向云服务消费矿山企业提供统一的登录界面和访问接口(RESTful API)，用户的服务请通过 RESTful API

发送给云计算服务器。

8.3　面向煤矿动力灾害风险判识的区域性云架构技术

第一，调研煤矿典型动力灾害云计算技术。虽然近年来一些技术含量高的监测设备被引入煤矿动力灾害的监控预警中来，但由于对动力灾害在多相多场耦合条件下的形成过程及演化机制认识不清，灾害前兆信息采集传感、传输技术、挖掘辨识技术落后，现有监控系统风险辨识预警模块缺乏，灾害风险判识仍具有主观性、盲目性和不确定性。

为满足煤矿典型动力灾害风险判识及监控预警的重大需求，亟须开展煤矿典型动力灾害风险精准判识及监控预警机制与关键技术研究。21 世纪互联网+及智能化发展势头强劲，新一轮能源变革正在孕育，云计算技术日新月异，给煤矿灾害风险判识及监控预警由传统的经验型、定性型向精准型、定量型转变提供了新的发展机遇和挑战，为有效避免我国煤矿典型动力灾害事故的发生提供了可能。

第二，研究适用于区域性煤矿典型动力灾害实时远程监控预警的云平台架构。该云平台由基础设施即服务(IaaS)、平台即服务(PaaS)、软件即服务(SaaS)三层组成(图 8-32)，IaaS 层由分布式集群+虚拟机组成；PaaS 层包含分布式文件系统(HDFS)、全文搜索引擎(ElasticSearch)、大数据处理计算引擎(Spark)、非关系型数据库(NoSQL)、语义分析、模型知识库、搜索引擎、数据模型；SaaS 层包括冲击地压预警、本地词库服务、在线监测分析、风险判识。

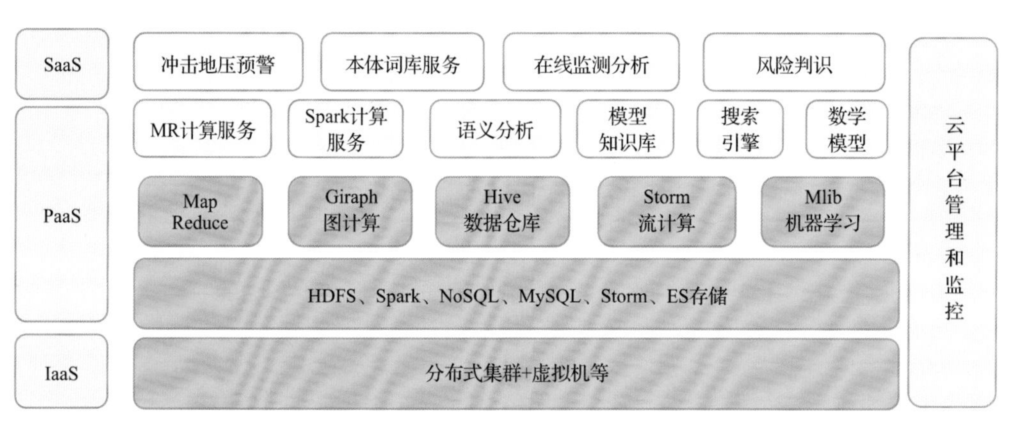

图 8-32　云平台逻辑结构

第三，研究云平台的存储优化策略，如下所述。

1) 文本切分策略优化

HDFS 默认 Block(HDFS 的数据块)块的大小是 64M，我们通过改变不同的文件的大小和 BlockSize(HDFS 的数据块大小)的值，发现：越大的文件，BlockSize 应该调整越大，具体大小和集群大小有关系；云平台块文件的存储方式不是存储小文件，这样造成 NameNode(HDFS 的 Master 节点)节点开销大，而且效率低。HDFS 中块的大小并不是全部一样的，每个文件在创建的时候，都会确定相关的数据块大小。

2) 磁盘寻道时间(seek time)的优化

分配云计算资源时，首先在云计算网络中探测可用节点的计算能力，其次根据云计算服务模式特点，通过分析诸如网络宽带占用、线路质量、响应时间、任务费用、可靠性等因素对资源分配的影响，利用蚁群算法得到一组最优的计算资源，找到一条最优路径可以大幅度减少寻道时间。

3) 数据节点优化

优化的节点数据包括硬盘容量、当前连接数、CPU 使用情况、内存使用情况、带宽使用情况等。优化的节点数据结构相关类都进行了相关设计，包括心跳协议传递的信息、如何从系统获取这些信息的类等。

4) 心跳协议优化

Hadoop(大数据分布式基础软件框架)通过心跳协议保持着控制节点和数据节点之间、数据节点与数据节点之间的联系，让控制节点了解数据节点的状态，让数据节点从控制节点处获取最新命令，以及让数据节点了解其他数据节点的状态。

5) 节点探测优化

节点探测存储策略在保持节点位置选择策略的前提下，保证在不同的位置选择负载较轻的数据节点，如此保证了数据传输的高效性与稳定性。

6) 副本策略优化

在整个集群中各个节点的网络环境以及硬件性能都有所差异，因此其各个节点的数据可用性不尽相同。因此，根据数据节点的失效率、数据块的可用性提出一种基于概率模型的选择数据副本系数的方法。其核心思想是建立基于概率的数据复制优化模型。

第四，研究云平台的 I/O 优化策略。数据缓存优化，使用一部分 I/O 操作只需要访问内存就足够了，而不需要访问外部存储设备。这样就减少了 I/O 操作对外部存储设备的访问，从而提高 I/O 操作的平均响应速度。Apache Spark 是一种包含流处理能力的下一代批处理框架。与 Hadoop 的映射-化简(MapReduce)引擎基于各种相同原则开发而来的 Spark 主要侧重于通过完善的内存计算和处理优化机制加快批处理工作负载的运行速度。Spark 可作为独立集群部署(需要相应存储层的配合)，或者可与 Hadoop 集成并取代 MapReduce 引擎。使用 Spark 而非 Hadoop MapReduce 的主要原因是速度。Spark 批处理能力以更高内存占用为代价提供了无与伦比的速度优势。对于重视吞吐率而非延迟的工作负载，则比较适合使用 Spark Streaming 作为流处理解决方案。

第五，研究云平台灾备和恢复技术。所谓数据容灾，就是指建立一个异地的数据系统，该系统是本地关键应用数据的一个可用复制。在本地数据及整个应用系统出现灾难时，系统至少在异地保存有一份可用的关键业务的数据。该数据可以是与本地生产数据的完全实时复制，也可以比本地数据略微落后，但一定是可用的。采用的主要技术是数据备份和数据复制技术。

第六，建立全国煤矿风险预警与防控平台。该平台可有效掌握区域及煤矿重大灾害风险的动态辨识预警信息，改变人盯死守的传统监管监察方式，帮助监管单位快速、实时、全面地掌握区域内煤矿安全生产状况，实现对事故风险的预防和控制，并指导煤矿的安全监管工作，提高煤矿相关工作的治理能力，具有广泛的应用前景。

8.4　煤与瓦斯突出动力灾害远程监控预警系统研发

8.4.1　煤与瓦斯突出动力灾害区域预警指标体系构建及系统概要设计

1. 煤与瓦斯突出动力灾害区域预警指标体系构建

通过现场收集山西、重庆等地区重点矿井瓦斯灾害特征、灾害事故台账及防治相关资料，通过网络数据采集方法在国家矿山安全监察局网站、各地区矿山安全监察部门网站及各类新闻报告等，统计了瓦斯灾害事故及突出危险预兆与矿井自然风险、生产系统、突出防治以及宏观经济、管理环境的关系。在此基础上，联合第 4 章，基于相关系数、指标融合，结合瓦斯灾害治理相关法规要求，从区域内矿井自然风险因素、区域内矿井生产系统因素、区域内矿井防突相关因素、宏观环境影响因素四个方面构建 30 多个多参量区域预警指标体系(图 8-33～图 8-35)。

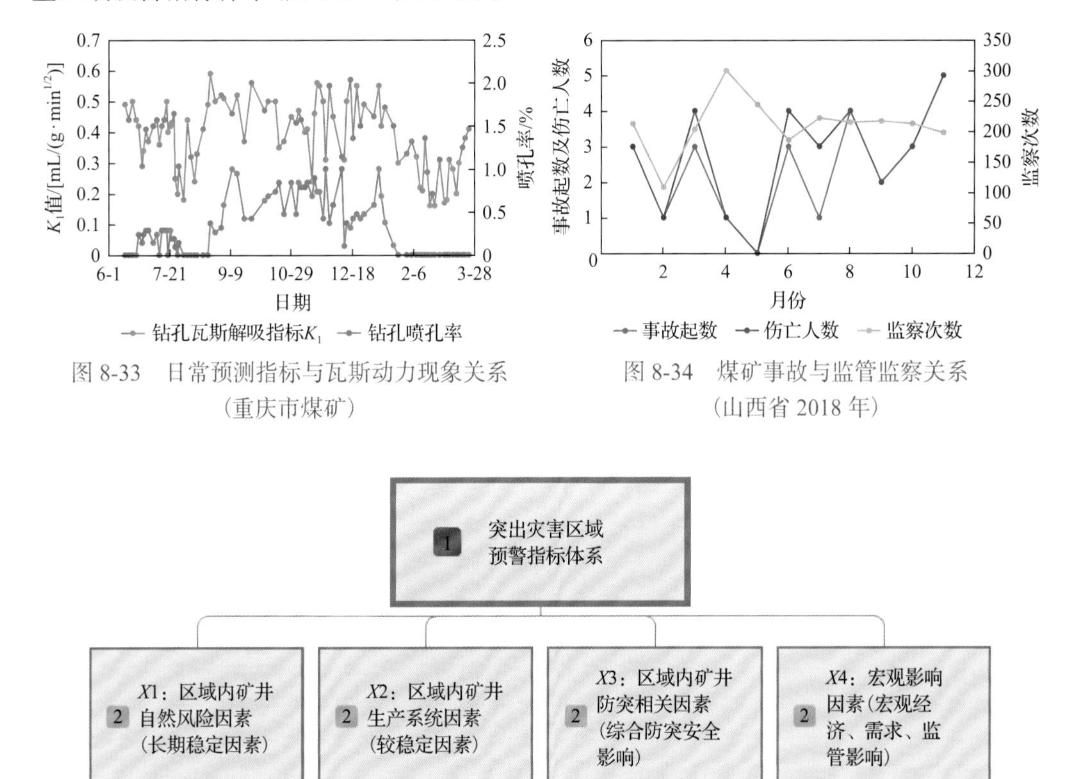

图 8-33　日常预测指标与瓦斯动力现象关系（重庆市煤矿）

图 8-34　煤矿事故与监管监察关系（山西省 2018 年）

图 8-35　煤与瓦斯突出区域预警指标体系构建结构

2. 系统概要设计

在系统概要设计阶段主要完成软件构架设计工作，本章采用统一软件开发过程

(rational unified process，RUP)推荐的 Kruchten 提出的“4+1”视图模型(图 8-36)组织系统概要设计。

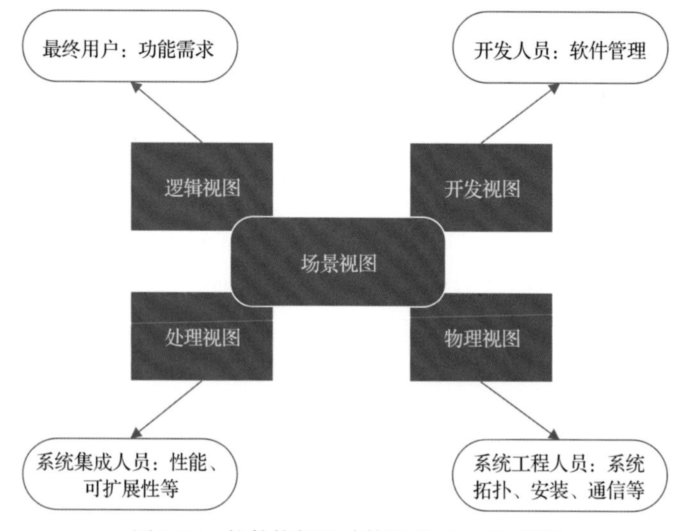

图 8-36　软件构架设计使用的“4+1”视图

“4+1”视图模型虽然产生于面向对象时代，但仍然可以应用到面向服务构架的软件概要设计中，具体包括：逻辑视图用于描述系统的功能需求；开发视图用于描述系统的代码组织结构，服务于产品经理和开发人员；处理视图关注进程、线程、对象等运行时概念，以及相关的并发、同步、通信等问题；物理视图也可称为部署视图，关注软件的物理拓扑结构，以及如何部署机器和网络来配合软件系统的可靠性、可伸缩性等要求；场景视图用于描述系统中的重要活动及相关用户，它使前面的四个视图有机联系起来。

由于本系统参与者较多、对实时性要求不高，但部署环境复杂，以下重点从场景视图、逻辑视图和物理视图三个方面进行系统构架描述。

1) 区域突出预警系统场景视图

场景视图一般使用统一建模语言(unified modeling language，UML)的用例图来描述，包括参与者、用例、子系统、关联等要素。区域突出预警系统的参与者及相关用例如下：

(1)矿端突出预警系统，调用区域突出预警系统的采集子系统，完成矿端突出预警结果及依据信息上传；

(2)宏观环境信息采集系统，通过互联网或提供 Web 界面，采集影响区域突出灾害的宏观环境信息；

(3)服务器定时器定时调用区域突出风险预警服务，产生并发布区域突出预警结果；

(4)区域突出灾害预警关注系统，如第三方监管监察系统调用区域突出灾害预警分析 Web 服务，获取关注信息；

(5)相关分析操作。

根据上述用例分析，将5个用例划分到三个子系统，分别是预警信息采集子系统、后台服务子系统、展示运维子系统，图8-37为整个系统的顶层场景视图。

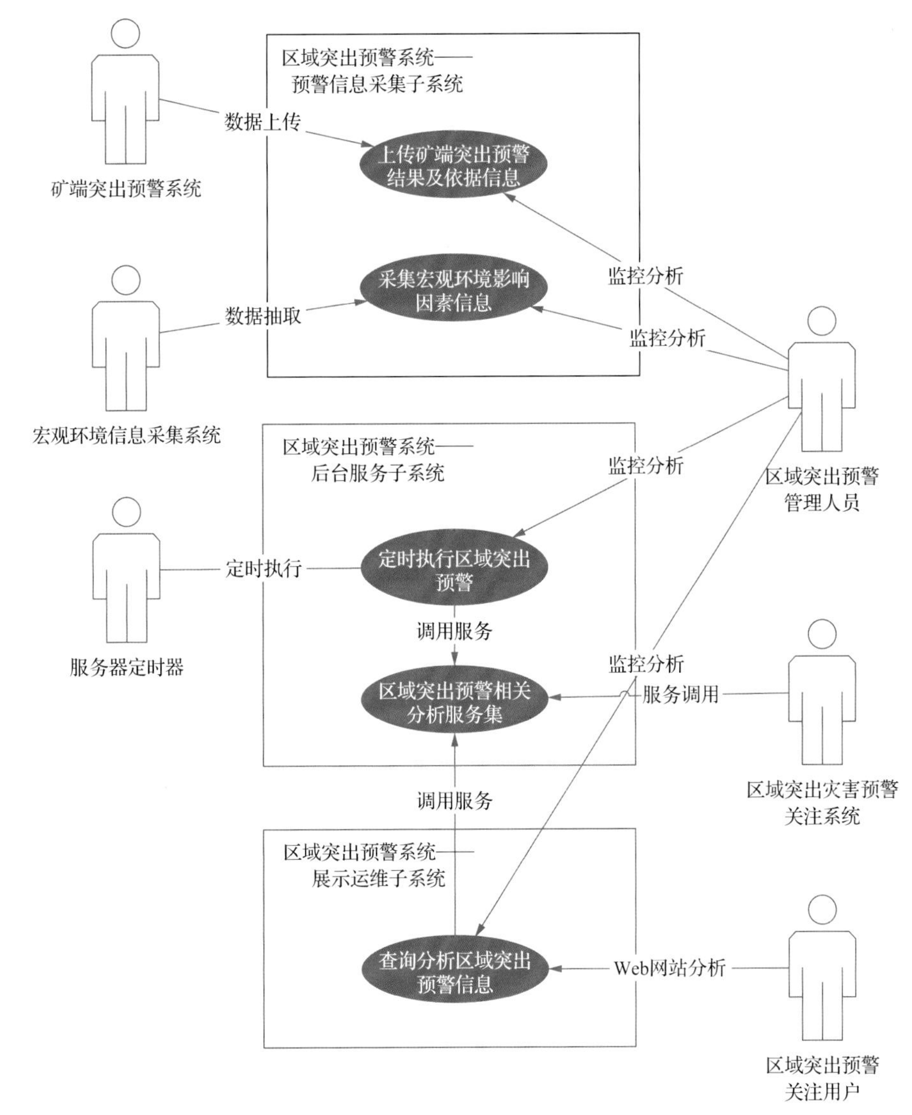

图8-37 区域突出预警系统场景视图

2) 区域突出预警系统逻辑视图

根据区域突出预警系统用例分析，抽取整个系统的逻辑视图(图8-38)，总体上分为四层：

(1) 区域突出预警数据存储层，存储区域突出预警所需的微观影响因素信息和宏观环境影响因素信息，以及区域突出预警规则信息、区域突出预警结果信息等；

(2) 区域突出预警数据访问层，采用NHibernate、Entity Framework等ORM框架，实现数据实体到数据存储的映射；

(3) 区域突出预警服务层，包括区域预警数据采集服务集、预警核心服务集、预警运维管理服务集等，供用户界面层或第三方关注系统调用；

(4) 区域突出预警用户界面层，包括矿端预警信息上传程序、宏观环境信息采集程序、预警后台服务及监控程序以及预警运维管理网站等，为区域突出预警系统各相关系统、相关用户提供可视化界面。

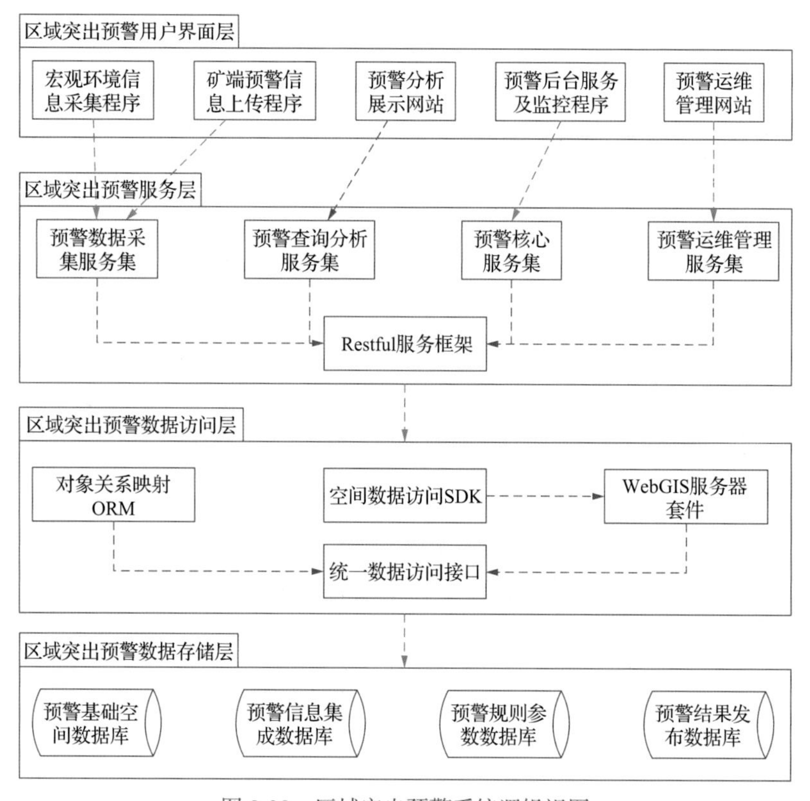

图 8-38　区域突出预警系统逻辑视图

3) 区域突出预警系统物理视图

根据本课题计划任务书要求，结合本课题与项目相关课题研究内容的内在关联性，在用例视图、逻辑视图的基础上，结合云平台物理环境构架，设计区域突出预警系统的物理视图。运行于云平台上的区域突出预警系统涉及云平台的三个层面：

(1) 基础设施层，为区域突出预警系统提供计算资源池（预警计算服务器）、存储资料池（预警数据库服务器）以及网络资源池（预警采集与发布网络资源）；

(2) 平台层，映射到逻辑视图的区域突出预警数据存储层、区域突出预警数据访问层和区域突出预警服务层；

(3) 应用层，包括预警后台服务及监控程序、预警运维管理网站等。当然物理视图中还有运行于煤矿企业内部的矿端预警数据上传主机。

8.4.2 煤与瓦斯突出动力灾害远程监控预警系统开发

煤与瓦斯突出灾害影响因素众多，与突出灾害相关的安全信息来源广泛、数据量大，这些信息格式多样，有数字、文字、图形、声音等多种样式，且信息的时间、空间等属性特征也各不相同，因此煤与瓦斯突出动力灾害信息采集的研究过程如下。

1) 采集的煤与瓦斯突出动力灾害相关信息

通过调研、考察，从技术与管理、局部与宏观相结合的角度，联合第 4 章、第 8 章的研究成果和现场煤与瓦斯突出防治技术及管理方法，确定矿端预警结果(包括预警地点、预警时间、预警等级等)、矿端关键预警依据信息(包括局端基本信息、基础空间信息、煤层瓦斯赋存信息、矿井生产信息、瓦斯抽采信息、突出预测信息、瓦斯涌出特征信息等)、宏观环境影响信息(包括行业监管监察信息、煤炭供求信息、宏观经济等信息)等几方面煤与瓦斯突出动力灾害相关信息的具体采集内容。

2) 数据标准化存储结构

煤与瓦斯突出动力灾害数据以分散结构分布在多表、多终端、多部门，需要将数据进行标准化归类后存储，才能稳定存储。根据本系统涉及的数据采集、区域过程、预警发布等环节，数据存储结构主要分为煤矿基础信息表(ROBT_)、采集数据表(ROIT_)、预警主表(ROMT_)、预警发布表(ROST_)四大类，各类表存储内容如下。

(1) 煤矿基础信息表：主要以分类表形式存储全国、省(自治区、直辖市)、矿区、矿井的基本属性信息，以及关键矿区及矿井的煤层赋存信息、基本地质信息、煤层开采信息、瓦斯参数信息、瓦斯抽采信息、瓦斯事故信息等，其逻辑结构见图 8-39。

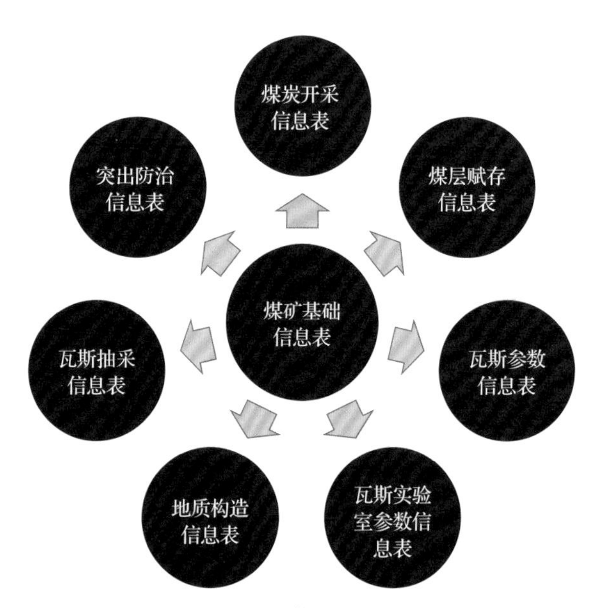

图 8-39 基础信息表逻辑结构

(2)采集数据表：主要以分类表形式存储关键矿井的采掘工作面基本信息、自然风险信息、生产系统风险信息、瓦斯防治风险信息、区域宏观环境信息、突出智能预警信息等。

(3)预警主表：主要存储区域预警指标、区域预警规则、预警规则参数信息、区域预警结果及明细等。

(4)预警发布表：主要存储用户登录信息、消息推送记录等。

综合考虑煤与瓦斯突出灾害区域预警分析需要和煤矿安全监管、监察部门的信息调用需要，选择具有使用方便、可伸缩性好和相关软件集成程度高等优点的SQL Server 2012作为关系表数据管理系统，并以表8-7所示的区域煤矿自然风险因素信息表标准化存储为例，设计各类关系表标准化存储结构，包括关系表逻辑名称、物理名称、逻辑列名、物理列名、数据类型、非空属性以及具体存储字段等。

表8-7　区域煤矿自然风险因素信息表标准化存储(示例)

逻辑名称	区域煤矿自然风险因素表	物理名称	ROIT_MineNaturalFactorsInfo	
逻辑列名	物理列名	数据类型	空/非空	说明
行标志符	RID	Int	非空	自增主键
行识别符	GID	uniqueidentifier	非空	
所属煤矿编码	CoalMineGuid	uniqueidentifier	非空	外键，引用全国煤矿基础信息表GID字段
采集日期	GatherDate	Date	空	
矿井最大瓦斯含量	MaxGasC	Decimal(10,2)	空	
矿井最大瓦斯压力	MaxGasP	Decimal(10,2)	空	
矿井最大开采深度	MaxMiningD	Decimal(10,2)	空	
矿井构造复杂程度	TectonicComplexity	Int	空	
突出煤层稳定程度	OutbustCoalSeamStability	Int	空	
突出煤层最大厚度	OutburstCoalSeamMaxD	Decimal(10,2)	空	
突出煤层最大厚度变化率	OutburstCoalSeamDeltaD	Decimal(10,2)	空	
矿井绝对瓦斯涌出量	AbsoluteGasGushingQ	Decimal(18,2)	空	
矿井相对瓦斯涌出量	RelativeGasGushingq	Decimal(18,2)	空	
矿井突出事故发生次数	AccidentsOfOutburstCT	Int	空	
矿井突出事故增加率	AccidentsOfOutburstRC	Decimal(10,2)	空	
记录人编码	Recorder	Varchar(50)	空	
记录时间	RcdTime	Datetime	空	管理属性
编辑状态	EditStatus	Smallint	空	
补充说明	本表的时间维度暂定为一年，每个矿井每年采集一条记录			

3)数据采集与存储

根据区域突出预警平台各组成部分的功能和数据来源部门及网络位置差异，将数据采集分为矿端预警信息采集上传、宏观环境信息网络采集和基础信息人工输入三方面。

(1)矿端预警信息采集上传：以Windows后台服务+前台监控方式运行，根据采集配置从矿端突出预警数据库采集区域突出预警所需的预警结果及依据信息，按上传配置要求上传至区域突出预警采集数据库和云端存储数据库，实现信息的最终云端存储与管理。

(2)宏观环境信息网络采集：根据采集配置要求，采用爬虫方法，从相关政府及行业主管部门门户网站采集宏观经济影响指数、煤炭供需指数、煤矿安全事故统计数据等信息，保存至区域突出预警采集数据库。

(3)基础信息人工输入：不能从矿端预警系统和网络获取的信息，通过系统输入功能界面，人工录入区域突出预警数据库。

根据上述方案，按图 8-40 和图 8-41 所示流程和集成方案，进行区域煤矿煤与瓦斯动力灾害信息采集和集成存储。

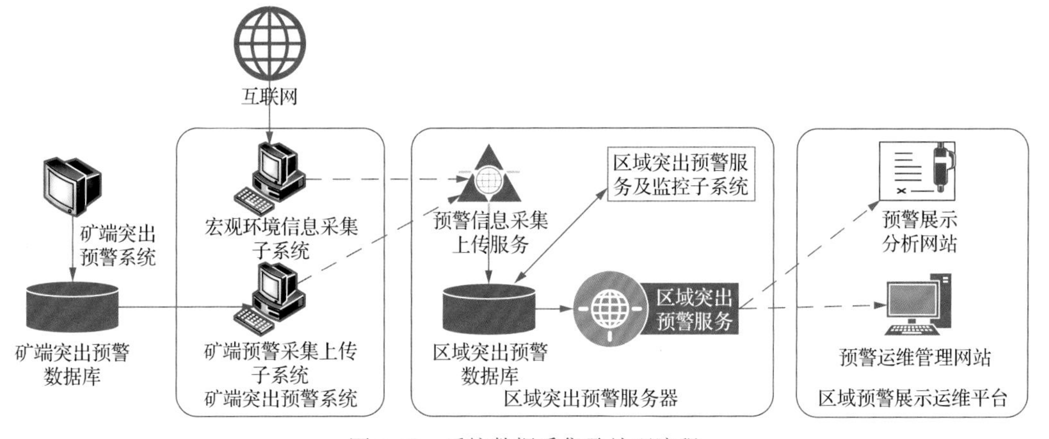

图 8-40　系统数据采集及处理流程

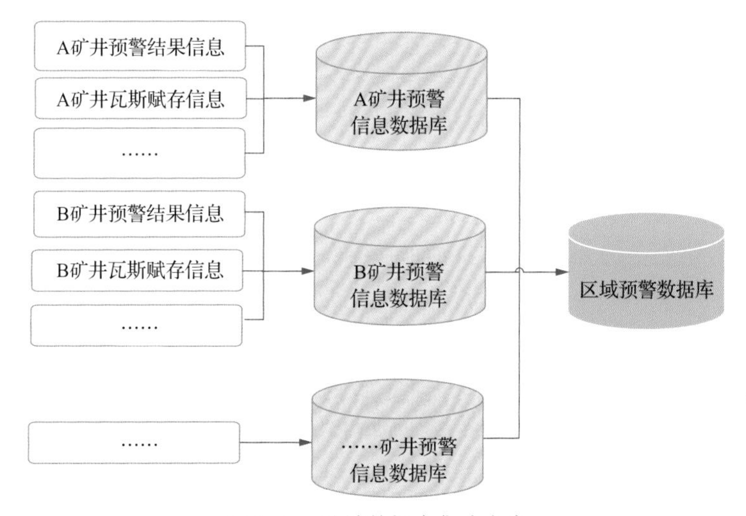

图 8-41　矿端数据库集成方案

4)煤与瓦斯突出动力灾害区域预警后台服务开发

煤与瓦斯突出动力灾害信息处理计算(即瓦斯突出预警服务)，主要以 Windows 服务形式 24h 运行，用于执行区域预警计算、分析，发布预警结果，推送异常预警信息等。

根据煤与瓦斯突出远程监控预警需要，采用面向服务构架的思想，从矿井相关预警规则及预警结果查询、矿区瓦斯区域预警相关参数设置、执行矿区瓦斯突出灾害区域预警、查询及订阅推送矿区区域预警信息等方面进行设计和开发，形成如图 8-42 所示的煤与瓦斯突出区域预警服务集：

(1) 给定矿井相关预警规则及预警结果查询主要实现查询采集的矿井的瓦斯突出预警规则和预警结果信息，满足监管用户分析关注采集的矿井突出危险状态的需求；

(2) 矿区瓦斯突出区域预警相关参数设置用于根据实际情况设置区域预警需要的相关规则及参数，用于控制、验证区域预警结果；

(3) 执行矿区煤与瓦斯突出灾害区域预警主要自动计算矿区瓦斯突出预警相关指标，根据预警规则生成预警结果；

(4) 查询及推送矿区预警信息用于满足用户根据需要通过远程展示平台能方便查询区域预警结果的结果需求，对于“危险”预警结果等异常信息，以手机短信或 APP 推送等方式，及时通知、提醒相关技术及管理人员和领导。

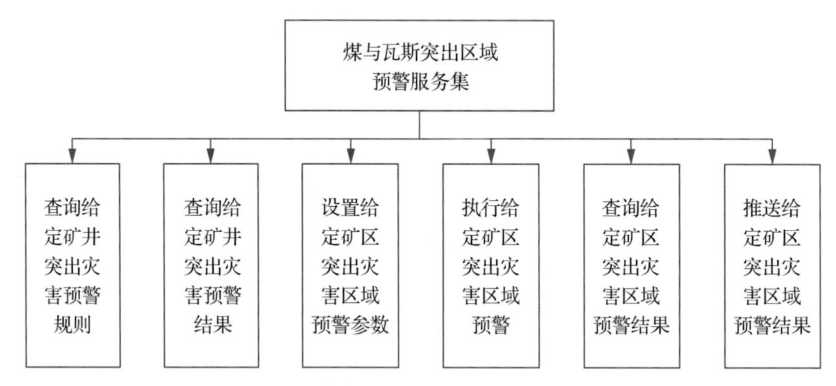

图 8-42 煤与瓦斯突出预警服务集设计

5) 煤与瓦斯动力灾害区域预警展示运维平台搭建

系统以在预警信息中心和 B/S 模式下的 Web 网站体现，开发当前突出风险预警、历史突出风险预警、突出风险基础信息管理、全国煤矿基础信息管理、区域突出风险运维管理 5 个模块，功能结构如图 8-43 所示，系统标题为：某矿区突出灾害风险远程预警平台。具体功能模块介绍如下。

A. 当前突出风险预警模块

以变化曲线、柱状图、饼状图、统计数据、矿区图等形式展示矿井及区域风险的信息采集条、突出风险预警指数、风险变化态势图、预警结果发布情况、重点矿井预警信息、各风险因素预警情况等信息。

B. 历史突出风险预警模块

以变动图、时序曲线、统计表等形式直观显示突出风险预警分析指数、重点矿井历史突出事故信息等。

C. 突出风险基础信息管理模块

管理矿井自然风险因素信息、矿井瓦斯防治影响因素信息、矿井宏观环境影响因素信息、矿井突出灾害风险预警信息等。

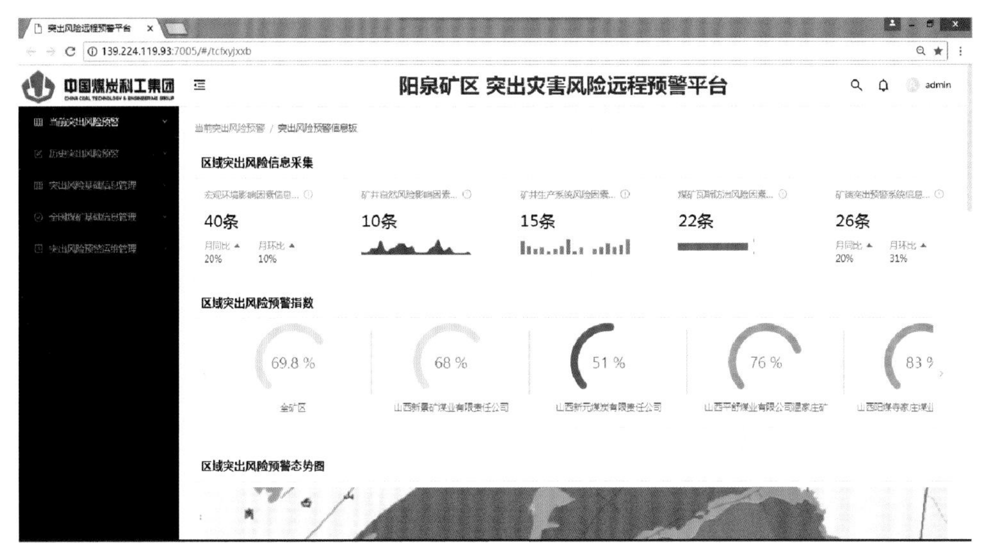

图 8-43　系统首页显示界面

D. 全国煤矿基础信息管理模块

管理全国煤矿行政区域、矿业集团(公司)、矿区信息、煤矿基础信息(包括煤层信息、通风信息、开采信息、瓦斯突出事故信息等)。

E. 区域突出风险运维管理模块

对系统运行连接参数进行配置，并监控矿端数据采集上传、预警处理服务运行、预警信息发布推送情况等。

预警结果展示及预警结果统计见图 8-44、图 8-45。

ID	煤矿名称	预警风险指数	采集时间
86	山西新景矿煤业有限责任公司	71%	2019-04-04
91	山西新景矿煤业有限责任公司	86%	2019-04-11
96	山西新景矿煤业有限责任公司	82%	2019-04-18
101	山西新景矿煤业有限责任公司	76%	2019-04-25
88	山西平舒煤业有限公司温家庄矿	71%	2019-04-04
94	山西平舒煤业有限公司温家庄矿	64%	2019-04-11
98	山西平舒煤业有限公司温家庄矿	82%	2019-04-18
104	山西平舒煤业有限公司温家庄矿	92%	2019-04-25
87	山西新元煤炭有限责任公司	79%	2019-04-04
92	山西新元煤炭有限责任公司	90%	2019-04-11

图 8-44　预警结果展示

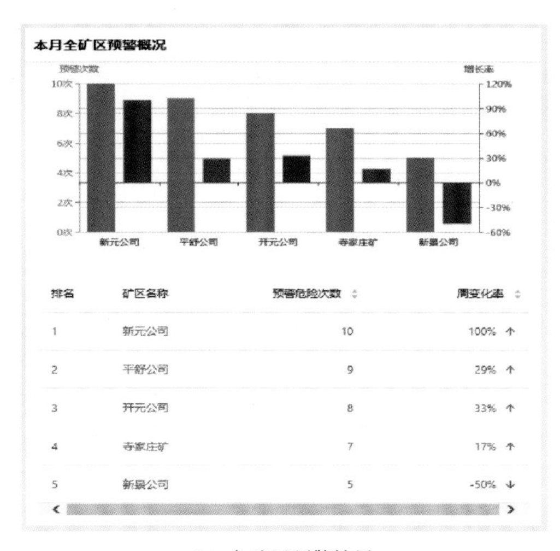

(a) 全矿区预警结果

(b) 各风险因素变化雷达图

图 8-45　预警结果统计

8.5　冲击地压动力灾害远程监控预警系统研发

首先，构建冲击地压智能监控预警指标与模型。基于冲击地压理论研究与现场监测数据，结合冲击地压远程在线监控预警平台的功能与设计需求，得出平台智能实时预警所需要的预警指标体系及其临界参数、智能预警模型及模型结果的概率预测输出模式设计等。

其次，进行冲击地压监测数据接口与实时传输系统设计，整体数据传输平台在.Net平台下使用 C/S 结构实现。由于矿端网络环境复杂多样，监测系统种类多样，本数据传输系统通过在煤矿端部署数据收集解析程序，在服务器端搭建 Web 服务器、数据服务器和数据接收程序，应用 Socket 和 WebServices 技术实现矿端数据在广域网的传输。

8.5.1　监控系统的数据标准化

根据现有微震、应力及矿压监测系统，由于数据以分散结构存储在多表、多终端，需要将数据进行标准化后再存储，综合考虑数据分析需求，设计数据标准化结构如表 8-8～表 8-10 所示。

表 8-8　微震数据标准化格式

编号	字段名称	数据类型	长度	字段说明
1	devID	varchar	50	设备编号
2	cTime	datetime		记录时间
3	x	float		*X* 坐标
4	y	float		*Y* 坐标

续表

编号	字段名称	数据类型	长度	字段说明
5	z	float		*Z* 坐标
6	v	float		能量值
7	PDes	varchar	100	位置描述
8	Note	varchar	200	备注

表 8-9 应力数据标准化格式

编号	字段名称	数据类型	长度	字段说明
1	devID	varchar	50	设备编号
2	cTime	datetime		记录时间
3	rx	float		相对坐标 *X*
4	ry	float		相对坐标 *Y*
5	rz	float		相对坐标 *Z*
6	x	float		绝对坐标 *X*
7	y	float		绝对坐标 *Y*
8	z	float		绝对坐标 *Z*
9	vx	float		*X* 向应力值
10	vy	float		*Y* 向应力值
11	vz	float		*Z* 向应力值
12	PDes	varchar	100	位置描述
13	Note	varchar	200	备注

表 8-10 矿压数据标准化格式

编号	字段名称	数据类型	长度	字段说明
1	devID	varchar	50	设备编号
2	cTime	datetime		记录时间
3	PNum	varchar	50	支架编号
4	p1	float		液压支架前柱压力
5	p2	float		液压支架后柱压力
6	p3	float		液压支架挡板压力
7	PDes	varchar	100	位置描述
8	Note	varchar	200	备注

8.5.2 监测数据集成传输软件设计

1)[微震分析仪]传输功能

(1)监测微震分析仪上特定目录下的 w 文件生成，并将之传输至服务器。

(2)监测微震分析仪上特定目录下的 w 文件修改，并将之传输至服务器。

(3)监测数据库中新纪录的生成，如果产生新记录，则将记录传输至服务器，并重新上传相应的 w 文件。

2)[应力]传输功能

监测应力数据库中新纪录的生成，如果产生新记录，则将记录传输至服务器。

3)[矿压]传输功能

监测矿压数据库中新纪录的生成，如果产生新记录，则将记录传输至服务器。

4)[KJ470 系统]传输功能

监测 temp1 目录目标文件的生成，并将其提交至服务器。服务器接收后进行计算处理，将处理后的文件返回至客户端的 temp2 目录。

5)[矿端服务器]传输功能

向服务器请求历史数据。服务接收后，将新的数据发回给矿端服务器并存储。

考虑到程序的可扩展性，数据传输客户端程序需尽可能兼容各类监测系统数据，分析设计客户端类图结构，如图 8-46 所示。

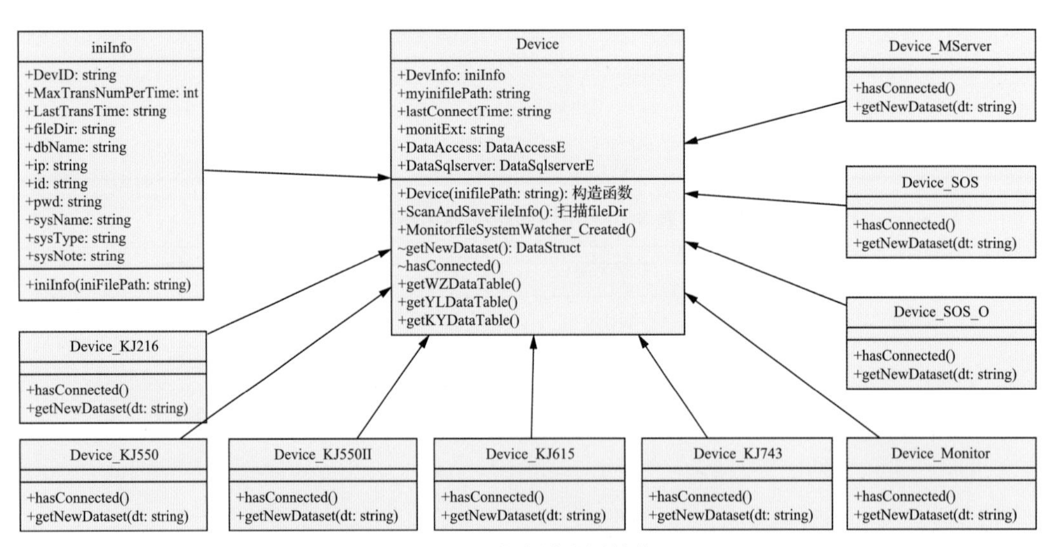

图 8-46 客户端类图结构

客户端口与服务器的数据传输采用 Socket 实现。由于系统多样，数据量大，传输格式包括文本、数据集等多种，基本的系统时序结构图如图 8-47 所示。

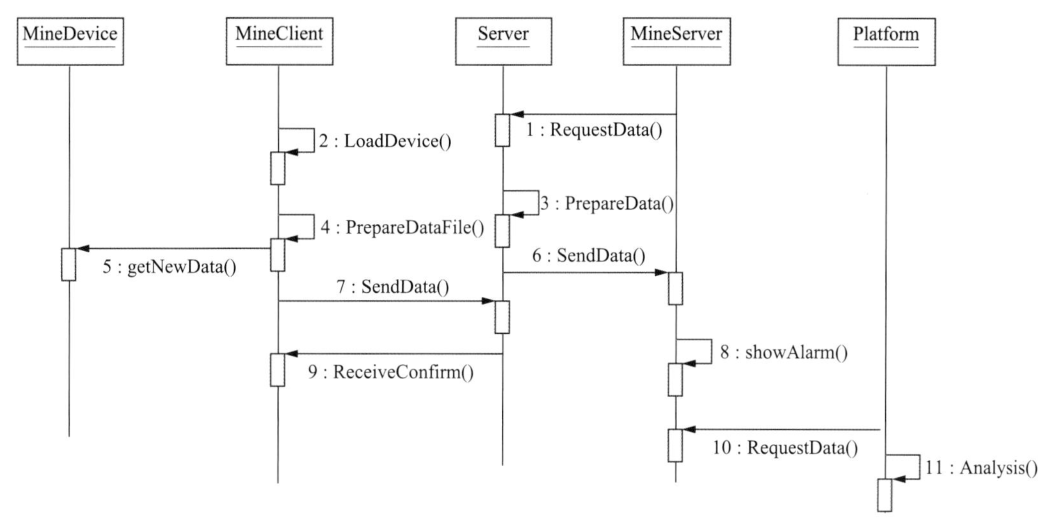

图 8-47　系统时序结构图

数据存储端使用 SQL Server 数据库存储，为提高存取效率，主体数据采用分表存储，数据表命名规则为：矿编号_年份_数据类型，如 LKGCMK_2018_wz 数据 E-R 图结构如图 8-48 所示。

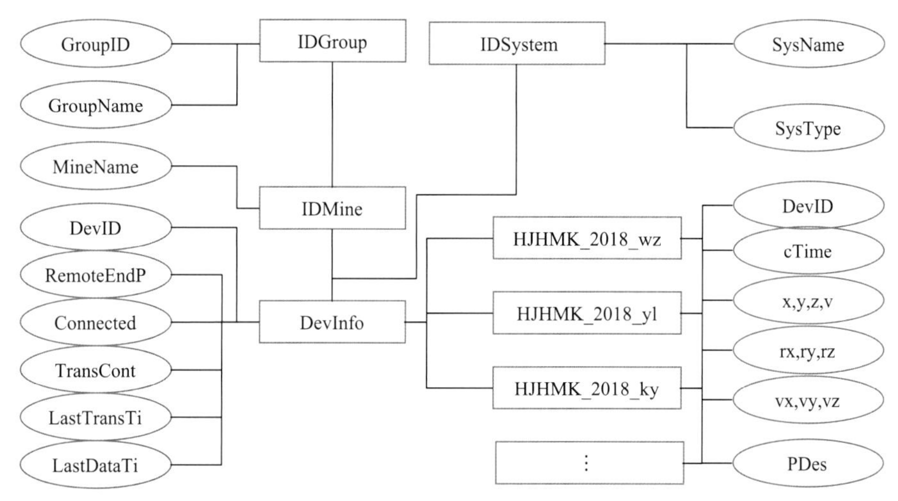

图 8-48　系统数据存储 E-R 图

冲击地压动力灾害远程监控预警系统包括硬件和软件两部分，其中硬件部分主要包括集团监测服务中心的服务器、大屏显示器及其控制器、综合预警分析计算机，以及矿端的各监测系统分析计算机和网络配置相关硬件；软件部分主要包括客户端数据上传软件 MDataTransClient、监测中心数据接收与存储软件 MDataTransServer、B/S 模式下的 Web 网站建设、C/S 模式下的冲击地压远程综合监控预警分析及报表制作。整体冲击地压动力灾害远程监控预警系统部署结构如图 8-49 所示。

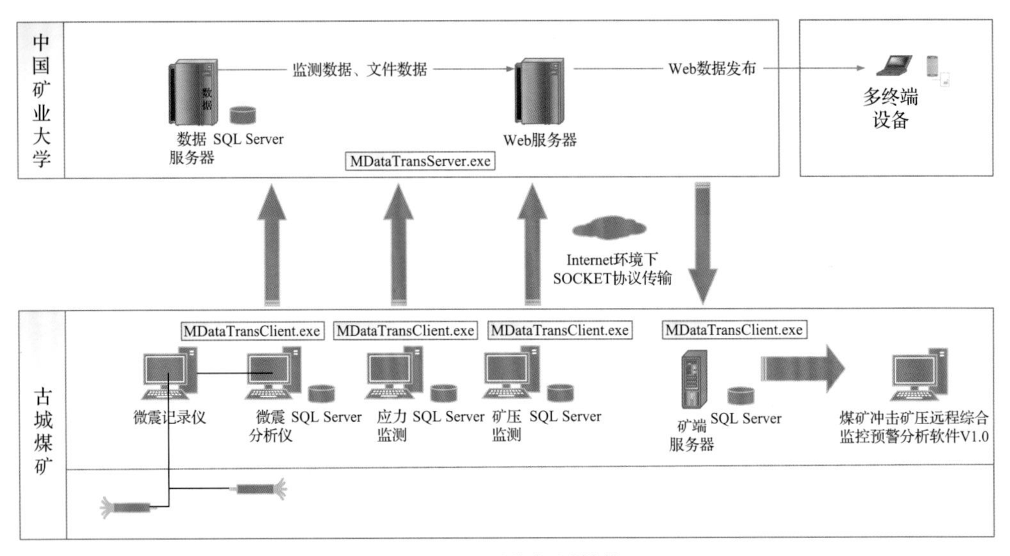

图 8-49 系统部署结构

8.5.3 监测数据集成传输软件实现

(1)数据标准化与传输模块：将矿端微震 SOS、ARAMIS 等，应力 KJ743、KJ615、KJ550 等，矿压 KJ216 等数据库进行标准化，并实时发送至服务器数据库进行存储。对应的软件模块为客户端数据上传软件 MDataTransClient 和监测中心数据接收与存储软件 MDataTransServer。

为了简化矿端用户操作，在程序实现上尽量做到减少用户操作，本程序设计为一个后台伺服程序，用户只需保证程序运行即可。典型的客户端数据传输界面和服务器端接收界面如图 8-50 和图 8-51 所示。

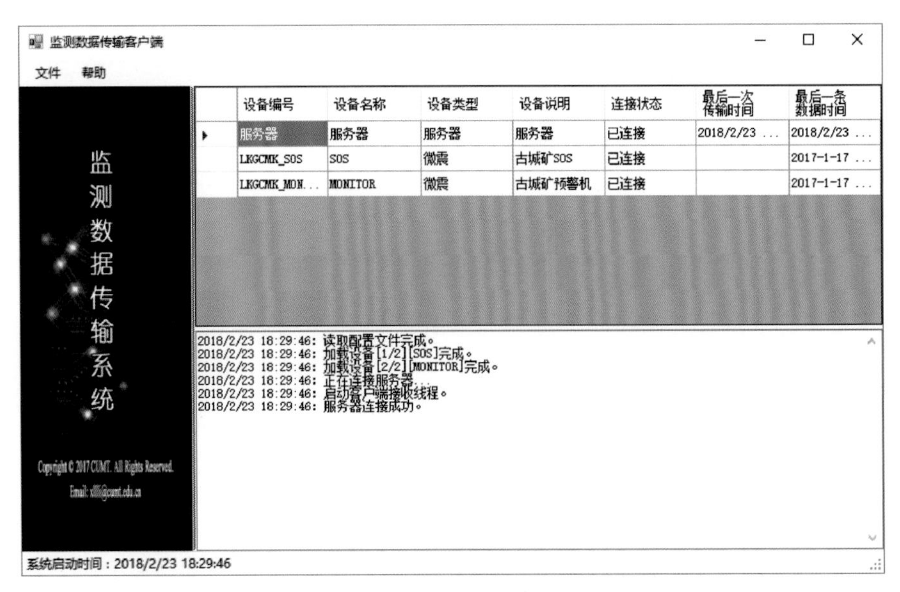

图 8-50 客户端数据传输界面

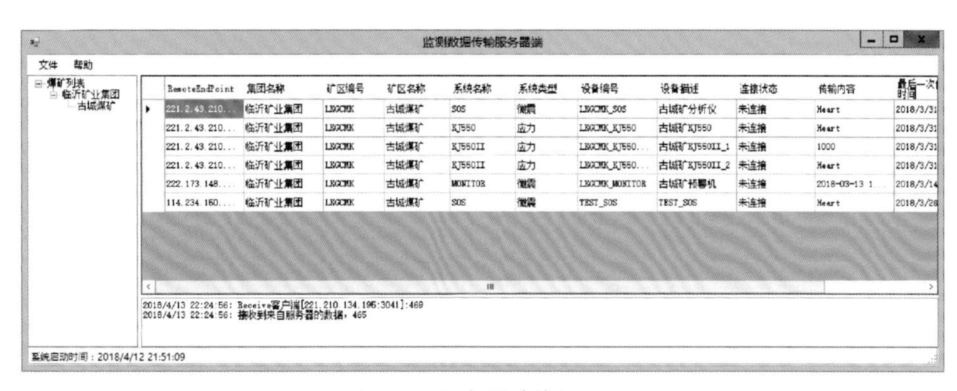

图 8-51　服务器端接收界面

(2)查询分析模块：实时查看矿端数据连接情况以及显示预警信息和数据查询等功能，对应的软件模块为监测中心客户端数据查看软件 MDataTransClient 及 Web 网页；实现监测数据分区域、分时间段、分能量级别的查询分析与显示，该功能主要在监控中心和 B/S 模式下的 Web 网页端体现。

8.5.4　冲击地压动力灾害远程监控预警系统设计及实现

冲击地压动力灾害远程监控预警系统采 B/S+C/S 架构，实现了冲击地压灾源位置、冲击地压前兆指标预警、应力场演化预警、专家诊断系统预警报表等信息及时、准确发布，以及煤矿冲击地压动力灾害预警远程发布、监管与运维。冲击地压动力灾害远程监控预警系统功能设计如图 8-52 所示。

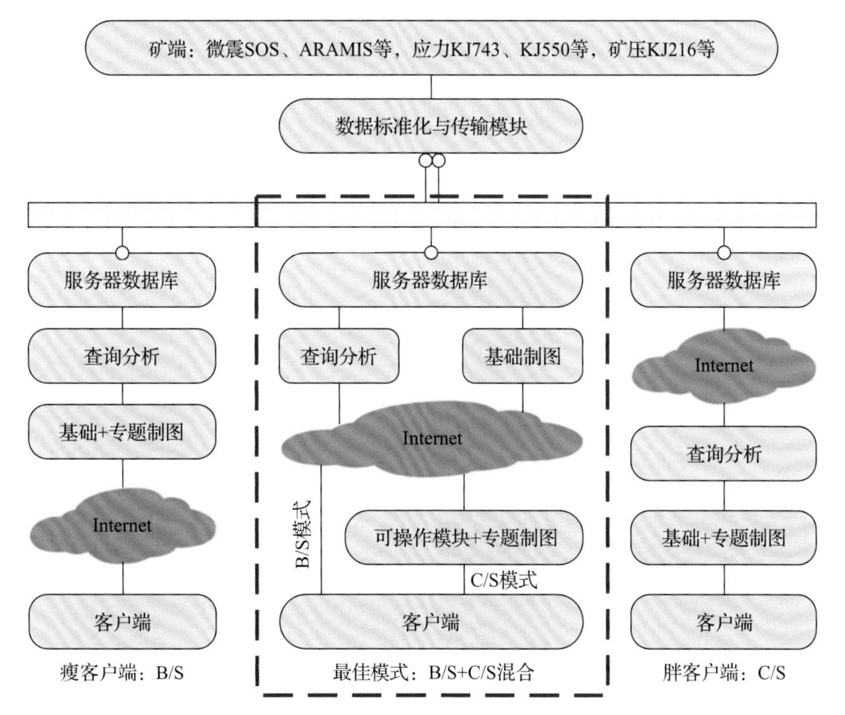

图 8-52　冲击地压动力灾害远程监控预警系统功能设计

1）典型主题图绘制

例如分级能量图基于最新的分析结果，对各能量区间分别进行统计并进行饼状图分析（图 8-53）。能量分级柱状图基于监测数据，将各区间能量和以柱状图显示（图 8-54）。震动历史记录以列表形式对各矿震动能量进行展示，可按时间段和能量段进行查询，并进行颜色标识等。

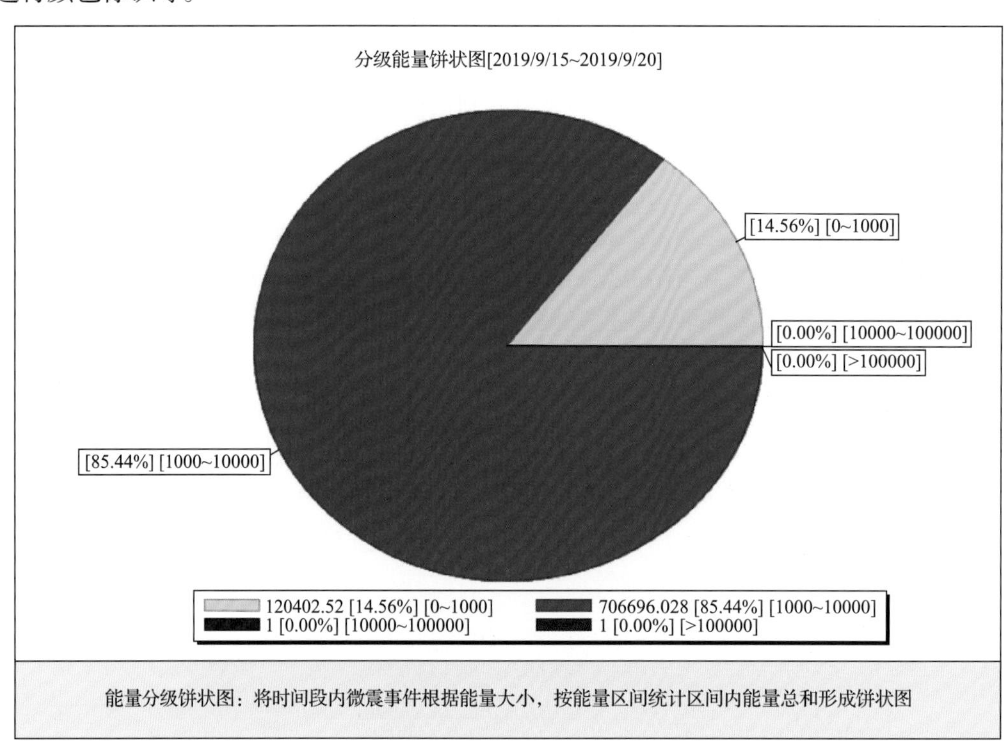

图 8-53　能量分级饼状图

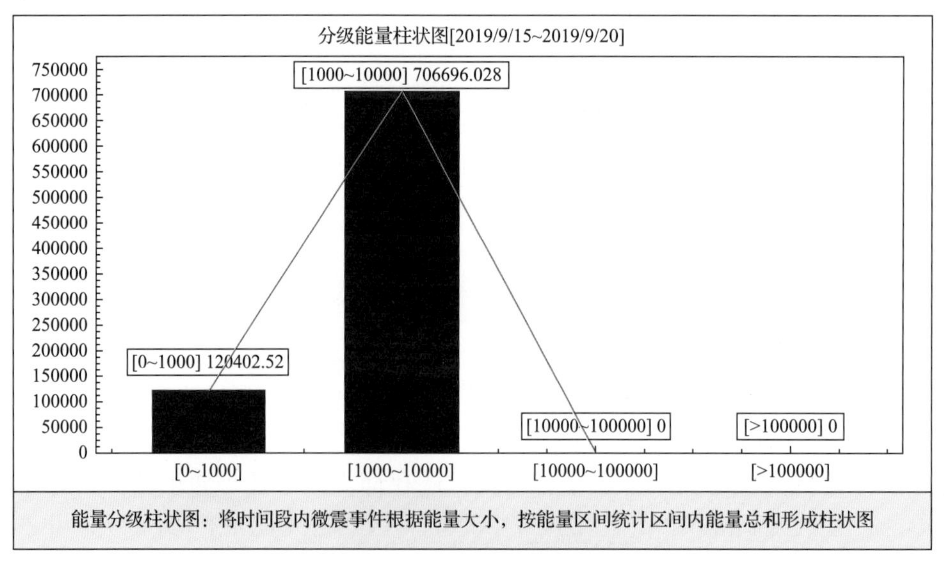

图 8-54　能量分级柱状图

全矿能量超限图基于最新的分析结果，对矿震能量超出预警值和临界值的异常点进行柱状图分析，如图 8-55 所示。

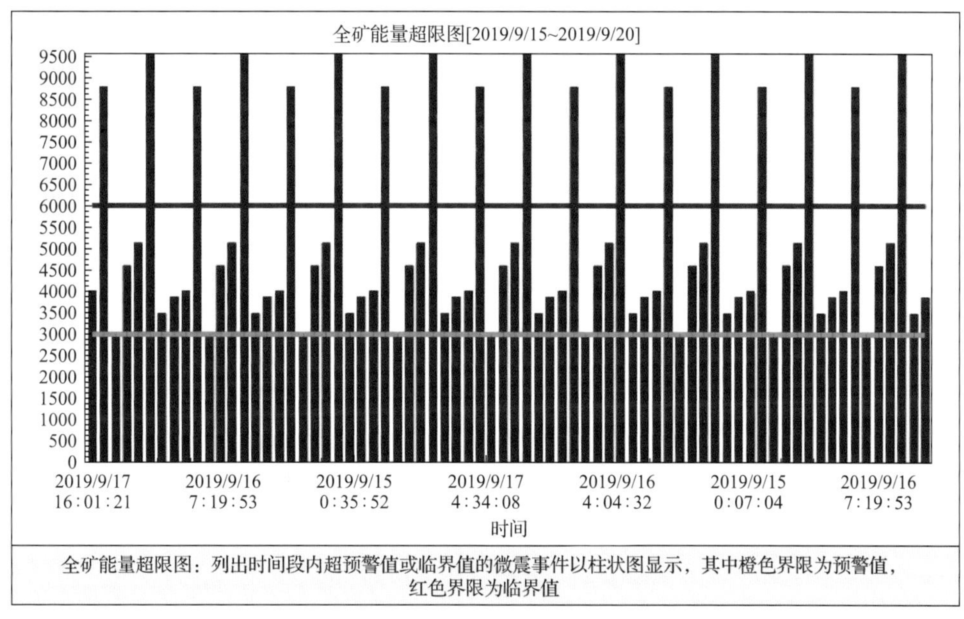

图 8-55　全矿能量超限图

2）综合数据分析

主要由 C/S 模式下的客户端软件执行，通过从服务器读取各监测系统数据进行专业制图，主要进行冲击地压动力灾害的综合预警分析及报表制作，如图 8-56～图 8-58 所示。

图 8-56　登录及前兆指标调用显示界面

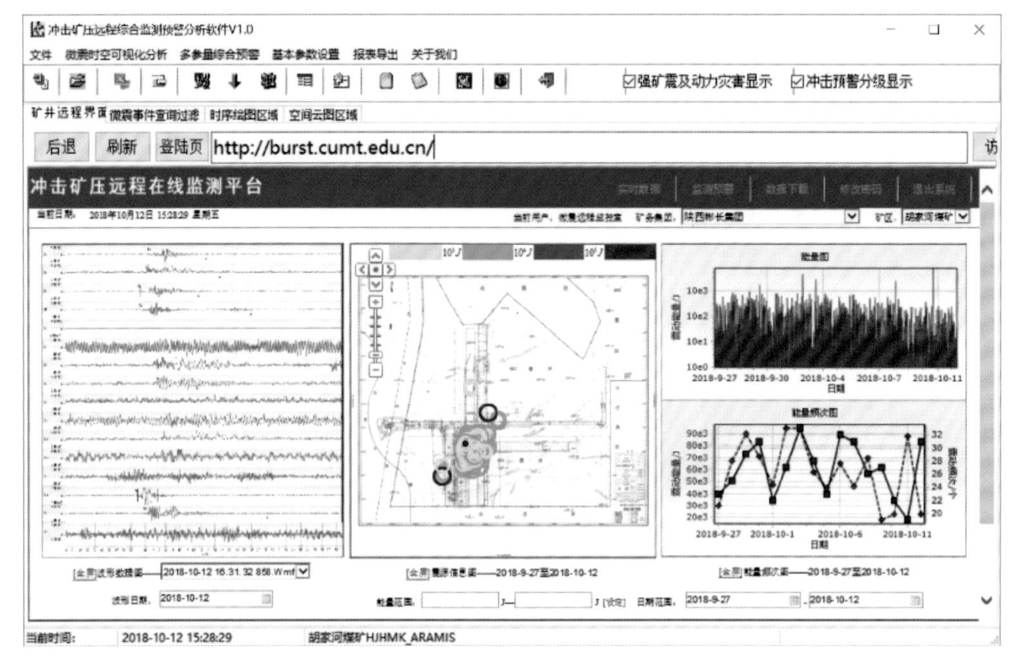

图 8-57 灾源位置信息显示界面

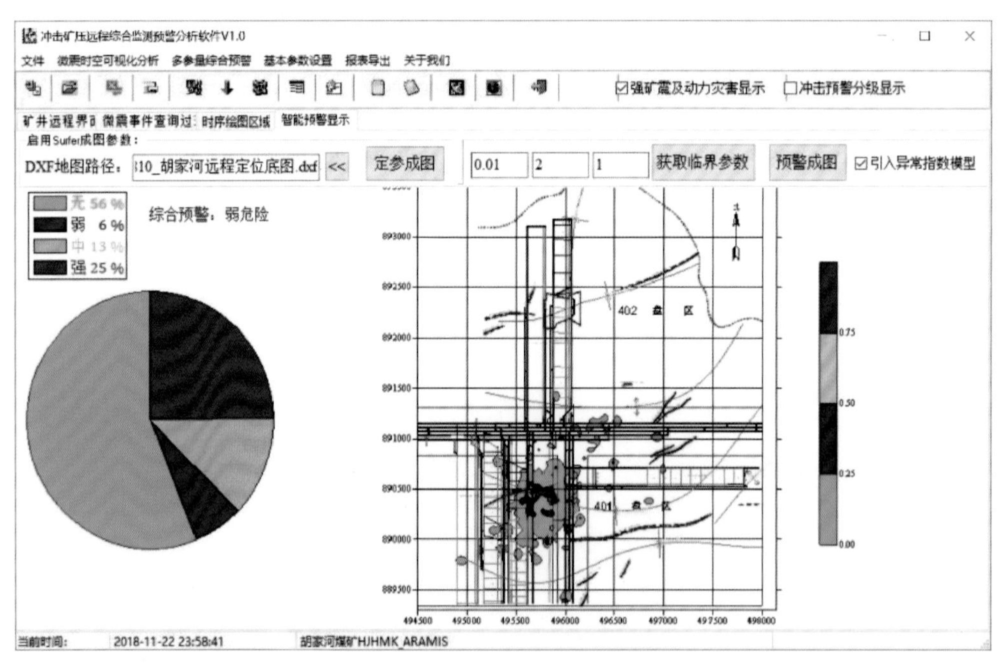

图 8-58 综合智能预警显示界面

3) 在线监控预警

实现冲击地压实时在线监控预警，主要在 B/S 模式下的 Web 网页端展示，如图 8-59、图 8-60 所示。具体实现功能如下。

(1) 能量频次监控预警模块：微震波形、震源分布、能量频次时序曲线；

(2) 冲击变形能监控预警模块：冲击变形能时序曲线和冲击变形能空间云图；

(3) 应力监控预警模块：当前应力分布柱状图和当前应力分布云图；

(4) 矿压监控预警模块：当前支架压力柱状图和随时间变化的矿压分布云图。

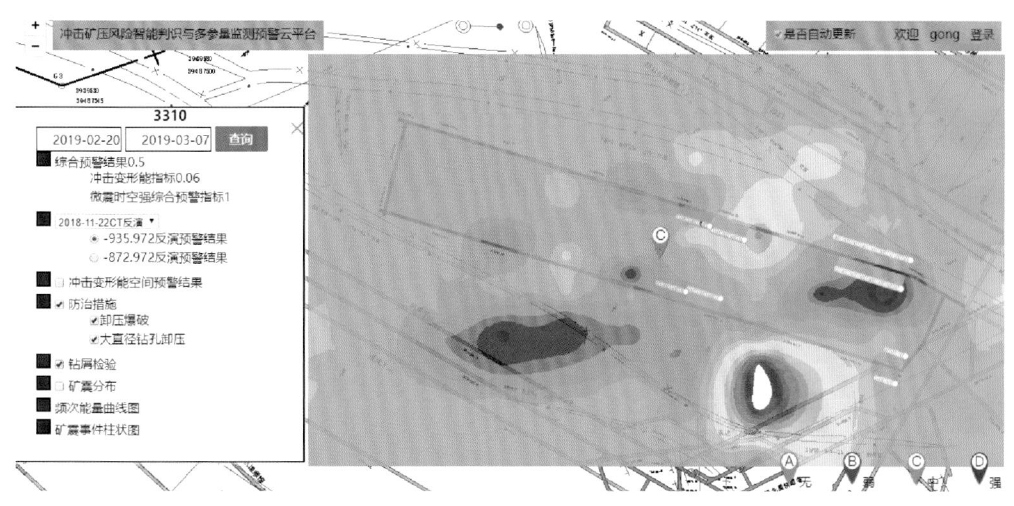

图 8-59　冲击地压动力灾害远程监控预警系统显示界面：矿级局部灾源识别与智能预警

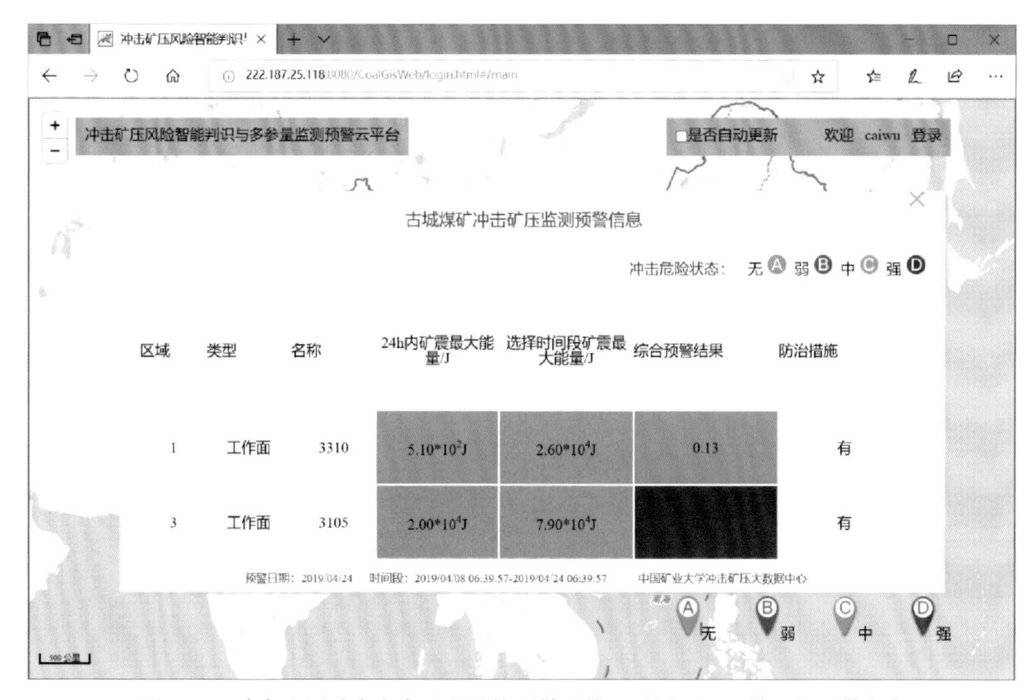

图 8-60　冲击地压动力灾害远程监控预警系统显示界面：区域远程预警发布

通过设计与部署区域数据传输系统，实现了矿端微震、矿压、应力等多参量监测数据的实时传输与存储；以应力环境、微震时空强 15 种特征参量作为输入，建立了冲击地压多参量综合智能预警模型；借助物联网和云计算技术，研发了包含硬件网络、数据库、软件、服务等内容的冲击地压动力灾害远程监控预警系统，实现了局部冲击地压灾源位置、冲击地压前兆指标预警、应力场演化预警、专家智能预警报表等信息及时、准确发布，以及区域预警远程发布、监管与运维。

在煤矿开采环境复杂化、冲击地压灾害频发的生产环境下，冲击地压动力灾害远程监控预警平台将为灾害数据实时监测、多参量综合分析、多指标模型综合预警提供基础环境，具有广泛且必要的应用前景。

第 9 章　煤矿典型动力灾害监控预警技术集成及示范

9.1　煤矿典型动力灾害监控预警技术集成架构建立

煤矿典型动力灾害监控预警技术体系优化集成是示范工程的重要组成部分，通过集成前述章节的研究成果，进行了煤矿典型动力灾害监控预警理论与技术的工程示范应用，构建了煤矿典型动力灾害监控预警技术装备示范应用的共性关键集成架构体系，形成了从信息感知、数据挖掘、监控预警到远程共享的有机架构，实现了各单元的时空有机融合与联系。

9.1.1　研究内容及方案

1. 研究内容

结合冲击地压、煤与瓦斯突出、冲击-突出复合型动力灾害等煤矿典型动力灾害监控预警方法的原理及适用性，构建了煤矿典型动力灾害监控预警技术装备示范应用的共性关键集成架构体系，实现了各单元的时空有机融合与联系。首先开展了煤矿典型动力灾害主控因素与风险判识方法集成，并通过对灾害远程在线监控预警技术与装备的集成优化，构建了煤矿典型动力灾害远程在线监控预警平台架构，最终提出了煤矿典型动力灾害监控预警技术装备示范应用的一般流程。

1) 煤矿典型动力灾害主控因素与风险判识方法集成

基于第 4 章构建的基于冲击地压控制因素与风险指标的智能判识算法与模型、第 5 章构建的煤与瓦斯突出矿井风险判识及合理性评价模型，提出了基于实验室实验、典型案例分析的煤矿典型动力灾害主控因素与风险判识方法。

2) 煤矿典型动力灾害矿端多元监测系统集成优化

基于第 4 章研发的冲击地压力-电-震多元信息综合监控预警技术装备、第 5 章研发的声-电-瓦斯智能监测突出预警装备、第 6 章提出的煤矿动力灾害前兆信息采集和多网融合传输技术、第 7 章提出的多元信息挖掘分析技术，集成优化煤矿典型动力灾害多元监测系统技术与装备，构建能够实现煤矿典型动力灾害前兆信息感知、采集、储存、挖掘功能的煤矿典型动力灾害矿端多元监测系统。

3) 煤矿典型动力灾害远程在线监控预警平台集成优化

基于第 4 章提出的冲击地压的智能判识预警理论与方法、第 5 章建立的煤与瓦斯突出多元信息融合预警技术、第 8 章提出的区域性煤矿典型动力灾害风险判识技术和面向煤矿动力灾害风险判识的区域性云架构技术，集成优化了煤矿典型动力灾害远程在线监控预警技术，构建了能够满足煤矿典型动力灾害实时远程预警、预警信息实时监测需求的煤矿典型动力灾害远程在线监控预警平台框架。

4) 建立煤矿典型动力灾害监控预警技术装备示范应用的流程

基于集成优化的煤矿典型动力灾害远程在线监控预警平台架构，提出了煤矿典型动力灾害监控预警技术装备示范应用的一般流程，提高了研究成果在典型动力灾害煤矿企业示范应用的针对性、科学性和有效性，为研究成果现场应用示范目标的实现提供了保证。

2. 研究方案

1) 煤矿典型动力灾害主控因素与风险判识方法集成

针对冲击地压是区域地质与开采过程耦合作用的结果，即使同一开采区域也存在多种冲击地压类型且主控因素多变。第 4 章基于智能计算、认知神经网络等技术建立了冲击地压控制因素与风险指标的智能判识算法与模型，研究了冲击地压危险判识指标自适应调节与进化技术；第 5 章系统分析了开采程序、巷道布局、接替关系、通风系统等对煤与瓦斯突出的影响因素，构建了突出矿井风险判识及合理性评价模型。在充分利用第 4 章、第 5 章研究成果的基础上，提出了实验室实验分析煤岩物理特性与典型案例分析相结合的煤矿典型动力灾害危险主控因素与风险判识方法。

首先通过实验室实验对煤岩物理特性进行分析，研究受载条件下力、声、电、震、瓦斯等煤岩破坏前兆多元信息变化特征，优化数据集成方案与监控预警效果；其次通过典型案例分析典型动力灾害发生地点的煤层地质赋存情况、采动应力变化、瓦斯灾害治理情况及瓦斯涌出量变化规律等，最终判识煤矿典型动力灾害危险主控因素。

2) 煤矿典型动力灾害矿端多元监测系统集成优化

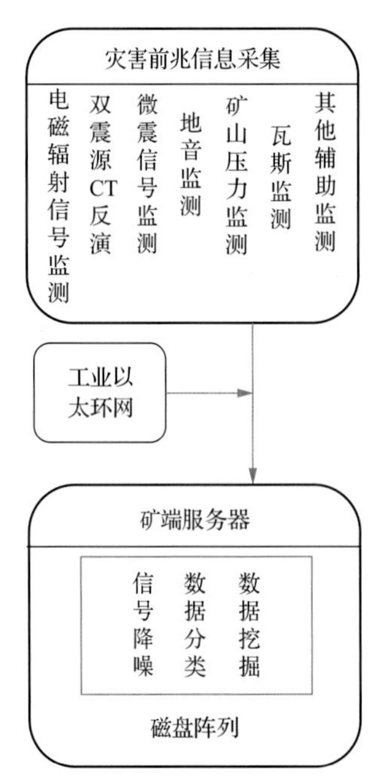

图 9-1 煤矿典型动力灾害矿端多元监测系统架构

第 4 章研发的可控式主动弹性波 CT 在线应力反演技术与装备、地应力连续实时监测理论方法与技术装备、超低频电磁辐射监测装备，能够实现对煤岩动力灾害前兆信息的区域化、连续在线无人化、智能网络化监测；第 5 章开发的分布式声-电-瓦斯同步监测系统能够实现采取过程及煤与瓦斯突出演化过程声-电-瓦斯信息的多点、区域化协同监测；第 6 章研发了分布式多点激光甲烷传感器、三轴应力传感器、光纤光栅微震传感器、钻屑瓦斯解吸指标以及瓦斯涌出初速度等参数测试装置，研究了井下非接触供电与数据交互技术、非在线监测关键信息快速采集技术以及多元信息共网传输新方法，实现了工作面等关键区域瓦斯浓度的分布式监测、人工检定数据的及时采集传输，提高了煤矿典型动力灾害监控预警系统的可靠度。基于第 4 章～第 7 章研究成果，构建能够实现煤矿典型动力灾害前兆信息感知、采集、储存、挖掘功能的煤矿典型动力灾害矿端多元监测系统架构，如图 9-1 所示。

煤矿典型动力灾害矿端多元监测系统能够对煤矿典型动力灾害前兆信息进行感知、采集、储存以及预处理，并且能够通过互联网与远程在线监控预警系统进行信息交流。其中，由电磁辐射信号监测子系统、微震信号监测子系统、双震源 CT 反演子系统、地音监测子系统、矿山压力监测子系统、瓦斯监测子系统、其他辅助监测子系统等构成的井下安全信息采集系统和采用多网融合传输技术的工业以太环网共同实现了煤矿典型动力灾害前兆信息感知、采集与传输功能；数据储存、挖掘功能由安装有磁盘阵列和具备多元信号降噪、数据分类、数据挖掘功能软件的矿端服务器完成。

3) 煤矿典型动力灾害远程在线监控预警平台集成优化

第 4 章构建了综合考虑监测参量变化和开采扰动响应的多尺度多参量综合预警理论模型及其预警效能检验方法，建立了冲击地压智能判识预警理论与方法；第 5 章分析了煤与瓦斯突出致灾因素，利用大数据技术对突出灾害相关信息的关联关系进行了研究，建立了多元数据融合突出风险判识方法及预警模型；第 8 章利用大数据、深度学习技术研究了区域煤矿典型动力灾害判识技术，提出了适用于区域性煤矿典型动力灾害实时远程监控预警的云平台架构，实现了煤矿典型动力灾害预警远程发布、监管与运维。基于第 4 章～第 8 章研究成果，构建煤矿典型动力灾害远程在线监控预警平台框架，如图 9-2 所示。

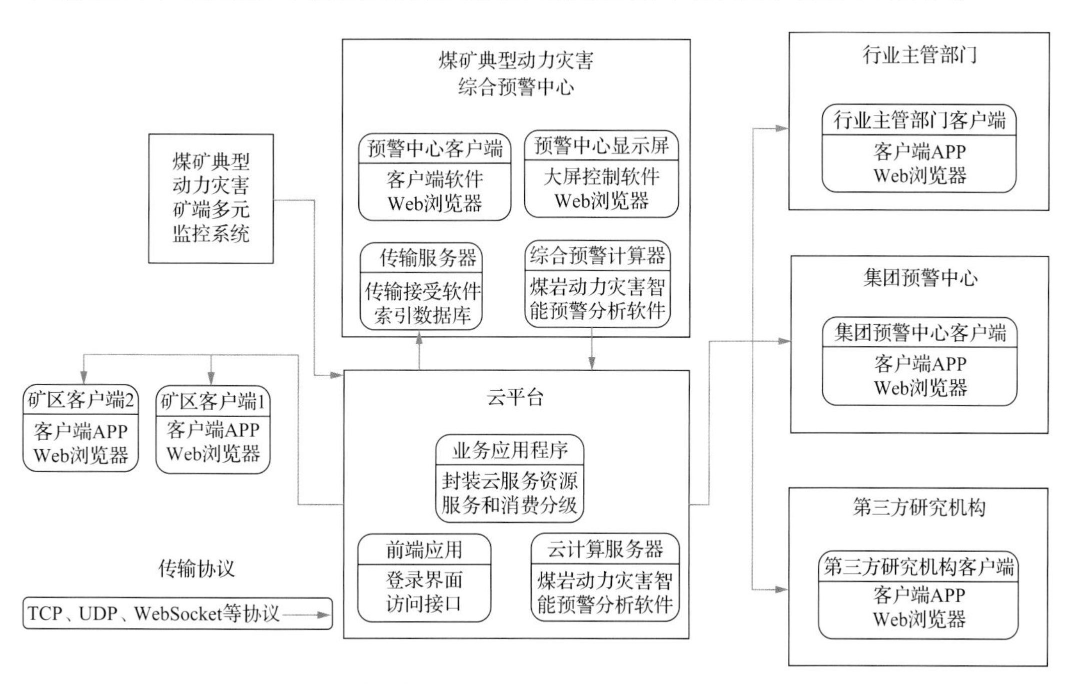

图 9-2　煤矿典型动力灾害远程在线监控预警平台框架

煤矿典型动力灾害矿端多元监测系统处理的煤矿灾害前兆信息传输至云平台，云平台首先调用煤岩典型动力灾害智能预警应用程序，其次启动云计算对矿井实时灾害进行等级划分，最后将矿井实时灾害预警信息更新至 Web 服务器，供客户端查询。行业主管部门客户端、煤矿典型动力灾害综合预警中心客户端、第三方研究机构客户端、集团预警中心客户端以及矿区客户端可以通过手机 APP、Web 浏览器访问云平台获取矿井实时灾害预警信息。

煤矿典型动力灾害综合预警中心由传输服务器、综合预警计算器、专家系统和预警中心客户端构成。煤矿典型动力灾害综合预警中心具有对矿端多元监测系统的更新、升级功能，其中传输服务器能够通过互联网技术获取、储存矿井预警信息，完善矿井灾害信息库，为矿井灾害研究提供海量数据；综合预警计算器储存有煤矿典型动力灾害应急预案，可利用模式分类器和人工神经网络等人工智能算法确定矿井预警等级，并将预警等级输入专家系统；专家系统能够根据获取的矿区预警等级信息给出针对性的应对措施，指导矿井典型动力灾害的治理。

云平台主要由业务应用程序、云计算服务器和前端应用 3 层架构组成。业务应用程序根据云的服务和资源状况，封装云服务资源，对服务和消费进行分级；前端应用用于向云服务消费矿山企业提供统一的登录界面和访问接口(RESTful API)，用户的服务请求通过 RESTful API 发送给云计算服务器。云计算服务器接收前端应用传递请求，并调用相应的灾害预警应用程序，结合用户请求来运行计算任务。

集团预警中心具有本集团煤矿预警事件信息显示、功能子系统控制(含预案管理)、事件信息查询、存储、措施意见反馈等功能。行业主管部门平台具有所需信息显示、事件信息查询、存储、意见反馈、文件下发等功能。第三方研究机构平台具有所有煤矿事件信息显示、功能子系统控制(含预案管理)、事件信息查询、存储、设备在线管理、事件信息转发反馈等功能。

4)建立煤矿典型动力灾害监控预警技术装备示范应用的流程

构建冲击地压、煤与瓦斯突出、冲击-突出复合型灾害监控预警技术装备示范应用的共性关键集成架构体系，如图 9-3 所示。

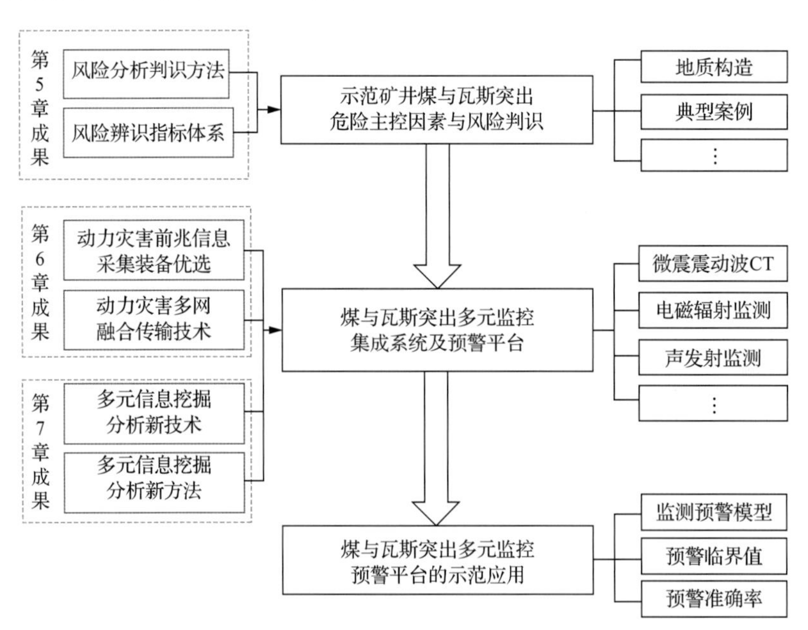

图 9-3 煤矿典型动力灾害监控预警技术装备示范应用流程

9.1.2 煤矿典型动力灾害主控因素与风险判识方法集成

在充分利用第 4 章、第 5 章研究成果的基础上，提出了利用实验室实验分析煤岩物理特性和利用典型案例分析灾害特征相结合的煤矿典型动力灾害危险主控因素与风险判识流程。其中，通过实验室实验对煤岩物理特性进行分析，研究受载条件下力、声、电、震、瓦斯等多元煤岩破坏前兆信息变化特征，优化数据集成方案与监控预警效果；通过典型案例分析煤矿典型动力灾害发生地点的煤层地质赋存情况、采动应力变化、瓦斯灾害治理情况以及瓦斯涌出量变化规律等信息。

9.1.3 煤矿典型动力灾害监控预警技术架构体系构建

1. 煤矿典型动力灾害矿端多元监测系统集成优化

煤矿典型动力灾害矿端多元监控系统能够实现煤矿典型动力灾害前兆信息感知、采集、储存、挖掘功能。

1) 煤矿典型动力灾害前兆信息感知、采集

电磁辐射信号监测子系统、双震源 CT 反演子系统、微震信号监测子系统、地音监测子系统、矿山压力监测子系统、瓦斯监测子系统、物探信息监测子系统、其他辅助监测子系统等 8 个子系统共同组成了煤矿典型动力灾害前兆信息感知采集系统，灾害前兆信息转化为电信号、数字信号采用多网融合传输技术的工业以太环网传输到矿端服务器。煤矿典型灾害前兆信息感知、采集系统结构如图 9-4 所示。

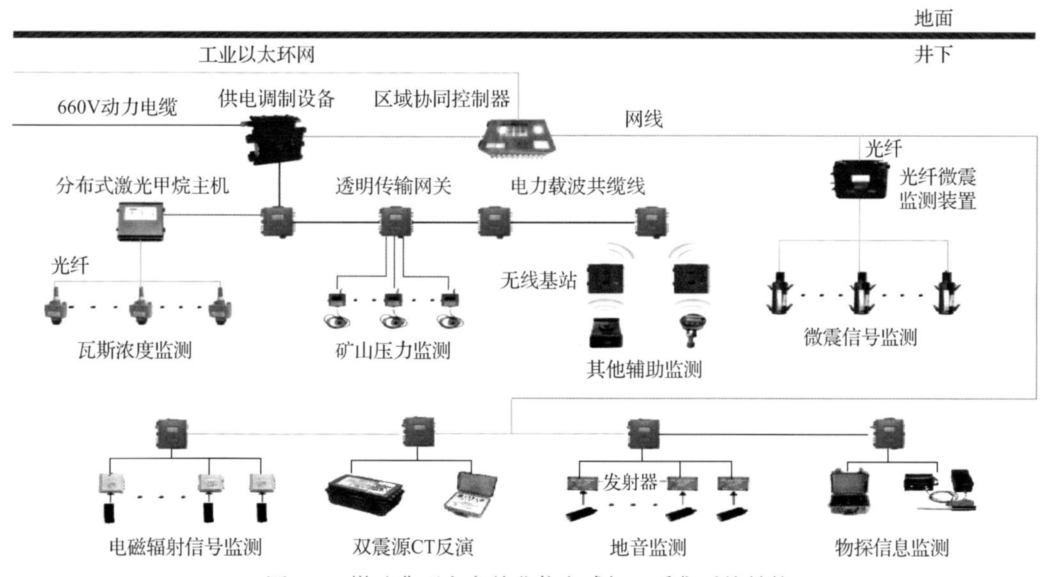

图 9-4 煤矿典型灾害前兆信息感知、采集系统结构

(1) 电磁辐射信号监测子系统主要由 GDD12 传感器主机、遥控器、宽频带电磁辐射

定向接收天线组成，能够对煤与瓦斯突出、冲击地压和金属矿山岩爆过程中的电磁辐射信号进行监测。GDD12 监测天线悬挂于监测巷道侧帮上，朝向工作面，GDD12 主机悬挂在工作面巷道的锚网上，并通过 MHYV 型矿用电缆分别与井下 KJ796-F 矿用本安型监测分站连接，实现供电与数据传输。

(2)双震源 CT 反演子系统。双震源 CT 反演应合理布置重点监测区域微震拾震器位置，形成对工作面的有效包围，保证反演阶段反演区域内拥有充足的射线覆盖密度，重点监测区域周围拾震器数目不少于 5 个，并保证各拾震器之间具有足够的空间距离。

(3)微震信号监测子系统主要由 DLM2001 探头(由拾震、磁变电信号转换处理、信号放大增益、发射等功能模块组成)通过信号线，由井上对其供电，并将信号传到地面。DLM 2001 探头垂直安装在底板 1m 以上长的锚杆上，便于施工、维护和移动。可实现对全矿范围内的微震事件进行实时监测，自动记录微震活动，并进行震源定位和微震时间能量的计算，为评价全矿范围内的动力灾害危险程度提供依据。

(4)地音监测子系统可以采集到地音信号的能量和脉冲次数，用来表征地音信号的大小、多少等，由此来反映煤岩体内部受力情况。地音监测探头布置一直随着综放面的推进而移动，一般地音监控预警系统探头布置在综放面推进位置 200m 范围内，布置在煤体或顶板和底板上，一般是隔 30m 布置一个。地音监测子系统实物如图 9-4 所示。

(5)矿山压力监测子系统主要用于实时、在线监测液压支架工作阻力、超前支承压力、煤柱体压力、锚杆(索)工作载荷、巷道变形量等。利用矿山压力研究顶板来压规律，预测、预报顶板来压，有利于及时采取有效措施，防患于未然。其中支架压力记录仪内置两个传感器，传感器定时测量支架的工作阻力，把压力信号转换为电压信号，由单片机等控制电路进行采样、存储和传输。

(6)瓦斯监测子系统主要用于矿井风流瓦斯浓度监测、瓦斯抽采钻孔轨迹测量、瓦斯抽采流量监测等。通过分布式多点激光甲烷监测装置可实现对矿井风流瓦斯进行高精度不间断监测。存储式钻孔轨迹测量仪能够对井下钻孔轨迹进行准确测定。钻孔轨迹测量仪配套数据采集软件，能够将钻孔轨迹数据导出为 Excel 文件。

(7)物探信息监测子系统主要通过无线电波透视仪和地质雷达，分别超前探测回采工作面和掘进工作面的地质异常。物探装备自带解释分析软件，能够对探测信息进行分析，生成 CAD 格式的探测成果图。

(8)其他辅助监测子系统主要实现 DGC 瓦斯含量测定、突出参数测定采集等功能，通过井下无线网将人工采集到的四位一体防治瓦斯过程中的数据传输至预警系统内。

2)煤矿典型动力灾害前兆信息数据储存、融合与挖掘

用于数据储存的磁盘阵列采用统一储存结构设计，为保证可靠性及性能，网络附接存储(NAS)采用非网关实现模式，支持并同时配置 FC SAN/NAS/iSCSI 多种协议许可；存储控制器冗余设计，支持两个及两个以上存储控制器，支持在线更换；系统具有模块化结构，具有完全在线、无须停机的微码升级以及容量扩充能力；供电配置应急备用电源。

针对煤矿井下多元微震监测数据消噪滤波，提出将 VMD 分解技术与小波包算法相结合进行微震信号降噪滤波处理，该方法克服了现有技术的不足，效果良好。

多元数据分类辨识。本书选取两类微震信号进行 VMD 分解，提取各分量能量百分

比，通过计算能量分布重心系数实现煤岩破裂微震信号和爆破震动信号分类辨识。

煤矿典型灾害预警数据流挖掘。煤矿生产过程中产生大量未标记的监测数据，这些未标记数据极大且隐含大量信息，为利用这些未标记数据的信息，使用基于 Tri-Training 的数据流集成分类算法，可对煤矿典型动力灾害的危险性进行分类，并保证了较高的正确率。

2. 煤矿典型动力灾害远程在线监控预警平台集成优化

煤矿典型动力灾害远程在线监控预警平台主要由云平台、行业主管部门客户端、煤矿典型动力灾害综合预警中心客户端、第三方研究机构客户端、集团预警中心客户端以及矿区客户端等组成。

煤矿典型动力灾害远程在线监控预警平台内部以及与煤矿典型动力灾害矿端多元监测系统的信息远程共享采用 TCP、UDP、WebSocket 等协议以及 Java NIO、APNs Web、Android、IOS 等相关技术，实现一个拥有多协议兼容应用服务器、推送服务器、多端兼容的推送端和接收端的消息推送系统，其结构如图 9-5 所示。

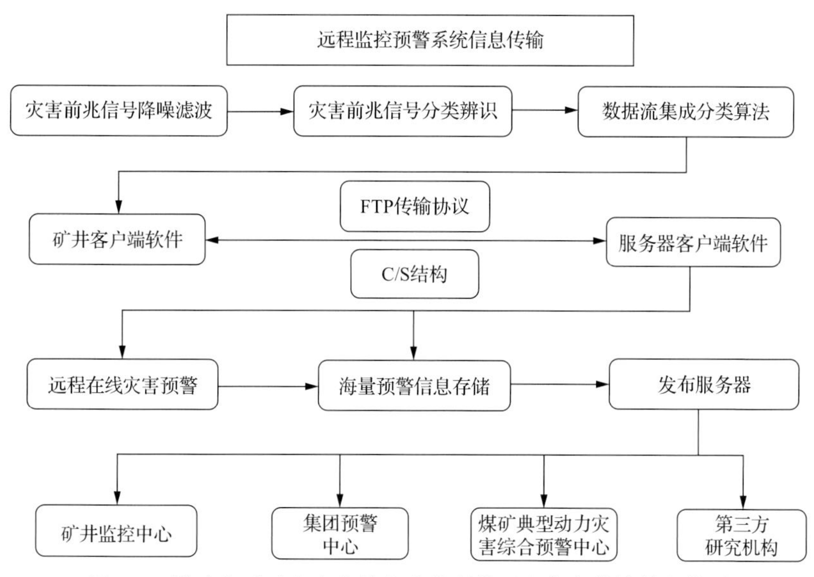

图 9-5 煤矿典型动力灾害信息监控预警远程信息传输共享体系

1) 云平台

主要由业务应用程序、云计算服务器和前端应用 3 层架构组成。业务应用程序根据云的服务和资源状况，封装云服务资源，对服务和消费进行分级；云计算服务器接收前端应用传递请求，并调用相应的业务应用程序，结合用户请求来运行计算任务；前端应用用于向云服务消费矿山企业提供统一的登录界面和访问接口(RESTful API)，用户的服务请求通过 RESTful API 发送给云计算服务器。

煤矿典型动力灾害矿端多元监测系统将灾害前兆信息数据传输至云平台，云平台首先调用装有煤岩典型动力灾害智能预警软件的应用程序，其次启动云计算分析矿井实时灾害预警等级。煤矿典型动力灾害监控预警软件主要由预警指标计算模块与智能预警模块两部分组成，预警指标计算模块利用预警模型基于煤矿典型动力灾害矿端多元监测系统传输的井下安全基础信息数据计算动力灾害危险指标，为矿井专业化、信息化、自动化地判识发生动力灾害的风险。智能预警模块基于模式分类器与人工神经网络对灾害危险指标进行分析，进行置信度和融合分析，完成自动确定预警结果等级。煤矿典型动力灾害监控预警软件结构如图 9-6 所示。

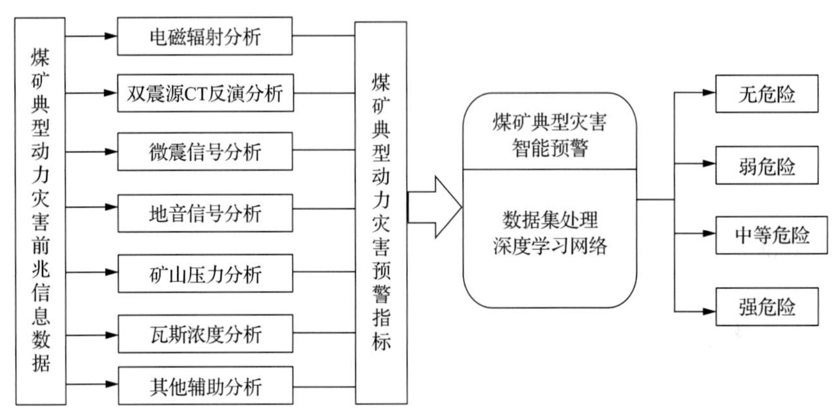

图 9-6 煤矿典型动力灾害监控预警软件结构

煤矿典型动力灾害多参量监控预警指标体系如图 9-7 所示。

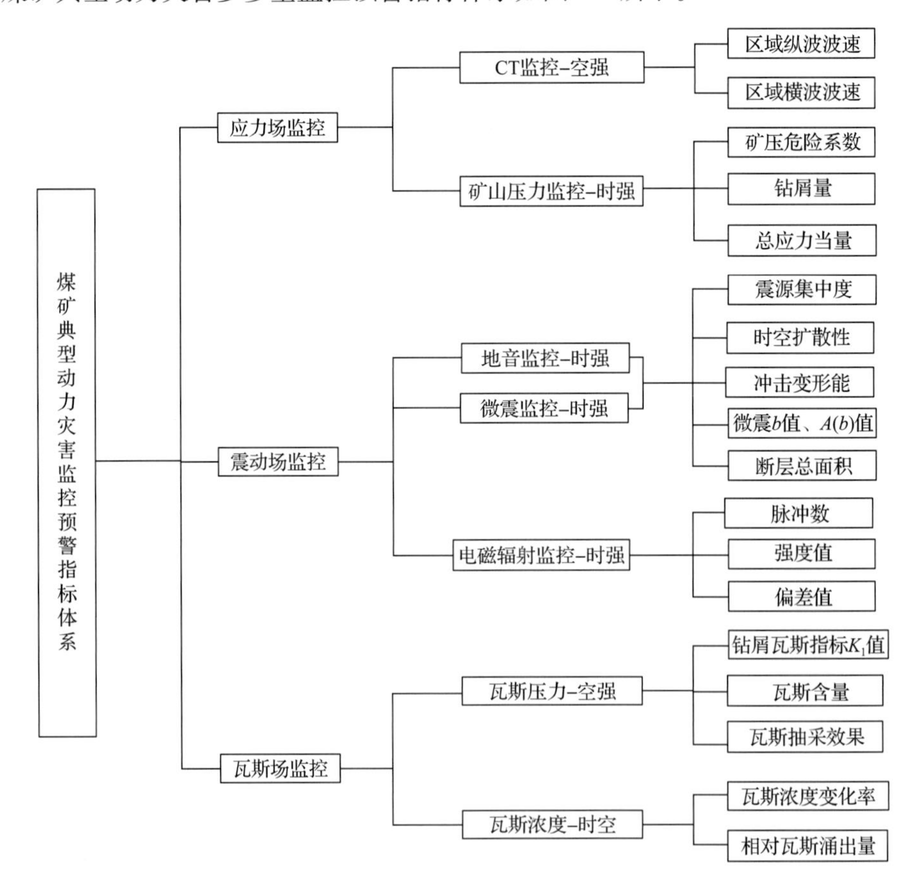

图 9-7 煤矿典型动力灾害多参量监控预警指标体系

智能预警模块主要用模式分类器与人工神经网络对预警指标进行融合分析，确定危险等级。人工神经网络作为一种自适应能力强、学习能力强、容错能力强的智能算法，非常适用于煤与瓦斯突出危险性预测的特殊非线性变换。通过对给定的煤与瓦斯突出样本进行训练学习，把输入空间经数据集多层处理、张量化处理变换到输出空间，从而确定分类模型参数，得出预测结果。

智能判识模型的基本结构包括两个层面。第一个层面为根据煤与瓦斯突出典型动力灾害的各致灾因素数据流，进行数据集多层处理。其中，每一组数据流的输入与前一层的局部接收域相连，并提取该局部特征。一旦该局部特征被提取后，它与其他特征间的位置关系也随之确定下来。第二个层面为模型的深度学习及概率预测，深度学习网络的每个计算层由多个特征映射组成，每个特征映射是一个平面。特征映射结构采用影响函数核小的 Sigmoid 函数作为智能判识模型网络的激活函数，使得特征映射具有位移不变性。通过不断地动态学习，优化模型中各隐含参数，实现煤与瓦斯突出动力灾害的危险性概率预测和分级管理。

2) 客户端

客户端是沟通用户与云平台的桥梁，行业主管部门客户端、煤矿典型动力灾害综合预警中心客户端、第三方研究机构客户端、集团预警中心客户端以及矿区客户端可以通过手机 APP、Web 浏览器访问云平台煤矿典型灾害预警网站，获取矿井实时灾害预警信息。煤矿典型动力灾害远程在线监控预警平台实现了灾害数据多元、海量、动态、实时远程控制的功能。

煤矿典型灾害预警网站主要用于预警结果发布和预警信息查询，用户可通过客户端电脑网络浏览器对矿井最新预警结果、历史预警结果、预警指标和预警基础数据等进行查询和统计，智能预警网站主页如图 9-8 所示。

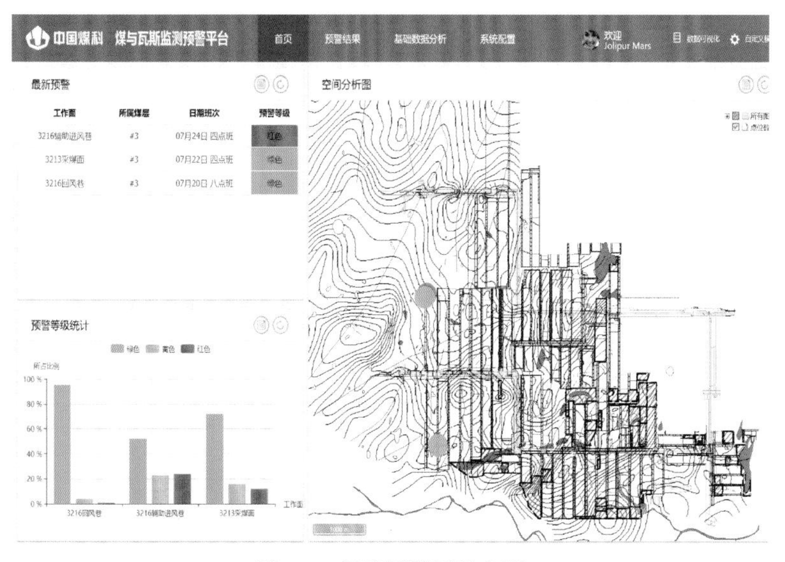

图 9-8　智能预警网站主页

3）矿区客户端

矿区客户端由客户端 APP 和 Web 浏览器构成，可以实时查看预警信息和向上级管理系统报告本地系统的运行状态、事件信息，接收并执行上级平台控制指令。

4）煤矿典型动力灾害综合预警中心

煤矿典型动力灾害综合预警中心由传输服务器、综合预警计算器、专家系统和预警中心客户端构成。煤矿典型动力灾害综合预警中心依托安徽理工大学“省部共建深部煤矿采动响应与灾害防控国家重点实验室”建设。

煤矿典型动力灾害综合预警中心具有对煤矿预警平台的更新、升级功能，其中传输服务器能够通过互联网技术获取、储存矿井预警信息，逐步完善矿井灾害信息库，为有关矿井灾害研究提供海量数据；综合预警计算器储存有煤矿典型动力灾害应急预案，可利用模式分类器和人工神经网络等人工智能算法确定矿井预警等级，并将预警等级输入专家系统；专家系统能够根据获取的矿区预警等级信息给出针对性的应对措施，指导矿井典型动力灾害的治理。

5）集团预警中心

集团预警中心具有本集团煤矿预警事件信息显示、功能子系统控制（含预案管理）、事件信息查询、存储、措施意见反馈等功能。

6）行业主管部门平台

行业主管部门平台具有所需信息显示、事件信息查询、存储、意见反馈、文件下发等功能。

7）第三方研究机构平台

第三方研究机构平台具有所有煤矿事件信息显示、功能子系统控制（含预案管理）、事件信息查询、存储、设备在线管理、事件信息转发反馈等功能。

9.1.4 煤矿典型动力灾害监控预警技术装备示范应用的流程

通过对煤矿典型动力灾害监控预警理论与技术的实验验证、工程实践与应用，构建冲击地压、煤与瓦斯突出、冲击-突出复合型灾害监控预警技术装备示范应用的共性关键集成架构体系，如图 9-9 所示。

1）主控因素判识

对示范矿井进行危险主控因素判识，确定煤与瓦斯突出主控因素、灾害类型、监测范围及重点区域。

2）平台建设

针对研究确定的示范矿井煤与瓦斯突出危险主控因素及潜在危险区域，基于项目新研发的动力灾害前兆采集传感技术、多网融合传输技术、煤矿典型动力灾害矿端多元监测系统信息挖掘分析新技术与新方法，建立示范矿井多元监测集成系统，形成示范矿井集成监控预警平台。

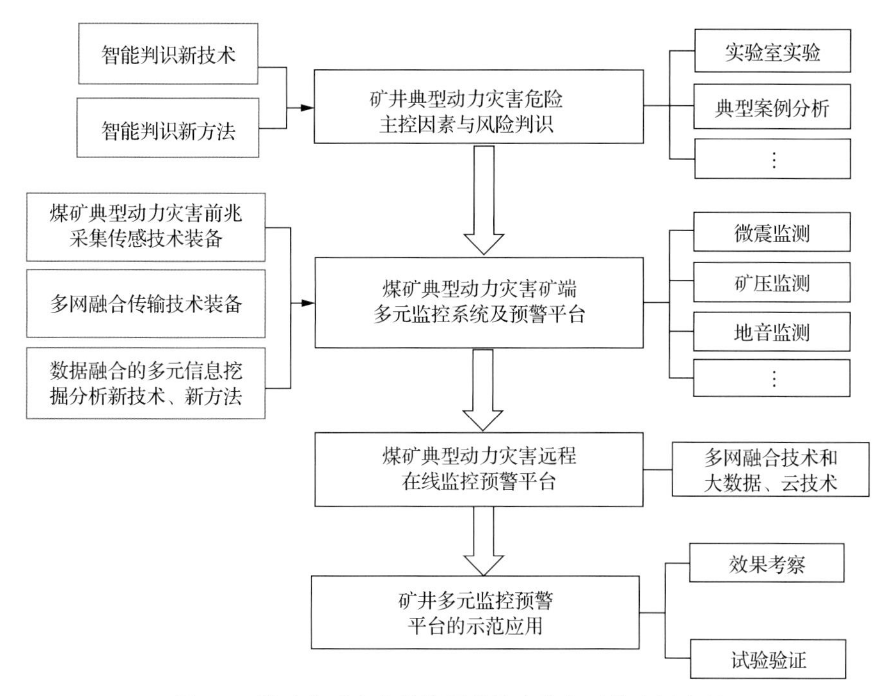

图 9-9　煤矿典型灾害监控预警技术装备示范应用流程

3) 示范应用

利用建立的煤矿典型动力灾害多元监控预警平台对示范矿井的重点区域进行持续监测，考察监控预警效果，优化改进监控预警模型，确定监控预警临界值，并在示范应用矿井进行应用运行。

9.2　冲击地压多元集成监控预警系统平台应用示范

基于煤矿典型动力灾害监控预警共性关键集成架构体系方案，将第 4 章、第 6 章、第 7 章、第 8 章内容相结合，制定了冲击地压危险监控预警技术示范工程实施方案，确定了主要示范内容及技术路线；针对山东能源集团有限公司新巨龙煤矿、大同煤矿集团有限责任公司忻州窑矿 2 个示范矿井进行了冲击地压危险主控因素与风险判识，建立了示范矿井冲击地压多元集成监测系统，形成了矿井冲击地压集成监控预警平台，并在示范矿井成功运行。

9.2.1　冲击地压多元集成监控预警系统平台示范方案

1. 主要示范内容及技术路线

冲击地压多元集成监控预警系统平台示范内容主要包括以下 3 个方面。

1) 冲击地压示范矿井主控因素与风险判识

对示范矿井进行冲击地压危险主控因素判识，进行矿井生产系统冲击地压风险宏观评价、采掘工作面冲击地压风险实时判识，确定冲击地压灾害类型、主控因素及危险等级，以及冲击地压危险监控预警系统平台的监测方法、监测范围、重点区域等。

2) 冲击地压多元集成监控预警系统平台建立

优选项目新研发的动力灾害前兆采集传感、多网融合传输、多元信息挖掘分析新技术、新方法、新装备，建立冲击地压多元集成监测系统，采集关键区域冲击地压监测信息，实现基于大数据的模态化预警和主动推送，进而实现冲击地压危险区域准确辨识、快速圈定及动态预警，形成矿井冲击地压多元集成监控预警系统平台。

3) 冲击地压多元集成监控预警系统平台的示范应用

在示范矿井成功运行冲击地压多元监控预警系统平台，平台具有灵敏度高、响应时间短、标校周期长、抗干扰等级高的特点和故障自诊断功能，通过现场调试使系统无故障运行时间提高 60%。运用平台对示范冲击地压危险区域进行连续、实时监测，优化预警方法、预警模型及临界值，将冲击地压预警准确率提高到 90%以上。技术路线如图 9-10 所示。

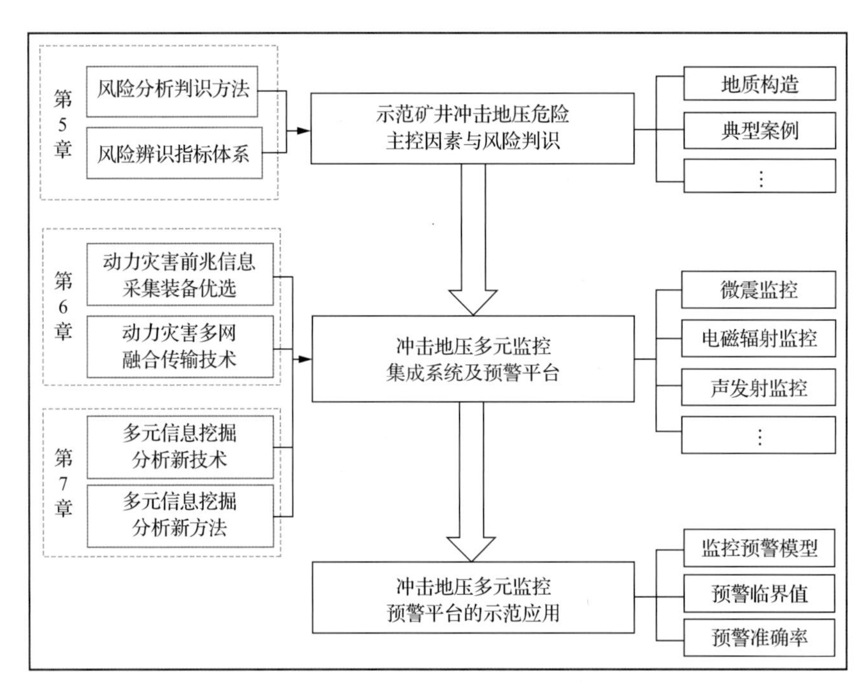

图 9-10　冲击地压多元集成监控预警系统平台示范技术路线

2. 主要示范研究方案

针对冲击地压危险监控预警系统示范研究内容，制定了冲击地压多元集成监控预警系统平台示范研究方案，包括以下几点。

(1) 示范矿井冲击地压危险主控因素与风险判识。

针对冲击地压示范矿井危险评估预判，采用冲击地压风险判识技术和方法、典型案例分析、实验室实验等进行研究。

(a) 冲击地压风险判识技术和方法

冲击地压风险判识技术和方法可选用综合指数法、多因素耦合分析法、动静载应力叠加法。

(b) 典型案例分析

典型案例分析实施方法为：调查研究示范矿井冲击地压发生的时间、位置、工作面状态、煤岩结构、地质构造等规律，结合理论分析和实验室实验得到冲击地压发生的主控因素。

(2) 建立冲击地压多元集成监控预警系统平台，通过前兆信息感知与采集设备优选、设备软硬件安装及系统平台搭建3个步骤实现。

(a) 冲击地压前兆信息感知与采集设备优选

依据9.1节构建的煤矿典型动力灾害监控预警技术架构体系，与冲击地压灾害基础安全信息监测和自动采集相关的参数包含：微震信号监测、双震源CT反演监测、矿山压力监测、电磁辐射信号监测、地音监测、物探信息监测及其他辅助监测等获取的参数信息。根据各类信息的产生来源、数据类型等的不同，分别采用地面自动采集、井下自动上传、自动监测采集等模式。在现场安装微震及双震源CT探测设备，电磁辐射、声发射参数监测设备，矿山压力监测系统以及物探信息监测子系统。

(b) 冲击地压多元集成监控预警平台的搭建

冲击地压多元集成监控预警平台实现现场生产信息多参量多系统集成，数据实时网络化传输、存储与共享等功能，基于专家预警模型，通过大数据挖掘、统计和分析，对矿井冲击危险区分区进行实时在线智能分析与辨识。基于云技术实现矿井-集团-煤监部门和远程协作团队的多级监测、监控与管理，通过多参量实时预警分析软件，实现冲击危险区的实时圈定及图形化分析结果的展示。

标准化冲击地压监控预警平台系统架构如图9-11所示，主要硬件组成为监控室显示及控制系统、数据处理服务器、数据处理系统、子系统数据分析计算机、云终端、集团传输终端、远程服务团队终端和政府传输终端。

矿井冲击地压分测区实时监控预警。监控平台根据现场条件与冲击机理，对整个矿井在空间上进行监测分区，并根据不同测区空间内的监测系统装备选择预警参数与方法，可以得到整个矿井不同监测区域实时动态的冲击危险性。

局部“时空域”冲击危险性智能辨识与圈定。局部“时空域”冲击危险性智能辨识与圈定是通过钻孔应力测点或微震事件空间位置为球心，在设定的时间范围内，划定一定空间范围，并自动检索该时间和空间域的所有监测参量，进而对各个参量进行联合计算与评估，基于冲击地压专家预警模型得到局部“时空域”的冲击危险性，出现冲击地压预警则自动圈定冲击危险区。

设定“时空域”内多参量联合曲线查询与分析。设定“时空域”内多参量联合曲线查询与分析是指以钻孔应力测点或微地震事件为空间中心，设定时间域、空间域，查询该“时空域”内的钻孔应力、微地震事件、锚杆索应力、地音事件等参量的曲线，可以将多个系统的监测数据放到统一的时间和空间维度上进行对比分析。

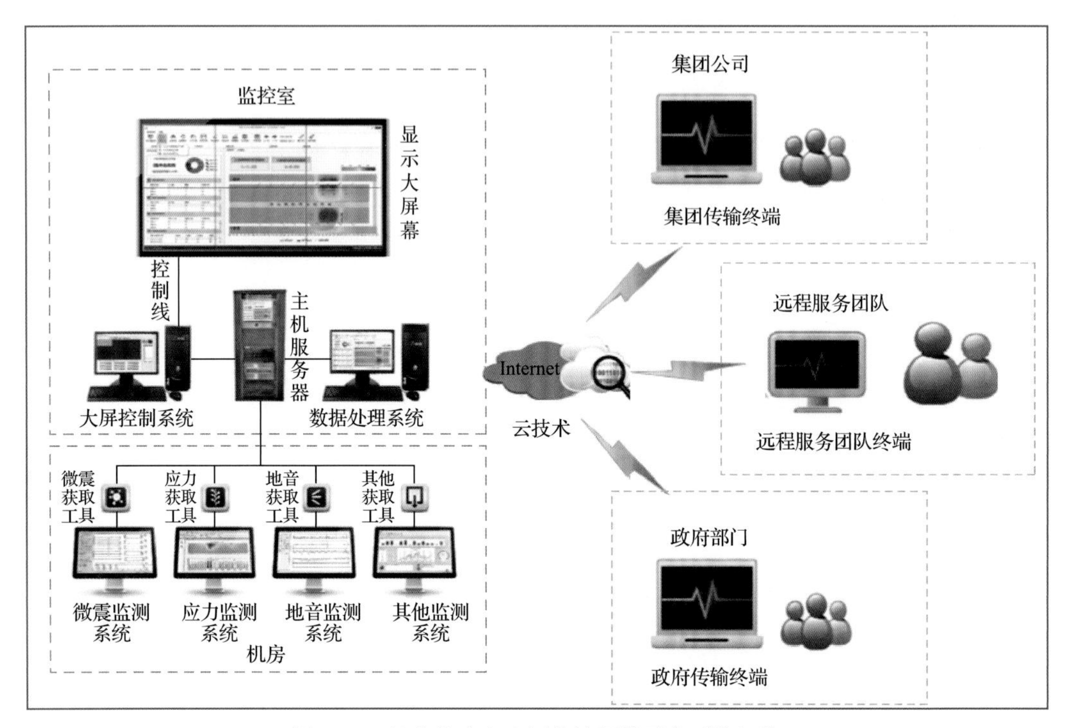

图 9-11　标准化冲击地压监控预警平台系统架构

多参量关键指标与生产信息联合分析。通过多参量关键指标与生产信息联合分析曲线、柱状图，可以实现某段时间的关键指标查询功能，以及将测区内的钻孔应力指标、微震指标、综合指标等与矿井开采进尺进行联合展示与分析。

预警危险信息查询。平台系统带有各监测参量的单参量预警信息查询功能。平台中可以自由选择单系统的预警统计查询，其查询结果可以与各个独立的系统预警结果进行相互验证。

(3)针对冲击地压多元监控预警平台的示范应用，主要考察冲击地压危险主控因素与风险判识效果、冲击地压前兆信息感知与采集模块选择合理性、冲击地压监控预警系统平台无故障运行时间及预警准确率等。

预警准确率 R 采用如下计算方法：

$$R = \frac{N_1 + N_2 + N_3}{N}$$

式中，N 为预警总次数；N_1 为预警后发生冲击地压次数；N_2 为预警后出现冲击地压预兆次数；N_3 为预警后预测指标超限次数。

9.2.2　山东能源集团有限责任公司冲击地压示范工程

根据研究确定的冲击地压多元集成监控预警系统平台示范研究方案，本书对示范矿井新巨龙矿进行了冲击地压危险主控因素与风险判识，建立了冲击地压多元监测集成系统及预警平台，并对平台运行效果进行了跟踪考察。

1. 冲击危险主控因素与风险判识

山东地区的矿井是我国受冲击地压灾害威胁最严重的典型矿区之一。山东能源集团有限公司冲击地压示范工程依托新巨龙矿建设。新巨龙矿开采条件复杂，开采的 3 煤层属稳定—较稳定类型，厚 5.66～11.36m，平均 9.82m，埋深 800m 左右，最大埋深 1000m，单轴抗压强度为 11.9～23.65MPa，煤层及顶板具有弱冲击倾向性；地压大，最大原岩应力为 36.81～46.12MPa；表土层厚，最大厚度约 700m。新巨龙矿最大开采深度已接近 1000m，面临厚表土、薄基岩、强地压、大涌水、高地温、大采高、大采深等问题，加上工作面跨度大，导致工作面开采过程中很容易发生冲击地压等动力灾害。

经评价，其中 2302S 工作面存在 8 个高度危险区、11 个中度危险区和 6 个一般危险区，其中联络巷及其附近区域巷道均为高度冲击危险区，如图 9-12 所示。

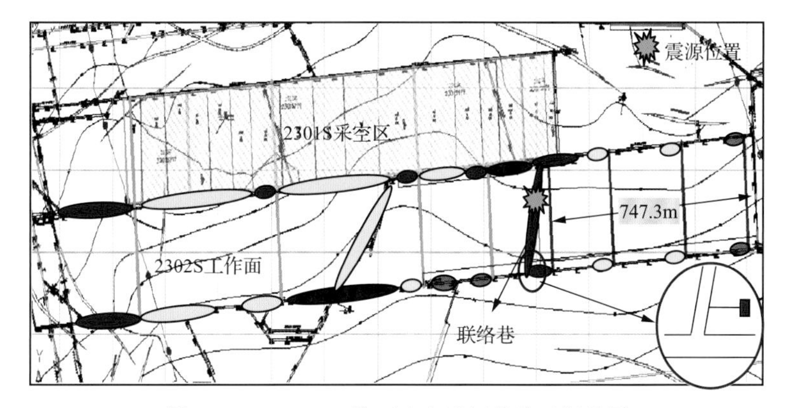

图 9-12 2302S 工作面冲击地压危险区划分图

通过对示范矿井动力灾害危险进行判识及分类确定示范矿井监测的重点区域为：开采深度超过冲击临界深度 600m 的工作面，示范应用的效果考察区域为矿井的 2304N 和 2304S 工作面。

2. 冲击地压多元集成监控预警系统平台的建立

根据研究确定的冲击地压多元集成监控预警平台示范研究方案，在新巨龙矿建立冲击地压监测技术模型，如图 9-13 所示。

图中横轴表示时间，纵轴表示监测范围。具体实施方案如下。

(1) 在工作面回采之前，采用覆岩空间结构理论、矿压理论对工作面冲击地压危险性进行宏观评价和预测，确定监控预警的重点区域。

(2) 根据前期评价结果，采用微震监测系统监测围岩破裂情况，判定卸压区及应力集中区；然后根据应力集中区的位置，对下一区域进行预测。微震监测系统能够实现对矿井动力灾害的区域预测，即对某一时间区域横向上的预测。

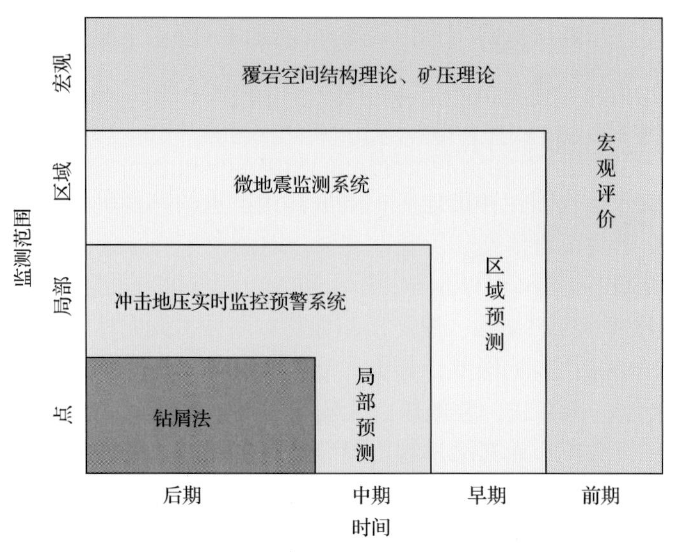

图 9-13　冲击地压监测技术模型

(3)在工作面上、下平巷的内侧煤体布置钻孔应力计，采用冲击地压实时监控预警系统实时监测应力的变化，在应力达到其临界值时报警。冲击地压实时监控预警系统能够实现对矿井动力灾害的局部预测，即对某一区域时间纵向上的预测。

(4)冲击地压实时监控预警系统报警后，组织人员在报警区域施工钻屑孔，检验煤粉量，若煤粉量超标，应立即进入解危程序。钻屑法能够实现矿井动力灾害的逐点检验，即某一区域、某一时间上的检验。

新巨龙矿引进的冲击地压监控预警设备主要有微震监测系统、冲击地压实时监控预警系统、电磁辐射仪。根据新巨龙矿的现有条件，采取冲击地压监控预警措施如下。

1)微震监测系统

KJ551 微震监测系统可以采用集中式和分布式两种布置方案，分别用于单个采场和整个矿井区域的监测。KJ551 微震监测系统的检波器选用高灵敏度、宽频带的震动传感器，可以监测包含低频、中频、高频的各种岩层震动信号，进行由小至大的各种岩石信号的采集。

2)钻屑法煤粉监测

2304S 工作面开采过程中，当冲击地压实时监控预警系统或其他监测判定该区域煤体应力集中时，采取钻屑法煤粉监测手段进行验证。根据实际煤粉量、标准煤粉量和危险煤粉量指标的大小关系，结合检测实际煤粉量达到或超过极限(危险)煤粉量、颗粒直径大于 3mm 煤粉含量超过每米实际煤粉量 30%以及孔内冲击、卡钻、煤炮等强烈动力效应及指标进行冲击地压危险程度评价和预警，当综合评价煤体具有冲击危险时，立即停止作业，实施卸压解危措施。

建成的冲击地压多元集成监控预警系统平台功能介绍如下。

(1)多参量多系统集成。搭建的冲击地压监控预警平台用于多参量联合实时在线监控预警的参量主要有微震、钻孔应力、锚杆索支护应力和钻屑量等。

(2)区域的分区实时在线智能分析与辨识。集成监控预警平台可以根据现场条件与冲击机理，对整个矿井在空间上进行监测分区，并根据不同测区空间内的监测系统装备情况选择预警参数与方法，可以得到整个矿井不同监测区域实时动态的冲击危险性。

(3)局部冲击危险性的智能辨识与圈定。局部冲击危险性的智能辨识是以钻孔应力测点或微震事件空间位置为球心，在设定的时间范围内，划定一定空间范围，并自动检索该时间和空间域的所有监测参量，进而对各个参量进行联合计算与评估，基于冲击地压专家预警模型得到局部的冲击危险性，出现冲击地压预警时，系统自动圈定冲击危险区，如图 9-14 所示。

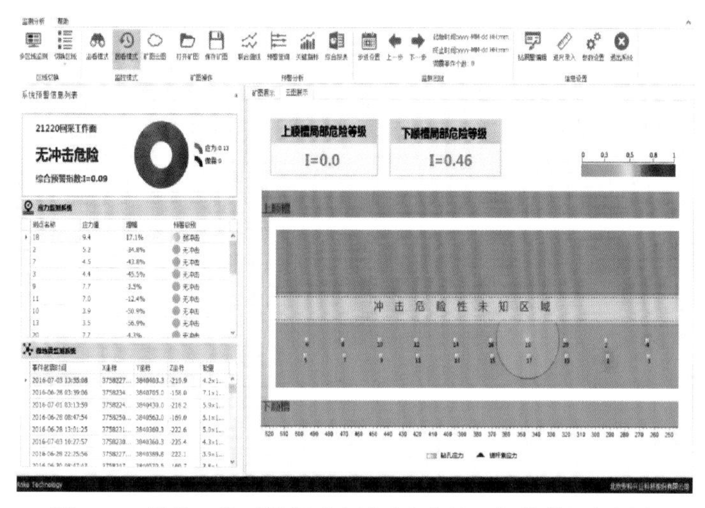

图 9-14 回采工作面局部时空域冲击危险区智能辨识与圈定

局部圈定的冲击危险区，可为指导现场制定重点卸压、支护和限制人员逗留等措施提供依据，对于现场冲击地压防控具有时间和空间指导意义。

3. 冲击地压多元集成监控预警系统平台运行效果考察

1)示范应用效果考察范围

新巨龙矿冲击地压监控预警系统平台在 2018 年 6 月基本构建完成。从 2018 年 7 月初开始系统进行应用示范，示范工作面为 2304N 和 2304S，报告分析选择 2018 年 7 月 1 日～12 月 31 日监控预警数据进行分析，期间 2304N 工作面推进 488m，2304S 工作面推进 417m。

2)微震、应力监测系统布置及预警指标

在 2304N 和 2304S 工作面分别安装一套高精度微震监控预警系统，工作面微震监测系统布置方式：上、下巷距切眼 60m、120m、180m、240m 处设置四组顶板检波器测站；上、下巷距切眼 90m、210m 处设置两组底板检波器测站，允许误差±1m。根据工作面推进速度随撤随安装，保证不少于 6 组测站正常运行，同一顺槽的检波器采用顶、底板交叉布置。表 9-1 为新巨龙矿微震预警指标体系及处置措施。

表 9-1 新巨龙矿微震预警指标体系及处置措施

	监测系统	预警级别	预警项目	预警指标	处置措施
微震预警指标体系及处置措施	KJ551 微震监控预警指标	限产预警指标	日释放总能量/J	2.3×10^4	保持单班均衡生产，按每小班(8h)不超过 1.2m，全天不超过 3.2m 组织生产，保持超前低应力状态
			单位推进度/(J/m)	0.75×10^4	
			单班释放总能量/J	1.0×10^4	
			单一大能量事件/J	1.0×10^4	
		停产预警指标	日释放总能量/J	2.7×10^4	现场停止作业，停产时间不少于 2h；采场动力现象稳定后恢复生产，按每小班(8h)不超过 1 刀、全天不超过 3 刀组织生产，直到采场能量释放稳定，并保持超前低应力态
			单位推进度/(J/m)	0.9×10^4	
			单班释放总能量/J	1.5×10^4	
			单一大能量事件/J	1.5×10^4	

在 2304N 和 2304S 工作面分别安装一套应力在线监控预警系统，该系统的钻孔应力计分别安装在上下平巷的待采煤层中，测站间距为 25m，随着工作面的推进，实时对工作面超前影响区进行冲击地压监控预警。距 2304N、2304S 工作面切眼 25m 布置 1 号测站，依次向外间隔 25m 布置 1 个测站(允许误差±5m)，每个测站布置 2 个测点，钻孔应力计安装深度分别为 13m 和 8m，间隔 2m。随着工作面回采位置的不断推进，及时拆卸钻孔应力计并前移到合适的位置，保证监测范围不小于 400m。表 9-2 所示为新巨龙矿应力预警指标体系及处置措施。

表 9-2 新巨龙矿应力预警指标体系及处置措施

	监测系统	预警级别	预警项目		预警指标	处置措施
应力预警指标体系及处置措施	KJ550应力预警指标	低应力预警	浅部基点应力		≥6.5MPa	生产期间二次卸压，5h 内降至低应力预警值以下，否则，按黄色预警处置
			深部基点应力		≥7.5MPa	
			应力值增幅		≥0.2MPa/h	
			应力绝对值增量		≥3.0MPa	
		黄色预警	浅部基点应力		≥9.0MPa	生产期间二次卸压，2h 内降至低应力预警值以下，否则按红色报警处置
			深部基点应力		≥10MPa	
			应力值增幅		≥0.5MPa/h	
		红色报警	双通道黄色预警	同一测站	浅点≥9.0MPa	现场停止作业，对报警区高强度卸压，应力降至低于黄色预警恢复生产，按每小班(8h)不超过 1 刀、全天不超过 3 刀组织生产，并保持超前低应力状态
					深点≥10.0MPa	
				相邻测站	深点≥10.0MPa	
					浅点≥9.0MPa	
			单通道红色报警		浅点≥10.0MPa	
					深点≥12.0MPa	
			双通道红色报警	同一测站	一黄一红报警	
					双通道红色	
				相邻测站	一测点黄一测点红	
					两测点红色报警	

3) 冲击地压监控预警情况

新巨龙矿 2304S 和 2304N 工作面 2018 年 7 月 1 日～12 月 31 日，共发生冲击地压预警 40 次，均为应力预警，除 2019 年 9 月 24 日为系统误报外，其余经现场检验均存在应力集中情况，通过及时采取卸压解危措施，避免了潜在的冲击地压威胁，如表 9-3 和表 9-4 所示。由表 9-3 可知，2304S 工作面超前 32.4～179.0m 范围内发生过冲击地压预警，2304N 工作面超前 19.1～111.9m 发生过冲击地压预警。

表 9-3　新巨龙矿应力监控预警记录(2304S 工作面上平巷)

<table>
<tr><th rowspan="2">序号</th><th rowspan="2">日期</th><th rowspan="2">时间</th><th colspan="7">预警信息</th><th>处理结果</th></tr>
<tr><th>测站</th><th>通道</th><th>孔位</th><th>到工作面距离/m</th><th>初设值/MPa</th><th>预警值/MPa</th><th>应力变化趋势</th><th>施工卸压情况</th></tr>
<tr><td>1</td><td>2019/7/18</td><td>5:30</td><td>45#</td><td>5</td><td>浅孔</td><td>32.4</td><td>3.3</td><td>6.72</td><td>渐变</td><td>施工卸压孔 3 个，进尺 47m，应力值恢复正常</td></tr>
<tr><td>2</td><td>2019/9/8</td><td>0:30</td><td>53#</td><td>21</td><td>浅孔</td><td>131.5</td><td>3.4</td><td>6.5</td><td>渐变</td><td>施工卸压孔 2 个，进尺 38m，应力值恢复正常</td></tr>
<tr><td>3</td><td>2019/9/24</td><td>7:30</td><td>53#</td><td>21</td><td>浅孔</td><td>83.2</td><td>3.4</td><td>6.5</td><td>突变</td><td>施工卸压孔 0 个，为系统误报，经检修正常</td></tr>
<tr><td>4</td><td>2019/10/6</td><td>5:30</td><td>53#</td><td>21</td><td>浅孔</td><td>49.8</td><td>3.4</td><td>6.52</td><td>渐变</td><td>施工卸压孔 3 个，进尺 50m，应力值恢复正常</td></tr>
<tr><td>5</td><td>2019/10/23</td><td>7:30</td><td>56</td><td>27</td><td>浅孔</td><td>79</td><td>3.72</td><td>6.5</td><td>渐变</td><td>施工卸压孔 3 个，进尺 50m，应力值恢复正常</td></tr>
<tr><td>6</td><td>2019/10/23</td><td>17:20</td><td>60</td><td>5</td><td>浅孔</td><td>179</td><td>3.6</td><td>6.5</td><td>渐变</td><td>施工卸压孔 5 个，进尺 94m，应力值恢复正常</td></tr>
<tr><td>7</td><td>2019/10/25</td><td>5:00</td><td>57</td><td>29</td><td>浅孔</td><td>104</td><td>3.73</td><td>6.55</td><td>渐变</td><td>施工卸压孔 3 个，进尺 56m，应力值恢复正常</td></tr>
<tr><td>8</td><td>2019/10/26</td><td>5:00</td><td>55</td><td>26</td><td>深孔</td><td>54</td><td>4.51</td><td>7.64</td><td>渐变</td><td>施工卸压孔 6 个，进尺 116m，应力值恢复正常</td></tr>
<tr><td>9</td><td>2019/10/29</td><td>5:10</td><td>60</td><td>5</td><td>浅孔</td><td>179</td><td>3.6</td><td>6.5</td><td>渐变</td><td>施工卸压孔 5 个，进尺 96m，应力值恢复正常</td></tr>
<tr><td>10</td><td>2019/12/10</td><td>11:00</td><td>55</td><td>25</td><td>浅孔</td><td>53</td><td>3.54</td><td>6.5</td><td>渐变</td><td>施工卸压孔 2 个，进尺 35m，应力值恢复正常</td></tr>
<tr><td>11</td><td rowspan="2">2019/12/14</td><td rowspan="2">9:00</td><td>55</td><td>25</td><td>浅孔</td><td rowspan="2">50</td><td>3.54</td><td>6.7</td><td>渐变</td><td rowspan="2">施工卸压孔 3 个，进尺 50m，应力值恢复正常</td></tr>
<tr><td>12</td><td>55</td><td>26</td><td>深孔</td><td>4.51</td><td>7.52</td><td>渐变</td></tr>
<tr><td>13</td><td>2019/12/21</td><td>19:50</td><td>55</td><td>26</td><td>深部</td><td>34</td><td>4.51</td><td>7.55</td><td>渐变</td><td>施工卸压孔 3 个，进尺 57m，应力值恢复正常</td></tr>
<tr><td>14</td><td>2019/12/27</td><td>22:00</td><td>56</td><td>27</td><td>浅孔</td><td>42</td><td>3.72</td><td>6.5</td><td>渐变</td><td>施工卸压孔 2 个，进尺 38m，应力值恢复正常</td></tr>
<tr><td>15</td><td>2019/12/9</td><td>9:40</td><td>60</td><td>5</td><td>浅孔</td><td>108</td><td>3.6</td><td>6.6</td><td>渐变</td><td>施工卸压孔 3 个，进尺 53m，应力值恢复正常</td></tr>
</table>

表 9-4 新巨龙矿应力监控预警记录(2304N 工作面上平巷)

序号	日期	时间	预警信息							处理结果
			测站	通道	孔位	到面距离/m	初设值/MPa	预警值/MPa	应力变化趋势	施工卸压情况
1	2019/7/4	1:30	2	3	浅部	19.1	2.8	6.5	渐变	施工卸压孔 2 个，进尺 33m，应力值恢复正常
2	2019/7/10	10:00	7	13	浅部	123	4	6.5	渐变	施工卸压孔 2 个，进尺 25m，应力值恢复正常
3	2019/7/12	22:30	4	7	浅部	40.9	3	6.5	渐变	施工卸压孔 2 个，进尺 37m，应力值恢复正常
4	2019/7/13	12:00	5	10	深部	61.9	4.3	7.5	渐变	施工卸压孔 2 个，进尺 35m，应力值恢复正常
5	2019/7/15	6:50	7	13	浅部	111.9	4	6.57	渐变	施工卸压孔 2 个，进尺 35m，应力值恢复正常
6	2019/7/16	9:35	5	9	浅部	42	3.2	10.4	突变	施工卸压孔 4 个，进尺 69m，应力值恢复正常
7	2019/7/21	8:30	5	8	浅部	39.2	3.2	7.05	突变	施工卸压孔 2 个，进尺 35m，应力值恢复正常
8	2019/7/26	7:30	8	15	浅部	97.2	3.6	6.5	渐变	施工卸压孔 2 个，进尺 33m，应力值恢复正常
9	2019/7/27	8:00	8	15	浅部	94	3.6	6.5	渐变	施工卸压孔 2 个，进尺 33m，应力值恢复正常
10	2019/7/30	6:00	7	13	浅部	61.8	3.6	6.5	渐变	施工卸压孔 2 个，进尺 38m，应力值恢复正常
11	2019/7/31	10:00	6	12	深部	33.6	3.3	7.5	渐变	施工卸压孔 2 个，进尺 39m，应力值恢复正常
12	2019/9/7	5:30	8	15	浅部	63	3.4	6.57	渐变	施工卸压孔 2 个，进尺 35m，应力值恢复正常
13	2019/9/12	8:30	13	25	浅部	56.8	2.66	6.5	渐变	施工卸压孔 5 个，进尺 69m，应力值恢复正常
14	2019/12/11	20:00	18	6	深部	24.2	4.2	7.56	渐变	施工卸压孔 3 个，进尺 50m，应力值恢复正常
15	2019/12/28	21:30	21	12	深部	39.2	3.9	7.5	渐变	施工卸压孔 2 个，进尺 40m，应力值恢复正常

通过半年的微震和应力监测指标统计数据分析得出，新型冲击地压监控预警平台的预警结果与实际工作面危险情况高度吻合，预警结果准确。同时，2018 年 7～12 月，根据预警平台所采用的预警模型对 2304N 和 2304S 工作面进行的监控预警结果显示，新型预警平台各工作面的冲击地压预警准确率一直保持在 97.5%以上，冲击危险漏报率一直为 0%，保证了矿井安全、高效生产，充分证明新型冲击地压监控预警平台预警的准确性和可靠性。

9.2.3 大同煤矿集团有限责任公司忻州窑矿冲击地压示范工程

根据研究确定的冲击地压多元集成监控预警系统平台示范研究方案，本书对示范矿井忻州窑矿进行了冲击地压危险主控因素与风险判识，建立了冲击地压多元监测集成系统及预警平台，并对平台运行效果进行了跟踪考察。

1. 冲击危险主控因素与风险判识

1)2017 年 11 月至 2018 年 6 月开采期间强矿压显现案例

8308 工作面位于忻州窑矿 14-3#煤层的东二盘区，煤层埋深 272～300m，顶底板均为坚硬岩石，14-3#煤层距 12-2#煤层 30m 左右。

8308 工作面共布置两条巷道，5308 轨道巷和 2308 皮带巷为留底煤掘进，巷道宽 3.6m、高 3m，轨道巷西侧是 8310 工作面采空区，工作面间隔的区段煤柱为 20m，皮带巷东侧是 8306 工作面，因此轨道巷为临空巷道。与 14-3#煤层间隔 30m 左右的上覆 12-2#煤层已回采完毕，并遗留了大量的不规则煤柱，因此 8308 工作面为上覆不规则遗留煤柱下的半孤岛工作面回采状态，8308 工作面具体空间分布关系如图 9-15 所示。

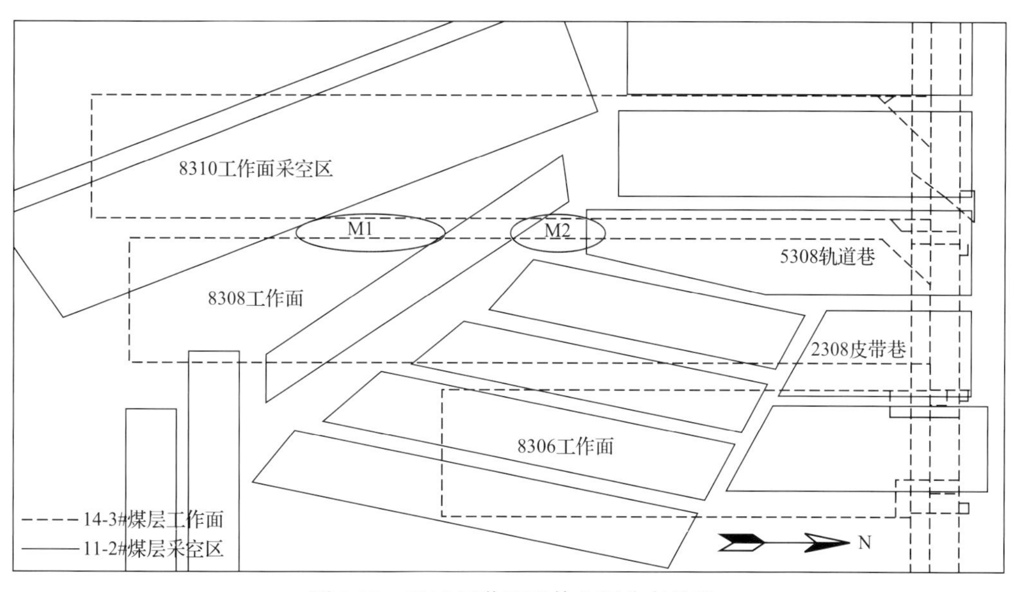

图 9-15 8308 工作面具体空间分布关系

8308 工作面巷道掘进期间皮带巷未见明显的巷道变形，轨道巷伴随两帮移进和巷道底鼓，两条巷道均未见顶板下沉。在轨道巷过上覆 11-2#煤层的 8101 与 8215 工作面之间(图 9-15 中 M1 位置)以及 8215、8310 与 402 盘区之间隔离煤柱(图 9-15 中 M2 位置)时巷道两帮移近和底鼓尤为严重，两帮移近量超过 2.0m，单体柱陷入底煤最深处达 0.6m，巷道变形严重区域被迫多次扩帮。在工作面回采过程中，超前支承压力与多种应力叠加导致的轨道巷扩帮后的二次变形，主要表现为 M1 和 M2 扩帮位置巷道两帮移进、巷道底鼓破坏严重以及顶板下沉。由于 8308 工作面大部分范围处于 12-2#煤层采空区的卸压区范围内，上保护层的采动使 8308 工作面顶板提前释放部分弹性能，避免弹性能集聚，因此巷道变形破坏主要位于上覆遗留煤柱下且未发生大范围冲击破坏的位置。

2) 强矿压显现类型及监测重点区域

忻州窑矿强矿压显现的主要类型有：12-2#煤层坚硬顶底板条件下半孤岛工作面开采导致的顶板断裂型强矿压显现，14-3#煤层在上覆不规则遗留煤柱下开采导致的临空巷道强矿压显现。经分析可知，示范矿井监测的重点区域为：厚硬顶底板下的半孤岛、孤岛工作面区域及上覆不规则遗留煤柱下的临空巷道。

2. 冲击地压多元集成监控预警系统平台的建立

根据研究确定冲击地压多元集成监控预警平台示范研究方案，通过研发并集成综合指数法、震动波 CT 和微震技术、应力监测、地音监测、电磁辐射监测技术，建立了冲击危险的矿井→区域→局部递进式逐级聚焦的动静载监控预警技术方法，如图 9-16 所示。

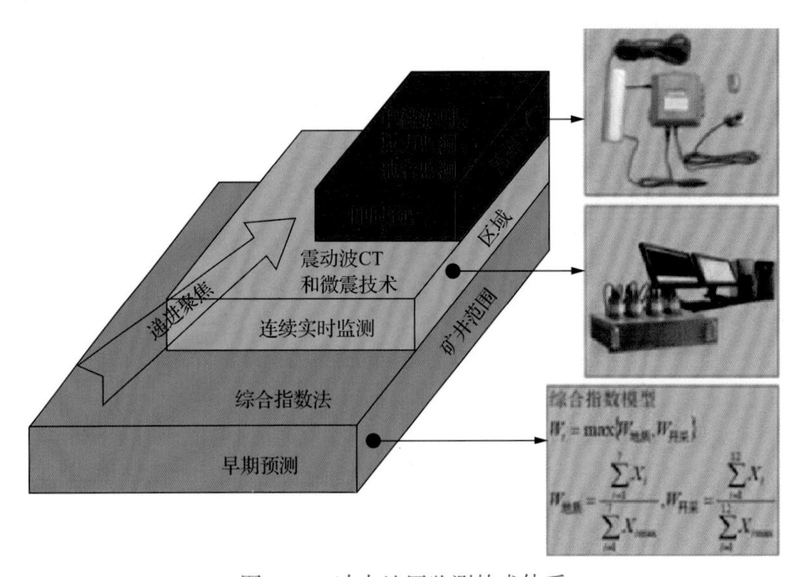

图 9-16　冲击地压监测技术体系

根据忻州窑矿现有的监测措施，采用综合指数法对全矿井范围冲击危险进行分区分级；应用震动波 CT 和微震技术对重点区域的动静载荷进行动态探测，进一步确定危险区域。通过建立各种监测参数，对微震进行连续实时监测，震动波 CT 和微震技术根据区域微震发生数量，每隔 15～30 天进行一组反演；利用电磁辐射、应力监测技术对局部危险区的动静载进行临场监控和检验，实时判定具体位置的冲击危险状态并即时预警，实现了冲击危险的逐级聚焦可靠监控预警。

本书针对忻州窑矿两硬多煤层遗留煤柱开采引起的强矿压显现，搭建微震监控预警系统、震动波 CT 探测系统、矿山压力监控预警系统、电磁辐射监控预警系统。

1) 微震监控预警系统

忻州窑矿安装了 SOS 微震监控预警系统，可监测震源位置和发生时间来确定微震事件，计算释放能量，统计微震活动的强弱与频率，并结合微震事件的分布位置判断矿山动力灾害规律，实现危险评价预警。

2) 震动波 CT 探测系统

忻州窑矿装备有 SOS 微震监控预警系统，故采用 SOS 设备进行高精度微震监测。工作面开采后，在工作面周围合理布置微震监测探头，形成对工作面的有效包围，从而提高定位精度，并保证工作面范围内 CT 反演能够拥有合理的射线覆盖密度。

3) 矿山压力监控预警系统

将忻州窑矿矿山压力监控预警系统布置在 8308-2 工作面，液压支架布置方法如图 9-17 所示。

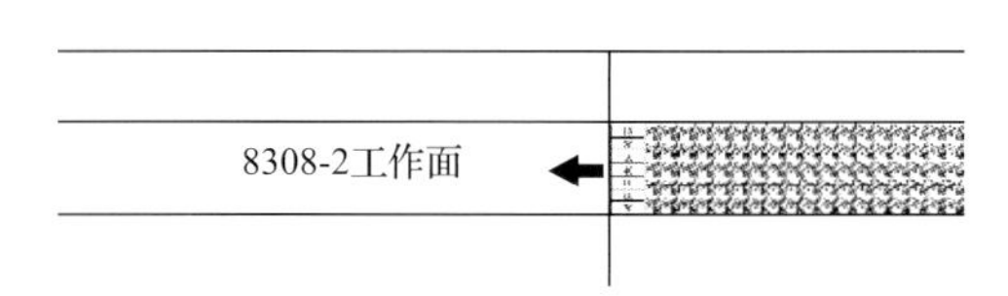

图 9-17　液压支架布置示意图

4) 电磁辐射监控预警系统

在忻州窑矿安装 KBD5 电磁辐射仪，根据 8308 工作面实际情况，当利用震动波 CT 和微震技术探测到强矿压危险区域后，采用电磁辐射仪对 8308 工作面巷道两帮进行监测。在巷道超前 200m 范围内每间隔 10～20m 设置一个测点；应力集中区上覆遗留煤柱下加密布置测点，间隔 10m，每天早班(检修班)观测 1 次。

3. 冲击地压多元集成监控预警系统平台运行效果考察

第 9 章针对微震、电磁辐射、煤岩损伤、波速等与动力灾害发生的关系，开发了微震多维信息指标、电磁辐射、支架阻力、CT 探测等综合预警技术方法，并对忻州窑矿现场实际动力现象进行了预警分析。

根据现场强矿压显现记录，8308 工作面巷道掘进期皮带巷未见明显的巷道变形，轨道巷伴随有两帮移进和巷道底鼓，两条巷道均未见顶板下沉。在轨道巷过上覆 12-2# 煤层的 8101 与 8215 工作面之间(图 9-18 显现区域 1)以及 8215、8310 与 402 盘区之间隔离煤柱(图 9-18 显现区域 2)时巷道两帮移进和底鼓尤为严重，两帮移进量超过 2.0m，单体柱陷入底煤最深处达 0.6m，巷道变形严重区域被迫多次扩帮。在工作面回采过程中，超前支承压力与原有多应力叠加导致轨道巷扩帮后发生二次变形，现场强矿压显现严重。

1) 微震能量频次综合预警

图 9-19 为微震能量、频次综合指标预警情况，可知工作面回采至强矿压显现区域前一周，微震能量频次开始上升，可以有效预警强矿压显现区域 M1 和强矿压显现区域 M2。

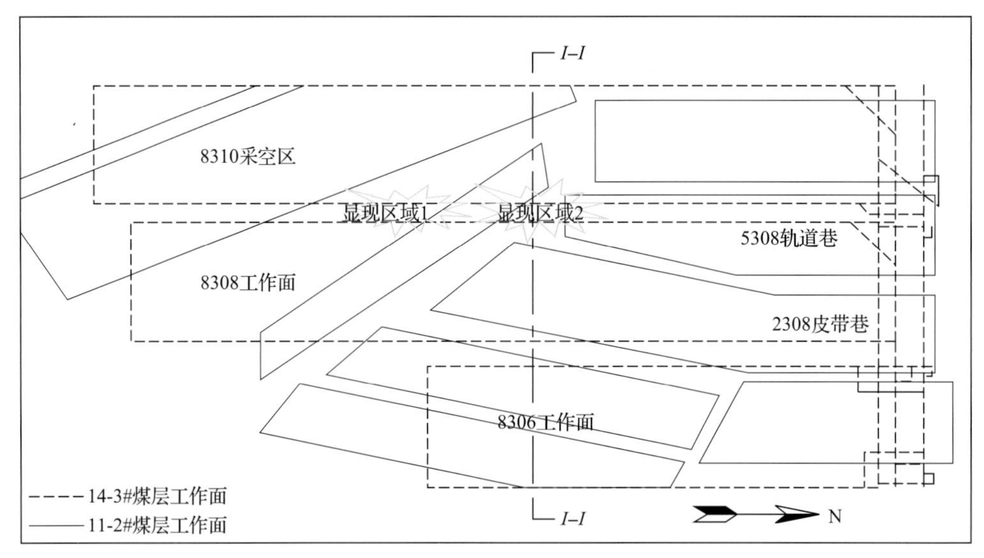

图 9-18　工作面位置及强矿压显现区域示意图

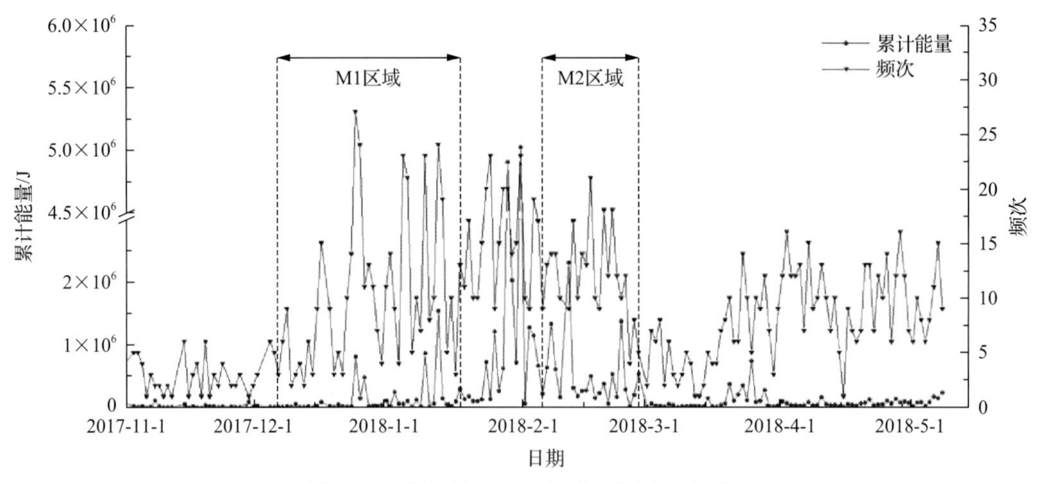

图 9-19　微震能量、频次综合指标分布图

2) 微震频次比与离散度指标预警

根据第 9 章研究得到频次比和离散度两个预警参数。忻州窑矿 2017 年 11 月 1 日至 2018 年 6 月 3 日共发生 4 次大能量矿震事件，对此期间发生的大能量微震事件进行预警案例分析：

(1) 当频次比大于临界值 V_1 时，警报程度 W 加 1(W 初始值为 0)；

(2) 当离散度大于临界值 V_2 时，警报程度 W 加 1；

(3) 当警报程度 W 取最大值时，进行初步预警，预警周期为 T。

由于随着开采位置的变化，上述预警指标中的临界值 V_1、V_2 和 T 都不是固定的，并且难以根据这三个参数建立一个具有单调性，并且在极值位置使预警能力达到最大的函数。因此，选用遗传算法来实现自动计算不同原始数据的最佳临界值。经过多次计算，主要有两组局部最优值，V_1、V_2、T 分别等于 0.060、1.748、1(短期预警结果) 和 0.469、

1.895、28(长期预警结果)。

之后，根据两组最优解对应的初步预警程度 W 和预警效能 R，进一步加权得出综合预警程度 $W_{综}$：

$$W_{综}=\frac{\sum W_i \times R_i \div \max(W_i)}{\sum R_i}$$

式中，$W_{综}$ 为综合预警程度；下标 i 为第 i 组最优解。

根据综合预警程度 $W_{综}$ 将忻州窑矿的冲击危险性等级分为 1、2、3、4 四个等级(分别对应 $W_{综}\leqslant 0.25$、$0.25< W_{综}\leqslant 0.5$、$0.5< W_{综}\leqslant 0.75$ 和 $0.75< W_{综}\leqslant 1$)，危险等级为 3 或 4 时危险预警。1、2、3、4 四个等级分别表示的危险状态为无危险、弱危险、中级危险、强危险。

预警效能评价：

采用 R 值评分法来进行预警效能评价，公式为

$$R=\frac{报对次数}{应预警总次数}-\frac{预警占用时间}{预警研究总时间}$$

根据上一节的标准和方法，得到了两组最优解的初步预警结果，结果如表 9-5 所示。

表 9-5 短期预警结果

项目	时长/h	大能量事件分布/次
警报期	1221	4
安全期	3142	0
合计	4363	4

由表 9-5 可知，4363h 中，共有 1221h 处于警报期。此时的预警能力为 R=4/4–1221/4363≈0.7202。此时，由遗传算法得到三个最优临界值：频次比为 0.1730，离散度为 2.2069，警报持续时间 33h。

由表 9-6 可知，4363h 中，共有 1481h 处于警报期。此时的预警能力为 R=4/4–1481/4363≈0.6606。此时，由遗传算法得到三个最优临界值：频次比为 0.6217，离散度为 2.2942，警报持续时间 100h。

表 9-6 长期预警结果

项目	时长/h	大能量事件分布/次
警报期	1481	4
安全期	2882	0
合计	4363	4

将短期预警和长期预警结果代入综合警报程度公式，得到 4 次大能量事件对应的 $W_{综}$

分别为：0.7392、1、1、1，根据这 4 个值来初步确定警报分级标准。

由表 9-7 中的综合预警结果可知，4363h 中，3 级警报以上共 2678h，其中 3 级警报共 1462h，4 级警报共 1216h。

表 9-7 微震综合预警结果

项目	三级警报以上/h	四级警报/h	大能量事件分布/次
警报期	2678	1216	4
安全期	1685	2901	0
合计	4363	4117	4

四级警报的预警能力 R=4/4–1216/4117=0.70。

综合微震短期和长期预警结果可以看出，短期和长期预警均预报了 4 次大能量矿震事件，预警准确率达到 100%。通过 R 值评分法进行预警效能评价，微震四级警报的综合预警能力为 72%。因此，该方法保证了在数据量足够的情况下能够实现无漏报。

3) 震动波 CT 反演预警

对 8308 工作面 2017 年 11 月 7 日到 2018 年 6 月 3 日的微震原始数据进行筛选，以 300 个数据为一组进行反演，共进行 11 组反演。

通过强矿压显现区域 1 发生显现前，2017 年 12 月 7 日至 20 日期间微震数据反演结果可以看出，波速异常系数高值位于强矿压显现区域 1 和区域 2 附近，波速异常系数达到了 0.16，达到了中等危险。异常高值位置与强矿压显现区域高度吻合(图 9-20)。

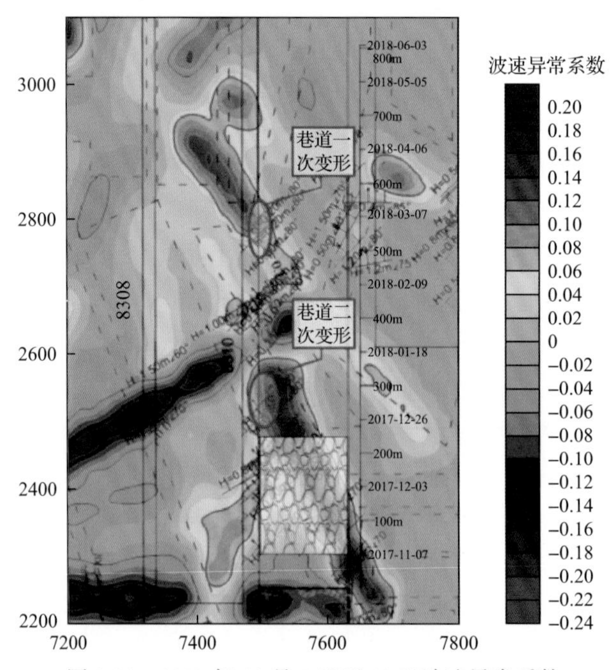

图 9-20 2017 年 12 月 7 日至 20 日波速异常系数

4) 电磁辐射强度值和脉冲数预警

对 8308 工作面 2017 年 12 月 8 日至 2018 年 1 月 17 日期间电磁辐射仪器(KBD5 型)测得的电磁辐射数据进行分析。

从 2017 年 12 月 18 日早班 5308 巷电磁辐射监测结果(图 9-21)可以看出，在距切眼 300m、700m 煤壁侧强度值均超过 100mV 的预警临界值，在距切眼 700m 煤壁侧脉冲数超过 9000Hz 的预警临界值。距切眼 300m、700m 分别对应强矿压显现的区域 1 和区域 2 位置。

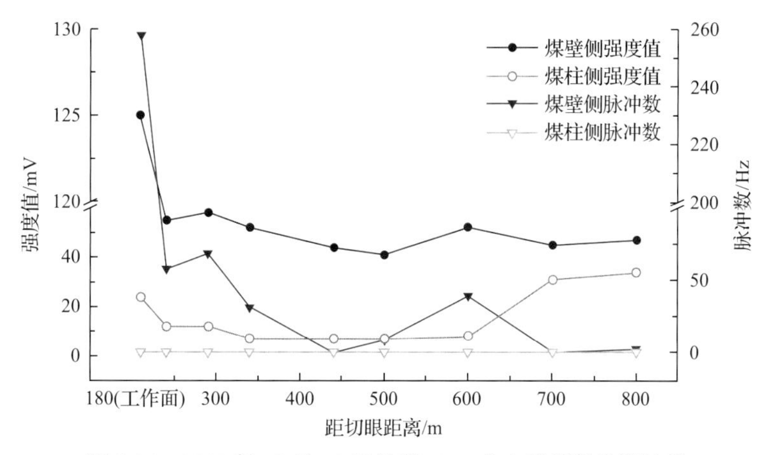

图 9-21　2017 年 12 月 18 日早班 5308 巷电磁辐射监测结果

应用结果显示，8308 工作面回采过程中，微震频次比和震源离散度对大能量矿震的预警准确率为 100%，且未出现漏报和误报。震动波 CT 反演的中等危险区、电磁辐射监测的电磁辐射幅值和脉冲数预警区域均与强矿压显现区域高度吻合。

9.2.4　神华新疆能源有限责任公司冲击地压示范工程

1. 冲击危险主控因素与风险判识

新疆乌鲁木齐矿区是我国受冲击地压灾害威胁最严重的典型急倾斜煤层矿区之一。示范矿井乌东煤矿含煤地层为西山窑组(J_2x)，岩层倾角为 87°～89°，呈北东—南西向带状展布于井田中部，主要为泥炭沼泽相沉积而成，岩性一般为灰色、深灰色泥岩，碳质泥岩、粉砂岩、细砂岩，夹厚度不一的中砂岩及粗砂岩。煤层厚度为 513.77m，可采总厚度为 150.95m，含煤 32 层，总含煤系数为 29.38%。

乌东煤矿南区煤岩层倾角为 87°～89°，为近直立特厚煤层，其冲击地压致灾机理存在一定独特性，研究得出岩柱撬动、顶板滑移、大水平应力等为乌东煤矿冲击地压显现的主控因素。具体表现为：随着采深增加，两组煤层间岩层形成高耸岩柱，如图 9-22 所示。受水平构造应力和自重应力影响，岩柱下侧与回采煤层相交部位会产生倾斜撬动效应。在采动扰动下，岩体聚集的弹性能通过煤体释放，产生不同程度的冲击地压现象。

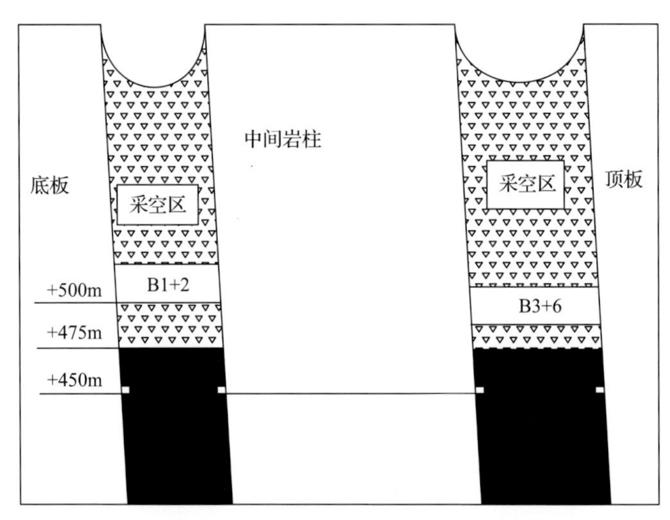

图 9-22 乌东煤矿分段开采示意图

2. 冲击地压多元集成监控预警系统平台的建立

1)微震监控预警冲击危险性指标体系

乌东煤矿基于微震监测系统的冲击危险性预警指标主要包括实时微震事件能量、当日微震最大能量、当日微震累积能量、当日震动频次、最大能量偏差值 D_E、震动频次偏差值 D_P 等，冲击危险性预警采用临界预警与趋势预警相结合的方法综合确定工作面当前冲击危险状态。

将乌东煤矿的冲击危险性预警状态分为无危险、弱危险、中等危险、强危险四个等级。乌东煤矿微震监控预警冲击危险性预警指标及准则见表 9-8。

表 9-8 乌东煤矿微震监控预警冲击危险性指标及准则

临界预警		趋势预警			最终危险等级
每日微震能量 E/J	对应危险等级	指标	指标值变化	危险等级变化	
0～1×10⁵	1(无危险)	最大能量偏差值 D_E	前 3 天及以上持续增加，且大于 20	+1	2
			$60<D_E<80$	+1	2
			$D_E>80$	+2	3
		震动频次偏差值 D_P	前 4 天及以上持续增加，且大于 0.8	+1	2
			$2<D_P<4$	+1	2
			$D_P>4$	+2	3

续表

临界预警		趋势预警			最终危险等级
每日微震能量 E/J	对应危险等级	指标	指标值变化	危险等级变化	
1×10^5～1×10^6	2(弱危险)	最大能量偏差值 D_E	前3天及以上持续增加，且大于20	+1	3
			$60<D_E<80$	+1	3
			$D_E>80$	+2	4
		震动频次偏差值 D_P	前4天及以上持续增加，且大于0.8	+1	3
			$2<D_P<4$	+1	3
			$D_P>4$	+2	4
1×10^6～1×10^7	3(中等危险)	最大能量偏差值 D_E	$D_E>80$	+1	4
		震动频次偏差值 D_P	$D_P>4$	+1	4
$>1\times10^7$	4(强危险)	—			4

冲击危险性微震预警方法为：首先通过微震监测系统实时采集工作面回采产生的微震事件，采用定量预警准则来初步判定冲击危险等级；其次计算当日的最大能量偏差值 D_E 和震动频次偏差值 D_P，采用趋势预警准则对定量预警准则判定的冲击危险等级进行调整，确定当日冲击的最终危险等级。

2)地音监控预警冲击危险性指标

乌东煤矿地音监测以每日地音偏差高值总数 D_s 作为冲击危险性预警指标。冲击危险性预警采用定量预警的方法确定工作面当前冲击危险状态：当 $D_s<13$ 时，对应危险等级为1(无危险)；当 D_s 为13～20时，对应危险等级为2(弱危险)；当 D_s 为20～45时，对应危险等级为3(中等危险)；当 $D_s>45$ 时，对应危险等级为4(强危险)。

3. 冲击地压多元集成监控预警系统平台运行效果考察

1)多参量集成预警模型构建

实践表明，不同监测参量针对不同的冲击地压发生前兆信息进行监测，各监测系统预警相对独立，预警结果不一致，孤立使用单一冲击地压监测参量的前兆信息进行预警可靠性有待提高。因此，开展多种冲击地压监测设备冲击地压多参量综合前兆信息的研究，集成各监测系统优势，建立预警准则统一、预警指标统一、预警临界值统一的综合集成预警技术方法，对提高灾害预警的准确性及可靠性具有重要意义。

微震监测系统多参量预警模型构建：第一步，人为对乌东煤矿微震历史监测数据进行深入挖掘，获取微震监测系统能够用于预警冲击地压的前兆特征参数。得到的特征参数包括能量、能量偏差值、离散度、频次、频次偏差值、频次比等。第二步，将实时计算的特征参量的 2～3 个随机组合作为输入，通过遗传算法程序进行数据学习，通过遗传变异，不断地迭代优选获得各特征参量组合的预警临界值、预警周期、预警效能 R。第三步，通过优选程序，优选出 R 值最大的一组特征参量，组合作为该矿微震监测系统的特征参量。第四步，通过遗传算法迭代优选出该组合两个最佳预警周期，并输出最优特征参量组合两个最佳预警周期对应的预警效能 R_i 和预警程度 W_i。第五步，根据最优特征参量优选结果和最佳预警周期优选结果进行多参量集成，根据式(9-1)计算出微震系统的综合预警结果 $W_{微}$。

$$W_{微}=\sum\left[\frac{W_i}{\max(W_i)}\times\frac{R_i}{\sum R_i}\right] \tag{9-1}$$

式中，$W_{微}$ 为微震系统多参量集成综合预警结果，$W_{微}$ 大小处于 0～1；R_i 为最优特征参量组合第 i 个最佳预警周期对应的预警效能；W_i 为最优特征参量组合第 i 个最佳预警周期对应的预警程度(同样适用于 $W_{地}$ 与 $W_{支}$ 结果计算)。

地音监测系统多参量预警模型构建与微震监测系统多参量预警模型构建类似，通过对乌东煤矿地音历史监测数据进行深入挖掘，得到的特征参数包括能量、能量偏差值、能量偏差高值总数、能量平均值、脉冲因子、脉冲、脉冲偏差值等，通过遗传算法优选后，进行多参量集成，得到预警结果 $W_{地}$。

液压支架监测系统多参量预警模型构建与微震监测系统多参量预警模型构建类似，首先，通过对乌东煤矿液压支架历史监测数据进行深入挖掘，得到的特征参数包括能量、能量偏差值、能量偏差高值总数、能量平均值、脉冲因子、脉冲、脉冲偏差值等，通过遗传算法优选后，进行多参量集成，得到预警程度 $W_{支}$。

多系统、多参量集成综合预警模型构建：基于上述各系统综合预警程度 W 和预警效能 R，通过式(9-2)进行多系统、多参量综合集成，构建多系统、多参量集成综合预警模型，进行多系统、多参量集成综合预警结果实时计算。通过大数据学习，构建冲击地压危险多系统、多参量集成综合预警判据，并将其分为无冲击危险、弱冲击危险、中等冲击危险、强冲击危险四个等级(图 9-23)。

$$W_{综}=\sum\left[\frac{W_I}{\max(W_I)}\times\frac{R_I}{\sum R_I}\right] \tag{9-2}$$

式中，$W_{综}$ 为多系统、多参量集成综合预警结果，$W_{综}$ 的值处于 0～1；R_I 为第 I 个系统的预警效能；W_I 为第 I 个系统的综合预警程度。选取各系统综合预警模型的预警效能作为各系统集成权重。

2) 微震预警模型现场验证

在对乌东煤矿+450m 水平 B3+6 回采面冲击危险性评价方法预警效能进行评价时，选取微震监控预警系统采集到的+450m 水平 B3+6 煤层回采期间(2016 年 9 月 8 日～2019 年 4 月 2 日)的微震数据作为预警效能检验的原始数据，检验结果如表 9-9 所示。

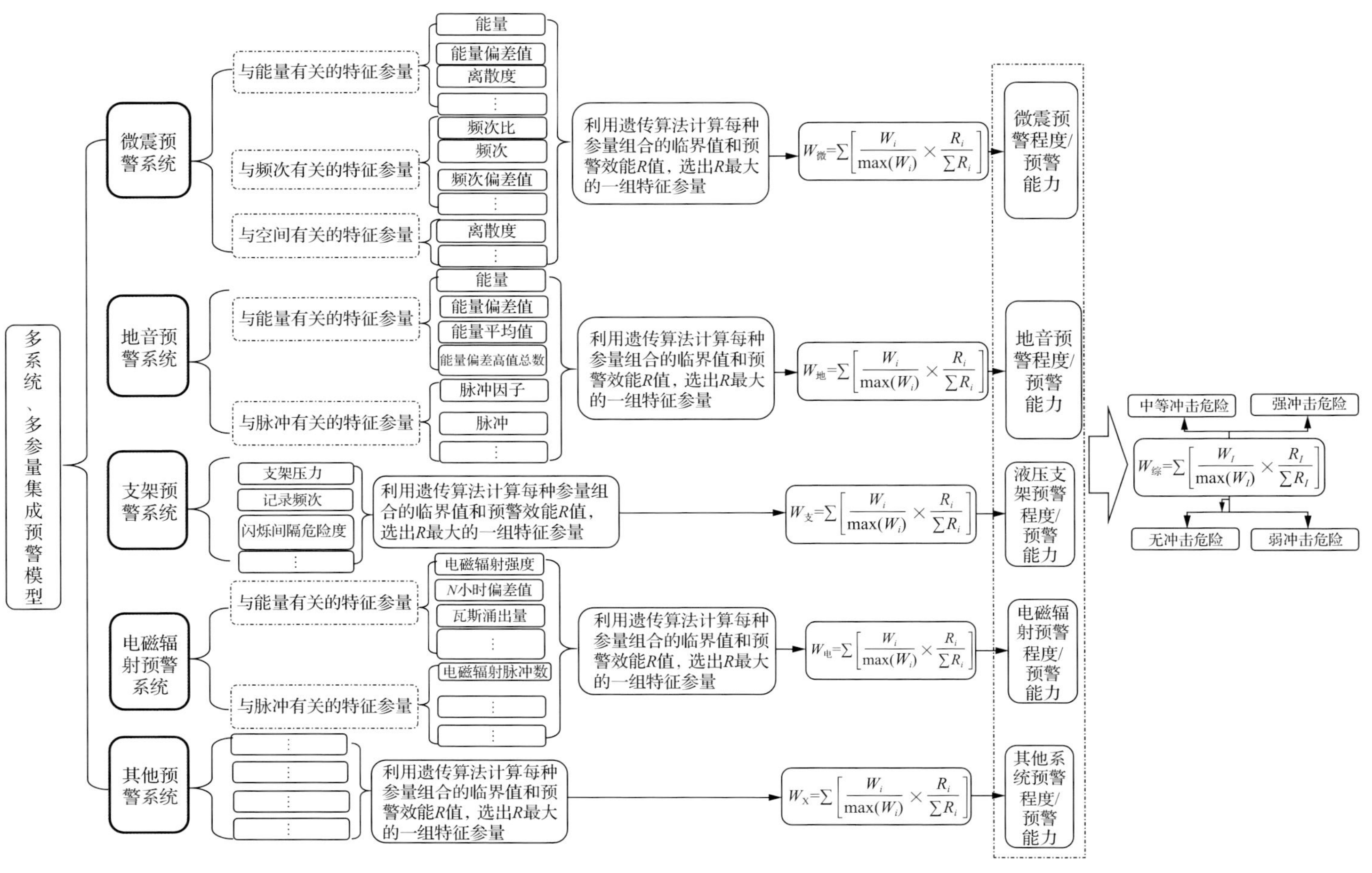

图9-23 多系统、多参量集成综合预警模型

表 9-9 预警效能检验结果

项目		预警结果		总次数
		无冲击和大能量	有冲击和大能量	
实际情况	无冲击和大能量	n_0^0	n_0^1	N_0
		527	19	546
	有冲击和大能量	n_1^0	n_1^1	N_1
		3	7	10

注：n_1^1、n_1^0、n_0^1、n_0^0、N_1、N_0 分别表示大能量和冲击地压报准次数、漏报次数、虚报次数、无冲击和大能量报准次数、有冲击和大能量次数、无冲击和大能量次数。

在进行冲击危险预警效能检验时，若判定具有冲击危险则进行危险预警发布，自危险预警发布之日起向后延伸 5 日，其间若发生大能量矿震事件或冲击地压，则认为本次预警成功，反之认为本次预警失败。进行一次大能量矿震事件或冲击地压预警之后，所有预警参量数值清零，重新开始预警。

通过 R 值评分法来对乌东煤矿 B3+6 回采面冲击危险性预警方法的效能进行评价，R 值含义为

$$R=\frac{\text{报对次数}}{\text{应预警总次数}}-\frac{\text{预警占用时间}}{\text{预警研究总时间}} \tag{9-3}$$

R=1 表示全报对，R=0 表示预警没有起任何作用，R 为负值表示完全报错。因此，当 $R>0$ 时，表示所做的预报成功率高于随机概率的成功率，即预警起到一定的效果。

R 值越大，预警效能越好。本节 R 值计算式为

$$R=\text{准报率}-\text{虚报率}=\frac{n_1^1}{N_1}-\frac{n_0^1}{N_0} \tag{9-4}$$

乌东煤矿 B3+6 回采面危险评价方法预警能力 R=0.67，具有较强的预警能力。

3) 地音预警模型现场验证

在进行冲击危险预警效能检验时，若判定具有冲击危险则进行危险预警发布，自危险预警发布之日起向后 1～2 天内，若发生大能量矿震事件或冲击地压，则认为本次预警成功，反之认为本次预警失败。

同样通过 R 评分法来对乌东煤矿 B3+6 回采面冲击危险性预警方法的效能进行评价，R 值计算式见式(9-4)，地音监测指标预警指标方法的预警能力 R=0.64，地音监测指标预警效能检验结果见表 9-10 所示。

4) 液压支架预警模型现场验证

以 B3+6 回采工作面支架应力为初始数据。考虑到 B3+6 煤层目前正在开采的是+450 水平回采面，所以选取 2017 年 3 月 1 日至 2018 年 1 月 31 日的支架应力记录为研究数据，进行液压支架监测系统多参量预警模型预警效果验证，最终根据每个支架在 2017 年 3

月 1 日至 2018 年 1 月 31 日的记录整理出 52374 组数据，每组数据代表 10min 内液压支架数据的特征。同时通过前文所述的支架监测系统的优选特征参量记录频次和闪烁间隔危险度计算公式对其特征参量进行计算。

表 9-10 预警效能检验结果

项目		预警结果		总次数
		无冲击和大能量	有冲击和大能量	
实际情况	无冲击和大能量	n_0^0	n_0^1	N_0
		247	8	255
	有冲击和大能量	n_1^0	n_1^1	N_1
		2	4	6

本书选用遗传算法来实现自动计算不同特征参数的最佳临界值 V_1、V_2 和预警周期 T。随着遗传算法的迭代，惩罚函数逐渐变小，在第 28 代结束优化过程，得到最优的临界值，其中惩罚函数设定为 1 减去预警效能。

遗传算法优选得出液压支架监测系统 3#支架的优选特征参量组合，能量均值最佳临界值 V_1 为 1.79、脉冲因子最佳临界值 V_2 为 5.56、预警周期 T 为 8h；2 号探头的优选特征参量组合能量均值最佳临界值 V_1 为 2.31、脉冲因子最佳临界值 V_2 为 10.47、预警周期 T 为 10h；3 号探头的优选特征参量组合能量均值最佳临界值 V_1 为 1.64、脉冲因子最佳临界值 V_2 为 11.86、预警周期 T 为 0.1h。

此时，单支架初步预警指标定为：当数据记录频次大于临界值 V_1 时，预警程度 W 加 1（W 初始值为 0）；当闪烁间隔危险度大于临界值 V_2 时，则预警程度 W 加 1；当预警程度 W 取最大值时，进行初步预警，预警周期为 T。

乌东煤矿采区 3#支架 2017 年 3 月 1 日至 2018 年 1 月 31 日监测数据预警结果如表 9-11 所示。

表 9-11 3#支架预警结果

项目	时长/10min	大能量事件分布/次
警报期	6987	8
安全期	41541	1
合计	48528	9

如表 9-11 所示，48528 个 10min 中，共有 6987 个 10min 处于警报期。此时的预警能力为：$R_{支架3\#}$= 8/9−6987/48528=0.74。由遗传算法得到 3#支架的最优临界值和预警周期是：记录频次为 11，闪烁间隔危险度为 0.00078，警报持续时间为 1h。

如表 9-12 所示，48528 个 10min 中，共有 12139 个 10min 处于警报期。此时的预警能力为：$R_{支架11\#}$= 7/9−12139/48528=0.53。由遗传算法得到 11#支架的最优临界值和预警周期是：记录频次为 4 次，闪烁间隔危险度为 0，警报持续时间为 1.2h。

表 9-12 11#支架预警结果

项目	时长/10min	大能量事件分布/次
警报期	12139	7
安全期	36389	2
合计	48528	9

如表 9-13 所示，48528 个 10min 中，共有 9982 个 10min 处于警报期。此时的预警能力为：$R_{支架20\#}$= 6/9–9982/48528≈0.46。由遗传算法得到的 20#支架的最优临界值和预警周期是：记录频次为 9 次，闪烁间隔危险度为 0，警报持续时间为 1.3h。

表 9-13 20#支架预警结果

项目	时长/10min	大能量事件分布/次
警报期	9982	6
安全期	38546	3
合计	48528	9

根据 3 个支架分别做出的初步预警程度 W_i 和预警效能 R_i，代入公式计算支架监测系统的综合预警结果 $W_{支}$：

$$W_{支}=\sum\left[\frac{W_i}{\max(W_i)}\times\frac{R_i}{\sum R_i}\right] \tag{9-5}$$

式中，$W_{支}$ 为综合预警程度；W_i 为第 i 个支架的预警程度；R_i 为第 i 个支架的预警效能。

根据上一节的标准和方法，分别得到了 3 个支架的初步预警结果，支架 3#、11#、20#的预警能力分别为：0.75、0.53、0.46。

通过对 3 个支架的特征参量进行综合集成，得到 9 次大能量事件对应的液压支架综合预警程度 $W_{支}$ 分别等于 0.601、0.814、0、1.0、1.0、1.0、1.0、1.0、1.0。统计得出，液压支架系统多参量集成预警模型的预警准则和微震集成综合预警模型相同。9 次大能量事件都属于中等和强冲击危险。预警效能 $R_{支架}$=0.73，相比单个支架的预警效能，综合预警集成了 3 个支架的特征参量，预警效能更高，具有很强的预警效能。

5) 多参量综合预警模型应用

上述对微震系统、液压支架系统和地音系统进行了详细分析，得到了单系统多参量集成综合预警模型，预警效能分别是 0.67、0.74、0.64。

根据上述单系统研究结果，应用综合异常指数方法，进行多系统、多参量综合集成：

$$W_{综}=\sum\left[\frac{W_I}{\max(W_I)}\times\frac{R_I}{\sum R_I}\right]$$

式中，$W_{综}$ 为多系统、多参量集成综合预警结果；W_I 为第 I 个系统的综合预警程度；R_I

为第 I 个系统的预警效能。

多系统、多参量集成综合预警模型构建后，应用到乌东煤矿，几次大能量事件都预警为中等及强危险，起到了一定的预警效果。多系统、多参量集成综合预警模型的预警效能为 R_I=0.91。多系统集成在综合各监测系统优势、提高预警效能方面具有重要意义。

9.2.5 冲击地压多元集成监控预警系统平台示范应用结果

综合分析示范矿井新巨龙矿、忻州窑矿冲击地压危险监控预警系统平台应用示范效果，可得到以下结论。

(1)结合第 4 章内容对示范矿井新巨龙矿、忻州窑矿、乌东煤矿的冲击地压主控因素与风险进行了判识，确定了冲击地压灾害类型、主控因素及危险等级，以及冲击地压危险监控预警系统平台的监测方法、监测范围、重点区域等。

(2)结合第 4 章内容建立了示范矿井新巨龙矿、忻州窑矿、乌东煤矿冲击地压多元集成监测系统，形成了矿井冲击地压多元集成监控预警系统平台，完成了冲击地压多元集成监控预警系统平台的应用示范。

(3)平台实现了故障自诊断、高灵敏、响应时间短、标校周期长、抗干扰等功能，截至 2019 年 6 月底，建立的冲击地压监控预警系统平台持续稳定运行，现场调试使系统无故障运行时间提高 60%。

(4)对示范矿井新巨龙矿的示范效果跟踪考察可知，新巨龙矿冲击地压监控预警水平有了较大提升，依托第 4 章研究成果，提出了示范矿井冲击地压震动场、应力场联合监控预警技术，开发了地音、微震和矿震一体化监测系统，有效震动事件拾取率从 70%提高到 95%左右，一套系统集成三类震动传感器，实现了矿震、冲击和破裂三类震动的监测；完善了矿井冲击地压多参量综合监测指标体系，冲击地压预警准确率由小于 80%提高到大于 90%；自预警平台运行以来，现场未发生破坏性冲击地压灾害，由现场微震、应力监测与强矿压显现情况对比结果可知，冲击地压多元集成监控预警系统平台对于震级＞1.0 级以上且现场有显现的强矿压事件预警准确率高达 98%。

(5)由跟踪考察示范矿井忻州窑矿的示范效果可知，与开展示范工程前比较，忻州窑矿强矿压显现监控预警技术水平有较大提升，开发了冲击危险的矿井→区域→局部递进式逐步聚焦的动静载监控预警技术方法，实现了矿井大尺度递进聚焦预警，显著提高了预警可靠性。依据第 4 章的研究成果，建立完善了多参量综合预警指标体系，构建并优选了偏差值、频次比等高可靠度指标，实现了微震、震动波 CT、电磁辐射、矿山压力等多参量集成监控预警，震动波 CT 探测应力集中区、电磁辐射监测的危险区与强矿压显现结果高度吻合。自多参量集成监控预警平台建成运行以来，对示范矿井 8308、8306 工作面进行连续跟踪监测，大能量矿震事件预测准确率为 100%。

(6)依托第 4 章等的研究成果，示范矿井乌东煤矿挖掘了 16 个有效预警指标，构建了集微震、地音、应力于一体的冲击地压多系统多参量集成监控预警模型，解决了微震、地音、液压支架等系统各自独立、预警结果矛盾的问题，实现了冲击地压的综合预警。基于构建的多系统多参量集成监控预警模型，开发了一套冲击地压时空综合预警平台。

矿井+450m 水平 B3+6 煤层和 B1+2 煤层的现场应用表明，冲击地压预警准确率由小于60%提高到大于 90%。

9.3 煤与瓦斯突出多元集成监控预警系统平台应用示范

基于煤矿典型动力灾害监控预警共性关键集成架构体系方案，结合第 5 章～第 7 章，制定了煤与瓦斯突出多元集成监控预警系统示范工程实施方案，确定了主要示范内容及技术路线；对阳泉煤业(集团)有限责任公司新景矿、贵州盘江精煤股份有限公司金佳矿 2 个示范矿井进行了突出危险主控因素与风险判识，建立了示范矿井煤与瓦斯突出多元集成监测系统，形成了矿井煤与瓦斯突出集成监控预警平台，并在示范矿井成功运行。

9.3.1 煤与瓦斯突出多元集成监控预警系统平台示范方案

1. 主要示范内容及技术路线

煤与瓦斯突出多元集成监控预警系统平台示范内容主要包括以下 3 个方面。

1)煤与瓦斯突出示范矿井突出主控因素与风险判识

对示范矿井进行煤与瓦斯突出危险主控因素判识，以及矿井生产系统突出风险宏观评价、采掘工作面突出风险实时判识，确定煤与瓦斯突出灾害类型、主控因素及危险等级，分析确定煤与瓦斯突出危险多元集成监控预警系统平台的监测方法、监测范围、重点区域等。

2)煤与瓦斯突出多元集成监控预警系统平台建立

优选项目新研发的动力灾害前兆采集传感、多网融合传输、多元信息挖掘分析新技术、新方法、新装备，建立声、电、瓦斯等煤与瓦斯突出多元集成监测系统，采集关键区域煤与瓦斯突出监测信息，实现基于大数据的模态化预警和主动推送，进而实现突出危险区域准确辨识、快速圈定及动态预警，形成矿井突出危险多元集成监控预警系统平台。

3)煤与瓦斯突出多元集成监控预警系统平台的示范应用

在示范矿井成功运行煤与瓦斯突出多元集成监控预警系统平台。该平台具有高灵敏、响应时间短、标校周期长、抗干扰等级高的特点和故障自诊断功能。运用平台对示范矿井突出危险区域进行连续、实时监测，优化预警方法、预警模型及临界值，将煤与瓦斯突出预警准确率提高到 90%以上。技术路线见图 9-24。

2. 主要示范研究方案

针对煤与瓦斯突出危险多元集成监控预警系统平台应用示范，采取的研究方法如下。

(1)煤与瓦斯突出危险主控因素与风险判识，主要采用煤层瓦斯参数实测、典型案例分析等方法进行研究。

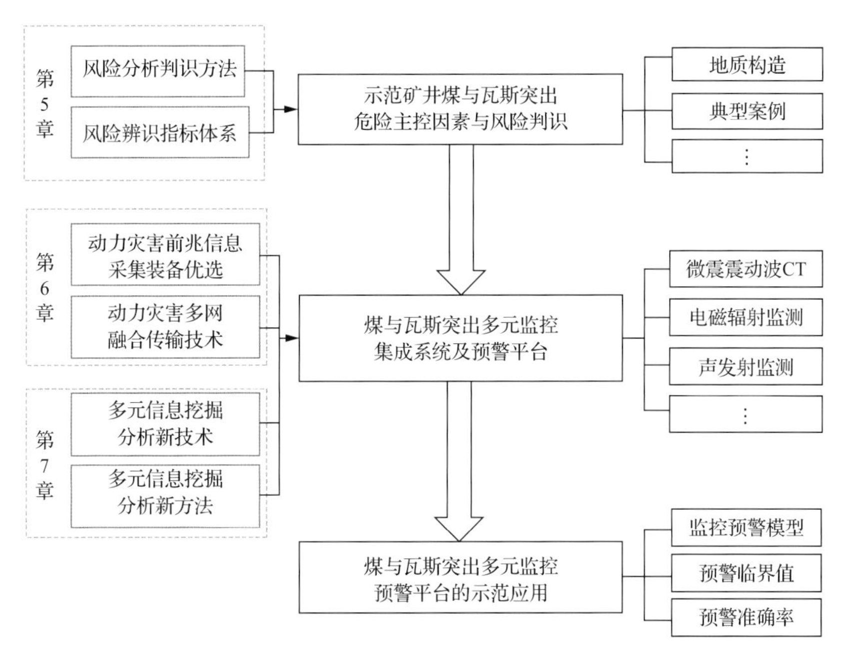

图 9-24 煤与瓦斯突出多元集成监控预警系统平台示范技术路线

(a) 煤层瓦斯参数指标。

通过现场实测及实验室实测，煤层瓦斯主要包含的指标有：煤层瓦斯含量指标、煤层瓦斯压力指标、煤层坚固性系数指标、煤的瓦斯放散初速度指标、煤层破坏类型等。

(b) 典型案例分析。

典型案例分析实施方法为：调查研究示范矿井煤与瓦斯突出灾害发生的时间、位置、工作面状态、煤岩结构、地质构造等规律，结合理论分析和实验室实验得到煤与瓦斯突出灾害发生的主要风险因素。

(2) 建立煤与瓦斯突出多元集成监控预警系统平台，通过前兆信息感知与采集设备优选及安装、设备软硬件安装及系统平台搭建 3 步实现。

(a) 前兆信息感知与采集设备优选及安装。

依据 9.1 节构建的煤矿典型动力灾害监控预警技术架构体系，和煤与瓦斯突出基础安全信息监测检测和自动采集相关的参数包含：微震震动波 CT 探测参数、电磁辐射参数、声发射参数、煤层瓦斯参数、突出参数、物探信息、钻孔施工、瓦斯涌出参数、抽采监测、矿压监测、人工观测等信息。各参数的采集方式详见前兆信息采集装备介绍。根据各类信息产生来源、数据类型等的不同，分别采用地面自动采集、井下自动上传、自动监测采集等采集模式。

(b) 矿井煤与瓦斯突出监控预警系统平台的搭建。

矿井煤与瓦斯突出监控预警系统平台包含专业分析模块和智能分析模块两大部分。

专业分析模块为煤矿业务部门提供专业化、信息化、自动化的办公工具，分专业对基础安全信息进行管理和分析，自动判识煤与瓦斯突出风险，具体包含：微震信号分析、震动波 CT 反演分析、电磁辐射信号分析、声发射信号分析、瓦斯涌出动态分析及其他辅助分析等多个子系统。其他辅助系统包含矿压分析、地质测量管理分析、瓦斯地质动态分析、抽采钻孔管理分析、抽采达标自动评判、防突动态管理等。各专业子系统具备相应的信息化管理、专业分析和风险判识功能，能够为矿井地测、防突、抽采、生产、监控等部门日常业务处理提供专业化工具，同时为煤与瓦斯突出智能预警提供基础信息，如图 9-6 所示。

突出预警模块主要用于预警分析和结果发布，实时计算煤与瓦斯突出预警指标，对预警指标进行融合分析，自动确定突出预警等级，并通过网站、移动终端 APP 等实时发布预警结果。煤与瓦斯突出智能预警系统由预警服务、预警数据库、预警网站、移动终端 APP 等构成，其中，预警服务主要负责预警分析、确定预警结果等级；预警数据库主要负责预警指标计算结果、预警模型置信度分配规则、预警结果等级等预警信息的存储；预警网站和移动终端 APP 主要负责预警结果发布和预警信息查询。

煤与瓦斯突出预警服务采用 Windows 服务模式，预警过程中处于系统后台连续运行，无须人为干预，其主要功能为预警分析和模型进化。预警分析主要从综合数据库中实时采集预警相关基础数据，根据多元信息融合预警模型，自动计算突出预警指标，进行置信度分配和融合分析，确定突出预警结果等级。模型进化主要根据煤与瓦斯突出预警反馈信息，进行预警指标关联分析，自动计算预警指标的支持度和置信度，优选预警指标及临界值，对预警结果等级的置信度分配规则进行优化调整，实现预警模型的自进化。

煤与瓦斯突出预警数据库主要用于存储预警基础信息、预警分析结果和预警模型参数，共包含预警主信息表、预警详细信息表、预警指标定义表、预警指标实时表、预警等级置信度分配表、关联规则指标分析表、历史数据表等 20 余张信息表。

煤与瓦斯突出预警网站主要用于预警结果发布和预警信息查询，用户可通过客户端对矿井最新预警结果、历史预警结果、预警指标和预警基础数据等进行查询和统计。

通过预警结果查询统计功能，能够分工作面、分时间段对最新预警结果、历史预警结果进行条件查询，并能对预警结果中“绿、橙、红”等不同等级预警结果所占比例，以及导致“橙、红”预警结果的预警因素进行分类统计，并自动生成相应的统计图表。

通过基础数据查询统计功能，能够分工作面、分时间段、分类型对日常预测、瓦斯涌出特征、矿压监测特征等预警基础数据进行查询，自动生成统计曲线；能够对基础数据和预警结果进行对比分析，发现预警因素与预警结果的关联性；对预警基础数据的区间分布进行统计，掌握异常数据分布规律。平台还具备空间分析功能，能够对工作面空间位置，以及与空间位置相关的集中应力分布、防突措施控制范围、防突措施空白带缺陷分布、地质构造影响范围等预警指标进行查询分析。

(3) 针对煤与瓦斯突出多元集成监控预警平台的示范应用，主要考察煤与瓦斯突出主控因素与风险判识效果、煤与瓦斯突出前兆信息感知与采集模块选择合理性、煤与瓦斯突出多元集成监控预警系统平台无故障运行时间、预警准确率等。预警效能 R 的计算方法与 9.2 节相同。

9.3.2 阳泉煤业(集团)有限责任公司煤与瓦斯突出示范工程

根据研究确定的煤与瓦斯突出多元集成监控预警系统平台示范方案，本书对示范矿井新景矿进行了煤与瓦斯突出危险主控因素与风险判识，确定了矿井煤与瓦斯突出多元集成监控预警系统平台的监测方法、监测范围、重点区域等，建立了示范矿井煤与瓦斯突出多元集成监控预警系统平台，并对平台运行效果进行了跟踪考察。

1. 煤与瓦斯突出主控因素与风险判识

阳泉矿区是我国北部典型的煤与瓦斯突出矿区。阳泉煤业(集团)有限责任公司煤与瓦斯突出示范工程依托新景矿建设。新景矿位于阳泉市西北部，距市中心 8km，行政区划隶属阳泉市管辖。井田东西走向长约 12.0km，南北倾斜宽约 7.5km，面积约 64.7477km^2，截至 2014 年底，煤炭保有储量 9.18 亿 t，剩余可采储量 5.63 亿 t。矿井自建井以来发生瓦斯动力现象 200 余次，其中 52.38%突出发生在采面，采面突出以应力为主导，瓦斯涌出量不大，其中约 60%的突(喷)出发生在构造影响带，总体受褶曲构造控制在轴部过渡带，由东向西呈斜列式密集带状分布。突出点附近大多软煤分层发育，151 次动力现象地点煤的破坏类型达到Ⅲ级、Ⅳ级，占比 74%，煤厚剧烈变化处动力现象也较多。本矿突出强度总体较小，平均 80t/次，最大 203t/次，最大瓦斯涌出量 15862m^3。突出 17 次，喷出 193 次，突出后瓦斯涌出量与埋深成正比。总体而言，新景矿突出风险因素主要包括：地质构造异常、瓦斯参数增大、采掘应力集中、日常预测指标异常变化、瓦斯涌出异常、区域预抽瓦斯措施落实不到位、局部瓦斯排放措施施工不到位。

基于研究得到的新景矿突出风险主要因素，分析确定了新景矿煤与瓦斯突出多元集成监控预警系统平台的监测方法，并在 3218 回风巷、3218 辅助进风巷和 3213 回采面等区域对系统平台运行效果进行跟踪考察。

2. 示范矿井煤与瓦斯突出多元集成监测系统及预警平台

依据新景矿突出风险判识结果及煤与瓦斯突出前兆信息感知与采集设备，优选了新景矿煤与瓦斯突出前兆采集传感、多网融合传输、多元信息挖掘分析的新技术、新方法、新装备，形成了矿井煤与瓦斯突出多元集成监控预警系统整体结构，如图 9-25 所示。建立的预警系统包含瓦斯参数、突出参数、物探信息、钻孔施工、瓦斯监测、抽采监测、矿压监测、人工观测 8 类信息。根据各类信息产生来源、数据类型等的不同，分别采用地面自动采集、井下自动上传、自动监测采集等采集模式。

通过对采集的 8 类信息进行专业分析，划分为 7 个子系统，具体包含：地质测量管理分析系统、瓦斯地质动态分析系统、抽采钻孔管理分析系统、抽采达标在线评判、防突动态管理系统、瓦斯涌出动态分析系统、矿压监测分析系统。各子系统可以为煤矿业务部门提供专业化、信息化、自动化的办公工具，分专业对基础安全信息进行管理和分析，自动判识煤与瓦斯突出风险，其功能详述如下。

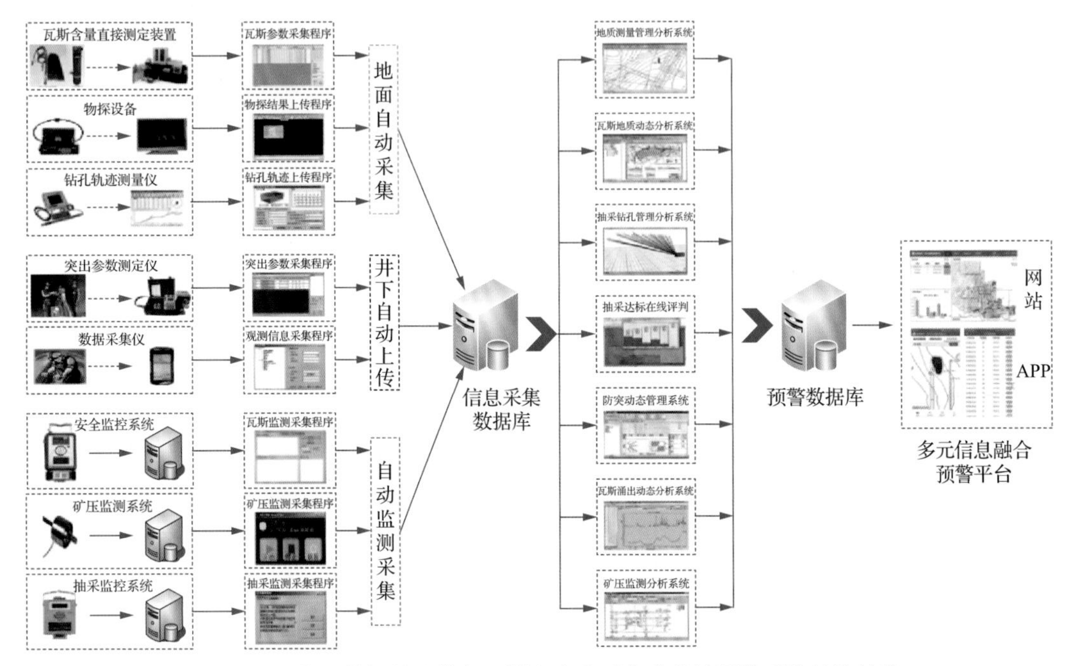

图 9-25　示范矿井新景矿煤与瓦斯突出多元集成监控预警系统整体结构

(1)地质测量管理分析系统是面向煤矿地测部门开发的矿井地质测量信息综合管理软件，能够对地勘钻孔、井巷工程、地质构造、导线测量、采掘收尺等进行信息化管理，绘制数字矿图，同时为煤与瓦斯突出预警提供空间基础数据。

(2)瓦斯地质动态分析系统以瓦斯地质理论为指导，结合 GIS 技术进行开发，实现了矿井瓦斯地质资料的精细化、规范化、信息化管理，瓦斯地质规律智能分析和多级瓦斯地质图的自动绘制及动态更新，同时为煤与瓦斯突出智能预警提供瓦斯赋存、地质构造等基础数据。

(3)抽采钻孔管理分析系统具有瓦斯抽采钻孔智能设计、钻孔施工参数管理、钻孔设计竣工图自动绘制、瓦斯抽采空白带自动判识等专业功能，为矿井瓦斯抽采钻孔的设计、成图、管理提供专业化工具，为煤与瓦斯突出智能预警提供抽采措施缺陷方面的基础数据。

(4)抽采达标在线评判系统能够实时采集矿井瓦斯抽采监测系统的瓦斯抽采监测信息，自动计算瓦斯抽采量、抽采率、煤层残余瓦斯含量，在线评判煤层瓦斯抽采达标；能够自动分析区域瓦斯抽采规律，预测区域瓦斯抽采达标时间，并指导相邻区域瓦斯抽采钻孔布置。该系统为煤与瓦斯突出智能预警提供瓦斯抽采方面的基础数据。

(5)防突动态管理系统能够自动生成防突预测表单，并进行远程审批和数字签名，自动绘制防突大样图，智能分析局部防突措施效果，辨识局部防突措施缺陷，为矿井防突资料的信息化管理提供专业工具。该系统为煤与瓦斯突出智能预警提供日常预测和局部防突措施等基础信息。

(6)瓦斯涌出动态分析系统能够实时采集煤矿瓦斯监测数据，自动进行工作面瓦斯涌出动态特征分析，在线判识工作面瓦斯涌出异常，为煤与瓦斯突出智能预警提供瓦斯涌出特征方面的基础信息。

(7) 矿压监测分析系统能够实时采集矿压监测信息，进行矿压监测特征分析，判定矿压异常，对突出危险进行连续预测预报。该系统为煤与瓦斯突出智能预警提供矿压变化特征方面的基础信息。

3. 煤与瓦斯突出多元集成监控预警平台运行效果考察

煤与瓦斯突出智能预警现场示范总体分为三个阶段。

1) 预警模型初始化阶段

首先，将新景矿有记录的 210 余起突出(喷出)事故案例相关信息进行数字化入库。其次，煤与瓦斯突出智能预警系统基于这些事故案例，分析各预警指标的支持度 S_i 和置信度 C_i，对预警指标进行优选，确定定量指标的临界值 Z_0，建立各预警指标的预警等级基本置信度分配规则，形成初步的预警模型。

2) 预警模型改进提升阶段

从 2018 年 7 月初至 2018 年 10 月底，选择正在掘进的 3215 切巷和 3216 回风巷、3216 辅助进风巷、3216 配风巷、3216 切巷 5 个掘进工作面和 3213 回采面作为重点考察对象。在矿井生产过程中，煤与瓦斯突出智能预警系统实时采集工作面的各类基础安全信息，并根据初始化的预警模型对工作面进行突出智能预警，与此同时，通过人工方式对工作面实际突出危险进行跟踪考察，将实际突出危险考察结果与预警结果进行对比，判定预警结果的准确性，并将实际突出危险考察结果反馈给预警系统。按照以上方法，预警系统每 15 天根据反馈结果重新进行支持度和置信度计算、指标优选、临界值确定和预警等级基本置信度分配，对预警模型进行更新改进，并统计分析相应时间段内预警结果的准确性。

不同时间段的预警总准确率、漏报率和误报率的统计结果如图 9-26 所示。从图 9-27 中可以看出，随着预警模型不断地学习改进，预警总准确率由开始的 81.45%逐渐升高到

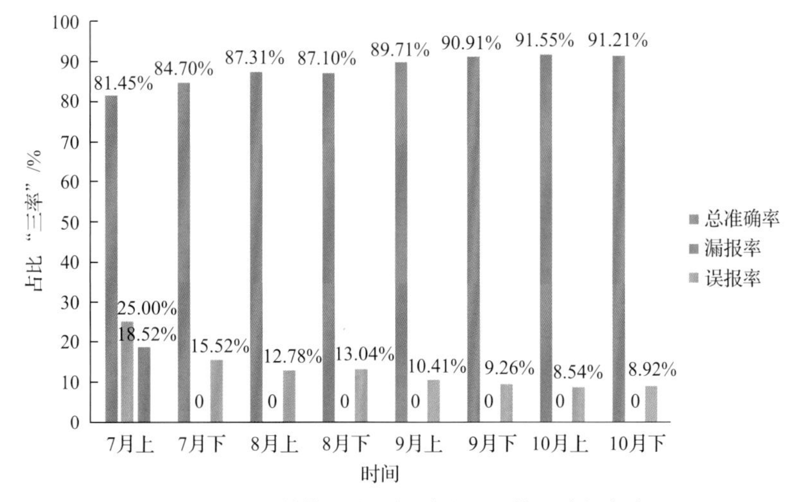

图 9-26　预警模型改进提升阶段预警准确性考察

91%以上，并趋于稳定；突出危险漏报只在 7 月上半月开始阶段漏报 1 次，之后没有漏报发生；突出危险误报率从开始的 18.52%逐渐降低到了 10%以下，并稳定在 8%左右。整体来看，随着预警模型的多次学习和改进，预警结果的准确性大大提升，充分体现了预警系统具有较高的智能化程度。

3) 推广应用阶段

从 2018 年 11 月初至 2019 年 4 月。经过预警模型改进提升阶段，新景矿预警模型已稳定固化，该阶段将稳定后的预警模型在全矿井进行全面应用，并选择 3218 回风巷、3218 辅助进风巷和 3213 回采面作为重点考察对象，对预警结果准确性进行考察。各工作面预警跟踪考察统计结果如图 9-27 所示，可以看出，预警模型稳定后，各工作面的预警总准确率均为 91%以上，突出危险漏报率均为 0，突出危险误报率均低于 9%。从矿井整体预警效果而言，预警总准确率为 91.57%，突出危险漏报率为 0，突出危险误报率为 8.62%，预警效果良好。

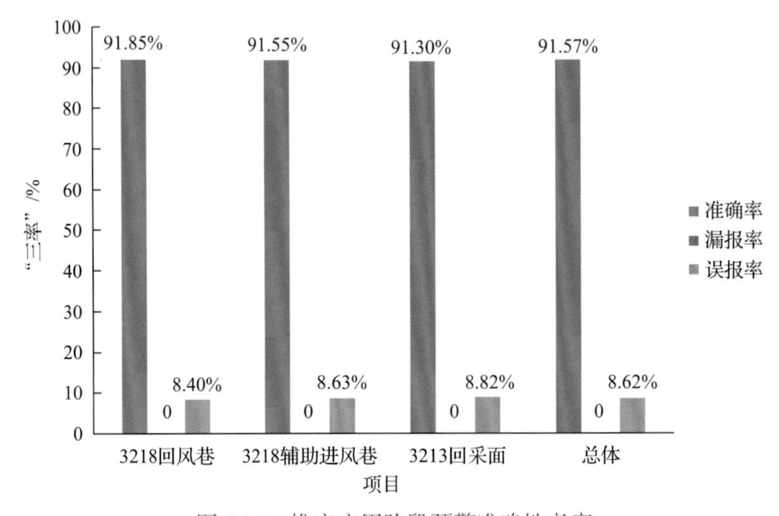

图 9-27 推广应用阶段预警准确性考察

9.3.3 贵州盘江精煤股份有限公司煤与瓦斯突出示范工程

根据研究确定的煤与瓦斯突出多元集成监测系统平台示范方案，本书对示范矿井金佳矿进行煤与瓦斯突出危险主控因素与风险判识，确定了矿井煤与瓦斯突出多元集成监控预警系统平台的监测方法、监测范围、重点区域等，建立了示范矿井煤与瓦斯突出多元集成监测系统及预警平台，并对平台运行效果进行了跟踪考察。

1. 煤与瓦斯突出主控因素与风险判识

盘江矿区内地质条件复杂，是我国西南地区煤与瓦斯突出灾害最严重矿区之一。在盘江矿区建设煤与瓦斯突出示范工程对促进贵州乃至西南地区煤矿瓦斯灾害防治、提升煤矿安全生产保障水平具有重要意义，本书选择在贵州盘江精煤股份有限公司金佳矿建设煤与瓦斯突出示范工程。井田内含煤地层为上二叠统龙潭组，总厚 220～310m，含煤层 29～44 层，平均煤层厚 49.11m，含煤系数 21%。全井田主要可采煤层有 3#、7#、9#、17#、18_1#、18#、22#、24#等，煤层最小瓦斯压力为 0.97MPa，煤层瓦斯含量最小值 10.79m^3/t，全部煤层均为煤与瓦斯突出煤层。图 9-28 为盘江矿区地质构造纲要图。

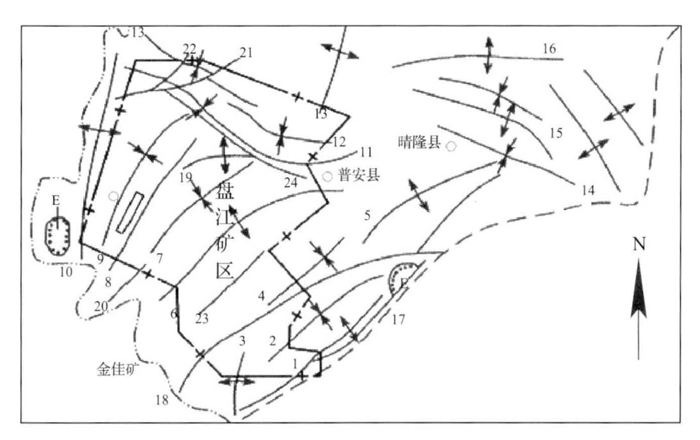

图 9-28 盘江矿区地质构造纲要图

基于风险判识结果，结合矿井采掘部署、衔接计划，综合确定将矿井 11224 运输巷、11224 工作面切眼、12223 运输巷、11227 运输巷等作为重点监测区域。

2. 示范矿井煤与瓦斯突出多元集成监测系统及预警平台

基于研究得到的金佳矿突出风险主控因素，优选了煤与瓦斯突出微震、电磁辐射、声发射、瓦斯等前兆信息监测设备，并在矿井重点监测区域进行了安装。建立了金佳矿煤与瓦斯突出多元集成监控预警系统平台，形成了从矿井→区域→局部逐级聚焦的监控预警方法。

金佳矿突出预警技术体系在矿井范围内通过瓦斯地质法实现早期突出危险性评估，在区域范围内通过微震震动波 CT 探测区域应力场、地质异常体等实现煤与瓦斯突出的区域预测与动态监测，在局部重点区(如掘进头)利用电磁辐射、声发射、瓦斯等参数实现即时监控预警。

(1)矿井范围内早期突出危险性评估主要依据地质勘探部门在地质勘探过程中查明的矿床瓦斯地质情况、反映煤层突出危险性的基础资料、新建矿井在可行性研究阶段所进行的煤层突出危险性评估资料，在建或生产矿井进行的突出危险性鉴定资料等。其依据的主要指标是煤层原始瓦斯含量、煤层瓦斯压力等。

(2)区域预测与动态监测主要依据区域范围内的微震监测与微震震动波 CT 探测。煤与瓦斯突出发生的力源包括煤岩体的静载应力、采掘扰动诱发的动载应力和煤岩体内瓦斯压力。其中，动载扰动和静载应力集中是煤与瓦斯突出的两个主要因素。因此，利用微震动态监测动载扰动信息和微震震动波 CT 探测静载应力集中区，对于预测煤与瓦斯突出危险性相对大小具有重要意义。

(3)突出危险的局部即时预警主要通过电磁辐射、声发射、瓦斯等综合监测实现。其中，当电磁辐射、声发射、瓦斯等监测指标低于临界值 V_1 时，系统处于Ⅰ级弱危险预警；当电磁辐射、声发射、瓦斯等监测指标达到临界值 V_1 时，进行Ⅱ级中等危险预警；当电磁辐射、声发射、瓦斯等监测指标达到临界值 V_2 时，进行Ⅲ级强危险预警

示范矿井金佳矿建立的煤与瓦斯突出多元集成监控预警系统平台如图 9-29 所示。可自动监测工作面电磁辐射、声发射、瓦斯动态涌出信号，实现了工作面煤体声-电-瓦斯信息的多点、区域化、同步监测。

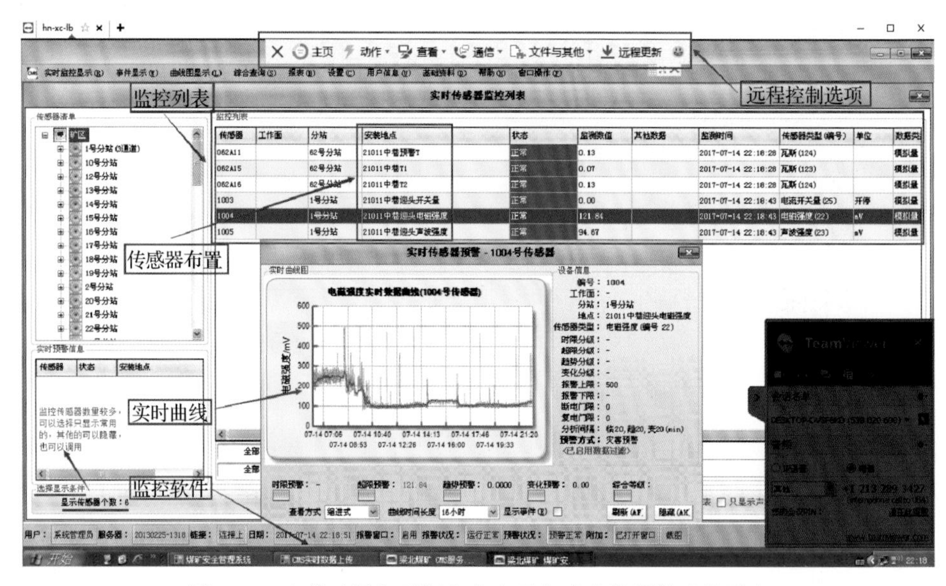

图 9-29 金佳矿煤与瓦斯突出多元集成监控预警系统平台

3. 煤与瓦斯突出多元集成监控预警平台运行效果考察

目前，示范矿井金佳矿的煤与瓦斯突出多元集成监控预警平台的示范应用在矿井 11224 运巷掘进工作面、11224 工作面切眼、12223 运巷掘进工作面等进行了多方面的效果考察，取得良好效果。

1)煤与瓦斯突出前兆信息识别与各参量之间的相关性研究

重点考察了掘进工作面打钻、放炮、清煤、开铲车等典型作业工序对声发射、电磁辐射信号的影响特征，分别跟踪记录了一个完整工作班的作业工序电磁辐射、声发射情况，并对比分析了不同作业工序下的声发射、电磁辐射信号变化特征。研究了声电传感器距离迎头不同距离的测试结果，确定了示范矿井金佳矿掘进作业条件下声电传感器的最佳监测距离为 5～12m。

2)煤与瓦斯突出多元集成监控预警系统平台运行效果考察

本书首次将微震监测技术应用于煤与瓦斯突出矿井，实现了全矿井微震监测与定位，采区应力场、地质异常体及危险区域的动态监测与区域预测，监控预警重点突出，层次

更加清晰。图 9-30 为微震震动波 CT 探测的重点监测区域 11224 工作面的区域应力场分布图。微震震动波 CT 探测的应力集中区与煤与瓦斯突出钻屑指标 K_1 超限位置具有良好的对应关系，能够较好地反映煤与瓦斯突出危险性的相对大小。

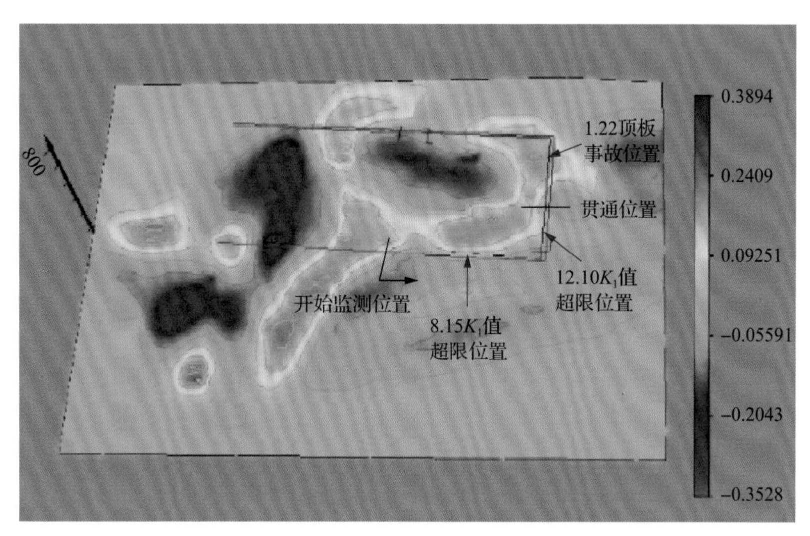

图 9-30 11224 工作面的区域应力场分布图

图 9-31 为跟踪的 12223 运输巷掘进工作面声电信号及瓦斯浓度的监控预警结果。可见，掘进期间有效电磁辐射强度表现出了波动变化的趋势，波动范围在 50～350mV，电磁辐射基准值为 90mV，预警临界值为 144mV。有效电磁辐射信号对多次煤炮和瓦斯异

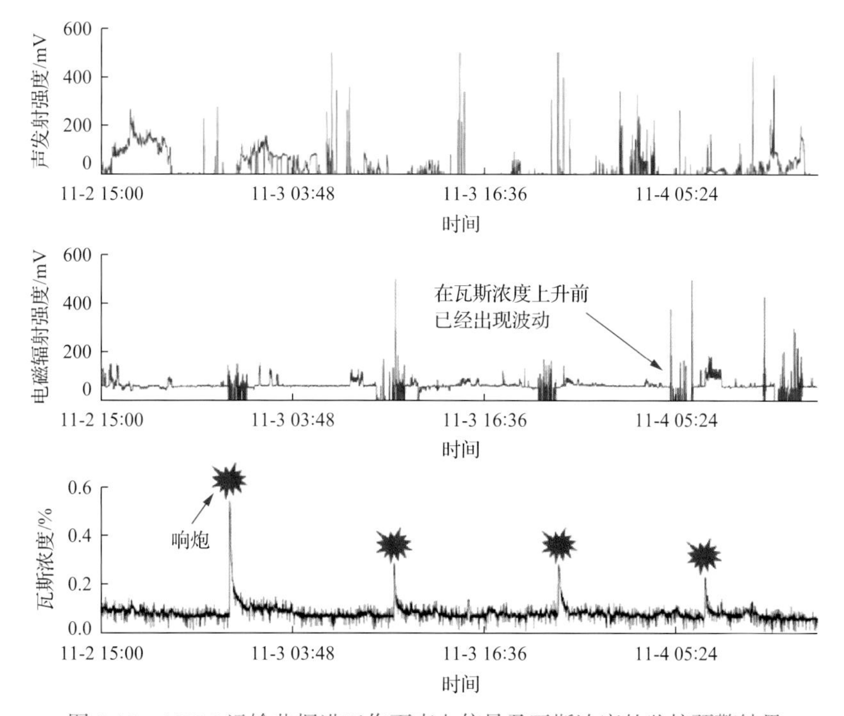

图 9-31 12223 运输巷掘进工作面声电信号及瓦斯浓度的监控预警结果

常升高事件均有较好的响应，在事故发生前 30min 到 1h 超过临界值发出预警提示，表现出了较好的超前预警效果。

同理，掘进期间有效声发射强度也表现出了波动变化的趋势，波动范围在 40～300mV 之间，声发射强度基准值为 60mV，预警临界值为 108mV。有效声发射信号对多次煤炮和瓦斯异常升高事件均有较好的响应，在事故发生前 30min 到 3h，发出超过临界值的预警提示，表现出了较好的超前预警效果，预警准确率大于 90%。

9.3.4 煤与瓦斯突出多元集成监控预警平台示范应用结果

综合分析示范矿井新景矿、金佳矿煤与瓦斯突出多元集成监控预警系统平台应用示范效果，可得到以下结论。

(1)结合第 5 章～第 7 章，对示范矿井新景矿瓦斯动力现象进行了统计分析，掌握了矿井煤与瓦斯突出特征及规律，从生产系统、区域和工作面等角度确定了矿井煤与瓦斯突出风险因素，建立了矿井煤与瓦斯突出预警指标体系；对示范矿井金佳矿从地质构造、瓦斯含量分布等方面对煤与瓦斯突出主控因素与风险进行了判识，确定了煤与瓦斯突出主控因素及监测重点区。

(2)结合第 5 章～第 7 章，对示范矿井新景矿从安全信息采集接口、专业分析子系统、突出预警网站及 APP、数据库等方面进行了建设，构建了新景矿煤与瓦斯突出智能预警系统，实现了突出灾害隐患的在线监测、智能判识和实时预警；对示范矿井金佳矿建立了微震区域监测、局部重点位置电磁辐射、声发射、瓦斯等多参量集成监控预警系统，形成矿井煤与瓦斯突出多元集成监控预警系统平台。

(3)由示范矿井新景矿 3218 回风巷、3218 辅助进风巷和 3213 回采面的预警结果准确性考察结果可知，各工作面的预警总准确率均为 91%以上，突出危险漏报率均为 0，突出危险误报率均低于 9%。从矿井整体预警效果而言，预警总准确率为 91.57%，突出危险漏报率为 0，突出危险误报率为 8.62%，预警效果良好。

(4)依托第 5 章声-电-瓦斯智能监控预警技术装备成果，首次将微震监测技术应用于煤与瓦斯突出矿井，实现了全矿井微震监测与定位，采区应力场、地质异常体及危险区域的动态监测与区域预测，监控预警重点突出，层次更加清晰。依托第 4 章，首次在煤与瓦斯突出矿井成功应用新研发的双源震动波一体化 CT 探测预警设备及分析反演软件，实现了应力场的主动反演。示范矿井金佳矿的突出预警方法由传统钻屑指标 K_1、S 预测升级为电磁辐射、声发射、瓦斯、钻屑指标等多参量集成监控预警，预警指标更加丰富、科学、全面。

(5)通过对示范矿井金佳矿 12223 运输巷、11224 运输巷、11224 工作面切眼等的跟踪考察，矿井煤与瓦斯突出多元集成监控预警系统平台自开始运行以来一直持续稳定运行，其间矿井未发生煤与瓦斯突出事故，对多次瓦斯灾害动力显现均具有明显响应，预警准确率大于 90%，预警效果良好。

(6)在示范矿井成功运行煤与瓦斯突出多元集成监控预警系统平台。该平台具有故障自诊断、高灵敏、响应时间短、标校周期长、抗干扰等级高和故障自诊断功能，通过现场调试系统无故障运行时间提高 60%。运用平台对示范矿井突出危险区域进行连续、实时监测，优化预警方法、预警模型及临界值，将煤与瓦斯突出预警准确率提高到 90%以上。实现了应用示范煤矿煤与瓦斯突出灾害隐患在线监测、实时预警，截至 2019 年 6 月底，建立的煤与瓦斯突出灾害监控预警系统平台持续稳定运行。

9.4 冲击-突出复合型动力灾害多元集成监控预警技术应用示范

基于煤矿典型动力灾害监控预警共性关键集成架构体系方案，结合第 4 章～第 8 章，制定了冲击-突出复合型动力灾害多元集成监控预警技术示范工程实施方案，确定了主要示范内容及技术路线；针对胡家河煤矿建立了冲击-突出复合型动力灾害监控预警指标体系与预警模型，进行了复合灾害主控因素与风险判识，建立了冲击-突出复合型动力灾害监控预警系统，形成了冲击-突出复合型灾害监控预警平台，并在示范矿井成功运行。

9.4.1 冲击-突出复合型动力灾害多元集成监控预警系统平台示范方案

1. 主要示范内容及技术路线

冲击-突出复合型动力灾害监控预警技术集成应用示范主要包括以下 4 个方面。

(1) 基于煤矿典型动力灾害监控预警共性关键集成架构体系方案，建立融合形成冲击-突出复合型动力灾害监控预警指标体系与预警模型。

(2) 对示范矿井进行冲击-突出复合型动力灾害主控因素与风险判识，确定复合类型、主控因素及危险等级，分析确定冲击-突出复合型动力灾害多元集成监控预警系统平台的监测方法、监测范围、重点区域等。

(3) 基于冲击地压、煤与瓦斯突出监测系统特点，提出复合型动力灾害监控预警技术集成架构与方案。采用前兆采集传感与多网融合传输技术装备，以及基于数据融合的灾害多元信息挖掘分析新技术、新方法，建立冲击-突出复合型动力灾害多元集成监控预警系统平台。

(4) 在示范矿井成功运行冲击-突出复合型动力灾害多元集成监控预警系统平台。该平台具有故障自诊断、高灵敏、响应时间短、标校周期长、抗干扰等级高等功能特性，通过现场调试系统无故障运行时间提高 60%。运用平台对示范矿井危险区域进行连续、实时监测，优化预警方法、预警模型及临界值，将煤与瓦斯突出预警准确率提高到 90%以上。

2. 主要示范研究方案

冲击-突出复合型动力灾害多元集成监控预警技术应用示范的研究方法如下。

(1) 示范矿井冲击-突出复合型动力灾害危险主控因素与风险判识。

针对冲击-突出复合型灾害示范矿井危险评估预判，采用冲击-突出复合型灾害风险判识技术和方法、典型案例分析、实验室实验等进行研究。

(a)冲击-突出复合型灾害风险判识技术和方法。

冲击-突出复合型灾害风险判识技术和方法可选用综合指数法、多因素耦合分析法、动静载应力叠加法。

(b)典型案例分析。

典型案例分析实施方法为：调查研究示范矿井冲击-突出复合型灾害发生的时间、位置、工作面状态、煤岩结构、地质构造等规律，结合理论分析和实验室实验得到复合型灾害发生的主控因素。

(2)冲击-突出复合型动力灾害预警指标体系与预警模型构建。

利用专业预警模块的预警模型将冲击-突出复合型动力灾害前兆信息感知与采集模块获取的数据进行分析，得到灾害危险指标，自动判识发生动力灾害的风险。

利用智能预警模块，基于模式分类器与人工神经网络对灾害危险指标进行分析，以及置信度和融合分析，自动确定预警结果等级。

(3)建立冲击-突出复合型动力灾害多元集成监控预警系统平台。主要通过前兆信息感知与采集设备优选、设备软硬件安装及系统平台搭建 3 步实现。

(a)冲击-突出复合型动力灾害前兆信息感知与采集设备优选。

依据前文构建的煤矿典型动力灾害监控预警技术架构体系，与冲击-突出复合型动力灾害基础安全信息监测检测和自动采集相关的参数包含：微震信号监测、双震源 CT 反演参数监测、矿山压力监测、电磁辐射信号监测、地音监测、物探信息监测、瓦斯浓度监测、其他辅助监测等获取的参数信息。各参数的采集方式详见前兆信息采集装备介绍。根据各类信息产生来源、数据类型等的不同，分别采用地面自动采集、井下自动上传、自动监测采集等采集模式。

(b)冲击-突出复合型动力灾害多元集成监控预警平台的搭建。

确定多元监测信息，形成分级立体式监测模式，构建基于云技术的监控预警系统平台，是实现煤矿典型动力灾害风险精准判识及监控预警的落脚点。多参量监控预警平台从物理层次上包括矿端各监测系统数据标准化集成与上传中心、集团监测中心的数据存储与综合预警平台，以及架构在云平台上的客户端平台和区域监控预警中心。

(4)针对冲击-突出复合型动力灾害多元集成监控预警平台的示范应用，主要考察冲击-突出复合型动力灾害主控因素与风险判识效果、冲击-突出复合型动力灾害前兆信息感知与采集模块选择合理性、冲击-突出复合型动力灾害监控预警系统平台无故障运行时间、预警准确率等。预警准确率 R 的计算方法与 9.2 节相同。

9.4.2 胡家河煤矿冲击-突出复合型灾害示范工程

根据研究确定的冲击-突出复合型动力灾害多元集成监控预警平台示范研究方案，本书对示范矿井胡家河煤矿进行了冲击地压危险主控因素与风险判识，建立了冲击-突出复合型动力灾害多元集成监控预警平台，并对平台运行效果进行跟踪考察。

1. 冲击-突出复合型灾害危险主控因素与风险判识

1) 胡家河示范矿井复合型灾害描述

胡家河煤矿 401102 工作面、402103 工作面泄水巷、回风巷等巷道掘进过程中，受采掘干扰、构造异常等影响，掘进工作面矿压显现强烈，煤炮频繁发生，多次造成巷道迎头及已支护段出现大面积顶板瞬间下沉或切顶，顶板锚索频繁破断，局部显著底鼓，甚至导致皮带架、掘进机发生显著位移，工人轻微弹起。

2) 胡家河示范矿井复合型灾害危险判识

从冲击矿压发生机制上讲，促成冲击矿压启动的能量可以是集中静载荷，也可以是集中动载荷，但是从根本上讲，都是系统内集中静载荷必须达到临界条件。当集中动载荷参与时，就是帮助系统内集中静载荷达到临界条件，如果系统内集中静载荷不够大，来自系统外的集中动载荷传递到静载荷集中区将被消耗，因此难以完成冲击启动。根据以上分析，并结合冲击启动理论判断，两类因素都是影响工作面冲击矿压危险的重要因素，其中，对集中静载荷产生作用的因素较多，其危险程度相对较高。根据资料显示，煤层 401102 工作面、402103 工作面顶板厚度特征参数比较高，顶板也比较坚硬，顶板岩层结构特点等动载荷影响因素的危险程度也比较高。工作面冲击矿压危险影响因素如图 9-32 所示。

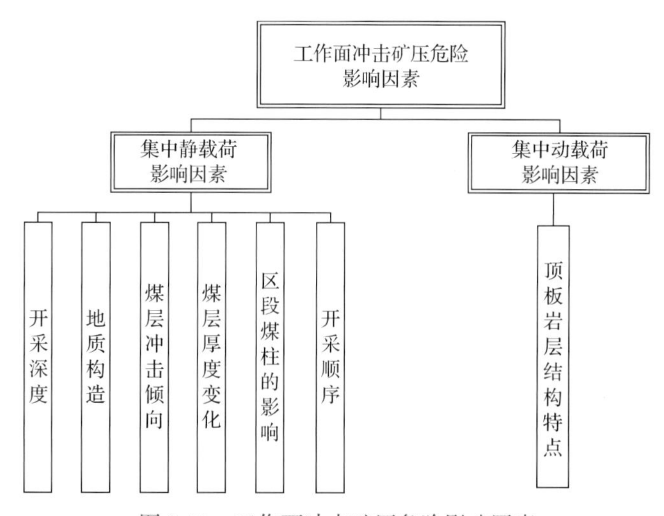

图 9-32 工作面冲击矿压危险影响因素

3) 冲击-突出复合型动力灾害类型及监测重点区域

胡家河煤矿 402103 工作面冲击类型主要有：F7 正断层导致的断层型冲击，A5 向斜轴部褶曲导致的构造型冲击，双巷两侧 20m 保护煤柱引起的煤柱型冲击，顶板 35m 粗粒砂岩、25m 中砂岩引起的顶板破断型冲击(图 9-33)。

通过对示范矿井动力灾害危险判识及分类，确定示范矿井监测的重点区域为：工作面过断层、褶曲发育区域、双巷两侧 20m 保护煤柱区域、厚硬顶板区域。

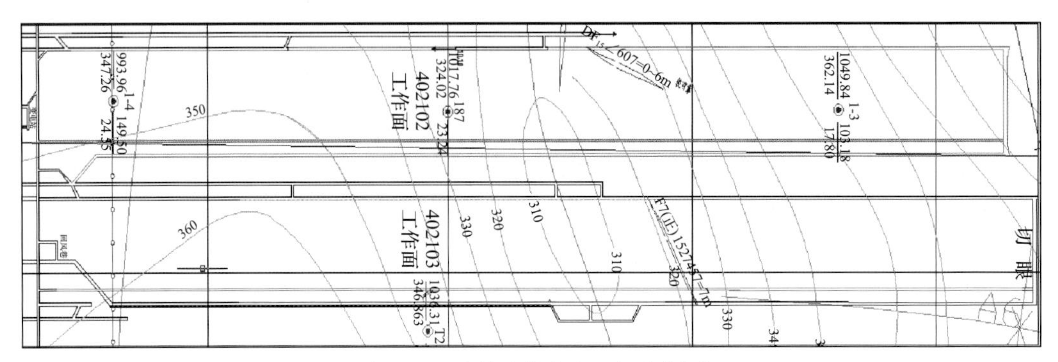

图 9-33 示范矿井灾害现场案例图

2. 彬长胡家河煤矿多元集成监控预警系统平台

根据研究确定的冲击-突出复合型动力灾害多元集成监控预警系统平台示范研究方案，建立了冲击-突出复合型动力灾害监控预警体系，如图 9-34 所示。

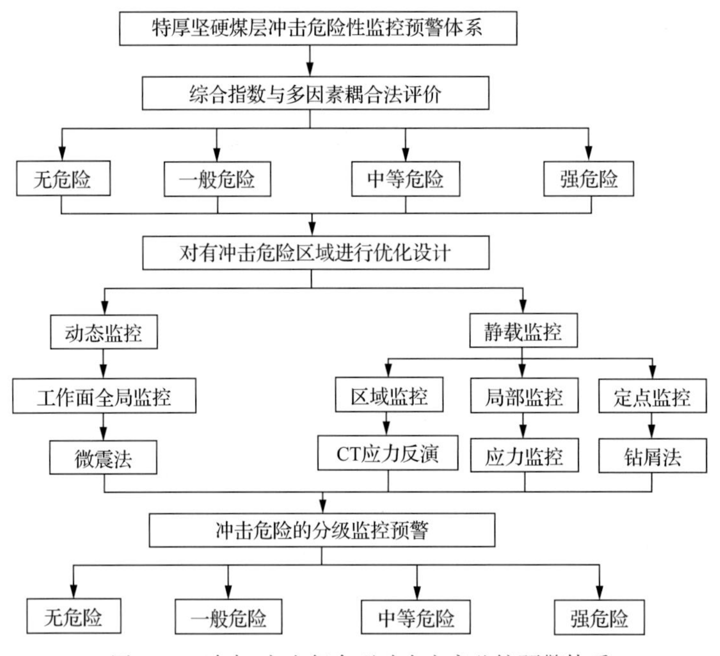

图 9-34 冲击-突出复合型动力灾害监控预警体系

1) 震动波 CT 主被动反演系统

2018 年 7 月 1 日，在 401103 工作面距切眼 635～935m 范围内两巷布置 32 个传感器（激发探头 2 个、拾震探头 30 个），主动反演的震源采用人工爆破，共记录爆破震动炮 39 个。

2) 地音监测系统

地音监测系统可以采集到地音信号的能量和脉冲次数，用来表征地音信号的大小、多少等，由此来反映煤岩体内部受力情况。地音监测探头布置一直随着综放面的推进而移动，一般地音监测系统探头布置在综放面推进位置 200m 范围内，布置在煤体或顶板和底板上，一般是隔 30m 布置一个。为了确保对冲击危险及时准确预警，保证工作面附近工人安全，探头主要布置在工作面超前 100m 范围内，探头间隔 30m 左右。为了对煤体、顶板、层间岩柱应力集中程度和破裂及时监测，地音监测系统的 9 个探头被布置在不同的位置，顶板、煤体、层间岩柱各布置 3 个探头。

3) 应力在线监测系统

通过应力分布监测系统实施监控采场推进过程中的压力显现，推演煤体四周压力分布规律，确定采掘活动合理的空间位置与实施冲击矿压危险防治措施的位置。监测超前支承压力分布、影响范围及煤体在采场超前支承压力作用下的应力变化，从而结合微震监测系统对冲击矿压危险状况进行预警，并指导现场防治措施的实施。

示范工程实现了彬长矿区微震、应力等监测数据接口设计及其实时传输和存储，冲击地压监测数据的实时获取和常规日常分析，以及冲击地压“灾源”的定位与识别、示范区域冲击地压预警展示及运维平台。

3. 监控预警系统平台运行效果考察

依据微震定位，10 月 27 日 22 时 21 分 51 秒，在 402103 工作面运输巷侧工作面前方发生 2.76×10^5J 大能量矿震，震源坐标 X=495897、Y=891498、Z=338，震源平面走向距工作面前方 7m，倾向距运输巷往东 25m，运输巷超前支架 15m 范围内巷道顶板受冲击影响，其中超前支架 6m 出现网兜现象，顶板高度 2.4m，超前架前 6～15m 正帮侧顶板与巷帮出现切断下沉，下沉量在 600～1000mm，另外该区段正帮侧帮部出现网兜现象，收敛严重，402103 泄水巷距联络巷口 264～270m 底板出现底鼓现象，底鼓量 200mm，底板出现裂缝，宽度 40mm，泄水巷内 32 节风筒处副帮侧顶板下沉压断压风管路，巷道断面整体变形严重。

1) 多参量综合预警效果考察

A.微震多维信息指标综合预警

图 9-35 为微震活动性多维信息综合指标预警情况，可以看出，活动性多维信息综合指标提前 3 天发布强冲击危险预警，可以有效预警 10 月 27 日的现场冲击显现。

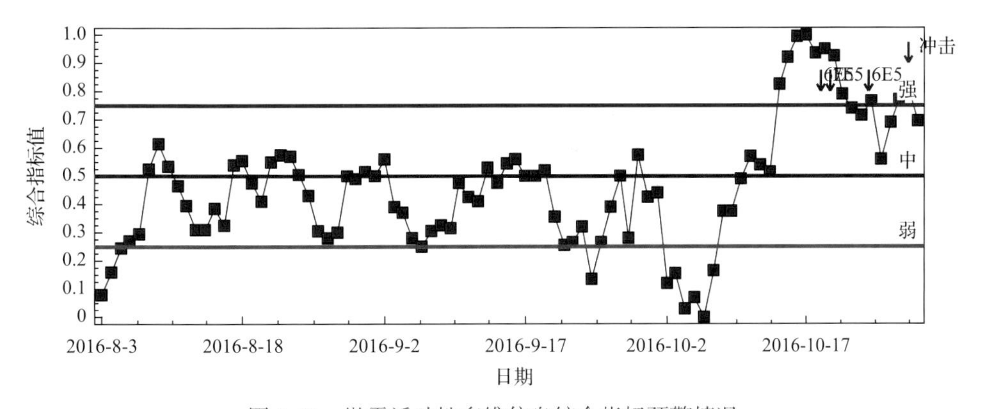

图 9-35　微震活动性多维信息综合指标预警情况

B.地音监控预警

图 9-36 为运输巷的地音预警指标,可以看出地音指标提前 3 天发布强冲击危险预警,可以有效预警 10 月 27 日的现场冲击。

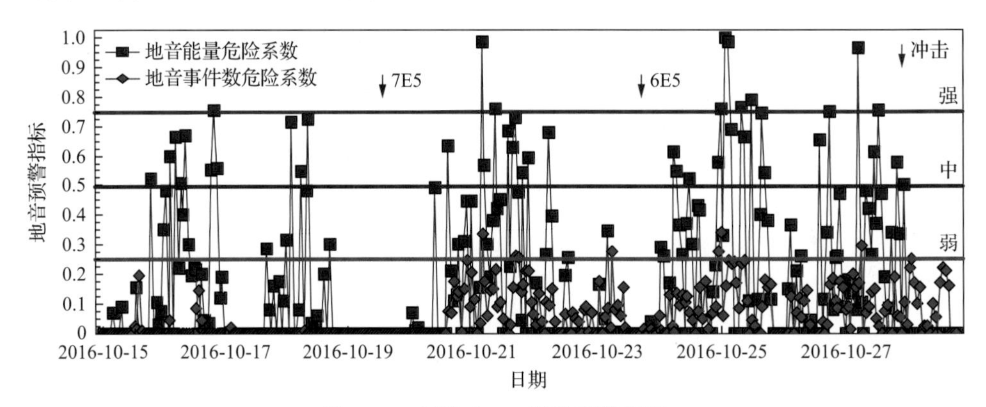

图 9-36 运输巷 D7 探头预警指标

C.矿压监控预警

图 9-37 为矿压综合预警云图。矿压综合预警云图揭示了 10 月 27 日在 20 号支架与 40 号支架之间的顶板周期来压，而现场微震的定位处于来压区域的前方，说明矿压预警指标具有强冲击危险预警效能。

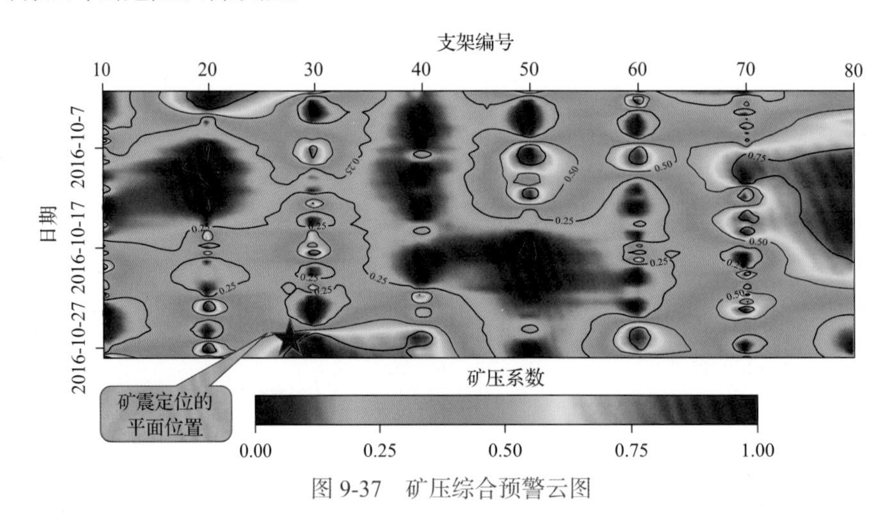

图 9-37 矿压综合预警云图

D.冲击变形能时序预警

图 9-38 为冲击变形能在时序上的预警,2016 年 10 月 27 日冲击前的一段时间冲击变形能处于稳步上升阶段，且冲击发生在冲击变形能达到峰值的位置。

E.冲击变形能空间预警

图 9-39 为冲击变形能在空间上的预警，可以看出冲击变形能云图的演化过程，图中显示为强冲击危险的区域有两处，第一处位于 Y=891400 附近的运输巷与回风巷之间，2016 年 10 月 19～21 日此处冲击变形能几乎没有变化，而另外一处则是位于工作面前方

的实体煤中，可以清晰地看到冲击变形能集聚的变化，10 月 27 日在此处发生了冲击，在空间上准确预报了大能量矿震发生的位置。

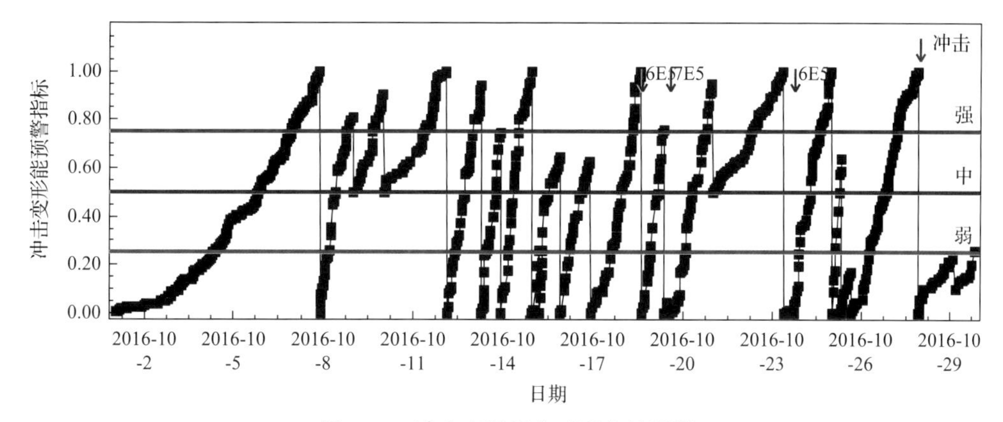

图 9-38　冲击变形能在时序上的预警

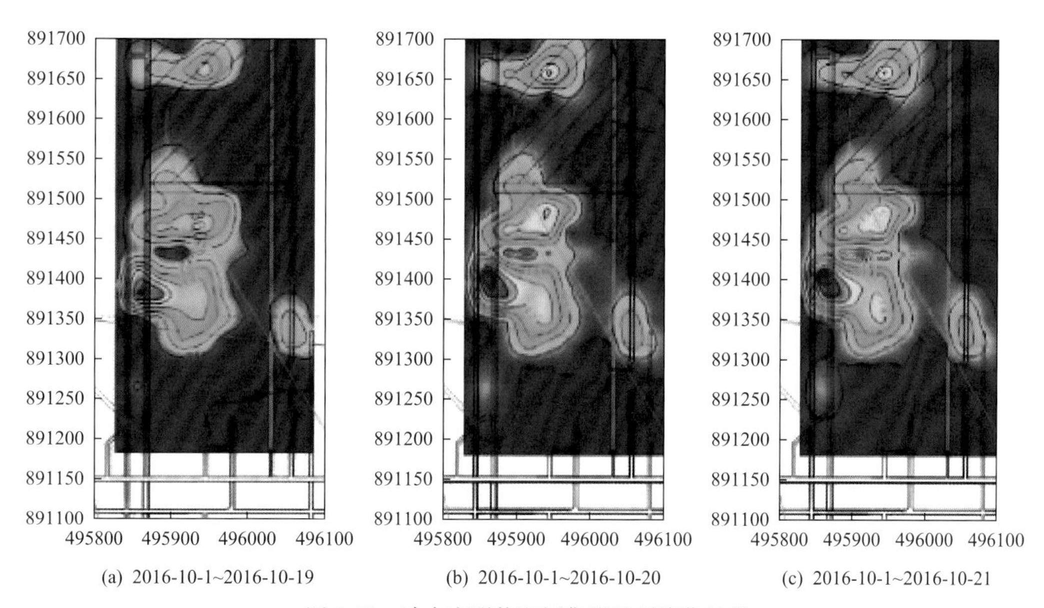

图 9-39　冲击变形能空间集聚云图演化过程

F.震动波 CT 区域探测

针对胡家河煤矿 402103 工作面泄水巷、运输巷震动，利用微震监测系统已监测到的微震数据，建立震动波 CT 定量模型，分析得到图 9-40(a)和(b)402103 工作面 CT 区域波速异常指标。

由震动波 CT 探测云图可知，402103 工作面泄水巷运输巷超前 200m 范围、402103 工作面回风巷超前 100m 范围、泄水巷和运输巷超前工作面 271m 联络巷口区均为应力集中区域，而 2016 年 10 月 27 日的冲击区域就在工作面超前 50m 范围内的泄水巷和运输巷内，预警效果良好。

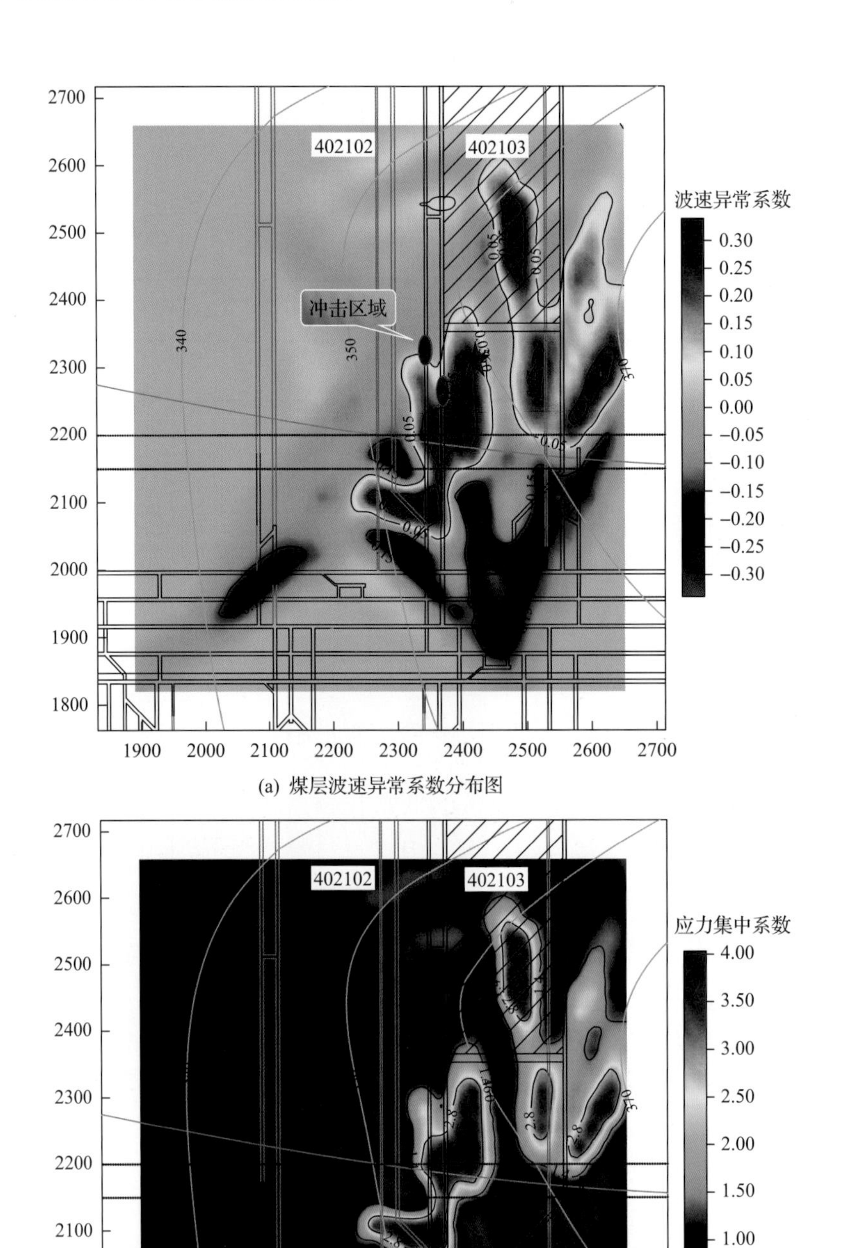

(a) 煤层波速异常系数分布图

(b) 煤层应力集中系数分布图

图 9-40 402103 工作面 CT 区域探测云图(2016-10-20～2016-10-26)

G.多参量综合预警报表

将上述指标进行归一化处理，最终形成多参量综合预警报表，如图 9-41 所示，2016 年 10 月 27 日冲击显现前所得到的 5 项多参量预警指标都显示为强冲击危险，综合确定的最终预警结果为强冲击危险，对现场冲击事件发出了有效预警。

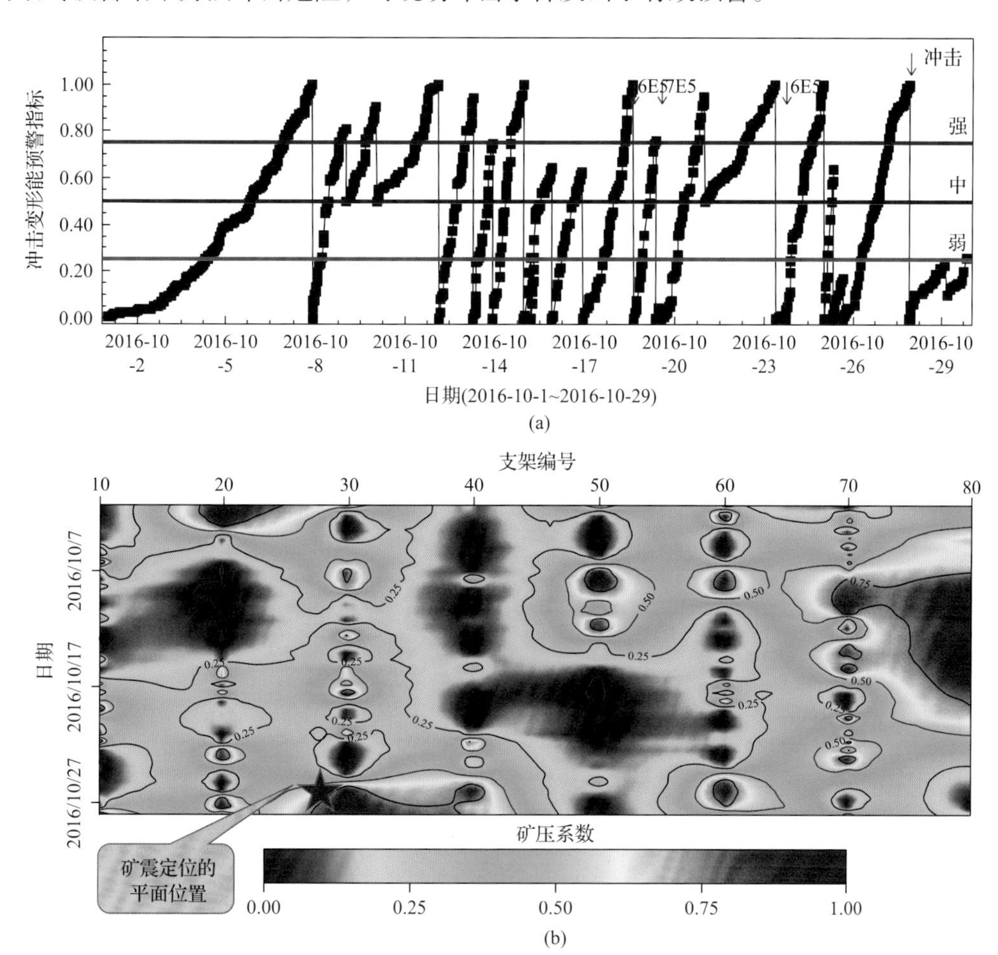

图 9-41 402103 工作面多参量监控预警报表

应用结果显示，402103 工作面回采过程中，多参量预警平台对强冲击危险的预警率为 100%，对于中等及弱冲击危险区域的预警率能够达到 90%以上，存在预警平台预警工作面危险等级为强但未发生大能量矿震的现象，可能原因为工作面卸压措施强度高，卸压及时，能够有效降低工作面的冲击危险等级。

2) 震动波 CT 主被动反演预警效果考察

A.KJ470 双震源主动反演工程预警实例

2018 年 7 月 1 日，在 401103 工作面距切眼 635～935m 范围内两巷布置 32 个传感器(激发探头 2 个、拾震探头 30 个)，主动反演的震源采用人工爆破，共记录爆破震动炮 39 个，反演结果如图 9-42 所示。

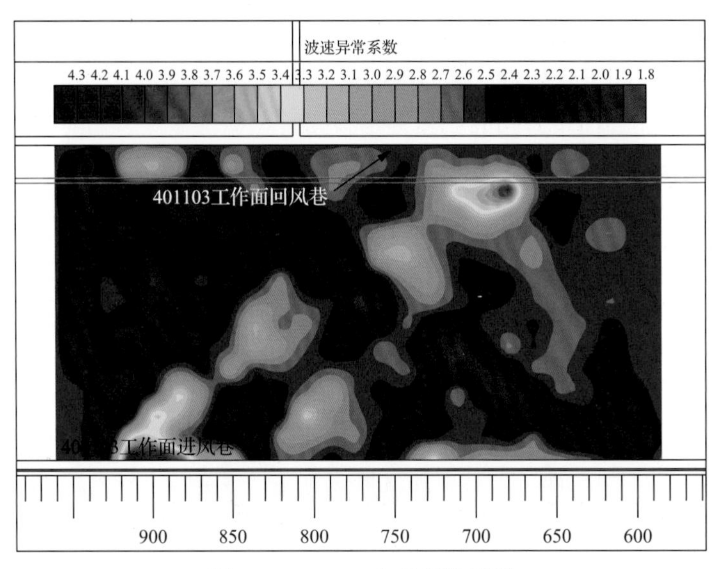

图 9-42 KJ470 主动反演云图

如图 9-43 所示，主动反演结果显示反演区域内存在 4 处波速异常系数高于 4 的区域，分别为 401103 工作面回风巷距切眼 850～930m、工作面内 50m 煤体区域、回风巷距切眼 660～730m、工作面内 40m 煤体区域。工作面内波速异常系数值为 3 的区域存在 3 个。

2018 年 7 月 18 日，401103 工作面回风巷进尺 657.7m、进风巷进尺 661.6m；2018 年 7 月 31 日，工作面回风巷进尺 717.9m、进风巷进尺 719.3m。提取该段时间内多参量监控预警数据，如图 9-43 所示。

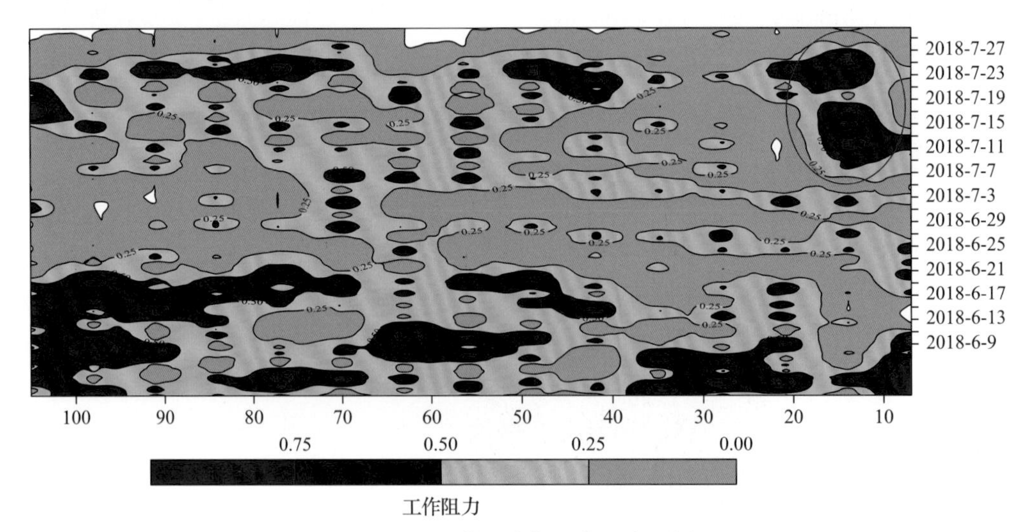

图 9-43 工作面支架工作阻力云图

图 9-43 为 2018 年 7 月工作面支架工作阻力云图，7 月 11～25 日回风巷侧区域支架工作阻力较高，危险系数多次高于 0.75，与主动反演中回风巷侧危险区域耦合性较好。

2018年7月1日主动反演云图结果显示,401103工作面在7月4日划分强危险处2处,划分中等危险处11处,划分弱冲击危险15处。对微震、支架阻力等结果的综合分析表明,对于强矿震事件、中等矿震事件、弱矿震事件进行分析,强危险预警区域对大能量矿震全部覆盖,预警准确率为100%,但是部分存在划分为强危险区域,由于卸压措施及时,未发生明显动力显现,中等危险预警区域预警准确率对中等矿震事件覆盖率为91%,预警准确率为91%,弱危险预警区域预警准确率对弱矿震事件覆盖率为94%,预警准确率为94%。

B.KJ470双震源被动反演工程预警实例

根据KJ470系统监测微震事件定位结果,由于工作面回采过程中震源多集中于工作面后方,震源与拾震器之间形成的射线在工作面区域分布不均,工作面超前200m范围内的射线分布密集,工作面超前200～400m位置处射线分布较少,因此反演结果在工作面超前200m范围内的结果较为可靠。2019年4月30日,被动反演结果如图9-45所示。从图9-45中可以看出,402102工作面运输巷侧煤柱内距切眼470～550m区域、距切眼670～760m区域、工作面距回风巷10～50m区域内煤体波速异常系数较高,且在断层临近区域出现了明显的波速异常区,说明该区域静载应力较高。根据工作面回采进度,2019年4月30日进风巷进尺415m。由2019年4月30日数据可知:①根据冲击变形能云图,工作面回采至415m时,工作面超前200m范围内煤体变形能预警为弱,与反演结果耦合性较好。②根据时空强及多指标综合预警图,2019年3月16日至4月30日工作面的危险程度一直处于较高范围,说明工作面发生冲击的危险程度较高,但胡家河煤矿及时采取了相应的卸压解危措施,现场无冲击显现情况。③由微震数据定位结果,选取2019年4月1～30日的所有的微震数据,发现402102工作面回采期间,微震事件基本以102J、103J为主,且微震事件主要集中于F13、F7及CF1断层附近,与被动反演的波速异常区域重叠,耦合性较好。

2019年4月30日被动反演云图结果显示,401103工作面在4月30日划分强危险1处,划分中等危险2处,根据对图9-44～图9-47微震、支架阻力等结果的综合分析,预警区域和微震事件集中区域的重叠率达71.3%,预警效果良好。

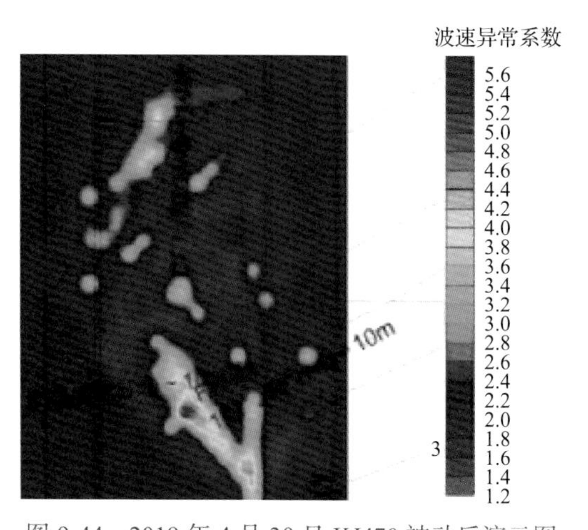

图9-44　2019年4月30日KJ470被动反演云图

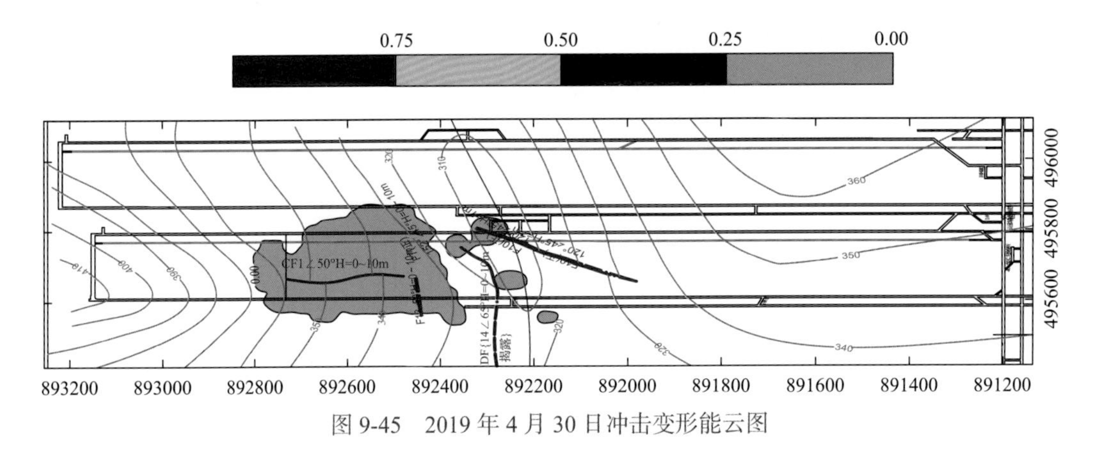

图 9-45 2019 年 4 月 30 日冲击变形能云图

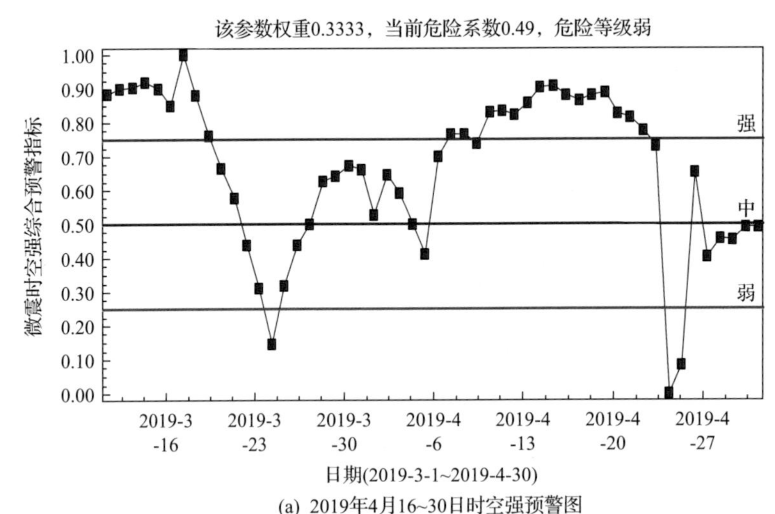

(a) 2019年4月16~30日时空强预警图

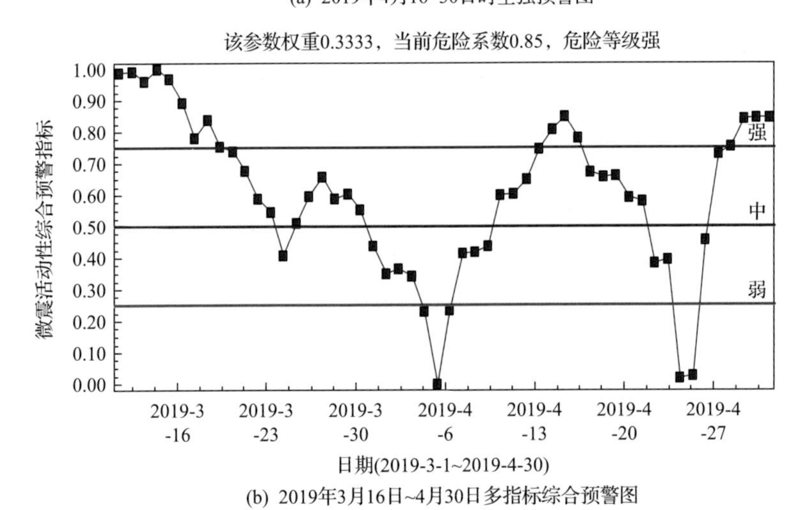

(b) 2019年3月16日~4月30日多指标综合预警图

图 9-46 2019 年 4 月 16～30 日预警图

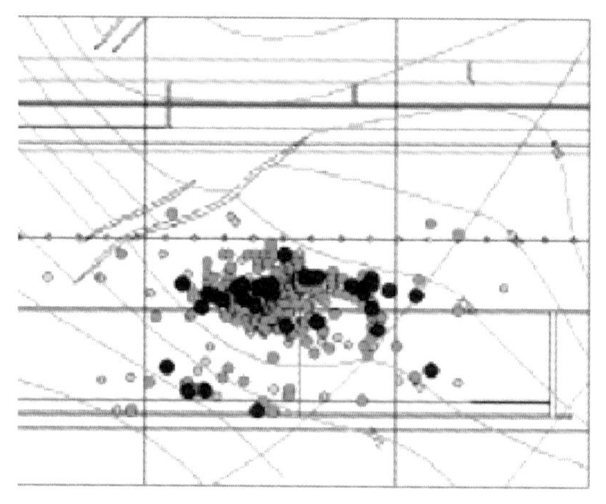

图 9-47 2019 年 4 月 1～30 日微震事件分布图

9.4.3 冲击-突出复合型动力灾害多元集成监控预警平台示范应用结果

示范矿井胡家河煤矿冲击-突出复合型动力灾害多元集成监控预警平台应用示范工程正在建设中，目前取得了以下阶段性成果。

(1)结合第 4 章、第 5 章，建立了冲击-突出复合型灾害监控预警指标体系与预警模型，对示范矿井胡家河煤矿进行复合灾害危险评估预判，确定复合类型、主控因素及危险等级，以及复合灾害危险监控预警系统平台的监测方法、监测范围、重点区域等，构建了胡家河煤矿特厚煤层动力灾害监控预警体系。

(2)结合第 4 章～第 8 章，提出了复合型灾害综合监控预警系统方案，在陕西煤业化工集团有限责任公司建立了冲击-突出复合型动力灾害多元集成监控预警平台，在突出-冲击复合型灾害矿井首次成功应用了冲击地压双震源 CT 反演系统，示范矿井应用第 4 章研发的双源震动波一体化 CT 探测预警设备及分析反演软件，实现了应力场的主动反演，反演效果与支架工作阻力、冲击变形能指数等吻合性高。示范期间，被动反演 100 余次，系统稳定运行 150 余天，对胡家河煤矿动力灾害中的弱、中等危险预测准确率为 90%以上，强危险预测准确率 100%，应用效果良好。

(3)平台实现了故障自诊断、高灵敏、响应时间短、标校周期长、抗干扰等功能特性，截至 2018 年 11 月底，建立的冲击地压监控预警系统平台持续稳定运行，通过现场调试，系统无故障运行时间提高 60%，完成了胡家河煤矿矿级远程在线监测中心的建设，实现了客户端 Web 平台展示。

9.5 煤矿典型动力灾害远程监控预警系统综合平台应用示范

煤矿典型动力灾害远程监控预警系统综合平台是项目研究成果的集成，第 9 章结合第 2 章～第 8 章基于煤岩动力灾害监控预警的共性关键集成架构体系在陕西煤业化工集团有限责任公司、阳泉煤业(集团)有限责任公司、山东能源集团有限公司等煤矿企业示范应用基于数据融合的煤与瓦斯突出、冲击地压灾害多元信息挖掘分析技术及软件，实现了分析结果向监控预警系统平台的实时反馈。在国家安全生产监督管理总局通信信息中心、山东安监局、北京科技大学、中国矿业大学、安徽理工大学等单位完成了远程集成监控预警系统平台应用示范，实现了煤与瓦斯突出、冲击地压等煤矿重大灾害、灾变隐患远程在线监测、智能判识、实时准确预警，能够远程指导示范矿井冲击地压、煤与瓦斯突出灾害治理，验证动力灾害远程在线智能判识预警理论及方法的可行性。

9.5.1 煤矿典型动力灾害远程监控预警系统综合平台应用示范方案

在示范煤矿应用基于数据融合的煤与瓦斯突出、冲击地压灾害多元信息挖掘分析技术及软件，可向监控预警系统平台实时反馈分析结果；建立煤矿典型动力灾害多元海量动态信息远程在线传输、存储和多元信息挖掘的煤矿典型动力灾害远程监控预警系统平台，实现灾害远程在线智能预警，指导示范矿井典型动力灾害治理。煤矿典型动力灾害远程监控预警系统综合平台示范内容如图 9-48 所示。

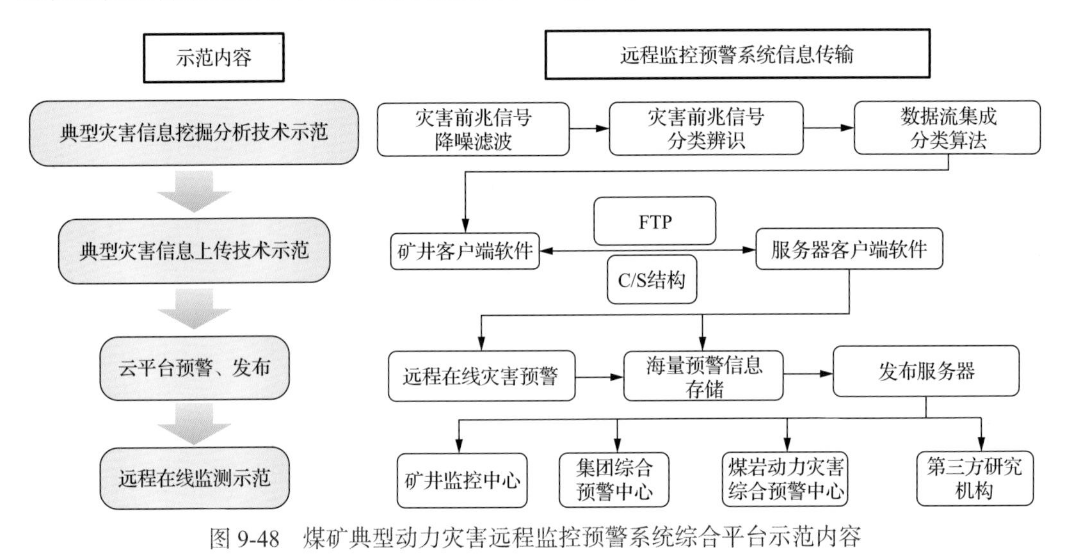

图 9-48 煤矿典型动力灾害远程监控预警系统综合平台示范内容

1. 综合平台应用示范内容

1) 典型灾害多元信息挖掘分析技术示范

基于煤岩动力灾害监控预警的共性关键集成架构体系在煤矿企业安装煤与瓦斯突出、冲击地压灾害多元信息挖掘分析软件，应用示范矿井利用典型灾害多元信息挖掘技术分析典型动力灾害煤矿监测系统实时采集的煤与瓦斯突出、冲击地压海量监测数据。

2) 典型灾害信息上传技术

为实现分析结果向监控预警系统平台的实时反馈，在煤矿企业应用示范典型灾害信息传输与远程控制技术。典型灾害信息传输与远程控制软件基于 C/S 结构利用 FTP 实现矿端监测系统和远程预警服务器之间典型动力灾害监测信息快速实时传递。

基于 C/S 结构，编制客户端软件，即对在客户端进行的所有操作进行集成管理，包括瓦斯监测文件、电磁辐射监测数据、微震监测的震动波形文件分析、矿震平面分布、矿震时序分布等，应力监测的钻孔应力在线监测数据、支架工作阻力监测数据与变化规律等。建立标准的目录树结构，客户端分析软件的所有操作需在此目录树下进行；基于 C/S 结构，编制服务器端接收软件，并基于 FTP，实时接收从各矿井实时发送的瓦斯、微震、应力监测数据与报表文件；对各种类型的瓦斯、微震、应力监测文件及报表文件进行解析，以快速在服务器端和相关单位实时显示。图 9-49 为信息传输与远程控制技术路线。

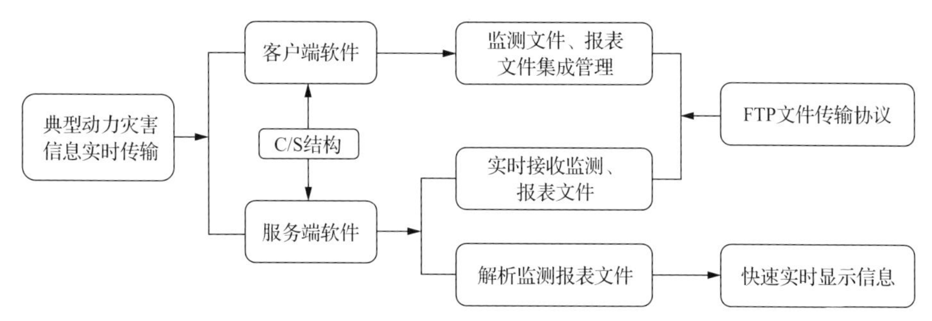

图 9-49　信息传输与远程控制技术路线

对数据传输过程进行稳定性及效率优化，实现瓦斯、微震、矿压、应力与服务器端文件数据、数据集、文本信息的多种实时监测数据的实时传输与存储，在此基础上，开发了冲击地压远程实时监控预警服务系统，实现动力灾害灾源位置、冲击地压前兆指标预警、应力场演化预警、专家诊断系统预警报表等信息及时、准确发布，以及煤矿冲击地压动力灾害预警远程发布、监管与运维。

3）云平台智能预警

云平台是远程在线监控预警的核心组成部分，云平台调用封装的煤矿典型动力灾害智能预警软件，利用模式分类器与人工智能对灾害预警信息进行置信度和融合分析，完成自动确定预警结果等级。并通过远程传输协议向远程监测系统各客户端实时传输矿井灾害预警信息。

煤矿典型动力灾害矿端多元监测系统将灾害前兆信息数据传输至云平台，云平台首先调用煤岩典型动力灾害智能预警软件，其次启动云计算分析矿井实时灾害预警等级。煤矿典型动力灾害监控预警软件由预警指标计算模块与智能预警模块两部分组成，预警指标计算模块基于煤矿典型动力灾害矿端多元监测系统传输的井下安全基础信息数据计算动力灾害危险指标，为矿井专业化、信息化、自动化地判识发生动力灾害的风险。智能预警模块基于模式分类器与人工神经网络对灾害危险指标进行置信度和融合分析，自动确定预警结果等级。

云平台可有效掌握区域及煤矿重大灾害风险的动态辨识预警信息，同时具备灾备和恢复功能，平台系统鲁棒性强，帮助监管单位实时、全面地掌握区域内煤矿安全生产状况，实现对事故风险的预防和控制，并指导煤矿安全监管工作。

4) 远程在线监测

客户端是沟通用户与云平台的桥梁，行业主管部门客户端、煤矿典型动力灾害综合预警中心客户端、第三方研究机构客户端、集团预警中心客户端以及矿区客户端可以通过 Web 浏览器访问云平台煤矿典型灾害预警网站获取矿井实时灾害预警信息。煤矿典型动力灾害远程在线监控平台实现了灾害数据多元、海量、动态、实时远程控制的功能。

预警网站具有预警结果查询统计、基础数据查询统计功能。预警结果查询统计功能能够分工作面、分时间段对最新预警结果、历史预警结果进行条件查询，并对预警结果中“绿、橙、红”等不同等级预警结果所占比例，以及导致“橙、红”预警结果的预警因素进行分类统计，自动生成相应的统计图表。

通过基础数据查询统计功能，能够分工作面、分时间段、分类型对日常预测、瓦斯涌出特征、矿压监测特征、煤层赋存特征、电磁辐射信号、微震监测信号等预警基础数据进行查询，自动生成统计曲线；能够对基础数据和预警结果进行对比分析，发现预警因素与预警结果的关联性；对预警基础数据的区间分布进行统计，掌握异常数据分布规律。平台还具备空间分析功能，能够对工作面空间位置，以及与空间位置相关的集中应力分布、防突措施控制范围、防突措施空白带缺陷分布、地质构造影响范围等预警指标进行查询分析。

2. 综合平台应用示范技术路线

为实现项目的综合示范目标，确定了胡家河煤矿示范工程的主要示范内容，细化了综合示范工程项目分工情况。项目综合示范主要研究内容如下。

1) 典型灾害多元信息挖掘分析技术应用示范

利用多元信息挖掘分析技术，分析井下采集的煤岩典型动力灾害前兆信息，验证监测信号降噪、数据分类以及数据流挖掘算法的正确性与可靠性；应用开发的文件远程传输软件，实现矿端与服务器端的监控预警数据的实时快速传递。

2) 云平台应用示范

应用示范云平台调用封装的煤矿典型动力灾害智能预警软件，利用模式分类器与人工智能对灾害预警信息进行置信度和融合分析，完成自动确定预警结果等级，并通过远程传输协议向远程监测系统各客户端实时传输矿井灾害预警信息。

3) 胡家河煤矿煤岩典型动力灾害远程监控预警技术支持系统建设与示范

胡家河煤矿煤岩典型动力灾害远程监控预警技术支持系统建设与示范包含胡家河煤矿煤岩典型动力灾害多元预警数据融合、胡家河煤矿煤岩典型动力灾害预测预报模态参数在线修正、胡家河煤矿远程平台基础数据指标支持和试验验证。

4) 陕西煤业化工集团有限责任公司煤岩动力灾害综合监测中心建设与示范

陕西煤业化工集团有限责任公司煤岩动力灾害综合监测中心建设与示范包含陕西彬长矿业集团有限公司“矿震-应力”多元、多场远程监测平台，煤岩动力灾害区域监控预警信息采集与存储，数据解析、标准化存储及上传软件，煤岩动力灾害客户端 Web 平台建设等。

9.5.2 煤矿典型动力灾害多元信息挖掘分析技术应用示范

1. 煤矿典型动力灾害多元信息挖掘技术

针对煤矿井下多元微震监测数据消噪滤波方法，提出将 VMD 分解技术与小波包算法相结合进行微震信号降噪滤波处理，克服了现有技术的不足。

多元数据分类辨识。本书选取两类微震信号并进行 VMD 分解，提取各分量能量百分比,通过计算能量分布重心系数实现对煤岩破裂微震信号和爆破震动信号的分类辨识。

煤矿典型灾害预警数据流挖掘。煤矿生产过程中产生大量未标记的监测数据，这些数据隐含大量信息，使用基于 Tri-training 的数据流集成分类算法处理未标记数据，可对煤矿典型动力灾害的危险性进行分类，并具有较高的正确率。

2. 煤矿典型动力灾害信息上传客户端建设

客户端软件需要实现两个功能：①将记录仪、分析仪需要上传的文件实时监控扫描到指定位置。②将扫描出来需要上传的文件上传到服务器。

9.5.3 远程监控预警技术支持系统建设

1. 云平台建设

该平台架构可有效掌握区域及煤矿重大灾害风险的动态辨识预警信息，改变人盯死守的传统监管监察方式，同时具备灾备和恢复功能，平台系统鲁棒性强，帮助监管单位快速、实时、全面地掌握区域内煤矿安全生产状况，实现对事故风险的预防和控制，并指导煤矿安全监管工作，提高煤矿相关工作的治理能力，具有广泛的应用前景。

2. 煤岩动力灾害综合监控平台示范

煤岩动力灾害综合监控平台示范单位为陕西煤业化工集团有限责任公司，监测平台的服务端及客户端分别建在陕西彬长矿业集团有限公司、陕西煤业化工技术研究院有限公司及下属相关冲击地压危险矿井，采用 TCP/IP 进行网络传输，初期以胡家河煤矿为示范应用单位，完成矿震-应力等多元多场信号远程在线监控预警，为实时监控各矿矿震、应力监测系统运行情况，分析冲击地压危险状态，将“陕西煤业化工集团有限责任公司煤岩动力灾害综合监测中心”设在陕西彬长矿业集团有限公司，同时设置公司级远程在线监测室，并在陕西煤业化工技术研究院有限公司设置客户端，在下属胡家河、孟村、小庄等煤矿分别设置矿级远程在线监测室，远程监测平台框架如图 9-50 所示。

在陕西彬长矿业集团有限公司建设“矿震-应力”多元多场远程监控平台，实现彬长矿区微震、应力等监测数据接口设计及其实时传输和存储，冲击地压监测数据实时获取和常规日常分析，以及冲击地压“灾源”的定位与识别，示范区域冲击地压预警展示及运维平台。

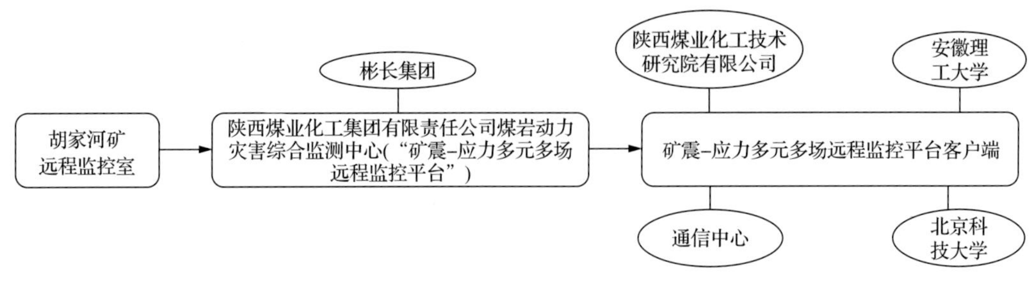

图 9-50　集团“矿震-应力”远程监测平台框架

9.5.4　综合平台示范效果

综合平台示范主要内容为示范煤矿应用基于数据融合的煤矿典型灾害、冲击地压灾害多元信息挖掘分析技术及软件，实现分析结果向监控预警系统平台的实时反馈；建立可实现煤矿典型动力灾害多元海量动态信息远程在线传输、存储和多元信息挖掘的系统平台，实现灾害远程在线智能预警，指导示范矿井典型动力灾害治理。

综合分析陕西彬长矿业集团有限公司基于云数据及大数据技术的煤矿典型动力灾害远程监控预警系统综合平台应用示范效果，可得到以下结论。

(1)集成第 2 章、第 3 章、第 4 章、第 5 章、第 6 章、第 7 章、第 8 章相关成果，建成陕西煤业化工集团有限责任公司彬长矿业综合示范工程。

(2)建立远程集成监控预警系统平台，实现煤与瓦斯突出、冲击地压等煤矿重大灾害灾变隐患远程在线监测、智能判识、实时准确预警。

(3)验证了动力灾害远程在线智能判识预警理论及方法。

(4)实现了应用示范煤矿典型动力灾害隐患在线监测、实时预警。

主要参考文献

常振兴. 2017. 朱集西矿深部高地应力瓦斯及煤岩层动力灾害研究[D]. 北京: 中国矿业大学(北京).

陈光辉, 李夕兵, 张平. 2016. 基于改进 Haskell 模型的断层滑移型岩爆震源模拟研究[J]. 中国安全科学学报, 26(8): 122-127.

陈卫忠, 吕森鹏, 郭小红, 等. 2009. 基于能量原理的卸围压试验与岩爆判据研究[J]. 岩石力学与工程学报, 28(8): 1530-1540.

程五一, 陈国新. 2000. 煤与瓦斯突出冲击波的形成及模型建立[J]. 煤矿安全, 31(9): 23-25.

程五一, 刘晓宇, 王魁军, 等. 2004. 煤与瓦斯突出冲击波阵面传播规律的研究[J]. 煤炭学报, 29(1): 4.

程远平, 付建华, 俞启香. 2009. 中国煤矿瓦斯抽采技术的发展[J]. 采矿与安全工程学报, (2): 127-139.

窦林名, 何学秋. 2001. 冲击矿压防治理论与技术[M]. 徐州: 中国矿业大学出版社.

窦林名, 何烨, 张卫东. 2003. 孤岛工作面冲击矿压危险及其控制[J]. 岩石力学与工程学报, (11): 1866-1869.

丰成君, 张鹏, 孙炜锋, 等. 2014. 北京昌平十三陵钻孔地应力测量与实时监测在断层活动危险性分析中的应用探讨[J]. 地球学报, (3): 345-354.

付建华, 程远平. 2007. 中国煤矿煤与瓦斯突出现状及防治对策[J]. 采矿与安全工程学报, 24(3): 253-259.

高保彬. 2013. 深部矿井煤岩瓦斯复合动力灾害研究现状与展望[J]. 煤矿安全, 44(11): 175-178.

郭明伟, 李春光, 王水林, 等. 2008. 优化位移边界反演三维初始地应力场的研究[J]. 岩土力学, (5): 1269-1274.

郭喜峰, 晏鄂川, 尹健民. 2013. 断层影响带地应力特征及稳定性验证[J]. 现代隧道技术, 50(3): 46-51, 58.

郝宪杰, 袁亮, 卢志国, 等. 2017. 考虑煤体非线性弹性力学行为的弹塑性本构模型[J]. 煤炭学报, 42(4): 896-901.

郝宪杰, 袁亮, 郭延定, 等. 2018. 考虑峰后能量非稳态释放的硬煤脆性度指标[J]. 岩石力学与工程学报, 36(11): 2641-2649.

郝宪杰, 袁亮, 李玉麟, 等. 2018. 冲击倾向煤侧向变形特性的单轴压缩试验研究[J]. 中国矿业大学学报, 47(1): 129-136.

何满潮, 谢和平, 彭苏萍, 等. 2005. 深部开采岩体力学研究[J]. 岩石力学与工程学报, (16): 2803-2813.

何学秋. 1995. 含瓦斯煤岩流变动力学[M]. 徐州: 中国矿业大学出版社.

贺虎, 窦林名, 巩思园, 等. 2011. 高构造应力区矿震规律研究[J]. 中国矿业大学学报, 40(1): 7-13.

侯玮, 秦玄烨, 陈伊涛, 等. 2016. 基于微震监测和多因素耦合法的冲压危险性研究[J]. 煤炭技术, 35(1): 110-112.

胡千庭, 文光才. 2013. 煤与瓦斯突出的力学作用机理[M]. 北京: 科学出版社.

胡千庭, 周世宁, 周心权. 2008. 煤与瓦斯突出过程的力学作用机理[J]. 煤炭学报, (12): 1368-1372.

姜福兴, 刘懿, 翟明华, 等. 2017. 基于应力与围岩分类的冲击地压危险性评价研究[J]. 岩石力学与工程学报, 36(5): 1042-1052.

姜耀东, 潘一山, 姜福兴, 等. 2014. 我国煤炭开采中的冲击地压机理和防治[J]. 煤炭学报, (2): 205-213.

蒋承林. 1994. 石门揭穿含瓦斯煤层时动力现象的球壳失稳机理研究[D]. 徐州: 中国矿业大学.

金洪伟. 2012. 煤与瓦斯突出发展过程的实验与机理分析[J]. 煤炭学报, 37(S1): 98-103.

康红普, 吴志刚, 高富强, 等. 2012. 煤矿井下地质构造对地应力分布的影响[J]. 岩石力学与工程学报, 31(S1): 2674-2680.

蓝航, 陈东科, 毛德兵. 2016. 我国煤矿深部开采现状及灾害防治分析[J]. 煤炭科学技术, (1): 39-46.

李德建, 贾雪娜, 苗金丽, 等. 2010. 花岗岩岩爆试验碎屑分形特征分析[J]. 岩石力学与工程学报, 29(1): 3280-3289.

李德建, 关磊, 韩立强, 等. 2014. 白皎煤矿玄武岩岩爆破坏微观裂纹特征分析[J]. 煤炭学报, 39(2): 307-314.

李宏, 谢富仁, 王海忠, 等. 2012. 乌鲁木齐市断层附近地应力特征与断层活动性[J]. 地球物理学报, 55(11): 3690-3698.

李鹏波, 宋杨, 韩现刚, 等. 2018. 基于围岩动态扩容的冲击地压发生机理研究[J]. 煤炭科学技术, 46(11): 32-35.

李世愚, 和雪松, 潘科, 等. 2007. 矿山地震、瓦斯突出、煤岩体破裂-煤矿安全中的科学问题[J]. 物理, 36(2): 136-145.

李铁, 蔡美峰, 王金安, 等. 2005. 深部开采冲击地压与瓦斯的相关性探讨[J]. 煤炭学报, 30(6): 562-567.

李铁, 梅婷婷, 李国旗, 等. 2011. "三软"煤层冲击地压诱导煤与瓦斯突出力学机制研究[J]. 岩石力学与工程学报, 36(6): 1283-1288.

李希建, 林柏泉. 2010. 煤与瓦斯突出机理研究现状及分析[J]. 煤田地质与勘探, (1): 7-13.

李新元. 2000. “围岩—煤体”系统失稳破坏及冲击地压预测的探讨[J]. 中国矿业大学学报, (6): 633-636.
李玉, 黄梅, 张连城, 等. 1994. 冲击地压防治中的分数维[J]. 岩土力学, (4): 34-38.
李玉生. 1985. 冲击地压机理及其初步应用[J]. 中国矿业学院学报, (3): 42-48.
李中锋. 1997. 煤与瓦斯突出机理及其发生条件评述[J]. 煤炭科学技术, (11): 4.
李忠华, 潘一山, 纪海汛, 等. 2009. 瓦斯煤层冲击地压防治技术及应用[M]. 北京: 国防工业出版社.
梁爱莉. 2010. 煤层冲击倾向性与危险性评价指标研究[J]. 煤炭学报, 35(12): 1975-1978.
梁冰, 章梦涛, 潘一山, 等. 1995. 煤和瓦斯突出的固流耦合失稳理论[J]. 煤炭学报, 1995, (5): 492-496.
刘德民, 连会青, 李飞. 2016. 煤柱挖潜开采影响下断层活化危险性研究[J]. 煤炭科学技术, 44(3): 44-48.
刘金海, 姜福兴, 高林生. 2014. 综放采场异常来压危险性评价系统及应用[J]. 采矿与安全工程学报, 31(5): 733-738.
刘泉生, 张华, 林涛. 2004. 煤矿深部岩巷围岩稳定与支护对策[J]. 岩石力学与工程学报, 23(21): 3732-3737.
刘少伟, 焦建康. 2014. 九里山井田断层构造区应力分析及区域划分[J]. 中国安全生产科学技术, (2): 44-50.
马增和, 王明亮, 于清波. 2005. 论褶曲构造与矿井安全生产的关系[J]. 煤炭技术, 24(1): 43-45.
孟祥跃, 丁雁生, 陈力, 等. 1996. 煤与瓦斯突出的二维模拟实验研究[J]. 煤炭学报, 21(1): 6.
苗法田, 孙东玲, 胡千庭. 2013. 煤与瓦斯突出冲击波的形成机理[J]. 煤炭学报, 38(3): 6.
穆学林. 2006. 海孜煤矿中煤组工作面过褶曲的实践[J]. 煤炭科技, (3): 36-37.
聂百胜, 何学秋, 王恩元, 等. 2003. 煤与瓦斯突出预测技术研究现状及发展趋势[J]. 中国安全科学学报, (6): 43-46, 83.
潘俊锋, 宁宇, 毛德兵, 等. 2012. 煤矿开采冲击地压启动理论[J]. 岩石力学与工程学报, (3): 586-596.
潘克西. 2003. 煤炭产业组织研究[D]. 上海: 复旦大学.
潘一山. 2016. 煤与瓦斯突出、冲击地压复合动力灾害一体化研究[J]. 煤炭学报, 41(1): 105-112.
潘一山, 章梦涛. 1992. 用突变理论分析冲击矿压发生的物理过程田[J]. 阜新矿业学院学报, (1): 2-18.
潘一山, 杜广林. 1999. 煤体振动方法防治冲击地压的机理研究[J]. 岩石力学与工程学报, 18(4): 432-436.
潘一山, 李忠华, 章梦涛. 2003. 我国冲击地压分布、类型、机理及防治研究[J]. 岩石力学与工程学报, (11): 1844-1851.
潘一山, 李忠华, 唐鑫. 2005. 阜新矿区深部高瓦斯矿井冲击地压研究[J]. 岩石力学与工程学报, 24(增 1): 5202-5205.
潘一山, 肖永惠, 李忠华, 等. 2014. 冲击地压矿井巷道支护理论研究及应用[J]. 煤炭学报, 39(2): 222-228.
潘岳. 2001. 矿井断层冲击地压的折迭突变模型[J]. 岩石力学与工程学报, 20(1): 43-48.
庞伟宾, 何翔, 李茂生, 等. 2003. 空气冲击波在坑道内走时规律的实验研究[J]. 爆炸与冲击, 23(6): 4.
佩图霍夫. 1987. 预防冲击地压的理论与实践[C]//第 22 届国际采矿安全会议论文集. 北京: 煤炭工业出版社.
彭华, 马秀敏, 姜景捷. 2009. 龙门山北端青川断层附近应力测量与断层稳定性[J]. 地质力学学报, 15(2): 114-130.
齐庆新, 史元伟, 刘天泉. 1997. 冲击地压粘滑失稳机理的实验研究[J]. 煤炭学报, (2): 34-38.
齐庆新, 陈尚本, 王怀新, 等. 2003. 冲击地压、岩爆、矿震的关系及其数值模拟研究[J]. 岩石力学与工程学报, (11): 1852-1858.
钱七虎. 2004. 深部岩体工程响应的特征科学现象及“深部”的界定[J]. 东华理工学院学报, (1): 1-5.
曲志明, 周心权, 王海燕, 等. 2008. 瓦斯爆炸冲击波超压的衰减规律[J]. 煤炭学报, 33(4): 5.
单晓云, 李占金. 2003. 分形理论和岩石破碎的分形研究[J]. 河北理工学院学报, 25(2): 12-17.
石强, 潘一山, 李英杰. 2005. 我国冲击矿压典型案例及分析[J], 煤矿开采, 10(2): 13-17.
孙东玲, 曹偈, 熊云威, 等. 2017. 突出过程中煤—瓦斯两相流运移规律的实验研究[J]. 矿业安全与环保, 44(2): 5.
孙宗颀, 张景和. 2004. 地应力在地质断层构造发生前后的变化[J]. 岩石力学与工程学报, (23): 3964-3969.
谭云亮. 2002. 矿山岩层运动非线性动力学特征研究[D]. 沈阳: 东北大学.
唐春安, 徐小荷. 1990. 灾变理论在岩石破裂过程试验研究中的应用[J]. 有色金属, (4): 9-14.
滕学军, 赵本钧. 1994. 冲击地压及防治[M]. 北京: 煤炭工业版社.
汪泽斌. 1996. 岩爆及其防治[C]//国外岩爆译文选编. 北京: 水利电力部科学技术司, 中国人民武装警察部队水电指挥部.
汪占领, 康红普, 林健. 2011. 褶皱区构造应力对巷道支护影响研究[J]. 煤炭科学技术, 39(5): 25-28.
王存文, 姜福兴, 孙庆国, 等. 2009. 基于覆岩空间结构理论的冲击地压预测技术及应用[J]. 煤炭学报, 34(2): 150-155.
王存文, 姜福兴, 刘金海. 2012. 构造对冲击地压的控制作用及案例分析[J]. 煤炭学报, 37(A02): 263-268.

王恩元, 何学秋, 聂百胜, 等. 2000. 电磁辐射法预测煤与瓦斯突出原理[J]. 中国矿业大学学报, (3): 3-7.

王海燕, 曹涛, 周心权, 等. 2009. 煤矿瓦斯爆炸冲击波衰减规律研究与应用[J]. 煤炭学报, (6): 5.

王凯, 周爱桃. 2014. 煤与瓦斯突出的灾变规律[M]. 徐州: 中国矿业大学出版社.

王来贵, 潘一山, 梁冰, 等. 1996. 矿井不连续面冲击地压发生过程分析[J]. 中国矿业, (3): 62-65.

王涛, 王曌华, 姜耀东. 2014. 开采扰动下断层滑移过程围岩应力分布及演化规律的实验研究[J]. 中国矿业大学学报, 43(4): 588-592.

王学滨, 赵杨峰, 张智慧, 等. 2003. 考虑应变率及应变梯度效应的断层岩爆分析[J]. 岩石力学与程学报, 22(11): 1859-1962.

王振, 尹光志, 胡千庭, 等. 2010. 高瓦斯煤层冲击地压与突出的诱发转化条件研究[J]. 采矿与安全工程学报, 27(4): 572-575,580.

谢和平, Pariseau W G. 1993. 岩爆的分形特征和机理[J]. 岩石力学与工程学报, (1): 28-37.

谢和平, 彭瑞东, 周宏伟, 等. 2004. 基于断裂力学与损伤力学的岩石强度理论研究进展[J]. 自然科学进展, 14(10): 7-13.

谢和平, 鞠扬, 黎立云. 2005. 基于能量耗散与释放原理的岩石强度与整体破坏准则[J]. 岩石力学与工程学报, 224(17): 3003-3010.

谢和平, 高峰, 鞠杨. 2015. 深部岩体力学研究与探索[J]. 岩石力学与工程学报, 34(11): 2162-2178.

闫晗. 2017. 煤炭工业发展"十三五"规划重点内容分析[J]. 今日工程机械, (1): 31-33.

闫相祯, 王保辉, 杨秀娟, 等. 2010. 确定地应力场边界载荷的有限元优化方法研究[J]. 岩土工程学报, 32(10): 1485-1490.

杨随木, 张宁博, 刘军, 等. 2014. 断层冲击地压发生机理研究[J]. 煤炭科学技术, 42(10): 6-9.

姚精明, 何富连, 徐军, 等. 2009. 冲击地压的能量机理及其应用[J]. 中南大学学报(自然科学版), 40(3): 809-813.

尹光志, 李贺, 鲜学福, 等. 1994. 煤岩体失稳的突变理论模型[J]. 重庆大学学报, 17(1): 23-28.

尹光志, 代高飞, 万玲, 等. 2002. 岩石微裂纹演化的分岔混沌与自组织特征[J]. 岩石力学与工程学报, 21(5): 635-639.

尹光志, 赵洪宝, 许江, 等. 2009. 煤与瓦斯突出模拟实验研究[J]. 岩石力学与工程学报, 28(8): 1674-1680.

尹光志, 李星, 鲁俊, 等. 2017. 深部开采动静载荷作用下复合动力灾害致灾机理研究[J]. 煤炭学报, 42(9): 2316-2326.

俞启香. 1992. 矿井瓦斯防治[M]. 徐州: 中国矿业大学出版社.

袁亮, 林柏泉, 杨威. 2015. 我国煤矿水力化技术瓦斯治理研究进展及发展方向[J]. 煤炭科学技术, (1): 45-49.

翟明华, 姜福兴, 齐庆新, 等. 2017. 冲击地压分类防治体系研究与应用[J]. 煤炭学报, 42(12): 3116-3124.

张登龙. 2002. 谈褶曲构造对煤矿生产的影响[J]. 矿业安全与环保, 29(6): 89-90.

张福旺, 李铁. 2009. 深部开采复合型煤与瓦斯动力灾害的认识[J]. 中州煤炭, (4): 73-76.

章梦涛. 1987. 冲击地压失稳理论与数值模拟计算[J]. 岩石力学与工程学报, (3): 15-22.

章梦涛, 徐曾和, 潘一山. 1991. 冲击地压与突出的统一失稳理论[J]. 煤炭学报, 16(4): 48-53.

赵辰, 肖明, 陈俊涛. 2017. 复杂地质条件下初始地应力场反演分析方法[J]. 华中科技大学学报(自然科学版), 45(8): 87-92.

赵善坤. 2016. 采动影响下逆冲断层"活化"特征试验研究[J]. 采矿与安全工程学报, 33(2): 354-360.

赵毅鑫, 卢志国, 朱广沛, 等. 2018. 考虑主应力偏转的采动诱发断层活化机理研究[J]. 中国矿业大学学报, (1): 73-80.

周春华, 尹健民, 骆建宇, 等. 2012. 断层构造近场地应力分布规律研究[J]. 长江科学院院报, 29(7): 57-61.

周睿, 张占存, 闫斌移. 2016. 关键层效应影响下逆断层活化响应范围力学分析[J]. 煤矿安全, 47(10): 194-197.

朱超, 史志斌. 2017. 煤炭绿色智能开发利用战略选择[J]. 煤炭经济研究, 37(2): 11.

朱斯陶, 姜福兴, 刘金海, 等. 2015. 深井厚煤层冲击地压与大变形协调控制机制研究[J]. 岩石力学与工程学报, 34(S2): 4262-4268.

An F H, Cheng Y P. 2014. The effect of a tectonic stress field on coal and gas outbursts[J]. The Scientific World Journal, (1): 813063.

Bagde M N, Petorsa B. 2005. Fatigue properties of intact sandstone models subjected to dynamic uniaxial cyclical loading[J]. International Journal of Rock Mechanics and Mining Sciences, 42: 237-250.

Bieniawski Z T. 1967. Mechanism of brittle fracture rock: part II-experimental studies[J]. International Journal of Rock Mechanics and Mining Sciences & Geomechanics Abstracts, 4(4): 155-407.

Brady B H G, Brown E T. 1981. Energy changes and stability in underground mine: design applications of boundary element methods[J]. Transactions of the Institution of Mining and Metallurgy, 90: 62-68.

Cao Y X, He D D, Glick D C. 2001. Coal and gas outbursts in footwalls of reverse faults[J]. International Journal of Coal Geology, 48(1): 47-63.

Charles R W. 1997. In tunnel airblast engineering model for internet and externs detonations[C]. Proceeding of the 8th International Symposium on Interaction of Effects of Munitions with Structurce, Virginia.

Chen Z H. 1997. A double rock sample model for rockburst[J]. International Journal of Rock Mechanics and Mining Sciences & Geomechanics Abstracts, 34(6): 99-1000.

Cook N G W. 1964. The application of seismic techniques to problems in rock mechanics[J]. International Journal of Rock Mechanics and Mining Sciences & Geomechanics Abstracts, 1(2): 169-179.

Cook N G W. 1965. A note on rock bursts considered as problem of stability[J]. South Afr. Int. Min. and Metallurgy, 65: 437-446.

Cook N G W. 1965. The failure of rock[J]. International Journal of Rock Mechanics and Mining Sciences&Goemechanics Abstract, 2(4): 389-403.

Cook N G W, Hoek E, Pretorius J P G. 1996. Rock mechanics applied to the study of rock bursts[J]. Journal of the South African Institute of Mining and Metallurgy, 66(10): 436-528.

Faulkner D R, Jackson C A L, Lunn R J, et al. 2010. A review of recent developments concerning the structure, mechanics and fluid flow properties of fault zones[J]. Journal of Structural Geology, 32(11): 1557-1575.

Feit G N, Malinnikova O N, Zykov V S, et al. 2002. Prediction of rockburst and sudden outburst hazard on the basis of estimate of Rock-mass energy[J]. Journal of Mining Science, 38(1): 62-63.

Hao X J, Du W S, Zhao Y X, et al. 2020. Dynamic tensile behaviour and crack propagation of coal under coupled static-dynamic loading[J]. International Journal of Mining Science and Technology, 30(5): 659-668.

Hao X J, Wei Y N, Yang K, et al. 2021. Anisotropy of crack initiation strength and damage strength of coal reservoirs[J]. Petroleum Exploration and Development, 48(1): 243-255.

Hao X J, Zhang Q, Sun Z W, et al. 2021. Effects of the major principal stress direction respect to the long axis of a tunnel on the tunnel stability: physical model tests and numerical simulation[J]. Tunnelling and Underground Space Technology, (114): 103993.

Huang M Q, Wu A X, Wang Y M, et al. 2014. Geostress measurements near fault areas using borehole stress-relief method[J]. Transactions of Nonferrous Metals Society of China, 24(11): 3660-3665.

Hudson J A, Croush S L, Fairhurst C. 1972. Soft, stiff and servo-controlled testing machines: review with reference to rock failure[J]. Engineering Geology, 6(3): 155-189.

Karacan C Ö, Ulery J P, Goodman G V R. 2008. A numerical evaluation on the effects of impermeable faults on degasification efficiency and methane emissions during underground coal mining[J]. International Journal of Coal Geology, 75(4): 195-203.

Kidybinski A. 1981. Bursting liability indices of coal[J]. International Journal of Rock Mechanics and Mining Sciences & Goemechanics Abstract, 18(4): 295-304.

Li H, Ogawa Y, Shimada S. 2003. Mechanism of methane flow through sheared coals and its role on methane recovery[J]. Fuel, 82(10): 1272-1279.

Li W, Cheng Y P, Wang L. 2011. The origin and formation of CO_2 gas pools in the coal seam of the Yaojie coalfield in China[J]. International Journal of Coal Geology, 85(2): 227-236.

Li W, Ren T W, Busch S A M. 2018. Architecture, stress state and permeability of a fault zone in Jiulishan coal mine, China: implication for coal and gas outbursts[J]. International Journal of Coal Geology: 198: SO166516218306670.

Litwiniszyn J. 1985. A model for the initiation of coal-gas outbursts[J]. International Journal of Rock Mechanics and Mining Science & Geomechanics Abstracts, 22(1): 39-46.

Lunderman C, Obart A P. 1997. Small scale experiment of in tunnel airblast fron external and detonations[C]. Proceeding of the 8th International Symposium on Interaction of Effects of Munitions with Structurce, Virginia.

Maqbool A U R, Moustafa A R, Dowidar H, et al. 2016. Architecture of fault damage zones of normal faults, Gebel Ataqa area, Gulf of Suez rift, Egypt[J]. Marine & Petroleum Geology, 77: 43-53.

Mark C. 2018. Coal bursts that occur during development: a rock mechanics enigma[J]. International Journal of Mining Science and Technology, 28(1): 35-42.

Matsuki K, Nakama S, Sato T. 2009. Estimation of regional stress by FEM for a heterogeneous rock mass with a large fault[J]. International Journal of Rock Mechanics & Mining Sciences, 46(1): 32-50.

Nemat-Nasser S, Horri. 1982. Compression-induced nonplanar crack extension with application to splitting, exfoliation, and rock burst[J]. Journal of Geophysical Research Solid Earth, 87: 6805-6821.

Otuonye F, Sheng J. 1994. A numerical simulation of gas flow during coal/gas outbursts[J]. Geotechnical & Geological Engineering, 12(1): 15-34.

Paterson L. 1986. A model for outbursts in coal[J]. International Journal of Rock Mechanics and Mining Science & Geomechanics Abstracts, (23): 327-332.

Salamon M D G. 1970. Stability, instability and design of pillar workings[J]. International Journal of Rock Mechanics and Mining Sciences & Geomechanics Abstracts, 7(6): 613-631.

Shepherd J, Rixon L K, Griffiths L. 1981. Outbursts and geological structures in coal mines: a review[J]. International Journal of Rock Mechanics and Mining Sciences & Geomechanics Abstracts, 18(4): 267-283.

Singh S P. 1988. Technical note: burst energy release index[J]. Rock Mechanics and Rock Engineering, 21(2): 149-155.

Vardoulaski I, Papamichos E. 1991. Surface instabilities in elastic anisotropic media with surface- parallel Griffith crack[J]. International Journal of Rock Mechanics and Mining Science & Geomechanics Abstracts, 28(2/3): 163-173.

Wang J A, Park H D. 2011. Comprehensive prediction of rockburst based on analysis of strain energy in rocks[J]. Roadwayling and Underground Space Technology, (16): 49-57.

Wang L, Cheng Y P, Liu H Y. 2014. An analysis of fatal gas accidents in Chinese coal mines[J]. Safety Science, 62: 107-113.

Wawersik W K, Fairhurst C A. 1970. A study of brittle rock fracture in laboratory compression experiments[J]. International Journal of Rock Mechanics and Mining Science & Geomechanics Abstracts, (7): 562-575.

Xie H, Pariseau W G. 1993. Fractal character and mechanism of rock bursts[J]. Chinese Journal of Rock Mechanics and Engineering, 30(4): 343-350.

Xu P. 2014. Geo-stress fields simulated with 3D FEM and their qualitative influence on coal and gas outburst[J]. Geotechnical & Geological Engineering, 32(2): 337-344.

Xu T, Tang C A, Yang T H, et al. 2006. Numerical investigation of coal and gas outbursts in underground collieries[J]. International Journal of Rock Mechanics and Mining Sciences, 43(6): 905-919.

Zhai C, Xiang X, Xu J, et al. 2016. The characteristics and main influencing factors affecting coal and gas outbursts in Chinese Pingdingshan mining region[J]. Natural Hazards, 82(1): 507-530.